2026

산업안전보건
산업보건지도사 1차 기출문제집

♣ 최근 개정법률 반영
♣ 최근 13년 기출문제 수록
♣ 최근 법령 및 이론에 따른 상세한 해설

단박

산업보건지도사 기출문제

머리말

우리나라는 산업재해가 많이 발생하는 나라이다 근본원인은 규정을 지키지 않기 때문인데 매일 퇴근하지 못하는 노동자들이 있다 규정들을 숙지하여 지키면 산업재해는 대폭 감소할 수 있다 산업보건지도사 자격증은 이러한 재해를 예방하기 위하여 두고 있는 자격증이다.

산업보건지도사는 출제영역이 너무 넓어 모두 공부하기는 어려우나 문제를 보면 어렵지 않다 몇몇 계산문제는 공식을 외워야 하나 다른 기준이나 준수사항들을 보면 전혀 관련이 없는 지문이 정답으로 나오므로 어렵게 볼 필요는 없다.

표기를 간략하게 하기 위하여 다음과 같이 하였다 산업안전보건법은 법, 산업안전보건법 시행령은 영, 산업안전보건법 시행규칙은 규칙, 산업안전보건기준에 관한 규칙은 그대로 표기하였다. 기타 다른 기준이나 규칙, 고시 등은 이름 전체를 표기하였다.

이 책의 특징을 보면

첫째 모든 문제에 빠짐없이 해설하였다,
둘째 문제에 나온 출처들을 가능한 한 표기하였다. 20여개가 넘는 고시, 기준, 지침들을 수험생이 찾을 수 있도록 표기하였다.
셋째 법령의 개정으로 인하여 현행의 규정과 다른 경우 해설은 현행 규정으로 변경하여 현재의 법령으로 풀 수 있도록 하였다. 2020년 이전의 문제는 법의 개정으로 답이 여러 개인 경우도 있다.

이 책을 읽는 모든 이들이 고통에서 벗어나 완전한 평화와 행복에 이르기를 기원한다.

산업보건지도사 기출문제
시험안내

1. 시험과목

구분	시험과목		
제1차 시험	공통과목	1. 공통필수1(산업안전보건법령)	
		산업안전	공통필수2(산업안전일반)
		산업보건	공통필수2(산업위생일반)
		공통필수3(기업진단·지도)	
제2차 시험	전공필수(택1)	산업안전	• 기계안전공학 • 전기안전공학 • 화공안전공학 • 건설안전공학
		산업보건	• 직업환경의학 • 산업위생공학
제3차 시험	공통필수(면접)	• 전문지식과 응용능력 • 산업안전·보건제도에 대한 이해 및 인식정도 • 상담·지도능력	

2. 응시자격 및 결격사유

① 응시자격 : 없음. 단, 지도사 시험에서 부정행위를 한 응시자에 대해서는 그 시험을 무효로 하고, 그 처분을 한 날부터 5년간 시험응시자격을 정지함
② 지도사 등록 결격사유(산업안전보건법 제145조).
㉠ 피성년후견인 또는 피한정후견인
㉡ 파산선고를 받고 복권되지 아니한 사람
㉢ 금고 이상의 실형을 선고받고 그 집행이 끝나거나(집행이 끝난 것으로 보는 경우를 포함한다) 집행이 면제된 날부터 2년이 지나지 아니한 사람
㉣ 금고 이상의 형의 집행유예를 선고받고 그 유예기간 중에 있는 사람
㉤ 산업안전보건법을 위반하여 벌금형을 선고받고 1년이 지나지 아니한 사람
㉥ 산업안전보건법 제154조에 따라 등록이 취소된 후 2년이 지나지 아니한 사람

차례 CONTENTS

1. 산업보건지도사 1차 2013년 기출문제 ·········· 05
2. 산업보건지도사 1차 2014년 기출문제 ·········· 41
3. 산업보건지도사 1차 2015년 기출문제 ·········· 76
4. 산업보건지도사 1차 2016년 기출문제 ·········· 111
5. 산업보건지도사 1차 2017년 기출문제 ·········· 143
6. 산업보건지도사 1차 2018년 기출문제 ·········· 178
7. 산업보건지도사 1차 2019년 기출문제 ·········· 209
8. 산업보건지도사 1차 2020년 기출문제 ·········· 244
9. 산업보건지도사 1차 2021년 기출문제 ·········· 277
10. 산업보건지도사 1차 2022년 기출문제 ·········· 311
11. 산업보건지도사 1차 2023년 기출문제 ·········· 344
12. 산업보건지도사 1차 2024년 기출문제 ·········· 377
13. 산업보건지도사 1차 2025년 기출문제 ·········· 417

기출문제

2013년

산업안전보건법령

1. 산업안전보건기준에 관한 규칙상 안전난간과 추락방호망의 설치요건에 관한 설명이다. ( )안에 들어갈 숫자로 옳은 것은?

○ 안전난간 중 상부 난간대를 120센티미터 이상 지점에 설치하는 경우에는 중간 난간대를 (A)단 이상으로 균등하게 설치하고 난간의 상하 간격은 (B) 센티미터 이하가 되도록 할 것
○ 추락방호망은 수평으로 설치하고, 망의 처짐은 짧은 변 길이의 (C)퍼센트 이상이 되도록 할 것

① A : 2, B : 60, C : 10
② A : 2, B : 60, C : 12
③ A : 2, B : 75, C : 10
④ A : 3, B : 75, C : 10
⑤ A : 3, B : 75, C : 12

해설
○ 안전난간 중 상부 난간대를 120cm 이상 지점에 설치하는 경우에는 중간 난간대를 2단 이상으로 균등하게 설치하고 난간의 상하 간격은 60cm 이하가 되도록 할 것(산업안전보건기준에 관한 규칙 제13조 제2호)
○ 추락방호망은 수평으로 설치하고, 망의 처짐은 짧은 변 길이의 12% 이상이 되도록 할 것(산업안전보건기준에 관한 규칙 제42조 제2항 제2호)

2. 산업안전보건기준에 관한 규칙상 폭발 · 화재 및 위험물누출에 의한 위험방지에 관한 설명으로 옳은 것만을 모두 고른 것은?

㉠ 사업주는 금속의 용접 · 용단 또는 가열에 사용되는 가스등의 용기를 취급하는 경우에는 용기의 온도를 섭씨 40도 이하로 유지해야 한다.
㉡ 사업주는 위험물질을 제조하거나 취급하는 경우 적절한 방호조치를 하지 않고 급성 독성 물질을 누출시키는 등으로 인체에 접촉시키는 행위를 해서는 아니된다.
㉢ 사업주는 고열의 금속찌꺼기를 물로 처리하는 피트에 대하여 수증기 폭발을 방지하기 위해 작업용수 또는 빗물 등이 내부로 새어드는 것을 방지할 수 있는 격벽 등의 설비를 주위에 설치하여야 한다.
㉣ 폭발 · 화재 및 위험물누출에 의한 위험방지를 하여야 할 조치의 내용은 사업장 규모별로 다르게 규정되어 있다.

정답 1 ② 2 ①

① ㉠, ㉡   ② ㉠, ㉢
③ ㉠, ㉣   ④ ㉡, ㉢
⑤ ㉢, ㉣

> **해설** ㉠ 사업주는 금속의 용접·용단 또는 가열에 사용되는 가스등의 용기를 취급하는 경우에 용기의 온도를 섭씨 40도 이하로 유지할 것(산업안전보건기준에 관한 규칙 제234조 제2호).
> ㉡ 사업주는 위험물질을 제조하거나 취급하는 경우에 폭발·화재 및 누출을 방지하기 위한 적절한 방호조치를 하지 아니하고 부식성 물질 또는 급성 독성물질을 누출시키는 등으로 인체에 접촉시키는 행위를 해서는 아니된다(산업안전보건기준에 관한 규칙 제225조 제6호).
> ㉢ 사업주는 용융한 고열의 광물을 취급하는 피트(고열의 금속찌꺼기를 물로 처리하는 것은 제외한다)에 대하여 수증기 폭발을 방지하기 위하여 작업용수 또는 빗물 등이 내부로 새어드는 것을 방지할 수 있는 격벽 등의 설비를 주위에 설치하여야 한다(산업안전보건기준에 관한 규칙 제248조 제2호).
> ㉣ 폭발·화재 및 위험물누출에 의한 위험방지를 하여야 할 조치의 내용은 작업별로 다르게 규정되어 있다(산업안전보건기준에 관한 규칙 제225조~제231조).

3. 산업안전보건법령상 건강진단에 관한 설명으로 옳지 않은 것은?

① 사무직 종사 근로자 외의 근로자는 1년에 1회 이상 일반건강진단을 실시하여야 한다.
② 상시 사용하는 근로자 중 사무직에 종사하는 근로자란 공장 또는 공사현장과 같은 구역에서 서무·인사·경리·판매·설계 등의 사무업무에 종사하는 근로자를 말하며, 판매업무에 직접 종사하는 근로자는 제외한다.
③ 학교보건법에 따른 건강검사를 받은 근로자는 산업안전보건법 시행규칙에 따른 일반건강진단을 실시한 것으로 본다.
④ 사업주는 본인의 동의 없이는 개별 근로자의 건강진단 결과를 공개하여서는 아니된다.
⑤ 사업주는 일반건강진단 또는 특수건강진단을 정기적으로 실시하도록 하되, 건강진단의 실시시기를 안전보건관리규정 또는 취업규칙에 명기하여야 한다.

> **해설** ② 상시 사용하는 근로자 중 사무직에 종사하는 근로자는 공장 또는 공사현장과 같은 구역에 있지 않은 사무실에서 서무·인사·경리·판매·설계 등의 사무업무에 종사하는 근로자를 말하며, 판매업무 등에 직접 종사하는 근로자는 제외한다(규칙 제197조 제1항).
> ① 사무직 종사 근로자 외의 근로자에 대해서는 1년에 1회 이상 일반건강진단을 실시해야 한다(규칙 제197조 제1항).
> ③ 학교보건법에 따른 건강검사를 받은 근로자는 산업안전보건법 시행규칙에 따른 일반건강진단을 실시한 것으로 본다(규칙 제196조 제4호).
> ④ 개별 근로자의 건강진단 결과는 본인의 동의 없이 공개해서는 아니 된다(법 제132조 제2항).
> ⑤ 일반건강진단을 실시해야 할 사업주는 일반건강진단 실시 시기를 안전보건관리규정 또는 취업규칙에 규정하는 등 일반건강진단이 정기적으로 실시되도록 노력해야 한다(규칙 제197조 제2항).

4. 산업안전보건법령상 석면에 관한 설명으로 옳지 않은 것은?
   ① 석면해체·제거작업의 완료 후 해당 작업장의 공기 중 석면농도는 1㎤ 0.01개 이하이어야 한다.
   ② 석면을 사용하는 작업장소의 바닥재료는 불침투성재료를 사용하고 청소하기 쉬운 구조로 하여야 한다.
   ③ 근로자가 석면을 뿜어서 칠하는 작업을 할 경우 사업주는 석면이 흩날리지 않도록 습기를 유지하거나 밀폐 또는 국소배기장치설치 등 필요한 대책을 강구해야 한다.
   ④ 석면 취급작업을 마친 근로자의 오염된 작업복은 석면 전용 탈의실에서만 벗도록 하여야 한다.
   ⑤ 석면을 사용하는 장소는 다른 작업장소와 격리하여야 한다.

   해설 ③ 사업주는 석면을 사용하거나 석면이 붙어 있는 물질을 이용하는 작업을 하는 경우에 석면이 흩날리지 않도록 습기를 유지하여야 한다. 다만, 작업의 성질상 습기를 유지하기 곤란한 경우에는 석면으로 인한 근로자의 건강장해 예방을 위하여 밀폐설비나 국소배기장치의 설치 등 필요한 보호대책을 마련한 후 작업하도록 하여야 한다(산업안전보건기준에 관한 규칙 제481조 제2항).
   ① 석면해체·제거업자는 석면해체·제거작업이 완료된 후 해당 작업장의 공기 중 석면농도가 1㎤ 0.01개 이하가 되도록 하고, 그 증명자료를 고용노동부장관에게 제출하여야 한다(법 제124조 제1항, 규칙 제182조).
   ② 사업주는 석면을 사용하는 작업장소의 바닥재료는 불침투성 재료를 사용하고 청소하기 쉬운 구조로 하여야 한다(산업안전보건기준에 관한 규칙 제478조).
   ④ 사업주는 석면 취급작업을 마친 근로자의 오염된 작업복은 석면 전용의 탈의실에서만 벗도록 하여야 한다(산업안전보건기준에 관한 규칙 제483조 제1항).
   ⑤ 사업주는 석면분진이 퍼지지 않도록 석면을 사용하는 장소를 다른 작업장소와 격리하여야 한다(산업안전보건기준에 관한 규칙 제477조).

5. 산업안전보건기준에 관한 규칙상 소음에 의한 건강장해예방조치를 규정한 내용으로 옳지 않은 것은?
   ① "소음작업"이란 1일 8시간 작업을 기준으로 85데시벨 이상의 소음이 발생하는 작업을 말한다.
   ② 100데시벨 이상의 소음이 1일 2시간 이상 발생하는 작업은 "강렬한 소음작업"이다.
   ③ 소음이 1초 이상의 간격으로 발생하는 작업으로서 120데시벨을 초과하는 소음이 1일 1만회 이상 발생하는 작업은 "충격소음작업"이다.
   ④ 사업주는 근로자가 소음작업, 강렬한 소음작업 또는 충격소음작업에 종사하는 경우 청력보호구를 지급하고 착용하도록 하여야 한다.
   ⑤ 소음의 작업환경측정 결과 소음수준이 85데시벨을 초과하는 사업장의 사업주는 청력보존 프로그램을 수립하여 시행하여야 한다.

정답 3 ② 4 ③ 5 ⑤

해설 ⑤ 소음의 작업환경 측정 결과 소음수준이 유해인자 노출기준에서 정하는 소음의 노출기준을 초과하는 사업장, 소음으로 인하여 근로자에게 건강장해가 발생한 사업장에 해당하는 경우에 청력보존 프로그램을 수립하여 시행해야 한다(산업안전보건기준에 관한 규칙 제517조).
① 소음작업 : 1일 8시간 작업을 기준으로 85데시벨 이상의 소음이 발생하는 작업을 말한다(산업안전보건기준에 관한 규칙 제512조 제1호).
② 100데시벨 이상의 소음이 1일 2시간 이상 발생하는 작업은 "강렬한 소음작업"이다(산업안전보건기준에 관한 규칙 제512조 제2호).
③ 충격소음작업 : 소음이 1초 이상의 간격으로 발생하는 작업으로서 120데시벨을 초과하는 소음이 1일 1만회 이상 발생하는 작업을 말한다(산업안전보건기준에 관한 규칙 제512조 제3호).
④ 사업주는 근로자가 소음작업, 강렬한 소음작업 또는 충격소음작업에 종사하는 경우에 근로자에게 청력보호구를 지급하고 착용하도록 하여야 한다(산업안전보건기준에 관한 규칙 제516조 제1항).

6. 다음 내용 중 산업안전보건법령상 산업안전지도사가 타인의 의뢰를 받아 수행할 수 있는 직무인 것은 모두 몇 개인가?

○ 유해 · 위험의 방지대책에 관한 평가 · 지도
○ 공정상의 안전에 관한 평가 · 지도
○ 작업환경 개선과 관련된 계획서 및 보고서의 작성
○ 작업환경의 평가 및 개선 지도
○ 안전보건개선계획서의 작성

① 1개 ② 2개
③ 3개 ④ 4개
⑤ 5개

해설 산업안전지도사의 직무(법 제142조 제1항, 영 제101조 제1항)
 1. 공정상의 안전에 관한 평가 · 지도
 2. 유해 · 위험의 방지대책에 관한 평가 · 지도
 3. 1. 및 2.의 사항과 관련된 계획서 및 보고서의 작성
 4. 위험성평가의 지도
 5. 안전보건개선계획서의 작성
 6. 그 밖에 산업안전에 관한 사항의 자문에 대한 응답 및 조언

7. 산업안전보건법령상 산업재해 발생 보고 및 기록에 관한 설명으로 옳은 것은?
 ① 사업주는 산업재해로 3일 이상의 요양이 필요한 부상을 입은 사람이 발생한 경우에는 해당 산업재해가 발생한 날부터 15일 이내에 산업재해조사표를 작성하여 제출하여야 한다.
 ② 사업주는 산업재해가 발생한 때에는 근로자의 인적사항, 재해 발생의 원인 및 과정 등을 기록 · 보존하여야 하는데, 재발방지계획은 거기에 포함되지 않는다.

③ 근로자가 산업재해보상보험법에 따른 요양급여를 신청한 경우라도 사업주는 관할 지방고용노동관서의 장에게 산업재해조사표를 제출하여야 한다.
④ 건설업을 영위하는 사업주는 산업재해조사표에 근로자 대표의 확인을 받아야 하며, 그 기재 내용에 대하여 근로자 대표의 이견이 있는 경우에는 그 내용을 첨부하여야 한다.
⑤ 사망자 1명과 직업성질병자가 동시에 5명 발생한 산업재해의 경우 사업주는 재해발생의 개요 및 피해 상황 등을 지체 없이 관할 지방고용노동관서의 장에게 보고하여야 한다.

해설 ⑤ 사업주는 중대재해가 발생한 사실을 알게 된 경우에는 지체 없이 재해발생의 개요 및 피해 상황 등을 사업장 소재지를 관할하는 지방고용노동관서의 장에게 전화·팩스 또는 그 밖의 적절한 방법으로 보고해야 한다(규칙 제67조).
① 사업주는 산업재해로 사망자가 발생하거나 3일 이상의 휴업이 필요한 부상을 입거나 질병에 걸린 사람이 발생한 경우에는 해당 산업재해가 발생한 날부터 1개월 이내에 산업재해조사표를 작성하여 관할 지방고용노동관서의 장에게 제출해야 한다(규칙 제73조 제1항).
② 사업주는 산업재해가 발생한 때에는 근로자의 인적사항, 재해 발생의 원인 및 과정, 재해 재발방지 계획 등을 기록·보존해야 한다(규칙 제72조 전단).
③ 「산업재해보상보험법」에 따라 요양급여의 신청을 받은 근로복지공단은 지방고용노동관서의 장 또는 공단으로부터 요양신청서 사본, 요양업무 관련 전산입력자료, 그 밖에 산업재해예방업무 수행을 위하여 필요한 자료의 송부를 요청받은 경우에는 이에 협조해야 한다(규칙 제73조 제5항).
④ 사업주는 산업재해조사표에 근로자대표의 확인을 받아야 하며, 그 기재 내용에 대하여 근로자대표의 이견이 있는 경우에는 그 내용을 첨부해야 한다. 다만, 근로자대표가 없는 경우에는 재해자 본인의 확인을 받아 산업재해조사표를 제출할 수 있다(규칙 제73조 제3항).

8. 산업안전보건법령상 안전보건관리책임자가 총괄·관리해야 할 업무에 해당하는 것만을 모두 고른 것은?

> ㉠ 산업재해 예방계획의 수립에 관한 사항
> ㉡ 산업재해의 원인 조사 및 재발 방지대책 수립에 관한 사항
> ㉢ 자율안전확인대상 기계·기구등의 사용 여부 확인에 관한 사항
> ㉣ 건설업의 경우 수급인의 산업안전보건관리비의 집행 감독 및 그 사용에 관한 수급인 간의 협의·조정에 관한 사항

① ㉠, ㉡
② ㉠, ㉢
③ ㉠, ㉣
④ ㉡, ㉢
⑤ ㉢, ㉣

해설 안전보건관리책임자가 총괄·관리해야 할 업무(법 제15조 제1항)
1. 사업장의 산업재해 예방계획의 수립에 관한 사항
2. 안전보건관리규정의 작성 및 변경에 관한 사항
3. 안전보건교육에 관한 사항

정답 6 ③ 7 ⑤ 8 ①

4. 작업환경측정 등 작업환경의 점검 및 개선에 관한 사항
5. 근로자의 건강진단 등 건강관리에 관한 사항
6. 산업재해의 원인 조사 및 재발 방지대책 수립에 관한 사항
7. 산업재해에 관한 통계의 기록 및 유지에 관한 사항
8. 안전장치 및 보호구 구입 시 적격품 여부 확인에 관한 사항
9. 그 밖에 근로자의 유해·위험 방지조치에 관한 사항으로서 위험성평가의 실시에 관한 사항과 안전보건규칙에서 정하는 근로자의 위험 또는 건강장해의 방지에 관한 사항(규칙 제9조)

9. 산업안전보건법령상 물질안전보건자료 및 경고표시에 관한 설명으로 옳은 것은?
   ① 물질안전보건자료대상물질을 양도하거나 제공하는 자는 물질안전보건자료 제공의무가 없다.
   ② 약사법에 따른 의약품은 물질안전보건자료의 작성 대상이다.
   ③ 탱크로리, 파이프라인에 의하여 물질안전보건자료대상물질을 양도하거나 제공하는 경우에는 경고표시 기재 항목을 적은 자료를 제공할 필요가 없다.
   ④ 사업주는 새로운 물질안전보건자료대상물질이 도입된 경우 근로자에게 물질안전보건자료에 관한 교육을 매번 실시할 필요가 없다.
   ⑤ 사업주는 물질안전보건자료에 관한 교육을 할 때 유해성·위험성이 유사한 물질안전보건자료대상물질을 그룹별로 분류하여 교육할 수 있다.

   해설 ⑤ 사업주는 교육을 하는 경우에 유해성·위험성이 유사한 물질안전보건자료대상물질을 그룹별로 분류하여 교육할 수 있다(규칙 제169조 제2항).
   ① 물질안전보건자료대상물질을 양도하거나 제공하는 자는 이를 양도받거나 제공받는 자에게 물질안전보건자료를 제공하여야 한다(법 제111조 제1항).
   ② 약사법에 따른 의약품은 물질안전보건자료의 작성 제외 대상이다(영 제86조).
   ③ 용기 및 포장에 담는 방법 외의 방법으로 물질안전보건자료대상물질을 양도하거나 제공하는 경우에는 고용노동부장관이 정하여 고시한 바에 따라 경고표시 기재 항목을 적은 자료를 제공하여야 한다(법 제115조 제1항).
   ④ 사업주는 새로운 물질안전보건자료대상물질이 도입된 경우에는 작업장에서 취급하는 물질안전보건자료대상물질의 물질안전보건자료에서 별표 5에 해당되는 내용을 근로자에게 교육해야 한다(규칙 제169조 제1항 전단).

10. 산업안전보건법령상 유해위험방지계획서 또는 공정안전보고서에 관한 설명으로 옳은 것은?
    ① 전기부품 제조업으로서 전기 계약 용량이 200킬로와트 이상인 사업은 유해위험방지계획서 제출 대상 업종에 포함되어 있다.
    ② 깊이 5미터 이상의 굴착공사를 하는 경우 사업주는 건설안전 분야 산업안전지도사의 의견을 들은 후 유해위험방지계획서를 제출하여야 한다.
    ③ 유해위험방지계획서에 대한 심사결과 사업주는 지방고용노동관서의 장으로부터 공사착공 중지명령 또는 계획변경명령을 받은 경우에는 계획서를 보완하거나 변경하여 한국산업안전보건공단에 제출하여야 한다.

④ 사업주는 공정안전보고서 심사결과를 근로자에게 알려주어야 한다.
⑤ 사업주는 유해·위험설비의 설치·이전 또는 주요 구조부분의 변경공사의 착공일 전까지 공정안전보고서를 2부 작성하여 한국산업안전보건공단에 제출하여야 한다.

> **해설** ③ 사업주는 지방고용노동관서의 장으로부터 공사착공중지명령 또는 계획변경명령을 받은 경우에는 유해위험방지계획서를 보완하거나 변경하여 공단에 제출해야 한다(규칙 제45조 제5항).
> ① 전기부품 제조업으로서 전기 계약 용량이 300킬로와트 이상인 사업은 유해위험방지계획서 제출 대상 업종이다(영 제42조 제1항).
> ② 깊이 10미터 이상의 굴착공사를 하는 경우 사업주는 건설안전 분야 산업안전지도사의 의견을 들은 후 유해위험방지계획서를 제출하여야 한다(영 제42조 제3항).
> ④ 고용노동부장관은 제출된 유해위험방지계획서를 고용노동부령으로 정하는 바에 따라 심사하여 그 결과를 사업주에게 서면으로 알려 주어야 한다(법 제42조 제4항 전단).
> ⑤ 사업주는 유해하거나 위험한 설비를 설치·이전하거나 고용노동부장관이 정하는 주요 구조부분을 변경할 때에는 고용노동부령으로 정하는 바에 따라 공정안전보고서를 작성하여 고용노동부장관에게 제출해야 한다(영 제45조 제1항 전단).

11. 산업안전보건법령상 안전보건교육에 관한 설명으로 옳은 것은?

① 사무직 종사 근로자는 정기교육 대상이 아니다.
② 관리감독자의 지위에 있는 사람은 연간 8시간 이상의 교육을 받아야 한다.
③ 작업내용 변경시 일용근로자를 제외한 근로자의 안전보건교육은 1시간 이상 실시하여야 한다.
④ 채용 시의 근로자에 대한 안전·보건교육은 고용형태에 관계없이 교육시간이 동일하다.
⑤ 안전보건관리책임자도 고용노동부장관이 실시하는 안전·보건에 관한 직무교육으로서 신규교육과 보수교육을 받아야 한다.

> **해설** ⑤ 안전보건관리책임자는 신규교육 6시간 이상, 보수교육 6시간 이상 받아야 한다(규칙 별표 4).
> ① 사무직 종사 근로자는 매반기 6시간 이상 정기교육을 받아야 한다(규칙 별표 4).
> ② 관리감독자의 지위에 있는 사람은 연간 16시간 이상의 교육을 받아야 한다(규칙 별표 4).
> ③ 작업내용 변경시 일용근로자를 제외한 근로자의 안전보건교육은 2시간 이상 실시하여야 한다(규칙 별표 4).
> ④ 채용 시의 근로자에 대한 안전·보건교육은 일용근로자 1시간 이상, 일용근로자를 제외한 근로자 8시간 이상 실시하여야 한다(규칙 별표 4).

12. 산업안전보건기준에 관한 규칙상 근골격계부담작업으로 인한 건강장해 예방에 관한 설명으로 옳지 않은 것은?

① 사업주는 유해요인 조사를 하는 경우에 근로자와의 면담, 증상 설문조사, 인간공학적 측면을 고려한 조사 등 적절한 방법으로 하여야 한다.
② 사업주는 근골격계부담작업을 하는 경우에 근골격계질환 발생 시의 대처요령에 대해 근로자에게 알려야 한다.

정답 9 ⑤ 10 ③ 11 ⑤ 12 ③

③ 사업주는 근골격계질환 예방에 필요한 사항을 근로자대표의 동의를 받아야 한다.
④ 사업주는 유해요인 조사에 근로자대표 또는 해당 작업 근로자를 참여시켜야 한다.
⑤ 사업주는 근로자가 5킬로그램 이상의 중량물을 들어올리는 작업을 하는 경우에 주로 취급하는 물품에 대하여 근로자가 쉽게 알 수 있도록 물품의 중량과 무게 중심에 대하여 작업장 주변에 안내표시를 하여야 한다.

> **해설** ③ 사업주는 근로자가 근골격계부담작업을 하는 경우에 근골격계질환 예방에 필요한 사항을 근로자에게 알려야 한다(산업안전보건기준에 관한 규칙 제661조 제1항 제5호).
> ① 사업주는 유해요인 조사 결과 근골격계질환이 발생할 우려가 있는 경우에 인간공학적으로 설계된 인력작업 보조설비 및 편의설비를 설치하는 등 작업환경 개선에 필요한 조치를 하여야 한다(산업안전보건기준에 관한 규칙 제659조).
> ② 사업주는 근골격계부담작업을 하는 경우에 근골격계질환 발생 시의 대처요령에 대해 근로자에게 알려야 한다(산업안전보건기준에 관한 규칙 제661조 제1항 제3호).
> ④ 사업주는 유해요인 조사에 근로자 대표 또는 해당 작업 근로자를 참여시켜야 한다(산업안전보건기준에 관한 규칙 제657조 제3항).
> ⑤ 사업주는 근로자가 5킬로그램 이상의 중량물을 들어올리는 작업을 하는 경우에 주로 취급하는 물품에 대하여 근로자가 쉽게 알 수 있도록 물품의 중량과 무게 중심에 대하여 작업장 주변에 안내표시를 하여야 한다(산업안전보건기준에 관한 규칙 제665조 제1호).

13. 산업안전보건기준에 관한 규칙상 밀폐공간 내 작업에 관한 설명으로 옳은 것은?
① "산소결핍"이란 공기 중의 산소농도가 18퍼센트 미만인 상태를 말한다.
② 밀폐공간 작업 프로그램에는 작업시작 전·후 공기상태가 적정한지를 확인하기 위한 측정·평가, 방독마스크의 착용과 관리에 대한 내용이 포함되어야 한다.
③ 근로자가 밀폐공간에서 작업을 하는 경우 밀폐공간 작업 프로그램을 수립하여 시행하여야 하는 주체는 보건관리자 선임의무가 있는 사업주에 한한다.
④ 사업주는 근로자가 밀폐공간에서 작업을 하는 경우 상시 작업상황을 감시할 수 있는 감시인을 지정하여 밀폐공간 내부에 배치하여야 한다.
⑤ 사업주는 밀폐공간에 종사하는 근로자에 대하여 응급처치 등 긴급 구조훈련을 1년에 1회 이상 주기적으로 실시하여야 한다.

> **해설** ① 산소결핍 : 공기 중의 산소농도가 18% 미만인 상태를 말한다(산업안전보건기준에 관한 규칙 제618조).
> ② 밀폐공간 작업 프로그램에는 밀폐공간 작업 시 사전 확인이 필요한 사항에 대한 확인 절차 등에 대한 내용이 포함되어야 한다(산업안전보건기준에 관한 규칙 제619조 제1항).
> ③ 근로자가 밀폐공간에서 작업을 하는 경우 밀폐공간 작업 프로그램을 수립하여 시행하여야 하는 주체는 관리감독자 선임의무가 있는 사업주에 한한다(산업안전보건기준에 관한 규칙 제619조 제2항).
> ④ 사업주는 근로자가 밀폐공간에서 작업을 하는 경우 근로자에게 관리감독자, 근로자, 감시인 등 작업자 정보를 근로자가 안전한 상태에서 작업하도록 하여야 한다(산업안전보건기준에 관한 규칙 제619조 제2항).
> ⑤ 사업주는 밀폐공간에 종사하는 근로자에 대하여 밀폐공간 내 질식·중독 등을 일으킬 수 있는 유해·위험 요인의 파악 및 관리 방안을 수립하여 시행하여야 한다(제619조 제1항).

14. 산업안전보건법령상 제조 등이 금지되는 유해물질이 아닌 것은?
   ① 염화비닐
   ② 석면
   ③ 베타-나프틸아민과 그 염
   ④ 폴리클로리네이티드 터페닐(PCT)
   ⑤ 4-니트로디페닐과 그 염

   해설 제조 등이 금지되는 유해물질(영 제87조)
   1. β-나프틸아민[91-59-8]과 그 염(β-Naphthylamine and its salts)
   2. 4-니트로디페닐[92-93-3]과 그 염(4-Nitrodiphenyl and its salts)
   3. 백연[1319-46-6]을 포함한 페인트(포함된 중량의 비율이 2퍼센트 이하인 것은 제외한다)
   4. 벤젠[71-43-2]을 포함하는 고무풀(포함된 중량의 비율이 5퍼센트 이하인 것은 제외한다)
   5. 석면(Asbestos; 1332-21-4 등)
   6. 폴리클로리네이티드 터페닐(Polychlorinated terphenyls; 61788-33-8 등)
   7. 황린[12185-10-3] 성냥(Yellow phosphorus match)
   8. 1., 2., 5. 또는 6.에 해당하는 물질을 포함한 혼합물(포함된 중량의 비율이 1퍼센트 이하인 것은 제외한다)
   9. 「화학물질관리법」에 따른 금지물질
   10. 그 밖에 보건상 해로운 물질로서 산업재해보상보험및예방심의위원회의 심의를 거쳐 고용노동부장관이 정하는 유해물질

15. 산업안전보건법령에 규정된 용어에 관한 설명으로 옳은 것은?
   ① "근로자"란 직업의 종류를 불문하고 임금·급료 기타 이에 준하는 수입에 의하여 생활하는 자를 말한다.
   ② "작업환경측정"이란 작업환경 실태를 파악하기 위하여 해당 근로자 또는 작업장에 대하여 고용노동부장관이 지정하는 자가 측정계획을 수립하여 시료를 채취하고 분석·평가하는 것을 말한다.
   ③ 2개월 이상의 요양이 필요한 부상자가 동시에 3명이상 발생한 재해는 "중대재해"에 포함된다.
   ④ "안전·보건진단"이란 산업재해를 예방하기 위하여 잠재적 위험성을 발견하고 그 개선대책을 수립할 목적으로 고용노동부장관이 지정하는 자가 하는 조사·평가를 말한다.
   ⑤ "사업주"란 근로기준법상의 사용자를 말한다.

   해설 ④ 안전·보건진단 : 산업재해를 예방하기 위하여 잠재적 위험성을 발견하고 그 개선대책을 수립할 목적으로 조사·평가하는 것을 말한다(법 제2조 제12호).
   ① 근로자 : 직업의 종류와 관계없이 임금을 목적으로 사업이나 사업장에 근로를 제공하는 사람을 말한다(법 제2조 제3호).
   ② 작업환경측정 : 작업환경 실태를 파악하기 위하여 해당 근로자 또는 작업장에 대하여 사업주가 유해인자에 대한 측정계획을 수립한 후 시료를 채취하고 분석·평가하는 것을 말한다(법 제2조 제13호).
   ③ 중대재해는 사망자가 1명 이상 발생한 재해, 3개월 이상의 요양이 필요한 부상자가 동시에 2명 이상 발생한 재해, 부상자 또는 직업성 질병자가 동시에 10명 이상 발생한 재해가 포함된다(규칙 제3조).
   ⑤ 사업주 : 근로자를 사용하여 사업을 하는 자를 말한다(법 제2조 제4호).

정답 13 ① 14 ① 15 ④

16. 다음의 경우 산업안전보건법령상 사업장에 선임하여야 할 안전·보건관리자에 관한 설명으로 옳지 않은 것은?

> 상시근로자 400명을 고용하여 1차 금속 제조업을 영위하는 A사는 같은 업종의 B사와 C사를 사내 하도급업체로 두고 있으며, B사와 C사는 각각 상시근로자 100명씩을 고용하여 사업을 운영하고 있다.

① 도급인 A와 수급인 B, 수급인 C는 각각 안전관리자 1명씩 총 3명의 안전관리자를 선임하는 것이 원칙이다.
② 도급인 A가 자신의 근로자수 400명에 대한 안전관리자 1명과 수급인 B·C의 근로자수 200명에 대한 안전관리자 1명을 추가로 선임하였다면 수급인 B·C는 별도의 안전관리자를 선임하지 않아도 된다.
③ 도급인 A와 수급인 B, 수급인 C는 각각 보건관리자 1명씩 총 3명의 보건관리자를 선임하는 것이 원칙이다.
④ 도급인 A가 자신의 근로자수 400명에 대한 보건관리자 1명과 수급인 B·C의 근로자수 200명에 대한 보건관리자 1명을 추가로 선임하였다면 수급인 B·C는 별도의 보건관리자를 선임하지 않아도 된다.
⑤ 위 ①항의 경우 도급인 A와 수급인 B·C가 안전관리자를 선임할 때 건설안전기사자격을 가진 사람을 안전관리자로 선임하여서는 아니된다.

해설 1차 금속 제조업을 영위하는 사업장은 상시근로자 50명 이상 500명 미만인 경우 보건관리자 1명을 선임하여야 하므로 A, B, C사업장 각 1인의 보건관리자 1명을 선임하여야 한다(영 별표 5).

17. 산업안전보건법령상 안전보건관리규정에 대한 설명으로 옳은 것은?
① 안전보건관리규정 중 당해 사업장에 적용되는 단체협약 및 취업규칙에 반하는 부분에 관하여는 안전보건관리규정을 우선 적용한다.
② 안전보건관리규정에는 작업장에 대한 안전·보건관리에 관한 사항이 포함되어야 한다.
③ 사업주는 안전보건관리규정을 작성하여야 할 사유가 발생한 날부터 60일 이내에 안전보건관리규정을 작성하여야 한다.
④ 사업주는 안전보건관리규정을 변경하여야 할 사유가 발생한 경우 해당 사유가 발생한 날부터 60일 이내에 안전보건관리규정을 변경하여야 한다.
⑤ 사업주가 안전보건관리규정을 작성하거나 변경할 때에 산업안전보건위원회가 설치되어 있지 아니한 사업장의 경우에는 근로자대표에게 통보만 하면 된다.

해설 ② 안전보건관리규정에는 작업장에 대한 안전·보건관리에 관한 사항이 포함되어야 한다(법 제25조 제1항 제3호).

① 안전보건관리규정은 단체협약 또는 취업규칙에 반할 수 없다. 이 경우 안전보건관리규정 중 단체협약 또는 취업규칙에 반하는 부분에 관하여는 그 단체협약 또는 취업규칙으로 정한 기준에 따른다(법 제25조 제2항).
③, ④ 사업의 사업주는 안전보건관리규정을 작성해야 할 사유가 발생한 날부터 30일 이내에 별표 3의 내용을 포함한 안전보건관리규정을 작성해야 한다. 이를 변경할 사유가 발생한 경우에도 또한 같다(규칙 제25조 제2항 전단).
⑤ 사업주는 안전보건관리규정을 작성하거나 변경할 때에는 산업안전보건위원회의 심의·의결을 거쳐야 한다. 다만, 산업안전보건위원회가 설치되어 있지 아니한 사업장의 경우에는 근로자대표의 동의를 받아야 한다(법 제26조).

18. 산업안전보건법령상 안전검사에 관한 설명으로 옳지 않은 것은?

① 프레스, 전단기 등 안전검사대상기계등을 사용하는 사업주는 안전검사대상기계등의 안전에 관한 성능이 검사기준에 맞는지에 대하여 안전검사를 받아야 한다.
② 안전검사대상기계등을 사용하는 사업주와 소유자가 다른 경우에는 해당 유해·위험기계등을 사용하는 사업주가 안전검사를 받아야 한다.
③ 안전검사 대상인 크레인, 리프트 및 곤돌라의 검사주기는 사업장에 설치가 끝난 날부터 3년 이내에 최초 안전검사를 실시하되, 그 이후부터 2년마다 실시하여야 한다.
④ 안전검사대상기계등을 건설현장에서 사용하는 경우에는 최초로 설치한 날부터 6개월마다 안전검사를 실시하여야 한다.
⑤ 안전검사 대상인 프레스, 전단기의 검사주기는 사업장에 설치가 끝난 날부터 3년 이내에 최초 안전검사를 실시하되, 그 이후부터 2년마다 실시하여야 한다.

해설 ② 안전검사대상기계등을 사용하는 사업주와 소유자가 다른 경우에는 안전검사대상기계등의 소유자가 안전검사를 받아야 한다(법 제93조 제1항).
① 프레스, 전단기 등 유해·위험기계등을 사용하는 사업주는 안전검사대상기계등의 안전에 관한 성능이 검사기준에 맞는지에 대하여 안전검사를 받아야 한다(영 제78조 제1항).
③ 안전검사 대상인 크레인, 리프트 및 곤돌라의 검사주기는 사업장에 설치가 끝난 날부터 3년 이내에 최초 안전검사를 실시하되, 그 이후부터 2년마다 실시하여야 한다(규칙 제126조 제1항 제1호).
④ 안전검사대상기계등을 건설현장에서 사용하는 경우에는 최초로 설치한 날부터 6개월마다 안전검사를 실시하여야 한다(규칙 제126조 제1항 제1호).
⑤ 안전검사 대상인 프레스, 전단기의 검사주기는 사업장에 설치가 끝난 날부터 3년 이내에 최초 안전검사를 실시하되, 그 이후부터 2년마다 실시하여야 한다(규칙 제126조 제1항 제3호).

19. 산업안전보건기준에 관한 규칙상 근로자의 추락위험 예방에 관한 설명으로 옳지 않은 것은?

① 추락방호망의 설치위치는 가능하면 작업면으로부터 가까운 지점에 설치하여야 하며, 작업면으로부터 망의 설치지점까지의 수직거리는 10미터를 초과하지 아니하여야 한다.
② 안전난간은 상부 난간대, 중간 난간대, 발끝막이판 및 난간기둥으로 구성하여야 한다.
③ 안전난간은 구조적으로 가장 취약한 지점에서 가장 취약한 방향으로 작용하는 50킬로그램 이상의 하중에 견딜 수 있는 구조이어야 한다.

정답 16 ④ 17 ② 18 ② 19 ③

④ 사업주는 높이 1미터 이상인 계단의 개방된 측면에 안전난간을 설치하여야 한다.
⑤ 사업주는 높이 또는 깊이 2미터 이상의 추락할 위험이 있는 장소에서 작업하는 근로자에게 안전대를 지급하고 착용하도록 하여야 한다.

해설 ③ 안전난간은 구조적으로 가장 취약한 지점에서 가장 취약한 방향으로 작용하는 100kg 이상의 하중에 견딜 수 있는 튼튼한 구조일 것(산업안전보건기준에 관한 규칙 제13조 제7호)
① 추락방호망의 설치위치는 가능하면 작업면으로부터 가까운 지점에 설치하여야 하며, 작업면으로부터 망의 설치지점까지의 수직거리는 10m를 초과하지 아니할 것(산업안전보건기준에 관한 규칙 제42조 제2항 제1호)
② 안전난간은 상부 난간대, 중간 난간대, 발끝막이판 및 난간기둥으로 구성할 것(산업안전보건기준에 관한 규칙 제13조 제1호)
④ 사업주는 높이 1m 이상인 계단의 개방된 측면에 안전난간을 설치하여야 한다(산업안전보건기준에 관한 규칙 제30조).
⑤ 사업주는 높이 또는 깊이 2미터 이상의 추락할 위험이 있는 장소에서 작업하는 근로자에게 안전대를 지급하고 착용하도록 하여야 한다(산업안전보건기준에 관한 규칙 제32조 제1항 제2호).

20. 산업안전보건법령상 작업환경측정에 대한 설명으로 옳은 것은?
① 작업환경측정 대상 작업장은 작업환경측정 대상 유해인자가 존재하는 작업장을 말한다.
② 작업환경측정을 할 때에는 모든 측정은 반드시 개인시료채취방법으로 하여야 한다.
③ 작업장 또는 작업공정이 신규로 가동되거나 변경되어 작업환경측정 대상 작업장이 된 경우에는 지체없이 작업환경측정을 하여야 한다.
④ 발암성물질인 화학적 인자의 측정치가 노출기준을 초과하는 경우 해당 사업장 전체에 대하여 그 측정일부터 3개월에 1회 이상 작업환경측정을 하여야 한다.
⑤ 사업주는 작업환경측정 결과 노출기준을 초과한 작업공정이 있는 경우 개선 등 적절한 조치를 하고 시료채취를 마친 날부터 60일 이내에 해당 작업공정의 개선을 증명할 수 있는 서류 또는 개선계획을 관할 지방고용노동관서의 장에게 제출하여야 한다.

해설 ⑤ 사업주는 작업환경측정 결과 노출기준을 초과한 작업공정이 있는 경우에는 해당 시설·설비의 설치·개선 또는 건강진단의 실시 등 적절한 조치를 하고 시료채취를 마친 날부터 60일 이내에 해당 작업공정의 개선을 증명할 수 있는 서류 또는 개선 계획을 관할 지방고용노동관서의 장에게 제출해야 한다(규칙 제188조 제3항).
① 작업환경측정 대상 작업장은 작업환경측정 대상 유해인자에 노출되는 근로자가 있는 작업장을 말한다(규칙 제186조 제1항 전단).
② 모든 측정은 개인 시료채취방법으로 하되, 개인 시료채취방법이 곤란한 경우에는 지역 시료채취방법으로 실시할 것. 이 경우 그 사유를 작업환경측정 결과표에 분명하게 밝혀야 한다(규칙 제189조 제1항 제3호).
③ 작업장 또는 작업공정이 신규로 가동되거나 변경되는 등으로 작업환경측정 대상 작업장이 된 경우에는 그 날부터 30일 이내에 작업환경측정을 하고, 그 후 반기에 1회 이상 정기적으로 작업환경을 측정해야 한다(규칙 제190조 제1항 전단).
④ 화학적 인자(고용노동부장관이 정하여 고시하는 물질만 해당한다)의 측정치가 노출기준을 초과하는 경우 해당하는 작업장 또는 작업공정은 해당 유해인자에 대하여 그 측정일부터 3개월에 1회 이상 작업환경측정을 해야 한다(규칙 제190조 제1항).

21. 산업안전보건법령상 명예산업안전감독관에 대한 설명으로 옳지 않은 것은?

① 고용노동부장관은 산업안전보건위원회 설치 대상 사업의 근로자 중에서 근로자대표가 사업주의 의견을 들어 추천하는 사람을 명예산업안전감독관으로 위촉할 수 있다.
② 위 ①항의 명예산업안전감독관은 법령 및 산업재해 예방정책의 개선을 건의할 수 있다.
③ 명예산업안전감독관의 임기는 2년으로 하되, 연임할 수 있다.
④ 고용노동부장관은 명예산업안전감독관의 활동을 지원하기 위하여 수당 등을 지급할 수 있다.
⑤ 고용노동부장관은 근로자대표가 사업주의 의견을 들어 위촉된 명예산업안전감독관의 해촉을 요청한 경우 그를 해촉할 수 있다.

해설 ② 근로자대표가 사업주의 의견을 들어 추천하는 사람인 명예산업안전감독관은 법령 및 산업재해 예방정책의 개선을 건의할 수 없다(영 제32조 제2항 제8호).
① 고용노동부장관은 산업안전보건위원회 설치 대상 사업의 근로자 중에서 근로자대표가 사업주의 의견을 들어 추천하는 사람을 명예산업안전감독관으로 위촉할 수 있다(영 제32조 제1항 제1호).
③ 명예산업안전감독관의 임기는 2년으로 하되, 연임할 수 있다(영 제32조 제3항).
④ 고용노동부장관은 명예산업안전감독관의 활동을 지원하기 위하여 수당 등을 지급할 수 있다(영 제32조 제4항).
⑤ 고용노동부장관은 근로자대표가 사업주의 의견을 들어 위촉된 명예산업안전감독관의 해촉을 요청한 경우 그를 해촉할 수 있다(영 제33조 제1호).

22. 산업안전보건법령상 산업안전보건위원회에 대한 설명으로 옳지 않은 것은?

① 산업안전보건위원회의 위원장은 위원 중에서 호선(互選)하며, 이 경우 근로자위원과 사용자위원 중 각 1명을 공동위원장으로 선출할 수 있다.
② 근로자대표가 근로자위원을 지명하는 경우에 근로자대표는 조합원인 근로자와 조합원이 아닌 근로자의 비율을 반영하여 근로자위원을 지명하도록 노력해야 한다.
③ 사용자위원은 해당 사업의 대표자로 구성한다.
④ 유해·위험사업의 대표자가 사용자위원을 지명하는 경우에는 해당 사업장의 해당부서의 장을 반드시 사용자위원으로 지명하여야 한다.
⑤ 산업안전보건위원회의 회의는 근로자위원 및 사용자위원 각 과반수의 출석으로 시작하고 출석위원 과반수의 찬성으로 의결한다.

해설 ④ 유해·위험사업의 대표자가 사용자위원을 지명하는 경우에는 도급인 대표자, 관계수급인의 각 대표자 및 안전관리자를 사용자위원으로 구성할 수 있다(영 제35조 제3항).
① 산업안전보건위원회의 위원장은 위원 중에서 호선한다. 이 경우 근로자위원과 사용자위원 중 각 1명을 공동위원장으로 선출할 수 있다(영 제36조).
② 근로자대표가 근로자위원을 지명하는 경우에 근로자대표는 조합원인 근로자와 조합원이 아닌 근로자의 비율을 반영하여 근로자위원을 지명하도록 노력해야 한다(규칙 제24조).
③ 사용자위원은 해당 사업의 대표자로 구성한다(영 제35조 제2항).
⑤ 회의는 근로자위원 및 사용자위원 각 과반수의 출석으로 개의하고 출석위원 과반수의 찬성으로 의결한다(영 제37조 제2항).

정답 20 ⑤ 21 ② 22 ④

23. 산업안전보건법령상 근로자의 보건관리에 관한 설명으로 옳지 않은 것은?
   ① 사업주는 감염병, 정신질환 또는 근로로 인하여 병세가 크게 악화될 우려가 있는 질병으로서 고용노동부령으로 정하는 질병에 걸린 자에게는 의사의 진단에 따라 근로를 금지하거나 제한하여야 한다.
   ② 사업주는 근로가 금지되거나 제한된 근로자가 건강을 회복하였을 때에는 지체 없이 취업하게 하여야 한다.
   ③ 사업주는 정신신경증, 알코올중독, 신경통, 그 밖의 정신신경계의 질병이 있는 사람은 근로를 금지시켜야 한다.
   ④ 사업주는 근로를 금지하거나 근로를 다시 시작하도록 하는 경우에는 미리 의사인 보건관리자, 산업보건의 또는 건강진단을 실시한 의사의 의견을 들어야 한다.
   ⑤ 관할 지방고용노동관서의 장이 역학조사의 필요성을 인정하는 경우에는 산업안전보건위원회의 의결이나 상대방의 동의 없이 역학조사를 할 수 있다.

   해설 ③ 사업주는 전염될 우려가 있는 질병에 걸린 사람, 조현병·마비성 치매에 걸린 사람, 심장·신장·폐 등의 질환이 있는 사람으로서 근로에 의하여 병세가 악화될 우려가 있는 사람은 근로를 금지시켜야 한다(규칙 제220조 제1항).
   ① 사업주는 감염병, 정신질환 또는 근로로 인하여 병세가 크게 악화될 우려가 있는 질병으로서 고용노동부령으로 정하는 질병에 걸린 사람에게는 의사의 진단에 따라 근로를 금지하거나 제한하여야 한다(법 제138조 제1항).
   ② 사업주는 근로가 금지되거나 제한된 근로자가 건강을 회복하였을 때에는 지체 없이 근로를 할 수 있도록 하여야 한다(법 제138조 제2항).
   ④ 사업주는 근로를 금지하거나 근로를 다시 시작하도록 하는 경우에는 미리 보건관리자(의사인 보건관리자만 해당한다), 산업보건의 또는 건강진단을 실시한 의사의 의견을 들어야 한다(규칙 제220조 제2항).
   ⑤ 사업주 또는 근로자대표가 역학조사를 요청하는 경우에는 산업안전보건위원회의 의결을 거치거나 각각 상대방의 동의를 받아야 한다. 다만, 관할 지방고용노동관서의 장이 역학조사의 필요성을 인정하는 경우에는 그렇지 다(규칙 제222조 제2항).

24. 산업안전보건법령상 근로자대표의 자료요청에 대하여 사업주가 응하지 않아도 되는 것만을 모두 고른 것은?

   ㉠ 산업안전보건위원회가 의결한 사항
   ㉡ 도급사업에 있어서의 도급 사업주의 안전·보건조치사항
   ㉢ 안전·보건교육 실시 결과에 관한 사항
   ㉣ 공정안전보고서의 작성 및 확인에 관한 사항
   ㉤ 근로자 건강진단에 관한 사항
   ㉥ 작업환경측정에 관한 사항

   ① ㉠, ㉡, ㉢
   ② ㉠, ㉤, ㉥
   ③ ㉡, ㉢, ㉣
   ④ ㉢, ㉣, ㉤
   ⑤ ㉣, ㉤, ㉥

해설 근로자대표는 사업주에게 다음의 사항을 통지하여 줄 것을 요청할 수 있고, 사업주는 이에 성실히 따라야 한다(법 제35조).
1. 산업안전보건위원회(노사협의체를 구성·운영하는 경우에는 노사협의체를 말한다)가 의결한 사항
2. 안전보건진단 결과에 관한 사항
3. 안전보건개선계획의 수립·시행에 관한 사항
4. 도급인의 이행 사항
5. 물질안전보건자료에 관한 사항
6. 작업환경측정에 관한 사항
7. 그 밖에 고용노동부령으로 정하는 안전 및 보건에 관한 사항

25. 산업안전보건기준에 관한 규칙상 근로자의 위험을 예방하기 위하여 규정된 내용으로 옳은 것은?

① 거푸집 동바리로 사용하는 파이프서포트를 2개 이상 이어서 사용하지 않도록 하여야 한다.
② 콘크리트를 타설하는 경우에는 지지강도가 높게 나오게 중앙부위에 집중적으로 타설하여야 한다.
③ 흙막이 등 기울기면의 붕괴방지 조치를 하지 않고 풍화암으로 이루어진 지반을 굴착하는 경우 굴착면의 기울기는 1 : 0.5에 맞도록 하여야 한다.
④ 위 ③항의 경우 습지인 보통 흙으로 이루어진 지반을 굴착하는 경우에는 굴착면의 기울기는 1 : 0.5 ~ 1 : 1에 맞도록 하여야 한다.
⑤ 흙막이 등 기울기면의 붕괴방지 조치를 하지 않은 상태에서 굴착면의 경사가 달라서 기울기를 계산하기 곤란한 경우 해당 굴착면에 대하여 굴착면의 기울기 기준에 따라 붕괴의 위험이 증가하지 않도록 해당 각 부분의 경사를 유지하여야 한다.

해설 ⑤ 사업주는 지반 등을 굴착하는 경우 굴착면의 기울기를 별표 11의 기준에 맞도록 해야 한다. 다만, 건설기준에 맞게 작성한 설계도서상의 굴착면의 기울기를 준수하거나 흙막이 등 기울기면의 붕괴 방지를 위하여 적절한 조치를 한 경우에는 그렇지 않다(산업안전보건기준에 관한 규칙 제339조 제1항).
① 동바리로 사용하는 파이프 서포트의 경우 3개 이상 이어서 사용하지 않도록 할 것(산업안전보건기준에 관한 규칙 제332조의2 제1호)
③ 흙막이 등 기울면의 붕괴방지 조치를 하지 않고 연암 및 풍화암으로 이루어진 지반을 굴착하는 경우 굴착면의 기울기는 1 : 1.0에 맞도록 하여야 한다(산업안전보건기준에 관한 규칙 별표 11).
④ 위 ③항의 경우 습지인 보통의 흙으로 이루어진 지반을 굴착하는 경우 굴착면의 기울기는 1 : 1.2에 맞도록 하여야 한다(산업안전보건기준에 관한 규칙 별표 11).

정답 23 ③ 24 ④ 25 ⑤

산업위생 일반

26. 검사결과값이 높을수록 뇌심혈관계 질환에 예방적 효과를 나타내는 것은?
① 혈당
② 중성지방
③ 총 콜레스테롤
④ HDL-콜레스테롤
⑤ LDL-콜레스테롤

> 해설 ④ HDL-콜레스테롤은 혈관 벽에 쌓인 콜레스테롤을 간으로 운반하는 역할을 해 동맥경화를 예방하는 역할을 한다. 따라서 다른 콜레스테롤 수치와는 달리 높을수록 좋다.
> ⑤ LDL-콜레스테롤은 혈액을 통해 콜레스테롤을 운반하는 분자 중 하나로 세포들에게 지방산과 콜레스테롤을 운반해 주는 역할을 한다.

27. 산업안전보건법령상 대상 유해인자와 배치 후 첫 번째 특수건강진단의 시기가 옳게 짝지어진 것은?
① N,N-디메틸아세트아미드 - 1개월 이내
② N,N-디메틸포름아미드 - 3개월 이내
③ 벤젠 - 3개월 이내
④ 염화비닐 - 6개월 이내
⑤ 사염화탄소 - 6개월 이내

> 해설 특수건강진단의 시기 및 주기(규칙 별표 23)

구분	대상 유해인자	시기(배치 후 첫 번째 특수 건강진단)	주기
1	N,N-디메틸아세트아미드 디메틸포름아미드	1개월 이내	6개월
2	벤젠	2개월 이내	6개월
3	1,1,2,2-테트라클로로에탄 사염화탄소 아크릴로니트릴 염화비닐	3개월 이내	6개월
4	석면, 면 분진	12개월 이내	12개월
5	광물성 분진 목재 분진 소음 및 충격소음	12개월 이내	24개월
6	제1호부터 제5호까지의 대상 유해인자를 제외한 별표 22의 모든 대상 유해인자	6개월 이내	12개월

28. 산업안전보건법령상 진단결과에 따라 사업주가 근로를 금지하거나 취업을 제한하여야 하는 대상이 아닌 질병자는?

① 조현병에 걸린 사람
② 마비성 치매에 걸린 사람
③ 폐결핵으로 진단받고 1개월째 약물치료를 받고 있는 사람
④ 규폐증으로 진단받고 모래를 이용한 주형작업에 근무하려는 사람
⑤ 만성신장질환으로 치료중이나 카드뮴 노출 작업장에 근무하려는 사람

해설 사업주는 다음의 어느 하나에 해당하는 사람에 대해서는 근로를 금지해야 한다(규칙 제220조 제1항).
1. 전염될 우려가 있는 질병에 걸린 사람. 다만, 전염을 예방하기 위한 조치를 한 경우는 제외한다.
2. 조현병, 마비성 치매에 걸린 사람
3. 심장·신장·폐 등의 질환이 있는 사람으로서 근로에 의하여 병세가 악화될 우려가 있는 사람
4. 1.부터 3.까지의 규정에 준하는 질병으로서 고용노동부장관이 정하는 질병에 걸린 사람

29. 다음 질환의 유해인자에 대한 노출이 중단되면 방사선학적 소견상 자연적 완화를 기대할 수 있는 진폐증은?

① 면폐증
② 규폐증
③ 베릴륨폐증
④ 탄광부진폐증
⑤ 용접공폐증

해설 용접공폐증은 진단 이후 노출이 중단되어 일정한 기간이 지나면 흉부사진상 관찰된 규칙성음영은 소실되는 예가 흔하게 나타난다.

30. 유기용제와 독성영향이 잘못 짝지어진 것은?

① 톨루엔 - 조혈장애
② 벤젠 - 재생불량성 빈혈
③ 이황화탄소 - 말초신경장애
④ 메틸알코올 - 위축성 시신경염
⑤ 2-브로모프로판 - 생식독성

해설 방향족 탄산수소에는 벤젠, 스티렌, 톨루엔, 크실렌 등이 있고 벤젠은 방향족 탄산수소 중 유일하게 조혈장애를 유발시킨다.

정답 26 ④ 27 ① 28 ③ 29 ⑤ 30 ①

31. 남성 근로자 우측 귀의 청력검사결과와 연령보정값은 아래 표와 같다. 이 근로자의 표준역치변동값과 청력평가로 옳은 것은?

〈표〉 주파수별 청력검사결과와 연령보정값

주파수(Hz)	1,000	2,000	3,000	4,000	6,000
청력역치 변동값(dB)	5	10	15	20	20
남성의 연령보정값(dB)	2	2	3	5	6

① 표준역치변동값 : 8.7dB, 청력평가 : 유의하지 않은 표준역치변동
② 표준역치변동값 : 9.5dB, 청력평가 : 유의한 표준역치변동
③ 표준역치변동값 : 10.4dB, 청력평가 : 유의하지 않은 표준역치변동
④ 표준역치변동값 : 11.7dB, 청력평가 : 유의한 표준역치변동
⑤ 표준역치변동값 : 12.3dB, 청력평가 : 유의하지 않은 표준역치변동

해설 표준역치변동값 : 10-2=8, 15-3=12, 20-5=15, $\frac{8+12+15}{3}=11.7dB$
청력평가 : 10dB를 초과하여 유의한 표준역치변동이 나타나 소음성 난청을 예방하기 위한 적절한 건강관리를 실시한다.

32. 근로자의 폐기능 검사에 관한 설명으로 옳지 않은 것은?(단, TLC : 총폐활량, FVC : 노력성 폐활량, FEV1 : 일초율)

① 기관지 천식과 같은 폐쇄성 질환에서는 FEV1이 FVC 보다 더 많이 감소한다.
② 검사결과는 같은 성, 연령, 신장, 인종 등의 참고값과 비교하여 해석하여야 한다.
③ FVC는 최대로 흡입한 후 최대한 내쉰 총공기량이며, FEV1은 검사하는 동안 처음 1초간 내쉰 공기량이다.
④ 신뢰할 만한 검사가 되기 위해서 최대한으로 숨을 들이마시어 TLC에 도달한 다음 검사를 시작해야 한다.
⑤ 폐섬유화와 같은 제한성 질환에서는 FEV1과 FVC 모두 감소하여 특징적으로 FEV1/FVC비가 정상이거나 작아진다.

해설 폐섬유화와 같은 제한성 질환에서는 FEV1과 FVC 모두 감소하여 특징적으로 FEV1/FVC비가 정상이거나 증가한다.

33. 손목을 이용하여 드라이버로 주로 작업하는 근로자가 엄지와 2, 3 수지 부위가 저리다고 할 때, 적절한 진단결과는?

① 경추염좌
② 방아쇠 수지
③ 유착성 견관절염
④ 수근관증후군
⑤ 테니스 엘보우(외상과염)

해설 수근관증후군은 손목을 이용하여 드라이버로 주로 작업하는 근로자나 컴퓨터 키보드를 치는 것과 같은 반복적인 손동작 역시 손목 인대에 염증을 일으켜 수근관증후군을 유발할 수 있다. 엄지와 둘째, 셋째 손가락, 약지의 안쪽, 손바닥에 화끈거리고 저리다.

34. 유해인자의 피부흡수에 관한 설명으로 옳지 않은 것은?
    ① 지용성이 높은 물질은 피부흡수가 더 잘된다.
    ② 물질의 pH가 피부흡수에 가장 중요한 역할을 한다.
    ③ 피부흡수가 가능한 물질은 노출기준에 Skin으로 표시한다.
    ④ 극성 유해물질의 피부흡수는 피부의 수분함량에 영향을 많이 받는다.
    ⑤ 피부의 각질층은 유해인자의 흡수에 관한 장벽으로 가장 중요한 역할을 한다.

    해설 ② 피부흡수에 가장 중요한 역할을 하는 것은 온도, 습도, 각질 등이고 물질의 pH는 중요하지 않다.
    ① 지용성 물질은 각질세포와 세포 사이를 채우고 있는 지질들로 이루어져 있어 흡수가 잘된다.
    ③ 피부흡수가 가능한 물질은 노출기준에 Skin으로 표시한다.
    ④ 피부의 습도와 온도가 상승하면 흡수가 잘된다.
    ⑤ 각질층이 없는 점막에서는 다른 피부에서보다 흡수가 잘된다.

35. 직무스트레스를 해결하기 위한 조직적 접근에 관한 내용으로 옳지 않은 것은?
    ① 근로자를 참여시킨다.
    ② 단계적으로 문제에 접근한다.
    ③ 조직 문화의 변화를 포함한다.
    ④ 사업주는 프로그램에 관심을 가져야 하며 책임을 져야 한다.
    ⑤ 사업장에서 스트레스 관리 목적은 스트레스를 완전히 없애는 것이다.

    해설 직무스트레스를 해결하기 위한 조직적 접근원칙
    1. 프로그램에 근로자 개입과 참여를 반드시 실행한다.
    2. 신뢰할 수 있는 전문가의 도움을 받고 이들에게 공식적인 의뢰를 한다.
    3. 사업주는 프로그램에 관심을 가져야 하며, 책임을 져야 한다.
    4. 조직적 변화의 문제를 포함하고 순응도를 높이기 위한 방안을 고려한다.
    5. 단계적으로 문제에 접근한다.
    6. 작업의 내용과 책임을 명확히 한다.
    7. 프로그램에서 제시하는 스케줄을 지킨다.
    8. 객관적인 측정방법을 사용한다.
    9. 직무스트레스를 일상적인 문제로 간주한다.
    10. 프로그램 실시 후 지속적으로 평가와 관리를 한다.

정답 31 ④ 32 ⑤ 33 ④ 34 ② 35 ⑤

36. 고용노동부 고시 「근골격계 부담작업의 범위」에 포함되지 않는 것은?
    ① 하루에 총 2시간 이상 쪼그리고 앉거나 무릎을 굽힌 상태에서 이루어지는 작업
    ② 하루에 2시간 이상 집중적으로 자료입력 등을 위해 키보드 또는 마우스를 조작하는 작업
    ③ 하루에 총 2시간 이상 목, 어깨, 팔꿈치, 손목 또는 손을 사용하여 같은 동작을 반복하는 작업
    ④ 하루에 총 2시간 이상 머리 위에 손이 있거나, 팔꿈치가 어깨위에 있거나, 팔꿈치를 몸통으로부터 들거나, 팔꿈치를 몸통뒤쪽에 위치하도록 하는 상태에서 이루어지는 작업
    ⑤ 하루에 총 2시간 이상 지지되지 않은 상태에서 1 kg 이상의 물건을 한 손의 손가락으로 집어 옮기거나, 2 kg 이상에 상응하는 힘을 가하여 한 손의 손가락으로 물건을 쥐는 작업

    해설 근골격계 부담작업(근골격계부담작업의 범위 및 유해요인조사 방법에 관한 고시 제3조)
    1. 하루에 4시간 이상 집중적으로 자료입력 등을 위해 키보드 또는 마우스를 조작하는 작업
    2. 하루에 총 2시간 이상 목, 어깨, 팔꿈치, 손목 또는 손을 사용하여 같은 동작을 반복하는 작업
    3. 하루에 총 2시간 이상 머리 위에 손이 있거나, 팔꿈치가 어깨위에 있거나, 팔꿈치를 몸통으로부터 들거나, 팔꿈치를 몸통뒤쪽에 위치하도록 하는 상태에서 이루어지는 작업
    4. 지지되지 않은 상태이거나 임의로 자세를 바꿀 수 없는 조건에서, 하루에 총 2시간 이상 목이나 허리를 구부리거나 트는 상태에서 이루어지는 작업
    5. 하루에 총 2시간 이상 쪼그리고 앉거나 무릎을 굽힌 자세에서 이루어지는 작업
    6. 하루에 총 2시간 이상 지지되지 않은 상태에서 1kg 이상의 물건을 한손의 손가락으로 집어 옮기거나, 2kg 이상에 상응하는 힘을 가하여 한손의 손가락으로 물건을 쥐는 작업
    7. 하루에 총 2시간 이상 지지되지 않은 상태에서 4.5kg 이상의 물건을 한 손으로 들거나 동일한 힘으로 쥐는 작업
    8. 하루에 10회 이상 25kg 이상의 물체를 드는 작업
    9. 하루에 25회 이상 10kg 이상의 물체를 무릎 아래에서 들거나, 어깨 위에서 들거나, 팔을 뻗은 상태에서 드는 작업
    10. 하루에 총 2시간 이상, 분당 2회 이상 4.5kg 이상의 물체를 드는 작업
    11. 하루에 총 2시간 이상 시간당 10회 이상 손 또는 무릎을 사용하여 반복적으로 충격을 가하는 작업

37. 산업위생 발전에 기여한 인물과 업적이 잘못 짝지어진 것은?
    ① 렌(Rehn) - Anilin 염료로 인한 직업성 방광암 발견
    ② 아그리콜라(Agricola) - 〈광물에 대하여〉를 저술
    ③ 해밀턴(Hamilton) - 사이다공장에서 납에 의한 복통 보고
    ④ 로리가(Loriga) - 진동공구에 의한 수지의 Raynaud 증상 보고
    ⑤ 갈레노스(Galenos) - 구리광산에서의 산 증기의 위험성 보고

    해설 사이다공장에서 납에 의한 복통 보고 - 베이커(George Baker), 해밀턴(Hamilton) - 미국 최초의 산업보건학자

38. 노출평가는 유해인자에 대한 작업자의 노출 타당성을 파악하기 위해 통계적 방법에 근거해야 한다. 다음에 제시한 노출평가 과정 중 옳지 않은 것은?

① 노출에 대한 신뢰구간 계산
② 신뢰구간과 노출기준과의 비교
③ 분포에 따른 대표치와 변이 산출
④ 자료의 분포검정과 이상값 존재유무 확인
⑤ 자료가 기하정규분포할 경우의 변이는 기하평균으로 산출

> **해설** 노출평가 과정
> 1. 자료의 분포 검정
> 2. 자료의 분포에 맞는 평균 추정
> 3. 신뢰구간 계산
> 4. 신뢰구간을 노출기준과 비교하여 노출타당성을 평가

39. 공기 중 유해인자에 대해 고체흡착제를 이용하여 시료를 포집할 때, 흡착에 영향을 주는 인자에 관한 설명으로 옳은 것은?

① 습도 : 비극성흡착제를 사용할 때 수증기가 흡착되기 때문에 파과가 일어난다.
② 흡착제의 크기 : 입자의 크기가 클수록 표면적이 증가하므로 채취효율이 증가한다.
③ 온도 : 흡착은 열역학적으로 발열반응이므로 온도가 높을수록 흡착에 좋은 조건이 된다.
④ 유해물질의 농도 : 공기중 유해물질의 농도가 낮을수록 흡착량이 많고 파과가 일어나기 쉽다.
⑤ 시료채취속도 : 시료채취 속도가 높으면 파과가 일어나기 쉬우며 코팅된 흡착제일수록 그 경향이 강하다.

> **해설** 고체흡착제에 오염물질이 흡착될 때 환경 및 여러 요인에 의해 흡착효율이 달라질 수 있는데 작업장의 온도, 습도에 흡착과정이 영향을 받는다. 흡착과정은 발열과정이기 때문에 고온에서는 흡착효율이 제한되며, 수증기는 흡착제에 흡착되어 대상 물질의 흡착이 감소할 수 있다. 또한 공기 중 측정하고자 하는 물질 외에 다른 오염물질이 많다면 해당물질의 흡착이 제한될 수 있다. 시료채취속도가 높으면 고체흡착제의 시료채취 효율이 감소될 수 있다.

40. DNPH(2,4-Dinitrophenyhydrazine) 카트리지를 이용하여 작업장에서 포름알데히드(HCHO)를 포집한 후 아세토니트릴(ACN)을 이용하여 추출하였다. 고성능액체크로마토그래피(HPLC)를 이용하여 추출액을 분석하여 아래와 같은 결과를 얻었다. 포름알데히드의 농도($\mu g/㎥$)는?

○ 현장시료 분석결과값 : $3\mu g/mL$ ○ 공시료 분석결과값 : $0.3\mu g/mL$
○ 아세토니트릴로 추출한 부피 : 5mL   ○ 펌프유량 : 1,000mL/min
○ 측정시간 : 30분

정답 36 ② 37 ③ 38 ⑤ 39 ⑤ 40 ③

① 250 ② 350
③ 450 ④ 550
⑤ 650

해설
$$\frac{(현장시료분석결과값-공시료분석결과값)\times 대상물질추출한부피}{펌프유량 \times 측정시간} =$$
$$\frac{(3-0.3)\times 5}{1,000\times 30} = \frac{13.5}{30,000ml} = \frac{13.5}{30l} = \frac{13.5}{0.030 m^3} = 450 \mu g/m^3$$

41. 작업장에서 사용하는 압축기(compressor)로부터 50m 떨어진 거리에서 측정한 음압수준(sound pressure level)이 130dB였다면, 압축기로부터 25m와 100m 떨어진 거리에서 측정한 음압수준(dB)은 각각 얼마인가?(단, 작업장은 경계가 없어서 음의 전파에 방해를 받지 않은 영역이다.)

① 132, 128 ② 134, 126
③ 136, 124 ④ 140, 120
⑤ 150, 120

해설 25m 떨어진 거리에서 측정한 음압수준 : 130dB-20log($\frac{25}{50}$)=130-20log(0.5)=130-(-6)=136dB

100m 떨어진 거리에서 측정한 음압수준 : 130dB-20log($\frac{100}{50}$)=130-20log(2)=130-(6)=124dB

42. 크실렌의 주요한 생물학적노출지수로서 소변중에서 측정하는 물질은?

① 페놀 ② 뮤콘산
③ 만델산 ④ 메틸마뇨산
⑤ 카르복시헤모글로빈

해설 생물학적노출지수는 화학 물질에 노출된 사람의 혈액, 소변, 날숨 따위에 포함된 화학 물질 농도의 허용 기준이다. 크실렌은 소변 중 메틸마뇨산을 측정하는데 작업 종료 시 채취한다.

43. 폐포에 침착된 먼지에 관한 설명으로 옳지 않은 것은?

① 서서히 용해된다.
② 점액-섬모운동에 의해 밖으로 배출된다.
③ 유리규산이 포함된 먼지는 식세포를 사멸시킨다.
④ 폐포벽을 뚫고 림프계나 다른 조직으로 이동한다.
⑤ 제거되지 않은 먼지는 폐에 남아 진폐증을 일으킨다.

해설 먼지가 기관지를 통과할 때 1㎛ 이상의 큰 먼지는 대부분 코나 기도의 점막과 섬모에 걸려 객담으로서 배출된다. 기관지를 통과할 수 있는 0.1~1㎛ 크기의 먼지가 폐포내 침착율이 가장 높고, 이러한 경로로 폐포내에 먼지가 많이 침착되면 진폐증이나 규폐증이 발생될 수 있다.

44. 유해인자의 정화 및 여과에 사용하는 호흡용보호구에 관한 설명으로 옳지 않은 것은?
   ① 공기공급식 호흡용보호구인 송기식마스크 전면형의 양압보호계수는 1,500이다.
   ② 산소결핍상태에서 사용하는 호흡용보호구에는 자급식(SCBA)마스크가 포함된다.
   ③ 호흡용보호구의 선택에 있어서 근로자가 불쾌감, 호흡저항, 중량, 시야 또는 작업방해 등을 고려하여 선정한다.
   ④ 보호계수는 호흡용보호구 바깥쪽 오염물질 농도와 안쪽 오염물질 농도비로 착용자보호의 정도를 나타내는 척도이다.
   ⑤ 선택한 호흡용보호구 중 두 종류 이상이 밀착계수가 양호하다는 것이 확인된 경우에 사업주는 착용근로자가 선호하는 호흡용보호구를 지급한다.

해설 호흡보호구별 할당보호계수

호흡보호구 분류	안면부 형태	할당보호계수(양압)	할당보호계수(음압)
지전동식	반면형	N/A	10
	전면형		50
전동식	반면형	50	N/A
	전면형	1,000	
	후드형	1,000	
송기식	반면형	50	N/A
	전면형	1,000	
	후드형	1,000	
자급식	공기호흡기	10,000	N/A

45. 근로자가 산업재해로 인하여 우리나라 신체장애등급 제10등급 판정을 받았다면, 국제노동기구(ILO)의 기준으로 어느 정도의 부상을 의미하는가?
   ① 영구 전노동불능
   ② 영구 일부노동불능
   ③ 일시 전노동불능
   ④ 일시 일부노동불능
   ⑤ 구급(응급)처치

해설 산업재해 중 신체장해등급에 따른 분류(국제노동기구 기준)
   1. 사망
   2. 영구 전노동불능 : 신체장애등급 제1~제3급
   3. 영구 일부노동불능 : 신체장애등급 제4~제14급
   4. 일시 전노동불능 : 일반적인 휴업 재해
   5. 일시 일부노동불능 : 일시적으로 업무를 떠나서 치료를 받는 재해
   6. 구급(응급)처치 : 부상당한 다음날 정상으로 작업이 가능한 정도

정답 41 ③ 42 ④ 43 ② 44 ① 45 ②

46. 고용노동부의 「보호구 의무안전인증 고시」에서 규정하는 안전인증 방독마스크에 장착하는 정화통의 종류와 외부 측면의 표시 색이 옳게 짝지어진 것은?

① 유기화합물 정화통 – 녹색
② 할로겐용 정화통 – 회색
③ 시안화수소용 정화통 – 갈색
④ 아황산용 정화통 – 백색
⑤ 암모니아 정화통 – 노란색

해설 정화통 외부 측면의 표시 색(보호구 의무안전인증 고시 별표 5)

종 류	표시 색
유기화합물용 정화통	갈 색
할로겐용 정화통	회 색
황화수소용 정화통	
시안화수소용 정화통	
아황산용 정화통	노랑색
암모니아용 정화통	녹 색
복합용 및 겸용의 정화통	복합용의 경우 : 해당가스 모두 표시(2층 분리) 겸용의 경우 : 백색과 해당가스 모두 표시(2층 분리)

47. 역학의 평가방법에 관한 설명으로 옳지 않은 것은?

① 코호트 연구에서 검정력은 비노출군에서의 질병발생률과 직접적인 관련이 있다.
② 통계학적 연관성이 입증되었다 하여도 반드시 원인적 연관성이라고 말할 수 없다.
③ 제1종 오류(type I error)는 귀무가설이 실제로 사실이 아닐 때 이를 기각하지 못할 확률을 말한다.
④ 메타분석이란 개별 연구로부터 모은 많은 연구결과를 통합할 목적으로 통계적 분석을 하는 계량적 방법이다.
⑤ 어떤 요인과 질병발생 간의 연관성을 추론하고자 할 때, 연구계획 및 분석방법상의 오류로 인하여 참값과 차이가 나는 결과나 추론을 생성하게 되는데 이를 바이어스(bias)라 한다.

해설 제1종 오류(type I error)는 귀무가설이 참인데 잘못 기각할 때 발생하는 오류를 말하고, 제2종 오류(type II error)는 귀무가설이 거짓인데 기각하지 않았을 때 발생하는 오류를 말한다.

48. 1941년부터 1980년 사이 취업한 대규모 화학공장 근로자 800명의 사망진단서를 확보하였다. 이 중에서 암으로 사망한 사람은 160명이었으며, 동일기간 지역사회의 전체 사망자 중에서 암으로 인한 사망자는 15%였다면 비례사망비(PMR)는?
   ① 75%
   ② 120%
   ③ 133%
   ④ 150%
   ⑤ 200%

   해설 비례사망비(PMR) = $\dfrac{\text{암으로 사망한 사람} \times 100}{\text{사망근로자} \times \text{동일기간 지역사회의 전체 사망자 중 암으로 인한 사망자}}$
   $= \dfrac{160 \times 100}{800 \times 0.15} = 133.3\%$

49. ACGIH의 TLV에서 skin 표시대상 물질이 아닌 것은?
   ① 옥탄올-물 분배계수가 낮은 물질
   ② 반복하여 피부에 도포했을 때 전신작용을 일으키는 물질
   ③ 손이나 팔에 의한 흡수가 몸 전체 흡수에서 많은 부분을 차지하는 물질
   ④ 다른 노출경로에 비하여 피부흡수가 전신작용에 중요한 역할을 하는 물질
   ⑤ 동물을 이용한 급성중독 시험결과, 피부흡수에 의한 LD50이 비교적 낮은 물질

   해설 ACGIH의 TLV에서 skin 표시대상 물질
   1. 반복하여 피부에 도포했을 때 전신작용을 일으키는 물질
   2. 옥탄올-물 분배계수가 높은 물질
   3. 손이나 팔에 의한 흡수가 몸 전체 흡수에서 많은 부분을 차지하는 물질
   4. 다른 노출경로에 비하여 피부흡수가 전신작용에 중요한 역할을 하는 물질
   5. 동물을 이용한 급성중독 시험결과, 피부흡수에 의한 LD50이 비교적 낮은 물질

50. 도금조에서 사용되는 푸시-풀(push-pull) 배기장치의 설계에 있어서 ACGIH에서 권장하는 사항이 아닌 것은?
   ① 푸시노즐의 각도는 하방으로 0°~20° 이내이어야 한다.
   ② 도금조의 액체표면은 배기후드 밑에서부터 30cm를 벗어나지 않게 한다.
   ③ 풀(배출구 슬롯)쪽의 후드 개구면은 슬롯속도가 10m/s를 유지하도록 설계한다.
   ④ 노즐의 형태는 3~6mm 크기의 수평슬롯이나 4~6mm 구멍으로 직경의 3~8배 간격으로 배치한 것을 사용한다.
   ⑤ 푸시노즐의 단면이 원형, 직사각형, 정사각형 어느 것이나 무방하나 단면적은 전체노즐 단면적의 2.5배 이상의 크기이어야 한다.

   해설 도금조의 액면은 배기후드 밑에서 20mm 이상 내려가지 않게 하여야 한다.

정답 46 ② 47 ③ 48 ③ 49 ① 50 ②

기업진단 · 지도

51. 테일러(Taylor)의 과학적 관리법(scientific management)에 관한 설명으로 옳은 것만을 모두 고른 것은?

> ㉠ 부품을 표준화하고, 작업이 동시에 시작하여 동시에 끝나므로 동시관리라고도 한다.
> ㉡ 과업 중심의 관리로 인간의 심리적, 사회적 측면에 대한 문제의식이 부족하다.
> ㉢ 동일작업에 대하여 과업을 달성하는 경우 고임금, 달성하지 못하는 경우에는 저임금을 지급한다.
> ㉣ 작업을 전문화하고 전문화된 작업마다 직장(foreman)을 두어 관리하게 한다.
> ㉤ 작업환경에 관계없이 작업자의 동기부여가 작업능률을 증가시키는 결과를 보여주었다.

① ㉠, ㉤
② ㉢, ㉣
③ ㉡, ㉢, ㉣
④ ㉡, ㉣, ㉤
⑤ ㉠, ㉢, ㉣, ㉤

해설
㉠ 부품을 규격화하고 제품을 표준화하는 것은 포드 시스템에 관한 내용이다.
㉤ 표준화, 규격화, 전문화를 통한 작업능률을 증가시키는 결과를 보여준 것은 포드 시스템이다.
㉡ 과학적 관리법(scientific management)은 인간의 심리적·생리적·사회적 측면에 대한 고려를 하지 않았다.
㉢ 과학적 관리법(scientific management)은 노동생산성 향상에 따라 근로자는 고임금을 받게 되는 동시에 기업주는 일정 금액에 대한 생산량 증가에 따른 저노무비의 혜택을 받게 된다.
㉣ 과학적 관리법(scientific management)은 작업방법을 지휘 감독하기 위하여 종래의 직계식 관리조직을 개혁하여 기능조직으로 바꾸어 기능적 직장제도로 하였다.

52. 재고의 기능에 따른 분류에 관한 설명으로 옳지 않은 것은?

① 안전재고 : 제품 수요, 리드타임 등의 불확실한 수요에 대비하기 위한 재고
② 분리재고 : 공정을 기준으로 공정전·후의 재고로 분리될 경우의 재고
③ 파이프라인 재고 : 공장에서 물류센터, 물류센터에서 대리점 등으로 이동 중에 있는 재고
④ 투기재고 : 원자재 고갈, 가격인상 등에 대비하여 미리 확보해두는 재고
⑤ 완충재고 : 생산 계획에 따라 주기적인 주문으로 주문기간 동안 존재하는 재고

해설 완충재고 : 경기가 불안정한 데에서 오는 충격을 완화하는 재고로 생산이 많아서 가격이 떨어질 때는 그 생산물을 사들이며, 가격이 오르면 재고품을 내어 가격의 안정과 수요를 조절한다.

53. 생산 시스템에 관한 설명으로 옳지 않은 것은?
   ① 모듈생산시스템(MPS : modular production system)은 단납기화 요구강화와 원가절감을 위하여 부품 또는 단위의 조합에 따라 고객의 다양한 주문에 대응하는 생산 시스템이다.
   ② 자재소요계획(MRP : material requirements planning)은 주일정계획(기준생산일정)을 기초로 하여 완제품 생산에 필요한 자재 및 구성부품의 종류, 수량 시기 등을 계획하는 시스템이다.
   ③ 적시생산시스템(JIT : just in time)은 제품생산에 요구되는 부품 등 자재를 필요한 시기에 필요한 수량만큼 적기에 생산, 조달하여 낭비요소를 근본적으로 제거하려는 생산 시스템이다.
   ④ 유연생산시스템(FMS : flexible manufacturing system)은 CAD, CAM 및 MRP 등의 기술을 도입, 생산 설비를 빠르게 전환하여 소품종 대량생산을 효율적으로 행하는 시스템이다.
   ⑤ 셀생산시스템(CMS : cellular manufacturing system)은 숙련된 작업자가 컨베이어 라인이 없는 셀(cell) 내부에서 전체공정을 책임지고 완수하는 사람중심의 자율생산 시스템이다.

   해설 유연생산시스템(FMS : flexible manufacturing system)은 다양한 제품을 높은 생산성으로 유연하게 제조하는 것을 목적으로 생산을 자동화한 시스템을 말한다. 유연생산시스템이 추구하는 목표는 크게 유연성, 생산성, 신뢰성이라고 할 수 있다.

54. 프로젝트 관리에 활용되는 PERT(program evaluation & review technique)와 CPM(critical path method)의 설명으로 옳은 것은?
   ① PERT는 개개의 활동에 대해 낙관적 시간치, 최빈 시간치, 비관적 시간치를 추정한 후 그들이 정규분포를 이룬다고 가정하여 평균기대 시간치를 구한다.
   ② CPM은 프로젝트의 완성시간을 앞당기기 위해 최소비용법을 활용하여 주공정상에 위치하는 작업들의 비용관계를 분석하여 소요시간을 줄인다.
   ③ 과거자료나 경험을 기초로 한 PERT는 활동중심의 확정적 시간을 사용하고, 불확실한 작업을 기초로 한 CPM은 단계중심의 확률적 시간 추정치를 사용한다.
   ④ PERT/CPM은 활동의 전후 관계를 명확히 하고 체계적인 일정 및 예상통제로 효율적 진도관리를 위해 간트(Gantt)차트와 같은 도식적 기법을 활용한다.
   ⑤ PERT/CPM은 TQM(total quality management)과 연계되어 있어 제품 및 서비스에 대한 고객만족 프로세스를 지향하는 프로젝트 관리도구로 적합하다.

   해설 ② CPM은 네트워크를 중심으로 한 논리 구성으로 프로젝트를 일정 기일 내에 완성시키고 해당 계획이 원가의 최솟값에 의해 보증되는 최적 스케줄을 구하는 관리 방법을 말한다.
   ① PERT는 계획내용인 프로젝트의 달성에 필요한 전작업을 작업관련 내용과 순서를 기초로 하여 네트워크상으로 파악한다.
   ③ 과거자료나 경험을 기초로 한 CPM은 활동중심의 확정적 시간을 사용하고, 불확실한 작업을 기초로 한 PERT는 단계중심의 확률적 시간 추정치를 사용한다.
   ④ 프로젝트 관리는 일정이나 시간이 중점적으로 관리되는 일정관리가 중심이 되므로 간트(Gantt)차트나 PERT/CPM의 기법이 적용된다.
   ⑤ TQM(total quality management)은 최고경영자의 품질방침에 따라 고객이 만족할 수 있는 품질의 제품, 서비스를 만들기 위해 구성원이 참여하는 것으로 기업의 총제적인 전략을 말한다.

55. 직무와 관련된 설명으로 옳은 것은?

① 직무충실화는 허즈버그(F. Herzberg)가 2요인 이론을 직무에 구체적으로 적용하기 위하여 제창한 것이다.
② 직무분석에는 서열법, 분류법, 점수법, 요소비교법 등의 방법들이 활용된다.
③ 직무기술서에는 직무수행에 요구되는 기능, 지식, 육체적 능력과 교육수준이 기술되어 있다.
④ 직무명세서에는 직무가치와 직무확대에 대한 구체적인 지침이 제시되어 있다.
⑤ 직무평가의 1차적 목적은 직무기술서나 직무명세서를 작성하는 것이며, 2차적으로는 조직, 인사관리를 위한 자료를 제공하는 것이다.

해설 ① 직무충실화는 조직심리학자인 허즈버그(Herzberg, F.)의 2요인 이론(two-factor theory)에 기반을 둔다.
② 직무분석에는 직무 파악과 임금 수준의 결정, 인사 선발, 교육 및 훈련, 인사 평가, 경력 관리, 적정 인원의 산출 등을 위한 용도로 이용된다. 직무평가에는 서열법, 분류법, 점수법, 요소비교법 등의 방법들이 활용된다.
③ 직무기술서는 직무분석의 결과 직무의 능률적인 수행을 위하여 직무의 성격, 요구되는 개인의 자질 등 중요한 사항을 기록한 문서이다.
④ 직무명세서는 직무분석의 결과를 인사관리의 특정한 목적에 맞도록 세분화시켜서 구체적으로 기술한 문서이다.
⑤ 직무평가의 1차적 목적은 각 직무 상호간의 비교에 의하여 상대가치를 결정하는 일이다.

56. 커뮤니케이션과 의사결정에 관한 설명으로 옳은 것은?

① 암묵지를 체계적, 조직적으로 형식지화한다고 하여도 의사결정의 가치창출 수준은 높아지지 않는다.
② 커뮤니케이션 효과를 높이기 위하여 메시지 전달자는 공식 서신, 전자우편, 전화, 직접 대면 등 다양한 방식 중 한 가지 방식에 집중할 필요가 있다.
③ 커뮤니케이션의 문제 상황이 복잡한 경우 공식적인 수치와 공식적 서신이 소통방식으로 적합하다.
④ 공식적인 서신과 공식적인 수치는 대면적 의사소통에 비하여 의미있는 정보를 전달할 잠재력이 높다.
⑤ 제한된 합리성이론에 따르면 '의사결정자가 현 상태에 만족한다면 새로운 대안 모색에 나서지 않는다'라고 한다.

해설 ⑤ 제한된 합리성이론은 현실적으로 만족스러운 대안을 선택하는 과정으로 가정으로 '의사결정자가 현 상태에 만족한다면 새로운 대안 모색에 나서지 않는다'라고 한다.
① 암묵지는 학습과 경험을 통하여 개인에게 체화되어 있지만 겉으로 드러나지 않는 지식으로 이를 체계적, 조직적으로 형식지화한다면 의사결정의 가치창출 수준은 높아진다.
② 커뮤니케이션 효과를 높이기 위하여 메시지 전달자는 공식 서신, 전자우편, 전화, 직접 대면 등 다양한 방식을 채택할 필요성이 있다.
③ 커뮤니케이션의 문제 상황이 복잡한 경우 공식적인 수치와 서신보다는 비공식적인 소통방식이 더 적절하다.
④ 공식적인 서신과 공식적인 수치로 의미있는 정보를 전달하기 어렵다.

57. 임금관리 공정성에 관한 설명으로 옳은 것은?

① 내부공정성은 노동시장에서 지불되는 임금액에 대비한 구성원의 임금에 대한 공평성 지각을 의미한다.
② 외부공정성은 단일 조직 내에서 직무 또는 스킬의 상대적 가치에 임금 수준이 비례하는 정도를 의미한다.
③ 직무급에서는 직무의 중요도와 난이도 평가, 역량급에서는 직무에 필요한 역량기준에 따른 역량 평가에 따라 임금수준이 결정된다.
④ 개인공정성은 다양한 직무 간 개인의 특질, 교육정도, 동료들과의 인화력, 업무몰입수준 등과 같은 개인적 특성이 임금에 반영되는 정도를 의미한다.
⑤ 조직은 조직구성원에 대한 면접조사를 통하여 자사 임금수준의 내부, 외부 공정성 수준을 평가할 수 있다.

> **해설** ③ 직무급은 직무의 중요성·난이도, 역량급은 역량기준에 따른 역량 평가에 따라 임금수준이 결정된다.
> ① 내부공정성은 단일 조직 내에서 가치가 같은 직무에 대하여 동일한 임금을 지급하고 가치가 서로 다른 직무에 대하여 합당한 임금의 차이를 둠으로써 이루어지는 공정성이다.
> ② 외부공정성은 노동시장에서 지불되는 임금액에 대비한 구성원의 임금에 대한 공평성 지각을 의미한다.
> ④ 개인공정성은 동일조직 내 동일직무를 담당하고 있는 종업원들간 연공, 공헌, 성과 등 개인적 특성차이에 따른 임금격차에 의해 지각되는 공정성이다.
> ⑤ 외부 공정성은 외부의 유사한 업무를 수행하는 사람들과 비교하여 공정성 수준을 평가할 수 있다.

58. 막스 베버(M. Weber)가 제시한 관료제의 특징은?

① 조직의 활동을 합리적으로 조정하기 위해서는 업무처리를 위한 절차가 명확하게 규정되어야 한다.
② 조직구성원 간 의사소통의 활성화를 위해 수평적 조직구조를 선호한다.
③ 환경에 대한 적절한 대응을 위해 조직구성원 간의 정보공유를 중시한다.
④ '기계적 관료제'라 불리며 복잡한 환경의 대규모 조직에 효과적이다.
⑤ 하급자는 상급자의 감독과 통제 하에 놓이게 되나 성과 평가를 할 때에는 하급자도 상급자의 평가과정에 참여한다.

> **해설** ① 막스 베버(M. Weber)가 제시한 관료제는 직무의 범위인 책임과 권한의 범주가 명확히 한정되어 있어야 하며, 직무상의 지휘나 명령 계통이 계층을 통해 확립되어 있어야 한다고 주장한다.
> ② 조직구성원 간 위계서열을 중시한다.
> ③ 분업화를 통한 능률의 극대화를 추구한다.
> ④ 규칙과 절차로 인하여 대규모 조직에는 부적합하다.
> ⑤ 하급자는 상급자의 평가과정에 참여할 수 없다.

정답 55 ① 56 ⑤ 57 ③ 58 ①

59. BSC(Balanced Score Card)에 관한 설명으로 옳지 않은 것은?
   ① 내부 프로세스 관점과 학습 및 성장 관점도 평가의 주요 관점이다.
   ② 재무적 관점 이외에 고객관점도 평가의 주요 관점이다.
   ③ 로버트 카플란(R. Kaplan)과 노튼(D. Norton)이 제안한 성과 평가 방식이다.
   ④ 균형잡힌 성과 측정을 위한 것으로 대개 재무와 비재무지표, 결과와 과정, 내부와 외부, 노와 사 간의 균형을 추구하는 도구이다.
   ⑤ 전략 모니터링 또는 전략 실행을 관리하기 위한 도구로 활용하는 경우에는 성과평가 결과를 보상에 연계시키지 않는 것이 바람직하다는 견해가 있다.

   [해설] BSC(Balanced Score Card)는 조직의 비전과 전략목표 실현을 위해 4가지(재무, 고객, 내부프로세스, 학습과 성장) 관점의 성과지표를 도출하여 성과를 관리하는 성과관리 시스템이다.

60. A과장은 근무평정을 할 때 자신의 부하직원 B가 평소 성실하다는 이유로 자신이 직접 관찰하지 않아서 잘 모르는 B의 창의성, 도덕성, 기획력 등을 모두 높게 평가하였다. 이러한 경우 A과장은 어떤 평정오류를 범하고 있는가?
   ① 관대화오류
   ② 후광오류
   ③ 엄격화오류
   ④ 중앙집중오류
   ⑤ 대비오류

   [해설] ② 후광오류 : 대상의 특징적인 장점 또는 단점이 눈에 띄면 그것을 그의 전부로 인식하는 오류를 말한다.
   ① 관대화오류 : 평정자가 피평가자의 수행이나 성과를 실제보다 더 높게 평가하는 오류를 말한다.
   ③ 엄격화오류 : 평정자가 피평가자의 수행이나 성과를 실제보다 더 낮게 평가하는 오류를 말한다.
   ④ 중앙집중오류 : 평균치에 집중하여 평가하는 오류를 말한다.
   ⑤ 대비오류 : 자신이 지닌 특성과 비교하여 평가하는 오류를 말한다.

61. 직무만족의 선행변인에 관한 설명으로 옳은 것은?
   ① 통제소재에서 내재론자들은 외재론자들보다 자신들의 직무에 대해 더 만족한다.
   ② 직무특성과 직무만족간의 상관은 질문지로 측정한 연구에서는 나타나지 않았다.
   ③ 집단주의적 아시아 문화권에서는 직무특성과 직무만족간에 상관이 높은 것으로 나타났다.
   ④ 급여만족은 분배공정성보다 절차공정성이 더 밀접한 관련이 있다.
   ⑤ 직무특성 차원과 직무만족간의 상관을 산출해 본 결과 직무만족과 가장 낮은 상관을 나타내는 직무특성은 기술 다양성이었다.

   [해설] ① 통제소재에서 내재론자들은 외재론자들보다 자신들의 직무에 대해 더 만족한다.
   ② 직무특성과 직무만족간의 상관은 질문지로 나타난다.
   ③ 집단주의적 아시아 문화권에서는 직무특성과 직무만족간에 상관이 서양보다 낮은 것으로 나타났다.
   ④ 급여만족은 절차공정성보다 분배공정성이 더 밀접한 관련이 있다.
   ⑤ 직무만족과 가장 낮은 상관을 나타내는 직무특성은 업무부하이었다.

62. 사회적 권력(social power)의 유형에 대한 설명으로 옳지 않은 것은?

① 합법권력 : 상사의 직책에 고유하게 내재하는 권력
② 강압권력 : 상사가 징계 해고 등 부하를 처벌할 수 있는 능력
③ 보상권력 : 상사가 부하에게 수당, 승진 등 보상해 줄 수 있는 능력
④ 전문권력 : 상사가 보유하고 있는 지식과 전문기술 등에 근거하는 능력
⑤ 참조권력 : 상사가 부하에게 규범과 명확한 지침을 전달하고, 문제발생 시 도움을 줄 수 있는 능력

해설 참조권력은 구성원들이 권력자를 동일시하거나 그를 매력적으로 느껴 존경함에서 비롯된 영향력이다.

63. 와르(Warr)의 정신 건강 구성요소에 대한 설명으로 옳지 않은 것은?

① 정서적 행복감 : 쾌감과 각성이라는 두 가지 독립된 차원을 가지고 있다.
② 결단 : 환경적 영향력에 저항하고 자신의 의견이나 행동을 결정할 수 있는 개인의 능력을 의미한다.
③ 역량 : 생활에서 당면하는 문제들을 효과적으로 다룰 수 있는 충분한 심리적 자원을 가지고 있는 정도를 의미한다.
④ 포부 : 포부수준이 높다는 것은 동기수준과 관계가 있으며, 새로운 기회를 적극적으로 탐색하고, 목표 달성을 위하여 도전하는 것을 의미한다.
⑤ 통합된 기능 : 목표달성이 어려울 때 느끼는 긴장감과 그렇지 않을 때 느끼는 이완감 사이에 조화로운 균형을 유지할 수 있는 정도를 의미한다.

해설 와르(Warr)의 정신 건강 구성요소
 1. 정서적 행복감 : 쾌감과 각성이라는 두 가지 독립된 차원을 가진다.
 2. 역량 : 생활에서 당면하는 문제들을 효과적으로 다룰 수 있는 충분한 심리적 자원을 가지고 있는 정도를 의미한다.
 3. 자율 : 환경적 영향력에 저항하고 자신의 의견이나 행동을 결정할 수 있는 개인의 능력을 말한다.
 4. 포부 : 포부수준이 높다는 것은 동기수준과 관계가 있으며, 새로운 기회를 적극적으로 탐색하고, 목표 달성을 위하여 도전하는 것이다.
 5. 통합된 기능 : 목표달성이 어려울 때 느끼는 긴장감과 그렇지 않을 때 느끼는 이완감 사이에 조화로운 균형을 유지할 수 있는 정도를 의미한다.

정답 59 ④ 60 ② 61 ① 62 ⑤ 63 ②

64. 직무분석에 대한 설명으로 옳지 않은 것은?
   ① 특정직무에 대한 훈련 프로그램을 개발하기 위해서는 직무의 속성과 요구하는 기술을 알아야 한다.
   ② 효과적인 수행을 하기 위한 직무나 작업장을 설계하는데 도움을 준다.
   ③ 작업시 시간과 노력의 낭비를 제거할 수 있고 안전 저해요소나 위험요소를 발견할 수 있다.
   ④ 특정직무에 대한 직무분석을 하는 기법으로 면접법, 질문지법, 관찰법, 행동기법, 중대사건기법, 투사기법 등이 있다.
   ⑤ 과업수행에 사용되는 도구, 기구, 수행목적, 요구되는 교육훈련, 임금수준 및 안전저해요소 등에 대한 정보가 포함되어 있다.

   해설 특정직무에 대한 직무분석을 하는 기법에는 면접법, 질문지법, 관찰법, 중대사건기법, 종합법 등이 있다. 투사기법은 사람들이 여러 가지의 방식으로 해석될 수 있는 자극에 자유롭게 반응하게 해서 그들의 특성을 확인하려는 이론에 기초하여 퍼스낼리티를 측정하기 위한 기법이다.

65. 호프스테드(Hofstede)의 문화간 차이를 이해하는 4가지 차원에 속하지 않는 것은?
   ① 불확실성 회피   ② 개인주의-집합주의
   ③ 남성성-여성성   ④ 신뢰-불신
   ⑤ 세력차이

   해설 호프스테드(Hofstede)의 문화간 차이를 이해하는 4가지 차원 : 불확실성 회피, 개인주의-집합주의, 남성성-여성성, 세력차이

66. 작업장 스트레스의 대처방안 중 조직차원의 기법에 해당하는 것만을 모두 고른 것은?

㉠ 바이오 피드백	㉡ 작업 과부하의 제거
㉢ 사회적 지지의 제공	㉣ 이완훈련
㉤ 조직분위기 개선	

   ① ㉠, ㉡, ㉢   ② ㉠, ㉢, ㉣
   ③ ㉡, ㉢, ㉤   ④ ㉡, ㉣, ㉤
   ⑤ ㉢, ㉣, ㉤

   해설 바이오 피드백, 이완훈련, 명상, 체중조절, 긍정적인 사고, 적절한 휴식 등은 개인적인 기법에 속한다.
   작업장 스트레스의 대처방안 중 조직차원의 기법
   1. 조직분위기 개선
   2. 작업 과부하의 제거
   3. 적절한 작업과 휴식시간
   4. 개인별 특성을 고려한 그로환경조성
   5. 작업계획을 수립할 때 근로자의 참여
   6. 개인에게 재량권 부여

67. 심리검사 결과를 분석할 때 상관계수를 이용하여 검증하는 타당도(validity)를 모두 고른 것은?

㉠ 구성 타당도	㉡ 내용 타당도
㉢ 준거관련 타당도	㉣ 수렴 타당도
㉤ 확산 타당도	

① ㉠, ㉡, ㉣
② ㉠, ㉡, ㉤
③ ㉢, ㉣, ㉤
④ ㉠, ㉡, ㉢, ㉣
⑤ ㉠, ㉢, ㉣, ㉤

해설 내용 타당도는 검사를 구성하고 있는 문항들이 전체내용영역의 문항들을 얼마나 잘 반영하는가에 관한 정도로 상관계수를 통해 제시되는 것이 아니다.
타당도(validity)의 종류 : 구성 타당도(수렴, 확산), 내용 타당도, 준거관련 타당도, 안면타당도

68. 작업자의 수행을 평가할 때 평가자에 의한 관대화 오류가 가장 많이 발생할 수 있는 방법은?

① 종업원 순위법
② 강제배분법
③ 도식적 평정법
④ 정신운동능력 평정법
⑤ 행동기준 평정법

해설 도식적 평정법은 사전 결정된 평정요소마다 각 종업원이 지니고 있는 특성과 직무수행에서 나타난 실적의 정도에 따라 체크할 수 있는 연속적인 척도(1~10)를 마련하고 고과자가 척도상 임의의 장소에 체크할 수 있도록 하는 방법이다. 이 방법은 작업자의 수행을 평가할 때 평가자에 의한 관대화 오류가 가장 많이 발생한다.

69. 방음용 귀마개 또는 귀덮개에 관한 설명으로 옳은 것은?

① 최저음압수준이란 헤르쯔 수준을 감지할 수 있는 최저 헤르쯔 수준을 말한다.
② 백색소음이란 20~20,000Hz의 가청범위 전체에 걸쳐 단속적으로 균일하게 분포된 주파수를 갖는 소음을 말한다.
③ 귀마개 1종은 주로 고음을 차음하고 저음은 차음하지 않는 것이다.
④ 일반적으로 귀덮개보다는 귀마개가 차음 효과가 높다.
⑤ 귀마개 또는 귀덮개에는 안전인증의 표시 외에 일회용 또는 재사용 여부, 세척 및 소독방법 등 사용상의 주의사항을 추가로 표시해야 한다.

해설 ⑤ 귀마개 또는 귀덮개에는 안전인증의 표시 외에 일회용 또는 재사용 여부, 세척 및 소독방법 등 사용상의 주의사항을 추가로 표시해야 한다(별표 12).
① 음압은 데시벨로 측정된다.
② 백색소음이란 넓은 음폭을 가져 일상생활에 방해가 되지 않는 소음이다.
③ 귀마개 1종은 저음부터 고음까지 차음하는 것이다(별표 12).
④ 귀덮개가 귀마개보다 차음 효과가 높다.

정답 64 ④ 65 ④ 66 ③ 67 ⑤ 68 ③ 69 ⑤

70. 시스템의 신뢰성 설계에 관한 설명으로 옳은 것은?

① 강건설계(Robust design)는 대체성을 가진 별개의 부품을 확보하여 시스템의 신뢰도를 높일 수 있다.
② 손상허용설계는 부품에 손상이 있어도 보전작업으로 검출하여 안전성이 보존될 수 있도록 배려하는 설계이다.
③ 풀푸르프(fool-proof)는 기계가 고장이 나더라도 안전장치가 작동해 항상 안전적으로 작동하는 시스템을 말하며, 예를 들어 교통신호와 같이 고장 시에는 상시 빨간 신호가 되는 것과 같은 시스템이다.
④ 페일세이프(fail-safe)는 인간이 오동작을 해도 방지되는 시스템을 말하며, 예를들어 세탁기의 탈수장치와 같이 덮개를 열면 정지되는 시스템이다.
⑤ 인간공학적 설계라는 것은 부품의 설계방법, 작업방법, 작업환경의 설정 등을 기계의 능력이나 한계에 적합하게 설정하는 설계이다.

[해설] ② 손상허용설계는 피로와 부식에 의한 재료의 약화가 발생하더라도 차기 전기체 검사까지는 치명적인 사고가 생기지 않도록 대비하는 설계 기법이다.
① 강건설계(Robust design)는 제품이나 공정이 초기부터 환경변화, 즉 노이즈에 의해 영향을 받지 않거나 덜 받도록 설계하는 것을 의미한다.
③ 풀푸르프(fool-proof)는 바보같이 현명하지 못한 사람이 일을 하더라도 실수가 일어나지 않도록 작업방식을 설계하자는 개념이다.
④ 페일세이프(fail-safe)는 사람 또는 기계로 인해 발생하는 안전사고를 2, 3중의 통제로 예방하는 것을 말한다.
⑤ 인간공학적 설계는 부품의 설계방법, 작업방법, 작업환경의 설정 등을 인간의 능력이나 한계에 적합하게 설정하는 설계이다.

71. 위험성평가의 절차를 순서대로 옳게 나열한 것은?

㉠ 위험요인 도출   ㉡ 평가 대상 공정 선정
㉢ 개선대책 수립   ㉣ 위험도 계산
㉤ 위험도 평가

① ㉠ → ㉡ → ㉢ → ㉣ → ㉤
② ㉡ → ㉠ → ㉢ → ㉣ → ㉤
③ ㉠ → ㉣ → ㉡ → ㉤ → ㉢
④ ㉣ → ㉤ → ㉡ → ㉠ → ㉢
⑤ ㉡ → ㉠ → ㉣ → ㉤ → ㉢

[해설] 위험성평가의 절차 : 1단계 사전준비, 2단계 유해위험요인 파악, 2단계 위험성 추정, 4단계 위험성 결정, 5단계 위험성 감소대책 수립 및 실행

72. 다음 중 안전보건경영시스템의 도입 전 고려할 사항이 아닌 것은?
   ① 전사적 측면에서는 조직의 경영에 실질적으로 도움이 되고, 이행할 수 있는 안전보건경영체제를 구축하는 것이 중요하다는 인식이 우선되어야 한다.
   ② 안전보건방침 승인 및 계층별, 부서별 책임과 권한을 부여하고 안전보건목표를 정하여야 한다.
   ③ 최고경영자는 각 부서간의 안전보건경영체제 업무를 적절히 배분하고, 각 부서들이 솔선해서 협조할 수 있는 분위기를 만들어야 한다.
   ④ 조직원의 적극적인 동참을 유도할 수 있는 제도가 있어야 하며, 적절한 포상으로 직원의 사기를 진작할 수 있어야 한다.
   ⑤ 안전보건경영에 대한 추진·이행의 핵심은 전담부서, 전담요원의 숫자가 중요한 것이 아니라 조직 전체의 의식향상과 각 부서장의 업무수행에 대한 전문화가 필요하다.

   해설 안전보건경영시스템의 도입 전 고려할 사항에는 조직과 조직상황에 대한 이해가 있어야 하고, 근로자 및 그 밖의 이해관계자의 요구와 기대를 이해하여야 한다. 안전보건경영시스템의 적용범위를 결정하고 리더가 의지를 표명하여야 한다. 안전보건방침 승인 및 계층별, 부서별 책임과 권한을 부여하고 안전보건목표를 정하여야 하는 단계는 도입단계에 필요한 사항이다.

73. 다음 중 기계설비의 안전조건으로 옳지 않은 것은?
   ① 제작의 안전성 : 기계설비는 제작에 있어 안전성이 확보되도록 하여야 한다.
   ② 외관의 안전성 : 기계설비의 외관은 기계적 재해예방을 위한 기본적인 안전조건이다.
   ③ 구조의 안전성 : 기계설비는 충분한 강도와 구조적 안전성을 유지하는 것이 기본조건이다.
   ④ 작업의 안전성 : 기계설비는 작업 중 사고를 막기 위한 인간의 특성을 고려한 설계가 되어야 한다.
   ⑤ 보전의 안전성 : 기계설비의 고장·수리 등 긴급 보전작업이 안전하게 이행될 수 있도록 하여야 한다.

   해설 기계설비의 안전조건 : 외관의 안전성, 구조의 안전성, 기능의 안전성, 작업의 안전성, 보전의 안전성

74. 다음 중 지게차에 의한 운반작업에 대한 설명으로 옳지 않은 것은?
   ① 지게차를 주차장에 세워 두고 운전석을 떠날 때에는 짧은 시간이라도 제동장치를 완전하게 작동시킨 후 포크를 최하단까지 내려 원동기를 정지시킨다.
   ② 지게차의 운전자가 변경되었을 때 작업계획서를 작성하여야 한다.
   ③ 짐을 싣고 이동하는 동안의 포크 높이는 지면으로부터 15~20cm의 위치가 적당하다.
   ④ 짐을 싣고 언덕길을 오를 때나 내려 올 때에는 속도를 줄여서 상하 방향으로 전진운전을 한다.
   ⑤ 짐을 싣고 이동할 때에는 짐이 운전자의 시야를 가리지 않도록 한다.

   해설 급경사의 언덕길을 올라가거나 내려갈 때에는 화물이 언덕길의 위쪽이 되도록 하고, 내려갈 때에는 엔진브레이크를 사용한다.

정답 70 ② 71 ⑤ 72 ② 73 ① 74 ④

75. 사고예방대책 기본원리 5단계 중에서 제2단계인 사실의 발견(현상파악)의 내용으로 옳은 것은?

① 안전활동 방침 및 안전계획수립 및 조직을 통한 안전활동을 전개한다.

② 사고보고서 및 인적·물적 조건을 분석한다.

③ 안전회의 및 토의를 실시하고 근로자의 의견을 수렴한다.

④ 작업공정을 분석하고, 기술적·관리적인 개선사항을 점검한다.

⑤ 교육훈련 분석 등을 통하여 사고의 직·간접 원인을 규명한다.

해설 제2단계인 사실의 발견(현상파악)
1. 사고, 활동 기록 검토
2. 작업분석, 점검, 검사
3. 사고조사
4. 안전회의, 토의, 근로자 제안

2014년

산업안전보건법령

1. 산업안전보건법령상 유해·위험한 작업의 도급에 대한 다음 내용에 관한 설명으로 옳지 않은 것은?

> A사는 정밀기계제조업을 영위하는 업체이다. B사는 A사의 공장 내에서 A사의 작업설비를 사용하여 업무를 수행하는 하도급업체이다. B사는 A사와 동일한 정밀기계제조업을 하고 있으며, 공정의 마무리 단계에서 정밀기계의 부식방지를 위한 도금작업이 포함되어 있다. B사는 도금업을 전문적으로 해 온 C사에게 도금작업 부분만을 하도급하고자 한다.

① 도금작업은 안전·보건상 유해하거나 위험한 작업에 해당하므로 이를 분리하여 하도급을 주는 경우에는 승인을 받아야 한다.
② B사는 C사에 대한 도급승인을 받기 위하여 관할 지방고용노동관서의 장에게 도급승인 신청서를 제출하여야 한다.
③ B사는 도급승인 신청서를 제출할 때 도금작업을 포함한 전체 작업의 공정도와 도급계획서를 첨부하여야 한다.
④ 지방고용노동관서의 장은 도급인가 신청서가 접수된 날부터 14일 이내에 신청서를 반려하거나 인가증을 신청자에게 발급하여야 한다.
⑤ 지방고용노동관서의 장은 도급인가를 신청한 사업장이 유해하거나 위험한 작업의 도급 시 지켜야 할 안전·보건조치의 기준을 지키고 있는지 확인할 필요가 있는 경우에는 한국산업안전보건공단으로 하여금 기술적 사항을 확인하게 할 수 있다.

해설 ③ B사는 도급승인 신청서를 제출할 때 도급대상 작업의 공정 관련 서류 일체를 첨부하여 관할 지방고용노동관서의 장에게 제출해야 한다(규칙 제75조 제1항).
① 도금작업은 안전·보건상 유해하거나 위험한 작업에 해당하므로 이를 분리하여 하도급을 주는 경우에는 승인을 받아야 한다(법 제58조 제1항 제1호).
② 승인, 연장승인 또는 변경승인을 받으려는 자는 도급승인 신청서, 연장신청서 및 변경신청서를 관할 지방고용노동관서의 장에게 제출해야 한다(규칙 제75조 제1항).
④ 도급승인 신청을 받은 지방고용노동관서의 장은 도급승인 기준을 충족한 경우 신청서가 접수된 날부터 14일 이내에 승인서를 신청인에게 발급해야 한다(규칙 제75조 제4항).
⑤ 지방고용노동관서의 장은 필요한 경우 승인, 연장승인 또는 변경승인을 신청한 사업장이 도급승인 기준을 준수하고 있는지 공단으로 하여금 확인하게 할 수 있다(규칙 제75조 제3항).

정답 75 ③ / 1 ③

2. 산업안전보건법령상 도급사업 시의 안전보건조치에 관한 설명으로 옳지 않은 것은?

① 도급인은 사업의 일부를 도급한 경우 도급인인 사업주는 1주일에 1회 이상 작업장을 순회점검하여야 한다.
② 건설공사도급인이 노사협의체를 구성·운영하는 경우에는 산업안전보건위원회를 구성한 것으로 본다.
③ 안전·보건에 관한 협의체는 도급인인 사업주 및 그의 수급인인 사업주 전원으로 구성하여야 한다.
④ 안전·보건에 관한 협의체는 매월 1회 이상 정기적으로 회의를 개최하고 그 결과를 기록·보존하여야 한다.
⑤ 작업을 도급하는 자는 그 작업을 수행하는 수급인 근로자의 산업재해를 예방하기 위하여 해당 작업 시작 전에 수급인에게 안전 및 보건에 관한 정보를 문서로 제공하여야 한다.

해설 ① 도급인은 건설업, 제조업, 토사석 광업, 서적·잡지 및 기타 인쇄물 출판업, 음악 및 기타 오디오물 출판업, 금속 및 비금속 원료 재생업은 2일에 1회 이상 작업장 순회점검을 실시해야 한다(규칙 제80조 제1항).
② 건설공사도급인이 노사협의체를 구성·운영하는 경우에는 산업안전보건위원회 및 안전 및 보건에 관한 협의체를 각각 구성·운영하는 것으로 본다(법 제75조 제2항).
③ 안전 및 보건에 관한 협의체는 도급인 및 그의 수급인 전원으로 구성해야 한다(규칙 제79조 제1항).
④ 협의체는 매월 1회 이상 정기적으로 회의를 개최하고 그 결과를 기록·보존해야 한다(규칙 제79조 제3항).
⑤ 작업을 도급하는 자는 그 작업을 수행하는 수급인 근로자의 산업재해를 예방하기 위하여 고용노동부령으로 정하는 바에 따라 해당 작업 시작 전에 수급인에게 안전 및 보건에 관한 정보를 문서로 제공하여야 한다(법 제65조 제1항).

3. 산업안전보건법령상 사업주가 근로자에 대하여 실시하는 안전·보건교육의 교육대상, 교육과정 및 교육시간의 조합으로 옳은 것은?

① 일용근로자를 제외한 근로자에 대한 작업내용변경 시의 교육 - 2시간 이상
② 밀폐공간에서의 작업에 종사하는 근로자에 대한 특별안전·보건교육 - 8시간 이상
③ 건설 일용근로자에 대한 건설업 기초안전·보건교육 - 2시간
④ 관리감독자의 지위에 있는 사람에 대한 정기교육 - 연간 12시간 이상
⑤ 판매업무에 직접 종사하는 근로자에 대한 정기교육 - 매분기 2시간 이상

해설 ① 일용근로자를 제외한 근로자에 대한 작업내용변경 시의 교육 - 2시간 이상(규칙 별표 4)
② 밀폐공간에서의 작업에 종사하는 근로자에 대한 특별안전·보건교육 - 16시간 이상(규칙 별표 4)
③ 건설 일용근로자에 대한 건설업 기초안전·보건교육 - 4시간 이상(규칙 별표 4)
④ 관리감독자의 지위에 있는 사람에 대한 정기교육 - 연간 16시간 이상(규칙 별표 4)
⑤ 판매업무에 직접 종사하는 근로자에 대한 정기교육 - 매반기 6시간 이상(규칙 별표 4)

4. 산업안전보건법령상 안전보건관리책임자 등에 대한 직무교육에 관한 설명으로 옳은 것은?

① 보건관리자가 의사인 경우는 선임된 후 1년 이내에 직무를 수행하는데 필요한 신규교육을 받아야 한다.
② 안전보건관리책임자로 선임된 자는 6개월 이내에 직무를 수행하는데 필요한 신규교육을 받아야 한다.
③ 안전관리자로 선임된 자는 신규교육을 이수한 후 매 2년이 되는 날을 기준으로 전후 6개월 사이에 고용노동부장관이 실시하는 안전·보건에 관한 보수교육을 받아야 한다.
④ 기업활동 규제완화에 관한 특별조치법에 따라 안전관리자로 채용된 것으로 보는 사람은 신규교육이 면제된다.
⑤ 직무교육기관의 장은 직무교육을 실시하기 10일 전까지 교육일시 및 장소 등을 직무교육 대상자에게 알려야 한다.

해설 ① 보건관리자에 해당하는 사람은 해당 직위에 선임(위촉의 경우를 포함한다.)되거나 채용된 후 3개월(보건관리자가 의사인 경우는 1년을 말한다) 이내에 직무를 수행하는 데 필요한 신규교육을 받아야 한다(규칙 제29조 제1항).
③ 안전관리자로 선임된 자는 신규교육을 이수한 후 매 2년이 되는 날을 기준으로 전후 3개월 사이에 고용노동부장관이 실시하는 안전보건에 관한 보수교육을 받아야 한다(규칙 제29조 제1항).
④ 안전관리자로 채용된 것으로 보는 사람은 직무교육 중 보수교육을 면제한다(규칙 제30조 제2항).
⑤ 직무교육기관의 장은 직무교육을 실시하기 15일 전까지 교육 일시 및 장소 등을 직무교육 대상자에게 알려야 한다(규칙 제35조 제2항).

5. 산업안전보건법령상 방호조치에 대한 근로자의 준수사항 및 사업주의 조치사항으로 옳지 않은 것은?

① 근로자는 방호조치를 해체하려는 경우에는 사업주의 허가를 받아 해체하여야 한다.
② 근로자는 방호조치 해체 사유가 소멸된 경우에는 지체 없이 원상으로 회복시켜야 한다.
③ 근로자는 방호조치의 기능이 상실한 것을 발견한 경우에는 지체 없이 사업주에게 신고하여야 한다.
④ 사업주는 방호조치가 정상적인 기능을 발휘할 수 있도록 상시 점검 및 정비를 하여야 한다.
⑤ 사업주는 방호조치의 기능상실 신고가 있으면 충분한 검토를 통해 적절한 조치계획을 수립한 후 수리, 보수하여야 한다.

해설 ⑤ 사업주는 방호조치의 기능상실 신고가 있으면 즉시 수리, 보수 및 작업중지 등 적절한 조치를 해야 한다(규칙 제99조 제2항).
① 근로자는 방호조치를 해체하려는 경우에는 사업주의 허가를 받아 해체하여야 한다(규칙 제99조 제1항 제1호).
② 근로자는 방호조치 해체 사유가 소멸된 경우에는 지체 없이 원상으로 회복시켜야 한다(규칙 제99조 제1항 제2호).
③ 근로자는 방호조치의 기능이 상실한 것을 발견한 경우에는 지체 없이 사업주에게 신고하여야 한다(규칙 제99조 제1항 제3호).
④ 사업주는 방호조치가 정상적인 기능을 발휘할 수 있도록 방호조치와 관련되는 장치를 상시적으로 점검하고 정비하여야 한다(법 제80조 제3항).

정답 2 ① 3 ① 4 ① 5 ⑤

6. 산업안전보건법령상 안전인증에 관한 설명으로 옳지 않은 것은?

① 안전인증을 받은 자는 안전인증을 받은 안전인증대상기계등에에 대하여 고용노동부령으로 정하는 바에 따라 제품명·모델·제조수량·판매수량 및 판매처 등의 사항을 기록·보존하여야 한다.
② 안전인증이 취소된 자는 취소된 날부터 1년 이내에는 유해·위험한 기계·기구·설비등에 대하여 안전인증을 신청할 수 없다.
③ 고용노동부장관이 정하여 고시하는 안전인증기준에 맞지 아니하게 된 안전인증 대상 기계·기구등을 사용한 자는 3년 이하의 징역 또는 3천만원 이하의 벌금에 처한다.
④ 거짓이나 부정한 방법으로 안전인증을 받은 경우 3년 이내의 기간 동안 안전인증표시의 사용이 금지된다.
⑤ 수출을 목적으로 제조하는 안전인증대상 기계·기구등은 안전인증을 면제할 수 있다.

해설 ④ 거짓이나 그 밖의 부정한 방법으로 안전인증을 받은 경우에는 안전인증을 취소하여야 한다(법 제86조 제1항).
① 안전인증을 받은 자는 안전인증을 받은 안전인증대상기계등에 대하여 고용노동부령으로 정하는 바에 따라 제품명·모델명·제조수량·판매수량 및 판매처 현황 등의 사항을 기록하여 보존하여야 한다(법 제84조 제5항).
② 안전인증이 취소된 자는 안전인증이 취소된 날부터 1년 이내에는 취소된 유해·위험기계등에 대하여 안전인증을 신청할 수 없다(법 제86조 제3항).
③ 고용노동부장관이 정하여 고시하는 안전인증기준에 맞지 아니하게 된 안전인증 대상 기계·기구등을 사용한 자는 3년 이하의 징역 또는 3천만원 이하의 벌금에 처한다(법 제169조).
⑤ 연구·개발을 목적으로 제조·수입하거나 수출을 목적으로 제조하는 경우 안전인증의 전부 또는 일부를 면제할 수 있다(법 제84조 제2항 제1호).

7. 산업안전보건법령상 자율안전확인대상기계등으로만 짝지어진 것은?

① 휴대형 연삭기 - 동력식 수동대패용 칼날 접촉 방지장치 - 안전화
② 파쇄기 - 롤러기 급정지장치 - 보안면(용접용 보안면 제외)
③ 산업용 로봇 - 양중기용 과부하방지장치 - 잠수기
④ 사출성형기 - 산업용 로봇 안전매트 - 방진마스크
⑤ 전단기 및 절곡기 - 교류 아크용접기용 자동전격방지기 - 보안경

해설 자율안전확인대상기계등의 세부적인 종류, 규격 및 형식은 고용노동부장관이 정하여 고시한다(영 제77조 제2항).
따라서 법 규정에 나와 있지 아니한 자율안전확인대상기계등이 있어 모두 정답으로 함

8. 산업안전보건법령상 안전검사에 관한 설명으로 옳은 것은?

① 유해·위험기계등이 고용노동부령이 정하는 다른 법령에 따라 안전성에 관한 검사나 인증을 받은 경우라 하더라도 안전검사를 실시하여야 한다.
② 건설현장에서 사용하는 크레인은 최초로 설치한 날부터 1년마다 안전검사를 받아야 한다.
③ 고용노동부장관은 안전검사 업무를 위탁받아 수행할 기관을 지정할 수 있다.
④ 공정안전보고서를 제출하여 확인을 받은 압력용기는 3년마다 안전검사를 받아야 한다.
⑤ 안전검사에 합격한 유해·위험기계등을 사용하는 사업주는 그 유해·위험기계등이 안전검사에 합격한 것임을 나타내는 표시를 하지 않아도 된다.

해설 ③ 고용노동부장관은 안전검사 업무를 위탁받아 수행하는 기관을 안전검사기관으로 지정할 수 있다(법 제96조 제1항).
① 안전검사대상기계등이 다른 법령에 따라 안전성에 관한 검사나 인증을 받은 경우로서 고용노동부령으로 정하는 경우에는 안전검사를 면제할 수 있다(법 제93조 제2항).
② 건설현장에서 사용하는 것은 최초로 설치한 날부터 6개월마다 안전검사를 받아야 한다(규칙 제126조 제1항 제1호).
④ 공정안전보고서를 제출하여 확인을 받은 압력용기는 4년마다 안전검사를 면제할 수 있다(규칙 제126조 제1항 제3호).
⑤ 안전검사합격증명서를 발급받은 사업주는 그 증명서를 안전검사대상기계등에 붙여야 한다(법 제94조 제2항).

9. 산업안전보건법령상 건축물이나 설비를 철거하거나 해체하는 경우 기관석면조사를 실시하여야 할 대상으로 옳은 것은?

① 주택의 연면적 합계가 200㎡ 이상이면서, 그 주택의 철거·해체하려는 부분의 면적 합계가 150㎡ 이상인 경우(영 제89조 제1항 제2호)
② 건축물(주택 제외)의 연면적 합계가 50㎡ 이상이면서 그 건축물의 철거·해체하려는 부분의 면적 합계가 50㎡ 이상인 경우
③ 철거·해체하려는 부분에 실링(sealing)재를 사용한 부피의 합이 0.5㎥ 이상인 경우
④ 철거·해체하려는 부분에 단열재를 사용한 면적의 합이 10㎡ 이상인 경우
⑤ 파이프 길이의 합이 80m 이상이면서 그 파이프의 철거·해체하려는 부분의 보온재로 사용된 길이의 합이 80m 이상인

해설 ② 건축물(주택은 제외한다.)의 연면적 합계가 50㎡ 이상이면서, 그 건축물의 철거·해체하려는 부분의 면적 합계가 50㎡ 이상인 경우(영 제89조 제1항 제1호)
① 주택(부속건축물을 포함한다.)의 연면적 합계가 200㎡ 이상이면서, 그 주택의 철거·해체하려는 부분의 면적 합계가 200㎡ 이상인 경우(영 제89조 제1항 제2호)
③ 설비의 철거·해체하려는 부분에 실링(sealing)재를 사용한 면적의 합이 15㎡ 이상 또는 그 부피의 합이 1㎥ 이상인 경우(영 제89조 제1항 제3호)
④ 설비의 철거·해체하려는 부분에 단열재를 사용한 면적의 합이 15㎡ 이상 또는 그 부피의 합이 1㎥ 이상인 경우(영 제89조 제1항 제3호)
⑤ 파이프 길이의 합이 80m 이상이면서 그 파이프의 철거·해체하려는 부분의 보온재로 사용된 길이의 합이 80m 이상인 경우(영 제89조 제1항 제4호)

정답 6 ④　7 ①, ②, ③, ④, ⑤　8 ③　9 ②

10. 산업안전보건기준에 관한 규칙상 사업주가 급성 독성물질의 누출로 인한 위험을 방지하기 위하여 취할 조치가 아닌 것은?

① 사업장 내 급성 독성물질의 저장 및 취급량을 최소화할 것
② 급성 독성물질을 취급 저장하는 설비의 연결 부분은 누출되지 않도록 밀착시키고 매월 1회 이상 연결부분에 이상이 있는지를 점검할 것
③ 급성 독성물질을 폐기·처리하여야 하는 경우에는 냉각·분리·흡수·흡착·소각 등의 처리공정을 통하여 급성 독성물질이 외부로 방출되지 않도록 할 것
④ 급성 독성물질이 외부로 누출된 경우에는 감지·경보할 수 있는 설비를 갖출 것
⑤ 급성 독성물질을 폐기·처리 또는 방출하는 설비를 설치하는 경우에는 수동으로 작동될 수 있는 구조로 하거나 원격조정할 수 있는 조작구조로 설치할 것

해설 사업주는 급성 독성물질의 누출로 인한 위험을 방지하기 위하여 다음의 조치를 하여야 한다(산업안전보건기준에 관한 규칙 제299조).
1. 사업장 내 급성 독성물질의 저장 및 취급량을 최소화할 것
2. 급성 독성물질을 취급 저장하는 설비의 연결 부분은 누출되지 않도록 밀착시키고 매월 1회 이상 연결부분에 이상이 있는지를 점검할 것
3. 급성 독성물질을 폐기·처리하여야 하는 경우에는 냉각·분리·흡수·흡착·소각 등의 처리공정을 통하여 급성 독성물질이 외부로 방출되지 않도록 할 것
4. 급성 독성물질 취급설비의 이상 운전으로 급성 독성물질이 외부로 방출될 경우에는 저장·포집 또는 처리설비를 설치하여 안전하게 회수할 수 있도록 할 것
5. 급성 독성물질을 폐기·처리 또는 방출하는 설비를 설치하는 경우에는 자동으로 작동될 수 있는 구조로 하거나 원격조정할 수 있는 수동조작구조로 설치할 것
6. 급성 독성물질을 취급하는 설비의 작동이 중지된 경우에는 근로자가 쉽게 알 수 있도록 필요한 경보설비를 근로자와 가까운 장소에 설치할 것
7. 급성 독성물질이 외부로 누출된 경우에는 감지·경보할 수 있는 설비를 갖출 것

11. 산업안전보건법령상 작업과 휴식의 적정한 배분, 그 밖에 근로시간과 관련된 근로조건의 개선을 통하여 근로자의 건강보호를 위한 조치를 하여야 하는 유해·위험작업을 모두 고른 것은?

㉠ 갱(坑) 내에서 하는 작업
㉡ 다량의 저온물체를 취급하는 작업과 현저히 좁고 차가운 장소에서 하는 작업
㉢ 강렬한 소음이 발생하는 장소에서 하는 작업
㉣ 인력으로 중량물을 취급하는 작업

① ㉡, ㉣
② ㉠, ㉡, ㉢
③ ㉠, ㉢, ㉣
④ ㉡, ㉢, ㉣
⑤ ㉠, ㉡, ㉢, ㉣

해설 유해하거나 위험한 작업(영 제99조 제3항)
1. 갱 내에서 하는 작업
2. 다량의 고열물체를 취급하는 작업과 현저히 덥고 뜨거운 장소에서 하는 작업
3. 다량의 저온물체를 취급하는 작업과 현저히 춥고 차가운 장소에서 하는 작업
4. 라듐방사선이나 엑스선, 그 밖의 유해 방사선을 취급하는 작업
5. 유리·흙·돌·광물의 먼지가 심하게 날리는 장소에서 하는 작업
6. 강렬한 소음이 발생하는 장소에서 하는 작업
7. 착암기(바위에 구멍을 뚫는 기계) 등에 의하여 신체에 강렬한 진동을 주는 작업
8. 인력으로 중량물을 취급하는 작업
9. 납·수은·크롬·망간·카드뮴 등의 중금속 또는 이황화탄소·유기용제, 그 밖에 고용노동부령으로 정하는 특정 화학물질의 먼지·증기 또는 가스가 많이 발생하는 장소에서 하는 작업

12. 산업안전보건법령상 다음 ( ) 안에 들어갈 숫자를 순서대로 배열한 것은?

> 사업주는 최근 1년간 작업공정에서 공정 설비의 변경, 작업방법의 변경, 설비의 이전, 사용 화학물질의 변경 등으로 작업환경측정 결과에 영향을 주는 변화가 없는 경우로서 다음 각호의 어느 하나에 해당하는 경우에는 해당 유해인자에 대한 작업환경측정을 1년에 1회 이상할 수 있다. 다만, 고용노동부장관이 정하여 고시하는 물질을 취급하는 작업공정은 그러하지 아니하다.
> 1. 작업공정 내 소음의 작업환경측정 결과가 최근 ( )회 연속 ( ) dB 미만인 경우
> 2. 작업공정 내 소음 외의 다른 모든 인자의 작업환경측정 결과가 최근 ( )회 연속 노출기준 미만인 경우

① 2, 75, 2
② 2, 80, 3
③ 2, 85, 2
④ 3, 80, 3
⑤ 3, 85, 2

해설 사업주는 최근 1년간 작업공정에서 공정 설비의 변경, 작업방법의 변경, 설비의 이전, 사용 화학물질의 변경 등으로 작업환경측정 결과에 영향을 주는 변화가 없는 경우로서 다음의 어느 하나에 해당하는 경우에는 해당 유해인자에 대한 작업환경측정을 연 1회 이상 할 수 있다. 다만, 고용노동부장관이 정하여 고시하는 물질을 취급하는 작업공정은 그렇지 않다(규칙 제190조 제2항).
1. 작업공정 내 소음의 작업환경측정 결과가 최근 2회 연속 85데시벨(dB) 미만인 경우
2. 작업공정 내 소음 외의 다른 모든 인자의 작업환경측정 결과가 최근 2회 연속 노출기준 미만인 경우

13. 산업안전보건법령상 건강진단에 관한 설명으로 옳지 않은 것은?
① 근로자대표가 요구할 때에는 건강검진 시 근로자대표를 입회시켜야 한다.
② 고용노동부장관은 근로자의 건강을 보호하기 위하여 필요하다고 인정할 때에는 사업주에게 특정 근로자에 대한 임시건강진단의 실시나 그 밖에 필요한 조치를 명할 수 있다.
③ 배치전건강진단이란 특수건강진단대상업무에 종사할 근로자에 대하여 배치 예정업무에 대한 적합성 평가를 위하여 사업주가 실시하는 건강진단을 말한다.

정답 10 ⑤ 11 ⑤ 12 ③ 13 ④

④ 건강진단기관은 건강진단을 실시한 결과 질병 유소견자가 발견된 경우에는 건강진단을 실시한 날부터 60일 이내에 관할 지방고용노동관서의 장에게 보고하여야 한다.
⑤ 사업주는 건강진단 결과를 근로자의 건강보호유지 외의 목적으로 사용하여서는 아니 된다.

> **해설** ④ 건강진단기관은 건강진단을 실시한 결과 질병 유소견자가 발견된 경우에는 건강진단을 실시한 날부터 30일 이내에 해당 근로자에게 의학적 소견 및 사후관리에 필요한 사항과 업무수행의 적합성 여부(특수건강진단기관인 경우만 해당한다)를 설명해야 한다(규칙 제209조 제2항 전단).
> ① 사업주는 건강진단을 실시하는 경우 근로자대표가 요구하면 근로자대표를 참석시켜야 한다(법 제132조 제1항).
> ② 고용노동부장관은 근로자의 건강을 보호하기 위하여 사업주에게 특정 근로자에 대한 건강진단(임시건강진단)의 실시나 작업전환, 그 밖에 필요한 조치를 명할 수 있다(법 제131조 제1항).
> ③ 배치전건강진단이란 특수건강진단대상업무에 근로자를 배치하려는 경우에는 해당 작업에 배치하기 전에 사업주가 실시하는 건강진단을 말한다(규칙 제204조).
> ⑤ 사업주는 건강진단의 결과를 근로자의 건강 보호 및 유지 외의 목적으로 사용해서는 아니 된다(법 제132조 제3항).

14. 산업안전보건법령상 근로자대표가 사업주에게 그 내용 또는 결과를 통지할 것을 요청할 수 있는 사항이 아닌 것은?
① 산업안전보건위원회가 의결한 사항
② 개별 근로자의 건강진단 결과에 관한 사항
③ 작업환경측정에 관한 사항
④ 안전보건개선계획의 수립·시행에 관한 사항
⑤ 물질안전보건자료에 관한 사항

> **해설** 근로자대표는 사업주에게 다음의 사항을 통지하여 줄 것을 요청할 수 있고, 사업주는 이에 성실히 따라야 한다(법 제35조).
> 1. 산업안전보건위원회(노사협의체를 구성·운영하는 경우에는 노사협의체를 말한다)가 의결한 사항
> 2. 안전보건진단 결과에 관한 사항
> 3. 안전보건개선계획의 수립·시행에 관한 사항
> 4. 도급인의 이행 사항
> 5. 물질안전보건자료에 관한 사항
> 6. 작업환경측정에 관한 사항
> 7. 그 밖에 고용노동부령으로 정하는 안전 및 보건에 관한 사항

15. 산업안전보건기준에 관한 규칙상 석면해체·제거작업 및 유지·관리 등의 조치 기준으로 옳지 않은 것은?
① 사업주는 석면해체·제거작업에 근로자를 종사하도록 하는 경우에는 1급 방진마스크를 지급하여 착용하도록 하여야 한다.

② 사업주는 분말 상태의 석면을 혼합하거나 용기에 넣거나 꺼내는 작업, 절단·천공 또는 연마하는 작업 등 석면분진이 흩날리는 작업에 근로자를 종사하도록 하는 경우에 석면의 부스러기 등을 넣어두기 위하여 해당 장소에 뚜껑이 있는 용기를 갖추어 두어야 한다.

③ 사업주는 석면해체·제거작업을 마친 근로자의 오염된 작업복은 석면 전용의 탈의실에서만 벗도록 하여야 한다.

④ 사업주는 석면해체·제거작업장과 연결되거나 인접한 장소에 탈의실·샤워실 및 작업복 갱의실 등의 위생설비를 설치하고 필요한 용품 및 용구를 갖추어 두어야 한다.

⑤ 사업주는 석면해체·제거작업에서 발생된 석면을 함유한 잔재물은 습식으로 청소하거나 고성능필터가 장착된 진공청소기를 사용하여 청소하는 등 석면분진이 흩날리지 않도록 하여야 한다.

> **해설** ① 사업주는 석면해체·제거작업에 근로자를 종사하도록 하는 경우에 송기마스크 또는 전동식 호흡보호구를 지급하여 착용하도록 하여야 한다(산업안전보건기준에 관한 규칙 제491조 제1항).
> ② 사업주는 분말 상태의 석면을 혼합하거나 용기에 넣거나 꺼내는 작업, 절단·천공 또는 연마하는 작업 등 석면분진이 흩날리는 작업에 근로자를 종사하도록 하는 경우에 석면의 부스러기 등을 넣어두기 위하여 해당 장소에 뚜껑이 있는 용기를 갖추어 두어야 한다(산업안전보건기준에 관한 규칙 제484조).
> ③ 사업주는 석면해체·제거작업에 종사한 근로자에게 개인보호구를 작업복 탈의실에서 벗어 밀폐용기에 보관하도록 하여야 한다(산업안전보건기준에 관한 규칙 제494조 제2항).
> ④ 사업주는 석면해체·제거작업장과 연결되거나 인접한 장소에 평상복 탈의실, 샤워실 및 작업복 탈의실 등의 위생설비를 설치하고 필요한 용품 및 용구를 갖추어 두어야 한다(산업안전보건기준에 관한 규칙 제494조 제1항).
> ⑤ 사업주는 석면해체·제거작업에서 발생된 석면을 함유한 잔재물은 습식으로 청소하거나 고성능필터가 장착된 진공청소기를 사용하여 청소하는 등 석면분진이 흩날리지 않도록 하여야 한다(산업안전보건기준에 관한 규칙 제497조 제1항).

16. 산업안전보건법령상 다음 내용에서 옳은 것을 모두 고른 것은?

> ㉠ 건강진단 실시에 있어서 사무직에 종사하는 근로자란 공장 또는 공사현장과 같은 구역에 있지 아니한 사무실에서 서무·인사·경리·판매·설계 등의 사무업무에 종사하는 근로자를 말하며 판매업무 등에 직접 종사하는 근로자는 제외한다.
> ㉡ 특수건강진단을 실시한 결과 직업병 유소견자가 발견된 작업공정에서 해당 유해인자에 노출되는 모든 근로자에 대하여 다음 회에 한정하여 관련 유해인자별로 특수건강진단 주기를 2분의 1로 단축하여야 한다.
> ㉢ 특수건강진단기관은 근로자에 대해 특수건강진단을 실시한 날부터 30일 이내에 건강진단 결과표를 지방고용노동관서의 장에게 제출하여야 한다.
> ㉣ 선원법에 따른 건강진단을 받은 근로자는 일반건강진단을 실시한 것으로 본다.

① ㉢, ㉣
② ㉠, ㉡, ㉢
③ ㉠, ㉢, ㉣
④ ㉡, ㉢, ㉣
⑤ ㉠, ㉡, ㉢, ㉣

정답 14 ② 15 ① 16 ⑤

[해설] ㉠ 사무직에 종사하는 근로자는 공장 또는 공사현장과 같은 구역에 있지 않은 사무실에서 서무·인사·경리·판매·설계 등의 사무업무에 종사하는 근로자를 말하며, 판매업무 등에 직접 종사하는 근로자는 제외한다(규칙 제197조 제1항).
㉡ 특수건강진단을 실시한 결과 직업병 유소견자가 발견된 작업공정에서 해당 유해인자에 노출되는 모든 근로자에 대하여 다음 회에 한정하여 관련 유해인자별로 특수건강진단 주기를 2분의 1로 단축하여야 한다(규칙 제202조 제2항 제2호).
㉢ 특수건강진단기관은 특수건강진단·수시건강진단 또는 임시건강진단을 실시한 경우에는 건강진단을 실시한 날부터 30일 이내에 건강진단 결과표를 지방고용노동관서의 장에게 제출해야 한다(규칙 제209조 제4항 전단).
㉣ 선원법에 따른 건강진단을 받은 근로자는 일반건강진단을 실시한 것으로 인정한다(규칙 제196조 제2호).

17. 산업안전보건법령상 안전·보건표지 중 안내표지에 해당하는 것은?

① 세안장치

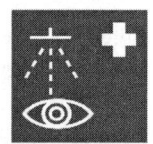

② 방진마스크

③ 금연

④ 석면취급/해체 작업장

```
관계자외 출입금지
석면 취급/해체 중
보호구/보호복 착용
흡연 및 음식물
섭취금지
```

⑤ 고압전기 경고

[해설] ① 안내표지, ② 지시표지, ③ 금지표지, ④ 관계자외 출입금지, ⑤ 경고표지

18. 산업안전보건법령상 사업주의 의무에 관한 설명으로 옳은 것은?

① 사업주는 근로자가 산업안전보건법령의 요지를 알 수 있도록 서면으로 교부하여야 한다.
② 외국인근로자를 채용한 사업주는 해당 근로자의 모국어로 된 안전·보건표지와 작업안전수칙을 부착하여야 한다.

③ 사업주는 연속적으로 컴퓨터 단말기 작업에 종사하는 근로자에 대하여 작업시간 중에 필요한 조치(보건조치)를 하여야 한다.
④ 사업주는 작업환경측정 결과를 기록한 서류를 3년간 보존하여야 한다.
⑤ 사업주는 안전·보건표지의 성질상 설치나 부착이 곤란한 경우에는 해당 물체에 직접 도장하여야 한다.

해설 ③ 사업주는 연속적으로 컴퓨터 단말기 작업에 종사하는 근로자에 대하여 작업시간 중에 건강장해를 예방하기 위하여 필요한 조치(보건조치)를 하여야 한다(법 제39조 제1항).
① 사업주는 이 법과 이 법에 따른 명령의 요지 및 안전보건관리규정을 각 사업장의 근로자가 쉽게 볼 수 있는 장소에 게시하거나 갖추어 두어 근로자에게 널리 알려야 한다(법 제34조).
② 외국인근로자를 사용하는 사업주는 안전보건표지를 고용노동부장관이 정하는 바에 따라 해당 외국인근로자의 모국어로 작성하여야 한다(법 제37조 제1항).
④ 사업주는 작업환경측정 결과를 기록하여 보존하고 고용노동부령으로 정하는 바에 따라 고용노동부장관에게 보고하여야 한다(법 제125조 제5항 전단).
⑤ 안전보건표지의 성질상 설치하거나 부착하는 것이 곤란한 경우에는 해당 물체에 직접 도색할 수 있다(규칙 제39조 제3항).

19. 산업안전보건법령상 사업장의 관리감독자가 수행하여야 하는 업무에 해당하는 것은?
① 근로자의 안전·보건교육에 관한 사항
② 위험성평가를 위한 업무에 기인하는 유해·위험요인의 파악 및 그 결과에 따른 개선조치의 시행에 대한 참여
③ 안전·보건과 관련된 안전장치 및 보호구 구입 시의 적격품 여부 확인에 관한 사항
④ 작업환경측정 등 작업환경의 점검 및 개선에 관한 사항
⑤ 산업재해에 관한 통계의 기록 및 유지에 관한 사항

해설 관리감독자의 업무(영 제15조 제1항)
1. 사업장 내 관리감독자가 지휘·감독하는 작업과 관련된 기계·기구 또는 설비의 안전·보건 점검 및 이상 유무의 확인
2. 관리감독자에게 소속된 근로자의 작업복·보호구 및 방호장치의 점검과 그 착용·사용에 관한 교육·지도
3. 해당작업에서 발생한 산업재해에 관한 보고 및 이에 대한 응급조치
4. 해당작업의 작업장 정리·정돈 및 통로 확보에 대한 확인·감독
5. 사업장의 담당자의 지도·조언에 대한 협조
6. 위험성평가에 관한 다음의 업무
  ㉠ 유해·위험요인의 파악에 대한 참여
  ㉡ 개선조치의 시행에 대한 참여
7. 그 밖에 해당작업의 안전 및 보건에 관한 사항으로서 고용노동부령으로 정하는 사항

20. 산업안전보건법령상 안전관리자에 관한 설명으로 옳은 것은?

① 같은 사업주가 경영하는 둘 이상의 사업장이 같은 시·군·자치구 지역에 소재하는 경우에도 사업장마다 각각 안전관리자를 두어야 한다.
② 건설업의 경우 공사금액 120억원(토목공사업에 속하는 공사는 150억원) 이상인 사업장에는 해당 사업장에서 안전관리자의 업무만을 전담하는 안전관리자를 두어야 한다.
③ 지방노동관서의 장은 중대재해가 연간 2건 발생한 경우 사업주에게 안전관리자를 정수 이상으로 증원할 것을 명할 수 있다.
④ 상시 근로자 300명 미만을 사용하는 건설업은 안전관리자의 업무를 안전관리 전문기관에 위탁할 수 있다.
⑤ 사업주는 안전관리자를 선임한 경우 선임한 날부터 30일 이내에 고용노동부장관에게 증명할 수 있는 서류를 제출하여야 한다.

해설 ② 건설업의 경우 공사금액 120억원(토목공사업에 속하는 공사는 150억원) 이상인 사업장에는 해당 사업장에서 안전관리자의 업무만을 전담하는 안전관리자를 두어야 한다(영 제16조 제2항).
① 같은 사업주가 경영하는 둘 이상의 사업장이 같은 시·군·자치구 지역에 소재하는 경우에 1명의 안전관리자를 공동으로 둘 수 있다(영 제16조 제4항 전단).
③ 지방노동관서의 장은 중대재해가 연간 2건 이상 발생한 경우 사업주에게 안전관리자를 정수 이상으로 증원할 것을 명할 수 있다(규칙 제12조 제1항 제2호).
④ 건설업을 제외한 사업으로서 상시근로자 300명 미만을 사용하는 사업장은 안전관리자의 업무를 안전관리 전문기관에 위탁할 수 있다(영 제19조 제1항).
⑤ 사업주는 안전관리자를 선임하거나 안전관리자의 업무를 안전관리전문기관에 위탁한 경우에는 고용노동부령으로 정하는 바에 따라 선임하거나 위탁한 날부터 14일 이내에 고용노동부장관에게 그 사실을 증명할 수 있는 서류를 제출해야 한다(영 제16조 제6항 전단).

21. 산업안전보건법령상 산업안전보건위원회를 설치·운영하여야 하는 사업이 아닌 것은?

① 상시 근로자 50명인 토사석 광업
② 상시 근로자 100명인 비금속 광물제품 제조업
③ 상시 근로자 50명인 전투용 차량 제조업
④ 상시 근로자 100명인 사무용 기계 및 장비 제조업
⑤ 상시 근로자 50명인 자동차 및 트레일러 제조업

해설 전투용 차량 제조업은 상시근로자 100명 이상(영 별표 9)

22. 산업안전보건법령상 안전보건관리규정에 관한 설명으로 옳은 것은?

① 안전보건관리규정을 작성하여야 할 경우 소방·가스·전기·교통 분야 등의 다른 법령에서 정하는 안전관리에 관한 규정과 별도로 작성하여야 한다.
② 안전보건관리규정은 해당 사업장에 적용되는 단체협약 및 취업규칙에 우선한다.
③ 사업주는 안전보건관리규정을 작성하여야 할 사유가 발생한 날부터 60일 이내에 안전보건관리규정을 작성하여야 한다.
④ 사업주가 안전보건관리규정을 변경할 때에 산업안전보건위원회가 설치되어 있지 아니한 사업장의 경우에는 근로자대표에게 통보하면 된다.
⑤ 안전보건관리규정에는 사고 조사 및 대책 수립에 관한 사항이 포함되어야 한다.

> **해설** ⑤ 안전보건관리규정에는 사고 조사 및 대책 수립에 관한 사항이 포함되어야 한다(법 제25조 제1항 제4호).
> ① 사업주가 안전보건관리규정을 작성할 때에는 소방·가스·전기·교통 분야 등의 다른 법령에서 정하는 안전관리에 관한 규정과 통합하여 작성할 수 있다(규칙 제25조 제3항).
> ② 안전보건관리규정은 단체협약 또는 취업규칙에 반할 수 없다. 이 경우 안전보건관리규정 중 단체협약 또는 취업규칙에 반하는 부분에 관하여는 그 단체협약 또는 취업규칙으로 정한 기준에 따른다(법 제25조 제2항).
> ③ 사업의 사업주는 안전보건관리규정을 작성해야 할 사유가 발생한 날부터 30일 이내에 별표 3의 내용을 포함한 안전보건관리규정을 작성해야 한다(규칙 제25조 제2항 전단).
> ④ 사업주는 안전보건관리규정을 작성하거나 변경할 때에는 산업안전보건위원회의 심의·의결을 거쳐야 한다. 다만, 산업안전보건위원회가 설치되어 있지 아니한 사업장의 경우에는 근로자대표의 동의를 받아야 한다(법 제26조).

23. 산업안전보건법령에 따라 안전·보건진단을 받아 안전보건개선계획을 수립·제출하도록 명할 수 있는 사업장에 해당하는 것은?

① 산업재해율이 같은 업종 평균 산업재해율이 1.5배인 사업장
② 산업재해율이 같은 업종의 규모별 평균 산업재해율보다 높은 사업장으로서 부상자가 동시에 5명 발생한 사업장
③ 2개월의 요양이 필요한 부상자가 동시에 2명 발생한 사업장
④ 상시 근로자가 1,200명으로서 직업병에 걸린 사람이 연간 2명 발생한 사업장
⑤ 작업환경 불량 등으로 사회적 물의를 일으킨 사업장

> **해설** 안전보건진단을 받아 안전보건개선계획을 수립할 대상(영 제49조)
> 1. 산업재해율이 같은 업종 평균 산업재해율의 2배 이상인 사업장
> 2. 사업주가 필요한 안전조치 또는 보건조치를 이행하지 아니하여 중대재해가 발생한 사업장
> 3. 직업성 질병자가 연간 2명 이상(상시근로자 1천명 이상 사업장의 경우 3명 이상) 발생한 사업장
> 4. 그 밖에 작업환경 불량, 화재·폭발 또는 누출 사고 등으로 사업장 주변까지 피해가 확산된 사업장으로서 고용노동부령으로 정하는 사업장

산업보건지도사

24. 산업안전보건법령상 산업안전지도사 또는 산업보건지도사의 등록을 취소하여야 하는 사유를 모두 고른 것은?

> ㉠ 직무의 수행과정에서 고의로 인하여 중대재해가 발생한 경우
> ㉡ 업무 정지 기간 중에 업무를 수행한 경우
> ㉢ 다른 사람에게 자기의 성명을 사용하여 지도사의 직무를 수행하게 한 경우
> ㉣ 거짓이나 그 밖의 부정한 방법으로 등록한 경우
> ㉤ 업무 관련 서류를 거짓으로 작성한 경우
> ㉥ 금고 이상의 형의 집행유예를 선고받고 그 유예기간 중에 있는 경우

① ㉠, ㉢, ㉣
② ㉠, ㉣, ㉥
③ ㉡, ㉢, ㉤
④ ㉡, ㉣, ㉤
⑤ ㉢, ㉤, ㉥

해설 산업안전지도사 또는 산업보건지도사의 등록을 취소하여야 하는 사유(법 제154조)
1. 거짓이나 그 밖의 부정한 방법으로 등록 또는 갱신등록을 한 경우
2. 업무정지 기간 중에 업무를 수행한 경우
3. 업무 관련 서류를 거짓으로 작성한 경우

25. 산업안전보건법령에서 규정하고 있는 명예산업안전감독관의 업무가 아닌 것은?

① 사업장에서 하는 자체점검 참여 및 근로감독관이 하는 사업장 감독 참여
② 법령을 위반한 사실이 있는 경우 사업주에 대한 개선 요청 및 감독기관에 신고
③ 산업재해 발생의 급박한 위험이 있는 경우 사업주에 대한 작업중지 요청
④ 사업장 순회점검·지도 및 조치의 건의
⑤ 직업성 질환의 증상이 있거나 질병에 걸린 근로자가 여럿 발생한 경우 사업주에 대한 임시건강진단 실시 요청

해설 명예산업안전감독관의 업무(영 제32조 제2항)
1. 사업장에서 하는 자체점검 참여 및 근로감독관이 하는 사업장 감독 참여
2. 사업장 산업재해 예방계획 수립 참여 및 사업장에서 하는 기계·기구 자체검사 참석
3. 법령을 위반한 사실이 있는 경우 사업주에 대한 개선 요청 및 감독기관에의 신고
4. 산업재해 발생의 급박한 위험이 있는 경우 사업주에 대한 작업중지 요청
5. 작업환경측정, 근로자 건강진단 시의 참석 및 그 결과에 대한 설명회 참여
6. 직업성 질환의 증상이 있거나 질병에 걸린 근로자가 여러 명 발생한 경우 사업주에 대한 임시건강진단 실시 요청
7. 근로자에 대한 안전수칙 준수 지도
8. 법령 및 산업재해 예방정책 개선 건의
9. 안전·보건 의식을 북돋우기 위한 활동 등에 대한 참여와 지원
10. 그 밖에 산업재해 예방에 대한 홍보 등 산업재해 예방업무와 관련하여 고용노동부장관이 정하는 업무

산업위생일반

26. 다음과 같이 동시에 2가지 화학물질에 노출되고 있는 경우에 대한 해석 및 작업환경평가에 관한 설명으로 옳지 않은 것은?

화학물질명	노출농도(ppm)	노출기준(ppm)
톨루엔	25	50
크실렌	70	100

① 작업환경측정을 위해 활성탄을 사용한다.
② 두 물질은 상가작용을 하는 것으로 판단한다.
③ 작업환경측정 시료는 가스크로마토그래피를 사용하여 분석한다.
④ 톨루엔과 크실렌은 모두 중추신경계의 억제작용을 하는 것으로 알려져 있다.
⑤ 각각의 화학물질은 기준을 초과하지 않았으므로 노출기준을 초과하지 않은 것으로 판단한다.

해설 $\frac{노출농도}{노출기준} = \frac{25}{50} + \frac{70}{100} = 1.2$ 이므로 1을 초과하였으므로 노출기준을 초과하였다.

27. 공기 중 곰팡이, 박테리아의 농도를 나타내는 단위는?

① CFU/m^3
② f/cc
③ mg/m^3
④ $mccf$
⑤ ppm

해설 CFU/m^3 : 곰팡이, 박테리아 등 세균의 농도를 나타내는 단위

28. 외부식 후드를 설계할 때 설계요소의 변동에 다른 필요환기량의 증감에 관한 설명으로 옳지 않은 것은?

① 제어속도가 클수록 필요환기량이 증가한다.
② 플랜지를 부착하면 필요환기량이 감소한다.
③ 제어거리가 클수록 필요환기량이 증가한다.
④ 덕트의 길이가 증가할수록 필요환기량이 증가한다.
⑤ 후드개방 면적이 작을수록 필요환기량이 감소한다.

해설 덕트는 공기 또는 공기를 매체로 하여 열, 수분, 가스 및 분진 등을 운반하는 경로로 이용되는데 덕트의 길이가 증가할수록 필요환기량은 감소한다.

정답 24 ④ 25 ④ 26 ⑤ 27 ① 28 ④

29. 공기 중 유해물질과 이를 채취하기 위한 여과지가 잘못 짝지어진 것은?
   ① 흡입성분진 - PVC 필터
   ② 호흡성분진 - PVC 필터
   ③ 석면 - PVC 필터
   ④ 납(금속) - MCE 필터
   ⑤ 농약 - 유리섬유 필터

   해설 MCE 필터는 금속, 석면, 살충제, 불소화합물, 유리섬유 등에 사용하고, PVC 필터는 석탄먼지, 결정형 유리규산, 무정형 유리규산, 별도로 분리하지 않은 먼지 등을 채취하는데 사용한다.

30. 소음노출량계를 사용하여 다음과 같은 소음에 노출되는 근로자의 8시간 소음노출량을 측정하면 몇 %가 되겠는가?(단, Threshold=80dB, Criteria=90dB, Exchange rate=5dB)

노출시간	소음수준 dB(A)
08:00 - 12:00	70
13:00 - 16:00	100
16:00 - 17:00	95

   ① 75
   ② 100
   ③ 125
   ④ 150
   ⑤ 175

   해설 누적소음폭로량=$(\frac{C_1}{T_1} + \frac{C_2}{T_2} + \frac{C_3}{T_3} + ..) \times 100$

   TWA=$16.61\log(\frac{D}{100})+90$

   D : 누적소음폭로량(%), T=측정시간

31. 화학물질의 인체노출과 그 영향에 관한 설명으로 옳지 않은 것은?
   ① 암모니아는 용해도가 커서 대부분 인후두부 및 상기도에서 흡수되므로 코와 상기도에 자극을 일으키는 물질로 알려져 있다.
   ② 이산화탄소는 용해도가 낮아 폐의 호흡영역까지 침투하며, 노출기준을 초과하면 폐포를 자극하여 폐렴을 일으키는 물질로 알려져 있다.
   ③ 작업환경의 노출기준에 피부표기가 되어 있는 화학물질은 피부를 통해 쉽게 흡수될 수 있다는 것을 의미한다.
   ④ 작업환경에서 무기납의 주요 노출경로는 호흡기이며 체내로 흡수된 후 가장 많이 축적되는 조직은 뼈인 것으로 알려져 있다.
   ⑤ 일산화탄소는 헤모글로빈과 친화력이 산소보다 약 200배 이상 높기 때문에 산소보다 먼저 헤모글로빈과 결합하여 혈액의 산소운반능력을 저해하는 것으로 알려져 있다.

   해설 물에 거의 녹지 않는 물질로 가장 심한 자극제이며 세기관지 및 폐포에 자극하여 폐렴을 일으키는 것은 이산화질소, 삼염화비소, 포스겐 등이다.

32. 수은 화합물의 흡수와 대사 및 건강영향에 관한 설명으로 옳지 않은 것은?

① 수은은 혈액뇌장벽(Brain Blood Barrier, BBB)이나 태반을 통과할 수 있는 것으로 알려져 있다.
② 무기수은은 위장이나 소장과 같은 소화기계를 통해서는 거의 흡수되지 않은 것으로 알려져 있다.
③ 무기수은은 상온에서 기화되므로 수은온도계 제조공정에서 수은을 주입하는 근로자는 호흡기를 통해 체내로 수은이 흡수될 가능성이 높은 것으로 알려져 있다.
④ 수은은 인체에 흡수되면 대부분 뼈에 축적되며 뼈에 축적된 수은은 서서히 혈액으로 빠져나와 뇌로 이동하여 뇌병변장해를 일으키는 것으로 알려져 있다.
⑤ 수은은 SH- 기능기와의 친화력이 높아 SH- 기능기를 가진 효소에 작용하여 기능장해를 일으키는 것으로 알려져 있다.

해설 흡수된 수은증기의 80%는 폐포에서 흡수된다. 수족신경마비, 시신경장애, 정신이상, 보행장애 등의 건강장애가 나타나며 메틸수은은 미나마타병을 유발한다.

33. 근골격계부담작업을 평가하는 도구 중에서 중량물 취급작업을 평가하기 위한 도구만 고른 것은?

㉠ NLE(Revised NIOSH Lifting Equation)
㉡ MAC(Manual Handling Assessment Charts)
㉢ RULA(Rapid Upper Limbs Assessment)
㉣ 3D SSPP(3D Static Strength Prediction Program
㉤ WAC 296-62-05105
㉥ OWAS(Ovako Working-posture Analysis System)

① ㉠, ㉡
② ㉡, ㉢
③ ㉢, ㉣
④ ㉣, ㉥
⑤ ㉤, ㉥

해설 ㉠ NLE(Revised NIOSH Lifting Equation) : 중량물 취급업종
㉡ MAC(Manual Handling Assessment Charts) : 들기 지침
㉢ RULA(Rapid Upper Limbs Assessment) : 의류업, 컴퓨터 장시간 사용 작업
㉣ 3D SSPP(3D Static Strength Prediction Program : 의료업, 제조업, 중량물 취급업 등
㉥ OWAS(Ovako Working-posture Analysis System) : 제조업, 의료업, 어업, 건축업 등

34. 벤젠의 생물학적 노출지표로 사용되는 대사산물은?
   ① 메틸마뇨산
   ② 메트헤모글로빈
   ③ 뮤콘산
   ④ 2,5-헥산디온
   ⑤ 카르복시헤모글로빈

   해설 ③ 벤젠 : 혈중 벤젠·소변 중 페놀·소변 중 뮤콘산 중 택 1(작업 종료 시 채취)
   ① 메틸마뇨산 : 크실렌
   ② 메트헤모글로빈 : p-디메틸아미노아조벤젠
   ④ 2,5-헥산디온 : 메틸 n-부틸 케톤
   ⑤ 카르복시헤모글로빈 : 디클로로메탄

35. 산업안전보건법령에 규정되어 있는 특수건강진단의 대상이 아닌 근로자는?
   ① 크롬에 노출되는 근로자
   ② 유리섬유분진에 노출되는 근로자
   ③ 1일 8시간 작업시 85dB(A) 이상의 소음에 노출되는 근로자
   ④ 1일 6시간 이상 전화상담 등 감정노동에 종사하는 근로자
   ⑤ 상시근로자 300인 이상 사업장에서 최근 6개월간 오후 10시부터 오전 6시까지 월평균 80시간 이상 일하는 근로자

   해설 특수건강진단의 대상자는 화학적 인자, 분진, 물리적 인자, 야간작업에 종사하는 근로자가 해당한다(규칙 별표 22). 감정노동에 종사하는 근로자는 해당하지 않는다.

36. 산업재해 지표에 관한 설명으로 옳은 것은?
   ① 건수율은 연작업시간당 재해발생 건수이다.
   ② 도수율은 천인율 또는 발생률이라고도 한다.
   ③ 강도율은 연 100만 작업시간당 작업손실일수를 말한다.
   ④ 도수율은 작업시간이 고려되지 않은 산업재해 지표이다.
   ⑤ 사망만인률은 근로자 1만명당 산업재해로 인한 사망자수를 말한다.

   해설 ⑤ 사망만인률은 근로자 1만명당 산업재해로 인한 사망자수를 말한다.
   ① 건수율은 근로자 1,000명당 발생하는 재해건수
   ② 도수율은 연근로시간 100만 시간당 재해발생건수
   ③ 강도율은 근로시간 1,000시간당 발생한 근로손실일수
   ④ 도수율은 연근로시간 100만 시간당 재해발생건수로 작업시간 고려

37. 석면노출로 인한 중피종의 위험을 평가하고자 역학연구를 실시하기 위하여 석면공장에서 10년 이상 근무한 적이 있는 근로자 집단을 파악하고, 이 집단과 유사한 인구학적 특성(성별, 연령 등)을 가진 일반 인구집단도 선정하여 중피종으로 인한 사망자를 파악하였다. 이와 같은 방식의 역학연구에 관한 설명으로 옳은 것은?

① 단면연구(Cross Sectional Study)라고 하며, 석면으로 인한 중피종 사망 위험은 조사망률(Crude Death Rate)로 평가된다.
② 환자대조군 연구(Cross Control Study)라고 하며, 석면으로 인한 중피종 사망위험은 교차비(OR; Odds Ratio)로 산출된다.
③ 환자대조군 연구(Cross Control Study)라고 하며, 석면으로 인한 중피종 사망위험은 상대적 위험비(RR; Risk Ratio)로 산출된다.
④ 전향적 코호트 연구(Prospective Cohort Study)라고 하며, 석면으로 인한 중피종 사망위험은 교차비(OR; Odds Ratio)로 산출된다.
⑤ 전향적 코호트 연구(Retrospective Cohort Study)라고 하며, 석면으로 인한 중피종 사망위험은 상대적 위험비(RR; Risk Ratio)로 산출된다.

해설 전향적 코호트 연구(Retrospective Cohort Study)는 연구 대상자를 모집(석면공장에서 10년 이상 근무한 적이 있는 근로자 집단을 파악)하고 모집한 대상자들을 시간에 따라 조사(이 집단과 유사한 인구학적 특성(성별, 연령 등)을 가진 일반 인구집단도 선정하여 중피종으로 인한 사망자를 파악)하는 것으로 추적조사를 하는 것이다.

38. 산업보건역사에 관한 설명으로 옳지 않은 것은?

① 히포크라테스가 납중독에 대한 기록을 남겼다.
② 중세시대에 아그리콜라에 의해 구리에 대한 직업적 노출기준이 처음으로 제안되었다.
③ 이탈리아의 의사 라마찌니가 최초로 직업병의 원인을 유해물질(요인)과 불안전한 작업자세라는 점을 명시했다.
④ 산업혁명 초기에는 공장 안은 물론 인접지역까지 공기, 물 등의 오염으로 개인위생이 중요한 문제로 대두되었다.
⑤ 파라셀수스는 "모든 물질은 그 양(dose)에 따라 독(poison)이 될 수도 있고 치료약(remedy)이 될 수도 있다"고 하였다.

해설 아그리콜라는 광부들의 호흡기 질환, 특히 천식증과 소모성 증세에 대하여 상세히 기술하였다.

정답 34 ③ 35 ④ 36 ⑤ 37 ⑤ 38 ②

39. 가로, 세로, 높이가 각각 20m, 10m, 5m인 밀폐된 대형 챔버에 톨루엔 1L가 쏟아져 모두 증발했다. 이때 공기 중 톨루엔 농도(ppm)는 약 얼마인가?(단, 톨루엔의 분자량은 92, 비중은 0.86, 온도와 압력은 정상조건이다.)

   ① 115
   ② 225
   ③ 335
   ④ 445
   ⑤ 555

   해설 농도(mg/㎥) = $\dfrac{1 \times 0.86 \times 10^3 \times 10^3}{1,000}$ = 860mg/㎥

   mg/㎥ → ppm $\dfrac{mg/㎥ \times 24.1}{mw} = \dfrac{860 \times 24.1}{92}$ = 225ppm

40. 배치전 건강진단 결과 다음과 같이 여러 가지 건강장해 요인을 가진 근로자들이 나타났다. 피혁 가공공정에서 DMF로 인한 건강장해를 예방하기 위해 배치하지 말아야 할 필요성이 가장 높은 근로자는?

   ① 청력장해가 있는 근로자
   ② 제한성 폐기능장해가 있는 근로자
   ③ 폐활량이 저하된 근로자
   ④ 간기능 장해가 있는 근로자
   ⑤ 폐쇄성 폐기능장해가 있는 근로자

   해설 DMF는 독성 간염을 일으키는 물질로 간기능 장해가 있는 근로자는 배치하지 않아야 한다.

41. 근로자 건강을 보호하기 위한 작업환경관리의 우선순위를 바르게 연결한 것은?

   ① 제거→대체→환기→교육→보호구착용
   ② 환기→보호구착용→대체→제거→교육
   ③ 환기→제거→대체→교육→보호구착용
   ④ 보호구착용→교육→제거→대체→환기
   ⑤ 보호구착용→환기→제거→대체→교육

   해설 작업환경관리의 우선순위 : 제거, 대체, 환기, 교육, 보호구착용 순

42. 청력보호구에 관한 설명으로 옳은 것은?
    ① 귀마개나 귀덮개의 차음효과는 주파수별로 차이가 없어야 한다.
    ② 현장에서 귀마개를 착용할 때의 차음효과는 NRR보다는 낮다.
    ③ 1종(EP-1형) 귀마개는 저주파수보다 고주파수의 소음을 차단하기 위한 귀마개이다.
    ④ 귀마개의 귀덮개를 동시에 착용하면 합산 차음효과는 각각의 차음효과를 더하여 산출한다.
    ⑤ 귀마개의 NRR은 모든 주파수의 소음수준이 법적 기준인 90dB이라고 가정하고 계산한 차음효과값이다.

    해설 ② 귀마개를 착용할 때의 차음효과는 (NRR-7)×50%=11dB로 NRR보다는 낮다.
    ① 귀마개는 고주파에서 25~35dB(A) 정도, 귀덮개는 35~45dB(A) 정도 차음효과가 있다.
    ③ 1종(EP-1형) 귀마개는 저음부터 고음까지 차음한다.
    ④ 귀마개의 귀덮개를 동시에 착용하면 합산 차음효과는 추가로 3~5dB(A)까지의 감음효과가 있다.
    ⑤ 모든 주파수의 소음수준이 법적 기준이 다르게 규정되어 있다.

43. 인체의 주요 장기 및 조직에서 기본이 되는 단위조직의 명칭과 대표적인 유해요인이 잘못 짝지어진 것은?
    ① 신경 - 시냅스 - 노말헥산
    ② 신장 - 네프론 - 수은
    ③ 폐 - 폐포 - 유리규산
    ④ 간 - 간소엽 - 사염화탄소
    ⑤ 근육 - 근섬유 - 반복작업

    해설 노말헥산은 대개 섭취 및 흡인 후 폐에 화학성 폐렴이 발생한다. 표적 장기는 중추 및 말초 신경계, 호흡기계, 심장, 피부 및 눈이다.

44. 인체의 청각기관에 관한 설명으로 옳지 않은 것은?
    ① 내이에서 소리에너지의 이동경로는 난형창→전정관→고실계→원형창이다.
    ② 중이는 추골, 침골, 등골의 조그만 뼈로 구성되어 있으며 고막의 진동을 내이로 전달하는 기능을 한다.
    ③ 내이는 난형창 쪽에서부터 안쪽으로 20,000Hz에서 20Hz까지의 소리를 감지하는 모세포(hair cell)가 배치되어 있다.
    ④ 청각기관은 바깥귀부터 고막까지를 외이, 고막에서 난형창까지를 중이, 난형창 내부의 코르티 기관을 내이로 나눈다.
    ⑤ 내이는 3개의 관으로 나뉘어져 있으며 소리의 통로가 되는 전정관과 고실계는 공기가 채워져 있으며, 소리는 감지하는 모세포(hair cell)에 있는 코르티 기관은 액체로 채워져 있다.

    해설 달팽이관은 전정관, 달팽이세관, 고실계로 되어 있으며 전정계와 고실계는 림프로 차 있고 달팽이관의 끝에서 서로 연결되어 있다.

정답 39 ② 40 ④ 41 ① 42 ② 43 ① 44 ⑤

45. 비스코스 레이온 공정에서 이황화탄소 노출을 평가하기 위해 다음과 같이 개인시료를 포집한 후 가스크로마토그래피로 분석하였다. 이 근로자의 6시간 동안 이황화탄소 노출농도(ppm)는 약 얼마인가?

○ 이황화탄소 분자량 : 76.14
○ 시료채취 유량 : 0.2L/분
○ 시료 포집시간 : 6시간
○ 이황화탄소의 양 : 앞층 2,900μg, 뒤층 140μg
○ 평균탈착효율 : 90%
○ 온도와 압력은 정상조건

① 5
② 10
③ 15
④ 20
⑤ 25

해설 이황화탄소 노출농도 = $\dfrac{(\text{시료 앞 층의 양} + \text{시료 뒤 층의 양}) \times 24.45}{\text{공기채취량} \times \text{시간(분)} \times \text{탈착효율} \times \text{분자량}}$ = $\dfrac{(2,900+140) \times 24.45}{0.2 \times (6 \times 60) \times 0.90 \times 76.14} = 15.06 ppm$

46. 방진마스크의 성능 및 검정기준에 관한 설명으로 옳은 것은?
   ① 방진마스크의 성능은 여과효율이 동등하다면 흡배기저항을 높을수록 우수하다.
   ② 방진마스크를 현장에서 사용하는 시간이 길어지면 여과지의 기공에 먼지가 축적됨에 따라 먼지의 여과효율은 점점 감소한다.
   ③ 방진마스크의 여과효율은 먼지의 크기가 작아질수록 점점 낮아진다.
   ④ 특급, 1급, 2급으로 구분하며 각각의 최소여과효율은 99%, 95%, 90% 이상이어야 한다.
   ⑤ 여과효율을 검정하기 위한 먼지의 크기는 공기역학적 직경 0.3μm 내외이다.

해설 ⑤ 여과효율을 검정하기 위한 먼지의 크기는 공기역학적 직경 0.3μm 내외이다.
① 방진마스크의 성능은 여과효율이 동등하다면 흡배기저항이 낮을수록 우수하다.
② 방진마스크를 현장에서 사용하는 시간이 길어지면 여과지의 기공에 먼지가 축적됨에 따라 먼지의 여과효율은 점점 증가한다.
③ 방진마스크의 여과효율은 먼지의 크기가 작아질수록 점점 커진다.
④ 특급, 1급, 2급으로 구분하며 각각의 최소여과효율은 99%, 94%, 80% 이상이어야 한다.

47. 뇌심혈관계 질환의 위험이 높은 근로자가 뇌심혈관계 질환 예방을 위해 노출되지 않도록 관리해야 할 유해요인으로 우선순위가 가장 낮은 것은?
   ① 고열
   ② 질산염
   ③ 베릴륨
   ④ 스트레스
   ⑤ 일산화탄소

   해설 뇌심혈관계 질환 촉발요인
   1. 물리적 요인 : 한랭, 고열, 소음, 진동
   2. 화학적 요인 : 일산화탄소, 이황화탄소, 니트로글리세린 등의 니트로 화합물, 할로겐 화합물 등
   3. 교대작업, 운전작업, 야간작업, 스트레스 등

48. 최근 산재사고 예방을 위해 우리나라에서 적극적으로 도입하고 있는 위험성 평가제도의 취지와 실무에 관하여 가장 잘 설명하고 있는 것은?
   ① 50인 미만 소규모 사업장은 적용대상에서 제외되어 있다.
   ② 위험성평가는 기본적으로 사업장의 안전보건관리를 해야 하는 사업주와 근로자에 의해 이루어져야 한다.
   ③ 위험성평가는 기본적으로 유해위험요인에 대한 전문지식과 개선 및 관리에 대한 공학적 지식 및 기술을 가진 전문가에 의뢰하여 실시하여야 한다.
   ④ 발암성 물질과 같은 유해화학물질의 위험성 평가는 1년에 2회 이상 작업환경 측정 결과를 노출기준과 비교하여 평가하여야 한다.
   ⑤ 위험성평가란 기계, 기구, 설비 및 화학물질, 그 자체의 위험성 및 유해성을 평가하는 것으로 전문기관에서 객관적으로 평가하는 것을 말한다.

   해설 ②, ⑤ 위험성 평가는 사업주가 주체가 되어 안전보건관리책임자, 관리감독자, 안전관리자, 보건관리자, 안전보건관리담당자, 대상 작업의 근로자가 참여하여 각자의 역할분담에 따라 실시한다.
   ① 이 고시는 위험성평가를 실시하는 모든 사업장에 적용한다(사업장 위험성평가에 관한 지침 제2조).
   ③ 사업주는 스스로 사업장의 유해·위험요인을 파악하기 위해 근로자를 참여시켜 실태를 파악하고 이를 평가하여 관리 개선하는 등 위험성평가를 실시하여야 한다(사업장 위험성평가에 관한 지침 제5조 제1항).
   ④ 위험성평가는 최초평가 및 수시평가, 정기평가로 구분하여 실시하여야 하고 정기평가는 최초평가 후 매년 정기적으로 실시한다(사업장 위험성평가에 관한 지침 제15조 제1항, 제3항).

49. 석유화학공장의 야외에서 유사한 직무를 수행하는 근로자 30명의 공기 중 1,3-부타디엔 노출농도를 측정하였다. 측정결과의 통계자료에 대한 설명으로 옳지 않은 것은?
   ① 일반적으로 정규분포보다는 기하분포를 할 것으로 기대된다.
   ② 1,3-부타디엔 노출농도의 기하평균은 산술평균보다 클 것이다.
   ③ 노출농도의 기하평균 단위는 ppm이지만 기하표준편차는 단위가 없다.

정답 45 ③ 46 ⑤ 47 ③ 48 ② 49 ②

④ 노출농도를 로그변환하면 변환된 자료는 정규분포를 할 것으로 기대된다.
⑤ 기하평균이 같다면 기하평균편차가 클수록 노출기준을 초과할 확률은 커진다.

해설 기하평균이 산술평균보다 작거나 같다.

50. 가로, 세로, 높이가 각각 10m, 15m, 4m인 사무실에서 120명이 근무하고 있다. 이 사무실의 이산화탄소(CO_2) 농도를 1,000ppm 이하로 유지하고자 할 때 최소환기율은 ACH(hr-1)로 나타낸다면 약 얼마인가?

- 1시간당 1인당 CO_2 배출량 : 2.2L
- 대기 중 CO_2 농도 : 350ppm
- 확산에 의한 환기효율계수(또는 안전계수 : K)는 5로 가정

① 1.4　　　　　　　　② 2.1
③ 2.4　　　　　　　　④ 3.4
⑤ 3.9

해설 1,000ppm 이하로 유지-대기 중 CO_2 농도 350ppm

$$= \frac{CO_2 \text{배출량} \times \text{근무인원} \times \text{안전계수} \times 1,000,000}{(\text{가로} \times \text{세로} \times \text{높이}) \times 1,000 \times \text{최소환기율}}$$

$$650 = \frac{2.21 \times 120 \times 5 \times 1,000,000}{600 \times 1,000 \times \text{최소환기율}} = 3.4(\text{hr-1})$$

기업진단 · 지도

51. 관찰 및 측정이 가능하고 직무와 관련된 피평가자의 행동을 평가기준으로 하는 행동기준고과법(BARS : behaviorally anchored rating scales)의 개발절차를 순서대로 옳게 나열한 것은?

① 행동기준고과법 개발위원회 구성 → 중요사건의 열거 → 중요사건의 범주화 → 중요사건의 재분류 → 중요사건의 등급화 → 확정 및 실시
② 행동기준고과법 개발위원회 구성 → 중요사건의 열거 → 중요사건의 범주화 → 중요사건의 등급화 → 중요사건의 재분류 → 확정 및 실시
③ 행동기준고과법 개발위원회 구성 → 중요사건의 열거 → 중요사건의 등급화 → 중요사건의 재분류 → 중요사건의 범주화 → 확정 및 실시

④ 행동기준고과법 개발위원회 구성→중요사건의 열거→중요사건의 등급화→중요사건의 범주화→중요사건의 재분류→확정 및 실시

⑤ 행동기준고과법 개발위원회 구성→중요사건의 열거→중요사건의 재분류→중요사건의 범주화→중요사건의 등급화→확정 및 실시

> **해설** 행동기준고과법(BARS : behaviorally anchored rating scales)의 개발절차 : 개발위원회 구성 → 중요사건의 열거 → 중요사건의 범주화 → 중요사건의 재분류 → 중요사건의 등급화 → 확정 및 실행

52. 카플란(Kaplan)과 노턴(Norton)에 의해 개발된 균형성과표(BSC : balanced scorecard)의 운용체계는 4가지 관점에서 파생되는 핵심성공요인(KPI : key performance indicators)들의 유기적 인과관계로 구성되는데 4가지 관점으로 모두 옳은 것은?

① 재무적 관점, 고객 관점, 외부 경쟁환경 관점, 학습·성장 관점
② 재무적 관점, 고객 관점, 내부 프로세스 관점, 학습·성장 관점
③ 재무적 관점, 자재 관점, 외부 경쟁환경 관점, 학습·성장 관점
④ 재무적 관점, 고객 관점, 외부 경쟁환경 관점, 직무표준 관점
⑤ 재무적 관점, 자재 관점, 내부 경쟁환경 관점, 직무표준 관점

> **해설** 균형성과표(BSC : balanced scorecard) 4가지 관점 : 재무적 관점, 고객관점, 기업 내부 프로세스, 학습·성장 관점

53. 도요타 생산방식(TPS : toyota production system)에서 낭비를 철저하게 제거하기 위한 방법으로 활용된 적시생산시스템(JIT : just in time)에 대한 설명으로 옳은 것만을 모두 고른 것은?

㉠ 기본적인 요소는 간판(kanban)방식, 생산의 평준화, 생산준비시간의 단축과 대로트화, 작업 표준화, 설비배치와 단일기능공제도이다.
㉡ 오릭키(Orlicky)에 의하여 개발된 자재관리 및 재고통제시스템으로 종속 수요품의 소요량과 소요시기를 결정하기 위한 시스템이다.
㉢ 자동화, 작업자의 라인정지권한 부여, 안돈(andon), 오작동 방지, 5S의 활성화로 일관성 있는 고품질을 달성하고 있는 시스템이다.
㉣ 고객 주문에 의해 생산이 시작되며 부품의 생산과 공급의 후속 공정의 필요에 의해 결정되는 풀(full)시스템의 자재흐름 체계이다.
㉤ 생산준비비용(주문비용)과 재고유지비용의 균형점에서 로트 크기(lot size)를 결정하며 로트 크기가 큰 것을 추구하는 시스템이다.

① ㉠, ㉣   ② ㉡, ㉤
③ ㉢, ㉣   ④ ㉠, ㉢, ㉣
⑤ ㉡, ㉢, ㉤

정답 50 ④ 51 ① 52 ② 53 ③

해설 ㉠ 적시생산시스템(JIT : just in time)은 재고의 낭비를 줄이기 위하여 소로트로 생산을 한다.
㉡ 오릭키(Orlicky)에 의하여 개발된 자재관리 및 재고통제시스템은 자재소요계획(MRP)이다.
㉣, ㉤ 고객 주문에 의해 생산이 시작되며, 부품의 생산과 공급이 후속공정의 필요에 의해 결정되는 풀(pull)시스템의 자재흐름 체계이다.
㉢ 적시생산시스템(JIT : just in time)은 자동화, 작업자의 라인정지권한 부여, 안돈(andon), 오작동 방지, 5S의 활성화로 일관성 있는 고품질을 달성하고 있는 시스템이다.

54. 혁신적인 품질개선을 목적으로 개발된 기업 경영전략인 6시그마 프로젝트 수행단계(DMAIC)에 관한 설명으로 옳지 않은 것은?

① 정의(define) : 문제점을 찾아내는 첫 단계
② 측정(measurement) : 문제 수준을 계량화하는 단계
③ 통합(integration) : 원인과 대책을 통합하는 단계
④ 분석(analysis) : 상태 파악과 원인분석을 하는 단계
⑤ 관리(control) : 관리계획을 실행하는 단계

해설 6시그마 프로젝트 수행 5단계(DMAIC) : 정의, 측정, 분석, 개선, 관리
분석 : 결함이 발생한 장소, 시점, 문제의 형태와 원인을 규명하는 단계

55. 생산시스템을 설계하고 계획, 통제하는 초기단계로 총괄생산계획(APP : aggregate production planning), 주생산일정계획(MPS : master production schedule), 자재소요계획(MRP : material requirement planning) 등에 기초자료로 활용되는 수요예측(demand forecasting) 방법에 관한 설명으로 옳지 않은 것은?

① 패널법(panel consensus)은 다양한 계층의 지식과 경험을 기초로 하고 관련 예측정보를 공유한다.
② 소비자조사법(market research)은 설문지 및 전화에 의한 조사, 시험판매 등을 활용하여 예측한다.
③ 단순이동평균법(simple moving average method)의 예측값은 과거 n기간 동인 실제 수요의 산술평균을 활용한다.
④ 시계열분해법(time series method)은 시계열을 4가지 구성요소로 분해하여 수요를 예측하는 방법이다.
⑤ 델파이법(delphi method)은 설득력 있는 특정인에 의해 예측결과가 영향을 받는 장점이 존재한다.

해설 델파이법(delphi method)은 익명의 케이트 형식으로 하기 때문에 회답자간의 심리적인 영향을 피할 수 있다.

56. 단체교섭의 절차에 관한 설명으로 옳지 않은 것은?
   ① 노사간의 교섭안을 차례로 제시하고 대응하며 양측에 요구사항을 수시로 수정해야 협상이 가능하다.
   ② 노사간의 교섭과정에서 끝까지 타협이 안 된다면 정부나 제3자의 조정 및 중재가 필요하다.
   ③ 노사간의 협상내용이 타결되면 단체협약서를 작성하고 협약내용을 관리할 필요가 있다.
   ④ 사용자가 파업근로자가 대신 임시직을 채용하거나 비조합원들을 파업 장소로 이동시켜 대체할 수 있다.
   ⑤ 노사간의 협상이 결렬되면 양측은 서로에 대해 파업과 직장폐쇄 등으로 실력을 행사할 수 있다.

   해설 사용자는 쟁의행위 기간중 그 쟁의행위로 중단된 업무의 수행을 위하여 당해 사업과 관계없는 자를 채용 또는 대체할 수 없다(노동조합 및 노동관계조정법 제43조 제1항).

57. 기능별 조직과 프로젝트(project) 팀조직을 결합시킨 조직으로 1명의 직원이 2명 이상의 상사로부터 명령을 받을 수 있어 명령통일의 원칙(principle of command)에 혼란을 겪을 수 있는 조직구조는?
   ① 매트릭스 조직   ② 사업부제 조직
   ③ 네트워크 조직   ④ 가상네트워크 조직
   ⑤ 가상조직

   해설 매트릭스 조직은 기존의 기능부서 상태를 유지하면서 특정한 프로젝트를 위해 서로 다른 부서의 인력이 함께 일하는 현대적인 조직설계방식으로 기존의 전통적 조직구조에 적용되는 명령통일의 원칙이 깨진 것으로서 매트릭스 조직의 가장 큰 특징이다.

58. 리더십 이론에 관한 설명으로 옳은 것은?
   ① 행동이론 중 미시간 대학의 연구에서 직무중심 리더는 부하의 인간적 측면에 관심을 갖고, 종업원 중심 리더는 부하의 업무에 관심을 갖고 있다는 것을 규명하였다.
   ② 상황이론 중 경로-목표 이론에서는 리더행동을 지시적 리더십, 지원적 리더십, 참여적 리더십, 성취지향적 리더십으로 분류하였다.
   ③ 특성이론에서는 여러 특성을 가진 리더가 모든 상황에서 효과적이라고 주장하였다.
   ④ 행동이론 중 오하이오 주립대학의 연구에서 배려하는 리더와 부하 사이의 관계는 상호신뢰를 형성하기가 어렵다는 것을 규명하였다.
   ⑤ 상황이론 중 규범모형은 기본적으로 부하들의 의사결정에 참여하는 정도가 상황의 특성에 맞게 달라질 필요가 없다고 가정하였다.

정답 54 ③ 55 ⑤ 56 ④ 57 ① 58 ②

해설 ② 경로-목표 이론은 리더행동을 지시적 리더십, 지원적 리더십, 참여적 리더십, 성취지향적 리더십으로 분류하였다.
① 행동이론 중 미시간 대학의 연구에서 직무중심 리더는 세밀한 감독과 합법적이고 강제적인 권력을 활용하여 업무계획표에 따라 이를 실천하고 업무성과를 평가하는데 초점을 둔다.
③ 특성이론에서는 어떤 특성들을 갖추게 되면 효과적인 리더가 될 수 있다는 것이다.
④ 행동이론 중 오하이오 주립대학의 연구에서 배려하는 리더와 부하 사이의 관계는 배려가 높은 리더가 하위자들의 성과와 만족을 가져오는 경향이 있음을 발견하였다.
⑤ 상황이론 중 규범모형은 기본적으로 부하들의 의사결정에 참여하는 정도가 상황의 특성에 맞게 달라져야 한다고 본다.

59. 조직문화의 순기능에 관한 설명으로 옳지 않은 것은?
① 조직구성원들에게 일체감을 조성한다.
② 조직구성원들의 생각과 행동지침이나 규범을 제공한다.
③ 조직의 안정성과 계속성을 갖게 한다.
④ 조직구성원들에게 획일성을 갖게 한다.
⑤ 조직구성원들의 태도와 행동을 통제하는 기제(mechanism) 기능을 한다.

해설 조직문화는 조직구성원들에게 획일성을 갖게 하여 제도화로 인해 혁신성을 떨어뜨린다.

60. "신입사원 선발시험점수(예측점수)와 업무성과(준거점수)의 상관계수가 0.4이다."의 설명으로 옳은 것은?
① 선발시험점수가 업무성과 변량의 16%를 설명한다.
② 입사 지원자의 16%가 합격할 것이다.
③ 선발시험점수가 업무성과 변량의 40%를 설명한다.
④ 입사 지원자의 40%가 합격할 것이다.
⑤ 입사 지원자의 선발시험점수가 40점 이상일 경우 합격한다.

해설 상관계수는 개의 연속형 변수 간의 연관성에 대한 측도이다. 상관연구에서는 두 변인 간의 관계를 알아보는 단순상관뿐만 아니라 한 변인이 2개 이상의 다른 변인과 조합하여 어떤 관련을 맺고 있는지를 알아보는 다중상관의 문제도 취급하는데, 중다상관계수는 종속변인과 중다독립변인 간 관계의 값을 나타낸다. 중다상관계수는 R2으로 표현하며, 이는 독립변인의 조합으로 설명되는 종속변인의 변량의 비율을 말한다. $(0.4)^2 = 0.16$=16%이다.

61. 동일한 길이의 두 선분에서 양쪽끝 화살표의 방향이 달라짐에 따라 선분의 길이가 서로 다르게 지각되는 착시 현상은?

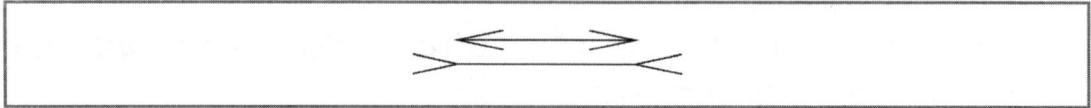

① 뮬러-라이어 착시 ② 유도운동 착시
③ 파이운동 착시 ④ 자동운동 착시
⑤ 스트로보스코운동 착시

해설 ① 뮬러-라이어 착시는 두 기하학적 형태들에서 화살표 모양의 끝을 가진 선분은 그렇지 않은 선분보다 짧게 된다. 두 선분의 실제 길이는 같다.
② 유도운동 착시 : 정지해 있는 것을 움직이는 것으로 느낀다든가 반대로 운동하고 있는 것을 정지해 있는 것으로 느끼는 현상을 말한다.
③ 파이운동 착시 : 정지 화면의 연속에 의해 일어나는 가상의 운동 지각 현상을 말한다.
④ 자동운동 착시 : 암실 내에서 수 미터 거리에 정지된 광점을 놓고 한동안 응시하고 있으면 그 광점이 움직이는 것처럼 보이는 현상을 말한다.
⑤ 스트로보스코운동 착시 : 영상에서 마차바퀴가 뒤로 돌아가는 것처럼 보이는 효과를 말한다.

62. 선발도구의 효과성에 관한 설명으로 옳은 것만을 모두 고른 것은?

> ㉠ 선발율이 1 이상이 되어야 선발도구의 사용은 의미가 있다.
> ㉡ 선발도구의 타당도가 높을수록 선발도구의 효과성은 증가한다.
> ㉢ 선발율이 낮을수록 선발도구의 효과성 가치는 작아진다.
> ㉣ 기초율이 100%라면 새로운 선발도구의 사용은 의미가 없다.
> ㉤ 선발도구의 효과성을 이해하는데 중요한 개념은 기초율, 선발율, 타당도이다.

① ㉠, ㉡   ② ㉠, ㉣
③ ㉡, ㉢, ㉤   ④ ㉡, ㉣, ㉤
⑤ ㉢, ㉣, ㉤

해설 ㉠ 선발율은 $\frac{선발인원}{지원자수}$ 이므로 최대값이 1이다.
㉢ 선발율이 낮을수록 예측변인의 가치는 커진다.
㉡ 선발도구의 타당도가 높을수록 선발도구의 효과성은 증가한다.
㉣ 기초율이 100%라면 새로운 선발도구의 사용은 의미가 없다.
㉤ 선발도구의 효과성 : 기초율, 선발율, 타당도

63. 효과적인 팀 수행을 위해서 공유된 정신모델(shared mental model)을 구축하고자 할 때, 주의해야 하는 잠재적·부정적 측면인 집단사고(groupthink)에 관한 설명으로 옳지 않은 것은?

① 집단사고의 예로는 1960년 미국이 쿠바의 피그만을 침공한 것과 1980년대 우주왕복선 챌린저호의 폭발사고가 있다.

② 팀 구성원들은 만장일치로 의견을 도출해야 한다는 환상을 가지고 있다.
③ 자신이 속한 집단에 대한 강한 사회적 정체성을 느끼는 팀에서는 일어나지 않는다.
④ 팀 안에서 반대 의견을 표출하기가 힘들다.
⑤ 선택 가능한 대안들을 충분히 고려하지 않고 선택적으로 정보처리를 하는데서 발생한다.

해설 집단사고(groupthink)는 집단 구성원들 간에 강한 응집력을 보일 때 발생하는데 자신이 속한 집단에 대한 강한 사회적 정체성을 느끼는 팀에서도 발생한다.

64. 브룸(Vroom)은 직무동기의 힘을 3가지 인지적 요소들에 의한 함수관계로 정의하였다. 다음 공식의 a와 b에 들어갈 요소를 순서대로 나열한 것은?

$$\text{직무동기의 힘} = \text{기대} \times \sum_{1}^{n}(a \times b)$$

① 기대, 유인가 ② 기대, 도구성
③ 공정성, 유인가 ④ 공정성, 도구성
⑤ 유인가, 도구성

해설 브룸의 동기부여 3요인은 기대감, 도구성, 유의성이다. 관계식은 직무동기의 힘=기대$\times \sum_{1}^{n}$(유인가$\times$도구성)이다.

65. 교대근무의 부정적 효과에 관한 설명으로 옳지 않은 것은?
① 야간작업은 멜라토닌 생성·조절을 방해하여 면역체계를 약화시킨다.
② 순환적 야간근무보다 고정적 야간근무가 신체·심리적 건강을 더 위협한다.
③ 교대작업은 배우자나 자녀와의 여가생활을 어렵게 하여 사회적 문제를 유발할 수 있다.
④ 순행적 교대근무보다 역행적 교대근무가 적응하기 더 어렵다.
⑤ 야간조명은 자연광선 효과를 대신할 수 없고 낮잠은 밤에 자는 것과 같은 효과를 나타내지 못한다.

해설 교대근무는 장시간의 연속작업이 필요한 업무에서 근로자가 일정 시간마다 번갈아가며 근무하는 형태로 고정적 야간근무보다 순환적 야간근무가 신체·심리적 건강을 더 위협한다.

66. 직장내 안전사고와 관련된 요인에 관한 설명으로 옳지 않은 것은?
   ① 일을 수행하는데 안전을 위한 단계를 지켜야 한다는 종업원의 공유된 지각이 필요하다.
   ② 성격 5요인(Big-five) 중에서 성실성은 안전사고와 관련된다.
   ③ 직무만족이 높을수록 안전사고가 감소한다.
   ④ 일과 무관한 개인적 스트레스 요인은 안전사고에 영향을 주지 않는다.
   ⑤ 시간급보다 생산성에 따라 급여를 받는 능률급은 안전을 더 저해하는 요인으로 작용할 수 있다.

   해설 스트레스는 직장내, 직장외 안전사고의 요인이 된다.

67. 작업스트레스에 관한 설명으로 옳은 것은?
   ① 급하고 의욕이 강한 A유형 성격의 사람들은 스트레스 조절능력이 강해서 느긋하고 이완된 B유형의 사람들과 비교하여 심장질환에 걸릴 확률이 절반 정도 낮다.
   ② 스트레스 출처에 대한 이해가능성, 예측가능성, 통제가능성 중에서 스트레스 완화효과가 가장 큰 것은 예측가능성이다.
   ③ 내적 통제형의 사람들은 자신들이 스트레스 출처에 대해 직접적인 영향력을 행사하려고 하지 않고 그냥 견딘다.
   ④ 공항에서 근무하는 소방관의 경우 한 건의 화재도 없이 몇 주 동안 대기근무만 하였을 때 스트레스가 없다.
   ⑤ 작업스트레스는 역할 과부하에서 주로 발생하며 역할들 간의 갈등으로 발생하지 않는다.

   해설 ② 예측가능성은 스트레스를 완화시키고, 예측 가능성을 상실한다는 것은 스트레스가 된다.
   ① A유형은 초조하고 조급해하며 경쟁적인 특성으로 심혈관계 질환에 걸릴 가능성이 높은 유형을 의미하며, B유형은 이와는 반대로 느긋하고 여유 있는 성격이 특징이다.
   ③ 내적 통제형의 사람들은 스트레스의 출처에 대해 적극적인 행동을 취하거나 스트레스의 영향력을 감소시키려고 노력할 가능성이 크다.
   ④ 스트레스가 없는 것도 스트레스가 될 수 있다.
   ⑤ 역할들 간의 갈등도 스트레스가 될 수 있다.

68. 일과 가정간의 관계를 설명하는 3가지 기본 모델을 모두 고른 것은?

   ㉠ 파급모델(spillover model)
   ㉡ 과학자-실무자 모델(scientist-practitioner model)
   ㉢ 보충모델(compensation model)
   ㉣ 유인-선발-이탈모델(attraction-selection-attrition model)
   ㉤ 분리모델(segmentation model)

정답 64 ⑤ 65 ② 66 ④ 67 ② 68 ③

① ㉠, ㉡, ㉢ ② ㉠, ㉢, ㉣
③ ㉠, ㉢, ㉤ ④ ㉡, ㉢, ㉣
⑤ ㉡, ㉣, ㉤

해설 일과 가정간의 관계를 설명하는 3가지 기본 모델
1. 파급모델(spillover model) : 일과 가정 사이에 연결 관계가 존재한다.
2. 보충모델(compensation model) : 한쪽에서의 박탈감을 다른 쪽에서 보충한다.
3. 분리모델(segmentation model) : 효과적인 일과 가정 분리가 가능하다.

69. 풀 프루프(fool proof)가 적용된 기계·기구에 해당되지 않는 것은?

① 카메라의 이중촬영 방지기구
② 프레스기의 양수조작식 방호장치
③ 압력용기의 안전밸브
④ 사출성형기의 인터로크(interlock)식 가드
⑤ 산업용 로봇의 작업장(안전울) 안전플러그

해설 풀 프루프(fool proof)는 제어계 시스템이나 제어 장치에 대하여 인간의 오동작을 방지하기 위한 설계를 말한다. 리미터, 스토퍼, 검출기, 인터로크, 순서회로, 키로 움직이는 스위치류 등이 있다.

70. 사업장 위험성평가에 관한 지침상 위험성 추정을 하는 방법으로 옳은 것을 모두 고른 것은?

㉠ 위험성을 추정함에 있어 가능성과 중대성을 행렬을 이용하여 조합하는 방법, 가능성과 중대성을 곱하는 방법 등을 사용할 수 있다.
㉡ 예상되는 부상 또는 질병의 대상자 및 내용을 명확하게 예측하고, 최악의 상황에서 가장 큰 부상이나 질병 또는 질병의 중대성을 추정한다.
㉢ 부상 또는 질병의 중대성은 부상이나 질병 등의 종류에 관계없이 공통의 척도를 사용하는 것이 바람직하며 기본적으로 재해발생건수를 척도로 사용한다.
㉣ 유해성이 입증되어 있지 않은 경우에도 일정한 근거가 있는 경우에는 그 근거를 기초로 하여 유해성이 존재하는 것으로 추정한다.

① ㉠, ㉡ ② ㉠, ㉢
③ ㉠, ㉡, ㉢ ④ ㉠, ㉡, ㉣
⑤ ㉠, ㉢, ㉣

해설 ㉢ 부상 또는 질병의 중대성은 부상이나 질병 등의 종류에 관계없이 공통의 척도를 사용하는 것이 바람직하며, 기본적으로 부상 또는 질병에 의한 요양기간 또는 근로손실 일수 등을 척도로 사용할 것(사업장 위험성평가에 관한 지침 제11조 제2항 제3호)

㉠ 위험성을 추정함에 있어 가능성과 중대성을 행렬을 이용하여 조합하는 방법, 가능성과 중대성을 곱하는 방법 등을 사용할 수 있다(사업장 위험성평가에 관한 지침 제11조 제1항 제1호).
㉡ 예상되는 부상 또는 질병의 대상자 및 내용을 명확하게 예측하고, 최악의 상황에서 가장 큰 부상이나 질병 또는 질병의 중대성을 추정한다(사업장 위험성평가에 관한 지침 제11조 제2항 제1호, 제2호).
㉣ 유해성이 입증되어 있지 않은 경우에도 일정한 근거가 있는 경우에는 그 근거를 기초로 하여 유해성이 존재하는 것으로 추정한다(사업장 위험성평가에 관한 지침 제11조 제2항 제4호).

71. 심실세동에 관한 설명으로 옳지 않은 것은?

① 전류의 일부가 심장부분으로 흐르게 되어 심장이 정상적인 맥동을 하지 못하는 현상이다.
② 심실세동으로 인한 불규칙한 맥동에서 전류를 제거하면 거의 정상으로 되돌아온다.
③ 심실세동 전류값은 통전시간과 연관성이 높다.
④ 심실세동 극대점 이상의 전류에서는 심실세동을 일으킬 확률이 감소한다.
⑤ 심실세동에 의한 사망위험은 저전압에서 비교적 작은 전류가 흐르는 경우가 큰 전류가 흐르는 경우보다 크다.

해설 제세동은 심실세동 환자에게 극히 짧은 순간에 강한 전류를 심장에 통과시켜서 대부분의 심근에서 활동전위를 유발하여 심실세동이 유지될 수 없도록 하는 것으로, 이를 통해 심실세동을 종료시키고 심장이 다시 정상적인 활동을 할 수 있도록 유도하게 된다.

72. 사업장의 안전보건경영체제 구축을 위하여 안전보건경영방침을 수립하여야 한다. 안전보건경영방침에 포함되지 않아도 되는 것은?

① 위험성평가의 방법 및 범위
② 안전 및 보건에 관한 전년도 활동실적 및 다음 연도 활동계획
③ 안전·보건관리 조직의 구성·인원 및 역할
④ 안전·보건 관련 예산 및 시설 현황
⑤ 안전 및 보건에 관한 경영방침

해설 안전보건경영방침에 포함되어야 할 사항(영 제13조 제2항)
1. 안전 및 보건에 관한 경영방침
2. 안전·보건관리 조직의 구성·인원 및 역할
3. 안전·보건 관련 예산 및 시설 현황
4. 안전 및 보건에 관한 전년도 활동실적 및 다음 연도 활동계획

정답 69 ③ 70 ④ 71 ② 72 ①

73. 보호구의 성능기준 및 사용에 관한 설명으로 옳은 것은?
   ① 안전모의 종류 중 AE형은 물체의 낙하 또는 비래에 의한 위험을 경감하고, 머리 부위 감전에 의한 위험을 방지하기 위한 것으로 6,000V 이상의 전압에 견디는 내전압성을 갖는 것을 말한다.
   ② 내절연용 절연장갑의 종류에서 가장 낮은 등급(00등급)의 최대사용전압은 교류, 직류 모두 750V 이하이다.
   ③ 유기화합물 방독마스크의 정화통 외부 측면의 표시 색은 노랑색으로 표시하여야 한다.
   ④ 추락 방지대란 신체지지 목적으로 전신에 착용하는 띠 모양의 것으로서 상체 등 일부분만 지지하는 것은 제외한다.
   ⑤ 1종 방음용 귀마개는 저음부터 고음까지 차음하는 것으로서 차음성능은 중심 주파수 1,000Hz에서 20dB 이상의 차음치를 가져야 한다.

   해설 ⑤ 1종 방음용 귀마개는 저음부터 고음까지 차음하는 것으로서 차음성능은 중심 주파수 1,000Hz에서 20dB 이상의 차음치를 가져야 한다(보호구 안전인증 고시 별표 12).
   ① AE형은 떨어지거나 날아오는 물체에 맞을 위험을 방지 또는 경감하고 머리 부위 감전 위험을 방지한다(보호구 안전인증 고시 별표 1).
   ② 내전압용 절연장갑은 00등급에서 4등급까지이며 숫자가 클수록 두꺼워 절연성이 높다.
   ③ 유기화합물 방독마스크의 정화통 외부 측면의 표시 색은 갈색으로 표시하여야 한다.
   ④ 신체지지의 방법으로 안전그네만을 사용하여야 하며 수직구명줄이 포함될 것

74. 방호장치가 미설치된 프레스에서 작업 중에 3개월 이상의 요양이 필요한 1명의 부상자가 발생하였다. 이 상황에 대한 설명으로 옳은 것은?
   ① 산업안전보건법상 중대재해 조사대상이며 원인을 분석하여 대책을 수립하여야 한다.
   ② 하인리히(H. W. Heinrich)의 도미노 이론에 의하면 4단계인 사고를 제거하면 예방할 수 있는 재해이다.
   ③ 버드(Frank Bird)의 신도미노 이론에서 5단계인 상해를 제거하면 예방할 수 있는 재해이다.
   ④ 발생된 사고가 인적 손실이 수반됨으로 아차사고라 할 수 있다.
   ⑤ 작업 전 프레스의 이상 여부와 방호장치를 점검하면 예방할 수 있는 재해이다.

   해설 중대재해가 아니므로 작업 전 프레스의 이상 여부와 방호장치를 점검하면 예방할 수 있는 재해이다.

75. 산업안전보건법령상 사업장의 위험성평가에 관한 설명으로 옳은 것은?
   ① 위험성평가는 사업주가 스스로 사업장의 유해 · 위험요인을 찾아내어 위험성을 결정하고 이를 평가 · 관리 · 개선하는 자율적 제도이다.
   ② 위험성평가는 사업주가 직접 참여하여 실시하고 위험성평가 실시의 총괄 관리를 위임하여서는 아니 된다.

③ 사업주는 위험성평가를 효과적으로 실시하기 위하여 사전조사서를 작성하여야 한다.
④ 위험성평가의 종류에는 최초평가, 수시평가 및 정기평가로 구분하여 실시하는데 정기평가는 최초평가 후 매년 정기적으로 실시해야 한다.
⑤ 허용 가능한 위험성의 기준은 예산의 범위, 사업장의 특성 등을 고려하여 위험성 결정을 한 후에 사업장 자체적으로 설정해 두어야 한다.

해설 ④ 위험성평가는 최초평가 및 수시평가, 정기평가로 구분하여 실시하여야 한다. 정기평가는 최초평가 후 매년 정기적으로 실시한다(사업장 위험평가성에 관한 지침 제15조 제1항, 제3항).
① 사업주는 스스로 사업장의 유해·위험요인을 파악하기 위해 근로자를 참여시켜 실태를 파악하고 이를 평가하여 관리 개선하는 등 위험성평가를 실시하여야 한다(사업장 위험평가성에 관한 지침 제5조 제1항).
② 작업의 일부 또는 전부를 도급에 의하여 행하는 사업의 경우는 도급을 준 도급인과 도급을 받은 수급인은 각각 제1항에 따른 위험성평가를 실시하여야 한다(사업장 위험평가성에 관한 지침 제5조 제2항).
③ 사업주는 위험성평가를 효과적으로 실시하기 위하여 최초 위험성평가시 위험성평가 실시규정을 작성하고, 지속적으로 관리하여야 한다(사업장 위험평가성에 관한 지침 제9조 제1항).
⑤ 사업주는 유해·위험요인별 위험성 추정 결과와 사업장 자체적으로 설정한 허용 가능한 위험성 기준을 비교하여 해당 유해·위험요인별 위험성의 크기가 허용 가능한지 여부를 판단하여야 한다. 허용 가능한 위험성의 기준은 위험성 결정을 하기 전에 사업장 자체적으로 설정해 두어야 한다(사업장 위험평가성에 관한 지침 제12조).

기출문제 2015년

산업안전보건법령

1. 산업안전보건법령상 안전보건관리규정의 작성 등에 관한 설명으로 옳지 않은 것은?
    ① 안전보건관리규정을 작성하여야 할 사업의 사업주는 안전보건관리규정을 작성하여야 할 사유가 발생한 날부터 30일 이내에 안전보건관리규정을 작성하여야 한다.
    ② 안전보건관리규정에는 작업장 안전관리에 관한 사항, 안전·보건교육에 관한 사항이 포함되어야 한다.
    ③ 사업주가 안전보건관리규정을 작성하는 경우에는 소방·가스·전기·교통 분야 등의 다른 법령에서 정하는 안전관리에 관한 규정과 통합하여 작성할 수 있다.
    ④ 안전보건관리규정을 변경할 사유가 발생한 경우에는 그 사유를 안 날부터 15일 이내에 작성하여야 한다.
    ⑤ 안전보건관리규정이 해당 사업장에 적용되는 단체협약 및 취업규칙에 반하는 경우, 안전보건관리규정 중 단체협약 또는 취업규칙에 반하는 부분에 관하여는 그 단체협약 또는 취업규칙으로 정한 기준에 따른다.

    해설 ①, ④ 사업의 사업주는 안전보건관리규정을 작성해야 할 사유가 발생한 날부터 30일 이내에 별표 3의 내용을 포함한 안전보건관리규정을 작성해야 한다. 이를 변경할 사유가 발생한 경우에도 또한 같다(규칙 제25조 제2항).
    ② 안전보건관리규정에는 작업장 안전관리에 관한 사항, 안전·보건교육에 관한 사항이 포함되어야 한다(법 제25조 제1항).
    ③ 사업주가 안전보건관리규정을 작성할 때에는 소방·가스·전기·교통 분야 등의 다른 법령에서 정하는 안전관리에 관한 규정과 통합하여 작성할 수 있다(규칙 제25조 제3항).
    ⑤ 안전보건관리규정은 단체협약 또는 취업규칙에 반할 수 없다. 이 경우 안전보건관리규정 중 단체협약 또는 취업규칙에 반하는 부분에 관하여는 그 단체협약 또는 취업규칙으로 정한 기준에 따른다(법 제25조 제2항).

2. 산업안전보건법령상 사업 내 안전·보건교육의 교육과정, 교육대상 및 교육시간을 나타낸 표이다. 교육과정 및 교육대상별 교육시간이 옳지 않은 것은?

교육과정	교육대상		교육시간
정기교육	사무직 종사 근로자		①
	사무직 종사 근로자 외의 근로자	판매업무에 직접 종사하는 근로자	②
		판매업무에 직접 종사하는 근로자 외의 근로자	③
	관리감독자의 지위에 있는 사람		④
건설업 기초안전·보건교육	건설 일용근로자		⑤

① 매분기 2시간 이상 ② 매분기 6시간 이상
③ 매분기 12시간 이상 ④ 연간 16시간 이상
⑤ 4시간 이상

해설 근로자 안전보건교육(규칙 별표 4)

교육과정	교육대상		교육시간
가. 정기교육	1) 사무직 종사 근로자		매반기 6시간 이상
	2) 그 밖의 근로자	가) 판매업무에 직접 종사하는 근로자	매반기 6시간 이상
		나) 판매업무에 직접 종사하는 근로자 외의 근로자	매반기 12시간 이상
나. 채용시 교육	1) 일용근로자 및 근로계약기간이 1주일 이하인 기간제근로자		1시간 이상
	2) 근로계약기간이 1주일 초과 1개월 이하인 기간제근로자		4시간 이상
	3) 그 밖의 근로자		8시간 이상
다. 작업내용 변경 시 교육	1) 일용근로자 및 근로계약기간이 1주일 이하인 기간제근로자		1시간 이상
	2) 그 밖의 근로자		2시간 이상
라. 특별교육	1) 일용근로자 및 근로계약기간이 1주일 이하인 기간제근로자 : 별표 5 제1호 라목(제39호는 제외한다)에 해당하는 작업에 종사하는 근로자에 한정한다.		2시간 이상
	2) 일용근로자 및 근로계약기간이 1주일 이하인 기간제근로자 : 별표 5 제1호 라목 제39호에 해당하는 작업에 종사하는 근로자에 한정한다.		8시간 이상
	3) 일용근로자 및 근로계약기간이 1주일 이하인 기간제근로자 : 별표 5 제1호에 해당하는 작업에 종사하는 근로자에 한정한다.		가) 16시간 이상(최초 작업에 종사하기 전 4시간 이상 실시하고 12시간은 3개월 이내에서 분할하여 실시 가능) 나) 단기간 작업 또는 간헐적 작업인 경우에는 2시간 이상

정답 1 ④ 2 ①

3. 산업안전보건법령상 근로자에 대한 안전·보건에 관한 교육을 사업주가 자체적으로 실시하는 경우에 교육을 실시할 수 있는 사람에 해당하지 않는 사람은?

① 산업안전지도사 또는 산업보건지도사
② 한국산업안전보건공단에서 실시하는 해당 분야의 강사요원 교육과정을 이수한 사람
③ 해당 사업장의 안전보건관리책임자, 관리감독자 및 산업보건의
④ 산업안전·보건에 관하여 학식과 경험이 있는 사람으로서 고용노동부장관이 정하는 기준에 해당하는 사람
⑤ 산업안전·보건에 관한 전문적인 지식과 경험이 있다고 사업주가 인정하는 전문강사요원

해설 사업주가 안전보건교육을 자체적으로 실시하는 경우에 교육을 할 수 있는 사람(규칙 제26조 제3항)
1. 안전보건관리책임자
2. 관리감독자
3. 안전관리자(안전관리전문기관에서 안전관리자의 위탁업무를 수행하는 사람을 포함한다)
4. 보건관리자(보건관리전문기관에서 보건관리자의 위탁업무를 수행하는 사람을 포함한다)
5. 안전보건관리담당자(안전관리전문기관 및 보건관리전문기관에서 안전보건관리담당자의 위탁업무를 수행하는 사람을 포함한다)
6. 산업보건의
7. 공단에서 실시하는 해당 분야의 강사요원 교육과정을 이수한 사람
8. 산업안전지도사 또는 산업보건지도사
9. 산업안전보건에 관하여 학식과 경험이 있는 사람으로서 고용노동부장관이 정하는 기준에 해당하는 사람

4. 산업안전보건법령상 위험기계인 불도저를 타인에게 대여하는 자가 해당 불도저를 대여받은 자에게 유해·위험 방지조치로서 서면에 적어 발급해야 할 사항이 아닌 것은?

① 해당 불도저의 성능
② 해당 불도저의 특성 및 사용 시의 주의사항
③ 해당 불도저의 수리·보수 및 점검 내역
④ 해당 불도저의 조작가능자격
⑤ 해당 불도저의 주요 부품의 제조일

해설 해당 기계등을 대여받은 자에게 다음의 사항을 적은 서면을 발급할 것(규칙 제100조 제2호)
1. 해당 기계등의 성능 및 방호조치의 내용
2. 해당 기계등의 특성 및 사용 시의 주의사항
3. 해당 기계등의 수리·보수 및 점검 내역과 주요 부품의 제조일
4. 해당 기계등의 정밀진단 및 수리 후 안전점검 내역, 주요 안전부품의 교환이력 및 제조일

5. 산업안전보건법령상 유해하거나 위험한 작업의 도급에 대한 인가를 받기 위해 제출하는 도급인가 신청서에 첨부하는 도급대상 작업의 공정 관련 서류 일체에 포함되어야 할 것을 모두 고른 것은?

> ㉠ 기계 · 설비의 종류 및 운전조건
> ㉡ 도급사유
> ㉢ 유해 · 위험물질의 종류 · 사용량
> ㉣ 유해 · 위험요인의 발생 실태 및 종사 근로자 수 등에 관한 사항

① ㉠, ㉡
② ㉠, ㉢
③ ㉡, ㉣
④ ㉠, ㉢, ㉣
⑤ ㉡, ㉢, ㉣

해설 도급대상 작업의 공정 관련 서류 일체 : 기계 · 설비의 종류 및 운전조건, 유해 · 위험물질의 종류 · 사용량, 유해 · 위험요인의 발생 실태 및 종사 근로자 수 등에 관한 사항이 포함되어야 한다(규칙 제75조 제1항 제1호).

6. 산업안전보건법령상 자율안전확인대상기계등에 해당하는 것을 모두 고른 것은?

> ㉠ 휴대형 연마기
> ㉡ 인쇄기
> ㉢ 컨베이어
> ㉣ 식품가공용 기계 중 제면기
> ㉤ 공작기계 중 평삭 · 형삭기

① ㉠, ㉡
② ㉡, ㉢
③ ㉠, ㉢, ㉤
④ ㉢, ㉣, ㉤
⑤ ㉡, ㉢, ㉣, ㉤

해설 자율안전확인대상기계등(영 제77조 제1항 제1호)
1. 연삭기 또는 연마기. 이 경우 휴대형은 제외한다.
2. 산업용 로봇
3. 혼합기
4. 파쇄기 또는 분쇄기
5. 식품가공용 기계(파쇄 · 절단 · 혼합 · 제면기만 해당한다)
6. 컨베이어
7. 자동차정비용 리프트
8. 공작기계(선반, 드릴기, 평삭 · 형삭기, 밀링만 해당한다)
9. 고정형 목재가공용 기계(둥근톱, 대패, 루타기, 띠톱, 모떼기 기계만 해당한다)
10. 인쇄기

정답 3 ⑤ 4 ④ 5 ④ 6 ⑤

7. 산업안전보건법령상 제조 등이 금지되는 유해물질에 해당하는 것은?

① 함유된 용량의 비율이 3퍼센트인 백연을 함유한 페인트
② 오로토-톨리딘과 그 염
③ 함유된 용량의 비율이 4퍼센트인 벤젠을 함유하는 고무풀
④ 공단이 정하는 유해물질
⑤ 벤조트리클로리드

해설 제조 등이 금지되는 유해물질(영 제87조)
1. β-나프틸아민[91-59-8]과 그 염(β-Naphthylamine and its salts)
2. 4-니트로디페닐[92-93-3]과 그 염(4-Nitrodiphenyl and its salts)
3. 백연[1319-46-6]을 포함한 페인트(포함된 중량의 비율이 2퍼센트 이하인 것은 제외한다)
4. 벤젠[71-43-2]을 포함하는 고무풀(포함된 중량의 비율이 5퍼센트 이하인 것은 제외한다)
5. 석면(Asbestos; 1332-21-4 등)
6. 폴리클로리네이티드 터페닐(Polychlorinated terphenyls; 61788-33-8 등)
7. 황린[12185-10-3] 성냥(Yellow phosphorus match)
8. 1., 2., 5. 또는 6.에 해당하는 물질을 포함한 혼합물(포함된 중량의 비율이 1퍼센트 이하인 것은 제외한다)
9. 「화학물질관리법」에 따른 금지물질
10. 그 밖에 보건상 해로운 물질로서 산업재해보상보험및예방심의위원회의 심의를 거쳐 고용노동부장관이 정하는 유해물질

8. 산업안전보건법령상 안전검사에 관한 설명으로 옳은 것은?

① 건설현장에서 사용하는 크레인은 최초로 설치한 날부터 1년마다 안전검사를 실시한다.
② 건설현장 외에서 사용하는 리프트는 사업장에 설치가 끝난 날부터 3년 이내에 최초 안전검사를 실시하되, 그 이후부터 2년마다 안전검사를 실시한다.
③ 건설현장에서 사용하는 곤돌라는 사업장에 설치가 끝난 날부터 4년 이내에 최초 안전검사를 실시한다.
④ 건설현장 외에서 사용하는 크레인은 최초 안전검사를 실시한 이후부터 3년마다 안전검사를 실시한다.
⑤ 다른 법령에 따라 안전성에 관한 검사나 인증을 받은 경우에는 산업안전보건법령상의 안전검사가 면제된다.

해설 ①, ②, ③, ④ 크레인(이동식 크레인은 제외한다), 리프트(이삿짐운반용 리프트는 제외한다) 및 곤돌라 : 사업장에 설치가 끝난 날부터 3년 이내에 최초 안전검사를 실시하되, 그 이후부터 2년마다(건설현장에서 사용하는 것은 최초로 설치한 날부터 6개월마다)
⑤ 안전검사대상기계등이 다른 법령에 따라 안전성에 관한 검사나 인증을 받은 경우로서 고용노동부령으로 정하는 경우에는 안전검사를 면제할 수 있다(법 제93조 제2항).

9. 산업안전보건법령상 도급인인 사업주가 도급사업 시의 안전 · 보건조치로서 사업별 작업장에 대해 순회점검하여야 하는 횟수가 옳은 것은?

① 제조업 - 3일에 1회 이상
② 서적, 잡지 및 기타 인쇄물 출판업 - 1주일에 1회 이상
③ 금속 및 비금속 원료 재생업 - 2일에 1회 이상
④ 건설업 - 1주일에 1회 이상
⑤ 토사석 광업 - 1개월에 1회 이상

해설 ③ 금속 및 비금속 원료 재생업 - 2일에 1회 이상(규칙 제80조 제1항)
① 제조업 - 2일에 1회 이상(규칙 제80조 제1항)
② 서적, 잡지 및 기타 인쇄물 출판업 - 2일에 1회 이상(규칙 제80조 제1항)
④ 건설업 - 2일에 1회 이상(규칙 제80조 제1항)
⑤ 토사석 광업 - 2일에 1회 이상(규칙 제80조 제1항)

10. 산업안전보건법령상 직무교육에 관한 설명으로 옳은 것은? (단, 전직하여 신규로 선임된 경우는 고려하지 않음)

① 직무교육기관의 장은 직무교육을 실시하기 15일 전까지 교육 일시 및 장소 등을 직무교육 대상자에게 알려야 한다.
② 보건관리자로 의사가 선임된 경우 채용된 후 3개월 이내에 직무를 수행하는 데 필요한 신규교육을 받아야 한다.
③ 건설재해예방 전문지도기관에서 지도업무를 수행하는 사람은 해당 직위에 채용된 후 6개월 이내에 직무를 수행하는 데 필요한 신규교육을 받아야 한다.
④ 안전보건관리책임자는 신규교육을 이수한 후 매 3년이 되는 날을 기준으로 전후 3개월 사이에 안전 · 보건에 관한 보수교육을 받아야 한다.
⑤ 안전관리자로 채용된 자는 해당 직위에 선임된 후 6개월 이내에 직무를 수행하는 데 필요한 신규교육을 받아야 한다.

해설 ① 직무교육기관의 장은 직무교육을 실시하기 15일 전까지 교육 일시 및 장소 등을 직무교육 대상자에게 알려야 한다(규칙 제35조 제2항).
② 보건관리자로 의사가 선임된 경우 채용된 후 1년 이내에 직무를 수행하는 데 필요한 신규교육을 받아야 한다(규칙 제29조 제1항).
③ 건설재해예방 전문지도기관에서 지도업무를 수행하는 사람은 해당 직위에 채용된 후 3개월 이내에 직무를 수행하는 데 필요한 신규교육을 받아야 한다(규칙 제29조 제1항 제6호).
④ 안전보건관리책임자는 신규교육을 이수한 후 매 2년이 되는 날을 기준으로 전후 3개월 사이에 고용노동부장관이 실시하는 안전보건에 관한 보수교육을 받아야 한다(규칙 제29조 제1항).
⑤ 안전관리자로 채용된 자는 해당 직위에 선임된 후 3개월 이내에 직무를 수행하는 데 필요한 신규교육을 받아야 한다(규칙 제29조 제1항 제2호).

정답 7 ① 8 ② 9 ③ 10 ①

11. 산업안전보건법령상 유해하거나 위험한 기계·기구등의 방호조치 등과 관련하여 근로자의 안전조치 및 보건조치로 옳은 것은?

① 방호조치 해체사유가 소멸된 경우, 해체상태 그대로 사용한다.
② 방호조치가 필요 없다고 판단한 경우, 즉시 방호조치를 직접 해체하고 사용한다.
③ 방호조치가 된 기계·기구에 이상이 있는 경우, 즉시 방호조치를 직접 해체해야 한다.
④ 방호조치를 해체하려는 경우, 한국산업안전보건공단에 신고한 후 해체하여야 한다.
⑤ 방호조치의 기능이 상실된 것을 발견한 경우, 지체 없이 사업주에게 신고한다.

해설 방호조치 해체 등에 필요한 조치(규칙 제99조 제1항)
1. 방호조치를 해체하려는 경우 : 사업주의 허가를 받아 해체할 것
2. 방호조치 해체 사유가 소멸된 경우 : 방호조치를 지체 없이 원상으로 회복시킬 것
3. 방호조치의 기능이 상실된 것을 발견한 경우 : 지체 없이 사업주에게 신고할 것

12. 산업안전보건법령상 안전인증에 관한 설명으로 옳지 않은 것은?

① 안전인증대상인 프레스의 주요 구조 부분을 변경하는 경우 안전인증을 받아야 한다.
② 안전인증을 신청하는 경우에는 고용노동부장관이 정하여 고시하는 바에 따라 안전인증 심사에 필요한 시료(試料)를 제출하여야 한다.
③ 안전인증을 받은 자는 안전인증제품에 관한 자료를 안전인증을 받은 제품별로 기록·보존하여야 한다.
④ 기계·기구 및 방호장치·보호구가 유해·위험한 기계·기구·설비등 인지를 확인하는 심사는 서면심사로서 15일내에 심사를 완료해야 한다.
⑤ 지방고용노동관서의 장은 안전인증대상 기계·기구등을 제조·수입 또는 판매하는 자에게 자료의 제출을 요구할 때에는 10일 이상의 기간을 정하여 문서로 요구하되, 부득이한 사유가 있을 때에는 신청을 받아 30일의 범위에서 그 기간을 연장할 수 있다.

해설 ④ 안전인증기관은 안전인증 신청서를 제출받으면 서면심사는 15일(외국에서 제조한 경우는 30일) 내에 심사해야 한다. 다만, 제품심사의 경우 처리기간 내에 심사를 끝낼 수 없는 부득이한 사유가 있을 때에는 15일의 범위에서 심사기간을 연장할 수 있다(규칙 제110조 제3항).
① 안전인증대상인 프레스 등을 설치·이전하거나 주요 구조 부분을 변경하는 자를 포함한다.)는 안전인증대상기계등이 안전인증기준에 맞는지에 대하여 고용노동부장관이 실시하는 안전인증을 받아야 한다(법 제84조 제1항).
② 안전인증을 신청하는 경우에는 고용노동부장관이 정하여 고시하는 바에 따라 안전인증 심사에 필요한 시료를 제출해야 한다(규칙 제108조 제2항).
③ 안전인증제품에 관한 자료의 기록·보존 : 안전인증을 받은 자는 안전인증제품에 관한 자료를 안전인증을 받은 제품별로 기록·보존해야 한다(규칙 제112조).
⑤ 지방고용노동관서의 장은 안전인증대상기계등을 제조·수입 또는 판매하는 자에게 자료의 제출을 요구할 때에는 10일 이상의 기간을 정하여 문서로 요구하되, 부득이한 사유가 있을 때에는 신청을 받아 30일의 범위에서 그 기간을 연장할 수 있다(규칙 제113조).

13. 산업안전보건법령상 건설업체 산업재해발생률 및 산업재해 발생 보고의무 위반건수 산정 기준과 방법에 관한 설명으로 옳지 않은 것은?

   ① 건설업체의 산업재해발생률은 사고사망만인율의 계산식에 따른 업무상 사고사망만인율로 산출하되, 소수점 셋째 자리에서 반올림한다.
   ② 사망재해자의 재해 발생 시기가 2014.11.20.이고 사망 시기가 2015.4.8.인 경우 사망재해자에 대해서는 부상재해자의 5배로 하여 가중치를 부여할 수 있다.
   ③ 둘 이상의 업체가 「국가를 당사자로 하는 계약에 관한 법률」에 따라 공동계약을 체결하여 공사를 공동이행 방식으로 시행하는 경우 해당 현장에서 발생하는 재해자수는 공동수급업체의 출자 비율에 따라 분배한다.
   ④ 산업재해자 중 근로자간 폭행에 의한 경우로서 사업주의 법 위반으로 인한 것이 아니라고 인정되는 재해에 의한 사고사망자는 사고사망자 수 산정에서 제외한다.
   ⑤ 산업재해의 사망재해자 중 체육행사에 의한 경우로 해당 사고발생의 직접적인 원인이 사업주의 법 위반으로 인한 것이 아니라고 인정되는 재해에 의한 사고사망자는 사고사망자 수 산정에서 제외한다.

   해설 ② 재해 발생 시기와 사망 시기의 연도가 다른 경우에는 재해 발생 연도의 다음연도 3월 31일 이전에 사망한 경우에만 산정 대상 연도의 사고사망자수로 산정한다(규칙 별표 1 제3호 마목).
   ① 건설업체의 산업재해발생률은 사고사망만인율의 계산식에 따른 업무상 사고사망만인율로 산출하되, 소수점 셋째 자리에서 반올림한다(규칙 별표 1 제1호).
   ③ 둘 이상의 건설업체가 「국가를 당사자로 하는 계약에 관한 법률」 제25조에 따라 공동계약을 체결하여 공사를 공동이행 방식으로 시행하는 경우 산업재해 발생 보고의무 위반건수는 공동수급업체의 출자비율에 따라 분배한다(규칙 별표 1 제6호 라목).
   ④ 산업재해자 중 근로자간 폭행에 의한 경우로서 사업주의 법 위반으로 인한 것이 아니라고 인정되는 재해에 의한 사고사망자는 사고사망자 수 산정에서 제외한다(규칙 별표 1 제3호 라목).
   ⑤ 산업재해의 사망재해자 중 체육행사에 의한 경우로 해당 사고발생의 직접적인 원인이 사업주의 법 위반으로 인한 것이 아니라고 인정되는 재해에 의한 사고사망자는 사고사망자 수 산정에서 제외한다(규칙 별표 1 제3호 라목).

14. 산업안전보건법령상 중대재해에 해당하는 것은?

   ① 사망자가 1명 발생한 재해
   ② 2억원의 경제적 손실이 발생한 재해
   ③ 장애등급을 판정받은 부상자가 발생한 재해
   ④ 부상자 또는 직업성질병자가 동시에 5명 발생한 재해
   ⑤ 1개월의 요양이 필요한 부상자가 동시에 3명 발생한 재해

   해설 중대재해의 범위(규칙 제3조)
   1. 사망자가 1명 이상 발생한 재해
   2. 3개월 이상의 요양이 필요한 부상자가 동시에 2명 이상 발생한 재해
   3. 부상자 또는 직업성 질병자가 동시에 10명 이상 발생한 재해

정답 11 ⑤ 12 ④ 13 ② 14 ①

15. 산업안전보건법령상 고용노동부장관이 산업재해를 예방하기 위해 필요하다고 인정하여 사업장의 산업재해 발생건수, 재해율 또는 그 순위 등을 공표할 수 있는 대상 사업장을 모두 고른 것은?

> ㉠ 산업재해의 발생에 관한 보고를 최근 3년 이내 2회 하지 않은 사업장
> ㉡ 사망만인율이 규모별 같은 업종의 사망만인율 이상인 사업장
> ㉢ 산업재해로 연간 사망재해자가 1명 발생한 사업장으로서 사망만인율(연간 상시 근로자 1만명당 발생하는 사망자 수로 환산한 것을 말한다)이 규모별 같은 업종의 평균 사망만인율 이상인 사업장
> ㉣ 중대산업사고가 발생한 사업장
> ㉤ 최근 1년 이내에 2회 산업안전보건법 위반으로 형사처벌을 받은 사업장

① ㉠, ㉢
② ㉡, ㉤
③ ㉢, ㉣
④ ㉠, ㉡, ㉣
⑤ ㉡, ㉢, ㉤

해설 공표대상 사업장(영 제10조 제1항)
1. 산업재해로 인한 사망자가 연간 2명 이상 발생한 사업장
2. 사망만인율(사망만인율: 연간 상시근로자 1만명당 발생하는 사망재해자 수의 비율을 말한다)이 규모별 같은 업종의 평균 사망만인율 이상인 사업장
3. 중대산업사고가 발생한 사업장
4. 산업재해 발생 사실을 은폐한 사업장
5. 산업재해의 발생에 관한 보고를 최근 3년 이내 2회 이상 하지 않은 사업장

16. 산업안전보건법령상 지방고용노동관서의 장이 사업주에게 안전관리자나 보건관리자(이하 '관리자'라 함)를 정수 이상으로 증원하게 하거나 교체하여 임명할 것을 명할 수 있는 경우에 해당되지 않는 것은?

① 중대재해가 연간 5건 발생한 경우
② 화학적 인자로 인한 직업성질병자가 연간 5명 발생한 경우
③ 상시근로자가 100명인 사업장에서 직업성질병자 발생 당시 누출된 유해광선인 자외선으로 인한 직업성질병자가 연간 2명 발생한 경우
④ 해당 사업장의 연간재해율이 같은 업종의 평균재해율의 2배인 경우
⑤ 관리자가 질병이나 그 밖의 사유로 4개월간 직무를 수행할 수 없게 된 경우

해설 지방고용노동관서의 장은 다음의 어느 하나에 해당하는 사유가 발생한 경우에는 사업주에게 안전관리자·보건관리자 또는 안전보건관리담당자를 정수 이상으로 증원하게 하거나 교체하여 임명할 것을 명할 수 있다. 다만, 4.에 해당하는 경우로서 직업성 질병자 발생 당시 사업장에서 해당 화학적 인자를 사용하지 않은 경우에는 그렇지 않다(규칙 제12조 제1항).
1. 해당 사업장의 연간재해율이 같은 업종의 평균재해율의 2배 이상인 경우
2. 중대재해가 연간 2건 이상 발생한 경우. 다만, 해당 사업장의 전년도 사망만인율이 같은 업종의 평균 사망만인율 이하인 경우는 제외한다.
3. 관리자가 질병이나 그 밖의 사유로 3개월 이상 직무를 수행할 수 없게 된 경우
4. 화학적 인자로 인한 직업성 질병자가 연간 3명 이상 발생한 경우. 이 경우 직업성 질병자의 발생일은 요양급여의 결정일로 한다.

17. 산업안전보건법령상 안전관리자 선임 등에 관한 설명으로 옳은 것은?

① 건설업의 경우에는 공사금액이 50억 원 이상인 사업장에는 안전관리 업무만을 전담하는 안전관리자를 두어야 하고, 공사금액이 3억 원 이상 50억 원 미만인 사업장에는 안전관리 업무 아닌 다른 업무를 겸하는 겸직 안전관리자를 둘 수 있다.

② 동일한 사업주가 경영하는 둘 이상의 사업장이 같은 시·군·구(자치구를 말한다)지역에 소재하는 경우 그 둘 이상의 사업장에 1명의 안전관리자를 공동으로 둘 수 있으며, 이 경우 각 사업장의 상시 근로자 수는 300명 이내이어야 한다.

③ 사업주는 안전관리자를 선임한 경우에는 고용노동부령으로 정하는 바에 따라 선임한 날부터 30일 이내에 증명할 수 있는 서류를 제출하여야 한다.

④ 상시 근로자 50명인 전기장비 제조업을 하는 사업장으로 사내 하도급업체를 두고 있는 경우 수급인인 사업주가 별도로 안전관리자를 둔 경우에는 도급인인 사업주는 안전관리자를 선임하지 아니할 수 있다.

⑤ 상시 근로자 200명을 사용하는 가구 제조업의 경우 안전관리자의 업무를 안전관리 전문기관에 위탁할 수 있다.

해설 ⑤ 건설업을 제외한 사업으로서 상시근로자 300명 미만을 사용하는 사업장은 안전관리자의 업무를 안전관리 전문기관에 위탁할 수 있다(영 제19조 제1항).
① 건설업의 경우에는 공사금액이 120억 원 이상인 사업장에는 안전관리 업무만을 전담하는 안전관리자를 두어야 하고, 공사금액의 합계가 120억원 이내인 사업장에는 안전관리 업무 아닌 다른 업무를 겸하는 겸직 안전관리자를 둘 수 있다(영 제16조 제4항).
② 같은 사업주가 경영하는 둘 이상의 사업장이 다음의 어느 하나에 해당하는 경우에는 그 둘 이상의 사업장에 1명의 안전관리자를 공동으로 둘 수 있다. 이 경우 해당 사업장의 상시근로자 수의 합계는 300명 이내[건설업의 경우에는 공사금액의 합계가 120억원(종합공사를 시공하는 업종의 건설업종란 토목공사업의 경우에는 150억원) 이내]이어야 한다(영 제16조 제4항).
③ 사업주는 안전관리자를 선임한 경우에는 고용노동부령으로 정하는 바에 따라 선임한 날부터 14일 이내에 증명할 수 있는 서류를 제출하여야 한다(영 제16조 제6항).
④ 도급인의 사업장에서 이루어지는 도급사업에서 도급인이 고용노동부령으로 정하는 바에 따라 그 사업의 관계수급인 근로자에 대한 안전관리를 전담하는 안전관리자를 선임한 경우에는 그 사업의 관계수급인은 해당 도급사업에 대한 안전관리자를 선임하지 않을 수 있다(영 제16조 제5항).

18. 산업안전보건법령상 사업장의 관리감독자가 수행하여야 하는 업무에 해당하는 것은?

① 안전보건관리규정의 작성 및 변경에 관한 사항
② 산업재해에 관한 통계의 기록 및 유지에 관한 사항
③ 사업장 내 관리감독자가 지휘·감독하는 작업과 관련된 기계·기구 또는 설비의 안전·보건점검 및 이상 유무의 확인에 관한 사항
④ 산업재해의 원인 조사 및 재발 방지대책 수립에 관한 사항
⑤ 안전장치 및 보호구 구입 시의 적격품 여부 확인에 관한 사항

정답 15 ④ 16 ③ 17 ⑤ 18 ③

해설 사업장의 관리감독자(총괄관리자)가 수행하여야 하는 업무(법 제15조 제1항)
1. 사업장의 산업재해 예방계획의 수립에 관한 사항
2. 안전보건관리규정의 작성 및 변경에 관한 사항
3. 안전보건교육에 관한 사항
4. 작업환경측정 등 작업환경의 점검 및 개선에 관한 사항
5. 근로자의 건강진단 등 건강관리에 관한 사항
6. 산업재해의 원인 조사 및 재발 방지대책 수립에 관한 사항
7. 산업재해에 관한 통계의 기록 및 유지에 관한 사항
8. 안전장치 및 보호구 구입 시 적격품 여부 확인에 관한 사항
9. 그 밖에 근로자의 유해·위험 방지조치에 관한 사항으로서 위험성평가의 실시에 관한 사항과 안전보건규칙에서 정하는 근로자의 위험 또는 건강장해의 방지에 관한 사항(규칙 제9조)

19. 산업안전보건법령상 근로시간 연장의 제한에 관한 내용으로 ( )에 들어갈 숫자를 순서대로 옳게 나열한 것은?

사업주는 잠함(潛艦) 또는 잠수작업 등 높은 기압에서 하는 작업에 종사하는 근로자에게는 1일 (㉠)시간, 1주 (㉡)시간을 초과하여 근로하게 하여서는 아니된다.

① ㉠ : 4, ㉡ : 30
② ㉠ : 5, ㉡ : 32
③ ㉠ : 6, ㉡ : 34
④ ㉠ : 7, ㉡ : 36
⑤ ㉠ : 8, ㉡ : 38

해설 사업주는 유해하거나 위험한 작업으로서 높은 기압에서 하는 잠함(潛艦) 또는 잠수작업 등에 종사하는 근로자에게는 1일 6시간, 1주 34시간을 초과하여 근로하게 해서는 아니 된다(법 제139조 제1항).

20. 산업안전보건법령상 건강진단에 관한 내용으로 ( ) 안에 들어갈 내용을 순서대로 옳게 나열한 것은?

- "(㉠)건강진단"이란 특수건강진단대상업무로 인하여 해당 유해인자에 의한 직업성 천식, 직업성 피부염, 그 밖에 건강장해를 의심하게 하는 증상을 보이거나 의학적 소견이 있는 근로자에 대하여 사업주가 실시하는 건강진단을 말한다.
- 사업주는 이 법령 또는 다른 법령에 따른 건강진단 결과 근로자의 건강을 유지하기 위하여 필요하다고 인정할 때에는 작업장소 변경, 작업 전환, 근로시간 단축, 야간근로[(㉡) 사이의 근로를 말한다]의 제한, 작업환경측정 또는 시설·설비의 설치·개선 등 적절한 조치를 하여야 한다.
- 사업주는 건강진단기관에서 송부받은 건강진단 결과표 및 근로자가 제출한 건강진단 결과를 증명하는 서류(이들 자료가 전산입력된 경우에는 그 전산입력된 자료를 말한다)를 5년간 보존하여야 한다. 다만, 고용노동부장관이 정하여 고시하는 물질을 취급하는 근로자에 대한 건강진단 결과의 서류 또는 전산입력 자료는 (㉢)간 보존하여야 한다.

① ㉠ : 특수, ㉡ : 오후 10시부터 오전 6시까지, ㉢ : 10년
② ㉠ : 수시, ㉡ : 오후 10시부터 오전 6시까지, ㉢ : 30년
③ ㉠ : 특수, ㉡ : 오후 10시부터 오전 6시까지, ㉢ : 20년
④ ㉠ : 수시, ㉡ : 오후 8시부터 오전 4시까지, ㉢ : 30년
⑤ ㉠ : 특별, ㉡ : 오후 8시부터 오전 4시까지, ㉢ : 20년

해설 ○ 수시건강진단은 특수건강진단대상업무로 인하여 해당 유해인자로 인한 것이라고 의심되는 직업성 천식, 직업성 피부염, 그 밖에 건강장해 증상을 보이거나 의학적 소견이 있는 근로자로서 산업보건의, 보건관리자, 보건관리 업무를 위탁받은 기관이 필요하다고 판단하여 사업주에게 수시건강진단을 건의한 근로자를 말한다(규칙 제205조 제1항).
○ 사업주는 건강진단의 규정 또는 다른 법령에 따른 건강진단의 결과 근로자의 건강을 유지하기 위하여 필요하다고 인정할 때에는 작업장소 변경, 작업 전환, 근로시간 단축, 야간근로(오후 10시부터 다음 날 오전 6시까지 사이의 근로를 말한다)의 제한, 작업환경측정 또는 시설·설비의 설치·개선 등 고용노동부령으로 정하는 바에 따라 적절한 조치를 하여야 한다(법 제132조 제4항).
○ 사업주는 송부 받은 건강진단 결과표 및 근로자가 제출한 건강진단 결과를 증명하는 서류(이들 자료가 전산입력된 경우에는 그 전산입력된 자료를 말한다)를 5년간 보존해야 한다. 다만, 고용노동부장관이 정하여 고시하는 물질을 취급하는 근로자에 대한 건강진단 결과의 서류 또는 전산입력 자료는 30년간 보존해야 한다(규칙 제241조 제2항).

21. 산업안전보건법령상 사업주는 일정한 질병이 있는 근로자를 고기압 업무에 종사하도록 하여서는 아니 된다. 이 질병에 해당하지 않는 것은?

① 빈혈증
② 메니에르씨병
③ 바이러스 감염에 의한 구순포진
④ 관절염
⑤ 천식

해설 사업주는 다음의 어느 하나에 해당하는 질병이 있는 근로자를 고기압 업무에 종사하도록 해서는 안 된다(규칙 제221조 제2항).
1. 감압증이나 그 밖에 고기압에 의한 장해 또는 그 후유증
2. 결핵, 급성상기도감염, 진폐, 폐기종, 그 밖의 호흡기계의 질병
3. 빈혈증, 심장판막증, 관상동맥경화증, 고혈압증, 그 밖의 혈액 또는 순환기계의 질병
4. 정신신경증, 알코올중독, 신경통, 그 밖의 정신신경계의 질병
5. 메니에르씨병, 중이염, 그 밖의 이관(耳管)협착을 수반하는 귀 질환
6. 관절염, 류마티스, 그 밖의 운동기계의 질병
7. 천식, 비만증, 바세도우씨병, 그 밖에 알레르기성·내분비계·물질대사 또는 영양장해 등과 관련된 질병

22. 산업안전보건법령상 작업환경측정에 관한 설명으로 옳은 것을 모두 고른 것은?

> ㉠ 작업환경측정 대상인 작업장에서 작업환경측정을 할 수 있는 "고용노동부령으로 정하는 자격을 가진 자"란 그 사업장에 소속된 사람으로서 산업위생관리 산업기사 이상의 자격을 가진 사람을 말한다.
> ㉡ 지정측정기관의 작업환경측정 수준을 평가하려는 경우의 평가기준은 1. 작업 환경측정 및 시료분석의 능력, 2. 측정 결과의 신뢰도, 3. 작업환경측정 대상 사업장의 만족도, 4. 인력·시설 및 장비의 보유 수준 등이다.
> ㉢ 모든 측정은 지역시료채취방법으로 하되, 지역시료채취방법이 곤란한 경우에는 개인시료채취방법으로 실시하여야 한다.
> ㉣ 작업환경측정 결과 고용노동부장관이 정하여 고시하는 화학적 인자의 측정치가 노출기준을 초과하는 작업장 또는 작업공정은 해당 유해인자에 대하여 그 측정일부터 6개월에 1회 이상 작업환경측정을 하여야 한다.

① ㉠
② ㉠, ㉡
③ ㉡, ㉢
④ ㉢, ㉣
⑤ ㉠, ㉡, ㉢

해설
㉠ 사업주는 유해인자로부터 근로자의 건강을 보호하고 쾌적한 작업환경을 조성하기 위하여 인체에 해로운 작업을 하는 작업장으로서 고용노동부령으로 정하는 작업장에 대하여 산업위생관리 산업기사 이상의 자격을 가진 자로 하여금 작업환경측정을 하도록 하여야 한다(법 제125조 제1항, 규칙 제187조).
㉡ 지정측정기관의 작업환경측정 수준을 평가하려는 경우의 평가기준은 1. 작업 환경측정 및 시료분석의 능력, 2. 측정 결과의 신뢰도, 3. 작업환경측정 대상 사업장의 만족도, 4. 인력·시설 및 장비의 보유 수준 등이다(규칙 제191조 제1항).
㉢ 모든 측정은 개인 시료채취방법으로 하되, 개인 시료채취방법이 곤란한 경우에는 지역 시료채취방법으로 실시할 것. 이 경우 그 사유를 작업환경측정 결과표에 분명하게 밝혀야 한다(규칙 제189조 제1항 제3호).
㉣ 작업환경측정 결과 고용노동부장관이 정하여 고시하는 화학적 인자의 측정치가 노출기준을 초과하는 작업장 또는 작업공정은 해당 유해인자에 대하여 그 측정일부터 3개월에 1회 이상 작업환경측정을 해야 한다(규칙 제190조 제1항).

23. 산업안전보건법령상 공정안전보고서에 관한 설명으로 옳지 않은 것은?
① 공정안전보고서를 작성하여야 하는 사업장의 사업주는 산업안전보건위원회가 설치되어 있지 아니한 경우 근로자대표의 의견을 들어 작성하여야 한다.
② 공정안전보고서에는 공정안전자료, 공정위험성 평가서, 안전운전계획, 비상조치계획이 포함되어야 한다.
③ 사업주가 공정안전보고서를 제출한 경우에는 해당 유해·위험설비에 관하여 유해·위험방지계획서를 제출한 것으로 본다.
④ 「액화석유가스의 안전관리 및 사업법」에 따른 액화석유가스의 충전·저장시설은 공정안전보고서를 작성하여 제출하여야 하는 대상이 아니다.
⑤ 공정안전보고서 이행 상태의 평가는 공정안전보고서의 확인 후 1년이 경과한 날부터 2년 이내에 하여야 한다.

해설 ④ 「액화석유가스의 안전관리 및 사업법」에 따른 액화석유가스의 충전·저장시설은 공정안전보고서를 작성하여 제출하여야 한다(영 제43조 제2항 제6호).
① 사업주는 공정안전보고서를 작성할 때 산업안전보건위원회의 심의를 거쳐야 한다. 다만, 산업안전보건위원회가 설치되어 있지 아니한 사업장의 경우에는 근로자대표의 의견을 들어야 한다(법 제44조 제2항).
② 공정안전보고서에는 공정안전자료, 공정위험성 평가서, 안전운전계획, 비상조치계획, 그 밖에 공정상의 안전과 관련하여 고용노동부장관이 필요하다고 인정하여 고시하는 사항이 포함되어야 한다(영 제44조 제1항).
③ 사업주가 공정안전보고서를 고용노동부장관에게 제출한 경우에는 해당 유해·위험설비에 대해서는 유해위험방지계획서를 제출한 것으로 본다(법 제42조 제3항).
⑤ 고용노동부장관은 공정안전보고서의 확인 후 1년이 지난 날부터 2년 이내에 공정안전보고서 이행 상태의 평가를 해야 한다(규칙 제54조 제1항).

24. 산업안전보건법령상 산업안전지도사 및 산업보건지도사(이하 '지도사'라 함)의 연수교육 및 보수교육에 관한 설명으로 옳은 것은?

① 산업안전 및 산업보건 분야에서 5년 이상 실무에 종사한 경력이 있는 지도사 자격을 가진 화공안전기술사가 직무를 개시하려면 지도사 등록을 하기 전 2년의 범위에서 고용노동부령으로 정하는 연수교육을 받아야 한다.
② 한국산업안전보건공단이 연수교육을 실시한 때에는 그 결과를 연수교육이 끝난 날부터 30일 이내에 고용노동부장관에게 보고하여야 한다.
③ 한국산업안전보건공단이 보수교육을 실시한 때에는 보수교육 이수자 명단, 이수자의 교육 이수를 확인할 수 있는 서류를 5년간 보존하여야 한다.
④ 연수교육의 기간은 업무교육 및 실무수습 기간을 합산하여 2개월 이상으로 한다.
⑤ 지도사 등록의 갱신기간 동안 지도실적이 2년 이상인 지도사의 보수교육시간은 5시간 이상으로 한다.

해설 ③ 한국산업안전보건공단이 보수교육을 실시한 때에는 보수교육 이수자 명단, 이수자의 교육 이수를 확인할 수 있는 서류를 5년간 보존하여야 한다(규칙 제231조 제3항).
① 지도사 자격이 있는 사람(산업안전 또는 산업보건 분야에서 5년 이상 실무에 종사한 경력이 있는 사람은 제외한다)이 직무를 수행하려면 등록을 하기 전 1년의 범위에서 고용노동부령으로 정하는 연수교육을 받아야 한다(법 제146조).
② 공단이 연수교육을 실시하였을 때에는 그 결과를 연수교육이 끝난 날부터 10일 이내에 고용노동부장관에게 보고해야 하며, 다음의 서류를 3년간 보존해야 한다(규칙 제232조 제3항).
④ 연수교육의 기간은 업무교육 및 실무수습 기간을 합산하여 3개월 이상으로 한다(규칙 제232조 제2항).
⑤ 지도사 등록의 갱신기간 동안 지도실적이 2년 이상인 지도사의 교육시간은 10시간 이상으로 한다(규칙 제231조 제2항 단서).

정답 22 ② 23 ④ 24 ③

25. 산업안전보건법령상 대통령령으로 정하는 산업재해 예방사업의 보조·지원에 대한 취소사유와 그에 따른 처분의 내용이 옳지 않은 것은?

	보조·지원 취소사유	처분의 내용
①	거짓이나 그 밖의 부정한 방법으로 보조·지원을 받은 경우	전부 취소
②	보조·지원 대상자가 폐업하거나 파산한 경우	일부 취소
③	산업재해 예방사업의 목적에 맞게 사용되지 아니한 경우	전부 또는 일부 취소
④	보조·지원 대상을 임의매각·훼손·분실하는 등 지원 목적에 적합하게 유지·관리·사용하지 아니한 경우	전부 또는 일부 취소
⑤	보조·지원 대상 기간이 끝나기 전에 보조·지원 대상 시설 및 장비를 국외로 이전 설치한 경우	전부 또는 일부 취소

해설 고용노동부장관은 보조·지원을 받은 자가 다음의 어느 하나에 해당하는 경우 보조·지원의 전부 또는 일부를 취소하여야 한다. 다만, 1. 및 2.의 경우에는 보조·지원의 전부를 취소하여야 한다(법 제158조 제2항).
1. 거짓이나 그 밖의 부정한 방법으로 보조·지원을 받은 경우
2. 보조·지원 대상자가 폐업하거나 파산한 경우
3. 보조·지원 대상을 임의매각·훼손·분실하는 등 지원 목적에 적합하게 유지·관리·사용하지 아니한 경우
4. 산업재해 예방사업의 목적에 맞게 사용되지 아니한 경우
5. 보조·지원 대상 기간이 끝나기 전에 보조·지원 대상 시설 및 장비를 국외로 이전한 경우
6. 보조·지원을 받은 사업주가 필요한 안전조치 및 보건조치 의무를 위반하여 산업재해를 발생시킨 경우로서 고용노동부령으로 정하는 경우

산업위생 일반

26. 유기화합물의 신경독성에 관한 설명으로 옳지 않은 것은?

① 대부분의 유기용제는 비특이적인 독성으로 마취작용을 갖고 있다.
② 포화지방족 유기용제(알칸류)는 다른 유기화합물보다 강한 급성 독성을 나타낸다.
③ 마취제처럼 뇌와 척추의 활동을 저해한다.
④ 작업자를 자극하여 무감각하게 하고, 결국은 무의식 혹은 혼수상태가 된다.
⑤ 이황화탄소(CS_2)는 급성 정신병을 동반한 뇌병증을 보인다.

해설 포화지방족 유기용제(알칸류)는 급성독성의 측면에서 독성이 가장 약한 분류의 용매이다.

27. 산업안전보건기준에 관한 규칙상 관리대상 유해물질 상태와 관련하여 국소배기장치 후드의 제어풍속 기준으로 옳은 것은?

	유해물질 상태	후드 형식	제어풍속(m/sec)
①	가스	포위식 포위형	0.5
②	가스	외부식 상방흡인형	0.5
③	입자	포위식 포위형	0.7
④	가스	외부식 하방흡인형	1.0
⑤	입자	외부식 측방흡인형	1.2

해설 관리대상 유해물질 관련 국소배기장치 후드의 제어풍속(산업안전보건기준에 관한 규칙 별표 13)

물질의 상태	후드 형식	제어풍속(m/sec)
가스 상태	포위식 포위형	0.4
	외부식 측방흡인형	0.5
	외부식 하방흡인형	0.5
	외부식 상방흡인형	1.0
입자 상태	포위식 포위형	0.7
	외부식 측방흡인형	1.0
	외부식 하방흡인형	1.0
	외부식 상방흡인형	1.2

28. 입자상 물질에 노출되었을 때 발생하는 인체영향에 관한 설명으로 옳지 않은 것은?

① 규폐증은 주로 석공장, 벽돌제조, 도자기제조, 채탄작업 근로자에게 발생한다.
② 석면폐증은 보통 장기간에 걸쳐 진행되며 폐의 탄력성이 감소되어 산소흡수가 저해되고, 악성중피종은 약 30~40년의 잠복기를 거쳐서 발생되기도 한다.
③ 광부에게 발생 가능한 탄광부 진폐증은 교원성(collagenous) 진폐증이다.
④ 면폐증은 처음에는 흉부 압박감으로 시작되지만 이어서 지속적인 기침이 동반되고, 천명음도 발생한다.
⑤ 비교원성(non-collagenous) 진폐증은 정상적으로 돌아오지 않는 비가역적인 진폐증이다.

해설 비교원성(non-collagenous) 진폐증은 폐 조직이 정상이며 망상 섬유로 구성되어 있으며 분진에 의한 조직반응은 가역적인 경우가 많다.

정답 25 ② 26 ② 27 ③ 28 ⑤

29. 작업환경에서 발생되는 유해물질별 주요 노출원 및 노출기준으로 옳지 않은 것은?

유해물질	주요 노출원	노출기준(mg/m³)
① 비소 및 그 무기화합물	구리제련소	0.01
② 베릴륨 및 그 화합물	핵융합부품개발	0.002
③ 수용성 크롬(6가)화합물	용접	0.01
④ 벤젠 석유화학	제조	3
⑤ 카드뮴 및 그 화합물	도금작업	0.01

해설 수용성 크롬(6가)화합물의 노출기준은 0.05(mg/m³) (화학물질의 노출기준 별표 1)

30. 유기화합물의 직업적 노출로 인한 인체영향의 설명으로 옳은 것은?

① 벤젠 중독 시 초기에는 빈혈, 백혈구 및 혈소판이 감소되어 백혈병이 급성장애로 나타난다.
② 사염화탄소는 주로 신경독성을 유발한다.
③ 톨루엔디이소시아네이트(TDI)는 눈과 코에 자극증상이 강하게 나타나지만, 천식성 감작반응은 유발하지 않는다.
④ 노말헥산의 대사산물인 2,5-hexanedione은 독성이 강하며, 생물학적 노출지표로도 이용된다.
⑤ 이황화탄소는 우리나라에서 단일 화학물질로는 가장 많은 직업병을 유발한 물질이며, 생물학적 노출지표는 소변 중 phenylglyoxylic acid이다.

해설 ④ 2,5-헥산디온은 산화로 생성된 독성 대사산물이다.
① 벤젠 중독 시 급성중독은 이 가스를 한번에 다량 흡입해서 생기는 결과로서 두통·현기증·호흡곤란·구토·흉부압박·흥분 등의 증상이 나타나고, 체온과 혈압이 떨어진다.
② 사염화탄소는 흡입시 신경계, 간, 신장 등의 퇴화 현상을 촉진하며, 발암 물질로 취급된다.
③ 톨루엔디이소시아네이트(TDI)는 독성은 휘발되었을 때 호흡 등에서 독성이 나타난다. 유독성은 저농도에서 눈 및 상부호흡기관을 자극시키며, 피부나 눈에 접촉시에 바로 씻어내지 않으면 염증을 일으킨다.
⑤ 이황화탄소는 생물학적 노출지표는 소변 중 TTCA이다.

31. 사업장에서 사용하는 중금속의 특성에 관한 설명으로 옳은 것은?

① 유기납은 물과 유기용제에 잘 녹는 금속이다.
② 무기수은화합물의 독성은 알킬수은화합물의 독성보다 강하다.
③ 6가 크롬은 피부 흡수가 어려우나 3가 크롬은 가능하다.
④ 망간에 노출되면 파킨슨씨 증후군과 유사한 뇌병변을 보이며, 무력증과 두통의 증상을 수반한다.
⑤ 5가의 비소화합물은 3가로 산화되면서 독성작용을 일으킨다.

해설 ④ 중독 시 운동 실조를 일으키고 망간 관련 산업체 근로자 등에서 파킨슨병과 유사한 증세를 나타낼 수 있다.
① 유기납은 4메틸납과 4에틸납이 있는데 물에는 잘 녹지 않으나 유기용제나 지방에는 잘 녹는다.
② 알킬수은화합물은 지용성이라서 생체막을 쉽게 통과하여 무기수은화합물의 독성보다 강하다.
③ 6가 크롬은 자극성이 심하며 호흡기의 점막에 심한 장애를 주고 피부를 통해 접촉하면 피부점막을 자극하여 부종 및 궤양 등 피부염을 일으킨다. 3가 크롬은 비교적 안정하고 인체에 무해하다.
⑤ 5가의 비소화합물은 3가로 환원되면서 독성작용을 일으킨다.

32. 전자제품 제조업 작업장에서 측정한 공기 중 벤젠의 농도가 다음과 같을 때, 기술통계값인 기하평균(GM)과 기하표준편차(GSD)는 약 얼마인가?

| 벤젠 농도(ppm) : 0.5 0.2 1.5 0.9 0.02 |

① GM : 0.31ppm, GSD : 5.47
② GM : 0.62ppm, GSD : 0.59
③ GM : 0.93ppm, GSD : 5.47
④ GM : 0.31ppm, GSD : 0.59
⑤ GM : 0.62ppm, GSD : 3.03

해설 기하평균 $=(0.5 \times 0.2 \times 1.5 \times 0.9 \times 0.02)^{\frac{1}{5}}=0.31$ ppm
logGM=log0.31=−0.5
기하표준편차 GSD=
$$\sqrt{\frac{(\log0.5+0.5)^2+(\log0.2+0.5)^2+(\log1.5+0.5)^2+(\log0.9+0.5)^2+(\log0.02+0.5)^2}{5-1}}$$
=5.47974

33. 작업환경측정을 위한 예비조사 및 측정계획서 작성에 관한 설명으로 옳지 않은 것은?
① 해당 공정별 작업내용, 측정대상공정, 공정별 화학물질 사용 실태를 파악한다.
② 원재료의 투입과정부터 최종 제품생산까지의 주요 공정을 도식화한다.
③ 유해인자별 측정 방법 및 소요기간에 대한 계획을 수립한다.
④ 전회 측정을 실시한 사업장은 공정 및 취급인자의 변동이 없는 경우, 서류상의 예비조사를 생략할 수 있다.
⑤ 측정대상 유해인자 및 유해인자 발생주기를 확인한다.

해설 예비조사를 실시하는 경우에는 다음의 내용이 포함된 측정계획서를 작성하여야 한다(작업환경측정 및 지정측정기관 평가 등에 관한 고시 제17조 제1항).
1. 원재료의 투입과정부터 최종 제품생산 공정까지의 주요공정 도식
2. 해당 공정별 작업내용, 측정대상공정, 공정별 화학물질 사용실태 및 그 밖에 이와 관련된 운전조건 등을 고려한 유해인자 노출 가능성
3. 측정대상 유해인자, 유해인자 발생주기, 종사근로자 현황
4. 유해인자별 측정방법 및 측정 소요기간 등 필요한 사항

정답 29 ③ 30 ④ 31 ④ 32 ① 33 ④

34. 산소농도가 낮은 작업장에서 발생할 수 있는 질환은?
   ① Hypoxia
   ② Caisson disease
   ③ Pneumoconiosis
   ④ Oxygen poison
   ⑤ Raynaud disease

   해설 ① Hypoxia(저산소증)은 산소의 운반과 활용 과정에 장애가 생겨 조직세포의 산소분압이 비정상적으로 낮은 경우로 산소농도가 낮은 작업장에서 발생할 수 있는 질환이다.
   ② Caisson disease : 물속 깊이 잠수했다 급격히 상승할 때 기압차로 인해 발생하는 병
   ③ Pneumoconiosis : 폐에 분진이 침착하여 폐 세포에 염증과 섬유화가 일어난 상태
   ⑤ Raynaud disease : 혈관운동신경 장애를 주증으로 하는 질환

35. 일반적으로 소음성 난청이 가장 잘 발생될 수 있는 주파수와 음압은?
   ① 6,000Hz, 80dBA
   ② 4,000Hz, 100dBA
   ③ 2,000Hz, 80dBA
   ④ 1,000Hz, 90dBA
   ⑤ 500Hz, 100dBA

   해설 소음성 난청은 보통 4㎑ 주위에서 시작돼 점차 진행되고, 음압이 85dB 이상이 되는 장소에서 장시간 노출되면 내이의 손상을 유발하게 된다.

36. 피로의 증상으로 옳지 않은 것은?
   ① 초기에는 맥박이 느려지고 혈압이 낮아지나 피로가 진행되면서 높아진다.
   ② 호흡이 얕아지고 호흡곤란이 오기도 한다.
   ③ 근육 내 글리코겐량이 감소한다.
   ④ 혈액의 혈당수치가 낮아지고 젖산과 탄산량이 증가한다.
   ⑤ 체온이 초기에는 높았다가 피로 정도가 심하면 낮아진다.

   해설 피로가 발생하면 맥박이 빨라지고 혈압이 초기에는 높으나 시간이 경과하면 낮아진다.

37. 화학물질의 분류·표시 및 물질안전보건자료에 관한 기준상 MSDS의 작성 원칙에 관한 설명으로 옳지 않은 것은?
   ① 실험실에서 시험·연구목적으로 사용하는 시약은 MSDS가 외국어로 작성된 경우에는 한국어로 번역하지 아니할 수 있다.

② MSDS 작성에 필요한 용어 및 기술지침은 한국산업안전보건공단이 정할 수 있다.
③ MSDS의 작성단위는 「계량에 관한 법률」이 정하는 바에 의한다.
④ MSDS 작성 시 시험결과를 반영하고자 하는 경우에는 해당 국가의 우량실험기준(GLP)에 따라 수행한 시험결과를 우선적으로 고려하여야 한다.
⑤ MSDS의 어느 항목에 대해 관련 정보를 얻을 수 없거나 적용이 불가능한 경우 "자료 없음"이라고 기재한다.

> **해설** ⑤ 각 작성항목은 빠짐없이 작성하여야 한다. 다만, 부득이 어느 항목에 대해 관련 정보를 얻을 수 없는 경우에는 작성란에 "자료 없음"이라고 기재하고, 적용이 불가능하거나 대상이 되지 않는 경우에는 작성란에 "해당 없음"이라고 기재한다(화학물질의 분류·표시 및 물질안전보건자료에 관한 기준 제11조 제7항).
> ① 물질안전보건자료는 한글로 작성하는 것을 원칙으로 하되 화학물질명, 외국기관명 등의 고유명사는 영어로 표기할 수 있다(화학물질의 분류·표시 및 물질안전보건자료에 관한 기준 제11조 제1항).
> ② 물질안전보건자료 작성에 필요한 용어, 작성에 필요한 기술지침은 한국산업안전보건공단이 정할 수 있다(화학물질의 분류·표시 및 물질안전보건자료에 관한 기준 제11조 제5항).
> ③ 물질안전보건자료의 작성단위는 「계량에 관한 법률」이 정하는 바에 의한다(화학물질의 분류·표시 및 물질안전보건자료에 관한 기준 제11조 제6항).
> ④ MSDS 작성 시 시험결과를 반영하고자 하는 경우에는 해당국가의 우수실험실기준(GLP) 및 국제공인시험기관인정(KOLAS)에 따라 수행한 시험결과를 우선적으로 고려하여야 한다(화학물질의 분류·표시 및 물질안전보건자료에 관한 기준 제11조 제63항).

38. 호흡용 보호구에 관한 설명으로 옳지 않은 것은?
   ① 공기정화식은 공기가 호흡기로 흡입되기 전에 여과재 또는 정화통에 의해 유해물질을 제거하는 방식이다.
   ② 공기공급식은 공기 공급관, 공기 호스 또는 자급식 공기원으로 구성된 호흡용 보호구에서 신선한 공기만을 공급하는 방식이다.
   ③ 공기정화식은 가격이 비교적 저렴하고 사용이 간편하여 널리 사용되지만, 산소농도가 18% 미만인 장소에서는 사용할 수 없다.
   ④ 단시간 노출되었을 시 사망 또는 회복 불가능한 상태를 초래할 수 있는 농도 이상에서는 공기정화식을 사용할 수 없다.
   ⑤ 호흡용 보호구 선택 시 고려해야 할 유해비는 노출기준을 공기 중 유해물질 농도로 나눈 값이다.

> **해설** ⑤ 유해비 : 공기 중 오염물질 농도와 노출기준과의 비로 호흡보호구 착용장소의 오염정도를 나타내는 척도를 말한다(호흡보호구의 선정·사용 및 관리에 관한 지침).
> ① 공기정화식은 오염공기가 호흡기로 흡입되기 전에 여과재 또는 정화통을 통과시켜 오염물질을 제거하는 방식으로서 다음과 같이 비전동식과 전동식으로 분류한다(호흡보호구의 선정·사용 및 관리에 관한 지침).
> ② 공기공급식은 공기 공급관, 공기호스 또는 자급식 공기원(공기보관용기 등)을 가진 호흡보호구로서 신선한 호흡용 공기만을 공급하는 방식으로서 송기식과 자급식으로 분류한다(호흡보호구의 선정·사용 및 관리에 관한 지침).

정답 34 ① 35 ② 36 ① 37 ⑤ 38 ⑤

39. 세척공정에서 작업하는 근로자가 톨루엔 55ppm의 농도에 노출되고 있다. 해당 작업의 근로자는 공기정화식 반면형 호흡용 보호구를 착용하고 있고 보호구 안의 농도가 0.5ppm 일 때, 보호계수를 구하고 보호구의 적절성을 평가하면?

보호계수	보호구의 적절성
① 27.5	적절
② 27.5	부적절
③ 90.9	적절
④ 110	적절
⑤ 110	부적절

해설 보호계수 = $\dfrac{보호구\ 밖의\ 농도}{보호구\ 안의\ 농도} = \dfrac{55}{0.5} = 110$
보호구의 적절성 평가 = 적절하다.

40. 다음은 A 근로자 우측귀의 주파수별 청력손실치를 나타낸 것이다. 소음성 난청D1(직업병 유소견자)의 판정기준이 되는 3분법에 의한 평균 청력 손실치(dB)는?

주파수 (Hz)	250	500	1,000	2,000	3,000	4,000	8,000
청력손실치(dB)	10	20	30	40	40	60	80

① 20
② 30
③ 35
④ 43
⑤ 47

해설 3분법에 의한 평균 청력 손실치(dB) = $\dfrac{20+30+40}{3} = 30$

41. 산업안전보건법령상 특수건강진단 시 1차 검사항목 중 유해인자별 생물학적 노출지표에 해당되지 않는 것은?

① 불화수소 - 소변 중 불화물
② 톨루엔 - 소변 중 마뇨산
③ 크실렌 - 소변 중 메틸마뇨산
④ 디니트로톨루엔 - 혈중 메트헤모글로빈
⑤ p-니트로클로로벤젠 - 혈중 메트헤모글로빈

해설 불화수소 2차 생물학적 노출지표 검사(규칙 별표 24) : 소변 중 불화물(작업 전후를 측정하여 그 차이를 비교)

42. 직무스트레스 관리에 관한 설명으로 옳지 않은 것은?

   ① 유산소 운동뿐 아니라 역도 등의 근육 운동도 직무스트레스를 관리하는 방법이 될 수 있다.
   ② 자기의 주장을 표현할 수 있는 훈련도 좋은 관리 방법 중 하나이다.
   ③ 명상을 하는 것도 직무스트레스 관리에 도움이 된다.
   ④ 교대근무 설계 시 야간반 → 저녁반 → 아침반의 순서로 하는 것이 스트레스 관리를 위해서 좋다.
   ⑤ 야간작업은 연속하여 3일을 넘기지 않도록 설계하는 것이 좋다.

   해설 교대근무는 아침반, 저녁반, 야간반의 순으로 하여 정방향으로 순환되게 하는 것이 좋다.

43. 직무스트레스를 호소하고 있는 10명의 근로자가 근무하고 있는 사무실이 아래와 같은 조건일 때, CO_2를 실내환경기준 이하로 관리하기 위한 필요환기량(㎥/hr)은?

   - CO_2 실내 환경기준 : 1,000ppm
   - 외기의 CO_2 농도 : 0.03%
   - 1인 1시간당 CO_2의 배출량 : 21$L/(hr \cdot 1$인$)$

   ① 100 ② 150
   ③ 200 ④ 250
   ⑤ 300

   해설 CO_2 실내 환경기준 1,000ppm-외기의 CO_2 농도 0.03%
   $$1,000 - 0.03 = \frac{21(1hr \times 1인) \times 10/1,000 \times 1,000,000}{x}$$
   $$1,000 - 300 = \frac{21 \times 10/1,000 \times 1,000,000}{x} = 300(㎥/hr)$$

44. 흡연, 염화비닐, 아플라톡신으로 인한 암 발생과 가장 밀접한 관련이 있는 인체 장기는?

   ① 위   ② 폐
   ③ 간   ④ 유방
   ⑤ 방광

   해설 간세포암의 위험인자 : b형 간염 바이러스, c형 간염 바이러스. 알코올, 아플라톡신, 흡연, 간흡충증, 타이간흡충, 피임약, 비닐 클로라이드, 플루토늄, 토륨 등

정답 39 ④   40 ②   41 ①   42 ④   43 ⑤   44 ③

45. 28세 남자 환자가 1주 전부터 발생한 황달 증상으로 내원하였다. 한 달 전부터 에어컨 부품 가공공장에서 유기용제를 이용한 세척작업에 종사하였고, 작업이 끝나면 술에 취한 느낌이 들고 멍한 상태가 되며 가끔 오심을 경험하였으며, 내원 2주 전부터 피부에 발적과 소양감을 동반한 발진이 나타났다. 이러한 질환을 유발할 가능성이 높은 유해물질은?

① 산화에틸렌
② 노말헥산
③ 스티렌
④ 톨루엔
⑤ 트리클로로에틸렌

> **해설** 트리클로로에틸렌은 금속세척과 드라이클리닝과 접착제로 사용되며 졸음, 피로, 기억력저하, 현기증, 두통, 구역, 떨림, 알코올 내성 등이 나타나고 신장암이 발생할 수 있다.

46. 야간작업으로 인한 건강영향과 특수건강진단에 관한 설명으로 옳은 것은?

① 교대근무군은 주간근무군과 비교하여 대사증후군 발생률은 비슷하다.
② 위장관계와 내분비계 증상에 대한 1차 검사항목은 문진이다.
③ 상시 근로자 50인 이상 100인 미만을 사용하는 사업장은 배치전 건강진단을 실시하지 않아도 된다.
④ 배치 후 첫 번째 특수건강진단은 2년 이내에 실시하면 된다.
⑤ 1차 검사항목으로는 총콜레스테롤, 트리글리세라이드, HDL콜레스테롤, 24시간 심전도 검사 등이 있다.

> **해설** ② 위장관계 관련 증상 문진, 내분비계 유방암 관련 증상 문진이 1차 검사항목이다.
> ① 교대근무군은 주간근무군과 비교하여 대사증후군 발생률이 많다.
> ③ 상시 근로자 50인 이상 100인 미만을 사용하는 사업장도 배치전 건강진단을 실시하여야 한다.
> ④ 배치 후 첫 번째 특수건강진단은 6개월 이내에 실시하면 된다.
> ⑤ 1차 검사항목으로는 벤젠, 디메틸아세트아미드, 디메틸포름아미드, 테트라클로로에탄, 사염화탄소, 아크릴로니트릴, 염화비닐, 광물성 분진, 목재 분진, 소음 및 충격소음 등

47. 산업재해조사의 목적 및 산업재해 발생보고 방법에 관한 설명으로 옳지 않은 것은?

① 재해조사의 목적은 동종재해를 예방하기 위한 것이다.
② 3일 이상의 휴업이 필요한 부상을 입었거나 질병에 걸린 사람이 발생한 경우에는 산업재해 조사표를 제출하여야 한다.
③ 휴업일수에 법정휴일은 포함되지 않는다.
④ 산업재해조사표에 근로자 대표의 확인을 받아야 하지만 근로자 대표가 없는 경우에는 재해자 본인의 확인을 받아 산업재해조사표를 제출할 수 있다.
⑤ 재해조사를 통하여 근로자 및 사업주의 안전의식을 고취시킬 수 있다.

해설 ③ 휴업일수에는 법정휴일도 포함된다.
① 산업재해를 조사하는 목적은 가장 적절한 방지대책을 찾아내어 금후 다시 똑같은 원인에 의한 재해발생을 미연에 방지하기 실시하는 조사를 말한다.
② 산업재해조사표에는 사업장명과 소재지, 업종 등을 비롯하여 산업재해의 발생 일시와 재해발생지역(부서)을 빠짐없이 기재해야 한다.
④ 사업주는 산업재해조사표에 근로자대표의 확인을 받아야 하며, 그 기재 내용에 대하여 근로자대표의 이견이 있는 경우에는 그 내용을 첨부해야 한다. 다만, 근로자대표가 없는 경우에는 재해자 본인의 확인을 받아 산업재해조사표를 제출할 수 있다(규칙 제73조 제3항).
⑤ 재해조사는 근로자와 사업주 등이 참여하므로 안전의식을 고취시킬 수 있다.

48. 산업재해 지표에 관한 설명으로 옳은 것만을 모두 고른 것은?

㉠ 건수율은 작업시간이 고려되지 않는 것이 단점이다.
㉡ 100만 근로시간당 재해 발생건수를 나타내는 지표는 도수율이다.
㉢ 재해에 의한 손실의 정도를 나타내는 지표는 강도율이다.

① ㉡
② ㉠, ㉡
③ ㉠, ㉢
④ ㉡, ㉢
⑤ ㉠, ㉡, ㉢

해설 ㉠ 건수율은 산업재해의 지표의 하나로 노동자 수에 대한 재해 발생의 빈도를 나타내는 것이다. 따라서 작업시간이 고려되지 않는다.
㉡ 도수율(빈도율)이란 1,000,000 근로시간당 요양재해발생 건수를 말한다(산업재해통계업무처리규정 제3조 제7호).
㉢ 강도율이란 근로시간 합계 1,000시간당 요양재해로 인한 근로손실일수를 말한다(산업재해통계업무처리규정 제3조 제8호).

49. 다음 산업재해보상보험에 관한 설명으로 옳지 않은 것은?
① 일반보험과는 달리 가입자와 수혜자가 일치하지 않는다.
② 업무상 재해로 인해 보험금을 지급하는 경우, 배우자가 혼인신고를 하지 않은 상태라면 지급대상에서 배제된다.
③ 보상에 있어 해당 근로자의 근무기간은 보상액 산정기간에 고려되지 않는다.
④ 사업주는 안전사고 발생에 대한 과실이 전혀 없더라도 업무 중 발생한 사고에 대해서는 책임을 져야 한다.
⑤ 산업재해보상보험법령상 보상의 주체는 국가이지만, 산업재해보상보험 미가입 대상 사업인 경우 보상의 주체는 사업주이다.

해설 유족이란 사망한 사람의 배우자(사실상 혼인 관계에 있는 사람을 포함한다.)·자녀·부모·손자녀·조부모 또는 형제자매를 말한다(산업재해보상보험법 제5조 제3호). 따라서 업무상 재해로 인해 보험금을 지급하는 경우, 배우자가 혼인신고를 하지 않은 상태라도 지급대상이 된다.

정답 45 ⑤ 46 ② 47 ③ 48 ⑤ 49 ②

50. 폐암환자 100명과 대조군 100명에 대해 흡연력을 조사한 환자대조군 연구를 수행한 결과는 아래와 같다. 연구 결과를 확인하기 위한 적절한 역학지수와 그 값의 연결이 옳은 것은?

	폐암환자	대조군
흡연자	80명	40명
비흡연자	20명	60명

① 교차비 - 2.67 ② 상대위험도 - 2.67
③ 교차비 - 6 ④ 상대위험도 - 6
⑤ 기여위험도 - 3.67

해설 교차비 = $\dfrac{\text{환자군 중 폭로군}}{\text{환자군 중 비폭로군}} \bigg/ \dfrac{\text{대조군 중 폭로군}}{\text{대조군 중 비폭로군}} = \dfrac{\text{폐암환자 중 흡연자}}{\text{폐암환자 중 비흡연자}} \bigg/ \dfrac{\text{대조군 중 흡연자}}{\text{대조군 중 비흡연자}} = \dfrac{80/20}{40/60} = 6$

기여위험도 = 폭로군의 발병률 - 비폭로군의 발병률 = 80-20 = 60

상대위험도 = $\dfrac{\text{폭로군의 발병률}}{\text{비폭로군의 발병률}} = 4$

기업진단 · 지도

51. A기업에서는 평가등급을 5단계로 구분하고 가능한 정규분포를 이루도록 등급별 기준인원을 정하였으나, 평가자에 의하여 다음의 표와 같은 결과가 나타났다. 이와 같은 평가결과의 분포도상의 오류는? (평가등급의 상위순서는 A, B, C, D, E등급의 순이다.)

평가등급	A등급	B등급	C등급	D등급	E등급
기준인원	1명	2명	4명	2명	1명
평가결과	5명	3명	2명	0명	0명

① 논리적 오류 ② 대비오류
③ 관대화경향 ④ 중심화경향
⑤ 가혹화경향

해설 ③ 관대화경향은 근무성적평정 등에서 평정 결과의 분포가 우수한 쪽에 집중되는 경향을 말한다. 기준인원과 평가결과를 대비하여 보면 평가가 관대한 것을 알 수 있다.
① 논리적 오류 : 논증을 구성하거나 추론을 진행하는 데 있어 타당하지 않은 방식을 사용하는 것을 말한다.
② 대비오류 : 다른 사람을 판단함에 있어서 절대적 기준에 기초하지 않고 다른 대상과의 비교를 통해 평가하는 오류를 말한다.
④ 중심화경향 : 평가자가 평가대상들을 모두 중간 점수로 평가하는 경향을 말한다.
⑤ 가혹화경향 : 인사 평가에서 평가자가 피평가자의 능력 및 성과를 실제보다 의도적으로 낮게 평가하는 경향을 말한다.

52. 조직구조에 관한 설명으로 옳지 않은 것은?

① 가상네트워크 조직은 협력업체와 갈등해결 및 관계유지에 상대적으로 적은 시간이 필요하다.
② 기능별 조직은 각 기능부서의 효율성이 중요할 때 적합하다.
③ 매트릭스 조직은 이중보고 체계로 인하여 종업원들이 혼란을 느낄 수 있다.
④ 사업부제 조직은 2개 이상의 이질적인 제품으로 서로 다른 시장을 공략할 경우에 적합한 조직구조이다.
⑤ 라인스텝 조직은 명령전달과 통제기능을 담당하는 라인과 관리자를 지원하는 스텝으로 구성된다.

해설 가상네트워크 조직은 둘 이상의 독립된 기업이 우수한 제품과 서비스의 제공을 목포로 각 조직의 인적 자원 및 기술 등을 일시적으로 통합, 제휴하는 조직으로 협력업체와 갈등해결 및 관계유지에는 많은 시간이 소요된다.

53. 인적자원관리에서 이루어지는 기능 또는 활동에 관한 설명으로 옳은 것은?

① 직접보상은 유급휴가, 연금, 보험, 학자금지원 등이 있다.
② 직무평가는 구성원들의 목표치와 실적을 비교하여 기여도를 판단하는 활동이다.
③ 현장직무교육은 직무순환제, 도제제도, 멘토링 등이 있다.
④ 직무분석은 장래의 인적자원 수요를 파악하여 인력의 확보와 배치, 활용을 위한 계획을 수립하는 것이다.
⑤ 직무기술서의 작성은 직무를 성공적으로 수행하는데 필요한 작업자의 지식과 특성, 능력 등을 문서로 만드는 것이다.

해설 ③ 현장직무교육은 일상적인 직무를 통하여 실시하는 종업원 교육훈련 방식으로 직무순환제, 도제제도, 멘토링 등이 있다.
① 연금, 보험은 간접보상에 해당한다.
② 직무평가는 직무급에 있어서 직무간의 임금비율을 정하는 가장 기본적인 절차이다.
④ 직무분석은 어떤 일을 어떤 목적으로 어떤 방법에 의해 어떤 장소에서 수행하는지를 알아내고, 직무를 수행하는 데 요구되는 지식, 능력, 기술, 경험, 책임 등이 무엇인지를 과학적이고 합리적으로 알아내는 것이다.
⑤ 직무기술서는 직무명칭, 소속직군 및 직종, 직무의 내용, 직무수행에 필요한 원재료·설비·작업도구, 직무수행 방법 및 절차, 작업조건(작업집단의 인원수, 상호작용의 정도 등) 등이 기록된다.

정답 50 ③ 51 ③ 52 ① 53 ③

54. 조직문화에 관한 설명으로 옳은 것을 모두 고른 것은?

○ 조직문화는 일반적으로 빠르고 쉽게 변화한다.
○ 파스칼과 아토스(R. Pascale and A. Athos)는 조직문화의 구성요소로 7가지를 제시하고 그 가운데 공유가치가 가장 핵심적인 의미를 갖는다고 주장하였다.
○ 딜과 케네디(T. Deal and A. Kennedy)는 위험추구성향과 결과에 대한 피드백 기간이라는 2개의 기준에 의해 조직문화유형을 합의문화, 개발문화, 계층문화, 합리문화로 구분하고 있다.
○ 샤인(E. Schein)에 의하면 기업의 성장기에는 소집단 또는 부서별 하위문화가 형성되며, 조직문화의 여러 요소들이 제도화 된다.
○ 홉스테드(G. Hofstede)에 의하면 불확실성 회피성향이 강한 사회의 구성원들은 미래에 대한 예측 불가능성을 줄이기 위해 더 많은 규칙과 규범을 제정하려는 노력을 기울인다.

① ㉠, ㉡, ㉢
② ㉡, ㉢, ㉣
③ ㉡, ㉢, ㉤
④ ㉡, ㉣, ㉤
⑤ ㉢, ㉣, ㉤

해설 ㉠ 조직문화는 조직 내부의 특성상 변화가 느리고 외부와 다른 특성을 유지한다.
㉢ 딜과 케네디(T. Deal and A. Kennedy)는 의지가 강한 남성문화, 열심히 일하고 잘 노는 문화, 사운을 거는 문화, 과정문화로 구분하고 있다.
㉡ 파스칼과 아토스(R. Pascale and A. Athos)는 조직문화의 구성요소로 7가지를 제시하고 공유가치가 조직문화형성에 가장 중요하다고 보았다.
㉣ 샤인(E. Schein)은 기업의 성장기에는 소집단 또는 부서별 하위문화가 형성되며, 조직문화의 여러 요소들이 제도화 된다.
㉤ 홉스테드(G. Hofstede)는 불확실성 회피성향이 강한 사회의 구성원들은 미래에 대한 예측 불가능성을 줄이기 위해 더 많은 규칙과 규범을 제정하려는 노력을 기울인다고 보았다.

55. 생산시스템에 관한 설명으로 옳지 않은 것은?

① VMI는 공급자주도형 재고관리를 뜻한다.
② MRP는 자재소요량계획으로 제품생산에 필요한 부품의 투입시점과 투입량을 관리하는 시스템이다.
③ ERP는 조직의 자금, 회계, 구매, 생산, 판매 등의 업무흐름을 통합관리하는 정보시스템이다.
④ SCM은 부품 공급업체와 생산업체 그리고 고객에 이르는 제반 거래 참여자들이 정보를 공유함으로써 고객의 요구에 민첩하게 대응하도록 지원하는 것이다.
⑤ BPR은 낭비나 비능률을 점진적이고 지속적으로 개선하는 기능중심의 경영관리기법이다.

해설 BPR(business process reengineering)은 기업의 활동과 업무 흐름을 분석화하고 이를 최적화하는 것으로, 반복적이고 불필요한 과정들을 제거하기 위해 업무상의 여러 단계들을 통합하고 단순화하여 재설계하는 경영혁신 기법이다.

56. 인형을 판매하는 A사는 경제적주문량(EOQ) 모형을 이용하여 재고정책을 수립하려고 한다. 다음과 같은 조건일 때 1회의 경제적주문량은?

○ 연간수요량 20,000개
○ 1회 주문비용 5,000원
○ 연간단위당 재고유지비용 50원
○ 개당 제품가격 10,000원

① 1,000개
② 2,000개
③ 3,000개
④ 3,500개
⑤ 4,000개

해설 경제적주문량(EOQ)= $\sqrt{\dfrac{2 \times 연간수요량 \times 1회주문비용}{연간단위당 재고유지비용}} = \sqrt{\dfrac{2 \times 20,000 \times 5,000}{50}}$ 2,000개

57. 동기부여이론에 관한 설명으로 옳지 않은 것은?

① 데시(E. Deci)의 인지평가이론에 의하면 외재적 보상이 주어지면 내재적 동기가 증가된다.
② 로크(E. Locke)의 목표설정이론에 의하면 목표가 종업원들의 동기유발에 영향을 미치며, 피드백이 주어지지 않을 때 보다는 피드백이 주어질 때 성과가 높다.
③ 엘더퍼(C. Alderfer)의 ERG이론은 매슬로우(A. Maslow)의 욕구단계이론과 달리 좌절-퇴행 개념을 도입하였다.
④ 브룸(V. Vroom)의 기대이론에 의하면 종업원의 직무수행 성과를 정확하고 공정하게 측정하는 것은 수단성을 높이는 방법이다.
⑤ 아담스(J. Adams)의 공정성이론에 의하면 종업원은 자신과 준거집단이나 준거인물의 투입과 산출 비율을 비교하여 불공정하다고 지각하게 될 때 공정성을 이루는 방향으로 동기유발 된다.

해설 ① 데시(E. Deci)의 인지평가이론에 의하면 내재적 동기는 외재적 동기와 상쇄적 관계에 있는데 내재적 동기부여된 개인에게 외적인 보상이 주어지면 오히려 내적인 동기가 감소하고, 외적인 보상이 주어지면 오히려 구성원들의 내재적 동기를 저하시키는 위험을 내포하고 있음을 나타내고 있다.

58. 단체교섭의 방식에 관한 설명으로 옳지 않은 것은?

① 기업별 교섭은 특정기업 또는 사업장 단위로 조직된 노동조합이 단체교섭의 당사자가 되어 기업주 또는 사용자와 교섭하는 방식이다.

정답 54 ④ 55 ⑤ 56 ② 57 ① 58 ②

② 공동교섭은 상부단체인 산업별, 직업별 노동조합이 하부단체인 기업별 노조나 기업단위의 노조지부와 공동으로 지역적 사용자와 교섭하는 방식이다.
③ 대각선 교섭은 전국적 또는 지역적인 산업별 노동조합이 각각의 개별 기업과 교섭하는 방식이다.
④ 통일교섭은 전국적 또는 지역적인 산업별 또는 직업별 노동조합과 이에 대응하는 전국적 또는 지역적인 사용자와 교섭하는 방식이다.
⑤ 집단교섭은 여러 개의 노동조합 지부가 공동으로 이에 대응하는 여러 개의 기업들과 집단적으로 교섭하는 방식이다.

> **해설** 공동교섭이란 기업별 조합의 상부단체인 노동조합과 개개 기업별 조합이 공동으로 개개 기업별 조합의 상대방인 개개 기업의 사용자와의 사이에서 행하여지는 교섭을 말한다.

59. 제품생애주기(Product Life Cycle)에 관한 설명으로 옳지 않은 것은?
① 도입기는 고객의 요구에 따라 잦은 설계변경이 있을 수 있으므로 공정의 유연성이 필요하다.
② 쇠퇴기는 제품이 진부화되어 매출이 줄어든다.
③ 성장기는 수요가 증가하므로 공정중심의 생산시스템에서 제품중심으로 변경하여 생산능력을 크게 확장시켜야 한다.
④ 성숙기는 성장기에 비하여 이익 수준이 낮다.
⑤ 성장기는 도입기에 비하여 마케팅 역할이 크게 요구되는 시기이다.

> **해설** 성숙기는 제품이 많은 잠재고객에게 이미 받아들여진 상태로 매출이 주춤하는 시기로 이익이 가장 많은 시기이다.

60. 작업장에서 사고와 질병을 유발하는 위해요인에 관한 설명으로 옳은 것은?
① 5요인 성격 특질과 사고의 관계를 보면, 성실성이 낮은 사람이 높은 사람보다 사고를 일으킬 가능성이 더 낮다.
② 소리의 수준이 10dB까지 증가하면 소리의 크기는 10배 증가하며, 20dB까지 증가하면 20배 증가한다.
③ 컴퓨터 자판 작업이나 타이핑 작업을 많이 하는 사람들은 수근관 증후군(carpal tunnel syndrome)의 위험성이 높다.
④ 직장에서 소음에 대한 노출은 청각 손상에 영향을 주지만 심장혈관계 질병과는 관련이 없다.
⑤ 사회복지기관과 병원은 직장 폭력이 발생할 위험성이 가장 적은 장소이다.

> **해설** ③ 수근관 증후군(carpal tunnel syndrome)은 컴퓨터 작업, 진동 도구 작업, 강력한 그립이 필요한 작업을 많이 하는 사람들이 위험성이 높다.
> ① 성실성이 낮은 사람은 산만하고 일관성이 없으며 사고를 일으킬 가능성이 높다.
> ② 소리의 수준이 10dB까지 증가하면 소리의 크기는 2배 증가하며, 20dB까지 증가하면 3배 증가한다.
> ④ 소음은 청각 손상뿐만 아니라 심장혈관계 질병도 유발할 수 있다.
> ⑤ 사회복지기관과 병원은 직장 폭력이 발생할 위험성이 조사결과 두 번째로 높았다.

61. 심리검사에 관한 설명으로 옳은 것을 모두 고른 것은?

> ㉠ 성격형 정직성 검사는 생산적 행동을 예측하는 것으로 밝혀진 성격특성을 평가한다.
> ㉡ 속도 검사는 시간 제한이 있으며, 배정된 시간 내에 모든 문항을 끝낼 수 없도록 설계한다.
> ㉢ 정신운동능력 검사는 물체를 조작하고 도구를 사용하는 능력을 평가한다.
> ㉣ 정서지능 평가에는 특질 유형의 검사와 정보처리 유형의 검사 등이 있다.
> ㉤ 생활사 검사는 직무수행을 예측하지만 응답자의 거짓반응은 예방하기 어렵다.

① ㉠, ㉡, ㉢
② ㉠, ㉢, ㉣
③ ㉠, ㉣, ㉤
④ ㉡, ㉢, ㉣
⑤ ㉡, ㉢, ㉤

해설 ㉠ 성격형 정직성 검사는 인성평가 검사로 정직성을 평가한다.
㉤ 생활사 검사는 과거의 다양한 생활경험을 측정하여 개인을 개인을 이해하도록 돕는 검사로 직무수행을 예측하는데 목적이 있다. 이 검사는 응답자의 거짓반응을 예방하기 쉽다.
㉡ 속도 검사는 시간 제한이 있으며, 배정된 시간 내에 모든 문항을 끝낼 수 없도록 설계한다.
㉢ 정신운동능력 검사는 물체를 조작하고 도구를 사용하는 능력을 평가한다.
㉣ 정서지능 평가에는 특질 유형의 검사와 정보처리 유형의 검사 등이 있다.

62. 직무스트레스 요인에 관한 설명으로 옳지 않은 것은?

① 역할 내 갈등은 직무상 요구가 여럿일 때 발생한다.
② 역할 모호성은 상사가 명확한 지침과 방향성을 제시하지 못하는 경우에 유발된다.
③ 작업부하는 업무 요구량에 관한 것으로 직접 유형과 간접 유형이 있다.
④ 요구-통제 모형에 의하면 통제력은 요구의 부정적 효과를 줄이거나 완충해 주는 역할을 한다.
⑤ 대인관계 갈등과 타인과의 소원한 관계는 다양한 스트레스 반응을 유발할 수 있다.

해설 작업부하는 업무 요구량에 관한 것으로 양적인 것과 질적인 것이 있다. 양적 작업부하는 개인이 수행하는 근무의 양과 관련이 있고, 질적 작업부하는 개인의 능력에 비해 작업이 어려운 정도이다.

63. 인사선발에 관한 설명으로 옳은 것은?

① 선발검사의 효용성을 증가시키는 가장 중요한 요소는 검사 신뢰도이다.
② 인사선발에서 기초율이란 지원자들 중에서 우수한 지원자의 비율을 말한다.
③ 잘못된 불합격자(false negative)란 검사에서 불합격점을 받아서 떨어뜨렸고, 채용하였더라도 불만족스러운 직무수행을 나타냈을 사람이다.
④ 인사선발에서 예측변인의 합격점이란 선발된 사람들 중에서 우수와 비우수 수행자를 구분하는 기준이다.
⑤ 선발율과 예측변인의 가치 간의 관계는 선발율이 낮을수록 예측변인의 가치가 더 커진다.

정답 59 ④ 60 ③ 61 ④ 62 ③ 63 ⑤

[해설] ⑤ 기초율이 동일하다면 선발율이 감소할수록 선발의 효과성이 증가한다.
① 선발검사의 효용성을 증가시키는 가장 중요한 요소는 기초율이다.
② 인사선발에서 기초율이란 지원자들 중에서 성공적 직무수행자수의 비율을 말한다.
③ 잘못된 불합격자(false negative)란 검사에서 불합격점을 받아서 떨어뜨렸고, 채용하였더라도 만족스러운 직무수행을 나타냈을 사람이다.
④ 인사선발에서 예측변인의 합격점은 합격과 불합격으로 구분한다.

64. 인간의 정보처리 능력에 관한 설명으로 옳지 않은 것은?

① 경로용량은 절대식별에 근거하여 정보를 신뢰성 있게 전달할 수 있는 최대용량이다.
② 단일 자극이 아니라 여러 차원을 조합하여 사용하는 경우에는 정보전달의 신뢰성이 감소한다.
③ 절대식별이란 특정 부류에 속하는 신호가 단독으로 제시되었을 때 이를 식별할 수 있는 능력이다.
④ 인간의 정보처리 능력은 단기기억에 대한 처리능력을 의미하며, 절대식별 능력으로 조사한다.
⑤ 밀러(Miller)에 의하면 인간의 절대적 판단에 의한 단일 자극의 판별범위는 보통 5~9가지이다.

[해설] ② 단일 자극이 아니라 여러 차원을 조합하여 사용하는 경우에는 정보전달의 신뢰성이 증가한다.
① 경로용량은 절대식별, 단기기억에 근거하여 정보를 신뢰성 있게 전달할 수 있는 능력이다.
③ 절대식별이란 한 신호의 절대적 위치를 구분해 내는 능력이다.
④ 인간의 정보처리 능력은 단기기억에 대한 처리능력을 의미한다.
⑤ 밀러(Miller)에 의하면 감각에 따라 정보를 신뢰성 있게 전달할 수 있는 학계개수는 5~9가지이다.

65. 소음의 영향에 관한 설명으로 옳지 않은 것은?

① 의미있는 소음이 의미없는 소음보다 작업능률 저해 효과가 더 크게 나타난다.
② 강력한 소음에 노출된 직후에 일시적으로 청력이 저하되는 것을 일시성 청력손실이라 하며, 휴식하면 회복된다.
③ 초기 소음성 청력손실은 대화 범주 이상의 주파수에서 생겨 대화에 장애를 느끼지 못하다가 이후에 다른 주파수까지 진행된다.
④ 소음 작업장에서 전화벨 소리가 잘 안 들리고, 작업지시 내용 등을 알아듣기 어려운 현상을 은폐효과(masking effect)라고 한다.
⑤ 일시적 청력 손실은 300Hz~3,000Hz 사이에서 가장 많이 발생하며, 3,000Hz 부근의 음에 대한 청력저하가 가장 심하다.

[해설] 청력손실에 영향을 주는 것은 노출소음에 따라 증가하고, 청력손실이 가장 큰 주파수대는 4,000Hz이다.

66. 집단 의사결정에 관한 설명으로 옳지 않은 것은?
   ① 팀의 혁신을 촉진할 수 있는 최적의 상황은 과업에 대한 구성원 간의 갈등이 중간 정도일 때다.
   ② 집단극화는 집단 구성원의 소수가 모험적인 선택을 할 때 이를 따르는 상황에서 발생한다.
   ③ 집단사고는 개별 구성원의 생각으로는 좋지 않다고 생각하는 결정을 집단이 선택할 때 나타나는 현상이다.
   ④ 집단사고는 집단 응집성, 강력한 리더, 집단의 고립, 순응에 대한 압력 때문에 나타난다.
   ⑤ 집단사고를 예방하기 위해서 다양한 사회적 배경을 가진 집단 구성원이 있는 것이 좋다.

   해설 집단극화는 개인일 때보다 집단일 때 더 극단적인 방향으로 의사 결정을 할 가능성이 높다는 뜻이다.

67. 행위적 관점에서 분류한 휴먼에러의 유형에 해당하는 것은?
   ① 순서 오류(sequence error)
   ② 피드백 오류(feedback error)
   ③ 입력 오류(input error)
   ④ 의사결정 오류(decision making error)
   ⑤ 출력 오류(output error)

   해설 행위적 관점에서 분류한 휴먼에러의 유형
   1. 시간오류
   2. 순서오류
   3. 누락오류
   4. 실행오류
   5. 생략오류
   6. 과잉행동오류
   원인적 관점에서 분류한 휴먼에러의 유형
   1. 정보처리 오류
   2. 입력오류
   3. 출력오류
   4. 피드백 오류
   5. 의사결정오류

68. 직무분석을 위한 정보를 수집하는 방법의 장점과 한계에 관한 설명으로 옳은 것을 모두 고른 것은?

   ㉠ 관찰의 장점은 동일한 직무를 수행하는 재직자 간의 차이를 보여준다는 것이다.
   ㉡ 면접의 장점은 직무에 대해 다양한 관점을 얻는다는 것이다.
   ㉢ 질문지의 장점은 직무에 대해 매우 세부적인 내용을 얻을 수 있다는 것이다.
   ㉣ 질문지의 한계는 직무가 수행되는 상황을 무시한다는 것이다.
   ㉤ 직접수행의 한계는 분석가에게 폭넓은 훈련이 필요하다는 것이다.

정답 64 ② 65 ⑤ 66 ② 67 ① 68 ④

① ㉠, ㉢, ㉣
② ㉡, ㉢, ㉣
③ ㉡, ㉢, ㉤
④ ㉡, ㉣, ㉤
⑤ ㉢, ㉣, ㉤

> **해설** ㉠ 관찰의 장점은 직무정보의 획득이 쉽고 간편하여 비용이 적게 든다.
> ㉢ 질문지의 장점은 시간과 비용이 적게 들고 다양한 정보를 획득할 수 있다는 것이다.
> ㉡ 면접의 장점은 설문방법에 비해 심층적이고 질적인 자료를 얻을 수 있다는 것이다.
> ㉣ 질문지의 한계는 질문범위 내의 것만 알 수 있기 때문에 부분적 자료밖에 될 수 없다는 것이다.
> ㉤ 직접수행의 한계는 분석가가 많은 부분에 폭넓은 훈련이 있어야 한다는 것이다.

69. 전격현상의 위험을 결정하는 직접적인 원인을 모두 고른 것은?

㉠ 통전 전류의 크기	㉡ 통전 전압의 크기
㉢ 통전 경로	㉣ 전원의 종류
㉤ 인체 저항	

① ㉠, ㉡
② ㉠, ㉤
③ ㉠, ㉡, ㉢
④ ㉠, ㉢, ㉣
⑤ ㉠, ㉢, ㉣, ㉤

> **해설** 전격현상은 감전으로 인체에 전기가 흘러서 발생한다. 전격현상의 위험을 결정하는 직접적인 원인에는 경로 전원의 종류, 전류의 크기, 통전시간, 전원 경로 등이다.

70. 사업주가 실시하는 단계별 위험성평가 추진절차와 그 내용이 잘못 연결된 것은?

① 1단계 사전준비-평가시기 및 절차
② 2단계 유해 · 위험요인 파악-청취에 의한 방법
③ 3단계 위험성 추정-가능성 및 중대성의 크기 추정
④ 4단계 위험성 결정-위험성 크기의 허용 가능여부 판단
⑤ 5단계 위험성 감소대책 수립 및 실행-사업장 순회점검에 의한 방법

> **해설** 5단계 위험성 감소대책 수립 및 실행(사업장 위험성평가에 관한 지침 제13조 제1항)
> 1. 위험한 작업의 폐지·변경, 유해·위험물질 대체 등의 조치 또는 설계나 계획 단계에서 위험성을 제거 또는 저감하는 조치
> 2. 연동장치, 환기장치 설치 등의 공학적 대책
> 3. 사업장 작업절차서 정비 등의 관리적 대책
> 4. 개인용 보호구의 사용

71. KOSHA 18001에 따라 일반 사업장의 안전보건경영체제를 구축하고자 할 때 안전보건 교육 및 훈련 계획 수립에 포함되어야 할 사항이 아닌 것은?

① 근로자의 업무 또는 작업이 안전보건에 미치는 영향과 결과
② 위험성평가 관리(방법, 절차 등)와 현장위험요인 관리 및 현장분야 운영 관련
③ 비상시 대응절차 및 규정된 대응절차로부터 벗어날 때 발생할 수 있는 이차적 피해
④ 위험성평가 결과, 개선내용 및 잔여 위험요인과 그 대책
⑤ 안전보건 방침, 안전보건경영체제상 수행하여야 할 안전보건활동과 담당자의 역할 및 책임

해설 안전보건 교육 및 훈련 계획 수립에 포함되어야 할 사항
1. 근로자의 업무 또는 작업이 안전보건에 미치는 영향과 결과
2. 비상시 대응절차 및 규정된 대응절차로부터 벗어날 때 발생할 수 있는 이차적 피해
3. 위험성평가 결과, 개선내용 및 잔여 위험요인과 그 대책
4. 안전보건 방침, 안전보건경영체제상 수행하여야 할 안전보건활동과 담당자의 역할 및 책임

72. 방독마스크의 등급에 따른 사용장소에 관한 설명으로 옳지 않은 것은?

① 저농도 방독마스크는 가스 또는 증기의 농도가 100분의 0.5 이하의 대기 중에서 사용하는 것으로서 긴급용이 아닌 것이다.
② 중농도 방독마스크는 가스 또는 증기의 농도가 100분의 1 이하의 대기 중에서 사용하는 것이다.
③ 고농도 방독마스크는 가스 또는 증기의 농도가 100분의 2 이하의 대기 중에서 사용하는 것이다.
④ 고농도와 중농도에서 사용하는 방독마스크는 전면형을 사용해야 한다.
⑤ 방독마스크는 산소농도가 18% 이상인 장소에서 사용하여야 한다.

해설 저농도 방독마스크는 가스 또는 증기의 농도가 100분의 0.1 이하의 대기 중에서 사용하는 것으로서 긴급용이 아닌 것이다.

73. A 사업장에서 당해 연도 사고건수는 총 990건으로 확인되었다. 하인리히(Heinrich)의 재해구성 비율에 의해 추정되는 인적재해(사망, 중상, 경상) 건수는?

① 3 ② 33
③ 87 ④ 90
⑤ 900

해설 하인리히(Heinrich)의 재해구성 비율 1 : 29 : 300에서 1+29+300=330이고 3배가 3+87+900=990이다. 따라서 인적재해건수는 3+87=90이다.

정답 69 ④ 70 ⑤ 71 ② 72 ① 73 ④

74. 개인보호구 사용 및 관리에 관한 권장사항의 내용으로 옳은 것은?

① 보호구의 지급주기는 작업 특성과 실태, 작업 환경의 정도, 보호구별 특성에 따라 사업장 실정에 적합하게 정한다.
② AB형 안전모는 감전에 의한 위험을 방지 또는 경감시키기 위한 것이다.
③ 비계의 조립·해체 작업을 할 때는 추락방지를 위한 목적으로 안전그네식 안전대의 착용이 권장된다.
④ 안전대 사용 시 "안전거리 = 죔줄 길이 - 걸이설비 높이 + 감속거리"로 산출한다.
⑤ 방음보호구 선택 시 활동이 많은 작업은 귀덮개, 활동이 적은 작업은 귀마개 착용이 권장된다.

> 해설 ① 지급수량과 지급주기를 정하되 지급수량은 해당 근로자 수에 맞게 지급하여 전용으로 사용하게 하며, 지급주기는 작업 특성과 실태, 작업 환경의 정도, 보호구별 특성에 따라 사업장 실정에 적합하게 정한다.
> ② AB형 안전모는 물체의 낙하 또는 비래 및 추락에 의한 위험을 방지 또는 경감하고, 머리부위 감전에 의한 위험을 방지하기 위한 것이다.
> ③ 비계의 조립·해체 작업을 할 때는 추락방지를 위한 목적으로 벨트식 안전대의 착용이 권장된다.
> ④ 안전거리(C) = D링거리+죔줄길이(L)-걸이설비높이(H)+감속거리(S)로 산출한다.
> ⑤ 활동이 많은 작업인 경우에는 귀마개, 활동이 적은 경우에는 귀덮개 착용이 권장된다.

75. 다음 중 사용자가 잘못 조작하더라도 사고나 재해가 발생하지 않도록 하는 기계·기구의 안전장치가 아닌 것은?

① 회전부 덮개가 완전히 닫히면 정상 작동하고, 덮개가 열리면 작동이 멈추는 장치
② 양손으로 동시에 조작해야 정상 작동하는 프레스 기계
③ 양쪽의 비행기 엔진중 하나가 고장 나더라도 정상적으로 비행할 수 있는 병렬시스템
④ 작동이 중지되어도 일정 시간 동안 고열부 차단 덮개가 열리지 않는 기계
⑤ 일반 제품과 다른 고전압용 기계 설비의 플러그 모양

> 해설 사용자가 잘못 조작하더라도 사고나 재해가 발생하지 않도록 하는 기계·기구의 안전장치(본질안전조건) : 프레스의 방호장치, 게이트 가드식 방호장치, 양수조작식 방호장치, 광전자식(감응식) 방호장치, 롤러기의 방호장치, 산업용 로봇에 사용되는 안전매트, 선박의 방호장치, 고정가드, 인터록, 양수조작식, 압력용기, 안전벨트

2016년 기출문제

산업안전보건법령

1. 산업안전보건법령상 사업주가 이행하여야 할 의무에 해당하는 것은?

① 사업장에 대한 재해 예방 지원 및 지도
② 근로자의 신체적 피로와 정신적 스트레스 등을 줄일 수 있는 쾌적한 작업환경 조성 및 근로조건 개선
③ 유해하거나 위험한 기계·기구·설비 및 물질 등에 대한 안전·보건상의 조치기준작성 및 지도·감독
④ 산업재해에 관한 조사 및 통계의 유지·관리
⑤ 안전·보건을 위한 기술의 연구·개발 및 시설의 설치·운영

> **해설** 사업주가 이행하여야 할 의무(법 제5조 제1항)
> 1. 이 법과 이 법에 따른 명령으로 정하는 산업재해 예방을 위한 기준
> 2. 근로자의 신체적 피로와 정신적 스트레스 등을 줄일 수 있는 쾌적한 작업환경의 조성 및 근로조건 개선
> 3. 해당 사업장의 안전 및 보건에 관한 정보를 근로자에게 제공

2. 산업안전보건법령상 안전·보건표지의 분류별 종류와 색채가 올바르게 연결된 것은?

① 지시표지(방독마스크 착용) - 바탕은 파란색, 관련 그림은 흰색
② 금지표지(물체이동금지) - 바탕은 흰색, 기본모형은 녹색, 관련 부호 및 그림은 흰색
③ 경고표지(폭발성물질 경고) - 바탕은 노란색, 기본모형, 관련 부호 및 그림은 흰색
④ 안내표지(비상용기구) - 바탕은 흰색, 기본모형은 빨간색, 관련 부호 및 그림은 검은색
⑤ 안내표지(응급구호표지) - 바탕은 무색, 기본모형은 검은색

> **해설** ① 지시표지(방독마스크 착용) - 바탕은 파란색, 관련 그림은 흰색
> ② 금지표지(물체이동금지) - 바탕은 흰색, 기본모형은 빨간색, 관련 부호 및 그림은 검은색
> ③ 경고표지(폭발성물질 경고) - 바탕은 흰색, 기본모형은 빨간색, 관련 부호 및 그림은 검은색
> ④ 안내표지(비상용기구) - 바탕은 녹색, 기본모형은 흰색, 관련 부호 및 그림은 검은색
> ⑤ 안내표지(응급구호표지) - 바탕은 녹색, 기본모형은 흰색

정답 74 ① 75 ③ / 1 ② 2 ①

산업보건지도사

3. 산업안전보건법령상 산업재해 발생 보고에 관한 설명이다. ( )안에 들어갈 내용을 순서대로 올바르게 나열한 것은?

> 사업주는 산업재해로 사망자가 발생하거나 (㉠) 이상의 휴업이 필요한 부상을 입거나 질병에 걸린 사람이 발생한 경우에는 산업안전보건법 제10조 제2항에 따라 해당 산업재해가 발생한 날부터 (㉡) 이내에 별지 제1호서식의 산업재해조사표를 작성하여 관할 지방고용노동청장 또는 지청장에게 제출(전자문서에 의한 제출을 포함한다)하여야 한다.

① ㉠ : 1일 ㉡ : 1개월　　② ㉠ : 2일 ㉡ : 14일
③ ㉠ : 3일 ㉡ : 1개월　　④ ㉠ : 5일 ㉡ : 2개월
⑤ ㉠ : 5일 ㉡ : 3개월

해설 사업주는 산업재해로 사망자가 발생하거나 3일 이상의 휴업이 필요한 부상을 입거나 질병에 걸린 사람이 발생한 경우에는 산업안전보건법 제10조 제2항에 따라 해당 산업재해가 발생한 날부터 1개월 이내에 별지 제1호서식의 산업재해조사표를 작성하여 관할 지방고용노동청장 또는 지청장에게 제출(전자문서에 의한 제출을 포함한다)하여야 한다(규칙 제73조 제1항).

4. 산업안전보건법령상 안전관리전문기관에 대한 지정의 취소 등에 관한 설명으로 옳지 않은 것은?

① 고용노동부장관은 안전관리전문기관이 지정요건을 충족하지 못한 경우 반드시 지정을 취소하여야 한다.
② 고용노동부장관은 안전관리전문기관이 거짓이나 그 밖의 부정한 방법으로 지정을 받은 경우 지정을 취소하여야 한다.
③ 고용노동부장관은 안전관리전문기관이 지정받은 사항을 위반하여 업무를 수행한 경우 6개월 이내의 기간을 정하여 그 업무의 정지를 명할 수 있다.
④ 안전관리전문기관은 고용노동부장관으로부터 지정이 취소된 경우에 그 지정이 취소된 날부터 2년 이내에는 안전관리전문기관으로 지정받을 수 없다.
⑤ 고용노동부장관이 안전관리전문기관에 대하여 업무의 정지를 명하여야 하는 경우에 그 업무정지가 이용자에게 심한 불편을 주거나 공익을 해할 우려가 있다고 인정하면 업무정지처분에 갈음하여 10억원 이하의 과징금을 부과할 수 있다.

해설 ① 고용노동부장관은 안전관리전문기관이 지정요건을 충족하지 못한 경우 그 지정을 취소하거나 6개월 이내의 기간을 정하여 그 업무의 정지를 명할 수 있다(법 제21조 제4항 제3호).
② 고용노동부장관은 안전관리전문기관이 거짓이나 그 밖의 부정한 방법으로 지정을 받은 경우 지정을 취소하여야 한다(법 제21조 제4항 제1호).
③ 고용노동부장관은 안전관리전문기관이 지정받은 사항을 위반하여 업무를 수행한 경우 6개월 이내의 기간을 정하여 그 업무의 정지를 명할 수 있다(법 제21조 제4항 제4호).
④ 지정이 취소된 자는 지정이 취소된 날부터 2년 이내에는 각각 해당 안전관리전문기관 또는 보건관리전문기관으로 지정받을 수 없다(법 제21조 제5항).
⑤ 고용노동부장관은 업무정지를 명하여야 하는 경우에 그 업무정지가 이용자에게 심한 불편을 주거나 공익을 해칠 우려가 있다고 인정되면 업무정지 처분을 대신하여 10억원 이하의 과징금을 부과할 수 있다(법 제160조 제1항).

5. 산업안전보건법령상 산업안전보건위원회에 관한 설명으로 옳지 않은 것은?

① 사업주는 산업안전·보건에 관한 중요 사항을 심의·의결하기 위하여 근로자와 사용자가 같은 수로 구성되는 산업안전보건위원회를 설치·운영하여야 한다.
② 사업주는 유해하거나 위험한 기계·기구와 그 밖의 설비를 도입한 경우 안전·보건조치에 관한 사항에 대하여는 산업안전보건위원회의 심의·의결을 거쳐야 한다.
③ 산업안전보건위원회의 위원장은 위원 중에서 호선(互選)한다. 이 경우 근로자위원과 사용자위원 중 각 1명을 공동위원장으로 선출할 수 있다.
④ 사업주는 안전보건관리규정을 작성하거나 변경할 때에는 산업안전보건위원회의 심의·의결을 거쳐야 한다. 다만, 산업안전보건위원회가 설치되어 있지 아니한 사업장의 경우에는 근로자대표의 동의를 받아야 한다.
⑤ 산업안전보건위원회는 산업안전·보건에 관한 중요사항에 대하여 심의·의결을 하지만 해당 사업장 근로자의 안전과 보건을 유지·증진시키기 위하여 필요한 사항을 정할 수 없다.

해설 ⑤ 산업안전보건위원회는 해당 사업장 근로자의 안전 및 보건을 유지·증진시키기 위하여 필요한 사항을 심의·의결을 거쳐야 한다(법 제24조 제2항 제9호).
① 사업주는 사업장의 안전 및 보건에 관한 중요 사항을 심의·의결하기 위하여 사업장에 근로자위원과 사용자위원이 같은 수로 구성되는 산업안전보건위원회를 구성·운영하여야 한다(법 제24조 제1항).
② 사업주는 유해하거나 위험한 기계·기구와 그 밖의 설비를 도입한 경우 안전·보건조치에 관한 사항에 대하여는 산업안전보건위원회의 심의·의결을 거쳐야 한다(법 제24조 제2항 제8호).
③ 산업안전보건위원회의 위원장은 위원 중에서 호선한다. 이 경우 근로자위원과 사용자위원 중 각 1명을 공동위원장으로 선출할 수 있다(영 제36조).
④ 사업주는 안전보건관리규정을 작성하거나 변경할 때에는 산업안전보건위원회의 심의·의결을 거쳐야 한다. 다만, 산업안전보건위원회가 설치되어 있지 아니한 사업장의 경우에는 근로자대표의 동의를 받아야 한다(법 제26조).

6. 산업안전보건법령상 안전보건관리규정 작성 시 포함되어야 할 사항이 아닌 것은?

① 사고 조사 및 대책 수립에 관한 사항
② 안전·보건 관리조직과 그 직무에 관한 사항
③ 작업장 안전관리에 관한 사항
④ 작업장 건설과 민원대책에 관한 사항
⑤ 작업장 보건관리에 관한 사항

해설 안전보건관리규정 작성 시 포함되어야 할 사항(법 제25조 제1항)
1. 안전 및 보건에 관한 관리조직과 그 직무에 관한 사항
2. 안전보건교육에 관한 사항
3. 작업장의 안전 및 보건 관리에 관한 사항
4. 사고 조사 및 대책 수립에 관한 사항
5. 그 밖에 안전 및 보건에 관한 사항

정답 3 ③ 4 ① 5 ⑤ 6 ④

7. 산업안전보건법령상 작업중지 등에 관한 설명으로 옳지 않은 것은?
   ① 사업주는 산업재해가 발생할 급박한 위험이 있을 때 또는 중대재해가 발생하였을 때에는 즉시 작업을 중지시키고 근로자를 작업장소로부터 대피시키는 등 필요한 안전·보건상의 조치를 한 후 작업을 다시 시작하여야 한다.
   ② 근로자는 산업재해가 발생할 급박한 위험으로 인하여 작업을 중지하고 대피하였을 때에는 사태가 안정된 후에 그 사실을 위 상급자에게 보고하는 등 적절한 조치를 취하여야 한다.
   ③ 사업주는 산업재해가 발생할 급박한 위험이 있다고 믿을 만한 합리적인 근거가 있을 때에는 산업안전보건법의 규정에 따라 작업을 중지하고 대피한 근로자에 대하여 이를 이유로 해고나 그 밖의 불리한 처우를 하여서는 아니 된다.
   ④ 고용노동부장관은 중대재해가 발생한 사업장의 사업주에게 안전보건개선계획의 수립·시행, 그 밖에 필요한 조치를 명할 수 있다.
   ⑤ 누구든지 중대재해 발생현장을 훼손하여 중대재해 발생의 원인조사를 방해하여서는 아니 된다.

   해설 ② 작업을 중지하고 대피한 근로자는 지체 없이 그 사실을 관리감독자 또는 그 밖에 부서의 장에게 보고하여야 한다(법 제52조 제2항).
   ① 사업주는 산업재해가 발생할 급박한 위험이 있을 때에는 즉시 작업을 중지시키고 근로자를 작업장소에서 대피시키는 등 안전 및 보건에 관하여 필요한 조치를 하여야 한다(법 제51조).
   ③ 사업주는 산업재해가 발생할 급박한 위험이 있다고 근로자가 믿을 만한 합리적인 이유가 있을 때에는 작업을 중지하고 대피한 근로자에 대하여 해고나 그 밖의 불리한 처우를 해서는 아니 된다(법 제52조 제4항).
   ④ 고용노동부장관은 중대재해가 발생한 사업장의 사업주에게 안전보건개선계획의 수립·시행, 그 밖에 필요한 조치를 명할 수 있다(법 제56조 제2항).
   ⑤ 누구든지 중대재해 발생 현장을 훼손하거나 고용노동부장관의 원인조사를 방해해서는 아니 된다(법 제56조 제3항).

8. 산업안전보건법령상 사업주가 작업 중 위험을 방지하기 위하여 필요한 안전조치를 취해야 할 장소가 아닌 것은?
   ① 근로자가 추락할 위험이 있는 장소
   ② 토사·구축물 등이 붕괴할 우려가 있는 장소
   ③ 방사선·유해광선·고온·저온·초음파·소음·진동·이상기압 등에 의한 건강장해의 우려가 있는 장소
   ④ 물체가 떨어지거나 날아올 위험이 있는 장소
   ⑤ 작업 시 천재지변으로 인한 위험이 발생할 우려가 있는 장소

   해설 사업주가 작업 중 위험을 방지하기 위하여 필요한 안전조치를 취해야 할 장소(법 제38조 제3항)
   1. 근로자가 추락할 위험이 있는 장소
   2. 토사·구축물 등이 붕괴할 우려가 있는 장소
   3. 물체가 떨어지거나 날아올 위험이 있는 장소
   4. 천재지변으로 인한 위험이 발생할 우려가 있는 장소

9. 산업안전보건법령상 도급사업 시의 안전·보건조치 등을 위하여 2일에 1회 이상 순회점검하여야 하는 사업의 작업장에 해당하지 않는 것은?

① 건설업의 작업장
② 정보서비스업의 작업장
③ 제조업의 작업장
④ 토사석 광업의 작업장
⑤ 음악 및 기타 오디오물 출판업의 작업장

> **해설** 도급사업 시의 안전·보건조치 등을 위하여 2일에 1회 이상 순회점검하여야 하는 사업의 작업장(규칙 제80조 제1항 제1호)
> 1. 건설업
> 2. 제조업
> 3. 토사석 광업
> 4. 서적, 잡지 및 기타 인쇄물 출판업
> 5. 음악 및 기타 오디오물 출판업
> 6. 금속 및 비금속 원료 재생업

10. 산업안전보건법령상 고용노동부장관이 실시하는 안전·보건에 관한 직무교육을 받아야 할 대상자를 모두 고른 것은?

| ㉠ 안전보건관리책임자(관리책임자) |
| ㉡ 관리감독자 |
| ㉢ 안전관리자 |
| ㉣ 보건관리자 |
| ㉤ 안전과 보건에 관련된 업무에 종사하는 사람 |

① ㉠, ㉡
② ㉡, ㉢
③ ㉠, ㉡, ㉢
④ ㉡, ㉣, ㉤
⑤ ㉠, ㉢, ㉣, ㉤

> **해설** 안전·보건에 관한 직무교육을 받아야 할 대상자(법 제32조 제1항)
> 1. 안전보건관리책임자
> 2. 안전관리자
> 3. 보건관리자
> 4. 안전보건관리담당자
> 5. 안전과 보건에 관련된 업무에 종사하는 사람

정답 7 ② 8 ③ 9 ② 10 ⑤

11. 산업안전보건기준에 관한 규칙상 가설통로를 설치하는 경우 준수하여야 하는 사항에 관한 설명으로 옳지 않은 것은?

① 경사는 30도 이하로 할 것. 다만, 계단을 설치하거나 높이 2미터 미만의 가설통로로서 튼튼한 손잡이를 설치한 경우에는 그러하지 아니하다.
② 경사가 15도를 초과하는 경우에는 미끄러운 구조로 할 것
③ 추락할 위험이 있는 장소에는 안전난간을 설치할 것. 다만, 작업상 부득이한 경우에는 필요한 부분만 임시로 해체할 수 있다.
④ 수직갱에 가설된 통로의 길이가 15미터 이상인 경우에는 10미터 이내마다 계단참을 설치할 것
⑤ 건설공사에 사용하는 높이 8미터 이상인 비계다리에는 7미터 이내마다 계단참을 설치할 것

해설 사업주는 가설통로를 설치하는 경우 다음의 사항을 준수하여야 한다(산업안전보건기준에 관한 규칙 제23조).
1. 견고한 구조로 할 것
2. 경사는 30도 이하로 할 것. 다만, 계단을 설치하거나 높이 2m 미만의 가설통로로서 튼튼한 손잡이를 설치한 경우에는 그러하지 아니하다.
3. 경사가 15도를 초과하는 경우에는 미끄러지지 아니하는 구조로 할 것
4. 추락할 위험이 있는 장소에는 안전난간을 설치할 것. 다만, 작업상 부득이한 경우에는 필요한 부분만 임시로 해체할 수 있다.
5. 수직갱에 가설된 통로의 길이가 15m 이상인 경우에는 10m 이내마다 계단참을 설치할 것
6. 건설공사에 사용하는 높이 8m 이상인 비계다리에는 7m 이내마다 계단참을 설치할 것

12. 산업안전보건법령상 안전관리자가 수행하여야 할 업무가 아닌 것은?

① 사업장 순회점검·지도 및 조치의 건의
② 산업재해 발생의 원인 조사·분석 및 재발 방지를 위한 기술적 보좌 및 조언·지도
③ 작업장 내에서 사용되는 전체 환기장치 및 국소 배기장치 등에 관한 설비의 점검과 작업방법의 공학적 개선에 관한 보좌 및 조언·지도
④ 산업재해에 관한 통계의 유지·관리·분석을 위한 보좌 및 조언·지도
⑤ 업무수행 내용의 기록·유지

해설 안전관리자의 업무(영 제18조 제1항)
1. 산업안전보건위원회 또는 안전 및 보건에 관한 노사협의체에서 심의·의결한 업무와 해당 사업장의 안전보건관리규정 및 취업규칙에서 정한 업무
2. 위험성평가에 관한 보좌 및 지도·조언
3. 안전인증대상기계등과 자율안전확인대상기계등 구입 시 적격품의 선정에 관한 보좌 및 지도·조언
4. 해당 사업장 안전교육계획의 수립 및 안전교육 실시에 관한 보좌 및 지도·조언
5. 사업장 순회점검, 지도 및 조치 건의
6. 산업재해 발생의 원인 조사·분석 및 재발 방지를 위한 기술적 보좌 및 지도·조언
7. 산업재해에 관한 통계의 유지·관리·분석을 위한 보좌 및 지도·조언
8. 법 또는 법에 따른 명령으로 정한 안전에 관한 사항의 이행에 관한 보좌 및 지도·조언
9. 업무 수행 내용의 기록·유지
10. 그 밖에 안전에 관한 사항으로서 고용노동부장관이 정하는 사항

13. 산업안전보건법령상 도급사업 시의 안전·보건조치 등에 관한 설명으로 옳은 것은?

① 도급사업과 관련하여 산업재해를 예방하기 위하여 안전·보건에 관한 협의체를 구성하는 경우 도급인인 사업주 및 그의 수급인인 사업주의 일부만으로 구성할 수 있다.

② 수급인은 도급인이 실시하는 근로자의 해당 안전·보건·위생교육에 필요한 장소 및 자료의 제공 등 필요한 조치를 하여야 한다.

③ 안전·보건상 유해하거나 위험한 작업을 도급하는 경우 도급인은 수급인에게 자료제출을 요구하여야 한다.

④ 도급인인 사업주가 합동안전·보건점검을 할 때에는 도급인인 사업주, 수급인인 사업주, 도급인 및 수급인의 근로자 각 1명으로 점검반을 구성하여야 한다.

⑤ 안전·보건상 유해하거나 위험한 작업 중 사업장 내에서 공정의 일부분을 도급하는 도금작업은 시·도지사의 승인을 받지 아니하면 그 작업만을 분리하여 도급을 줄 수 없다.

해설 ④ 도급인인 사업주가 합동안전·보건점검을 할 때에는 도급인, 관계수급인, 도급인 및 관계수급인의 근로자 각 1명으로 점검반을 구성하여야 한다(규칙 제82조 제1항).
① 안전 및 보건에 관한 협의체는 도급인 및 그의 수급인 전원으로 구성해야 한다(규칙 제79조 제1항).
② 도급인은 관계수급인이 실시하는 근로자의 안전·보건교육에 필요한 장소 및 자료의 제공 등을 요청받은 경우 협조해야 한다(규칙 제80조 제3항).
③ 안전·보건상 유해하거나 위험한 작업을 도급하는 경우 도급인은 안전·보건 정보를 해당 도급작업이 시작되기 전까지 수급인에게 제공해야 한다(규칙 제83조 제1항).
⑤ 사업주는 근로자의 안전 및 보건에 유해하거나 위험한 작업으로서 도금작업을 도급하여 자신의 사업장에서 수급인의 근로자가 그 작업을 하도록 해서는 아니 된다(법 제58조 제1항).

14. 산업안전보건법령상 유해·위험 방지를 위하여 방호조치가 필요한 기계·기구 등에 해당하지 않는 것은?

① 예초기
② 원심기
③ 전단기(剪斷機) 및 절곡기(折曲機)
④ 지게차
⑤ 금속절단기

해설 방호조치가 필요한 기계·기구 등(규칙 제98조 제1항)
1. 예초기 : 날접촉 예방장치
2. 원심기 : 회전체 접촉 예방장치
3. 공기압축기 : 압력방출장치
4. 금속절단기 : 날접촉 예방장치
5. 지게차 : 헤드 가드, 백레스트(backrest), 전조등, 후미등, 안전벨트
6. 포장기계 : 구동부 방호 연동장치

15. 산업안전보건법령상 기계·기구 등을 설치·이전하는 경우에 안전인증을 받아야 하는 기계·기구 등을 모두 고른 것은?

⊙ 크레인   ⓒ 고소(高所)작업대   ⓒ 리프트   ⓔ 곤돌라   ⓜ 기계톱

① ㉠, ㉡, ㉢
② ㉠, ㉢, ㉣
③ ㉡, ㉢, ㉤
④ ㉡, ㉣, ㉤
⑤ ㉢, ㉣, ㉤

해설 안전인증을 받아야 하는 기계·기구 등(영 제74조 제1항 제1호)
1. 프레스
2. 전단기 및 절곡기
3. 크레인
4. 리프트
5. 압력용기
6. 롤러기
7. 사출성형기
8. 고소(高所) 작업대
9. 곤돌라

16. 산업안전보건법령상 자율안전확인의 신고를 면제하는 경우에 해당하지 않는 것은?

① 국제전기기술위원회의 국제방폭전기기계·기구 상호인정제도에 따라 인증을 받은 경우
② 「산업표준화법」 제15조에 따른 인증을 받은 경우
③ 「전기용품 및 생활용품 안전관리법」 제5조 및 제8조에 따른 안전인증 및 안전검사를 받은 경우
④ 「농업기계화촉진법」 제9조에 따른 검정을 받은 경우
⑤ 「방위사업법」 제28조 제1항에 따른 품질보증을 받은 경우

해설 자율안전확인 신고면제(규칙 제119조)
1. 「농업기계화촉진법」 제9조에 따른 검정을 받은 경우
2. 「산업표준화법」 제15조에 따른 인증을 받은 경우
3. 「전기용품 및 생활용품 안전관리법」 제5조 및 제8조에 따른 안전인증 및 안전검사를 받은 경우
4. 국제전기기술위원회의 국제방폭전기기계·기구 상호인정제도에 따라 인증을 받은 경우

17. 산업안전보건법령상 안전검사 대상이 아닌 것은?

① 전단기
② 컨베이어
③ 롤러기(밀폐형 구조)
④ 프레스
⑤ 산업용 원심기

해설 안전검사 대상(영 제78조 제1항 제1호)
1. 프레스
2. 전단기
3. 크레인(정격 하중이 2톤 미만인 것은 제외한다)
4. 리프트
5. 압력용기
6. 곤돌라
7. 국소 배기장치(이동식은 제외한다)
8. 원심기(산업용만 해당한다)
9. 롤러기(밀폐형 구조는 제외한다)
10. 사출성형기[형 체결력 294킬로뉴턴(KN) 미만은 제외한다]
11. 고소작업대(화물자동차 또는 특수자동차에 탑재한 고소작업대로 한정한다)
12. 컨베이어
13. 산업용 로봇

18. 산업안전보건법령상 제조 등이 금지되는 유해물질에 해당하지 않는 것은?

① 황린(黃燐) 성냥
② 벤조트리클로라이드
③ 석면
④ 폴리클로리네이티드 터페닐(PCT)
⑤ 4-니트로디페닐과 그 염

해설 제조 등이 금지되는 유해물질(영 제87조)
1. β-나프틸아민[91-59-8]과 그 염(β-Naphthylamine and its salts)
2. 4-니트로디페닐[92-93-3]과 그 염(4-Nitrodiphenyl and its salts)
3. 백연[1319-46-6]을 포함한 페인트(포함된 중량의 비율이 2퍼센트 이하인 것은 제외한다)
4. 벤젠[71-43-2]을 포함하는 고무풀(포함된 중량의 비율이 5퍼센트 이하인 것은 제외한다)
5. 석면(Asbestos; 1332-21-4 등)
6. 폴리클로리네이티드 터페닐(Polychlorinated terphenyls; 61788-33-8 등)
7. 황린[12185-10-3] 성냥(Yellow phosphorus match)
8. 1., 2., 5. 또는 6.에 해당하는 물질을 포함한 혼합물(포함된 중량의 비율이 1퍼센트 이하인 것은 제외한다)
9. 「화학물질관리법」에 따른 금지물질
10. 그 밖에 보건상 해로운 물질로서 산업재해보상보험및예방심의위원회의 심의를 거쳐 고용노동부장관이 정하는 유해물질

정답 15 ② 16 ⑤ 17 ③ 18 ②

19. 산업안전보건법령상 신규화학물질의 유해성·위험성 조사 대상에서 제외되는 것은?
   ① 방사성 물질
   ② 노말헥산
   ③ 포름알데히드
   ④ 카드뮴 및 그 화합물
   ⑤ 트리클로로에틸렌

   > **해설** 유해성·위험성 조사 제외 화학물질(영 제85조)
   > 1. 원소
   > 2. 천연으로 산출된 화학물질
   > 3. 건강기능식품
   > 4. 군수품[통상품은 제외한다]
   > 5. 농약 및 원제
   > 6. 마약류
   > 7. 비료
   > 8. 사료
   > 9. 살생물질 및 살생물제품
   > 10. 식품 및 식품첨가물
   > 11. 의약품 및 의약외품
   > 12. 방사성물질
   > 13. 위생용품
   > 14. 의료기기
   > 15. 화약류
   > 16. 화장품과 화장품에 사용하는 원료
   > 17. 고용노동부장관이 명칭, 유해성·위험성, 근로자의 건강장해 예방을 위한 조치 사항 및 연간 제조량·수입량을 공표한 물질로서 공표된 연간 제조량·수입량 이하로 제조하거나 수입한 물질
   > 18. 고용노동부장관이 환경부장관과 협의하여 고시하는 화학물질 목록에 기록되어 있는 물질

20. 산업안전보건법령상 근로자의 보건관리에 관한 설명으로 옳지 않은 것은?
   ① 사업주는 작업환경측정의 결과를 해당 작업장 근로자에게 알려야 하며, 그 결과에 따라 근로자의 건강을 보호하기 위하여 해당 시설·설비의 설치·개선 또는 건강진단의 실시 등 적절한 조치를 하여야 한다.
   ② 고용노동부장관은 근로자의 건강을 보호하기 위하여 필요하다고 인정할 때에는 사업주에게 특정근로자에 대한 임시건강진단의 실시나 그 밖에 필요한 조치를 명할 수 있다.
   ③ 고용노동부장관이 역학조사(疫學調査)를 실시하는 경우 사업주 및 근로자는 적극 협조하여야 하며, 정당한 사유없이 이를 거부·방해하거나 기피하여서는 아니 된다.
   ④ 사업주는 잠함(潛艦) 또는 잠수작업 등 높은 기압에서 하는 위험한 작업에 종사하는 근로자에게는 1일 6시간, 1주 34시간을 초과하여 근로하게 하여서는 아니 된다.
   ⑤ 사업주는 산업안전보건위원회 또는 근로자대표가 요구하면 작업환경측정 결과에 대한 설명회를 직접 개최하여야 하며, 작업환경측정을 한 기관으로 하여금 개최하도록 하여서는 아니 된다.

   > **해설** ⑤ 사업주는 산업안전보건위원회 또는 근로자대표가 요구하면 작업환경측정 결과에 대한 설명회 등을 개최하여야 한다. 이 경우 작업환경측정을 위탁하여 실시한 경우에는 작업환경측정기관에 작업환경측정 결과에 대하여 설명하도록 할 수 있다(법 제125조 제7항).

① 사업주는 작업환경측정 결과를 해당 작업장의 근로자(관계수급인 및 관계수급인 근로자를 포함한다.)에게 알려야 하며, 그 결과에 따라 근로자의 건강을 보호하기 위하여 해당 시설·설비의 설치·개선 또는 건강진단의 실시 등의 조치를 하여야 한다(법 제125조 제6항).
② 고용노동부장관은 근로자의 건강을 보호하기 위하여 사업주에게 특정 근로자에 대한 건강진단(임시건강진단)의 실시나 작업전환, 그 밖에 필요한 조치를 명할 수 있다(법 제131조 제1항).
③ 사업주 및 근로자는 고용노동부장관이 역학조사를 실시하는 경우 적극 협조하여야 하며, 정당한 사유 없이 역학조사를 거부·방해하거나 기피해서는 아니 된다(법 제141조 제2항).
④ 사업주는 잠함(潛函) 또는 잠수작업 등 높은 기압에서 하는 위험한 작업에 종사하는 근로자에게는 1일 6시간, 1주 34시간을 초과하여 근로하게 하여서는 아니 된다(법 제139조 제1항).

21. 산업안전보건법령상 사업주가 근로를 금지시켜야 하는 질병자에 해당하지 않는 것은?

① 조현병에 걸린 사람
② 마비성 치매에 걸린 사람
③ 심장·신장·폐 등의 질환이 있는 사람으로서 근로에 의하여 병세가 악화될 우려가 있는 사람
④ 결핵, 급성상기도감염, 진폐, 폐기종의 질병에 걸린 사람
⑤ 전염을 예방하기 위한 조치를 하지 않은 상태에서 전염될 우려가 있는 질병에 걸린 사람

해설 근로를 금지시켜야 하는 질병자(규칙 제220조 제1항)
1. 전염될 우려가 있는 질병에 걸린 사람. 다만, 전염을 예방하기 위한 조치를 한 경우는 제외한다.
2. 조현병, 마비성 치매에 걸린 사람
3. 심장·신장·폐 등의 질환이 있는 사람으로서 근로에 의하여 병세가 악화될 우려가 있는 사람
4. 1.부터 3.까지의 규정에 준하는 질병으로서 고용노동부장관이 정하는 질병에 걸린 사람

22. 산업안전보건법령상 고용노동부장관이 사업주에게 수립·시행을 명할 수 있는 계획에 관한 설명이다. ( )안에 들어갈 내용으로 옳은 것은?

> 고용노동부장관은 사업주가 안전보건조치의무를 이행하지 아니하여 중대재해가 발생한 사업장으로서 산업재해 예방을 위하여 종합적인 개선조치를 할 필요가 있다고 인정할 때에는 고용노동부령으로 정하는 바에 따라 사업주에게 그 사업장, 시설, 그 밖의 사항에 관한 ( )의 수립·시행을 명할 수 있다.

① 유해·위험방지계획
② 안전교육계획
③ 보건교육계획
④ 비상조치계획
⑤ 안전보건개선계획

해설 고용노동부장관은 사업주가 안전보건조치의무를 이행하지 아니하여 중대재해가 발생한 사업장으로서 산업재해 예방을 위하여 종합적인 개선조치를 할 필요가 있다고 인정할 때에는 고용노동부령으로 정하는 바에 따라 사업주에게 그 사업장, 시설, 그 밖의 사항에 관한 안전 및 보건에 관한 개선계획(안전보건개선계획)의 수립·시행을 명할 수 있다(법 제49조 제1항 제2호).

정답 19 ① 20 ⑤ 21 ④ 22 ⑤

23. 산업안전보건법령상 산업안전지도사 및 산업보건지도사(이하 "지도사"라 함)에 관한 설명으로 옳지 않은 것은?

① 지도사가 그 직무를 시작할 때에는 고용노동부장관에게 신고하여야 한다.
② 지도사는 그 직무상 알게 된 비밀을 누설하거나 도용하여서는 아니 된다.
③ 지도사는 항상 품위를 유지하고 신의와 성실로써 공정하게 직무를 수행하여야 한다.
④ 지도사는 법령에 위반되는 행위에 관한 지도·상담을 하여서는 아니 된다.
⑤ 지도사는 다른 사람에게 자기의 성명이나 사무소의 명칭을 사용하여 지도사의 직무를 수행하게 하거나 그 자격증을 대여하여서는 아니 된다.

해설 ① 지도사가 그 직무를 수행하려는 경우에는 고용노동부령으로 정하는 바에 따라 고용노동부장관에게 등록하여야 한다(법 제145조 제1항).
② 등록한 지도사는 업무상 알게 된 비밀을 누설하거나 도용해서는 아니 된다(법 제162조 제13호).
③ 지도사는 항상 품위를 유지하고 신의와 성실로써 공정하게 직무를 수행하여야 한다(법 제150조 제1항).
④ 지도사는 법령에 위반되는 행위에 관한 지도·상담을 하여서는 아니 된다(법 제151조 제3호).
⑤ 지도사는 다른 사람에게 자기의 성명이나 사무소의 명칭을 사용하여 지도사의 직무를 수행하게 하거나 그 자격증이나 등록증을 대여해서는 아니 된다(법 제153조 제1항).

24. 산업안전보건법령상 위험성평가 실시내용 및 결과의 기록·보존에 관한 설명으로 옳지 않은 것은?

① 위험성평가 대상의 유해·위험요인이 포함되어야 한다.
② 위험성 결정의 내용이 포함되어야 한다.
③ 위험성 결정에 따른 조치의 내용이 포함되어야 한다.
④ 위험성평가의 실시내용을 확인하기 위하여 필요한 사항으로서 고용노동부장관이 정하여 고시하는 사항이 포함되어야 한다.
⑤ 사업주는 위험성평가 실시내용 및 결과의 기록·보존에 따른 자료를 5년간 보존하여야 한다.

해설 ⑤ 사업주는 위험성평가 실시내용 및 결과의 기록·보존에 따른 자료를 3년간 보존해야 한다(규칙 제37조 제2항).
① 위험성평가 대상의 유해·위험요인이 포함되어야 한다(규칙 제37조 제1항 제1호).
② 위험성 결정의 내용이 포함되어야 한다(규칙 제37조 제1항 제2호).
③ 위험성 결정에 따른 조치의 내용이 포함되어야 한다(규칙 제37조 제1항 제3호).
④ 위험성평가의 실시내용을 확인하기 위하여 필요한 사항으로서 고용노동부장관이 정하여 고시하는 사항이 포함되어야 한다(규칙 제37조 제1항 제4호).

25. 산업안전보건법령상 산업보건지도사의 직무에 해당하지 않는 것은?

① 작업환경의 평가 및 개선 지도

② 산업보건에 관한 조사·연구

③ 근로자 건강진단에 따른 사후관리 지도

④ 유해·위험의 방지대책에 관한 평가·지도

⑤ 작업환경 개선과 관련된 계획서 및 보고서의 작성

해설 산업보건지도사의 직무(법 제142조 제2항)
1. 작업환경의 평가 및 개선 지도
2. 작업환경 개선과 관련된 계획서 및 보고서의 작성
3. 근로자 건강진단에 따른 사후관리 지도
4. 직업성 질병 진단(의사인 산업보건지도사만 해당한다) 및 예방 지도
5. 산업보건에 관한 조사·연구
6. 그 밖에 산업보건에 관한 사항으로서 대통령령으로 정하는 사항(영 제101조 제2항)
   ㉠ 위험성평가의 지도
   ㉡ 안전보건개선계획서의 작성
   ㉢ 그 밖에 산업보건에 관한 사항의 자문에 대한 응답 및 조언

산업위생 일반

26. 다음은 자동차 공장에서 5개의 근로자 그룹별 공기 중 금속가공유 노출농도의 대표치와 변이를 나타낸 것이다. 금속가공유 노출이 상대적으로 가장 비슷한 근로자 그룹은?

① 근로자 1그룹 : GM=0.2mg/㎥, GSD=1.1

② 근로자 2그룹 : GM=0.5mg/㎥, GSD=2.1

③ 근로자 3그룹 : GM=1.0mg/㎥, GSD=3.5

④ 근로자 4그룹 : GM=0.4mg/㎥, GSD=4.0

⑤ 근로자 5그룹 : GM=0.8mg/㎥, GSD=2.9

해설 금속가공유 노출이 상대적으로 가장 비슷한 근로자 그룹은 기하평균(GM)과 기하표준편차(GSD)의 차이가 가장 적게 나는 근로자 그룹이다.

27. 후향적 코호트(retrospective cohort) 역학연구에서 사례군(환자군, case)과 대조군(control)을 비교하는 변수로 옳은 것은?
   ① 유병율
   ② 사망률
   ③ 유해인자 노출 비율
   ④ 질병 발생율
   ⑤ 증상 호소율

   해설 후향적 코호트(retrospective cohort) 역학연구는 자료의 수집은 질병이 발생하기 전에 수집되었지만 관찰하고자 하는 질병은 연구하고자 하는 시점에서 이미 발생한 경우이다. 후향적 코호트는 위험요인의 노출된 노출군과 비노출군을 나누고 이에 따른 현재 질병 유무를 따진다.

28. 도장 공정에서 일하는 3개 직종(감독, 운전, 정비)별로 분진 평균 노출 농도를 통계적으로 비교하고자 할 경우 사용해야 할 자료분석 방법은? (단, 그룹별 분진 농도는 모두 정규분포한다고 가정한다.)
   ① 자기상관(autocorrelation)
   ② 분산분석(ANOVA)
   ③ 상관(correlation)
   ④ 회귀분석(regression)
   ⑤ 박스 플롯(box plot)

   해설 ② 분산분석(ANOVA)은 두 개 이상 집단들의 평균을 비교하는 통계분석 기법이다. 다시 말해, 분산분석은 두 개 이상 집단들의 평균 간 차이에 대한 통계적 유의성을 검증하는 방법이다.
   ① 자기상관(autocorrelation)은 시간 또는 공간적으로 연속된 일련의 관측치들 간에 존재하는 상관관계로서 시계열 데이터에 내재하는 시점간의 상관이다.
   ③ 상관(correlation)은 두 가지가 얼마나 함께 움직이는지를 측정하는 지표이다.
   ④ 회귀분석(regression)은 매개변수 모델을 이용하여 통계적으로 변수들 사이의 관계를 추정하는 분석방법이다.
   ⑤ 박스 플롯(box plot)은 기본적인 통계량을 시각화하여 확인하는데 가장 널리 사용되는 그래프이다.

29. 체적 15㎥인 작업장에서 톨루엔이 포함된 신너(thinner)를 취급하는 과정에서 공기 중으로 증발된 톨루엔 부피가 0.1L/min이었다. 이 작업장에서 시간 당 공기교환은 5회 일어난다고 가정할 때 공기 중 톨루엔 농도(ppm)는?
   ① 0.008
   ② 0.08
   ③ 0.8
   ④ 8
   ⑤ 80

   해설 톨루엔 =80ppm

   $$\text{농도(ppm)} = \frac{\text{필요환기량} \, \text{m}^3/hr}{\text{작업장용적} \, \text{m}^3} = \frac{0.1 L/\min \times 60 \min/hr \times \text{m}^3/1{,}000L \times 1{,}000{,}000 ppm}{\text{작업장 체적} \, 15\text{m}^3 \times 5회/hr}$$

30. 다음 중 밀폐 공간(confined space)이라고 볼 수 없는 작업 환경은?
   ① 기름 탱크 내부 도장
   ② 디젤 차량 하부 도장
   ③ 집진설비 내부 용접
   ④ 지하 정화조 정비
   ⑤ 가스 저장 탱크 내부 도장

   해설 밀폐공간은 출입할 수 있는 길이 제한적이고 계속 머무르기에는 적합하지 않지만 작업은 할 수 있을 정도로 공간이 넓은 곳을 말한다. 따라서 디젤차량 하부 도장 작업은 밀폐공간에서의 작업이 아니다.

31. 작업환경 노출기준(occupational exposure limit)에 관한 설명으로 옳은 것은?
   ① 노출기준 이하 노출에서는 안전하다.
   ② 법적 노출기준은 질병 예방만을 목적으로 설정되었다.
   ③ 질병 보상기준으로도 활용될 수 있다.
   ④ 노출기준은 항상 변화될 수 있다.
   ⑤ 대부분 유해인자들의 노출기준은 인체실험 결과에 근거해서 설정되었다.

   해설 노출기준이란 근로자가 유해인자에 노출되는 경우 노출기준 이하 수준에서는 거의 모든 근로자에게 건강상 나쁜 영향을 미치지 아니하는 기준을 말하며, 1일 작업시간동안의 시간가중평균노출기준(Time Weighted Average, TWA), 단시간노출기준(Short Term Exposure Limit, STEL) 또는 최고노출기준(Ceiling, C)으로 표시한다(화학물질 및 물리적 인자의 노출기준 제2조 제1호). 노출기준은 항상 변화될 수 있다.

32. 유해인자 노출에 따른 암 발생 단계로 옳은 것은?
   ① 진행(progression) → 개시(initiation) → 촉진(promotion)
   ② 촉진 → 개시 → 진행
   ③ 개시 → 촉진 → 진행
   ④ 개시 → 진행 → 촉진
   ⑤ 촉진 → 진행 → 개시

   해설 유해인자 노출에 따른 암 발생 단계는 개시 → 촉진 → 진행의 과정을 거친다.
   1. 개시 : DNA변화, 돌연변이, 유전자 독성, 비가역적
   2. 촉진 : 직접적인 DNA변화 없음, 비유전적 독성, 세포 증식 증가, 가역적
   3. 진행 : DNA변화, 유전적 독성, 비가역적

정답 27 ③ 28 ② 29 ⑤ 30 ② 31 ④ 32 ③

33. 직무노출매트릭스(job exposure matrix)를 활용할 수 있는 사례가 아닌 것은?
   ① 건강 영향 분류
   ② 근로자 유해인자 노출 분류
   ③ 과거 유해인자 노출 추정
   ④ 유사 노출 그룹 분류
   ⑤ 유해인자 노출 근로자 코호트 구축

   해설 직무노출매트릭스(job exposure matrix)를 활용할 수 있는 사례에는 혼합물질을 취급하는 장소에서의 노출 수준, 질병과 작업환경과의 관련성 여부를 규명, 과거 노출 근거 자료, 유해인자 노출 및 국가의 건강영향 감시 체계 수립의 기초자료로도 활용할 수 있다.

34. 생물학적 유해인자 노출이 주요 위험인 환경(또는 직무)이 아닌 것은?
   ① 정화조
   ② 샌드 블라스팅(sand blasting)
   ③ 환경미화원
   ④ 절삭가공 공정
   ⑤ 폐수처리장

   해설 샌드 블라스팅(sand blasting)은 연마재를 고압으로 분사하여 표면을 다듬거나 절삭하는 가공방법으로 녹, 페인트, 코팅 등 표면의 이물질을 제거하는 것을 말한다.

35. 다음 중 산업안전보건법령상 발암물질이 아닌 유해인자는?
   ① 6가 크롬
   ② 비소
   ③ 벤젠
   ④ 수은
   ⑤ PAHs(다핵방향족탄화수소화합물)

   해설 수은은 생식독성이 있는 유해인자이다(화학물질 및 물리적 인자의 노출기준 별표 1).

36. 근로자 유해인자 노출평가에서 예비조사를 실시하는 주요 목적이 아닌 것은?
   ① 작업환경 측정 전략을 수립하기 위해
   ② 유사노출그룹을 설정하기 위해
   ③ 작업 공정과 특성을 파악하기 위해
   ④ 특수건강진단 대상자를 선정하기 위해
   ⑤ 근로자가 노출되는 유해인자를 파악하기 위해

   해설 특수건강진단 대상자는 소음, 분진, 화학물질, 야간작업 등 유해인자에 노출되는 근로자가 대상이다.

37. 공기 중 금속을 정량하기 위한 일반적인 분석 장비는?

① 원자흡광광도계(AA), 유도결합플라즈마(ICP)

② 분광광도계, 이온크로마토그래피(IC)

③ 위상차현미경, 원자흡광광도계(AA)

④ 흑연로장치, 가스크로마토그래피(GC)

⑤ 유도결합플라즈마(ICP), 액체크로마토그래피(LC)

해설 원자흡광광도계(AA)는 미량 원소를 ppm~ppt 미만 수준은 물론 동위원소 수준에서 정성 및 정량분석을 수행하는 장비이다.
유도결합플라즈마(ICP)는 원자 방출분광법을 이용하여 시료 중에 들어 있는 무기 원소를 분석한다.

38. 최근 발생한 메탄올 중독 사건에 관한 설명으로 옳지 않은 것은?

① 주요 중독 건강영향은 시각손상이었다.

② 메탄올은 CNC 가공공정에서 사용되었다.

③ 건강영향은 5년 이상 만성 노출로 발생되었다.

④ 특수건강진단을 실행한 적이 없었다.

⑤ 작업환경 중 메탄올 농도는 노출기준을 훨씬 초과하였다.

해설 메탄올 중독의 증상은 수시간, 수일 후에 나타나며, 두통, 현기, 구기, 안통을 나타내고, 이취상태를 거치지 않는 것이 특징이다. 중증인 경우 혼수, 치아노제(Cyanosis), 호흡곤란, 허탈 등의 증상을 나타낸다. 중독사에 이르지 않는 경우는 시력장애를 가져온다. 치사량은 30~100g이지만 단 7~8g으로 중독 상태를 나타낼 때도 있고, 1~2일 사이에 중독증세가 나타난다.

39. 이온화(전리) 방사선에 노출될 수 있는 직종이 아닌 것은?

① 지하철 정비 종사자

② 금속가공 작업자

③ 비파괴 검사자

④ 탄광 근로자

⑤ 원자력 발전소 종사자

정답 33 ① 34 ② 35 ④ 36 ④ 37 ① 38 ③ 39 ②

해설 전리방사선 노출 위험이 높은 업종 및 작업

구분	업종 또는 직업
산업체	○ 비행기 조종사 및 승무원 ○ 음극선관 제조 ○ 전자현미경 제조 ○ 화재 경보기 제조 ○ 가스 누출 경보기 제조 ○ 고전압 진공튜브 제조 ○ 형광투시경 작업 ○ 방사선을 이용한 검사, 계측 ○ 식품 등 살균 작업 ○ 원자력 반응기 운전 ○ 원유 파이프라인 계측 및 용접 ○ 레이더, 텔레비전, X-선 튜브 제조 ○ 토륨-알루미늄, 토륨-마그네슘 합금 제조 ○ 지하 금속광산 작업 ○ 방사선 핵종 함유 광석을 이용한 제조 ○ 비파괴 검사
의료기관	○ 방사선 기사 및 보조원 ○ 영상의학과 의사 ○ 치료용 방사성동위원소 노출 근로자 ○ 치과 엑스선 노출 근로자 ○ 동물병원 엑스선 노출 근로자
연구기관	○ 라듐 연구실 종사자 ○ 전자현미경 검사 ○ 기타 연구용 방사성 동위원소 및 방사선 발생장치 ○ 화학자, 생물학자
교육기관	○ 전자현미경 검사 ○ 기타 연구용 방사성 동위원소 및 방사선 발생장치
공공기관	○ 세관 수하물 투시 검사 ○ 공항의 투시 검사 ○ 우편물 투시 검사 ○ 가스, 상수도 업무 관련 ○ 검역 업무 관련
군사기관	○ 군대 내에서 사용하는 각종 방사성 동위원소 및 방사선 발생장치 관련자

40. 고체흡착관(활성탄관)을 이황화탄소 1mL로 추출하여 가스크로마토그래피로 정량한 톨루엔의 농도는 5ppm이었다. 0.2L/min 펌프로 4시간 채취하였다. 탈착율은 98%이였고 공시료에서 검출된 양은 없었다. 이 때 공기 중 톨루엔의 농도(μg/㎥)는 약 얼마인가?

① 66　　　　　　　　　② 86
③ 106　　　　　　　　 ④ 126
⑤ 146

해설 1ppm=1mg/L=1,000mg/㎥
1mg/㎥×(1㎥/1,000L)=0.001mg/L=0.001ppm

$$=\frac{5ppm}{0.2mL/min \times (4 \times 60min) \times 0.98} = \frac{5mg/L \times 1,000\mu g/mg}{0.2mL/min \times (4 \times 60min) \times 0.98} = 106.29(\mu g/㎥)$$

41. 산업안전보건법령상 허용기준이 설정되어 있는 물질은?

① 라돈
② 트리클로로메탄
③ 포름알데히드
④ 수은
⑤ 극저주파

해설 유해인자 허용기준 이하 유지 대상 유해인자(영 별표 26)
1. 6가크롬[18540-29-9] 화합물(Chromium VI compounds)
2. 납[7439-92-1] 및 그 무기화합물(Lead and its inorganic compounds)
3. 니켈[7440-02-0] 화합물(불용성 무기화합물로 한정한다)(Nickel and its insoluble inorganic compounds)
4. 니켈카르보닐(Nickel carbonyl; 13463-39-3)
5. 디메틸포름아미드(Dimethylformamide; 68-12-2)
6. 디클로로메탄(Dichloromethane; 75-09-2)
7. 1,2-디클로로프로판(1,2-Dichloropropane; 78-87-5)
8. 망간[7439-96-5] 및 그 무기화합물(Manganese and its inorganic compounds)
9. 메탄올(Methanol; 67-56-1)
10. 메틸렌 비스(페닐 이소시아네이트)(Methylene bis(phenyl isocyanate); 101-68-8 등)
11. 베릴륨[7440-41-7] 및 그 화합물(Beryllium and its compounds)
12. 벤젠(Benzene; 71-43-2)
13. 1,3-부타디엔(1,3-Butadiene; 106-99-0)
14. 2-브로모프로판(2-Bromopropane; 75-26-3)
15. 브롬화 메틸(Methyl bromide; 74-83-9)
16. 산화에틸렌(Ethylene oxide; 75-21-8)
17. 석면(제조·사용하는 경우만 해당한다)(Asbestos; 1332-21-4 등)
18. 수은[7439-97-6] 및 그 무기화합물(Mercury and its inorganic compounds)
19. 스티렌(Styrene; 100-42-5)
20. 시클로헥사논(Cyclohexanone; 108-94-1)
21. 아닐린(Aniline; 62-53-3)
22. 아크릴로니트릴(Acrylonitrile; 107-13-1)
23. 암모니아(Ammonia; 7664-41-7 등)
24. 염소(Chlorine; 7782-50-5)
25. 염화비닐(Vinyl chloride; 75-01-4)
26. 이황화탄소(Carbon disulfide; 75-15-0)
27. 일산화탄소(Carbon monoxide; 630-08-0)
28. 카드뮴[7440-43-9] 및 그 화합물(Cadmium and its compounds)
29. 코발트[7440-48-4] 및 그 무기화합물(Cobalt and its inorganic compounds)
30. 콜타르피치[65996-93-2] 휘발물(Coal tar pitch volatiles)
31. 톨루엔(Toluene; 108-88-3)
32. 톨루엔-2,4-디이소시아네이트(Toluene-2,4-diisocyanate; 584-84-9 등)
33. 톨루엔-2,6-디이소시아네이트(Toluene-2,6-diisocyanate; 91-08-7 등)
34. 트리클로로메탄(Trichloromethane; 67-66-3)
35. 트리클로로에틸렌(Trichloroethylene; 79-01-6)
36. 포름알데히드(Formaldehyde; 50-00-0)

정답 40 ③ 41 ③

42. 화학물질을 취급하는 작업 공정에서 중독사고 예방을 위해 게시해야 할 항목이 아닌 것은?
    ① 유해성·위험성
    ② 취급상의 주의사항
    ③ 적절한 보호구 착용
    ④ 작업환경 측정방법
    ⑤ 응급조치 요령

    > 해설 화학물질을 취급하는 작업 공정에서 중독사고 예방을 위해 게시해야 할 항목
    > 1. 대상 화학물질의 명칭(또는 제품명)
    > 2. 물리적 위험성 및 건강 유해성
    > 3. 취급상의 주의 사항
    > 4. 적절한 보호구
    > 5. 응급조치 요령 및 사고 시 대처방법
    > 6. 물질안전보건자료 및 경고표지를 이해하는 방법

43. 직업성 암 등 만성질병을 초래하는 직무 또는 원인을 규명하기 어려운 이유가 아닌 것은?
    ① 질병 진단이 어렵기 때문
    ② 작업기간 동안 노출된 정보가 부족하기 때문
    ③ 직무나 환경에 의한 순수 영향 규명이 어렵기 때문
    ④ 작업 공정이 없거나 변경되었기 때문
    ⑤ 작업환경 중 노출된 물질이나 함량에 대한 정보가 부족하기 때문

    > 해설 만성질병을 초래하는 직무 또는 원인을 규명하기 어려운 이유는 정보부족, 영향의 규명 어려움, 작업공정의 변경, 물질에 대한 정보 부족 등의 이유로 업무상 질병으로 판단하지 않기 때문이다. 질병의 진단이 어렵기 때문은 아니다.

44. 산업안전보건법령상 사업주가 실시해야 할 위험성평가(risk assessment)에 관한 설명으로 옳은 것은?
    ① 위험성평가는 허용기준 설정 인자에 대해서만 실시한다.
    ② 위험성은 유해인자의 독성(toxicity)과 유해성(hazard)만을 근거로 평가한다.
    ③ 작업환경측정을 실시하면 위험성평가를 생략할 수 있다.
    ④ 기계·기구, 설비, 원재료 등이 부상 및 질병으로 이어질 수 있는 위험성의 크기가 허용 가능한 범위인지를 평가하여야 한다.
    ⑤ 서비스 업종은 위험성평가에서 제외된다.

    > 해설 사업주는 건설물, 기계·기구·설비, 원재료, 가스, 증기, 분진, 근로자의 작업행동 또는 그 밖의 업무로 인한 유해·위험 요인을 찾아내어 부상 및 질병으로 이어질 수 있는 위험성의 크기가 허용 가능한 범위인지를 평가하여야 하고, 그 결과에 따라 이 법과 이 법에 따른 명령에 따른 조치를 하여야 하며, 근로자에 대한 위험 또는 건강장해를 방지하기 위하여 필요한 경우에는 추가적인 조치를 하여야 한다(법 제36조 제1항).

45. 생물학적 모니터링에 관한 설명으로 옳지 않은 것은?

① 시료 채취 대상자에게 동의를 받지 않아도 되는 장점이 있다.
② 바이오마커(biomarker)로 유해물질 또는 대사산물을 측정한다.
③ 건강 영향을 추정할 수 있는 적정 바이오마커를 찾는 것이 중요하다.
④ 시료 보관, 처치, 분석에 주의를 요하는 방법이다.
⑤ 시료 채취시 근로자에게 부담을 주는 방법이다.

해설 생물학적 모니터링은 유해 환경오염 물질에 노출된 사람의 생물학적 검체인 소변, 혈액, 변 따위에서 유해 인자의 내재 용량을 측정하여 노출 정도나 건강 위험을 평가하는 것이므로 시료 채취 대상자에게 동의를 받아야 한다.

46. 사무실 실내 공기 질(indoor air quality) 관리에 관한 설명으로 옳은 것은?

① 실내공기오염 지표로 사용하는 인자는 분진이다.
② 현재 PM10 기준치는 $10\mu g/m^3$이다.
③ ACH(시간당 공기교환 횟수)는 공간 체적과 공기 유속으로 산정한다.
④ 일반적으로 음압 시설을 설치해야 한다.
⑤ 실내공기오염에 의해 호흡기 자극 및 과민성 질환이 발생될 수 있다.

해설 ⑤ 실내공기오염에 의해 빌딩증후군, 새집증후군, 화학물질과민증 질환이 발생될 수 있다.
① 이산화탄소는 사람의 호흡을 통해서 배출이 되므로 그 자체로 건강영향을 준다고 볼 수는 없으나 실내 체적, 실내 인원, 난방 여부 및 환기 장치 등에 따라 영향을 받기 때문에 실내 공기 오염의 지표로 사용된다.
② 현재 PM10 기준치는 $50\mu g/m^3$이다.
③ ACH(시간당 공기교환 횟수)는 필요환기량(시간당)을 작업장 용적으로 나누어 산정한다.
④ 실내 공기 질(indoor air quality) 관리를 위해 음압 시설을 설치해야 한다.

47. 유해중금속의 인체 노출 및 흡수, 독성에 관한 설명으로 옳지 않은 것은?

① 작업장에서 망간의 주요 노출 경로는 호흡기다.
② 납의 주요 표적기관은 중추신경계와 조혈기계이다.
③ 유기수은은 무기수은 화합물보다 독성이 상대적으로 강하다.
④ 6가 크롬은 세포막을 통과한 뒤 세포내에서 3가 크롬으로 산화되어 폐섬유화를 초래한다.
⑤ 카드뮴은 폐렴, 폐수종, 신장질환 등을 일으킨다.

해설 6가 크롬은 세포막을 통과한 뒤 세포내에서 3가 크롬으로 환원되어 폐섬유화를 초래한다.

48. 산업안전보건기준에 관한 규칙상 근골격계 부담 작업에 해당되지 않는 것은?

① 하루에 4시간 이상 집중적으로 자료입력 등을 위해 키보드 또는 마우스를 조작하는 작업
② 하루에 10회 이상 25 kg 이상의 물체를 드는 작업
③ 하루에 총 2시간 이상 목, 어깨, 팔꿈치, 손목 또는 손을 사용하여 같은 동작을 반복하는 작업
④ 하루에 총 2시간 이상 쪼그리고 앉거나 무릎을 굽힌 자세에서 이루어지는 작업
⑤ 하루에 총 2시간 이상, 분당 1회 미만 4.5kg 이상의 물체를 양손으로 드는 작업

> **해설** 근골격계 부담 작업(근골격계부담작업의 범위 및 유해요인조사 방법에 관한 고시 제3조)
> 1. 하루에 4시간 이상 집중적으로 자료입력 등을 위해 키보드 또는 마우스를 조작하는 작업
> 2. 하루에 총 2시간 이상 목, 어깨, 팔꿈치, 손목 또는 손을 사용하여 같은 동작을 반복하는 작업
> 3. 하루에 총 2시간 이상 머리 위에 손이 있거나, 팔꿈치가 어깨위에 있거나, 팔꿈치를 몸통으로부터 들거나, 팔꿈치를 몸통뒤쪽에 위치하도록 하는 상태에서 이루어지는 작업
> 4. 지지되지 않은 상태이거나 임의로 자세를 바꿀 수 없는 조건에서, 하루에 총 2시간 이상 목이나 허리를 구부리거나 트는 상태에서 이루어지는 작업
> 5. 하루에 총 2시간 이상 쪼그리고 앉거나 무릎을 굽힌 자세에서 이루어지는 작업
> 6. 하루에 총 2시간 이상 지지되지 않은 상태에서 1kg 이상의 물건을 한손의 손가락으로 집어 옮기거나, 2kg 이상에 상응하는 힘을 가하여 한손의 손가락으로 물건을 쥐는 작업
> 7. 하루에 총 2시간 이상 지지되지 않은 상태에서 4.5kg 이상의 물건을 한 손으로 들거나 동일한 힘으로 쥐는 작업
> 8. 하루에 10회 이상 25kg 이상의 물체를 드는 작업
> 9. 하루에 25회 이상 10kg 이상의 물체를 무릎 아래에서 들거나, 어깨 위에서 들거나, 팔을 뻗은 상태에서 드는 작업
> 10. 하루에 총 2시간 이상, 분당 2회 이상 4.5kg 이상의 물체를 드는 작업
> 11. 하루에 총 2시간 이상 시간당 10회 이상 손 또는 무릎을 사용하여 반복적으로 충격을 가하는 작업

49. 고열작업에 관한 설명으로 옳은 것은?

① 흑구온도와 기온과의 차이를 실효복사온도라 하고 이는 감각온도와 상관이 없다.
② WBGT 측정기로 옥내 작업장을 측정할 때에는 자연습구온도와 흑구온도를 고려한다.
③ 고열작업을 평가하는데 있어서 각 습구흑구 온도지수를 측정하고 작업강도를 고려하지 않는다.
④ WBGT 30℃되는 중등작업을 하는 경우 휴식시간 없이 계속 작업을 해도 무방하다.
⑤ 복사열은 열선풍속계로 측정한다.

> **해설** ② 고열의 측정은 기온, 기습 및 흑구온도 인자들을 고려한 습구흑구온도지수(WBGT)로 한다.
> ① 실효복사온도는 감각온도와 관련이 있는데 고열의 측정은 근로자의 열순응 정도도 평가한다.
> ③ 고열작업을 평가하는데 있어서 고열작업의 특성이나 강도를 고려한다.
> ④ WBGT 30℃되는 중등작업을 하는 경우 매시간 50% 작업, 50% 휴식하여야 한다.
> ⑤ 열선풍속계는 어떤 가열된 물체로부터 나오는 열의 대류가 통풍에 좌우된다는 원리를 이용한 풍속계로 낮은 풍속 측정에 자주 사용된다.

50. 프레스 소음수준이 100dB인 작업 환경에서 근로자는 NRR(Noise Reduction Rating)이 "29"인 귀덮개를 착용하고 있다. 차음효과와 근로자가 노출되는 음압수준을 순서대로 옳게 나열한 것은?

① 18dB, 89dB
② 11dB, 78dB
③ 9dB, 91dB
④ 18dB, 92dB
⑤ 11dB, 89dB

해설 차음효과=(NRR-7)×0.5=11dB
음압수준=작업장 음압수준-차음효과=100-11=89dB

기업진단 · 지도

51. 인간관계론의 호손실험에 관한 설명으로 옳지 않은 것은?

① 종업원의 작업능률에 영향을 미치는 요인을 연구하였다.
② 조명실험은 실험집단과 통제집단을 나누어 진행하였다.
③ 작업능률향상은 작업장에서 물리적 작업조건 변화가 가장 중요하다는 것을 확인하였다.
④ 면접조사를 통해 종업원의 감정이 작업에 어떻게 작용하는가를 파악하였다.
⑤ 작업능률은 비공식조직과 밀접한 관련이 있다는 것을 발견하였다.

해설 호손실험은 생산성을 좌우하는 것은 작업시간, 조명, 임금과 같은 과학적 관리법에서 중시한 것이 아니고, 근로자가 자신이 속하는 집단에 대해서 갖는 감정, 태도 등의 심리조건, 사람과 사람과의 관계가 노동 생산성을 향상시키기 위해서는 근로자를 에워싸고 있는 인적환경을 개선하는 것이 필요하다는 것이다.

52. 노사관계에 관한 설명으로 옳은 것은?

① 숍(shop) 제도는 노동조합의 규모와 통제력을 좌우할 수 있다.
② 체크오프(check off) 제도는 노동조합비의 개별납부제도를 의미한다.
③ 경영참가 방법 중 종업원 지주제도는 의사결정 참가의 한 방법이다.
④ 준법투쟁은 사용자측 쟁위행위의 한 방법이다.
⑤ 우리나라 노동조합의 주요 형태는 직종별 노동조합이다.

해설 ① 숍(shop) 제도는 노동조합원의 자격범위와 채용·해고를 통제하기 위해 정해진 노동협약으로서 종업원의 자격과 조합원의 자격 사이의 관계를 규정한 것으로 노동조합의 규모와 통제력을 좌우할 수 있다.
② 체크오프(check off) 제도는 조합원의 임금에서 조합비를 일괄 공제해 조합에 인도하는 조합비 징수방식이다.
③ 종업원 지주제도는 종업원이 자기 회사의 주식을 특별한 목적과 방법으로 소유하는 제도로 의사결정에 참가할 수 없다.
④ 준법투쟁은 노동자측 쟁위행위의 한 방법이다.
⑤ 우리나라 노동조합의 주요 형태는 기업별 노동조합이다.

정답 48 ⑤ 49 ② 50 ⑤ 51 ③ 52 ①

53. 조직문화에 관한 설명으로 옳지 않은 것은?

① 조직사회화란 신입사원이 회사에 대하여 학습하고 조직문화를 이해하기 위한 다양한 활동이다.
② 조직의 핵심가치가 더 강조되고 공유되고 있는 강한 문화(strong culture)가 조직에 끼치는 잠재적 역기능을 무시해서는 안 된다.
③ 조직문화는 하루아침에 갑자기 형성된 것이 아니고 한번 생기면 쉽게 없어지지 않는다.
④ 창업자의 행동이 역할모델로 작용하여 구성원들이 그런 행동을 받아들이고 창업자의 신념, 가치를 외부화(externalization) 한다.
⑤ 구성원 모두가 공동으로 소유하고 있는 가치관과 이념, 조직의 기본목적 등 조직체 전반에 관한 믿음과 신념을 공유가치라 한다.

해설 창업자의 행동이 역할모델로 작용하여 구성원들이 그런 행동을 받아들이고 창업자의 신념, 가치를 내부화(internalization) 한다.

54. 기술과 조직구조에 관한 설명으로 옳은 것을 모두 고른 것은?

> ㉠ 모든 조직은 한 가지 이상의 기술을 가지고 있다.
> ㉡ 비일상적 활동에 관여하는 조직은 기계적 구조를, 일상적 활동에 관여하는 조직은 유기적 구조를 선호한다.
> ㉢ 조직구조의 영향요인으로 기술에 대하여 최초로 관심을 가진 학자는 우드워드(J. Woodward)이다.
> ㉣ 톰슨(J. Thompson)은 기술유형을 체계적으로 분류한 학자로 중개형 기술, 연속형 기술, 집중형 기술로 유형화 했다.
> ㉤ 여러 가지 기술을 구별하는 공통적인 주제는 일상성의 정도(degree of routineness)이다.

① ㉠, ㉡
② ㉢, ㉣
③ ㉡, ㉢, ㉣
④ ㉢, ㉣, ㉤
⑤ ㉠, ㉢, ㉣, ㉤

해설 ㉠ 모든 조직은 한 가지 이상의 기술을 가지고 있다.
㉡, ㉤ 기술과 조직에 공통된 주제는 일상성의 정도로 비일상적 활동에 관여하는 조직은 유기적 구조를, 일상적 활동에 관여하는 조직은 기계적 구조를 선호한다.
㉢ 우드워드(J. Woodward)는 조직구조의 영향요인으로 기술에 대하여 최초로 관심을 가진 학자이다.
㉣ 톰슨(J. Thompson)은 기술유형을 체계적으로 분류한 학자로 중개형 기술, 연속형(장치형) 기술, 집중형 기술로 유형화 했다.

55. 생산시스템은 투입, 변환, 산출, 통제, 피드백의 5가지 구성요소로 설명할 수 있다. 생산시스템에 관한 설명으로 옳지 않은 것은?

① 변환은 제조공정의 경우 고정비와 관련성이 크다.
② 투입은 생산시스템에서 재화나 서비스를 창출하기 위해 여러 가지 요소를 입력하는 것이다.
③ 변환은 여러 생산자원들을 효용성 있는 제품 또는 서비스로 바꾸는 것이다.
④ 산출에서는 유형의 재화 또는 무형의 서비스가 창출된다.
⑤ 피드백은 산출의 결과가 초기에 설정한 목표와 차이가 있는지를 비교하고 또한 목표를 달성할 수 있도록 배려하는 것이다.

> **해설** 피드백은 생산활동에서 주변환경에 적응을 하며 그 구성요소들 상호간에 밀접한 영향을 주고 받으며 정해진 목적을 향해 진행토록 하는 체계이다.

56. ERP 시스템의 특징에 관한 설명으로 옳지 않은 것은?

① 수주에서 출하까지의 공급망과 생산, 마케팅, 인사, 재무 등 기업의 모든 기간업무를 지원하는 통합시스템이다.
② 하나의 시스템으로 하나의 생산·재고거점을 관리하므로 정보의 분석과 피드백 기능의 최적화를 실현한다.
③ EDI(Electronic Data Interchange), CALS(Commerce At Light Speed), 인터넷 등으로 연결시스템을 확립하여 기업 간 자원 활용의 최적화를 추구한다.
④ 대부분의 ERP시스템은 특정 하드웨어 업체에 의존하지 않는 오픈 클라이언트 서버시스템 형태를 채택하고 있다.
⑤ 단위별 응용프로그램이 서로 통합, 연결되어 중복업무를 배제하고 실시간 정보관리체계를 구축할 수 있다.

> **해설** ERP 시스템은 통합적인 컴퓨터 데이터베이스를 구축해 회사의 자금, 회계, 구매, 생산, 판매 등 모든 업무의 흐름을 효율적으로 자동 조절해주는 전산 시스템을 뜻하기도 한다.

57. 6시그마 품질혁신 활동에 관한 설명으로 옳지 않은 것은?

① 모토롤라사의 빌 스미스(Bill Smith)라는 경영간부의 착상으로 시작되었다.
② 6시그마 활동을 도입하는 조직은 규격 공차가 표준편차(시그마)의 6배라는 우수한 품질수준을 추구한다.
③ DPMO란 100만 기회 당 부적합이 발생되는 건수를 뜻하는 용어로 시그마수준과 1 대 1로 대응되는 값으로 변환될 수 있다.

정답 53 ④ 54 ⑤ 55 ⑤ 56 ② 57 ②

④ 6시그마 수준의 공정이란 치우침이 없을 경우 부적합품률이 10억 개에 2개 정도로 추정되는 품질수준이란 뜻이다.
⑤ 6시그마 활동을 효과적으로 실행하기 위해 블랙벨트(BB) 등의 조직원을 육성하여 프로젝트 활동을 수행하게 한다.

> **해설** 6시그마(σ)는 기업이 최고의 품질 수준을 달성할 수 있도록 유도하는 고객에 초점을 맞추고 데이터에 기반을 둔 경영 혁신 방법론이다.

58. JIT(Just In Time) 시스템의 특징에 관한 설명으로 옳은 것은?
    ① 수요예측을 통해 생산의 평준화를 실현한다.
    ② 팔리는 만큼만 만드는 Push 생산방식이다.
    ③ 숙련공을 육성하기 위해 작업자의 전문화를 추구한다.
    ④ Fool proof 시스템을 활용하여 오류를 방지한다.
    ⑤ 설비배치를 U라인으로 구성하여 준비교체 횟수를 최소화 한다.

> **해설** ④ JIT(Just In Time) 시스템은 Fool proof 표준작업으로 불량을 만드는 낭비를 방지한다.
> ① 생산품목별 산출율을 균일하게 고정시킨 월별 생산계획을 수립하여 생산의 평준화를 실현한다.
> ② 주문만큼만 만드는 Pull 생산방식이다.
> ③ 한 작업자가 하나의 생산라인 상에 위치한 여러 기계를 다루며 작업을 수행한다.
> ⑤ 설비배치를 U라인으로 구성하여 유연성과 생산성을 동시에 추구한다.

59. 카플란(R. Kaplan)과 노턴(D. Norton)이 주창한 BSC(Balance Score Card)에 관한 설명으로 옳은 것은?
    ① 균형성과표로 생산, 영업, 설계, 관리부문의 균형적 성장을 추구하기 위한 목적으로 활용된다.
    ② 객관적인 성과 측정이 중요하므로 정성적 지표는 사용하지 않는다.
    ③ 핵심성과지표(KPI)는 비재무적요소를 배제하여 책임소재의 인과관계가 명확한 평가가 이루어지도록 한다.
    ④ 기업문화와 비전에 입각하여 BSC를 설정하므로 최고경영자가 교체되어도 지속적으로 유지된다.
    ⑤ BSC의 실행을 위해서는 관리자들이 조직에서 어느 개인, 어느 부서가 어떤 지표의 달성에 책임을 지는지 확인하여야 한다.

> **해설** ⑤ BSC의 실행을 위해서는 관리자들이 개인의 성과지표 달성 여부와 진척사항을 수치화하여 파악할 수 있다.
> ① 균형성과표로 재무, 고객, 내부비즈니스 프로세스, 학습과 성장 등 4가지 관점 간의 균형적인 시각에서 기업경영을 바라보아야 한다는 것이다.
> ②, ③ 비재무적인 성과지표도 관리하여 정성적 지표도 사용한다.
> ④ 최고경영자가 교체되면 주관적인 측정치가 포함되어 있어 바뀔 수 있다.

60. 심리평가에서 검사의 신뢰도와 타당도의 상호관계에 관한 설명으로 옳은 것은?

① 타당도가 높으면 신뢰도는 반드시 높다.
② 타당도가 낮으면 신뢰도는 반드시 낮다.
③ 신뢰도가 낮아도 타당도는 높을 수 있다.
④ 신뢰도가 높아야 타당도가 높게 나온다.
⑤ 신뢰도와 타당도는 직접적인 상호관계가 없다.

해설 타당도는 연구자가 측정하고자 하는 것을 측정도구가 실제로 정확하게 또는 적합하게 측정하는지에 관한 정도이고, 신뢰도는 시간의 경과에 관계없이 반복가능하며, 일관성 있는 측정결과를 도출할 수 있는 것이다. 타당도가 높으면 신뢰도는 반드시 높다.

61. 종업원은 흔히 투입과 이로부터 얻게되는 성과를 다른 종업원과 비교하게 된다. 그 결과, 과소보상으로 인한 불형평 상태가 지각되었을 때, 아담스의 형평이론에서 예측하는 종업원의 후속 반응에 관한 설명으로 옳지 않은 것은?

① 현재의 상황을 형평 상태로 되돌리기 위하여 자신의 투입을 낮출 것이다.
② 자신의 성과를 높이기 위하여 조직의 원칙에 반하는 비윤리적 행동도 불사할 수 있다.
③ 자신과 타인의 투입-성과 간 불형평 상태에 어떤 요인이 영향을 주었을 거라는 등 해당 상황을 왜곡하여 해석하기도 한다.
④ 애초에 비교 대상이 되었던 타인을 다른 비교 대상으로 교체할 수 있다.
⑤ 개인의 '형평민감성'이 높고 낮음에 관계없이 형평 상태로 되돌리려는 행동에서 차이가 없다.

해설 개인들의 공정성 지각에는 차이가 있는데 과다보상과 과소보상의 경계는 차이가 있다. 개인들은 자신만의 공정성 기준과 지각기준으로 행동한다.

62. 조직내 종업원들에게 요구되는 바람직한 특성이나 성공적인 수행을 예측해주는 '인적 특성이나 자질'을 찾아내는 과정은?

① 작업자 지향 절차
② 기능적 직무분석
③ 역량모델링
④ 과업 지향적 절차
⑤ 연관분석

해설 역량모델링은 어떤 사람에게 어떤 역량이 필요한 지를 도출하는 것이다.

정답 58 ④ 59 ⑤ 60 ① 61 ⑤ 62 ③

63. 영업 1팀의 A팀장은 팀원들의 직무수행을 긍정적으로 평가하는 것으로 유명하다. 영업 1팀의 팀원들은 실제 직무수행 수준보다 언제나 높은 평가를 받는다. 한편 영업 2팀의 B팀장은 대부분 팀원을 보통 수준으로 평가한다. 특히 B팀장 자신이 잘 모르는 영역 평가에서 이러한 현상이 두드러진다. 직무수행 평가 패턴에서 A와 B팀장이 각각 범하고 있는 오류(또는 편향)를 순서대로(A, B) 옳게 나열한 것은?

㉠ 후광오류	㉡ 관대화오류
㉢ 엄격화오류	㉣ 중앙집중오류
㉤ 자기본위적 편향	

① ㉠, ㉢
② ㉠, ㉣
③ ㉡, ㉢
④ ㉡, ㉣
⑤ ㉡, ㉤

해설 영업 1팀의 A팀장은 팀원들의 직무수행을 긍정적으로 평가하는 것으로 유명하므로 관대화오류를 범하고 있다. 영업 2팀의 B팀장은 양극단으로 치우칠 자신의 판정을 회피하고자 할 때 나타나는 오류인 중앙집중오류를 범하고 있다.

64. 다음을 설명하는 용어는?

대부분의 중요한 의사결정은 집단적 토의를 거치기 마련이다. 이 과정에서 구성원들은 타인의 영향을 받거나 상황 압력 등에 따라 본인의 원래 태도에 비하여 더욱 모험적이거나 보수적인 방향으로 변화될 가능성이 있다.

① 집단사고
② 집단극화
③ 동조
④ 사회적 촉진
⑤ 복종

해설 ② 집단극화는 집단 의사 결정 시 개별적으로 의사 결정을 할 때보다 더 극단적인 의사 결정을 하게 되는 경향성을 말한다.
① 집단사고는 집단 구성원들 간에 강한 응집력을 보이는 집단에서, 의사 결정 시에 만장일치에 도달하려는 분위기가 다른 대안들을 현실적으로 평가하려는 경향을 억압할 때 나타나는 구성원들의 왜곡되고 비합리적인 사고방식이다.
③ 동조는 집단의 압력 하에 개인이 집단이 기대하는 바대로 생각이나 행동을 바꾸는 것을 말한다.
④ 사회적 촉진은 다른 사람들이 있을 때, 잘하는 과제를 더 잘하게 되는 현상을 말한다.
⑤ 복종은 개인의 의지와는 상관 없이 권위자의 명령에 따르는 행위를 말한다.

65. 산업현장에서 운영되고 있는 팀(team)의 유형에 관한 설명으로 옳지 않은 것은?

① 전술적 팀(tactical team) : 수행절차가 명확히 정의된 계획을 수행할 목적으로 하며, 경찰 특공대 팀이 대표적임
② 문제해결 팀(problem-solving team) : 특별한 문제나 이슈를 해결할 목적으로 구성되며, 질병통제센터의 진단 팀이 대표적임
③ 창의적 팀(creative team) : 포괄적 목표를 가지고 가능성과 대안을 탐색할 목적으로 구성되며, IBM의 PC 설계 팀이 대표적임
④ 특수 팀(ad hoc team) : 조직에서 일상적이지 않고 비전형적인 문제를 해결할 목적으로 구성되며, 팀의 임무를 완수한 후 해체됨
⑤ 다중 팀(multi-team) : 개인과 조직시스템 사이를 조정(moderating)하는 메타(meta)적 성격을 갖고 있음

해설 다중 팀(multi-team)은 조직과 조직시스템 사이를 조정(moderating)하는 메타(meta)적 성격을 갖고 있는 팀으로 교통사고에 대처하는 여러 팀이 이에 해당한다.

66. 인사선발에서 활발하게 사용되는 성격측정 분야의 하나로 5요인(Big 5) 성격모델이 있다. 성격의 5요인에 해당되지 않는 것은?

① 성실성(conscientiousness)
② 외향성(extraversion)
③ 신경성(neuroticism)
④ 직관성(immediacy)
⑤ 경험에 대한 개방성(openness to experience)

해설 성격의 5요인 : 외향성(extraversion), 신경성(neuroticism), 우호성(agreeableness), 성실성(conscientiousness), 경험에 대한 개방성(openness to experience)

67. 소음에 관한 설명으로 옳은 것을 모두 고른 것은?

㉠ 소음의 크기 지각은 소음의 주파수와 관련이 없다.
㉡ 8시간 근무를 기준으로 작업장 평균 소음 크기가 60dB이면 청력손실의 위험이 있다.
㉢ 큰 소음에 반복적으로 노출되면 일시적으로 청지각의 임계값이 변할 수 있다.
㉣ 소음원과 작업자 사이에 차단벽을 설치하는 것은 효과적인 소음 통제방법이다.
㉤ 한 여름에는 전동 공구 작업자에게 귀마개를 착용하지 않도록 한다.

정답 63 ④ 64 ② 65 ⑤ 66 ④ 67 ③

① ㉠, ㉡ ② ㉡, ㉢
③ ㉢, ㉣ ④ ㉠, ㉣, ㉤
⑤ ㉡, ㉢, ㉣

> **해설** ㉠ 소음은 사람이 감지할 수 있는 진동범위는 20Hz에서 18kHz 정도이고, 통상적인 대화할 때의 진동수는 3kHz이다.
> ㉡ 대개 75dB에서는 청력손실을 유발하지 않지만 85dB 이상 소음에 지속적으로 노출될 때 손상을 줄 수 있으며 100dB에서 15분 이상 노출될 때 청력손실의 위험이 있다.
> ㉢ 전동 공구 작업자는 항상 귀마개를 착용하도록 한다.
> ㉣ 큰 소음에 반복적으로 노출(110dB에서 1분 이상)되면 일시적으로 청지각의 임계값이 변할 수 있다.
> ㉤ 소음의 차단은 소음원과 작업자 사이에 차단벽을 설치하는 것은 효과적이다.

68. 주의(attention)에 관한 설명으로 옳은 것은?

① 용량의 제한이 없기 때문에 한 번에 여러 과제를 동시에 수행할 수 있다.
② 많은 사람들 가운데 오직 한 사람의 목소리에만 주의를 기울일 수 있는 것은 선택주의(selective attention) 덕분이다.
③ 선택된 자극의 여러 속성을 통합하고 처리하기 위해 분할주의(divided attention)가 필요하다.
④ 운전하면서 친구와 대화하기처럼 두 과제 모두를 성공적으로 수행하기 위해서는 초점주의(focused attention)가 필요하다.
⑤ 무덤덤한 여러 얼굴 가운데 유일하게 화난 얼굴은 의식하지 않아도 쉽게 눈에 띄는데, 이는 무주의 맹시(inattentional blindness) 때문이다.

> **해설** ② 선택주의(selective attention)는 환경의 어떤 자극에 주의를 집중하고 간섭을 일으키는 다른 자극을 차단하거나 방해가 되는 유혹에 저항하는 능력이다.
> ① 용량의 제한이 있어 한 번에 여러 과제를 동시에 수행할 수 없다.
> ③, ④ 운전하면서 친구와 대화하기처럼 두 과제 모두를 성공적으로 수행하기 위해서는 분할주의(Divided attention)가 필요하다.
> ⑤ 무주의 맹시(inattentional blindness)는 무언가에 집중하고 있을 때 시각과 청각을 인지하지 못하는 것을 말한다.

69. 안전보건 경영시스템에서 성공을 거두기 위해 필요한 5가지 요소가 아닌 것은?

① 안전보건경영 추진을 위한 최고경영자의 리더십 개발
② 안전보건경영 추진을 위한 조직의 개발
③ 효율적인 안전보건 경영정책 개발
④ 안전보건정책의 계획수립, 측정 및 기술개발
⑤ 안전보건정책의 성과검토

> **해설** 안전보건 경영시스템에서 성공을 거두기 위해 필요한 요소에 경영자의 리더십은 포함되지 않는다.

70. 제조물책임법이 미치는 영향 중 부정적인 영향이 아닌 것은?
    ① 기업의 이미지 저하
    ② 신제품 개발의 지연
    ③ 기업의 책임 분산
    ④ 소송 증가에 따른 기업 경영 악화 초래
    ⑤ 제조 원가의 상승

    해설 기업의 책임 분산은 긍정적인 영향에 해당한다.

71. 산업안전보건법령상 위험한 작업을 필요로 하는 기계·기구 및 설비를 설치·이전하는 경우에 사업주가 유해위험방지계획서를 작성하여 고용노동부장관에게 제출하여야 하는 기계·기구 및 설비에 해당하지 않는 것은?
    ① 금속이나 그 밖의 광물의 용해로
    ② 고압 송전 및 배선 설비
    ③ 화학설비
    ④ 건조설비
    ⑤ 가스집합 용접장치

    해설 유해위험방지계획서를 작성하여 고용노동부장관에게 제출하여야 하는 기계·기구 및 설비(영 제42조 제2항)
    1. 금속이나 그 밖의 광물의 용해로
    2. 화학설비
    3. 건조설비
    4. 가스집합 용접장치
    5. 근로자의 건강에 상당한 장해를 일으킬 우려가 있는 물질로서 고용노동부령으로 정하는 물질의 밀폐·환기·배기를 위한 설비

72. 안전관리의 PDCA Cycle에 관한 설명으로 옳지 않은 것은?
    ① P 단계는 추진방법을 계획하고 교육·훈련을 하는 단계이다.
    ② D 단계는 계획에 대한 준비와 실행을 하는 단계이다.
    ③ C 단계는 실행 결과를 목표와 비교하여 실행결과를 평가하는 단계이다.
    ④ A 단계는 평가결과에 대한 보완을 통해 목표를 달성하는 단계이다.
    ⑤ PDCA Cycle은 지속적으로 되풀이하는 유지개선의 사고방식이다.

    해설 안전관리의 PDCA Cycle
    1. P 단계(계획) : 현장 실정에 맞는 적합한 안전관리방법 계획을 수립하는 단계이다.
    2. D 단계(실시) : 계획에 대한 준비와 실행을 하는 단계이다.
    3. C 단계(검토) : 실행 결과를 목표와 비교하여 실행결과를 평가하는 단계이다.
    4. A 단계(조치) : 평가결과에 대한 보완을 통해 목표를 달성하는 단계이다.

정답 68 ② 69 ① 70 ③ 71 ② 72 ①

73. 다음에서 설명하는 기법은?

공장의 운전과 유지절차가 설계목적과 기준에 부합되는지를 확인하는 기법으로서 전문적인 지식과 책임을 가진 조직에 의해 행하여진다. 이 기법은 운전원, 관리책임자, 현장기술자, 안전관리자 등과의 인터뷰를 포함하여 정상운전중인 공장의 운전조건, 운전절차, 유지상태 및 제반사항을 검토조직에서 여러 각도로 철저하게 검사하는 방법이다.

① 위험과 운전분석기법 ② 예비위험 분석기법
③ 상대위험 순위결정기법 ④ 안정성 검토기법
⑤ 인간오류 분석기법

해설 ④ 안정성 검토기법은 정상운전중인 공장의 운전조건, 운전절차, 유지상태 및 제반사항을 검토조직에서 여러 각도로 철저하게 검사하는 방법이다.
① 위험과 운전분석기법은 공정에 존재하는 위험요인과 공정의 효율을 떨어뜨릴 수 있는 운전상의 문제점을 찾아내어 그 원인을 제거하는 방법이다.
② 예비위험 분석기법은 위험요소가 얼마나 위험상태에 있는가를 평가하는 방법이다.
③ 상대위험 순위결정기법은 설비에 존재하는 위험에 대하여 수치적으로 상대위험 순위를 지표화하여 그 피해 정도를 나타내는 기법이다.
⑤ 인간오류 분석기법은 설비의 공정운전원, 정비보수원, 기술자 등의 실수에 의해 영향을 미칠만한 요소를 평가하여 그 실수의 원인을 파악하고 추적하여 이를 개선하기 위한 정성적 위험성 평가기법이다.

74. 위험성평가를 시행하는 방법에 관한 설명으로 옳지 않은 것은?

① 정성적 방법은 위험요소가 존재하는지를 찾아낸다.
② 정량적 방법은 위험요소를 확률적으로 분석·평가한다.
③ 정성적 평가는 비교적 쉽고, 빠른 결과를 도출할 수 있다.
④ 정성적 평가는 기술수준지식 및 경험에 따라 주관적인 평가로 치우치기 쉬운 단점이 있다.
⑤ 정량적 평가는 주관적이고 정량화된 결과를 도출할 수 있고 신뢰성도 확보된다.

해설 정량적 평가는 객관적이고 정량화된 결과를 도출할 수 있어 신뢰성이 확보된다.

75. 추락 및 감전 위험방지용 안전모의 성능 시험 항목으로 옳지 않은 것은?

① 내관통성 시험 ② 충격흡수성 시험
③ 내전압성 시험 ④ 내수성 시험
⑤ 내화성 시험

해설 안전모의 성능 시험 항목 : 내관통성, 충격흡수성, 내전압성, 내수성, 난연성, 턱끈풀림

2017년 기출문제

산업안전보건법령

1. 산업안전보건법령상 용어에 관한 설명으로 옳지 않은 것은?
   ① "산업재해"란 근로자가 업무에 관계되는 건설물·설비·원재료·가스·증기·분진 등에 의하거나 작업 또는 그 밖의 업무로 인하여 사망 또는 부상하거나 질병에 걸리는 것을 말한다.
   ② "근로자"란 직업의 종류와 관계없이 임금을 목적으로 사업이나 사업장에 근로를 제공하는 자를 말한다.
   ③ "사업주"란 근로자를 사용하여 사업을 하는 자를 말한다.
   ④ "작업환경측정"이란 작업환경 실태를 파악하기 위하여 해당 근로자 또는 작업장에 대하여 사업주가 측정계획을 수립한 후 시료(試料)를 채취하고 분석·평가하는 것을 말한다.
   ⑤ "중대재해"란 산업재해 중 재해정도가 심한 것으로서 직업성질병자가 동시에 5명 이상 발생한 재해를 말한다.

   해설 중대재해
   1. 산업재해 중 사망 등 재해 정도가 심하거나 다수의 재해자가 발생한 경우로서 고용노동부령으로 정하는 재해를 말한다(법 제2조 제2호).
   2. 중대재해의 범위(규칙 제3조)
      ㉠ 사망자가 1명 이상 발생한 재해
      ㉡ 3개월 이상의 요양이 필요한 부상자가 동시에 2명 이상 발생한 재해
      ㉢ 부상자 또는 직업성 질병자가 동시에 10명 이상 발생한 재해

2. 산업안전보건법령상 산업재해 발생 기록 및 보고 등에 관한 설명으로 옳은 것은?
   ① 사업주는 중대재해가 발생한 사실을 알게 된 경우에는 지체 없이 발생 개요 및 피해상황 등을 관할 지방고용노동관서의 장에게 전화·팩스 또는 그 밖에 적절한 방법으로 보고하여야 한다.
   ② 사업주는 4일 이상의 요양을 요하는 부상자가 발생한 산업재해에 대하여는 그 발생 개요·원인 및 신고 시기, 재발방지 계획 등을 고용노동부장관에게 신고하여야 한다.
   ③ 건설업의 경우 사업주는 산업재해조사표에 근로자대표의 동의를 받아야 하며, 그 기재 내용에 대하여 근로자대표의 이견이 있는 경우에는 그 내용을 첨부하여야 한다.

정답 73 ④ 74 ⑤ 75 ⑤ / 1 ⑤ 2 ①

④ 사업주는 산업재해로 3일 이상의 휴업이 필요한 부상자가 발생한 경우에는 해당 산업재해가 발생한 날부터 3개월 이내에 산업재해조사표를 작성하여 관할 지방고용노동관서의 장에게 제출하여야 한다.
⑤ 사업주는 산업재해 발생기록에 관한 서류를 2년간 보존하여야 한다.

해설 ① 사업주는 중대재해가 발생한 사실을 알게 된 경우에는 지체 없이 발생 개요 및 피해상황 등을 관할 지방고용노동관서의 장에게 전화·팩스 또는 그 밖에 적절한 방법으로 보고하여야 한다(법 제54조 제2항, 규칙 제67조).
② 사업주는 고용노동부령으로 정하는 산업재해에 대해서는 그 발생 개요·원인 및 보고 시기, 재발방지 계획 등을 고용노동부령으로 정하는 바에 따라 고용노동부장관에게 보고하여야 한다(법 제57조 제3항).
③ 사업주는 산업재해조사표에 근로자대표의 확인을 받아야 하며, 그 기재 내용에 대하여 근로자대표의 이견이 있는 경우에는 그 내용을 첨부해야 한다. 다만, 근로자대표가 없는 경우에는 재해자 본인의 확인을 받아 산업재해조사표를 제출할 수 있다(규칙 제73조 제3항).
④ 사업주는 산업재해로 사망자가 발생하거나 3일 이상의 휴업이 필요한 부상을 입거나 질병에 걸린 사람이 발생한 경우에는 해당 산업재해가 발생한 날부터 1개월 이내에 산업재해조사표를 작성하여 관할 지방고용노동관서의 장에게 제출해야 한다(규칙 제73조 제1항).
⑤ 사업주는 고용노동부령으로 정하는 바에 따라 산업재해의 발생원인 등을 기록하여 보존하여야 한다(법 제57조 제2항).

3. 산업안전보건법령상 법령 요지의 게시 및 안전·보건표지의 부착 등에 관한 설명으로 옳지 않은 것은?

① 사업주는 이 법에 따른 명령의 요지를 상시 각 작업장 내에 근로자가 쉽게 볼 수 있는 장소에 게시하거나 갖추어 두어 근로자로 하여금 알게 하여야 한다.
② 근로자대표는 안전·보건진단 결과를 통지할 것을 사업주에게 요청할 수 있고 사업주는 이에 성실히 응하여야 한다.
③ 사업주는 사업장의 유해하거나 위험한 시설 및 장소에 대한 경고를 위하여 안전·보건표지를 설치하거나 부착하여야 한다.
④ 안전·보건표지 속의 그림 또는 부호의 크기는 안전·보건표지의 크기와 비례하여야 하며, 안전·보건표지 전체 규격의 20퍼센트 이상이 되어야 한다.
⑤ 안전·보건표지의 성질상 설치하거나 부착하는 것이 곤란한 경우에는 해당 물체에 직접 도장(塗裝)할 수 있다.

해설 ④ 안전보건표지 속의 그림 또는 부호의 크기는 안전보건표지의 크기와 비례해야 하며, 안전보건표지 전체 규격의 30% 이상이 되어야 한다(규칙 제40조 제3항).
① 사업주는 이 법과 이 법에 따른 명령의 요지 및 안전보건관리규정을 각 사업장의 근로자가 쉽게 볼 수 있는 장소에 게시하거나 갖추어 두어 근로자에게 널리 알려야 한다(법 제34조).
② 근로자대표는 사업주에게 안전·보건진단 결과를 통지하여 줄 것을 요청할 수 있고, 사업주는 이에 성실히 따라야 한다(법 제35조).
③ 사업주는 사업장의 유해하거나 위험한 시설 및 장소에 대한 경고를 위하여 안전·보건표지를 설치하거나 부착하여야 한다(법 제37조 제1항 전단).
⑤ 안전보건표지의 성질상 설치하거나 부착하는 것이 곤란한 경우에는 해당 물체에 직접 도색할 수 있다(규칙 제39조 제3항).

4. 산업안전보건법령상 안전보건관리책임자의 업무 내용에 해당하는 것을 모두 고른 것은?

> ㉠ 산업재해 예방계획의 수립에 관한 사항
> ㉡ 근로자의 안전·보건교육에 관한 사항
> ㉢ 산업재해의 원인 조사 및 재발 방지대책 수립에 관한 사항
> ㉣ 안전·보건과 관련된 안전장치 및 보호구 구입 시의 적격품 여부 확인에 관한 사항

① ㉠, ㉡
② ㉢, ㉣
③ ㉠, ㉡, ㉢
④ ㉡, ㉢, ㉣
⑤ ㉠, ㉡, ㉢, ㉣

해설 안전보건관리책임자의 업무 내용(법 제15조 제1항)
1. 사업장의 산업재해 예방계획의 수립에 관한 사항
2. 안전보건관리규정의 작성 및 변경에 관한 사항
3. 안전보건교육에 관한 사항
4. 작업환경측정 등 작업환경의 점검 및 개선에 관한 사항
5. 근로자의 건강진단 등 건강관리에 관한 사항
6. 산업재해의 원인 조사 및 재발 방지대책 수립에 관한 사항
7. 산업재해에 관한 통계의 기록 및 유지에 관한 사항
8. 안전장치 및 보호구 구입 시 적격품 여부 확인에 관한 사항
9. 그 밖에 근로자의 유해·위험 방지조치에 관한 사항으로서 위험성평가의 실시에 관한 사항과 안전보건규칙에서 정하는 근로자의 위험 또는 건강장해의 방지에 관한 사항(규칙 제9조)

5. 산업안전보건법령상 안전보건관리규정에 관한 설명으로 옳지 않은 것은?

① 안전보건관리규정은 해당 사업장에 적용되는 단체협약 및 취업규칙에 반할 수 없다.
② 상시 근로자 100명을 사용하는 정보서비스업 사업주는 안전보건관리규정을 작성하여야 한다.
③ 안전보건관리규정에 관하여는 이 법에서 규정한 것을 제외하고는 그 성질에 반하지 아니하는 범위에서 「근로기준법」의 취업규칙에 관한 규정을 준용한다.
④ 안전보건관리규정을 작성할 경우에는 안전·보건교육에 관한 사항이 포함되어야 한다.
⑤ 산업안전보건위원회가 설치되어 있지 아니한 사업장의 경우 사업주는 안전보건관리규정을 작성하거나 변경할 때에는 근로자대표의 동의를 받아야 한다.

해설 ② 상시 근로자 300명을 사용하는 정보서비스업 사업주는 안전보건관리규정을 작성하여야 한다(규칙 별표 2).
① 안전보건관리규정은 단체협약 또는 취업규칙에 반할 수 없다(법 제25조 제2항 전단).
③ 안전보건관리규정에 관하여 이 법에서 규정한 것을 제외하고는 그 성질에 반하지 아니하는 범위에서 「근로기준법」 중 취업규칙에 관한 규정을 준용한다(법 제28조).
④ 안전보건관리규정을 작성할 경우에는 안전·보건교육에 관한 사항이 포함되어야 한다(규칙 별표 3).
⑤ 사업주는 안전보건관리규정을 작성하거나 변경할 때에는 산업안전보건위원회의 심의·의결을 거쳐야 한다. 다만, 산업안전보건위원회가 설치되어 있지 아니한 사업장의 경우에는 근로자대표의 동의를 받아야 한다(법 제26조).

정답 3 ④ 4 ⑤ 5 ②

6. 산업안전보건법령상 유해하거나 위험한 작업의 도급에 관한 설명으로 옳지 않은 것은?

① 도금작업의 도급을 받으려는 자는 고용노동부장관의 인가를 받아야 한다.
② 지방고용노동관서의 장은 도급인가 신청서가 접수된 때에는 접수된 날부터 14일 이내에 승인서를 신청인에게 발급해야 한다.
③ 수은, 납, 카드뮴 등 중금속을 제련, 주입, 가공 및 가열하는 작업은 도급승인의 대상이다.
④ 지방고용노동관서의 장은 도급인가 신청의 내용 및 한국산업안전보건공단의 확인 결과가 이 법령의 기준에 적합하지 아니하면 이를 인가하여서는 아니 된다.
⑤ 유해한 작업의 도급에 대한 승인을 받으려는 자는 도급승인 신청서를 제출할 때 도급대상 작업의 공정 관련 서류 일체를 첨부하여야 한다.

해설
① 도금작업의 도급을 받으려는 자는 고용노동부장관의 승인을 받아야 한다(법 제58조 제3항).
② 도급승인 신청을 받은 지방고용노동관서의 장은 도급승인 기준을 충족한 경우 신청서가 접수된 날부터 14일 이내에 승인서를 신청인에게 발급해야 한다(규칙 제75조 제4항).
③ 수은, 납, 카드뮴 등 중금속을 제련, 주입, 가공 및 가열하는 작업은 도급승인의 대상이다(법 제58조 제1항 제2호).
④ 지방고용노동관서의 장은 도급인가 신청의 내용 및 한국산업안전보건공단의 확인 결과가 이 법령의 기준에 적합하지 아니하면 이를 인가하여서는 아니 된다(법 제58조 제7항, 규칙 제75조 제3항).
⑤ 유해한 작업의 도급에 대한 승인을 받으려는 자는 도급승인 신청서를 제출할 때 도급대상 작업의 공정 관련 서류 일체를 첨부하여야 한다(규칙 제75조 제1항).

7. 산업안전보건법령상 안전관리전문기관의 지정의 취소 등에 관한 규정의 일부이다. ( )안에 들어갈 숫자의 연결이 옳은 것은?

○ 고용노동부장관은 안전관리전문기관이 지정 요건을 충족하지 못한 경우에 해당할 때에는 그 지정을 취소하거나 (㉠)개월 이내의 기간을 정하여 그 업무의 정지를 명할 수 있다.
○ 지정이 취소된 자는 지정이 취소된 날부터 (㉡)년 이내에는 안전관리전문기관으로 지정받을 수 없다.

① ㉠ : 1, ㉡ : 1
② ㉠ : 3, ㉡ : 1
③ ㉠ : 3, ㉡ : 2
④ ㉠ : 6, ㉡ : 1
⑤ ㉠ : 6, ㉡ : 2

해설
○ 고용노동부장관은 안전관리전문기관이 지정 요건을 충족하지 못한 경우에 해당할 때에는 그 지정을 취소하거나 6개월 이내의 기간을 정하여 그 업무의 정지를 명할 수 있다(법 제21조 제4항 전단).
○ 지정이 취소된 자는 지정이 취소된 날부터 2년 이내에는 각각 해당 안전관리전문기관 또는 보건관리전문기관으로 지정받을 수 없다(법 제21조 제5항).

8. 산업안전보건법령상 안전·보건 관리체제에 관한 설명으로 옳지 않은 것은?

① 안전보건관리책임자는 안전관리자와 보건관리자를 지휘·감독한다.
② 안전보건관리책임자는 해당 사업에서 그 사업을 실질적으로 총괄관리하는 사람이어야 한다.
③ 안전관리자는 산업재해에 관한 통계의 유지·관리·분석을 위한 보좌 및 조언·지도 등의 업무를 수행하여야 한다.
④ 고용노동부장관은 안전관리전문기관의 업무정지를 명하여야 하는 경우에 그 업무정지가 공익을 해칠 우려가 있다고 인정하면 업무정지처분을 갈음하여 2억원 이하의 과징금을 부과할 수 있다.
⑤ 상시 근로자수가 500명 이상인 식료품 제조업의 경우 안전관리자를 2명 이상 선임하여야 한다.

> **해설** ④ 고용노동부장관은 업무정지를 명하여야 하는 경우에 그 업무정지가 이용자에게 심한 불편을 주거나 공익을 해칠 우려가 있다고 인정되면 업무정지 처분을 대신하여 10억원 이하의 과징금을 부과할 수 있다(법 제160조 제1항).
> ① 업무를 총괄하여 관리하는 사람(안전보건관리책임자)은 안전관리자와 보건관리자를 지휘·감독한다(법 제15조 제2항).
> ② 안전보건관리책임자는 해당 사업에서 그 사업을 실질적으로 총괄관리하는 사람이어야 한다(법 제15조 제1항).
> ③ 안전관리자는 산업재해에 관한 통계의 유지·관리·분석을 위한 보좌 및 조언·지도 등의 업무를 수행하여야 한다(영 제18조 제1항 제7호).
> ⑤ 상시 근로자수가 500명 이상인 식료품 제조업의 경우 안전관리자를 2명 이상 선임하여야 한다(영 별표 3).

9. 산업안전보건법령상 도급사업 시 구성하는 안전·보건에 관한 협의체의 협의사항에 포함되지 않는 것은?

① 작업장 간의 연락 방법
② 재해발생 위험 시의 대피방법
③ 작업장의 순회점검에 관한 사항
④ 산업재해 예방과 관련된 사항
⑤ 작업의 시작시간, 작업방법

> **해설** 노사협의체 협의사항 등(규칙 제93조)
> 1. 산업재해 예방방법 및 산업재해가 발생한 경우의 대피방법
> 2. 작업의 시작시간, 작업 및 작업장 간의 연락방법
> 3. 그 밖의 산업재해 예방과 관련된 사항

정답 6 ① 7 ⑤ 8 ④ 9 ③

10. 산업안전보건법령상 안전인증에 관한 설명으로 옳은 것은?
   ① 연구·개발을 목적으로 안전인증대상 기계·기구등을 제조하는 경우에도 안전인증을 받아야 한다.
   ② 고용노동부장관은 안전인증을 받은 자가 안전인증기준을 지키고 있는지를 5년을 주기로 확인하여야 한다.
   ③ 곤돌라를 설치·이전하는 경우뿐만 아니라 그 주요 구조 부분을 변경하는 경우에도 안전인증을 받아야 한다.
   ④ 서면심사와 기술능력 및 생산체계 심사 결과가 안전인증기준에 적합할 경우에 유해·위험한 기계·기구·설비등의 표본을 추출하여 하는 심사를 개별 제품심사라고 한다.
   ⑤ 예비심사의 경우 안전인증 신청서를 제출받은 안전인증기관은 15일 이내에 심사하여야 하며 부득이한 사유가 있을 때에는 15일의 범위에서 심사기간을 연장할 수 있다.

   해설 ③ 곤돌라를 설치·이전하는 경우뿐만 아니라 그 주요 구조 부분을 변경하는 경우에도 안전인증을 받아야 한다(법 제84조 제1항).
   ① 연구·개발을 목적으로 안전인증대상 기계·기구등을 제조하는 경우에는 안전인증을 전부 면제한다(규칙 제109조 제1항 제1호).
   ② 안전인증기관은 안전인증을 받은 자가 안전인증기준을 지키고 있는지를 2년에 1회 이상 확인해야 한다(규칙 제111조 제2항 전단).
   ④ 형식별 제품심사 : 서면심사와 기술능력 및 생산체계 심사 결과가 안전인증기준에 적합할 경우에 유해·위험기계등의 형식별로 표본을 추출하여 하는 심사(규칙 제110조 제1항 제4호)
   ⑤ 안전인증기관은 안전인증 신청서를 제출받으면 예비심사의 경우 7일 내에 심사해야 한다. 다만, 제품심사의 경우 처리기간 내에 심사를 끝낼 수 없는 부득이한 사유가 있을 때에는 15일의 범위에서 심사기간을 연장할 수 있다(규칙 제110조 제3항).

11. 산업안전보건법령상 도급인인 사업주가 작업장의 안전·보건조치 등을 위하여 2일에 1회 이상 순회점검하여야 하는 사업을 모두 고른 것은?

㉠ 건설업	㉡ 자동차 전문 수리업
㉢ 토사석 광업	㉣ 금속 및 비금속 원료 재생업
㉤ 음악 및 기타 오디오물 출판업	

   ① ㉠, ㉡, ㉤ ② ㉠, ㉢, ㉣
   ③ ㉡, ㉢, ㉤ ④ ㉠, ㉡, ㉢, ㉣
   ⑤ ㉠, ㉢, ㉣, ㉤

   해설 도급인인 사업주가 작업장의 안전·보건조치 등을 위하여 2일에 1회 이상 순회점검하여야 하는 사업(규칙 제80조 제1항 제1호)
   1. 건설업
   2. 제조업
   3. 토사석 광업
   4. 서적, 잡지 및 기타 인쇄물 출판업
   5. 음악 및 기타 오디오물 출판업
   6. 금속 및 비금속 원료 재생업

12. 산업안전보건기준에 관한 규칙상 니트로화합물을 제조하는 작업장의 비상구설치에 관한 설명으로 옳지 않은 것은?

① 출입구 외에 안전한 장소로 대피할 수 있는 비상구 1개 이상을 설치할 것
② 비상구의 문은 피난 방향으로 열리도록 하고, 실내에서 항상 열 수 있는 구조로 할 것
③ 비상구의 너비는 0.75미터 이상으로 하고, 높이는 1.5미터 이상으로 할 것
④ 비상구는 출입구와 같은 방향에 있으며 출입구로부터 3미터 이상 떨어져 있을 것
⑤ 작업장의 각 부분으로부터 하나의 비상구 또는 출입구까지의 수평거리가 50미터 이하가 되도록 할 것

해설 사업주는 니트로화합물을 제조·취급하는 작업장과 그 작업장이 있는 건축물에 출입구 외에 안전한 장소로 대피할 수 있는 비상구 1개 이상을 다음의 기준을 모두 충족하는 구조로 설치해야 한다. 다만, 작업장 바닥면의 가로 및 세로가 각 3m 미만인 경우에는 그렇지 않다(산업안전보건기준에 관한 규칙 제17조 제1항).
1. 출입구와 같은 방향에 있지 아니하고, 출입구로부터 3m 이상 떨어져 있을 것
2. 작업장의 각 부분으로부터 하나의 비상구 또는 출입구까지의 수평거리가 50m 이하가 되도록 할 것. 다만, 작업장이 있는 층에 피난층(직접 지상으로 통하는 출입구가 있는 층과 피난안전구역을 말한다) 또는 지상으로 통하는 직통계단(경사로를 포함한다)을 설치한 경우에는 그 부분에 한정하여 본문에 따른 기준을 충족한 것으로 본다.
3. 비상구의 너비는 0.75m 이상으로 하고, 높이는 1.5m 이상으로 할 것
4. 비상구의 문은 피난 방향으로 열리도록 하고, 실내에서 항상 열 수 있는 구조로 할 것

13. 산업안전보건법령상 자율안전확인대상 기계·기구등에 해당하지 않는 것은?

① 휴대형 연삭기
② 혼합기
③ 파쇄기
④ 자동차정비용 리프트
⑤ 기압조절실(chamber)

해설 자율안전확인대상 기계·기구등(영 제77조 제1항 제1호)
1. 연삭기 또는 연마기. 이 경우 휴대형은 제외한다.
2. 산업용 로봇
3. 혼합기
4. 파쇄기 또는 분쇄기
5. 식품가공용 기계(파쇄·절단·혼합·제면기만 해당한다)
6. 컨베이어
7. 자동차정비용 리프트
8. 공작기계(선반, 드릴기, 평삭·형삭기, 밀링만 해당한다)
9. 고정형 목재가공용 기계(둥근톱, 대패, 루타기, 띠톱, 모떼기 기계만 해당한다)
10. 인쇄기

14. 산업안전보건법령상 안전검사 대상에 해당하는 것을 모두 고른 것은?

㉠ 프레스	㉡ 압력용기
㉢ 산업용 원심기	㉣ 이동식 국소 배기장치
㉤ 정격 하중이 1톤인 크레인	
㉥ 특수자동차에 탑재한 고소작업대	

① ㉠, ㉣, ㉥
② ㉡, ㉤, ㉥
③ ㉠, ㉡, ㉢, ㉥
④ ㉡, ㉢, ㉣, ㉤
⑤ ㉠, ㉡, ㉢, ㉣, ㉤

해설 안전검사 대상(영 제78조 제1항 제1호)
1. 프레스
2. 전단기
3. 크레인(정격 하중이 2톤 미만인 것은 제외한다)
4. 리프트
5. 압력용기
6. 곤돌라
7. 국소 배기장치(이동식은 제외한다)
8. 원심기(산업용만 해당한다)
9. 롤러기(밀폐형 구조는 제외한다)
10. 사출성형기[형 체결력 294킬로뉴턴(KN) 미만은 제외한다]
11. 고소작업대(화물자동차 또는 특수자동차에 탑재한 고소작업대로 한정한다)
12. 컨베이어
13. 산업용 로봇

15. 산업안전보건법령상 유해·위험 방지를 위하여 방호조치가 필요한 기계·기구 등과 이에 설치하여야 할 방호장치를 옳게 연결한 것은?

① 예초기 - 회전체 접촉 예방장치
② 포장기계 - 구동부 방호 연동장치
③ 금속절단기 - 구동부 방호 연동장치
④ 원심기 - 날접촉 예방장치
⑤ 공기압축기 - 압력방출장치

해설 기계·기구에 설치해야 할 방호장치는 다음과 같다(규칙 제98조 제1항).
㉠ 예초기 : 날접촉 예방장치
㉡ 원심기 : 회전체 접촉 예방장치
㉢ 공기압축기 : 압력방출장치
㉣ 금속절단기 : 날접촉 예방장치
㉤ 지게차 : 헤드 가드, 백레스트(backrest), 전조등, 후미등, 안전벨트
㉥ 포장기계 : 구동부 방호 연동장치

16. 산업안전보건법령상 3년 이하의 징역 또는 3천만원 이하의 벌금에 처하게 될 수 있는 자는?
   ① 중대재해 발생현장을 훼손한 자
   ② 고용노동부장관과 사업주의 안전 및 보건에 관한 업무를 위탁받은 자로서 그 업무를 거짓이나 그 밖의 부정한 방법으로 수행한 자
   ③ 동력으로 작동하는 기계·기구로서 작동부분의 돌기부분을 묻힘형으로 하지 않거나 덮개를 부착하지 않고 양도한 자
   ④ 안전인증을 받지 않은 유해·위험한 기계·기구·설비등에 안전인증표시를 한 자
   ⑤ 작업환경측정 결과에 따라 근로자의 건강을 보호하기 위하여 해당 시설·설비의 설치·개선 또는 건강진단의 실시 등의 조치를 하지 아니한 자

   해설 다음의 어느 하나에 해당하는 자는 3년 이하의 징역 또는 3천만원 이하의 벌금에 처한다(법 제169조).
   1. 위험한 설비의 가동, 도급인의 안전조치 및 보건조치, 기계·기구 등에 대한 건설공사도급인의 안전조치, 기계·기구 등의 대여자 등의 조치, 타워크레인을 설치하거나 해체하는 작업, 안전인증, 안전인증대상기계등의 제조 등의 금지, 유해·위험물질의 제조 등 허가, 석면해체·제거 작업기준의 준수, 유해·위험작업에 대한 근로시간 제한 또는 자격 등에 의한 취업 제한을 위반한 자
   2. 공정안전보고서의 변경, 고용노동부장관의 시정조치, 안전인증대상기계등의 제조 등의 금지, 유해·위험물질의 제조 등 허가, 일반석면조사 또는 기관석면조사 또는 임시건강진단 명령에 따른 명령을 위반한 자
   3. 고용노동부장관과 사업주의 안전 및 보건에 관한 업무를 위탁받은 자로서 그 업무를 거짓이나 그 밖의 부정한 방법으로 수행한 자
   4. 안전인증 업무를 위탁받은 자로서 그 업무를 거짓이나 그 밖의 부정한 방법으로 수행한 자
   5. 안전검사 업무를 위탁받은 자로서 그 업무를 거짓이나 그 밖의 부정한 방법으로 수행한 자
   6. 자율검사프로그램에 따른 안전검사 업무를 거짓이나 그 밖의 부정한 방법으로 수행한 자

17. 산업안전보건기준에 관한 규칙상 통로를 설치하는 사업주가 준수하여야 하는 사항으로 옳지 않은 것은?
   ① 통로의 주요 부분에 통로표시를 하고, 근로자가 안전하게 통행할 수 있도록 하여야 한다.
   ② 통로면으로부터 높이 2미터 이내의 장애물을 제거하는 것이 곤란하다고 고용노동부장관이 인정하는 경우에는 근로자에게 발생할 수 있는 부상 등의 위험을 방지하기 위한 안전 조치를 하여야 한다.
   ③ 가설통로를 설치하는 경우, 건설공사에 사용하는 높이 8미터 이상인 비계다리에는 7미터 이내마다 계단참을 설치하여야 한다.
   ④ 잠함(潛函) 내 사다리식 통로를 설치하는 경우 그 폭은 30센티미터 이상으로 설치하여야 한다.
   ⑤ 계단 및 계단참을 설치하는 경우 매제곱미터당 500킬로그램 이상의 하중에 견딜 수 있는 강도를 가진 구조로 설치하여야 한다.

   해설 ④ 잠함 내 사다리식 통로와 건조·수리 중인 선박의 구명줄이 설치된 사다리식 통로(건조·수리작업을 위하여 임시로 설치한 사다리식 통로는 제외한다)에 대해서는 사다리식 통로 등의 구조의 규정을 적용하지 아니한다(산업안전보건기준에 관한 규칙 제24조 제2항).

정답 14 ③ 15 ⑤ 16 ② 17 ④

① 사업주는 통로의 주요 부분에 통로표시를 하고, 근로자가 안전하게 통행할 수 있도록 하여야 한다(산업안전보건기준에 관한 규칙 제22조 제2항).
② 사업주는 통로면으로부터 높이 2m 이내에는 장애물이 없도록 하여야 한다. 다만, 부득이하게 통로면으로부터 높이 2m 이내에 장애물을 설치할 수밖에 없거나 통로면으로부터 높이 2m 이내의 장애물을 제거하는 것이 곤란하다고 고용노동부장관이 인정하는 경우에는 근로자에게 발생할 수 있는 부상 등의 위험을 방지하기 위한 안전 조치를 하여야 한다(산업안전보건기준에 관한 규칙 제22조 제3항).
③ 가설통로를 설치하는 경우, 건설공사에 사용하는 높이 8미터 이상인 비계다리에는 7미터 이내마다 계단참을 설치하여야 한다(산업안전보건기준에 관한 규칙 제23조 제6호).
⑤ 계단 및 계단참을 설치하는 경우 매제곱미터당 500킬로그램 이상의 하중에 견딜 수 있는 강도를 가진 구조로 설치하여야 한다(산업안전보건기준에 관한 규칙 제26조 제1항).

18. 산업안전보건법령상 화학물질의 유해성·위험성을 조사하고 그 조사보고서를 고용노동부장관에게 제출하여야 하는 것은?

① 방사성 물질
② 천연으로 산출된 화학물질
③ 연간 수입량이 1,000킬로그램 미만인 경우로서 고용노동부장관의 확인을 받은 신규화학물질
④ 전량 수출하기 위하여 연간 10톤 이하로 제조하거나 수입하는 경우로서 고용노동부장관의 확인을 받은 신규화학물질
⑤ 일반 소비자의 생활용으로 직접 소비자에게 제공되고 국내의 사업장에서 사용되지 않는 경우로서 고용노동부장관의 확인을 받은 신규화학물질

해설 신규화학물질을 제조하거나 수입하려는 자는 제조하거나 수입하려는 날 30일(연간 제조하거나 수입하려는 양이 100킬로그램 이상 1톤 미만인 경우에는 14일) 전까지 신규화학물질 유해성·위험성 조사보고서에 별표 20에 따른 서류를 첨부하여 고용노동부장관에게 제출해야 한다. 다만, 그 신규화학물질을 환경부장관에게 등록한 경우에는 고용노동부장관에게 유해성·위험성 조사보고서를 제출한 것으로 본다(규칙 제147조 제1항).

19. 산업안전보건법령상 건강진단에 관한 설명으로 옳은 것은?

① 건강진단의 종류에는 일반건강진단, 특수건강진단, 채용시건강진단, 수시건강진단, 임시건강진단이 있다.
② 6개월간 밤 12시부터 오전 5시까지의 시간을 포함하여 계속되는 8시간 작업을 월 평균 4회 이상 수행하는 야간작업 근로자도 특수건강진단을 받아야 한다.
③ 벤젠에 노출되는 업무에 종사하는 근로자는 배치 후 3개월 이내에 첫 번째 특수건강진단을 받고, 이후 6개월마다 주기적으로 특수건강진단을 받아야 한다.
④ 다른 사업장에서 해당 유해인자에 대하여 배치전건강진단을 받고 9개월이 지난 근로자로서 건강진단결과를 적은 서류를 제출한 근로자는 배치전건강진단을 실시하지 아니할 수 있다.
⑤ 특수건강진단대상업무로 인하여 해당 유해인자에 의한 건강장해를 의심하게 하는 증상을 보이는 근로자에 대하여 사업주가 실시하는 건강진단을 임시건강진단이라 한다.

해설 ② 6개월간 밤 12시부터 오전 5시까지의 시간을 포함하여 계속되는 8시간 작업을 월 평균 4회 이상 수행하는 야간작업 근로자도 특수건강진단을 받아야 한다(규칙 별표 22).
① 건강진단의 종류에는 일반건강진단, 특수건강진단, 배치전건강진단, 수시건강진단, 임시건강진단이 있다.
③ 벤젠에 노출되는 업무에 종사하는 근로자는 배치 후 2개월 이내에 첫 번째 특수건강진단을 받고, 이후 6개월마다 주기적으로 특수건강진단을 받아야 한다(규칙 별표 23).
④ 다른 사업장에서 해당 유해인자에 대하여 다음의 어느 하나에 해당하는 건강진단을 받고 6개월이 지나지 않은 근로자로서 건강진단 결과를 적은 서류(건강진단개인표) 또는 그 사본을 제출한 근로자는 배치전건강진단을 실시하지 아니할 수 있다(규칙 제203조 제1호).
⑤ 같은 유해인자에 노출되는 근로자들에게 유사한 질병의 증상이 발생한 경우 근로자의 건강을 보호하기 위하여 사업주에게 특정 근로자에 대한 건강진단을 임시건강진단이라 한다(법 제131조 제1항).

20. 산업안전보건법령상 질병자의 근로 금지·제한에 관한 설명으로 옳지 않은 것은?

① 사업주는 심장 등의 질환이 있는 사람으로서 근로에 의하여 병세가 악화될 우려가 있는 사람에 대해서는 의사의 진단에 따라 근로를 금지하여야 한다.
② 사업주는 발암성물질을 취급하는 작업에 종사하는 근로자에게는 1일 6시간, 1주 34시간을 초과하여 근로하게 하여서는 아니 된다.
③ 사업주는 착암기 등에 의하여 신체에 강렬한 진동을 주는 작업에서 유해·위험예방조치 외에 작업과 휴식의 적정한 배분 등 근로자의 건강 보호를 위한 조치를 하여야 한다.
④ 사업주는 심장판막증이 있는 근로자를 고기압 업무에 종사하도록 하여서는 아니 된다.
⑤ 사업주는 근로가 금지되거나 제한된 근로자가 건강을 회복하였을 때에는 지체 없이 취업하게 하여야 한다.

해설 ② 사업주는 유해하거나 위험한 작업으로서 잠함 또는 잠수 작업 등 높은 기압에서 하는 작업에 종사하는 근로자에게는 1일 6시간, 1주 34시간을 초과하여 근로하게 해서는 아니 된다(법 제139조 제1항).
① 사업주는 심장 등의 질환이 있는 사람으로서 근로에 의하여 병세가 악화될 우려가 있는 사람에 대해서는 의사의 진단에 따라 근로를 금지하여야 한다(규칙 제220조 제1항 제3호).
③ 사업주는 착암기 등에 의하여 신체에 강렬한 진동을 주는 작업에서 유해·위험예방조치 외에 작업과 휴식의 적정한 배분 등 근로자의 건강 보호를 위한 조치를 하여야 한다(영 제99조 제3항 제7호).
④ 사업주는 심장판막증이 있는 근로자를 고기압 업무에 종사하도록 하여서는 아니 된다(규칙 제221조 제2항 제3호).
⑤ 사업주는 근로가 금지되거나 제한된 근로자가 건강을 회복하였을 때에는 지체 없이 근로를 할 수 있도록 하여야 한다(법 제138조 제2항).

21. 산업안전보건법령상 유해·위험방지계획서의 제출 대상 업종에 해당하지 않는 것은? (단, 전기 계약용량이 300킬로와트 이상인 사업에 한함)

① 전기장비 제조업
② 식료품 제조업
③ 가구 제조업
④ 목재 및 나무제품 제조업
⑤ 전자부품 제조업

정답 18 ③ 19 ② 20 ② 21 ①

> **해설** 유해위험방지계획서 제출 대상(영 제42조 제1항)
> 1. 금속가공제품 제조업; 기계 및 가구 제외
> 2. 비금속 광물제품 제조업
> 3. 기타 기계 및 장비 제조업
> 4. 자동차 및 트레일러 제조업
> 5. 식료품 제조업
> 6. 고무제품 및 플라스틱제품 제조업
> 7. 목재 및 나무제품 제조업
> 8. 기타 제품 제조업
> 9. 1차 금속 제조업
> 10. 가구 제조업
> 11. 화학물질 및 화학제품 제조업
> 12. 반도체 제조업
> 13. 전자부품 제조업

22. 산업안전보건법령상 지도사에 관한 설명으로 옳은 것은?

① 지도사 시험에 합격하여 고용노동부장관에게 등록하여야만 지도사의 자격을 가진다.
② 이 법을 위반하여 벌금형을 선고받고 6개월이 된 자는 지도사의 등록을 할 수 있다.
③ 지도사는 3년마다 갱신등록을 하여야 하며, 갱신등록은 지도실적이 없어도 가능하다.
④ 지도사 등록의 갱신기간 동안 지도실적이 2년 이상인 지도사의 보수교육시간은 10시간 이상으로 한다.
⑤ 산업안전 및 산업보건분야에서 3년간 실무에 종사한 지도사가 직무를 개시하려는 경우에는 등록을 하기 전 연수교육이 면제된다.

> **해설** ④ 지도사 등록의 갱신기간 동안 지도실적이 2년 이상인 지도사의 교육시간은 10시간 이상으로 한다(규칙 제231조 제2항 후단).
> ① 고용노동부장관이 시행하는 지도사 자격시험에 합격한 사람은 지도사의 자격을 가진다(법 제143조 제1항).
> ② 이 법을 위반하여 벌금형을 선고받고 1년이 지나지 아니한 사람은 등록을 할 수 없다(법 제145조 제3항).
> ③ 등록을 한 지도사는 고용노동부령으로 정하는 바에 따라 5년마다 등록을 갱신하여야 한다(법 제145조 제4항).
> ⑤ 산업안전 또는 산업보건 분야에서 5년 이상 실무에 종사한 경력이 있는 사람은 연수교육이 면제된다(법 제146조).

23. 산업안전보건법령상 서류의 보존기간에 관한 설명으로 옳지 않은 것은?

① 기관석면조사를 한 건축물이나 설비의 소유주 등과 석면조사기관은 그 결과에 관한 서류를 5년간 보존하여야 한다.
② 작업환경측정기관은 작업환경측정에 관한 사항으로서 측정대상 사업장의 명칭 및 소재지 등을 기재한 서류를 3년간 보존하여야 한다.
③ 사업주는 노사협의체 회의록을 기록·보존하여야 한다.

④ 자율안전확인대상 기계·기구 등을 제조하거나 수입하려는 자는 자율안전기준에 맞는 것임을 증명하는 서류를 보존하여야 한다.
⑤ 사업주는 화학물질의 유해성·위험성 조사에 관한 서류를 3년간 보존하여야 한다.

> **해설** ① 기관석면조사를 한 건축물·설비소유주등과 석면조사기관은 그 결과에 관한 서류를 3년 동안 보존하여야 한다(법 제164조 제3항).
> ② 작업환경측정기관은 작업환경측정에 관한 사항으로서 측정대상 사업장의 명칭 및 소재지 등을 기재한 서류를 3년간 보존하여야 한다(법 제164조 제4항, 규칙 제241조 제4항).
> ③ 협의체는 매월 1회 이상 정기적으로 회의를 개최하고 그 결과를 기록·보존해야 한다(규칙 제79조 제3항).
> ④ 자율안전확인대상기계등이 자율안전기준에 맞는 것임을 증명하는 서류를 보존하여야 한다(법 제89조 제3항).
> ⑤ 사업주는 화학물질의 유해성·위험성 조사에 관한 서류를 3년간 보존하여야 한다(법 제164조 제1항 제5호).

24. 산업안전보건기준에 관한 규칙상 근골격계부담작업으로 인한 건강장해 예방에 관한 설명으로 옳지 않은 것은?

① 신설되는 사업장의 사업주는 근로자가 근골격계부담작업을 하는 경우에 신설일부터 1년 이내에 최초의 유해요인조사를 하여야 한다.
② 유해요인조사에는 작업장 상황, 작업조건, 작업과 관련된 근골격계질환 징후와 증상 유무 등이 포함된다.
③ 유해요인조사는 근로자와의 면담, 증상 설문조사, 인간공학적 측면을 고려한 조사 등 적절한 방법으로 하여야 한다.
④ 근로자는 근골격계부담작업으로 인하여 운동범위의 축소 등의 징후가 나타나는 경우 그 사실을 사업주에게 통지할 수 있다.
⑤ 연간 7명이 근골격계질환으로 인한 업무상질병으로 인정받은 상시 근로자수 85명을 고용하고 있는 사업주는 근골격계질환 예방관리 프로그램을 시행하여야 한다.

> **해설** ⑤ 근골격계질환으로 업무상 질병으로 인정받은 근로자가 연간 10명 이상 발생한 사업장 또는 5명 이상 발생한 사업장으로서 발생 비율이 그 사업장 근로자 수의 10% 이상인 경우 근골격계질환 예방관리 프로그램을 수립하여 시행하여야 한다(산업안전보건기준에 관한 규칙 제662조 제1항).
> ① 신설되는 사업장의 경우에는 신설일부터 1년 이내에 최초의 유해요인 조사를 하여야 한다(산업안전보건기준에 관한 규칙 제657조 제1항 단서).
> ② 유해요인조사에는 작업장 상황, 작업조건, 작업과 관련된 근골격계질환 징후와 증상 유무 등이 포함된다(산업안전보건기준에 관한 규칙 제657조 제1항).
> ③ 사업주는 유해요인 조사를 하는 경우에 근로자와의 면담, 증상 설문조사, 인간공학적 측면을 고려한 조사 등 적절한 방법으로 하여야 한다(산업안전보건기준에 관한 규칙 제658조).
> ④ 근로자는 근골격계부담작업으로 인하여 운동범위의 축소, 쥐는 힘의 저하, 기능의 손실 등의 징후가 나타나는 경우 그 사실을 사업주에게 통지할 수 있다(산업안전보건기준에 관한 규칙 제660조 제1항).

정답 22 ④ 23 ① 24 ⑤

25. 산업안전보건법령상 건강관리카드 발급대상 업무 및 대상요건에 해당하지 않는 것은?

   ① 니켈 또는 그 화합물을 광석으로부터 추출하여 제조하거나 취급하는 업무에 5년 이상 종사한 사람
   ② 염화비닐을 제조하거나 사용하는 석유화학설비를 유지·보수하는 업무에 4년 이상 종사한 사람
   ③ 비파괴검사 업무에 3년 이상 종사한 사람
   ④ 석면 또는 석면방직제품을 제조하는 업무에 3개월 이상 종사한 사람
   ⑤ 비스-(클로로메틸)에테르를 제조하거나 취급하는 업무에 3년 이상 종사한 사람

   해설 ③ 비파괴검사 업무 : 1년 이상 종사한 사람 또는 연간 누적선량이 20mSv 이상이었던 사람(규칙 별표 25)
   ① 니켈 또는 그 화합물을 광석으로부터 추출하여 제조하거나 취급하는 업무 : 5년 이상 종사한 사람(규칙 별표 25)
   ② 염화비닐을 제조하거나 사용하는 석유화학설비를 유지·보수하는 업무 : 4년 이상 종사한 사람(규칙 별표 25)
   ④ 석면 또는 석면방직제품을 제조하는 업무 : 3개월 이상 종사한 사람(규칙 별표 25)
   ⑤ 비스-(클로로메틸)에테르를 제조하거나 취급하는 업무 : 3년 이상 종사한 사람(규칙 별표 25)

산업위생 일반

26. 산업피로에 관한 설명으로 옳지 않은 것은?

   ① 근육 내 에너지원의 부족은 피로발생의 생리적 원인에 해당된다.
   ② 체내 대사물질인 젖산, 암모니아, 시스틴, 잔여질소는 피로물질이라 한다.
   ③ 국소피로의 측정은 피로의 주관적 측정이다.
   ④ 산업피로는 정신적 피로와 육체적 피로로 구분할 수 있다.
   ⑤ 전신피로는 심박수를 측정한 후 산출하여 판정한다.

   해설 ③ 국소피로는 근전도를 이용하여 근육이 위치한 피부표면에 2개의 전극을 부착하여 힘의 증가를 측정한다.
   ① 근육 내 에너지원의 부족은 피로발생의 생리적 원인에 해당된다.
   ② 피로물질에는 젖산, 암모니아, 시스틴, 잔여질소 등이 있다.
   ④ 산업피로는 정신적 피로와 육체적 피로로 구분할 수 있다.
   ⑤ 전신피로는 작업을 마친 직후 심박수를 측정한 후 산출하여 판정한다.

27. 화학물질의 분류·표시 및 물질안전보건자료에 관한 기준에 따른 물질안전보건자료의 작성항목으로 옳지 않은 것은?

   ① 유해성·위험성
   ② 누출 사고 시 대처 방법
   ③ 취급 및 저장방법
   ④ 환경에 미치는 영향
   ⑤ 안정성 및 폭발성

해설 물질안전보건자료의 작성항목(화학물질의 분류·표시 및 물질안전보건자료에 관한 기준 제10조 제1항)
1. 화학제품과 회사에 관한 정보
2. 유해성·위험성
3. 구성성분의 명칭 및 함유량
4. 응급조치요령
5. 폭발·화재시 대처방법
6. 누출사고시 대처방법
7. 취급 및 저장방법
8. 노출방지 및 개인보호구
9. 물리화학적 특성
10. 안정성 및 반응성
11. 독성에 관한 정보
12. 환경에 미치는 영향
13. 폐기 시 주의사항
14. 운송에 필요한 정보
15. 법적규제 현황
16. 그 밖의 참고사항

28. 산업안전보건기준에 관한 규칙상 밀폐공간과 관련된 내용으로 옳지 않은 것은?

① 사업주는 근로자가 밀폐공간에서 작업을 하는 경우에 그 작업장과 외부의 감시인 간에 상시 연락을 취할 수 있는 설비를 설치하여야 한다.
② 사업주는 근로자가 밀폐공간에서 작업을 하는 경우에 작업을 시작하기 전과 작업중에 해당 작업장을 적정공기 상태가 유지되도록 환기하여야 한다.
③ "유해가스"란 밀폐공간에서 탄산가스·황화수소 등의 유해물질이 가스상태로 공기 중에 발생하는 것을 말한다.
④ "적정공기"란 산소농도의 범위가 18% 이상, 23.5% 미만, 탄산가스의 농도가 1.5% 미만, 황화수소의 농도가 20ppm 미만인 수준의 공기를 말한다.
⑤ 사업주는 근로자가 밀폐공간에서 작업을 하는 경우에 그 장소에 근로자를 입장시킬 때와 퇴장시킬 때마다 인원을 점검하여야 한다.

해설 ④ 적정공기 : 산소농도의 범위가 18% 이상 23.5% 미만, 탄산가스의 농도가 1.5% 미만, 일산화탄소의 농도가 30피피엠 미만, 황화수소의 농도가 10피피엠 미만인 수준의 공기를 말한다(산업안전보건기준에 관한 규칙 제618조 제2호).
① 사업주는 근로자가 밀폐공간에서 작업을 하는 동안 그 작업장과 외부의 감시인 간에 항상 연락을 취할 수 있는 설비를 설치하여야 한다(산업안전보건기준에 관한 규칙 제623조 제3항).
② 사업주는 근로자가 밀폐공간에서 작업을 하는 경우에 작업을 시작하기 전과 작업 중에 해당 작업장을 적정공기 상태가 유지되도록 환기하여야 한다(산업안전보건기준에 관한 규칙 제620조 제1항).
③ 유해가스 : 탄산가스·일산화탄소·황화수소 등의 기체로서 인체에 유해한 영향을 미치는 물질을 말한다(산업안전보건기준에 관한 규칙 제618조 제1호).
⑤ 사업주는 근로자가 밀폐공간에서 작업을 하는 경우에 그 장소에 근로자를 입장시킬 때와 퇴장시킬 때마다 인원을 점검하여야 한다(산업안전보건기준에 관한 규칙 제621조).

정답 25 ③ 26 ③ 27 ⑤ 28 ④

29. 산업보건의 역사에 관한 설명으로 옳은 것은?

① 라마찌니(B. Ramazzini)는 '직업인의 질병'을 저술하였다.
② 히포크라테스는 구리광산에서 산 증기의 위험성을 보고하였다.
③ 원진레이온에서 발생한 직업병의 원인물질은 황화수소이다.
④ 우리나라는 1991년에 산업안전보건법을 제정하였다.
⑤ 우리나라는 1995년에 작업환경측정실시규정을 제정하였다.

> **해설** ① 라마찌니(B. Ramazzini)는 산업보건의 시조로 '직업인의 질병'을 저술하였다.
> ② 히포크라테스는 광산의 납중독을 보고하였다.
> ③ 원진레이온에서 발생한 직업병의 원인물질은 이황화탄소이다.
> ④ 우리나라는 1981년에 산업안전보건법을 제정하였다.
> ⑤ 우리나라는 1992년에 작업환경측정실시규정을 제정하였다.

30. 근로자 건강진단 실시기준에서 건강진단 실시결과에 따라 건강상담, 보호구지급 및 착용지도, 추적검사, 근무 중 치료 등의 조치를 시행할 수 있는 기관 또는 자격자에 해당하지 않는 것은?

① 건강진단기관
② 산업보건의
③ 보건관리자
④ 보건진단기관
⑤ 한국산업안전보건공단 근로자 건강센터

> **해설** 사업주는 건강진단 실시결과에 따라 건강상담, 보호구 지급 및 착용 지도, 추적검사, 근무 중 치료 등의 조치를 시행할 때에 다음의 어느 하나를 활용할 수 있다(근로자 건강진단 실시기준 제20조 제2항).
> 1. 건강진단기관
> 2. 산업보건의
> 3. 보건관리자
> 4. 공단 근로자 건강센터

31. 작업환경측정 및 지정측정기관 평가 등에 관한 고시에서 정한 6가 크롬화합물의 측정과 분석방법에 관한 설명으로 옳은 것은?

① 시료채취기는 유리섬유 여과지와 패드가 장착된 3단 카세트를 사용한다.
② 시료채취용 펌프는 작업자의 정상적인 작업 상황에서 작업자에게 부착 가능해야 하며, 적정 유량(1~4L/분)에서 6시간 동안 연속적으로 작동이 가능해야 한다.
③ 시료채취량은 여과지에 채취된 먼지의 무게가 10mg을 초과하지 않도록 펌프의 유량 및 시료채취 시간을 조절하여 시료채취를 한다.
④ 현장공시료의 개수는 채취된 총 시료 수의 5% 이상 또는 시료세트 당 1~10개를 준비한다.
⑤ 분석기기는 전도도 또는 분광 검출기가 장착된 이온크로마토그래피이어야 한다.

해설 ⑤ 분석기기 : 전도도 또는 분광 검출기가 장착된 이온크로마토그래피이어야 한다.
① 시료채취기 : PVC 여과지(직경 : 37㎜, 공극 : 5.0㎛, polyvinyl chloride membrane)와 패드(backup pad)가 장착된 3단 카세트를 사용한다.
② 시료채취용 펌프 : 작업자의 정상적인 작업 상황에서 작업자에게 부착 가능해야 하며, 적정유량(1~4 L/분)에서 8시간 동안 연속적으로 작동이 가능해야 한다.
③ 시료채취량 : 시료채취 시의 펌프유량 및 채취총량은 다음 표의 정보를 참고하여 시료 채취할 때 여과지에 채취된 먼지의 무게가 1㎎을 초과하지 않도록 펌프의 유량 및 시료채취 시간을 조절하여 시료채취를 한다.
④ 현장공시료의 개수 : 채취된 총 시료 수의 10% 이상 또는 시료세트 당 2~10개를 준비한다.

32. 산업안전보건법령상 유해물질 또는 작업장소에 따른 포위식 후드의 제어풍속이 옳지 않은 것은?

① 메틸알코올(가스상태) - 0.4m/sec
② 망간 및 그 화합물(입자상태) - 0.6m/sec
③ 염화비닐(가스상태) - 0.5m/sec
④ 주물모래를 재생하는 장소 - 0.7m/sec
⑤ 암석 등 탄소원료 또는 알루미늄박을 체로 거르는 장소 - 0.7m/sec

해설 관리대상 유해물질 관련 국소배기장치 후드의 제어풍속(산업안전보건기준에 관한 규칙 별표 13)

물질의 상태	후드 형식	제어풍속(m/sec)
가스 상태	포위식 포위형	0.4
	외부식 측방흡인형	0.5
	외부식 하방흡인형	0.5
	외부식 상방흡인형	1.0
입자 상태	포위식 포위형	0.7
	외부식 측방흡인형	1.0
	외부식 하방흡인형	1.0
	외부식 상방흡인형	1.2

분진작업장소에 설치하는 국소배기장치의 제어풍속(산업안전보건기준에 관한 규칙 별표 17)

분진 작업 장소	제어풍속(미터/초)			
	포위식 후드의 경우	외부식 후드의 경우		
		측방 흡인형	하방 흡인형	상방 흡인형
암석등 탄소원료 또는 알루미늄박을 체로 거르는 장소	0.7	-	-	-
주물모래를 재생하는 장소	0.7	-	-	-
주형을 부수고 모래를 터는 장소	0.7	1.3	1.3	-
그 밖의 분진작업장소	0.7	1.0	1.0	1.2

33. 상이한 반응을 보이는 집단의 중심경향을 파악하고자 할 때 유용하게 이용되는 대푯값은?
   ① 산술평균
   ② 가중평균
   ③ 기하평균
   ④ 조화평균
   ⑤ 중앙값

   해설 조화평균은 n개의 양수에 대하여 그 역수들을 산술평균한 것의 역수로 상이한 반응을 보이는 집단의 중심경향을 파악하고자 할 때 유용하다.

34. 근로자 건강증진활동 지침에 따라 사업주가 건강증진활동계획을 수립할 때 포함해야 할 사항은?
   ① 작업환경측정결과 사후관리조치
   ② 건강진단결과 사후관리조치
   ③ 위험성평가결과 사후관리조치
   ④ 화학물질의 유해성·위험성 평가결과 사후관리조치
   ⑤ 직무스트레스 평가결과 사후관리조치

   해설 사업주가 건강증진활동계획을 수립할 때 포함해야 할 사항(근로자 건강증진활동 지침 제4조 제2항)
   1. 건강진단결과 사후관리조치
   2. 근골격계질환 징후가 나타난 근로자에 대한 사후조치
   3. 직무스트레스에 의한 건강장해 예방조치

35. 화학물질 및 물리적 인자의 노출기준에 따른 화학물질의 생식독성 분류 기준은?
   ① 국제암연구소의 분류
   ② 미국산업위생전문가협회의 분류
   ③ 미국국립산업안전보건연구원의 분류
   ④ 미국독성프로그램의 분류
   ⑤ 유럽연합의 분류·표시에 관한 규칙의 분류

   해설 발암성, 생식세포 변이원성 및 생식독성 정보는 법상 규제 목적이 아닌 정보제공 목적으로 표시하는 것으로서 발암성은 국제암연구소(International Agency for Research on Cancer, IARC), 미국산업위생전문가협회(American Conference of Governmental Industrial Hygienists, ACGIH), 미국독성프로그램(National Toxicology Program, NTP), 「유럽연합의 분류·표시에 관한 규칙(European Regulation on the Classification, Labelling and Packaging of substances and mixtures, EU CLP)」 또는 미국산업안전보건청(American Occupational Safety & Health Administration, OSHA)의 분류를 기준으로, 생식세포 변이원성 및 생식독성은 유럽연합의 분류·표시에 관한 규칙(European Regulation on the Classification, Labelling and Packaging of substances and mixtures, EU CLP)을 기준으로 「화학물질의 분류·표시 및 물질안전보건자료에 관한 기준」에 따라 분류한다(화학물질 및 물리적 인자의 노출기준 제5조 제2항).

36. 직업에 대한 개인의 동기와 환경이 제공해 주는 여러 여건들이 조화를 이루지 못할 때, 혹은 직장에서의 요구와 그 요구에 대처할 수 있는 인간의 능력에 차이가 존재할 때 긴장이 발생하게 된다고 보는 직무스트레스 모델은?

    ① 인간 - 환경 적합 모델
    ② ISR 모델
    ③ 노력 - 보상 불균형 모델
    ④ Newman의 요소 모델
    ⑤ 요구 - 통제 모델

    해설 ① 인간 - 환경 적합 모델 : 인간과 환경의 부조화와 능력의 차이가 존재할 때 긴장이 발생하게 된다고 본다.
    ③ 노력 - 보상 불균형 모델 : 개인 차원에서 스트레스를 일으키는 가장 큰 원인은 본인이 지출하는 노력의 내용과 크기와 본인이 직접 체험하는 보상의 내용과 크기 간의 불균형이라고 본다.
    ⑤ 요구 - 통제 모델 : 직무요구도와 직무자율성이 어떻게 조합되어지느냐에 따라 스트레스가 달리 나타난다고 본다.

37. 폐환기 및 폐기능에 관한 설명으로 옳은 것을 모두 고른 것은?

    ㉠ 안정시 호흡에서 폐로 들어가는 공기의 양을 1회 호흡량(TV)이라 한다.
    ㉡ 안정시 호기 후에 노력하여 최대한 호기할 수 있는 공기의 양을 예비 호기량(ERV)이라 한다.
    ㉢ 안정시 흡기 후에 노력하여 최대한 들여 마실 수 있는 공기의 양을 예비 흡기량(IRV)이라 한다.
    ㉣ 1회 호흡량, 예비흡기량, 예비호기량을 모두 더한 양을 전폐용량(total lung capacity)이라 한다.
    ㉤ 최대한 공기를 다 내쉰 후에도 기도에 남아 있는 공기가 있는데 이를 잔기량(RV)이라고 하며, 1,200ml 정도가 된다.

    ① ㉠, ㉢
    ② ㉡, ㉣, ㉤
    ③ ㉠, ㉡, ㉢, ㉤
    ④ ㉠, ㉡, ㉣, ㉤
    ⑤ ㉡, ㉢, ㉣, ㉤

    해설 ㉣ 전폐용량(total lung capacity)은 1회 호흡량(TV), 호기 예비기량(ERV), 흡기 예비기량(IRV), 잔기량(RV)을 모두 더한 양이다.
    ㉠ 안정시 호흡에서 폐로 들어가는 공기의 양을 1회 호흡량(TV)이라 한다.
    ㉡ 정상 호흡의 내쉰 상태로부터 인위적으로 더 숨을 끝까지 내쉴 수 있는 용량을 호기 예비기량(ERV)이라 한다.
    ㉢ 정상적으로 호흡하고 있는 상태 중 숨을 들이마신 상태에서, 인위적으로 숨을 강제로 끝까지 들이마셔서 최대한 숨을 들이마셨을 때 흡기 예비기량(IRV)이라 한다.
    ㉤ 인위적으로 숨을 모두 내쉬고 나서도 남아있는 폐 내부의 용량을 잔기량(RV)이라 한다.

38. 금속의 체내대사에 관한 설명으로 옳지 않은 것은?

    ① 무기연 화합물은 주로 호흡기와 소화기를 통하여 인체 내에 들어 온다.
    ② 금속수은의 표적장기는 심장과 근육이고, 무기수은염의 표적장기는 뇌이다.

정답 33 ④ 34 ② 35 ⑤ 36 ① 37 ③ 38 ②

③ 체내에 흡수된 카드뮴은 혈액을 거쳐 2/3 정도 간과 신장으로 이동하고, 물질대사를 통해 메탈로티오네인(metallothionein)이 합성되어 혈액을 통하여 다른 장기로 이동한다.
④ 체내에 흡수된 망간은 10~30% 정도 간에 축적되며, 뇌혈관막을 통과하기도 한다.
⑤ 베릴륨의 주된 흡수 경로는 호흡기이고, 위장관계나 피부를 통하여 흡수될 수도 있다.

해설 금속수은은 주로 호흡기를 통하여 흡수되며 체내로 흡수된 수은은 주로 신장과 뇌에 분포하게 된다. 무기수은은 금속수은과 달리 혈액뇌장벽을 통과하지 못하여 주로 신장에 축적되므로 신장이 표적장기가 된다.

39. 하인리히(H. Heinrich)의 사고 발생과정 5단계에 관한 설명으로 옳지 않은 것은?
① 사고예방 중심은 1단계이다.
② 도미노 이론이라고도 한다.
③ 불안전한 행동 및 상태는 3단계에 해당된다.
④ 낙하·비래와 같은 사고는 4단계에 해당된다.
⑤ 사고 결과로 발생하는 상해는 5단계에 해당된다.

해설 하인리히(H. Heinrich)의 사고 발생과정 5단계
1. 유전적 결함 및 사회적 환경
2. 개인적 결함
3. 불안전한 행동 및 상태
4. 사고
5. 재해

40. 우리나라 산업재해 발생형태의 분류 항목이 아닌 것은?
① 전도
② 붕괴·도괴
③ 협착
④ 유해물질접촉
⑤ 절단

해설 산업재해 발생형태의 분류 항목(산업재해 기록·분류에 관한 지침) : 추락, 전도·전복, 충돌·접촉, 낙하·비래, 협착·감김, 붕괴·도괴, 압박·진동, 신체반작용, 부자연스런 자세, 과도한 힘·동작, 반복적 동작, 이상온도 노출·접촉, 이상기압 노출, 소음노출, 유해광선 노출, 산소결핍·질식, 화재, 폭발, 전류접촉, 폭력행위 등

41. 하이드라진(Hydrazine)의 증기압은 10mmHg, 노출기준은 0.05ppm이며, 노말헥산의 증기압은 124mmHg, 노출기준은 50ppm이다. 다음 중 옳은 것을 모두 고른 것은? (단, 증기유해지수 (VHI)=$\frac{포화농도}{노출기준}$)

> ㉠ 하이드라진의 포화농도는 약 1.3%이다.
> ㉡ 노말헥산의 포화농도는 약 26.3%이다.
> ㉢ 하이드라진의 VHI는 약 263,000이다.
> ㉣ 노말헥산의 VHI는 약 53,000이다.

① ㉠, ㉢
② ㉠, ㉣
③ ㉠, ㉡, ㉢
④ ㉡, ㉢, ㉣
⑤ ㉠, ㉡, ㉢, ㉣

해설 포화농도=$\frac{증기압}{760}\times 100$

㉠ 하이드라진의 포화농도=$\frac{10}{760}\times 100 = 1.3\%$

㉡ 노말헥산의 포화농도=$\frac{124}{760}\times 100 = 16.3\%$

증기유해지수(VHI)=$\frac{포화농도}{노출기준}$

㉢ 하이드라진의 VHI=$\frac{10}{760}\times\frac{1,000,000}{0.05}=263,157$

㉣ 노말헥산의 VHI=$\frac{124}{760}\times\frac{1,000,000}{50}=3,263$

42. 사실을 확인하여 미리 정해 둔 판정기준에 근거해서 재해요소를 찾고 그 중요도를 평가하는 재해요인의 분석기법은?

① 특성요인도 분석
② 문답방식 분석
③ 일반적인 재해원인 분석
④ 4M기법
⑤ 3E기법

해설 ③ 일반적인 재해원인 분석 : 사실을 확인하여 미리 정해 둔 판정기준에 근거해서 재해요소를 찾고 그 중요도를 평가하는 재해요인의 분석기법이다.
① 특성요인도 분석 : 생산 공정에서 일어나는 문제의 원인과 결과와의 관계를 체계화하여 도식한 것이다.
④ 4M기법 : 재해가 발생하였을 때 재해의 발생원인과 원인에 대한 분석을 통하여 재해발생의 대책을 세우기 위한 기법이다.
⑤ 3E기법 : Engineering(기술적), Education(교육적), Enforcement(관리적) 기법으로 재해발생의 대책을 세우기 위한 기법이다.

정답 39 ① 40 ⑤ 41 ① 42 ③

43. 재해율에 관한 설명으로 옳은 것은?
   ① 천인율은 산출이 용이하며 근로시간수나 근로일수에 변동이 많은 사업장에 적합하다.
   ② 종합재해지수(FSI)의 계산식은 $\sqrt{2.4 \times 도수율 \times 강도율}$ 이다.
   ③ 사망 및 장해등급 1~3급 상해자의 손실일수는 6,500일이다.
   ④ 일시 전근로불능상해 또는 일시 부분근로불능상해는 휴식일수에 250/360을 곱하여 산정한다.
   ⑤ 작업기록을 근거로 근로시간의 산출이 불가능할 때는 근로자 1인당 연간 근로시간은 2,400시간으로 계산한다.

   [해설] ⑤ 작업기록을 근거로 근로시간의 산출이 불가능할 때는 근로자 1인당 연간 근로시간은 2,400시간으로 계산한다.
   ① 천인율은 근로자 1,000명당 재해자수를 말하므로 근로시간수나 근로일수에 변동이 많은 사업장은 적합하지 않다.
   ② 종합재해지수(FSI)의 계산식은 $\sqrt{도수율 \times 강도율}$ 이다.
   ③ 사망 및 장해등급 1~3급 상해자의 손실일수는 7,500일이다.
   ④ 일시 전근로불능상해는 휴식일수에 300/365를 곱하여 산정한다.

44. 환경역학연구에 관한 설명으로 옳지 않은 것은?
   ① 개인단위가 아닌 인구집단 또는 특정집단을 분석의 단위로 하는 연구를 생태학적 연구라 한다.
   ② 참여하는 대상을 알고자 하는 결과변수(질병 또는 특정 건강상태)의 유무를 기반으로 정해지는 것은 환자-대조군 연구이다.
   ③ 환자-대조군 연구에서 교차비(OR)가 1보다 크다는 것은 요인노출과 결과변수가 양의 관계에 있다는 것을 의미한다.
   ④ 코호트연구에서 연관성은 환자군에서의 질병발생률과 대조군에서의 질병발생률의 비인 상대위험도(RR)로 나타낸다.
   ⑤ 패널연구는 반복측정연구라고도 하며, 단면연구와 코호트연구의 혼합형태이다.

   [해설] 코호트연구에서 상대위험도(RR)는 노출그룹에서의 발생률을 비노출그룹에서의 발생률로 나눈 값을 말한다.

45. 트리클로로에틸렌에 관한 설명으로 옳지 않은 것은?
   ① 무색의 불연성 액체로 달콤한 냄새가 난다.
   ② 휘발성이 강해 주로 호흡기로 흡입되며 피부흡수는 드물다.
   ③ 화학물질 및 물리적 인자의 노출기준에서 발암성을 1B로 구분한다.
   ④ 주로 금속가공 공장에서 기계 세척용이나 금속부품의 증기탈지 작업에 사용된다.
   ⑤ 주로 간, 콩팥, 심혈관계, 중추신경계, 피부에 건강상 악영향을 미친다.

해설 ③ 화학물질 및 물리적 인자의 노출기준에서 발암성을 1A로 구분한다.
①, ② 트리클로로에틸렌은 클로로포름 냄새가 나는 투명한 무색의 휘발성 액체로 주로 호흡기로 흡입되며 피부흡수는 드물다.
④ 금속을 침식하지 않고 증기세척·침지세척에 적합하므로 금속탈지제로서 많이 사용된다.
⑤ 주로 신경계에 영향을 주고 신장암에 대한 발암성을 보이고 있다.

46. 다음에서 설명하는 금속은?

○ 화학물질 및 물리적 인자의 노출기준에서 발암성 구분은 1A이며, 노출기준(TWA)은 0.01mg/㎥이다.
○ 무기물질의 경우 장관계에서 매우 잘 흡수된다.
○ 무기물질에 만성적으로 노출되는 경우 피부 색소침착, 피부각화 등의 피부증상이 가장 흔하게 나타난다.

① 비소
② 납
③ 수은
④ 망간
⑤ 크롬

해설 ○ 비소는 화학물질 및 물리적 인자의 노출기준에서 발암성 구분은 1A(사람에게 충분한 발암성 증거가 있는 물질)이며, 노출기준(TWA)은 0.01mg/㎥이다.
○ 무기비소는 장관계에서 매우 잘 흡수(80~90%)된다.
○ 비소에 만성적으로 노출되는 경우 피부증상(피부색소침착, 피부각화 등)이 가장 흔하고, 반복적인 비소 노출은 신체 말단의 감각이상으로 시작되어 통증으로 발전하는 말초신경장애 초래한다.

47. 방독마스크에 관한 설명으로 옳지 않은 것은?

① 일산화탄소용 정화통의 색깔은 흑색이다.
② 방독마스크의 흡착제로 가장 많이 쓰는 것은 활성탄이다.
③ 사용 중에 조금이라도 가스냄새가 나는 경우에는 새로운 정화통으로 교환한다.
④ 정화통은 온도나 습도에 영향을 받으므로 건냉소에 보관한다.
⑤ 공기 중 사염화탄소 농도가 2,500ppm이며, 정화통의 정화능력이 사염화탄소 0.4%에서 150분간 사용가능하다면 유효시간은 240분이다.

해설 ① 일산화탄소용 정화통의 색깔은 적색, 유기가스용 정화통의 색깔 흑색, 암모니아 정화통의 색깔 녹색이다.
② 흡수제의 주제인 활성탄은 습기 흡수에 따라 능력이 감퇴하므로 흡수관 보관시 습기를 피해야 한다.
③ 사용중 약간의 가스냄새나 호흡이 힘들 때는 즉시 작업을 중지하고, 새로운 흡수관으로 교환한다.
④ 정화통은 온도나 습도에 영향을 받으므로 건냉소에 보관한다.
⑤ 유효시간 = $\dfrac{\text{표준유효시간} \times \text{시험가스농도}}{\text{사용하는 환기중의 유해가스 농도}} = \dfrac{150 \times 0.4}{2.5} = 240$시간이다.

정답 43 ⑤ 44 ④ 45 ③ 46 ① 47 ①

48. 제철소의 작업환경에서 발생하는 코크스오븐배출물질(COE)의 시료 채취에 사용하는 매체는?
   ① 은막 여과지
   ② MCE 여과지
   ③ PVC 여과지
   ④ 활성탄관
   ⑤ 실리카겔관

   해설 은막 여과지는 금속은을 소결하여 만든 것으로 열적, 화학적으로 안정하다. 코크스오븐배출물질(COE)과 다행방향족 탄화수소(PAHs) 등을 채취하는데 사용한다. 결합제나 섬유가 포함되어 있지 않다.

49. 소변 또는 혈액을 이용한 생물학적 모니터링에 관한 설명으로 옳지 않은 것은?
   ① 혈액을 이용한 생물학적 모니터링은 혈액 구성성분에 개인간 차이가 적다.
   ② 혈액을 이용한 생물학적 모니터링은 소변에 비해 약물동력학적 변이 요인들의 영향을 적게 받는다.
   ③ 소변을 이용한 생물학적 모니터링은 소변 배설량의 변화로 농도보정이 필요하다.
   ④ 생물학적 모니터링을 위한 혈액 채취는 정맥혈을 기준으로 한다.
   ⑤ 소변은 많은 양의 시료 확보가 가능하다.

   해설 혈액의 경우 시료 채취과정에서 오염될 가능성은 적고, 보관과 처치에 주의해야 한다. 시료 채취 시 근로자가 부담을 가질 수 있으며 약물동력학적 변이 요인들의 영향에 주의해야 한다.

50. 입자상물질에 관한 설명으로 옳지 않은 것은?
   ① 호흡기계의 어느 부위에 침착하더라도 독성을 나타내는 입자상물질을 흡입성분진(IPM)이라 한다.
   ② 흄은 금속의 증기화, 증기물의 산화, 증기물의 가공에 의하여 발생한다.
   ③ 호흡성분진(RPM)의 평균 입자 크기는 4㎛이다.
   ④ 가스교환지역인 폐포나 폐기도에 침착되었을 때 독성을 나타내는 입자상물질을 흉곽성분진(TPM)이라 한다.
   ⑤ 스모크는 유기물질의 불완전 연소에 의하여 생성된다.

   해설 ② 흄은 고체 물질이 고온에 의해 증기화, 산화, 응축으로 공기중에 형성된 고체 미립자이다.
   ① 흡입성분진(IPM)은 평균입경 100㎛, 호흡기 어느 부위에 침착하더라도 독성을 유발하는 분진이다.
   ③ 호흡성분진(RPM)은 가스 교환부위, 즉 폐포에 침착할 때 유해한 물질로서 평균 입경이 4㎛이다.
   ④ 흉곽성분진(TPM)은 가스교환 부위(폐포)에 침착하여 독성을 나타낸다.
   ⑤ 스모크는 불완전 연소에 의하여 발생하는 에어로졸로서, 주로 고체 상태이고 탄소와 기타 가연성 물질로 구성된다.

기업진단 · 지도

51. 파스칼(R. Pascale)과 애토스(A. Athos)의 7S 조직문화 구성요소 중 가장 핵심적인 요소는?
① 전략
② 공유가치
③ 구성원
④ 제도 · 절차
⑤ 관리스타일

해설 파스칼(R. Pascale)과 애토스(A. Athos)의 7S 조직문화 구성요소는 공유가치, 전략, 구조, 관리제도, 구성원, 기술, 관리스타일이다. 7S 중에서 가장 중요한 요소인 공유가치는 조직문화의 핵심적 구성요소로서 조직 구성원들이 공동으로 소유하고 있는 가치관, 이념 그리고 전통가치와 조직의 기본목적 등을 말한다.

52. 상황적합적 조직구조이론에 관한 설명으로 옳지 않은 것은?
① 우드워드(J. Woodward)는 기술을 단위생산기술, 대량생산기술, 연속공정기술로 나누었는데, 대량생산에는 기계적 조직구조가 적합하고, 연속공정에는 유기적 조직구조가 적합하다고 주장하였다.
② 번즈(T. Burns)와 스탈커(G. Stalker)는 안정적인 환경에서는 기계적인 조직이, 불확실한 환경에서는 유기적인 조직이 효과적이라고 주장하였다.
③ 톰슨(J. Thompson)은 기술을 단위작업 간의 상호의존성에 따라 중개형, 장치형, 집약형으로 유형화하고, 이에 적합한 조직구조와 조정형태를 제시하였다.
④ 페로우(C. Perrow)는 기술을 다양성 차원과 분석가능성 차원을 기준으로 일상적 기술, 공학적 기술, 장인기술, 비일상적 기술로 유형화하였다.
⑤ 블라우(P. Blau), 차일드(J. Child)는 환경의 불확실성을 상황변수로 연구하였다.

해설 블라우(P. Blau), 차일드(J. Child)는 규모를 상황변수로 연구하였다. 규모가 증대됨에 따라 복잡성, 공식화는 높아지나 집권화 수준은 낮아진다.

53. 인사고과에 관한 설명으로 옳은 것을 모두 고른 것은?

㉠ 캐플란(R. Kaplan)과 노턴(D. Norton)이 주장한 균형성과표(BSC)의 4가지 핵심 관점은 재무관점, 고객관점, 외부환경관점, 학습 · 성장관점이다.
㉡ 목표관리법(MBO)의 단점 중 하나는 권한위임이 이루어지기 어렵다는 것이다.
㉢ 체크리스트법(대조법)은 평가자로 하여금 피평가자의 성과, 능력, 태도 등을 구체적으로 기술한 단어나 문장을 선택하게 하는 인사고과법이다.
㉣ 대부분의 전통적인 인사고과법과는 달리 종합평가법 혹은 평가센터법(ACM)은 미래의 잠재능력을 파악할 수 있는 인사고과법이다.
㉤ 행동기준평가법(BARS)은 척도설정 및 기준행동의 기술–중요과업의 선정–과업행동의 평가 순으로 이루어진다.

정답 48 ① 49 ② 50 ② 51 ② 52 ⑤ 53 ②

① ㉠, ㉤
② ㉢, ㉣
③ ㉠, ㉡, ㉢
④ ㉢, ㉣, ㉤
⑤ ㉠, ㉢, ㉣, ㉤

해설 ㉠ 캐플란(R. Kaplan)과 노턴(D. Norton)이 주장한 균형성과표(BSC)의 4가지 핵심 관점은 재무관점, 고객관점, 프로세스 관점, 혁신과 학습관점이다.
㉡ 목표관리법(MBO)은 라인보다 스텝 중심이어서 리더십의 부재가 발생할 수 있다.
㉤ 행동기준평가법(BARS)은 개발위원회 구성-중요사건의 열거 및 범주화-중요사건의 등급화·점수화-확정 및 시행의 순으로 이루어진다.
㉢ 체크리스트법(대조법)은 평정자가 평정표에 열거된 평정요소에 대한 질문에 따라 피평정자에게 해당되는 사항을 체크(check)하는 평정의 방법이다.
㉣ 종합평가법 혹은 평가센터법(ACM)은 관리자가 피고과자인 경우 그들의 미래를 체계적으로 예측하기 위한 방법이다.

54. 프로젝트 활동의 단축비용이 단축일수에 따라 비례적으로 증가한다고 할 때, 정상활동으로 가능한 프로젝트 완료일을 최소의 비용으로 하루 앞당기기 위해 속성으로 진행되어야 할 활동은?

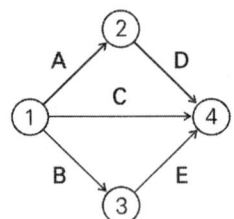

활동	직전 선행활동	활동시간(일)		활동비용(만원)	
		정상	속성	정상	속성
A	-	7	5	100	130
B	-	5	4	100	130
C	-	12	10	100	140
D	A	6	5	100	150
E	B	9	7	100	150

① A
② B
③ C
④ D
⑤ E

해설 주경로 찾기
1. 경로 1 A(7 5)-D(6 5)=13 10
2. 경로 2 C 12 10
3. 경로 3 B(5 4) E(9 7)=14 11이다.

정상활동을 할 때 주공정은 14일로 경로 3이다. 이를 1일 줄이는 비용은 B=$\frac{130-100}{1}$=30만원이고, E=$\frac{150-100}{2}$=25만원이어서 E구간에서 1일을 줄여야 한다.

55. 경력개발에 관한 설명으로 옳은 것은?
   ① 경력 정체기에 접어들은 종업원들이 보여주는 반응유형은 방어형, 절망형, 성과 미달형, 이상형으로 구분된다.
   ② 샤인(E. Schein)은 개인의 경력욕구 유형을 관리지향, 기술-기능지향, 안전지향 등 세 가지로 구분하였다.
   ③ 홀(D. Hall)의 경력단계 모델에서 중년의 위기가 나타나는 단계는 확립단계이다.
   ④ 이중 경력경로(dual-career path)는 개인이 조직에서 경험하는 직무들이 수평적 뿐만 아니라 수직적으로 배열되어 있는 경우이다.
   ⑤ 경력욕구는 조직이 개인에게 기대하는 행동인 경력역할과 개인 자신이 추구하려고 하는 경력방향에 의해 결정된다.

   해설 ① 경력정체기 반응유형에는 방어형, 절망형, 성과 미달형, 이상형으로 구분된다.
   ② 샤인(E. Schein)은 개인의 경력욕구 유형을 관리지향, 기술-기능지향, 안전지향, 사업가적 창의성 지향, 자율지향 등 다섯 가지로 구분하였다.
   ③ 홀(D. Hall)의 경력단계 모델에서 중년의 위기가 나타나는 단계는 유지단계이다.
   ④ 이중 경력경로(dual-career path)는 개인의 경력은 조직에서의 관리자로 경력을 쌓으면서도 그 분야의 전문가로 경력을 쌓는 것이다.
   ⑤ 경력욕구 형성의 근본원인은 경력역할과 경력상황에 의하여 결정된다.

56. 경영참가제도에 관한 설명으로 옳지 않은 것은?
   ① 경영참가제도는 단체교섭과 더불어 노사관계의 양대 축을 형성하고 있다.
   ② 독일은 노사공동결정제를 실시하고 있다.
   ③ 스캔론플랜(Scanlon plan)은 경영참가제도 중 자본참가의 한 유형이다.
   ④ 종업원지주제(ESOP)는 원래 안정주주의 확보라는 기업방어적인 측면에서 시작되었다.
   ⑤ 정치적인 측면에서 볼 때 경영참가제도의 목적은 산업민주주의를 실현하는데 있다.

   해설 스캔론플랜(Scanlon plan)은 판매금액에 대한 인건비의 비율을 일정하게 정해 놓고 판매금액이 증가하거나 인건비가 절약되었을 때 그 차액을 상여금으로 지급하는 집단 인센티브 제도를 말한다.

57. 동기부여이론에 관한 설명으로 옳지 않은 것은?
   ① 동기부여이론을 내용이론과 과정이론으로 구분할 때 알더퍼(C. Alderfer)의 ERG이론은 내용이론이다.
   ② 맥클랜드(D. McClelland)의 성취동기이론에서 성취욕구를 측정하기에 가장 적합한 것은 TAT(주제통각검사)이다.
   ③ 허츠버그(F. Herzberg)의 2요인이론에 따르면, 동기유발이 되기 위해서는 동기요인은 충족시키고, 위생요인은 제거해 주어야 한다.

정답 54 ⑤ 55 ① 56 ③ 57 ③

④ 브룸(V. Vroom)의 기대이론은 기대감, 수단성, 유의성에 의해 노력의 강도가 결정되는데 이들 중 하나라도 0이면 동기부여가 안된다고 한다.
⑤ 아담스(J. Adams)는 페스팅거(L. Festinger)의 인지부조화 이론을 동기유발과 연관시켜서 공정성이론을 체계화하였다.

> **해설** 허츠버그(F. Herzberg)의 2요인이론은 종업원의 욕구요인을 만족요인과 불만족요인으로 구분하는데 이들 요인은 별개의 차원이다.

58. 수요예측을 위한 시계열분석에 관한 설명으로 옳지 않은 것은?

① 시계열분석은 장래의 수요를 예측하는 방법으로, 종속변수인 수요의 과거 패턴이 미래에도 그대로 지속된다는 가정에 근거를 두고 있다.
② 전기수요법은 가장 최근의 수요로 다음 기간의 수요를 예측하는 기법으로, 수요가 안정적일 경우 효율적으로 사용할 수 있다.
③ 이동평균법은 우연변동만이 크게 작용하는 경우 유용한 기법으로, 가장 최근 n기간 데이터를 산술평균하거나 가중평균하여 다음 기간의 수요를 예측할 수 있다.
④ 추세분석법은 과거 자료에 뚜렷한 증가 또는 감소의 추세가 있는 경우, 과거 수요와 추세선상 예측치 간 오차의 합을 최소화하는 직선 추세선을 구하여 미래의 수요를 예측할 수 있다.
⑤ 지수평활법은 추세나 계절변동을 모두 포함하여 분석할 수 있으나, 평활상수를 작게 하여도 최근 수요 데이터의 가중치를 과거 수요 데이터의 가중치보다 작게 부과할 수 없다.

> **해설** 추세분석법은 과거의 추세치가 앞으로도 계속되리라는 가정 하에 과거의 시계열 자료들을 분석해 그 변화 방향을 탐색하는 미래를 예측하는 방법을 말한다.

59. 하우 리(H. Lee)가 제안한 공급사슬 전략 중 수요의 불확실성이 낮고 공급의 불확실성이 높은 경우 필요한 전략은?

① 효율적 공급사슬
② 반응적 공급사슬
③ 민첩한 공급사슬
④ 위험회피 공급사슬
⑤ 지속가능 공급사슬

> **해설**
> ④ 위험회피 공급사슬 : 주요 원자재나 핵심부품의 공급단절을 방지하여 재고를 확보하는 공급사슬전략이다.
> ① 효율적 공급사슬 : 효율성 창출을 목표로 하고 규모의 경제를 추구하는 공급사슬전략이다.
> ② 반응적 공급사슬 : 고객의 유동적이고 다양한 니즈에 대응하고 대량 고객화에 매우 중요한 공급사슬전략이다.
> ③ 민첩한 공급사슬 : 고객의 요구에 유연하게 대응하고 공급의 부족과 단절을 방지하는 전략으로 위험회피 공급사슬전략과 반응적 공급사슬전략의 장점을 결합한 공급사슬전략이다.

2017년 기출문제

60. 심리평가에서 신뢰도와 타당도에 관한 설명으로 옳은 것은?

① 내적일치 신뢰도(internal consistency reliability)를 알아보기 위해서는 동일한 속성을 측정하기 위한 검사를 두 가지 다른 형태로 만들어 사람들에게 두 가지 형 모두를 실시한다.

② 다양한 신뢰도 측정방법들은 모두 유사한 의미를 지니고 있기 때문에 서로 바꾸어서 사용해도 된다.

③ 검사-재검사 신뢰도(test-retest reliability)는 두 번의 검사 시간간격이 길수록 높아진다.

④ 준거관련 타당도 중 동시 타당도(concurrent validity)와 예측 타당도(predictive validity) 간의 중요한 차이는 예측변인과 준거자료를 수집하는 시점 간 시간간격이다.

⑤ 검사가 학문적으로 받아들여지기 위해 바람직한 신뢰도 계수와 타당도 계수는 .70~.80의 범위에 존재한다.

해설 ④ 예측 타당도(predictive validity)는 검사 실시 후 일정 기간 지나야 준거 변인 측정이 가능하고, 동시 타당도(concurrent validity)는 해당 검사 점수와 준거점수가 동시에 나온다. 동시 타당도는 예언타당도의 일정 기간 기다려야 하는 단점을 보완한 것이다.
① 내적일치 신뢰도(internal consistency reliability)는 하나의 측정도구 내 문항들 서로 간에 밀접한 관련이 있는지를 파악하여 측정문항의 신뢰도를 추정한다.
② 신뢰도 측정방법마다 검사 목적이 다르므로 서로 바꾸어서 사용해서는 안 된다.
③ 검사-재검사 신뢰도(test-retest reliability)는 두 관찰값 간 차이가 적으면 신뢰도가 높고, 차이가 크면 신뢰도가 낮은 것으로 판단할 수 있다.
⑤ 신뢰도 계수와 타당도 계수는 0~1.0 사이이다.

61. 개인의 수행을 판단하기 위해 사용되는 준거의 특성 중 실제준거가 개념준거 전체를 나타내지 못하는 정도를 의미하는 것은?

① 준거 결핍(criterion deficiency)

② 준거 오염(criterion contamination)

③ 준거 불일치(criterion discordance)

④ 준거 적절성(criterion relevance)

⑤ 준거 복잡성(criterion composite)

해설 ① 준거 결핍(criterion deficiency) : 준거의 특성 중 실제준거가 개념준거 전체를 나타내지 못하는 정도
② 준거 오염(criterion contamination) : 실제준거가 개념준거가 아닌 다른 어떤 것을 측정하는 정도
③ 준거 불일치(criterion discordance) : 실제준거가 개념준거가 일치하지 않는 정도
④ 준거 적절성(criterion relevance) : 실제준거와 개념준거가 일치되거나 유사한 정도
⑤ 준거 복잡성(criterion composite) : 직무수행이 복잡하다는 것은 수행을 적절히 평가하기 위해 여러 가지 준거 측정이 필요

정답 58 ④ 59 ④ 60 ④ 61 ①

62. 직업 스트레스 모델 중 다양한 직무요구에 대해 종업원들의 외적요인(조직의 지원, 의사결정과정에 대한 참여)과 내적요인(자신의 업무요구에 대한 종업원의 정신적 접근방법)이 개인적으로 직면하는 스트레스 요인에 완충 역할을 한다는 것은?

   ① 자원보존(Conservation of Resources, COR) 이론
   ② 요구-통제 모델(Demands-Control Model)
   ③ 요구-자원 모델(Demands-Resources Model)
   ④ 사람-환경 적합 모델(Person-Environment Fit Model)
   ⑤ 노력-보상 불균형 모델(Effort-Reward Imbalance Model)

   > 해설 ③ 요구-자원 모델(Demands-Resources Model) : 종업원들의 외적요인과 내적요인이 개인적으로 스트레스 요인에 완충 역할을 한다는 이론이다.
   > ① 자원보존(Conservation of Resources, COR) 이론 : 역할간과 역할내 스트레스에 연관 관계를 설명하는 이론으로 일-가정 중 상실에 의한 스트레스를 낳게 된다.
   > ② 요구-통제 모델(Demands-Control Model) : 통제력은 요구의 부정적 효과를 줄이거나 완충해 주는 역할을 한다고 보는 이론이다.
   > ④ 사람-환경 적합 모델(Person-Environment Fit Model) : 스트레스는 인간이나 환경으로부터 독립적으로 발생하는 것이 아니라는 이론이다.
   > ⑤ 노력-보상 불균형 모델(Effort-Reward Imbalance Model) : 개인 차원에서 스트레스를 일으키는 가장 큰 원인은 본인이 지출하는 노력의 내용과 크기와 본인이 직접 체험하는 보상의 내용과 크기 간의 불균형 때문이라고 보는 이론이다.

63. 작업동기이론에 관한 설명으로 옳지 않은 것은?

   ① 기대이론(expectancy theory)은 다른 사람들 간의 동기의 정도를 예측하는 것보다는 한 사람이 서로 다양한 과업에 기울이는 노력의 수준을 예측하는데 유용하다.
   ② 형평이론(equity theory)에 따르면 개인마다 형평에 대한 선호도에 차이가 있으며, 이러한 형평 민감성은 사람들이 불형평에 직면하였을 때 어떤 행동을 취할지를 예측한다.
   ③ 목표설정이론(goal-setting theory)에 따르면 목표가 어려울수록 수행은 더욱 좋아질 가능성이 크지만, 직무가 복잡하고 목표의 수가 다수인 경우에는 수행이 낮아진다.
   ④ 자기조절이론(self-regulation theory)에서는 개인이 행위의 주체로서 목표를 달성하기 위하여 주도적인 역할을 한다고 주장한다.
   ⑤ 자기결정이론(self-determination theory)은 자기효능감이 긍정적인 결과를 초래할지 아니면 부정적인 결과를 초래할지에 대한 문제를 이해하는데 도움을 주는 이론이다.

   > 해설 자기결정이론(self-determination theory)은 개인들의 어떤 활동을 내재적인 이유와 외재적인 이유에 의해 참여하여 되었을 때 발생하는 결과는 전혀 다르게 나타난다는 이론이다.

64. 조직 내 팀에 관한 설명으로 옳지 않은 것을 모두 고른 것은?

㉠ 터크만(B. Tuckman)의 팀 생애주기는 형성(forming)-규범형성(norming)-격동(storming)-수행(performing)-해체(adjourning)의 순이다.
㉡ 집단사고는 효과적인 팀 수행을 위하여 공유된 정신모델을 구축할 때 잠재적으로 나타나는 부정적인 면이다.
㉢ 집단극화는 개별구성원의 생각으로는 좋지 않다고 생각하는 결정을 집단이 선택할 때 나타나는 현상이다.
㉣ 무임승차(free riding)나 무용성 지각(felt dispensability)은 팀에서 개인에게 개별적인 인센티브를 주지 않음으로써 일어날 수 있는 사회적 태만이다.
㉤ 마크(M. Marks)가 제안한 팀 과정의 3요인 모형은 전환과정, 실행과정, 대인과정으로 구성되어 있다.

① ㉠, ㉡
② ㉠, ㉢
③ ㉠, ㉢, ㉤
④ ㉢, ㉣, ㉤
⑤ ㉠, ㉡, ㉢, ㉣

해설
㉠ 터크만(B. Tuckman)의 팀 생애주기는 형성(forming)-격동(storming)-규범형성(norming)-수행(performing)-해체(adjourning)의 순이다.
㉢ 집단극화는 집단 의사 결정 시 개별적으로 의사 결정을 할 때보다 더 극단적인 의사 결정을 하게 되는 경향성을 말한다.
㉡ 집단사고는 집단 의사 결정 상황에서 집단 구성원들이 집단의 응집력과 획일성을 강조하고 반대 의견을 억압하여 비합리적인 결정을 내리는 부정적인 면이다.
㉣ 무임승차나 무용성 지각은 팀에서 개인에게 개별적인 인센티브를 주지 않음으로써 일어날 수 있는 사회적 태만이다.
㉤ 마크(M. Marks)가 제안한 팀 과정의 3요인 모형은 전환과정, 실행과정, 대인과정으로 구성되어 있다.

65. 반생산적 업무행동(CWB)에 관한 설명으로 옳지 않은 것은?

① 반생산적 업무행동의 사람기반 원인에는 성실성(conscientiousness), 특성분노(trait anger), 자기통제력(self control), 자기애적 성향(narcissism) 등이 있다.
② 반생산적 업무행동의 주된 상황기반 원인에는 규범, 스트레스에 대한 정서적 반응, 외적 통제소재, 불공정성 등이 있다.
③ 조직의 재산이나 조직 성원의 일을 의도적으로 파괴하거나 손상을 입히는 반생산적 업무행동은 심각성, 반복가능성, 가시성에 따라 구분되어 진다.
④ 사회적 폄하(social undermining)는 버릇없거나 의욕을 떨어뜨리는 행동으로 직장에서 용수철 효과(spiraling effect)처럼 작용하는 반생산적 업무행동이다.
⑤ 직장폭력과 공격을 유발하는 중요한 예측치는 조직에서 일어난 일이 얼마나 중요하게 인식되는가를 의미하는 유발성 지각(perceived provocation)이다.

해설 사회적 폄하(social undermining)는 조직구성원간 양호한 관계의 발전을 방해, 업무 성공방해, 명성에 흠집을 내려는 의도된 행동으로 이러한 행동은 자기고양동기, 타인파고동기에서 나타난다.

정답 62 ③ 63 ⑤ 64 ② 65 ④

66. 인간지각 특성에 관한 설명으로 옳지 않은 것은?
   ① 평행한 직선들이 평행하게 보이지 않는 방향착시는 가현운동에 의한 착시의 일종이다.
   ② 선택, 조직, 해석의 세 가지 지각과정 중 게슈탈트 지각 원리들이 나타나는 것은 조직 과정이다.
   ③ 전체적인 맥락에서 문자나 그림 등의 빠진 부분을 채워서 보는 지각 원리는 폐쇄성(closure)이다.
   ④ 일반적으로 감시하는 대상이 많아지면 주의의 폭은 넓어지고 깊이는 얕아진다.
   ⑤ 주의력의 특성으로는 선택성, 방향성, 변동성이 있다.

   해설 가현운동은 영화처럼 조금씩 다른 정지한 영상을 잇달아 제시하면 연속적인 운동으로 보이는 것을 말한다.

67. 휴먼에러(human error)에 관한 설명으로 옳은 것은?
   ① 리전(J. Reason)의 휴먼에러 분류는 행위의 결과만을 보고 분류하므로 에러 분류가 비교적 쉽고 빠른 장점이 있다.
   ② 지식기반 착오(knowledge based mistake)는 무의식적 행동 관례 및 저장된 행동 양상에 의해 제어되는 것이다.
   ③ 라스무센(J. Rasmussen)은 인간의 불완전한 행동을 의도적인 경우와 비의도적인 경우로 구분하여 에러 유형을 분류하였다.
   ④ 누락오류, 작위오류, 시간오류, 순서오류는 원인적 분류에 해당하는 휴먼에러이다.
   ⑤ 스웨인(A. Swain)은 휴먼에러를 작업 완수에 필요한 행동과 불필요한 행동을 하는 과정에서 나타나는 에러로 나누었다.

   해설 ⑤ 스웨인(A. Swain)은 작위적 오류(Commission Error)와 부작위적 오류(Omission Error)로 구분한다.
   ① 리전(J. Reason)의 휴먼에러 분류는 행위의 원인으로 분류한다.
   ② 지식기반 착오(knowledge based mistake)는 무지로 발생하는 착오이다.
   ③ 라스무센(J. Rasmussen)은 숙련기반 행동 모델, 규칙기반 행동 모델, 지식기반 행동 모델로 구분하여 에러 유형을 분류하였다.
   ④ 누락오류, 작위오류, 시간오류, 순서오류는 심리적 분류에 해당하는 휴먼에러이고, 원인적 분류는 1차 에러, 2차 에러, command error이다.

68. 작업 환경과 건강에 관한 설명으로 옳은 것을 모두 고른 것은?

   ㉠ 안전한 절차, 실행, 행동을 관리자가 장려하고 보상한다는 종업원의 공유된 지각을 조직지지 지각(perceived organizational support)이라 한다.
   ㉡ 레이노 증후군(Raynaud's syndrome)이란 진동이나 추위, 심리적 변화 등으로 인해 나타나는 말초혈관 운동의 장애로 손가락이 창백해지고 통증을 느끼는 증상을 말한다.
   ㉢ 눈부심의 불쾌감은 배경의 휘도가 클수록, 광원의 크기가 작을수록 감소하게 된다.
   ㉣ VDT(Visual Display Terminal) 증후군은 컴퓨터의 키보드나 마우스를 오래 사용하는 작업자에게 발생하는 반복긴장성 손상의 대표적인 질환이다.

   ① ㉠, ㉡
   ② ㉡, ㉢
   ③ ㉠, ㉢, ㉣
   ④ ㉡, ㉢, ㉣
   ⑤ ㉠, ㉡, ㉢, ㉣

해설 ㉠ 조직지지 지각(perceived organizational support)은 종업원이 그들의 창의적 노력이 효과적이라고 지각하게 만든다.
㉡ 레이노 증후군(Raynaud's syndrome)이란 진동, 추위 등으로 인해 나타나는 말초혈관 운동의 장애로 손가락이 창백해지고 통증을 느끼는 증상을 말한다.
㉢ 눈부심의 불쾌감은 배경의 휘도가 클수록, 광원의 크기가 작을수록 증가하게 된다.
㉣ VDT(Visual Display Terminal) 증후군은 장시간 동안 모니터를 보며 키보드를 두드리는 작업을 할 때 생기는 각종 신체적, 정신적 장애를 이르는 말이다.

69. 전기화재의 발생원인이 아닌 것은?
① 누전
② 과전류
③ 단열압축
④ 절연파괴
⑤ 전기스파크

해설 전기화재의 발생원인 : 과전류, 단락, 지락, 누전, 접속불량, 절연파괴, 스파크, 열적 경과, 낙뢰 등

70. 산업안전보건기준에 관한 규칙상 안전난간의 구조 및 설치요건에 관한 설명으로 옳지 않은 것은?
① 상부 난간대는 바닥면·발판 또는 경사로의 표면(이하 "바닥면등"이라 한다)으로부터 90센티미터 이상 지점에 설치할 것
② 상부 난간대와 중간 난간대는 난간 길이 전체에 걸쳐 바닥면등과 평행을 유지할 것
③ 안전난간은 구조적으로 가장 취약한 지점에서 가장 취약한 방향으로 작용하는 100킬로그램 이상의 하중에 견딜 수 있는 튼튼한 구조일 것
④ 발끝막이판은 바닥면등으로부터 5센티미터 높이를 유지할 것. 다만, 물체가 떨어지거나 날아올 위험이 없거나 그 위험을 방지할 수 있는 망을 설치하는 등 필요한 예방 조치를 한 장소는 제외할 것
⑤ 난간대는 지름 2.7센티미터 이상의 금속제 파이프나 그 이상의 강도가 있는 재료일 것

해설 ④ 발끝막이판은 바닥면등으로부터 10cm 이상의 높이를 유지할 것. 다만, 물체가 떨어지거나 날아올 위험이 없거나 그 위험을 방지할 수 있는 망을 설치하는 등 필요한 예방 조치를 한 장소는 제외한다(산업안전보건기준에 관한 규칙 제13조 제3호).
① 상부 난간대는 바닥면·발판 또는 경사로의 표면(이하 "바닥면등"이라 한다)으로부터 90센티미터 이상 지점에 설치할 것(산업안전보건기준에 관한 규칙 제13조 제2호)
② 상부 난간대와 중간 난간대는 난간 길이 전체에 걸쳐 바닥면등과 평행을 유지할 것(산업안전보건기준에 관한 규칙 제13조 제5호)
③ 안전난간은 구조적으로 가장 취약한 지점에서 가장 취약한 방향으로 작용하는 100킬로그램 이상의 하중에 견딜 수 있는 튼튼한 구조일 것(산업안전보건기준에 관한 규칙 제13조 제7호)
⑤ 난간대는 지름 2.7센티미터 이상의 금속제 파이프나 그 이상의 강도가 있는 재료일 것(산업안전보건기준에 관한 규칙 제13조 제6호)

정답 66 ① 67 ⑤ 68 ①, ②, ③, ④, ⑤ 69 ③ 70 ④

71. 재해예방의 4원칙에 해당하지 않는 것은?

① 시행착오의 원칙
② 예방가능의 원칙
③ 손실우연의 원칙
④ 대책선정의 원칙
⑤ 원인계기(연계)의 원칙

해설 재해예방의 4원칙 : 예방가능의 원칙, 손실우연의 원칙, 원인계기(연계)의 원칙, 대책선정의 원칙

72. 산업안전보건법령상 유해인자별 노출농도의 허용기준으로 옳지 않은 것은?

① 디메틸포름아미드 : 시간가중평균값(TWA) 10ppm
② 2-브로모프로판 : 시간가중평균값(TWA) 5ppm
③ 이황화탄소 : 시간가중평균값(TWA) 1ppm
④ 포름알데히드 : 시간가중평균값(TWA) 0.3ppm
⑤ 노말헥산 : 시간가중평균값(TWA) 50ppm

해설 2-브로모프로판 : 시간가중평균값(TWA) 1ppm(규칙 별표 19)

73. 다음에서 설명하는 것은?

> 옥외의 가스 저장탱크지역의 화재발생시 저장탱크가 가열되어 탱크 내 액체부분은 급격히 증발하고 가스부분은 온도상승과 비례하여 탱크 내 압력의 급격한 상승을 초래하게 된다. 탱크가 계속 가열되면 용기 강도는 저하되고 내부압력은 상승하여 어느 시점이 되면 저장탱크의 설계압력을 초과하게 되고 탱크가 파괴되어 급격한 폭발현상을 일으킨다.

① 보일오버
② 슬롭오버
③ 증기운폭발
④ 블레비
⑤ 백드래프트

해설
④ 블레비 : 고압 상태인 액화가스용기가 가열되어 물리적 폭발이 순간적으로 화학적 폭발로 이어지는 현상이다.
① 보일오버 : 점성이 큰 유류탱크 화재시 기름하부의 물이 비등하여 불붙은 기름이 분출되어 화재가 확대되는 현상이다.
② 슬롭오버 : 유류탱크 화재시 소화를 목적으로 공급한 물이 급격히 비등하면서 불붙은 기름과 함께 비산하는 현상이다.
③ 증기운폭발 : 위험물 저장탱크에서 다량의 가연성 증기가 대기 중에 방출되었을 때 공기와 혼합하여 폭발성을 가진 증기구름을 형성하는데 이것이 폭발하는 것을 말한다.
⑤ 백드래프트 : 밀폐된 공간에서의 화재 시 산소가 부족한 상태로 있다가 다량의 산소가 갑자기 공급되었을 때 발생하는 불길 역류현상을 말한다.

74. 산업안전보건기준에 관한 규칙상 가설통로의 구조에 관한 설명으로 옳지 않은 것은?

① 경사는 30도 이하로 할 것. 다만, 계단을 설치하거나 높이 2미터 미만의 가설통로로서 튼튼한 손잡이를 설치한 경우에는 그러하지 아니하다.
② 경사가 15도를 초과하는 경우에는 미끄러지지 아니하는 구조로 할 것
③ 수직갱에 가설된 통로의 길이가 15미터 이상인 경우에는 15미터 마다 계단참을 설치할 것
④ 견고한 구조로 할 것
⑤ 추락할 위험이 있는 장소에는 안전난간을 설치할 것. 다만, 작업상 부득이한 경우에는 필요한 부분만 임시로 해체할 수 있다.

해설 사업주는 가설통로를 설치하는 경우 다음의 사항을 준수하여야 한다(산업안전보건기준에 관한 규칙 제23조).
1. 견고한 구조로 할 것
2. 경사는 30도 이하로 할 것. 다만, 계단을 설치하거나 높이 2m 미만의 가설통로로서 튼튼한 손잡이를 설치한 경우에는 그러하지 아니하다.
3. 경사가 15도를 초과하는 경우에는 미끄러지지 아니하는 구조로 할 것
4. 추락할 위험이 있는 장소에는 안전난간을 설치할 것. 다만, 작업상 부득이한 경우에는 필요한 부분만 임시로 해체할 수 있다.
5. 수직갱에 가설된 통로의 길이가 15m 이상인 경우에는 10m 이내마다 계단참을 설치할 것
6. 건설공사에 사용하는 높이 8m 이상인 비계다리에는 7m 이내마다 계단참을 설치할 것

75. 방진마스크에 관한 설명으로 옳지 않은 것은?

① "전면형 방진마스크"란 분진 등으로부터 안면부 전체(입, 코, 눈)를 덮을 수 있는 구조의 방진마스크를 말한다.
② 산소농도 18% 이상인 장소에서 사용하여야 한다.
③ "반면형 방진마스크"란 분진 등으로부터 안면부의 입과 코를 덮을 수 있는 구조의 방진마스크를 말한다.
④ 방진마스크는 쉽게 착용되어야 하고 착용하였을 때 안면부가 안면에 밀착되어 공기가 새지 않아야 한다.
⑤ 석면 취급 장소에서는 2급 방진마스크를 사용해야 한다.

해설 ⑤ 사업주는 석면해체·제거작업에 근로자를 종사하도록 하는 경우에 방진마스크(특등급만 해당한다)나 송기마스크 또는 전동식 호흡보호구. 다만, 석면해체·제거작업에 종사하는 경우에는 송기마스크 또는 전동식 호흡보호구를 지급하여 착용하도록 하여야 한다(산업안전보건기준에 관한 규칙 제491조 제1항).

정답 71 ① 72 ② 73 ④ 74 ③ 75 ⑤

2018년 기출문제

산업안전보건법령

1. 산업안전보건법령상 근로를 금지시켜야 하는 사람에 해당하지 않는 것은?
   ① 정신분열증에 걸린 사람
   ② 감압증에 걸린 사람
   ③ 폐 질환이 있는 사람으로서 근로에 의하여 병세가 악화될 우려가 있는 사람
   ④ 심장 질환이 있는 사람으로서 근로에 의하여 병세가 악화될 우려가 있는 사람
   ⑤ 신장 질환이 있는 사람으로서 근로에 의하여 병세가 악화될 우려가 있는 사람

   해설 사업주는 감염병, 정신질환 또는 근로로 인하여 병세가 크게 악화될 우려가 있는 질병으로서 다음의 어느 하나에 해당하는 사람에 대해서는 근로를 금지해야 한다(법 제138조 제1항, 규칙 제220조 제1항).
   1. 전염될 우려가 있는 질병에 걸린 사람. 다만, 전염을 예방하기 위한 조치를 한 경우는 제외한다.
   2. 조현병, 마비성 치매에 걸린 사람
   3. 심장·신장·폐 등의 질환이 있는 사람으로서 근로에 의하여 병세가 악화될 우려가 있는 사람
   4. 1.부터 3.까지의 규정에 준하는 질병으로서 고용노동부장관이 정하는 질병에 걸린 사람

2. 산업안전보건법령상 사업장의 산업재해 발생건수 등 공표에 관한 설명이다. ( )안에 들어갈 내용을 순서대로 바르게 나열한 것은?

   > 고용노동부장관은 산업재해를 예방하기 위하여 「산업안전보건법」 제10조 제2항에 따른 산업재해의 발생에 관한 보고를 최근 (㉠) 이내 (㉡) 이상 하지 않은 사업장의 산업재해 발생건수, 재해율 또는 그 순위 등을 공표하여야 한다.

   ① ㉠ : 1년, ㉡ : 1회
   ② ㉠ : 2년, ㉡ : 2회
   ③ ㉠ : 3년, ㉡ : 2회
   ④ ㉠ : 5년, ㉡ : 3회
   ⑤ ㉠ : 5년, ㉡ : 5회

   해설 고용노동부장관은 산업재해를 예방하기 위하여 산업재해의 발생에 관한 보고를 최근 3년 이내 2회 이상 하지 않은 사업장의 근로자 산업재해 발생건수, 재해율 또는 그 순위 등(산업재해발생건수등)을 공표하여야 한다(법 제10조 제1항, 영 제10조 제1항 제5호).

3. 산업안전보건법령상 '일반석면조사'를 해야 하는 경우 그 조사사항에 해당하지 않는 것은?

① 해당 건축물이나 설비에 석면이 함유되어 있는지 여부
② 해당 건축물이나 설비 중 석면이 함유된 자재의 종류
③ 해당 건축물이나 설비 중 석면이 함유된 자재의 위치
④ 해당 건축물이나 설비 중 석면이 함유된 자재의 면적
⑤ 해당 건축물이나 설비에 함유된 석면의 종류 및 함유량

해설 '일반석면조사'를 해야 하는 경우 그 조사사항(법 제119조 제1항)
1. 해당 건축물이나 설비에 석면이 포함되어 있는지 여부
2. 해당 건축물이나 설비 중 석면이 포함된 자재의 종류, 위치 및 면적

4. 甲은 산업안전보건법령상 산업안전지도사로서 활동을 하려고 한다. 이에 관한 설명으로 옳은 것은?

① 甲은 고용노동부장관이 시행하는 산업안전지도사시험에 합격하여야만 산업안전지도사의 자격을 가질 수 있다.
② 甲은 산업안전지도사로서 그 직무를 시작하기 전에 광역지방자치단체의 장에게 등록을 하여야 한다.
③ 甲이 파산선고를 받은 경우라면 복권되더라도 산업안전지도사로서 등록할 수 없다.
④ 甲은 3년마다 산업안전지도사 등록을 갱신하여야 한다.
⑤ 甲이 산업안전지도사의 직무를 조직적·전문적으로 수행하기 위하여 법인을 설립하려고 하는 경우에는 「상법」 중 주식회사에 관한 규정을 적용한다.

해설 ① 고용노동부장관이 시행하는 지도사 자격시험에 합격한 사람은 지도사의 자격을 가진다(법 제143조 제1항).
② 지도사가 그 직무를 수행하려는 경우에는 고용노동부령으로 정하는 바에 따라 고용노동부장관에게 등록하여야 한다(법 제145조 제1항).
③ 파산선고를 받고 복권되지 아니한 사람은 등록을 할 수 없다(법 제145조 제3항).
④ 등록을 한 지도사는 고용노동부령으로 정하는 바에 따라 5년마다 등록을 갱신하여야 한다(법 제145조 제4항).
⑤ 산업안전지도사의 직무를 조직적·전문적으로 수행하기 위하여 법인을 설립하려고 하는 경우에는 「상법」 중 합명회사에 관한 규정을 적용한다(법 제145조 제6항).

5. 산업안전보건법령상 안전관리전문기관 지정의 취소 또는 과징금에 관한 설명으로 옳은 것은?

① 고용노동부장관은 안전관리전문기관이 업무정지 기간 중에 업무를 수행한 경우에는 그 지정을 취소하거나 6개월 이내의 기간을 정하여 그 업무의 정지를 명할 수 있다.
② 고용노동부장관은 안전관리전문기관이 위탁받은 안전관리 업무에 차질이 생기게 한 경우에는 그 지정을 취소하거나 6개월 이내의 기간을 정하여 그 업무의 정지를 명할 수 있다.
③ 과징금은 분할하여 납부할 수 있다.

정답 1 ② 2 ③ 3 ⑤ 4 ① 5 ②

④ 안전관리전문기관의 지정이 취소된 자는 3년 이내에는 안전관리전문기관으로 지정받을 수 없다.
⑤ 고용노동부장관은 위반행위의 동기, 내용 및 횟수 등을 고려하여 과징금 부과금액의 2분의 1 범위에서 과징금을 늘리거나 줄일 수 있으며, 늘리는 경우 과징금 부과금액의 총액은 1억원을 넘을 수 있다.

> **해설** ② 고용노동부장관은 안전관리전문기관이 위탁받은 안전관리 업무에 차질이 생기게 한 경우에는 그 지정을 취소하거나 6개월 이내의 기간을 정하여 그 업무의 정지를 명할 수 있다(영 제28조 제3호).
> ① 고용노동부장관은 안전관리전문기관이 업무정지 기간 중에 업무를 수행한 경우에는 해당할 때에는 그 지정을 취소하여야 한다(법 제21조 제4항 제2호).
> ③ 고용노동부장관이 과징금의 납부기한을 연기하거나 분할 납부하게 하는 경우 납부기한의 연기는 그 납부기한의 다음 날부터 1년을 초과할 수 없고, 각 분할된 납부기한 간의 간격은 4개월 이내로 하며, 분할 납부의 횟수는 3회 이내로 한다(영 제112조 제4항).
> ④ 지정이 취소된 자는 지정이 취소된 날부터 2년 이내에는 각각 해당 안전관리전문기관 또는 보건관리전문기관으로 지정받을 수 없다(법 제21조 제5항).
> ⑤ 고용노동부장관은 위반행위의 동기, 내용 및 횟수 등을 고려하여 과징금 부과금액의 2분의 1 범위에서 과징금을 늘리거나 줄일 수 있다. 다만, 늘리는 경우에도 과징금 부과금액의 총액은 10억원을 넘을 수 없다(영 별표 33).

6. 산업안전보건기준에 관한 규칙상 통로 등에 관한 설명으로 옳지 않은 것은?
① 사업주는 계단 및 승강구 바닥을 구멍이 있는 재료로 만드는 경우 렌치나 그 밖의 공구 등이 낙하할 위험이 없는 구조로 하여야 한다.
② 사업주는 급유용·보수용·비상용 계단 및 나선형 계단을 설치하는 경우 그 폭을 1미터 이상으로 하여야 한다.
③ 사업주는 높이가 3m를 초과하는 계단에 높이 3미터 이내마다 진행방향으로 길이 1.2m 이상의 계단참을 설치해야 한다.
④ 사업주는 갱내에 설치한 통로 또는 사다리식 통로에 권상장치(卷上裝置)가 설치된 경우 권상장치와 근로자의 접촉에 의한 위험이 있는 장소에 판자벽이나 그 밖에 위험 방지를 위한 격벽(隔壁)을 설치하여야 한다.
⑤ 사업주는 높이 1미터 이상인 계단의 개방된 측면에 안전난간을 설치하여야 한다.

> **해설** ② 사업주는 계단을 설치하는 경우 그 폭을 1m 이상으로 하여야 한다. 다만, 급유용·보수용·비상용 계단 및 나선형 계단이거나 높이 1m 미만의 이동식 계단인 경우에는 그러하지 아니하다(산업안전보건기준에 관한 규칙 제27조 제1항).
> ① 사업주는 계단 및 승강구 바닥을 구멍이 있는 재료로 만드는 경우 렌치나 그 밖의 공구 등이 낙하할 위험이 없는 구조로 하여야 한다(산업안전보건기준에 관한 규칙 제26조 제2항).
> ③ 사업주는 높이가 3m를 초과하는 계단에 높이 3미터 이내마다 진행방향으로 길이 1.2m 이상의 계단참을 설치해야 한다(산업안전보건기준에 관한 규칙 제28조).
> ④ 사업주는 갱내에 설치한 통로 또는 사다리식 통로에 권상장치가 설치된 경우 권상장치와 근로자의 접촉에 의한 위험이 있는 장소에 판자벽이나 그 밖에 위험 방지를 위한 격벽을 설치하여야 한다(산업안전보건기준에 관한 규칙 제25조).
> ⑤ 사업주는 높이 1m 이상인 계단의 개방된 측면에 안전난간을 설치하여야 한다(산업안전보건기준에 관한 규칙 제30조).

7. 산업안전보건법령상 정부의 책무 또는 사업주 등의 의무에 관한 설명으로 옳지 않은 것은?

① 사업주는 안전·보건의식을 북돋우기 위하여 산업안전·보건 강조기간의 설정 및 그 시행과 관련된 시책을 마련하여야 한다.
② 정부는 산업재해에 관한 조사 및 통계의 유지·관리를 성실히 이행할 책무를 진다.
③ 사업주는 해당 사업장의 안전·보건에 관한 정보를 근로자에게 제공하여야 한다.
④ 근로자는 사업주 또는 근로감독관, 한국산업안전보건공단 등 관계자가 실시하는 산업재해 방지에 관한 조치에 따라야 한다.
⑤ 원재료 등을 제조·수입하는 자는 그 원재료 등을 제조·수입할 때 산업안전보건법령으로 정하는 기준을 지켜야 한다.

해설 ① 정부는 산업 안전 및 보건에 관한 의식을 북돋우기 위한 홍보·교육 등 안전문화 확산 추진을 성실히 이행할 책무를 진다(법 제4조 제1항 제5호).
② 정부는 산업재해에 관한 조사 및 통계의 유지·관리를 성실히 이행할 책무를 진다(법 제4조 제1항 제7호).
③ 근로자는 사업주 또는 근로감독관, 한국산업안전보건공단 등 관계자가 실시하는 산업재해 방지에 관한 조치에 따라야 한다(법 제5조 제1항 제3호).
④ 근로자는 이 법과 이 법에 따른 명령으로 정하는 산업재해 예방을 위한 기준을 지켜야 하며, 사업주 또는 근로감독관, 공단 등 관계인이 실시하는 산업재해 예방에 관한 조치에 따라야 한다(법 제6조).
⑤ 원재료 등을 제조·수입하는 자는 그 원재료 등을 제조·수입할 때 산업안전보건법령으로 정하는 기준을 지켜야 한다(법 제5조 제2항 제2호).

8. 산업안전보건법령상 유해인자인 벤젠의 노출농도의 허용기준을 옳게 연결한 것은?

	시간가중평균값(TWA)	단시간 노출값(STEL)
①	0.5ppm	2.0ppm
②	0.5ppm	2.5ppm
③	0.5ppm	3.0ppm
④	1.0ppm	2.5ppm
⑤	1.0ppm	3.0ppm

해설 벤젠(Benzene; 71-43-2)(규칙 별표 19)
1. 시간가중평균값(TWA) : 0.5ppm
2. 단시간 노출값(STEL) : 2.5ppm

9. 산업안전보건법령상 건강진단에 관한 설명으로 옳지 않은 것은?

① 사업주가 실시하여야 하는 근로자 건강진단에는 일반건강진단, 특수건강진단, 배치전건강진단, 수시건강진단 및 임시건강진단이 있다.
② 건강진단기관이 건강진단을 실시한 때에는 그 결과를 근로자 및 사업주에게 통보하고 고용노동부장관에게 보고하여야 한다.

정답 6 ② 7 ① 8 ② 9 ③

③ 사업주는 근로자대표가 요구할 때에는 해당 근로자 본인의 동의 없이도 그 근로자의 건강진단결과를 공개할 수 있다.
④ 사업주는 특수건강진단, 배치전건강진단 및 수시건강진단을 지방고용노동관서의 장이 지정하는 의료기관에서 실시하여야 한다.
⑤ 사업주가 「항공안전법」에 따른 신체검사를 실시하여 그 건강진단을 받은 근로자는 일반건강진단을 실시한 것으로 본다.

해설 ③ 개별 근로자의 건강진단 결과는 본인의 동의 없이 공개해서는 아니 된다(법 제132조 제2항).
① 사업주가 실시하여야 하는 근로자 건강진단에는 일반건강진단, 특수건강진단, 배치전건강진단, 수시건강진단 및 임시건강진단이 있다(법 제129조~제131조).
② 건강진단기관은 건강진단을 실시한 때에는 고용노동부령으로 정하는 바에 따라 그 결과를 근로자 및 사업주에게 통보하고 고용노동부장관에게 보고하여야 한다(법 제134조 제1항).
④ 의료기관이 특수건강진단, 배치전건강진단 또는 수시건강진단을 수행하려는 경우에는 고용노동부장관으로부터 건강진단을 할 수 있는 기관(특수건강진단기관)으로 지정받아야 한다(법 제135조 제1항).
⑤ 사업주가 「항공안전법」에 따른 신체검사를 실시하여 그 건강진단을 받은 근로자는 일반건강진단을 실시한 것으로 본다(법 제129조 제1항 단서, 규칙 제196조 제5호).

10. 산업안전보건법령상 산업안전지도사와 산업보건지도사의 업무범위에 공통적으로 해당하는 것을 모두 고른 것은?

㉠ 위험성평가의 지도
㉡ 안전보건개선계획서의 작성
㉢ 공정안전보고서의 작성 지도
㉣ 직업병 예방을 위한 작업관리에 필요한 지도
㉤ 보건진단 결과에 따른 개선에 필요한 기술 지도

① ㉠
② ㉠, ㉡
③ ㉠, ㉡, ㉢
④ ㉠, ㉡, ㉢, ㉣
⑤ ㉠, ㉡, ㉢, ㉣, ㉤

해설 산업안전지도사와 산업보건지도사의 공통 업무범위(법 제142조 제1항, 제2항)
1. 위험성평가의 지도
2. 안전보건개선계획서의 작성

11. 산업안전보건법령상 건설 일용근로자가 건설업 기초안전·보건교육을 이수하여야 하는 경우 그 교육 시간은?

① 1시간
② 2시간
③ 3시간
④ 4시간
⑤ 5시간

해설 건설업 기초안전·보건교육(규칙 별표 4)
건설 일용근로자 : 4시간 이상

12. 산업안전보건법령상 유해·위험설비에 해당하는 것은?

① 원자력 설비
② 군사시설
③ 차량 등의 운송설비
④ 「도시가스사업법」에 따른 가스공급시설
⑤ 화약 및 불꽃제품 제조업 사업장의 보유설비

> **해설** 유해하거나 위험한 설비(영 제43조 제1항)
> 1. 원유 정제처리업
> 2. 기타 석유정제물 재처리업
> 3. 석유화학계 기초화학물질 제조업 또는 합성수지 및 기타 플라스틱물질 제조업. 다만, 합성수지 및 기타 플라스틱물질 제조업은 인화성 액체 또는 메틸 이소시아네이트에 해당하는 경우로 한정한다.
> 4. 질소 화합물, 질소·인산 및 칼리질 화학비료 제조업 중 질소질 비료 제조
> 5. 복합비료 및 기타 화학비료 제조업 중 복합비료 제조(단순혼합 또는 배합에 의한 경우는 제외한다)
> 6. 화학 살균·살충제 및 농업용 약제 제조업[농약 원제 제조만 해당한다]
> 7. 화약 및 불꽃제품 제조업

13. 산업안전보건법령상 동일 사업장내에서 공정의 일부분을 도급하는 경우, 고용노동부장관의 인가를 받으면 그 작업만을 분리하여 도급(하도급을 포함한다)을 줄 수 있는 작업을 모두 고른 것은?

| ㉠ 도금작업 |
| ㉡ 카드뮴 등 중금속을 제련, 주입, 가공 및 가열하는 작업 |
| ㉢ 크롬산 아연을 제조하는 작업 |
| ㉣ 황화니켈을 사용하는 작업 |
| ㉤ 휘발성 콜타르피치를 사용하는 작업 |

① ㉠, ㉡
② ㉠, ㉣
③ ㉡, ㉢, ㉤
④ ㉢, ㉣, ㉤
⑤ ㉠, ㉡, ㉢, ㉣, ㉤

> **해설** 사업주는 근로자의 안전 및 보건에 유해하거나 위험한 작업으로서 다음의 어느 하나에 해당하는 작업을 도급하여 자신의 사업장에서 수급인의 근로자가 그 작업을 하도록 해서는 아니 된다(법 제58조 제1항).
> 1. 도금작업
> 2. 수은, 납 또는 카드뮴을 제련, 주입, 가공 및 가열하는 작업
> 3. 허가대상물질을 제조하거나 사용하는 작업(영 제88조)
>   ㉠ α-나프틸아민[134-32-7] 및 그 염(α-Naphthylamine and its salts)
>   ㉡ 디아니시딘[119-90-4] 및 그 염(Dianisidine and its salts)

정답 10 ② 11 ④ 12 ⑤ 13 ⑤

ⓒ 디클로로벤지딘[91-94-1] 및 그 염(Dichlorobenzidine and its salts)
ⓔ 베릴륨(Beryllium; 7440-41-7)
ⓜ 벤조트리클로라이드(Benzotrichloride; 98-07-7)
ⓗ 비소[7440-38-2] 및 그 무기화합물(Arsenic and its inorganic compounds)
ⓢ 염화비닐(Vinyl chloride; 75-01-4)
ⓞ 콜타르피치[65996-93-2] 휘발물(Coal tar pitch volatiles)
ⓧ 크롬광 가공(열을 가하여 소성 처리하는 경우만 해당한다)(Chromite ore processing)
ⓩ 크롬산 아연(Zinc chromates; 13530-65-9 등)
ⓙ o-톨리딘[119-93-7] 및 그 염(o-Tolidine and its salts)
ⓔ 황화니켈류(Nickel sulfides; 12035-72-2, 16812-54-7)
ⓟ ㉠부터 ㉣까지 또는 ㉫부터 ㉲까지의 어느 하나에 해당하는 물질을 포함한 혼합물(포함된 중량의 비율이 1퍼센트 이하인 것은 제외한다)
ⓧ ⓜ의 물질을 포함한 혼합물(포함된 중량의 비율이 0.5퍼센트 이하인 것은 제외한다)

4. 그 밖에 보건상 해로운 물질로서 산업재해보상보험및예방심의위원회의 심의를 거쳐 고용노동부장관이 정하는 유해물질

14. 산업안전보건법령상 제조 또는 사용허가를 받아야 하는 유해물질에 해당하지 않는 것은?

① 디클로로벤지딘과 그 염
② 오로토-톨리딘과 그 염
③ 디아니시딘과 그 염
④ 비소 및 그 무기화합물
⑤ 베타-나프틸아민과 그 염

해설 제조 또는 사용허가를 받아야 하는 유해물질(영 제88조)
1. α-나프틸아민[134-32-7] 및 그 염(α-Naphthylamine and its salts)
2. 디아니시딘[119-90-4] 및 그 염(Dianisidine and its salts)
3. 디클로로벤지딘[91-94-1] 및 그 염(Dichlorobenzidine and its salts)
4. 베릴륨(Beryllium; 7440-41-7)
5. 벤조트리클로라이드(Benzotrichloride; 98-07-7)
6. 비소[7440-38-2] 및 그 무기화합물(Arsenic and its inorganic compounds)
7. 염화비닐(Vinyl chloride; 75-01-4)
8. 콜타르피치[65996-93-2] 휘발물(Coal tar pitch volatiles)
9. 크롬광 가공(열을 가하여 소성 처리하는 경우만 해당한다)(Chromite ore processing)
10. 크롬산 아연(Zinc chromates; 13530-65-9 등)
11. o-톨리딘[119-93-7] 및 그 염(o-Tolidine and its salts)
12. 황화니켈류(Nickel sulfides; 12035-72-2, 16812-54-7)
13. 1.부터 4.까지 또는 6.부터 12.까지의 어느 하나에 해당하는 물질을 포함한 혼합물(포함된 중량의 비율이 1퍼센트 이하인 것은 제외한다)
14. 5.의 물질을 포함한 혼합물(포함된 중량의 비율이 0.5퍼센트 이하인 것은 제외한다)
15. 그 밖에 보건상 해로운 물질로서 산업재해보상보험및예방심의위원회의 심의를 거쳐 고용노동부장관이 정하는 유해물질

15. 산업안전보건법령상 유해위험방지계획서에 관한 설명으로 옳지 않은 것은?

① 산업재해발생률 등을 고려하여 고용노동부령으로 정하는 기준에 적합한 건설업체의 경우는 고용노동부령으로 정하는 자격을 갖춘 자의 의견을 생략하고 유해·위험방지계획서를 작성한 후 이를 스스로 심사하여야 한다.
② 유해위험방지계획서는 고용노동부장관에게 제출하여야 한다.
③ 유해위험방지계획서를 제출한 사업주는 공단의 확인을 받아야 한다.
④ 고용노동부장관은 유해위험방지계획서를 심사한 후 근로자의 안전과 보건을 위하여 필요하다고 인정할 때에는 공사계획을 변경할 것을 명령할 수는 있으나, 공사중지명령을 내릴 수는 없다.
⑤ 깊이 10미터 이상인 굴착공사를 착공하려는 사업주는 유해위험방지계획서를 작성하여야 한다.

해설 ④ 고용노동부장관은 제출된 유해위험방지계획서를 고용노동부령으로 정하는 바에 따라 심사하여 그 결과를 사업주에게 서면으로 알려 주어야 한다. 이 경우 근로자의 안전 및 보건의 유지·증진을 위하여 필요하다고 인정하는 경우에는 해당 작업 또는 건설공사를 중지하거나 유해위험방지계획서를 변경할 것을 명할 수 있다(법 제42조 제4항).
① 사업주 중 산업재해발생률 등을 고려하여 고용노동부령으로 정하는 기준에 해당하는 사업주는 유해위험방지계획서를 스스로 심사하고, 그 심사결과서를 작성하여 고용노동부장관에게 제출하여야 한다(법 제42조 제1항).
② 유해위험방지계획서는 고용노동부장관에게 제출하여야 한다(법 제42조 제1항).
③ 유해위험방지계획서를 제출한 사업주는 공단의 확인을 받아야 한다(규칙 제46조 제1항).
⑤ 깊이 10미터 이상인 굴착공사를 착공하려는 사업주는 유해위험방지계획서를 작성하여야 한다(영 제42조 제3항 제6호).

16. 산업안전보건법령상 안전·보건표지의 부착 등에 관한 설명으로 옳지 않은 것은?

① 「외국인근로자의 고용 등에 관한 법률」 제2조에 따른 외국인근로자를 채용한 사업주는 고용노동부장관이 정하는 바에 따라 해당 외국인근로자의 모국어로 작성하여야 한다.
② 안전·보건표지의 표시를 명백히 하기 위하여 필요한 경우에는 그 안전·보건표지의 주위에 표시사항을 글자로 덧붙여 적을 수 있다.
③ 안전·보건표지 속의 그림 또는 부호의 크기는 안전·보건표지의 크기와 비례하여야 하며, 안전·보건표지 전체 규격의 30퍼센트 이상이 되어야 한다.
④ 안전·보건표지의 성질상 설치하거나 부착하는 것이 곤란한 경우에는 해당 물체에 직접 도장(塗裝)할 수 있다.
⑤ 안전모 착용 지시표지의 경우 바탕은 노란색, 관련 그림은 검은색으로 한다.

해설 ⑤ 안전모 착용 지시표지의 경우 바탕은 파란색, 관련 그림은 흰색으로 한다(규칙 별표 6).
① 외국인근로자를 사용하는 사업주는 안전보건표지를 고용노동부장관이 정하는 바에 따라 해당 외국인근로자의 모국어로 작성하여야 한다(법 제37조 제1항).
② 안전보건표지의 표시를 명확히 하기 위하여 필요한 경우에는 그 안전보건표지의 주위에 표시사항을 글자로 덧붙여 적을 수 있다(규칙 제38조 제2항 전단).
③ 안전보건표지 속의 그림 또는 부호의 크기는 안전보건표지의 크기와 비례해야 하며, 안전보건표지 전체 규격의 30% 이상이 되어야 한다(규칙 제40조 제3항).
④ 안전보건표지의 성질상 설치하거나 부착하는 것이 곤란한 경우에는 해당 물체에 직접 도색할 수 있다(규칙 제39조 제3항).

정답 14 ⑤ 15 ④ 16 ⑤

17. 산업안전보건법령상 안전보건총괄책임자의 직무에 해당하지 않는 것은?
   ① 「산업안전보건법」 제41조의2에 따른 위험성평가의 실시에 관한 사항
   ② 안전인증대상 기계·기구등과 자율안전확인대상 기계·기구등의 사용 여부 확인
   ③ 근로자의 건강장해의 원인 조사와 재발 방지를 위한 의학적 조치
   ④ 「산업안전보건법」 제29조 제2항에 따른 도급사업 시의 산업재해 예방조치
   ⑤ 「산업안전보건법」 제30조에 따른 수급인의 산업안전보건관리비의 집행감독 및 그 사용에 관한 수급인 간의 협의·조정

   해설 안전보건총괄책임자의 직무(영 제53조 제1항)
   1. 위험성평가의 실시에 관한 사항
   2. 작업의 중지
   3. 도급 시 산업재해 예방조치
   4. 산업안전보건관리비의 관계수급인 간의 사용에 관한 협의·조정 및 그 집행의 감독
   5. 안전인증대상기계등과 자율안전확인대상기계등의 사용 여부 확인

18. 산업안전보건기준에 관한 규칙상 석면의 제조·사용 작업, 해체·제거작업 및 유지·관리 등의 조치기준에 관한 설명으로 옳지 않은 것은?
   ① 사업주는 분말 상태의 석면을 혼합하거나 용기에 넣거나 꺼내는 작업, 절단·천공 또는 연마하는 작업 등 석면분진이 흩날리는 작업에 근로자를 종사하도록 하는 경우에 석면의 부스러기 등을 넣어두기 위하여 해당 장소에 뚜껑이 있는 용기를 갖추어 두어야 한다.
   ② 사업주는 석면으로 인한 직업성 질병의 발생 원인, 재발 방지 방법 등을 석면을 취급하는 근로자에게 알려야 한다.
   ③ 사업주는 석면에 오염된 장비, 보호구 또는 작업복 등을 처리하는 경우에 압축공기를 불어서 석면오염을 제거해야 한다.
   ④ 사업주는 석면해체·제거작업에서 발생된 석면을 함유한 잔재물은 습식으로 청소하거나 고성능필터가 장착된 진공청소기를 사용하여 청소하는 등 석면분진이 흩날리지 않도록 하여야 한다.
   ⑤ 사업주는 석면해체·제거작업장과 연결되거나 인접한 장소에 탈의실·샤워실 및 작업복 갱의실 등의 위생설비를 설치하고 필요한 용품 및 용구를 갖추어 두어야 한다.

   해설 ③ 사업주는 석면에 오염된 장비, 보호구 또는 작업복 등을 폐기하는 경우에 밀봉된 불침투성 자루나 용기에 넣어 처리하여야 한다(산업안전보건기준에 관한 규칙 제485조 제1항).
   ① 사업주는 분말 상태의 석면을 혼합하거나 용기에 넣거나 꺼내는 작업, 절단·천공 또는 연마하는 작업 등 석면분진이 흩날리는 작업에 근로자를 종사하도록 하는 경우에 석면의 부스러기 등을 넣어두기 위하여 해당 장소에 뚜껑이 있는 용기를 갖추어 두어야 한다(산업안전보건기준에 관한 규칙 제484조).
   ② 사업주는 석면으로 인한 직업성 질병의 발생 원인, 재발 방지 방법 등을 석면을 취급하는 근로자에게 알려야 한다(산업안전보건기준에 관한 규칙 제486조).

④ 사업주는 석면해체·제거작업에서 발생된 석면을 함유한 잔재물은 습식으로 청소하거나 고성능필터가 장착된 진공청소기를 사용하여 청소하는 등 석면분진이 흩날리지 않도록 하여야 한다(산업안전보건기준에 관한 규칙 제497조 제1항).
⑤ 사업주는 석면해체·제거작업장과 연결되거나 인접한 장소에 평상복 탈의실, 샤워실 및 작업복 탈의실 등의 위생설비를 설치하고 필요한 용품 및 용구를 갖추어 두어야 한다(산업안전보건기준에 관한 규칙 제494조 제1항).

19. 산업안전보건법령상 작업 중 근로자가 추락할 위험이 있는 장소임에도 불구하고 사업주가 그 위험을 방지하기 위하여 필요한 조치를 취하지 않아 근로자가 사망한 경우, 사업주에게 과해지는 벌칙의 내용으로 옳은 것은?

① 7년 이하의 징역 또는 1억원 이하의 벌금
② 5년 이하의 징역 또는 5천만원 이하의 벌금
③ 3년 이하의 징역 또는 3천만원 이하의 벌금
④ 3년 이상의 징역 또는 10억원 이하의 과징금
⑤ 1년 이상의 징역 또는 5억원 이하의 과징금

해설 안전조치, 보건조치 또는 도급인의 안전조치 및 보건조치를 위반하여 근로자를 사망에 이르게 한 자는 7년 이하의 징역 또는 1억원 이하의 벌금에 처한다(법 제167조 제1항).

20. 산업안전보건법령상 안전보건관리책임자(이하 "관리책임자"라 한다)에 관한 설명으로 옳지 않은 것은?

① 「산업안전보건기준에 관한 규칙」에서 정하는 근로자의 위험 또는 건강장해의 방지에 관한 사항은 관리책임자의 업무에 해당한다.
② 사업주는 관리책임자에게 그 업무를 수행하는 데 필요한 권한을 주어야 한다.
③ 사업지원 서비스업의 경우에는 상시 근로자 50명 이상인 경우에 관리책임자를 두어야 한다.
④ 관리책임자는 해당 사업에서 그 사업을 실질적으로 총괄관리하는 사람이어야 한다.
⑤ 건설업의 경우에는 공사금액 20억원 이상인 경우에 관리책임자를 두어야 한다.

해설 ③ 사업지원 서비스업의 경우에는 상시 근로자 300명 이상인 경우에 관리책임자를 두어야 한다(영 별표 2).
① 안전보건규칙에서 정하는 근로자의 위험 또는 건강장해의 방지에 관한 사항은 관리책임자의 업무에 해당한다(규칙 제9조).
② 사업주는 안전보건관리책임자가 업무를 원활하게 수행할 수 있도록 권한·시설·장비·예산, 그 밖에 필요한 지원을 해야 한다(영 제14조 제2항).
④ 사업주는 사업장을 실질적으로 총괄하여 관리하는 사람에게 해당 사업장의 업무를 총괄하여 관리하도록 하여야 한다(법 제15조 제1항).
⑤ 건설업의 경우에는 공사금액 20억원 이상인 경우에 관리책임자를 두어야 한다(영 별표 2).

정답 17 ③ 18 ③ 19 ① 20 ③

21. 산업안전보건법령상 도급인인 사업주가 작업장의 안전·보건관리조치를 위하여 2일에 1회 이상 작업장을 순회점검하여야 하는 사업에 해당하는 것은?

① 음악 및 기타 오디오물 출판업
② 사회복지 서비스업
③ 금융 및 보험업
④ 소프트웨어 개발 및 공급업
⑤ 정보서비스업

해설 도급인인 사업주가 작업장의 안전·보건관리조치를 위하여 2일에 1회 이상 작업장을 순회점검하여야 하는 사업(규칙 제80조 제1항 제1호)
1. 건설업
2. 제조업
3. 토사석 광업
4. 서적, 잡지 및 기타 인쇄물 출판업
5. 음악 및 기타 오디오물 출판업
6. 금속 및 비금속 원료 재생업

22. 산업안전보건법령상 고용노동부장관의 확인을 받은 경우로서 화학물질의 유해성·위험성 조사에서 제외되는 것을 모두 고른 것은?

㉠ 신규화학물질을 전량 수출하기 위하여 연간 100톤 이하로 제조하는 경우
㉡ 신규화학물질의 연간 수입량이 100킬로그램 미만인 경우
㉢ 해당 신규화학물질의 용기를 국내에서 변경하지 아니하는 경우
㉣ 해당 신규화학물질이 완성된 제품으로서 국내에서 가공하지 아니하는 경우

① ㉠, ㉣
② ㉡, ㉢
③ ㉠, ㉡, ㉢
④ ㉡, ㉢, ㉣
⑤ ㉠, ㉡, ㉢, ㉣

해설 고용노동부장관의 확인을 받은 경우로서 화학물질의 유해성·위험성 조사에서 제외되는 것(규칙 제148조 제1항, 규칙 제149조 제1항, 규칙 제150 제1항)
1. 해당 신규화학물질이 완성된 제품으로서 국내에서 가공하지 않는 경우
2. 해당 신규화학물질의 포장 또는 용기를 국내에서 변경하지 않거나 국내에서 포장하거나 용기에 담지 않는 경우
3. 해당 신규화학물질이 직접 소비자에게 제공되고 국내의 사업장에서 사용되지 않는 경우
4. 신규화학물질의 연간 수입량이 100킬로그램 미만인 경우
5. 제조하거나 수입하려는 신규화학물질이 시험·연구를 위하여 사용되는 경우
6. 신규화학물질을 전량 수출하기 위하여 연간 10톤 이하로 제조하거나 수입하는 경우
7. 신규화학물질이 아닌 화학물질로만 구성된 고분자화합물로서 고용노동부장관이 정하여 고시하는 경우

23. 산업안전보건법령상 안전보건관리규정의 작성 등에 관한 설명으로 옳은 것은?

① 안전보건관리규정을 작성하여야 할 사업의 사업주는 안전보건관리규정을 변경할 사유가 발생한 경우에는 그 사유가 발생한 날부터 60일 이내에 안전보건관리규정을 변경하여야 한다.

② 농업의 경우 상시 근로자 100명 이상을 사용하는 사업장에는 안전보건관리규정을 작성하여야 한다.

③ 사업주가 안전보건관리규정을 작성하는 경우에는 소방·가스·전기·교통분야 등의 다른 법령에서 정하는 안전관리에 관한 규정과 통합하여 작성할 수 없다.

④ 사업주는 안전보건관리규정을 작성하거나 변경할 때에는 산업안전보건위원회의 심의·의결을 거쳐야 하며, 산업안전보건위원회가 설치되어 있지 아니한 사업장의 경우에는 근로자대표의 동의를 받아야 한다.

⑤ 해당 사업장에 적용되는 단체협약 및 취업규칙은 안전보건관리규정에 반할 수 없으며, 단체협약 또는 취업규칙 중 안전보건관리규정에 반하는 부분에 관하여는 안전보건관리규정으로 정한 기준에 따른다.

해설 ④ 사업주는 안전보건관리규정을 작성하거나 변경할 때에는 산업안전보건위원회의 심의·의결을 거쳐야 한다. 다만, 산업안전보건위원회가 설치되어 있지 아니한 사업장의 경우에는 근로자대표의 동의를 받아야 한다(법 제26조).
① 사업의 사업주는 안전보건관리규정을 작성해야 할 사유가 발생한 날부터 30일 이내에 별표 3의 내용을 포함한 안전보건관리규정을 작성해야 한다. 이를 변경할 사유가 발생한 경우에도 또한 같다(규칙 제25조 제2항).
② 농업의 경우 상시 근로자 300명 이상을 사용하는 사업장에는 안전보건관리규정을 작성하여야 한다(규칙 별표 2).
③ 사업주가 안전보건관리규정을 작성할 때에는 소방·가스·전기·교통 분야 등의 다른 법령에서 정하는 안전관리에 관한 규정과 통합하여 작성할 수 있다(규칙 제25조 제3항).
⑤ 안전보건관리규정은 단체협약 또는 취업규칙에 반할 수 없다. 이 경우 안전보건관리규정 중 단체협약 또는 취업규칙에 반하는 부분에 관하여는 그 단체협약 또는 취업규칙으로 정한 기준에 따른다(법 제25조 제2항).

24. 산업안전보건법령상 노사협의체에 관한 설명으로 옳지 않은 것은?

① 노사협의체의 회의는 근로자위원 및 사용자위원 각 과반수의 출석으로 시작하고 출석위원 과반수의 찬성으로 의결한다.

② 노사협의체의 위원장은 직권으로 노사협의체에 공사금액이 20억원 미만인 도급 또는 하도급 사업의 사업주 및 근로자대표를 위원으로 위촉할 수 있다.

③ 노사협의체의 위원장은 위원 중에서 호선(互選)한다. 이 경우 근로자위원과 사용자위원 중 각 1명을 공동위원장으로 선출할 수 있다.

④ 노사협의체의 위원장은 노사협의체에서 심의·의결된 내용 등 회의 결과와 중재 결정된 내용 등을 사내방송이나 사내보, 게시 또는 자체 정례조회, 그 밖의 적절한 방법으로 근로자에게 신속히 알려야 한다.

⑤ 노사협의체의 회의는 정기회의와 임시회의로 구분하되, 정기회의는 2개월마다 노사협의체의 위원장이 소집하며, 임시회의는 위원장이 필요하다고 인정할 때에 소집한다.

정답 21 ① 22 ④ 23 ④ 24 ②

> **해설** ② 노사협의체의 근로자위원과 사용자위원은 합의하여 노사협의체에 공사금액이 20억원 미만인 공사의 관계수급인 및 관계수급인 근로자대표를 위원으로 위촉할 수 있다(영 제64조 제2항).
> ① 회의는 근로자위원 및 사용자위원 각 과반수의 출석으로 개의(開議)하고 출석위원 과반수의 찬성으로 의결한다(영 제37조 제1항).
> ③ 노사협의체의 위원장은 위원 중에서 호선(互選)한다. 이 경우 근로자위원과 사용자위원 중 각 1명을 공동위원장으로 선출할 수 있다(영 제36조).
> ④ 노사협의체의 위원장은 노사협의체에서 심의·의결된 내용 등 회의 결과와 중재 결정된 내용 등을 사내방송이나 사내보, 게시 또는 자체 정례조회, 그 밖의 적절한 방법으로 근로자에게 신속히 알려야 한다(영 제39조).
> ⑤ 노사협의체의 회의는 정기회의와 임시회의로 구분하여 개최하되, 정기회의는 2개월마다 노사협의체의 위원장이 소집하며, 임시회의는 위원장이 필요하다고 인정할 때에 소집한다(영 제65조 제1항).

25. 산업안전보건법령상 안전검사에 관한 설명으로 옳지 않은 것은?

① 안전검사대상기계등을 사용하는 사업주와 소유자가 다른 경우에는 안전검사대상기계등을 사용하는 사업주가 안전검사를 받아야 한다.
② 이삿짐운반용 리프트의 최초 안전검사는 「자동차관리법」 제8조에 따른 신규등록 이후 3년 이내에 실시하여야 한다.
③ 안전검사 신청을 받은 안전검사기관은 30일 이내에 해당 기계·기구 및 설비별로 안전검사를 하여야 한다.
④ 안전검사에 합격한 안전검사대상기계등을 사용하는 사업주는 그 안전검사대상기계등이 안전검사에 합격한 것임을 나타내는 표시를 하여야 한다.
⑤ 안전검사를 받아야 하는 자가 자율검사프로그램을 정하고 고용노동부장관의 인정을 받아 그에 따라 안전검사대상기계등의 안전에 관한 성능검사를 하면 안전검사를 받은 것으로 보며, 이 경우 자율검사프로그램의 유효기간은 2년으로 한다.

> **해설** ① 안전검사대상기계등을 사용하는 사업주와 소유자가 다른 경우에는 안전검사대상기계등의 소유자가 안전검사를 받아야 한다(법 제93조 제1항).
> ② 이동식 크레인, 이삿짐운반용 리프트 및 고소작업대 : 신규등록 이후 3년 이내에 최초 안전검사를 실시하되, 그 이후부터 2년마다 실시하여야 한다(규칙 제126조 제1항 제2호).
> ③ 안전검사 신청을 받은 안전검사기관은 검사 주기 만료일 전후 각각 30일 이내에 해당 기계·기구 및 설비별로 안전검사를 해야 한다(규칙 제124조 제2항 전단).
> ④ 안전검사에 합격한 안전검사대상기계등을 사용하는 사업주는 그 안전검사대상기계등이 안전검사에 합격한 것임을 나타내는 표시를 하여야 한다(규칙 별표 16).
> ⑤ 안전검사를 받아야 하는 자가 자율검사프로그램을 정하고 고용노동부장관의 인정을 받아 그에 따라 안전검사대상기계등의 안전에 관한 성능검사를 하면 안전검사를 받은 것으로 보며, 이 경우 자율검사프로그램의 유효기간은 2년으로 한다(법 제98조 제1항, 제2항).

산업위생 일반

26. 활성탄관으로 채취한 벤젠을 1mL 이황화탄소로 추출하여 정량한 결과가 다음과 같을 때, 벤젠 양(μg)은?

○ 시료(앞층 10ppm, 뒤층 0.1ppm)
○ 공시료(앞층 0.1ppm, 뒤층 검출되지 않음)

① 9.9　　　　　　　　② 10
③ 99　　　　　　　　 ④ 100
⑤ 파과현상 때문에 시료로 쓰지 못함

27. 유해인자 노출기준에 관한 설명으로 옳은 것은?

① 노출기준 초과여부로 건강영향을 진단할 수 있다.
② 모든 근로자의 건강영향을 진단하기 위한 법적기준이다.
③ 개인 시료(personal sample) 측정 결과로 호흡기, 피부, 소화기 등 종합적인 인체 노출수준을 추정할 수 있다.
④ 동물실험에 근거해서 설정된 노출기준은 역학조사보다 불확실성이 낮아 신뢰성이 높다.
⑤ 생물학적 노출기준(BEI)이 설정된 화학물질 수가 적은 이유는 건강영향을 추정할 수 있는 바이오마커가 드물기 때문이다.

> **해설** 바이오 마커는 단백질이나 DNA, RNA(리복핵산), 대사 물질 등을 이용해 몸 안의 변화를 알아낼 수 있는 지표로 이 지표가 드물기 때문에 생물학적 노출기준(BEI)이 설정된 화학물질 수가 적다.

28. 생물학적 유해인자가 주로 발생되는 공정 또는 작업이 아닌 것은?

① 사료 저장　　　　　② 농작업
③ 제빵　　　　　　　 ④ 주물
⑤ 수용성 금속가공

> **해설** 주물은 융해된 금속을 주형 속에 넣고 응고시켜서 원하는 모양의 금속제품으로 만드는 것으로 생물학적 유해인자가 주로 발생되는 공정 또는 작업이 아니다.
> 수용성 금속가공은 절삭가공 공정 중 수용성 금속가공유를 사용하는 공정이다.

정답 25 ①　26 ②　27 ⑤　28 ④

29. 국내외 산업위생 역사에 관한 설명으로 옳은 것은?

① 중세 노동자 사고와 질병은 의학적 인과관계에 의해서 규명되었다.
② 산업혁명 초창기 어린이 장시간 노동은 일반적이었다.
③ 1963년 산업안전보건법에 이어 1981년 산업재해보상보험법이 제정되었다.
④ 2015년 메탄올 시각 손상이 발생한 공정은 도장(painting)이었다.
⑤ 우리나라 반도체 공장 직업병 문제는 화학물질 급성 중독 사례로 시작되었다.

해설 ② 산업혁명 초기에는 어린이들에 장시간 노동을 시키는 것이 일반적이었다.
① 중세에는 사고와 질병에 대한 의학적인 인식이 부족하였다.
③ 1963년 산업재해보상보험법에 이어 1981년 산업안전보건법이 제정되었다.
④ 2015년 메탄올 시각 손상이 발생한 공정은 핸드폰 부품공장이었다.
⑤ 반도체 공장 직업병 문제는 화학물질 만성 중독 사례로 시작되었다.

30. 유해인자 측정결과 자료에 관한 해석으로 옳은 것은?

① 근로자가 노출되는 유해인자 측정 자료는 일반적으로 정규분포(normal distribution)를 나타낸다.
② 기하표준편차(GSD) 값이 클수록 유해인자 노출특성은 유사한 것으로 평가한다.
③ 동일 자료에 대한 기하평균(GM) 값은 산술평균(AM) 값보다 크다.
④ 정규분포하지 않은 자료를 대수로 변환했을 때 정규분포하면 대수정규분포한다고 평가한다.
⑤ 기하표준편차(GSD) 단위는 ppm 또는 $\mu g/m^3$이다.

해설 ④ 대수정규분포에 따르는 확률분포에 로그를 취하면 정규분포를 따른다.
① 대부분의 작업환경측정자료에서 원자료는 정규분포하지 않는다. 대수(로그)로 모두 변환해서 정규분포하도록 만들어줘야 한다.
② 기하표준편차(GSD) 값이 작을수록 유해인자 노출특성은 유사한 것으로 평가한다.
③ 동일 자료에 대한 기하평균(GM) 값이 산술평균(AM) 값보다 작다.
⑤ ppm 또는 $\mu g/m^3$는 농도를 나타내는 단위이다.

31. 작업장 환기에 관한 설명으로 옳은 것은?

① HVACs(공조시설)에서 공급하는 공기량은 국소배기장치 후드로 들어가는 공기량의 0.5배로 설계해야 한다.
② 국소배기장치에서 실외로 배기된 공기속도는 반송속도의 50%를 유지해야 한다.
③ 먼지가 발생되는 공정에서 국소배기 공기정화장치는 송풍기 뒤에 설치하는 것이 좋다.
④ 1면이 개방된 포위식 후드에서 소요 풍량(Q)은 1면이 완전히 닫혔을 때를 가정하고 설계하는 것이 좋다.
⑤ 외부식 원형후드에서 등속도 면적은 제어거리와 후드 면적을 고려하여 설계한다.

해설 ⑤ 외부식 원형후드에서 등속도 면적은 유해물질 발생원(오염원)과 후드가 일정 거리 즉, 제어거리 X만큼 떨어져 있는 형태이다. 따라서 외부식 후드는 항상 제어거리화 후드 면적을 고려해야 한다.
② 국소배기장치에서 실외로 배기된 공기속도는 반송속도 이상이 되도록 설계해야 한다.
③ 먼지가 발생되는 공정에서 후드, 덕트, 국소배기 공기정화장치, 송풍기 순으로 설치하는 것이 좋다.
④ 1면이 개방된 포위식 후드에서 소요 풍량(Q)은 개방면에서 측정한 속도로서 1면이 완전히 개방했을 때를 가정하고 설계하는 것이 좋다.

32. 일반적으로 알려진 내분비계 교란물질(endocrine disruptors)이 아닌 것은?

① DDT
② Diethylstilbestrol(DES)
③ 프탈레이트
④ 다이옥신
⑤ 메틸에틸케톤(MEK)

해설 내분비계 교란물질(endocrine disruptors) : 농약류, 다이옥신류, 할로겐 유기화합물류, 비스페놀 A, 알킬 페놀, 프탈레이트, 스티렌, 중금속(납, 수은, 카드뮴), 디에틸유도체

33. 다음은 자동차 산업 노동자를 대상으로 수행한 역학연구에서 얻은 SMR(표준화사망비) 값과 95% 신뢰구간이다. 건강근로자 영향(healthy worker effect)을 의심할 수 있는 결과는?

① 0.6(0.4-0.8)
② 1.1(0.9-1.5)
③ 1.2(0.9-1.9)
④ 1.5(1.2-1.9)
⑤ 3.0(1.5-9.2)

해설 SMR(표준화사망비)= $\frac{작업장에서의 사망률}{일반 인구의 사망률}$, SMR(표준화사망비)는 1이 넘으면 작업장의 사망률이 높고, 1미만이면 일반 인구집단에서 사망률이 높다는 것이다. 건강근로자 영향(healthy worker effect)을 의심할 수 있는 결과는 1미만의 값을 선택하면 된다.

34. 중간대사산물(metabolite)이 암을 일으키는 물질은?

① 다핵방향족탄화수소화합물(PAHs)
② 비소
③ 석면
④ 베릴륨
⑤ 라돈

해설 다핵방향족탄화수소화합물(PAHs)은 두 개 이상의 페닐량이 융합하여 구성된 화합물로 오래 전부터 발암물질로 알려져 왔으나 환경대기, 보건학적인 위해도는 정확하게 평가되지 못하고 있다.

정답 29 ② 30 ④ 31 ⑤ 32 ⑤ 33 ① 34 ①

35. 중금속별로 노출될 수 있는 공정을 연결한 것으로 옳지 않은 것은?
    ① 크롬 - 도금
    ② 납 - PVC 압출 혼합
    ③ 유기수은 - 형광등 제조
    ④ 비소 - 반도체 이온주입
    ⑤ 카드뮴 - 축전지 제조

    해설 ③ 수은 - 수은 제련공정, 형광등 제작·수리·해체공정, 소독제 및 농약 제조공정, 도금공정, 착색공정 등
    ① 크롬 - 용해, 제강정련, 단조, 용접, 도금, 합금
    ② 납 - 납땜, 총알, 납 파이프, PVC 압출 혼합, 납복
    ④ 비소 - 합성수지, 플라스틱, 비철금속, 반도체 이온주입, 농약
    ⑤ 카드뮴 - 배합, 용접, 도금, 제련, 정련, 합금, 축전지, 용해, 주조, 촉매반응

36. 건강영향을 일으킬 수 있는 직접적인 직무스트레스 요인이 아닌 것은?
    ① 책임감이 높은 일의 연속
    ② 상사 및 동료와의 갈등
    ③ 불규칙한 작업형태
    ④ 영양부족
    ⑤ 열악한 작업환경

    해설 직무스트레스 요인 : 시간적 압박, 업무시간표 및 속도, 업무구조, 열악한 작업환경, 상사 및 동료와의 갈등, 불규칙한 작업형태, 책임감이 높은 일의 연속 등

37. 밀폐공간에서 안전한 작업을 위한 일반적인 대책으로 옳지 않은 것은?
    ① 냉각탑 내부를 교체할 때 불활성 기체를 주입하는 배관 장치는 잠근다.
    ② 출입 전 산소 및 유해가스 농도를 측정한다.
    ③ 작업하는 동안 감시인을 밀폐공간 밖에 배치한다.
    ④ 불활성기체가 고농도일 경우 방독마스크를 착용한다.
    ⑤ 신선한 공기를 공급하기 곤란한 경우 공기호흡기 또는 송기마스크를 착용한다.

    해설 불활성기체가 고농도일 경우 송기마스크를 착용하여야 한다.
    밀폐공간 작업관리 내용
    1. 관리감독자의 지정
    2. 감시인의 배치
    3. 인원의 점검
    4. 출입의 금지
    5. 연락체계 구축
    6. 밀폐공간 작업 전 안전한 작업방법 등에 관한 주지

38. 질병의 업무관련 역학조사에 관한 설명으로 옳지 않은 것은?
    ① 담당한 공정과 직무 등 원인인자를 파악한다.
    ② 개인 기호 및 과거 질환 여부는 고려하지 않는다.
    ③ 질병 원인 유해인자에 대한 연구결과를 고찰한다.
    ④ 국내외 유사한 질병 사례를 조사한다.
    ⑤ 동료 근로자를 대상으로 과거 작업 상황을 조사한다.

    해설 역학조사에는 개인의 기호와 과거 질환 여부를 고려하여야 한다.

39. 화학물질에 대한 노출수준을 추정하는 데 활용될 수 없는 것은?
    ① 하루 평균 화학물질 취급 빈도(frequency)
    ② 하루 평균 화학물질 취급 시간
    ③ 하루 평균 화학물질 취급량
    ④ 화학물질 제거 환기 효율
    ⑤ 화학물질의 독성(toxicity)

    해설 노출기준은 1일 8시간 작업을 기준으로 하여 제정된 것이므로 이를 이용할 경우에는 근로시간, 작업의 강도, 온열조건, 이상기압 등이 노출기준 적용에 영향을 미칠 수 있으므로 이와 같은 제반요인을 특별히 고려하여야 한다(화학물질 및 물리적 인자의 노출기준 제3조 제2항). 화학물질의 독성(toxicity)은 활용할 수 없다.

40. 산업현장에서 일반재해가 발생했을 때 조치 순서로 옳은 것은?
    ① 재해발생 → 긴급처리 → 재해조사 → 원인분석 → 대책수립 → 평가
    ② 재해발생 → 재해조사 → 긴급처리 → 원인분석 → 대책수립 → 평가
    ③ 재해발생 → 긴급처리 → 원인분석 → 재해조사 → 대책수립 → 평가
    ④ 재해발생 → 원인분석 → 재해조사 → 긴급처리 → 대책수립 → 평가
    ⑤ 재해발생 → 긴급처리 → 원인분석 → 대책수립 → 재해조사 → 평가

    해설 산업재해 발생 시 조치순서 : 재해발생 → 긴급처리 → 재해조사 → 원인분석 → 대책수립 → 실시 → 평가

정답 35 ③ 36 ④ 37 ④ 38 ② 39 ⑤ 40 ①

41. 미국 NIOSH의 중량물 들기 최대 허용기준(Maximum Permissible Limit; MPL)에 관한 설명으로 옳지 않은 것은?

① MPL을 초과하면 대부분의 근로자에게 근육 및 골격장애를 유발한다.
② 5번 요추와 1번 천추(L5/S1)에 미치는 압력이 6,400N의 부하에 해당된다.
③ 감시기준(Action Limit)의 5배에 해당된다.
④ 작업강도, 즉 에너지 소비량은 5.0kcal/min을 초과한다.
⑤ 남자의 25%, 여자의 1%가 작업 가능하다.

해설 미국 NIOSH의 중량물 들기 최대 허용기준
1. 역학조사결과 : MPL을 초과하는 작업에서는 대부분의 근로자에게 근육, 골격장애가 나타남
2. 인간공학적 연구결과 : L5/S1 디스크에 6,400N 압력부하 시 대부분 근로자가 견딜 수 없음
3. 노동생리학적 연구결과 : 요구되는 에너지 대사량 5.0kcal/min 초과
4. 정신물리학적 연구결과 : 남성 25%, 여성 1% 미만에서만 MPL 수준의 작업 가능

42. 주요 국가에서 설정한 노출기준 용어로 옳지 않은 것은?

① 미국(OSHA) - PEL
② 미국(NIOSH) - REL
③ 미국(ACGIH) - WEEL
④ 영국(HSE) - WEL
⑤ 독일 - MAK

해설 미국(ACGIH) - TLV(131종의 화학물질과 13종의 광물분진에 관한 TLV 발표)

43. 청각의 등감곡선에 관한 설명으로 옳지 않은 것은?

① 정상적인 청력을 가진 사람들을 대상으로 음의 크기(loudness)를 실험한 결과에 근거한다.
② 동일한 크기를 듣기 위해서 고주파에서는 저주파보다 물리적으로 더 높은 음압 수준을 필요로 한다.
③ 1,000Hz에서 40dB은 100Hz에서 약 50dB과 비슷한 크기로 느껴진다.
④ 고주파 음압 수준에 노출되면 주로 직업성 소음성 난청이 발생한다.
⑤ 1,000Hz에서 음압 수준을 기준으로 등감곡선을 나타내는 단위를 'phon'이라고 한다.

해설 저주파는 귀에 잘 들리지 않는 소음으로 동일한 크기를 듣기 위해서는 저주파에서는 고주파보다 물리적으로 더 높은 음압 수준을 필요로 한다.
소리 크기의 등감곡선은 사람이 음의 크기를 느끼는데 있어서 주파수에 따른 감도가 다르기 때문에 같은 음압 레벨의 음이라도 주파수가 다르면 다른 크기로 느끼게 된다. 보통 사람이 소리를 들을 때 느끼는 음의 크기 정도를 정량화한 값으로서 단위로는 phon과 sone이 있다.

44. 가축 분뇨 정화조를 청소하는 동안 착용해야 할 호흡 보호구는?
   ① 방진마스크　　　② 면마스크
   ③ 송기마스크　　　④ 반면형 방독마스크
   ⑤ 전면형 방독마스크

   해설 모든 작업환경에서 가장 안전한 방식은 송기마스크와 공기호흡기이다. 가축 분뇨가 분해되는 과정에서 발생하는 유해가스는 황화수소와 암모니아가 대표적이다. 따라서 가축 분뇨 정화조를 청소하는 동안에는 송기마스크를 착용하여야 한다.

45. 방사선 유효선량(effective dose)의 단위는?
   ① 시버트(Sv)　　　② 라드(rad)
   ③ 그레이(Gy)　　　④ 렌트겐(R)
   ⑤ 베크렐(Bq)

   해설 방사능과 방사선을 측정하는 단위

구분		현재 국제단위	과거 단위	기준
방사능 단위		베크렐(Bq)	큐리(Ci)	1베크렐=1초 동안 1개의 원자핵 붕괴 시 방사능 강도
방사선 관련 단위	흡수선량	그레이(Gy)	라드(rad)	질량당 흡수된 방사선 에너지 양
	등가선량	시버트(Sv)	렘(rem)	인체의 특정 조직에 미치는 방사선 영향
	유효선량	시버트(Sv)		방사선이 인체에 미치는 영향

46. 호흡기 상기도 점막을 주로 자극하는 물질이 아닌 것은?
   ① 암모니아　　　② 이산화질소
   ③ 염화수소　　　④ 아황산가스
   ⑤ 불화수소

   해설 이산화질소는 흡입에 의한 독성이 가장 문제가 되고 천식환자에서는 특별히 호흡기 독성이 강하게 나타난다. 주로 하기도 점막을 자극한다.

47. 동물실험 결과에 근거해서 설정된 노출기준들의 한계점에 관한 설명으로 옳지 않은 것은?
   ① 무관찰작용량(No Observed Effect Level)을 알아내는 것이 어렵다.
   ② 다양한 화학물질의 노출상황에 따른 독성을 알아내기 어렵다.
   ③ 동물과 사람의 종(species) 차이에 따른 독성의 불확실성이 있다.
   ④ 수십 년 동안 낮은 농도의 화학물질 노출에 따른 건강영향을 알아내기 어렵다.
   ⑤ 기저질환을 갖고 있는 질환자들의 건강영향을 규명하기 어렵다.

정답 41 ③　42 ③　43 ②　44 ③　45 ①　46 ②　47 ①

해설 안전 폭로량은 동물실험을 통하여 산출한 독물량의 한계치(NOEL : No Observed Effect Level : 무관찰작용량)를 사람에게 적용하기 위하여 인간의 안전폭로량을 계산할 때 체중을 외삽한다.

48. 양압(positive pressure)을 유지해야 하는 공정 또는 장소는?
① 감염환자 병실
② 석면해체 실내작업
③ 전자부품 제조 공장
④ 실험실 흄 후드 안
⑤ 생물안전(biosafety) 실험실

해설 양압(positive pressure), 즉 대기압보다 높은 압력을 유지해야 하는 곳은 전자부품 제조 공장으로 실내의 공기압력을 대기압보다 높게 하여 오염된 외부공기가 실내로 유입되는 것을 방지한다.

49. 근로자의 만성질병과 직무 또는 업무 연관성을 규명하기 어려운 이유로 옳지 않은 것은?
① 과거 담당했던 직무 기록의 미흡
② 과거 일했던 공정이 존재하지 않음
③ 과거 유해인자 노출수준 추정의 어려움
④ 과거 작업 상황 조사의 어려움
⑤ 만성 질병 분류(classification)의 어려움

해설 근로자의 만성질병과 직무 또는 업무 연관성을 규명하기 어려운 이유는 질병의 만성과 급성 분류가 어려운 것이 아니라 과거 기록이 미흡하거나 존재하지 않은 경우이다.

50. 고압환경에서 2차성 압력현상과 이로 인한 건강영향으로 옳지 않은 것은?
① 고압환경에서 대기 가스 때문에 나타나는 현상이다.
② 흉곽이 잔기량보다 적은 용량까지 압축되면 폐 압박 현상이 나타날 수 있다.
③ 질소 마취에 의해 작업력의 저하와 다행증이 발생할 수 있다.
④ 산소 중독 증세가 나타날 수 있다.
⑤ 이산화탄소 분압의 증가로 관절 장해가 발생할 수 있다.

해설 흉곽이 잔기량보다 적은 용량까지 압축되면 폐 압박 현상은 1차성 압력현상에 대한 생체의 변화이다.
2차성 압력현상
1. 고압환경에서 대기 가스 때문에 나타나는 현상
2. 질소 마취
3. 산소 중독
4. 이산화탄소 분압의 증가

기업진단 · 지도

51. 해크만(J. Hackman)과 올드햄(G. Oldham)이 제시한 직무특성모델(job characteristic model)에서 5가지 핵심직무차원(core job dimensions)에 포함되지 않는 것은?

① 기술다양성(skill variety)
② 성장욕구(growth need)
③ 과업정체성(task identity)
④ 자율성(autonomy)
⑤ 피드백(feedback)

[해설] 5가지 핵심직무차원(core job dimensions) : 기술다양성(skill variety), 과업정체성(task identity), 자율성(autonomy), 피드백(feedback), 과업 중요성(task significance)

52. 직무급(job-based pay)에 관한 설명으로 옳은 것을 모두 고른 것은?

㉠ 동일노동 동일임금의 원칙(equal pay for equal work)이 적용된다.
㉡ 직무를 평가하고 임금을 산정하는 절차가 간단하다.
㉢ 유능한 인력을 확보하고 활용하는 것이 가능하다.
㉣ 직무의 상대적 가치를 기준으로 하여 임금을 결정한다.
㉤ 직무를 중심으로 한 합리적인 인적자원관리가 가능하게 됨으로써 인건비의 효율성을 증대시킬 수 있다.

① ㉠, ㉡, ㉢
② ㉢, ㉣, ㉤
③ ㉠, ㉡, ㉣, ㉤
④ ㉠, ㉢, ㉣, ㉤
⑤ ㉠, ㉡, ㉢, ㉣, ㉤

[해설] ㉡ 직무를 평가하고 임금을 산정하는 절차가 복잡하고 노동시장이 폐쇄적일 때에는 곤란하다.
㉠ 동일 직급 내의 직무에 대하여 일정한 범위의 임금률을 설정 · 운영하는 형태이다.
㉢ 유능한 인재의 확보 · 유지가 가능하다.
㉣ 직무의 상대적 가치를 기준으로 하여 임금을 결정한다.
㉤ 직무중심의 합리적 인사관리를 가능하게 하여 인건비 절감과 인력의 적재적소 배치가 가능하다.

53. 홍길동이 A회사에 입사한 후 3년이 지났다. 홍길동이 그 동안 있었던 승진자들을 살펴보니 모두 뛰어난 업적을 보인 사람들이었다. 이에 홍길동은 자신도 뛰어난 성과를 보여 승진하겠다는 결심을 하고 지속적으로 열심히 노력하였다. 이 경우 홍길동과 관련된 학습이론은?

① 사회적 학습(social learning)
② 조직적 학습(organizational learning)
③ 고전적 조건화(classical conditioning)
④ 작동적 조건화(operant conditioning)
⑤ 액션 러닝(action learning)

정답 48 ③ 49 ⑤ 50 ② 51 ② 52 ④ 53 ①

해설 ① 사회적 학습(social learning) : 타인과 접촉할 때 그 타인의 의도와는 관계없이 그 개인의 행동을 모방하여 자기의 행동을 수정하는 학습이다.
② 조직적 학습(organizational learning) : 개인적 학습결과가 조직차원으로 승화 발전된 학습형태를 말한다.
③ 고전적 조건화(classical conditioning) : 반복적인 학습에 의하여 행동이 습득되거나 수정되는 것을 말한다.
④ 작동적 조건화(operant conditioning) : 지각에 대한 반응이 만족스럽다면 보상이 따르고 그렇지 않다면 다른 반응을 유도하기 위한 피드백이 주어지는 것이다.
⑤ 액션 러닝(action learning) : 조직구성원이 팀을 구성하여 동료와 촉진자의 도움을 받아 실제 업무의 문제를 해결함으로써 학습을 하는 것이다.

54. 허즈버그(F. Herzberg)가 제시한 2요인 이론(two factor theory)에서 동기부여요인(motivators)에 포함되지 않는 것은?
① 성취(achievement)
② 임금(wage)
③ 책임(responsibility)
④ 성장(growth)
⑤ 인정(recognition)

해설 2요인 이론
1. 위생요인 : 임금, 정책, 관리, 감독, 작업조건, 대인관계, 지위, 안정된 직업 등
2. 동기부여요인 : 안정감, 책임감, 성장, 성취, 발전, 보람, 직무의 내용과 존경, 자아실현 등

55. 사업부제 조직구조(divisional structure)에 관한 설명으로 옳지 않은 것은?
① 각 사업부는 사업영역에 대해 독자적인 권한과 책임을 보유하고 있어 독립적인 이익센터(profit center)로서 기능할 수 있다.
② 각 사업부들이 경영상의 책임단위가 됨으로써 본사의 최고경영층은 일상적인 업무로부터 벗어나 전사적인 차원의 문제에 집중할 수 있다.
③ 각 사업부 간에 기능의 중복현상이 발생하지 않는다.
④ 각 사업부마다 시장특성에 적합한 제품과 서비스를 생산하고 판매할 수 있게 됨으로써 시장세분화에 따른 제품차별화가 용이하다.
⑤ 각 사업부의 이해관계를 중시하는 사업부 이기주의로 인하여 사업부 간의 협조가 원활하지 못할 수 있다.

해설 사업부제 조직의 단점
1. 부서간 기능의 중복이 발생할 가능성이 높다.
2. 서로 다른 부서간 정보공유가 원활하지 않다.
3. 각 사업부간 경쟁이 심화된다.
4. 지식 및 전문적 역량의 공유 및 전사적 확산이 이루어지지 않는다.
5. 각 사업부간 협력이 이루어지지 않는다.

56. 6시그마 경영은 모토로라(Motorola)사에서 혁신적인 품질개선의 목적으로 시작된 기업경영전략이다. 6시그마 경영과 과거의 품질경영을 비교 설명한 것으로 옳은 것은?

① 과거의 품질경영 방식은 전체 최적화였으나 6시그마 경영은 부분 최적화라고 할 수 있다.
② 과거의 품질경영 계획대상은 공장 내 모든 프로세스였으나 6시그마 경영은 문제점이 발생한 곳 중심이라고 할 수 있다.
③ 과거의 품질경영 교육은 체계적이고 의무적이었으나 6시그마 경영은 자발적 참여를 중시한다.
④ 과거의 품질경영 관리단계는 DMAIC를 사용하였으나 6시그마 경영은 PDCA cycle을 사용한다.
⑤ 과거의 품질경영 방침결정은 하의상달 방식이었으나 6시그마 경영은 상의 하달 방식으로 이루어진다.

해설 ⑤ 과거의 품질경영 방침결정은 하의상달 방식이었으나 6시그마 경영은 상의 하달 방식으로 이루어진다.
① 과거의 품질경영 방식은 부분 최적화였으나 6시그마 경영은 전체 최적화라고 할 수 있다.
② 과거의 품질경영 계획대상은 문제점이 발생한 곳 중심이었으나 6시그마 경영은 공장 내 모든 프로세스라고 할 수 있다.
③ 과거의 품질경영 교육은 자발적 참여를 중시하였으나 6시그마 경영은 체계적이고 의무적이다.
④ 과거의 품질경영 관리단계는 PDCA cycle을 사용하였으나 6시그마 경영은 DMAIC를 사용한다.

57. ABC 재고관리에 관한 설명으로 옳지 않은 것은?

① 자재 및 재고자산의 차별 관리방법이며, A등급, B등급, C등급으로 구분된다.
② 품목의 중요도를 결정하고, 품목의 상대적 중요도에 따라 통제를 달리하는 재고관리시스템이다.
③ 파레토 분석(Pareto Analysis) 결과에 따라 품목을 등급으로 나누어 분류한다.
④ 일반적으로 A등급에 속하는 품목의 수가 C등급에 속하는 품목의 수보다 많다.
⑤ 각 등급별 재고 통제수준은 A등급은 엄격하게, B등급은 중간 정도로, C등급은 느슨하게 한다.

해설 재고 시스템의 품목을 분류하면 대략 A품목 20%, B품목 30%, C품목 50%로 분류된다. ABC재고관리는 80/20법칙 혹은 파레트 분석의 원리에 기초를 둔다. 즉, 20%의 Input이 80%의 Output을 만들어낸다는 것으로 매출액을 기준으로 전체 금액의 80%에 해당되는 것이 보통 전체 품목의 20%에 해당한다.

58. 수요예측을 위한 시계열 분석에서 변동에 해당하지 않는 것은?

① 추세변동(trend variation) : 자료의 추이가 점진적, 장기적으로 증가 또는 감소하는 변동
② 계절변동(seasonal variation) : 월, 계절에 따라 증가 또는 감소하는 변동
③ 위치변동(locational variation) : 지역의 차이에 따라 증가 또는 감소하는 변동
④ 순환변동(cyclical variation) : 경기순환과 같은 요인으로 인한 변동
⑤ 불규칙변동(irregular variation) : 돌발사건, 전쟁 등으로 인한 변동

해설 수요예측을 위한 시계열 분석에서 변동에는 추세변동, 계절변동, 우연변동(불규칙변동), 순환변동이 있다.

정답 54 ② 55 ③ 56 ⑤ 57 ④ 58 ③

59. 설비배치계획의 일반적 단계에 해당하지 않는 것은?
   ① 구성계획(construct plan)
   ② 세부배치계획(detailed layout plan)
   ③ 전반배치(general overall layout)
   ④ 설치(installation)
   ⑤ 위치(location)결정

   해설 설비배치계획의 일반적 단계
   1. 단계1 : 위치선정단계로 공장입지 등이 결정
   2. 단계2 : 전체배치로 공장내 주요부서들의 개략적인 크기, 형태 위치 결정
   3. 단계3 : 세부배치단계로 각 부서에 배치될 기계, 장비 등의 위치와 필요한 공간의 크기가 구체적으로 결정
   4. 단계4 : 배치계획에 대한 승인, 시행, 감독 등의 업무 수행

60. 심리평가에서 평가센터(assessment center)에 관한 설명으로 옳지 않은 것은?
   ① 신규채용을 위하여 입사 지원자들을 평가하거나 또는 승진 결정 등을 위하여 현재 종업원들을 평가하는 데 사용할 수 있다.
   ② 관리 직무에 요구되는 단일 수행차원에 대해 피평가자들을 평가한다.
   ③ 기본적인 평가방식은 집단 내 다른 사람들의 수행과 비교하여 개인의 수행을 평가하는 것이다.
   ④ 평가도구로는 구두발표, 서류함 기법, 역할수행 등이 있다.
   ⑤ 다수의 평가자들이 피평가자들을 평가한다.

   해설 평가센터(assessment center)는 장소의 개념이 아닌 시스템이자 하나의 평가기법으로 훈련받은 다수의 평가자가 복수의 평가기법과 도구들을 사용하여 피평가자의 여러 평가요소들을 측정하는 평가방법이다. 각각의 목적에 따라 평가대상자, 평가방법, 주요 결과물, 피드백 유형이 달라질 수 있다.

61. 목표설정 이론(goal setting theory)에서 종업원의 직무수행을 향상시킬 수 있는 요인들을 모두 고른 것은?

㉠ 도전적인 목표	㉡ 구체적인 목표
㉢ 종업원의 목표 수용	㉣ 목표 달성 과정에 대한 피드백

   ① ㉠, ㉣
   ② ㉡, ㉢
   ③ ㉠, ㉡, ㉣
   ④ ㉡, ㉢, ㉣
   ⑤ ㉠, ㉡, ㉢, ㉣

   해설 종업원의 직무수행을 향상시킬 수 있는 요인
   1. 종업원의 목표 수용
   2. 목표를 향한 각 과정에 대한 피드백
   3. 어렵고 도전적인 목표
   4. 구체적인 목표

62. 인사선발에 관한 설명으로 옳은 것은?

① 올바른 합격자(true positive)란 검사에서 합격점을 받아서 채용되었지만 채용된 후에는 불만족스러운 직무수행을 나타내는 사람이다.
② 잘못된 합격자(false positive)란 검사에서 불합격점을 받아서 떨어뜨렸지만 채용하였다면 만족스러운 직무수행을 나타냈을 사람이다.
③ 올바른 불합격자(true negative)란 검사에서 불합격점을 받아서 떨어뜨렸고 채용하였더라도 불만족스러운 직무수행을 나타냈을 사람이다.
④ 잘못된 불합격자(false negative)란 검사에서 합격점을 받아서 채용되었고 채용된 후에도 만족스러운 직무수행을 나타내는 사람이다.
⑤ 인사선발 과정의 궁극적인 목적은 올바른 합격자와 잘못된 불합격자를 최대한 늘리고 올바른 불합격자와 잘못된 합격자를 줄이는 것이다.

해설 ③ 올바른 불합격자(true negative)란 검사에서 불합격점을 받아서 떨어뜨렸고 채용하였더라도 불만족스러운 직무수행을 나타냈을 사람이다.
① 올바른 합격자(true positive)란 검사에서 합격점을 받아서 채용되어 채용된 후에는 만족스러운 직무수행을 나타내는 사람이다.
② 잘못된 합격자(false positive)란 검사에서 합격점을 받아서 채용되었지만 채용 후 불만족스런 직무수행을 나타내는 사람이다.
④ 잘못된 불합격자(false negative)란 검사에서 불합격점을 받아서 떨어뜨렸고 채용되었다면 만족스러운 직무수행을 나타냈을 사람이다.
⑤ 인사선발 과정의 궁극적인 목적은 올바른 합격자를 최대한 늘리고 잘못된 합격자를 줄이는 것이다.

63. 심리평가에서 타당도와 신뢰도에 관한 설명으로 옳지 않은 것은?

① 구성타당도(construct validity)는 검사문항들이 검사용도에 적절한지에 대하여 검사를 받는 사람들이 느끼는 정도다.
② 내용타당도(content validity)는 검사의 문항들이 측정해야 할 내용들을 충분히 반영한 정도다.
③ 검사-재검사 신뢰도(test-retest reliability)는 검사를 반복해서 실시했을 때 얻어지는 검사점수의 안정성을 나타내는 정도다.
④ 평가자 간 신뢰도(inter-rater reliability)는 두 명 이상의 평가자들로부터의 평가가 일치하는 정도다.
⑤ 내적 일치 신뢰도(internal-consistency reliability)는 검사 내 문항들 간의 동질성을 나타내는 정도다.

해설 구성타당도(construct validity)는 특정한 연구 계획에서 독립변인과 종속변인이 그것들이 측정하고자 하는 것을 정확하게 반영하거나 측정하는 정도이다.

64. 인사평가 시기가 되자 홍길동 부장은 매우 우수한 성과를 보인 이순신 사원을 평가하고, 다음 차례로 이몽룡 사원을 평가하였다. 이 때 이몽룡 사원은 평균적인 성과를 보였음에도 불구하고, 평균 이하의 평가를 받았다. 홍길동 부장의 평가에서 발생한 오류는?
    ① 후광 오류
    ② 관대화 오류
    ③ 중앙집중화 오류
    ④ 대비 오류
    ⑤ 엄격화 오류

    해설 ④ 대비 오류 : 다른 사람을 판단함에 있어서 절대적 기준에 기초하지 않고 다른 대상과의 비교를 통해 평가하는 오류를 말한다.
    ① 후광 오류 : 대상의 특징적인 장점 또는 단점이 눈에 띄면 그것을 그의 전부로 인식하는 오류를 말한다.
    ② 관대화 오류 : 평정자가 피평가자의 수행이나 성과를 실제보다 더 높게 평가하는 오류를 말한다.
    ③ 중앙집중화 오류 : 양극단으로 치우칠 자신의 판정을 스스로 회피하고자 마음먹을 때 나타나는 오류이다.
    ⑤ 엄격화 오류 : 모든 피평가자에 대하여 엄격하게 평가하는 오류이다.

65. 인간정보처리(human information processing)이론에서 정보량과 관련된 설명이다. 다음 중 옳지 않은 것은?
    ① 인간정보처리이론에서 사용하는 정보 측정단위는 비트(bit)다.
    ② 힉-하이만 법칙(Hick-Hyman law)은 선택반응시간과 자극 정보량 사이의 선형함수 관계로 나타난다.
    ③ 자극-반응 실험에서 인간에게 입력되는 정보량(자극 정보량)과 출력되는 정보량(반응 정보량)은 동일하다고 가정한다.
    ④ 정보란 불확실성을 감소시켜 주는 지식이나 소식을 의미한다.
    ⑤ 자극-반응 실험에서 전달된(transmitted) 정보량을 계산하기 위해서는 소음(noise) 정보량과 손실(loss) 정보량도 고려해야 한다.

    해설 자극-반응 실험에서 인간에게 입력되는 정보량(자극 정보량)과 출력되는 정보량(반응 정보량)은 동일하지 않다고 가정한다.

66. 하인리히(H. Heinrich)의 연쇄성 이론에 관한 설명으로 옳지 않은 것은?
    ① 연쇄성 이론은 도미노 이론이라고 불리기도 한다.
    ② 사고를 예방하는 방법은 연쇄적으로 발생하는 사고원인들 중에서 어떤 원인을 제거하여 연쇄적인 반응을 막는 것이다.
    ③ 연쇄성 이론에 의하면 5개의 도미노가 있다.
    ④ 사고 발생의 직접적인 원인은 불안전한 행동과 불안전한 상태다.
    ⑤ 연쇄성 이론에서 첫 번째 도미노는 개인적 결함이다.

    해설 연쇄성 이론에서 첫 번째 도미노는 선천적 결함이고, 두 번째 도미노는 개인적 결함이다.

67. 작업장의 적절한 조명수준을 결정하려고 한다. 다음 중 옳은 것을 모두 고른 것은?

> ㉠ 직접조명은 간접조명보다 조도는 높으나 눈부심이 일어나기 쉽다.
> ㉡ 정밀 조립작업을 수행할 경우에는 일반 사무작업을 할 때보다 권장조도가 높다.
> ㉢ 40세 이하의 작업자보다 55세 이상의 작업자가 작업할 때 권장조도가 높다.
> ㉣ 작업환경에서 조명의 색상은 작업자의 건강이나 생산성과 무관하다.
> ㉤ 표면 반사율이 높을수록 조도를 높여야 한다.

① ㉠, ㉡
② ㉠, ㉡, ㉢
③ ㉠, ㉢, ㉤
④ ㉡, ㉢, ㉣
⑤ ㉠, ㉡, ㉢, ㉣, ㉤

해설 ㉣ 작업환경에서 조명의 색상, 조도는 생산성에 직접 영향을 미친다.
㉤ 표면 반사율이 높을수록 조도를 낮추고, 낮을수록 조도를 높여야 한다.
㉠ 직접조명은 간접조명보다 조도는 높으나 눈부심이 일어나기 쉽다.
㉡ 정밀 조립작업을 수행할 경우에는 조도를 높이는 것이 바람직하다.
㉢ 나이가 많을수록 작업자가 작업할 때 권장조도가 높다.

68. 소리와 소음에 관한 설명으로 옳은 것은?

① 인간의 가청주파수 영역은 20,000Hz~30,000Hz다.
② 인간이 지각한(perceived) 음의 크기는 음의 세기(dB)와 항상 정비례한다.
③ 강력한 소음에 노출된 직후에 발생하는 일시적 청력손실은 휴식을 취하더라도 회복되지 않는다.
④ 우리나라 소음노출기준은 소음강도 90dB(A)에 8시간 노출될 때를 허용기준선으로 정하고 있다.
⑤ 소음노출지수가 100% 이상이어야 소음으로부터 안전한 작업장이다.

해설 ④ 우리나라 소음노출기준은 소음강도 90dB(A)에 1일 8시간 노출될 때를 허용기준선으로 정하고 있다.
① 인간의 가청주파수 영역은 20Hz~20kHz다.
② 인간이 지각한(perceived) 음의 크기는 음의 세기(dB)의 log에 비례한다.
③ 강력한 소음에 노출된 직후에 발생하는 일시적 청력손실은 휴식을 취하면 회복된다.
⑤ 소음노출지수가 100% 이하이어야 소음으로부터 안전한 작업장이다.

69. 일반적으로 재해가 발생하였을 때 재해조사를 실시하게 된다. 재해조사를 할 때 유의사항으로 옳지 않은 것은?

① 재해발생 현장의 사실을 수집한다.
② 사람과 기계설비 양면의 재해요인을 모두 도출한다.
③ 2차 재해의 예방을 위해 보호구를 착용한다.
④ 목격자의 증언을 배제하고 주관적으로 조사에 임한다.
⑤ 조사는 신속하게 실시하고, 피재 설비를 정지시켜 2차 재해의 방지를 도모한다.

정답 64 ④ 65 ③ 66 ⑤ 67 ② 68 ④ 69 ④

해설 재해조사를 할 때 유의사항
1. 사실을 수집한다.
2. 객관적인 입장에서 공정하게 조사하며, 조사는 2인 이상이 한다.
3. 조사는 신속히 실시하고 2차 재해 방지를 도모한다.
4. 피해자에 대한 구급조치를 우선한다.
5. 사실 이외 추측의 말은 참고로 활용한다.

70. 전기설비기술기준상 대지전압이 220V일 경우 저압 절연전선의 절연저항값은 최소 몇 MΩ 이상으로 하여야 하는가?

① 0.1
② 0.2
③ 0.3
④ 0.4
⑤ 0.5

해설 전로와 대지 사이 및 배선 상호 간의 절연저항

전로의 사용 전압의 구분		절연저항	주요 전로의 예
300V 이하	대지 전압이 150V 이하인 경우	0.1Ω 이상	단상 2선식 110V 단상 3선식 110V/220V
	대지 전압이 150V 초과 300V 이하	0.2Ω 이상	삼상 3선식 220V
사용전압이 300V 초과 400V 미만(비 접지 계통)		0.3Ω 이상	삼상 3선식 380V
사용전압이 400V 초과하는 것		0.4Ω 이상	삼상 4선식 400V

71. 위험성평가에 사용되는 용어의 설명이다. 제시된 내용과 일치하는 용어에 해당하는 것은?

> 유해·위험별로 추정한 위험성의 크기가 허용 가능한 범위인지 여부를 판단하는 것

① 위험성
② 위험성 추정
③ 위험성 결정
④ 유해·위험요인 파악
⑤ 위험성 감소대책 수립 및 실행

해설 위험성 결정은 초정된 위험성이 받아들여질 만한 수준인지, 즉 허용가능한 위험인지를 판단하는 것이다.

72. K사는 세계 곳곳에 생산 공장을 두고 있는 글로벌 기업이다. 각 생산공장에 적용 가능한 안전보건경영시스템을 조사하고자 한다. 국내·외에 존재하는 안전보건경영시스템 관련 규격명과 제정한 국가의 연결이 옳지 않은 것은?

① ISRS(International Safety Rating System) - 노르웨이
② KOSHA(Korea Occupational Safety & Health Agency) 18001 - 한국
③ HS(G)65(Successful Health and Safety Management) - 영국
④ VPP(Voluntary Protection Program) - 미국
⑤ Work Safe Plan - 독일

해설 독일 - MAK

73. ABE형 안전모의 성능 시험항목에 해당되는 것을 모두 고른 것은?

㉠ 내수성 시험	㉡ 내관통성 시험
㉢ 내열성 시험	㉣ 충격흡수성 시험
㉤ 내전압성 시험	㉥ 내약품성 시험

① ㉠, ㉡, ㉢
② ㉡, ㉣, ㉥
③ ㉠, ㉡, ㉣, ㉤
④ ㉠, ㉣, ㉤, ㉥
⑤ ㉡, ㉢, ㉣, ㉤

해설 안전모의 성능시험 항목 : 내관통성, 충격흡수성, 내전압성, 내수성, 난연성, 턱끈풀림

74. 위험성평가의 방법과 절차에 관한 설명으로 옳지 않은 것은?

① 상시근로자 수 20명 미만 사업장(총 공사금액 20억원 미만의 건설공사)의 경우 위험성평가 절차 중 위험성 추정을 생략할 수 있다.
② 위험성평가를 수행한 기록물은 3년 이상 보존하고, 최초평가 기록은 영구보존하는 것을 권장한다.
③ 위험성평가는 사업장의 작업·공정에 대하여 지속적·정기적으로 실시하고, 공정·설비 변경 등 새로운 위험이 발생할 경우에도 실시한다.
④ 위험성평가는 최초평가, 특별평가, 수시평가로 나누며, 최초평가는 위험성평가를 사업장에 도입하여 처음 실시하는 것이다.
⑤ 정상작업뿐 아니라 비정상작업의 경우(계획적 비정상작업, 예측 가능한 긴급 작업)에도 위험성평가를 실시할 필요가 있다.

해설 위험성평가는 최초평가, 정기평가, 수시평가로 나누며, 최초평가는 사업장 설립일로부터 1년 이내에 실시해야 한다.

정답 70 ② 71 ③ 72 ⑤ 73 ③ 74 ④

75. 안전장치에 관한 설명으로 옳은 것을 모두 고른 것은?

> ㉠ 고전압용 기계 설비의 플러그 모양이 일반 제품과 다른 것은 트립(trip)기구 안전장치에 해당된다.
> ㉡ 정전이 되어도 일정 시간 긴급 발전을 해서 제어기가 작동하도록 하는 장치는 페일-패시브(fail-passive) 안전장치에 해당된다.
> ㉢ 회전부 덮개가 완전히 닫히지 않으면 정상 작동하지 않는 장치는 인터로크(interlock) 안전장치에 해당된다.

① ㉠　　　　　　　　　　　② ㉢
③ ㉠, ㉡　　　　　　　　　④ ㉡, ㉢
⑤ ㉠, ㉡, ㉢

해설 ㉠ 고전압용 기계 설비의 플러그 모양이 일반 제품과 다른 것은 풀 프루프(fool proof)에 해당한다.
㉡ 정전이 되어도 일정 시간 긴급 발전을 해서 제어기가 작동하도록 하는 장치는 fail-active 안전장치에 해당된다.
㉢ 설비가 정상상태를 이탈하여 발생하는 이상 상황을 인지하여 알리고, 즉시 장비를 정지시켜 재해를 방지할 수 있는 기능을 가진 장치는 인터로크(interlock) 안전장치에 해당된다.

기출문제

2019년

산업안전보건법령

1. 산업안전보건법령상 법령 요지의 게시 등과 안전·보건표지의 부착 등에 관한 설명으로 옳지 않은 것은?

   ① 근로자대표는 작업환경측정의 결과를 통지할 것을 사업주에게 요청할 수 있고, 사업주는 이에 성실히 응하여야 한다.
   ② 야간에 필요한 안전·보건표지는 야광물질을 사용하는 등 쉽게 알아볼 수 있도록 제작하여야 한다.
   ③ 안전·보건표지의 표시를 명백히 하기 위하여 필요한 경우에는 안전·보건표지의 주위에 표시사항을 글자로 덧붙여 적을 수 있으며, 이 경우 글자는 노란색 바탕에 검은색 한글고딕체로 표기하여야 한다.
   ④ 안전·보건표지의 성질상 설치하거나 부착하는 것이 곤란한 경우에는 해당 물체에 직접 도장(塗裝)할 수 있다.
   ⑤ 사업주는 산업안전보건법과 산업안전보건법에 따른 명령의 요지를 상시 각 작업장 내에 근로자가 쉽게 볼 수 있는 장소에 게시하거나 갖추어 두어 근로자로 하여금 알게 하여야 한다.

   해설 ③ 안전보건표지의 표시를 명확히 하기 위하여 필요한 경우에는 그 안전보건표지의 주위에 표시사항을 글자로 덧붙여 적을 수 있다. 이 경우 글자는 흰색 바탕에 검은색 한글고딕체로 표기해야 한다(규칙 제38조 제2항).
   ① 사업주는 근로자대표(관계수급인의 근로자대표를 포함한다.)가 요구하면 작업환경측정 시 근로자대표를 참석시켜야 한다(법 제125조 제4항).
   ② 야간에 필요한 안전보건표지는 야광물질을 사용하는 등 쉽게 알아볼 수 있도록 제작해야 한다(규칙 제40조 제5항).
   ④ 안전보건표지의 성질상 설치하거나 부착하는 것이 곤란한 경우에는 해당 물체에 직접 도색할 수 있다(규칙 제39조 제3항).
   ⑤ 사업주는 안전보건표지를 설치하거나 부착할 때에는 별표 7의 구분에 따라 근로자가 쉽게 알아볼 수 있는 장소·시설 또는 물체에 설치하거나 부착해야 한다(규칙 제39조 제1항).

정답 75 ② / 1 ③

2. 산업안전보건법령상 용어에 관한 설명으로 옳은 것을 모두 고른 것은?

> ㉠ 근로자란 직업의 종류와 관계없이 임금, 급료 기타 이에 준하는 수입에 의하여 생활하는 자를 말한다.
> ㉡ 작업환경측정이란 작업환경 실태를 파악하기 위하여 해당 근로자 또는 작업장에 대하여 사업주가 측정계획을 수립한 후 시료(試料)를 채취하고 분석·평가하는 것을 말한다.
> ㉢ 안전·보건진단이란 산업재해를 예방하기 위하여 잠재적 위험성을 발견하고 그 개선대책을 수립할 목적으로 고용노동부장관이 지정하는 자가 하는 조사·평가를 말한다.
> ㉣ 중대재해는 3개월 이상의 요양이 필요한 부상자가 동시에 2명 이상 발생한 재해를 포함한다.

① ㉠, ㉡
② ㉠, ㉣
③ ㉡, ㉢
④ ㉢, ㉣
⑤ ㉡, ㉢, ㉣

해설 ㉠ 근로자 : 직업의 종류와 관계없이 임금을 목적으로 사업이나 사업장에 근로를 제공하는 사람을 말한다(법 제2조 제3호).
㉡ 작업환경측정 : 작업환경 실태를 파악하기 위하여 해당 근로자 또는 작업장에 대하여 사업주가 유해인자에 대한 측정계획을 수립한 후 시료를 채취하고 분석·평가하는 것을 말한다(법 제2조 제13호).
㉢ 안전·보건진단 : 산업재해를 예방하기 위하여 잠재적 위험성을 발견하고 그 개선대책을 수립할 목적으로 조사·평가하는 것을 말한다(법 제2조 제12호).
㉣ 중대재해
  ⓐ 사망자가 1명 이상 발생한 재해
  ⓑ 3개월 이상의 요양이 필요한 부상자가 동시에 2명 이상 발생한 재해
  ⓒ 부상자 또는 직업성 질병자가 동시에 10명 이상 발생한 재해

3. 사업주 갑(甲)의 사업장에 산업재해가 발생하였다. 이 경우 갑(甲)이 기록·보존해야 할 사항으로 산업안전보건법령상 명시되지 않은 것은? (다만, 법령에 따른 산업재해조사표 사본을 보존하거나 요양신청서의 사본에 재해재발방지 계획을 첨부하여 보존한 경우에 해당하지 아니 한다.)

① 사업장의 개요
② 근로자의 인적 사항 및 재산 보유현황
③ 재해 발생의 일시 및 장소
④ 재해 발생의 원인 및 과정
⑤ 재해 재발방지 계획

해설 사업주가 기록·보존해야 할 사항(규칙 제72조)
1. 사업장의 개요 및 근로자의 인적사항
2. 재해 발생의 일시 및 장소
3. 재해 발생의 원인 및 과정
4. 재해 재발방지 계획

4. 산업안전보건법령상 안전·보건 관리체제에 관한 설명으로 옳지 않은 것은?

① 사업주는 안전보건관리책임자를 선임하였을 때에는 그 선임 사실 및 법령에 따른 업무의 수행내용을 증명할 수 있는 서류를 갖춰 둬야 한다.
② 안전보건관리책임자는 안전관리자와 보건관리자를 지휘·감독한다.
③ 사업주는 안전보건조정자로 하여금 근로자의 건강진단 등 건강관리에 관한 업무를 총괄관리하도록 하여야 한다.
④ 사업주는 관리감독자에게 법령에 따른 업무 수행에 필요한 권한을 부여하고 시설·장비·예산, 그 밖의 업무수행에 필요한 지원을 하여야 한다.
⑤ 사업주는 안전보건관리책임자에게 법령에 따른 업무를 수행하는 데 필요한 권한을 주어야 한다.

해설 ③ 사업주는 사업장을 실질적으로 총괄하여 관리하는 사람에게 근로자의 건강진단 등 건강관리에 관한 업무를 총괄관리하도록 하여야 한다(법 제15조 제1항 제5호).
① 사업주는 안전보건관리책임자를 선임했을 때에는 그 선임 사실 및 업무의 수행내용을 증명할 수 있는 서류를 갖추어 두어야 한다(영 제14조 제3항).
② 안전보건관리책임자는 안전관리자와 보건관리자를 지휘·감독한다(법 제15조 제2항).
④, ⑤ 사업주는 안전보건관리책임자가 업무를 원활하게 수행할 수 있도록 권한·시설·장비·예산, 그 밖에 필요한 지원을 해야 한다(영 제14조 제2항). 관리감독자에 대한 지원에 관하여는 안전보건관리책임자 규정을 준용한다(영 제15조 제2항).

5. 산업안전보건법령상 안전보건관리규정에 관한 설명으로 옳지 않은 것은?

① 소프트웨어 개발 및 공급업에서 상시 근로자 100명을 사용하는 사업장은 안전보건관리규정을 작성하여야 한다.
② 안전보건관리규정의 내용에는 작업지휘자 배치 등에 관한 사항이 포함되어야 한다.
③ 안전보건관리규정은 해당 사업장에 적용되는 단체협약 및 취업규칙에 반할 수 없다.
④ 안전보건관리규정에 관하여는 산업안전보건법에서 규정한 것을 제외하고는 그 성질에 반하지 아니하는 범위에서 「근로기준법」의 취업규칙에 관한 규정을 준용한다.
⑤ 사업주가 법령에 따라 안전보건관리규정을 작성하거나 변경할 때에는 산업안전보건위원회가 설치되어 있지 아니한 사업장의 경우에는 근로자대표의 동의를 받아야 한다.

해설 ① 소프트웨어 개발 및 공급업에서 상시 근로자 300명을 사용하는 사업장은 안전보건관리규정을 작성하여야 한다(규칙 별표 2).
② 안전보건관리규정의 내용에는 작업지휘자 배치 등에 관한 사항이 포함되어야 한다(규칙 별표 3).
③, ④ 안전보건관리규정은 단체협약 또는 취업규칙에 반할 수 없다. 이 경우 안전보건관리규정 중 단체협약 또는 취업규칙에 반하는 부분에 관하여는 그 단체협약 또는 취업규칙으로 정한 기준에 따른다(법 제25조 제2항 전단).
⑤ 사업주는 안전보건관리규정을 작성하거나 변경할 때에는 산업안전보건위원회의 심의·의결을 거쳐야 한다. 다만, 산업안전보건위원회가 설치되어 있지 아니한 사업장의 경우에는 근로자대표의 동의를 받아야 한다(법 제26조).

정답 2 ⑤ 3 ② 4 ③ 5 ①

6. 산업안전보건법령상 산업안전보건위원회의 심의 · 의결을 거쳐야 하는 사항에 해당하지 않는 것은?
   ① 유해하거나 위험한 기계 · 기구와 그 밖의 설비를 도입한 경우 안전 · 보건조치에 관한 사항
   ② 안전 · 보건과 관련된 안전장치 구입 시의 적격품 여부 확인에 관한 사항
   ③ 산업재해에 관한 통계의 기록 및 유지에 관한 사항
   ④ 산업재해 예방계획의 수립에 관한 사항
   ⑤ 근로자의 안전 · 보건교육에 관한 사항

   해설 산업안전보건위원회의 심의 · 의결을 거쳐야 하는 사항(법 제24조 제2항)
   1. 사업장의 산업재해 예방계획의 수립에 관한 사항
   2. 안전보건관리규정의 작성 및 변경에 관한 사항
   3. 안전보건교육에 관한 사항
   4. 작업환경측정 등 작업환경의 점검 및 개선에 관한 사항
   5. 근로자의 건강진단 등 건강관리에 관한 사항
   6. 산업재해에 관한 통계의 기록 및 유지에 관한 사항
   7. 산업재해의 원인 조사 및 재발 방지대책 수립에 관한 사항 중 중대재해에 관한 사항
   8. 유해하거나 위험한 기계 · 기구 · 설비를 도입한 경우 안전 및 보건 관련 조치에 관한 사항
   9. 그 밖에 해당 사업장 근로자의 안전 및 보건을 유지 · 증진시키기 위하여 필요한 사항

7. 산업안전보건법령상 안전관리자 및 보건관리자 등에 관한 설명으로 옳지 않은 것은?
   ① 사업주가 안전관리자를 배치할 때에는 연장근로 · 야간근로 또는 휴일근로 등 해당 사업장의 작업 형태를 고려하여야 한다.
   ② 건설업을 제외한 사업으로서 상시 근로자 300명 미만을 사용하는 사업의 사업주는 안전관리자의 업무를 안전관리전문기관에 위탁할 수 있다.
   ③ 안전관리전문기관은 고용노동부장관이 정하는 바에 따라 안전관리 업무의 수행 내용, 점검 결과 및 조치 사항 등을 기록한 사업장관리카드를 작성하여 갖추어 두어야 한다.
   ④ 지방고용노동관서의 장은 중대재해가 연간 2건 이상 발생한 경우에는 사업주에게 안전관리자 · 보건관리자를 교체하여 임명할 것을 명할 수 있다.
   ⑤ 고용노동부장관은 안전관리전문기관이 업무정지 기간 중에 업무를 수행한 경우 그 지정을 취소하여야 한다.

   해설 ④ 지방고용노동관서의 장은 중대재해가 연간 2건 이상 발생한 경우에는 사업주에게 안전관리자 · 보건관리자 또는 안전보건관리담당자를 정수 이상으로 증원하게 하거나 교체하여 임명할 것을 명할 수 있다(규칙 제12조 제1항 전단).
   ① 사업주가 안전관리자를 배치할 때에는 연장근로 · 야간근로 또는 휴일근로 등 해당 사업장의 작업 형태를 고려해야 한다(영 제18조 제2항).
   ② 건설업을 제외한 사업으로서 상시 근로자 300명 미만을 사용하는 사업의 사업주는 안전관리자의 업무를 안전관리전문기관에 위탁할 수 있다(영 제19조 제1항).
   ③ 안전관리전문기관은 고용노동부장관이 정하는 바에 따라 안전관리 업무의 수행 내용, 점검 결과 및 조치 사항 등을 기록한 사업장관리카드를 작성하여 갖추어 두어야 한다(규칙 제20조 제3항).
   ⑤ 고용노동부장관은 안전관리전문기관이 업무정지 기간 중에 업무를 수행한 경우 그 지정을 취소하여야 한다(법 제21조 제4항 제2호).

8. 산업안전보건법령상 도급 금지 및 도급사업의 안전·보건에 관한 설명으로 옳지 않은 것은?

① 유해하거나 위험한 작업을 도급 줄 때 지켜야 할 안전·보건조치의 기준은 고용노동부령으로 정한다.
② 도급작업은 하도급인 경우를 제외하고는 고용노동부장관의 인가를 받지 아니하면 그 작업만을 분리하여 도급을 줄 수 없다.
③ 법령상 구성 및 운영되어야 하는 안전·보건에 관한 협의체는 도급인인 사업주 및 그의 수급인인 사업주 전원으로 구성하여야 한다.
④ 법령상 작업장의 순회점검 등 안전·보건관리를 하여야 하는 도급인인 사업주는 토사석 광업의 경우 2일에 1회 이상 작업장을 순회점검하여야 한다.
⑤ 건설공사를 타인에게 도급하는 자는 자신의 책임으로 시공이 중단된 사유로 공사가 지연되어 그의 수급인이 산업재해 예방을 위하여 공사기간 연장을 요청하는 경우 특별한 사유가 없으면 그 연장 조치를 하여야 한다.

해설 ② 사업주는 근로자의 안전 및 보건에 유해하거나 위험한 작업으로서 도금작업을 도급하여 자신의 사업장에서 수급인의 근로자가 그 작업을 하도록 해서는 아니 된다(법 제58조 제1항).
③ 안전 및 보건에 관한 협의체는 도급인 및 그의 수급인 전원으로 구성해야 한다(규칙 제79조 제1항).
④ 법령상 작업장의 순회점검 등 안전·보건관리를 하여야 하는 도급인인 사업주는 토사석 광업의 경우 2일에 1회 이상 작업장을 순회점검하여야 한다(규칙 제80조 제1항).
⑤ 건설공사발주자는 요청을 받은 날부터 30일 이내에 공사기간 연장 조치를 해야 한다(규칙 제87조 제4항 전단).

9. 산업안전보건법령상 안전보건관리책임자 등에 대한 직무교육에 관한 설명으로 옳은 것은?

① 법령에 따른 안전보건관리책임자에 해당하는 사람이 해당 직위에 위촉된 경우에는 직무교육을 이수한 것으로 본다.
② 법령에 따른 안전보건관리담당자에 해당하는 사람은 선임된 후 매 2년이 되는 날을 기준으로 전후 6개월 사이에 고용노동부장관이 실시하는 안전보건에 관한 보수교육을 받아야 한다.
③ 법령에 따른 안전보건관리담당자에 해당하는 사람은 선임된 후 매 2년이 되는 날을 기준으로 전후 3개월 사이에 고용노동부장관이 실시하는 안전·보건에 관한 보수교육을 받아야 한다.
④ 직무교육기관의 장은 직무교육을 실시하기 30일 전까지 교육 일시 및 장소 등을 직무교육 대상자에게 알려야 한다.
⑤ 직무교육을 이수한 사람이 다른 사업장으로 전직하여 신규로 선임된 경우로서 선임신고 시 전직 전에 받은 교육이수증명서를 제출하면 해당 교육의 2분의 1을 이수한 것으로 본다.

해설 ③ 법령에 따른 안전보건관리담당자에 해당하는 사람은 선임된 후 매 2년이 되는 날을 기준으로 전후 3개월 사이에 고용노동부장관이 실시하는 안전·보건에 관한 보수교육을 받아야 한다(규칙 제29조 제1항 후단).

정답 6 ② 7 ④ 8 ② 9 ③

① 안전보건관리책임자는 다른 법령에 따라 안전 및 보건에 관한 교육을 받는 등 고용노동부령으로 정하는 경우에는 안전보건교육의 전부 또는 일부를 하지 아니할 수 있다(법 제32조 제1항).
② 법령에 따른 안전보건관리담당자에 해당하는 사람은 선임된 후 2년이 되는 날을 기준으로 전후 6개월 사이에 고용노동부장관이 실시하는 안전보건에 관한 보수교육을 받아야 한다(규칙 제29조 제1항).
④ 직무교육을 실시하기 위한 집체교육, 현장교육, 인터넷원격교육 등의 교육 방법, 직무교육 기관의 관리, 그 밖에 교육에 필요한 사항은 고용노동부장관이 정하여 고시한다(규칙 제29조 제3항).
⑤ 보건관리자로서 해당 법령에 따른 교육기관에서 교육내용 중 고용노동부장관이 정하는 내용이 포함된 교육을 이수하고 해당 교육기관에서 발행하는 확인서를 제출하는 경우에는 직무교육 중 보수교육을 면제한다(규칙 제30조 제2항).

10. 산업안전보건법령상 고객의 폭언등으로 인한 건강장해를 예방하기 위하여 사업주가 조치하여야 하는 것으로 명시된 것은?

① 업무의 일시적 중단 또는 전환
② 고객과의 문제 상황 발생 시 대처방법 등을 포함하는 고객응대업무 매뉴얼 마련
③ 근로기준법에 따른 휴게시간의 연장
④ 폭언등으로 인한 건강장해 관련 치료
⑤ 관할 수사기관에 증거물을 제출하는 등 고객응대근로자가 폭언등으로 인하여 고소, 고발 등을 하는 데 필요한 지원

해설 고객의 폭언등으로 인한 건강장해 예방조치(규칙 제41조)
1. 폭언등을 하지 않도록 요청하는 문구 게시 또는 음성 안내
2. 고객과의 문제 상황 발생 시 대처방법 등을 포함하는 고객응대업무 매뉴얼 마련
3. 고객응대업무 매뉴얼의 내용 및 건강장해 예방 관련 교육 실시
4. 그 밖에 고객응대근로자의 건강장해 예방을 위하여 필요한 조치

11. 산업안전보건법령상 사업주가 근로자에 대하여 실시하여야 하는 근로자 안전 · 보건교육의 내용 중 관리감독자 정기안전 · 보건교육의 내용에 해당하지 않는 것은?

① 산업재해보상보험 제도에 관한 사항
② 산업보건 및 직업병 예방에 관한 사항
③ 유해 · 위험 작업환경 관리에 관한 사항
④ 「산업안전보건법」 및 일반관리에 관한 사항
⑤ 표준안전작업방법 및 지도 요령에 관한 사항

해설 관리감독자 정기안전·보건교육(규칙 별표 5)

교육내용
○ 산업안전 및 사고 예방에 관한 사항 ○ 산업보건 및 직업병 예방에 관한 사항 ○ 유해·위험 작업환경 관리에 관한 사항 ○ 산업안전보건법령 및 산업재해보상보험 제도에 관한 사항 ○ 직무스트레스 예방 및 관리에 관한 사항 ○ 직장 내 괴롭힘, 고객의 폭언 등으로 인한 건강장해 예방 및 관리에 관한 사항 ○ 작업공정의 유해·위험과 재해 예방대책에 관한 사항 ○ 표준안전 작업방법 및 지도 요령에 관한 사항 ○ 관리감독자의 역할과 임무에 관한 사항 ○ 안전보건교육 능력 배양에 관한 사항

12. 산업안전보건법령상 안전검사대상 유해·위험기계등의 검사 주기가 공정안전보고서를 제출하여 확인을 받은 경우 최초 안전검사를 실시한 후 4년마다인 것은?

① 이삿짐운반용 리프트
② 고소작업대
③ 이동식 크레인
④ 압력용기
⑤ 원심기

해설 프레스, 전단기, 압력용기, 국소 배기장치, 원심기, 롤러기, 사출성형기, 컨베이어 및 산업용 로봇 : 사업장에 설치가 끝난 날부터 3년 이내에 최초 안전검사를 실시하되, 그 이후부터 2년마다(공정안전보고서를 제출하여 확인을 받은 압력용기는 4년마다) 안전검사를 실시한다(규칙 제126조 제1항 제3호).

13. 산업안전보건법령상 지게차에 설치하여야 할 방호장치에 해당하지 않는 것은?

① 헤드 가드
② 백레스트(backrest)
③ 전조등
④ 후미등
⑤ 구동부 방호 연동장치

해설 지게차에 설치하여야 할 방호장치(규칙 제98조 제1항 제5호)
지게차 : 헤드 가드, 백레스트(backrest), 전조등, 후미등, 안전벨트

정답 10 ② 11 ④ 12 ④ 13 ⑤

14. 산업안전보건법령상 불도저를 대여 받는 자가 그가 사용하는 근로자가 아닌 사람에게 불도저를 조작하도록 하는 경우 조작하는 사람에게 주지시켜야 할 사항으로 명시되지 않은 것은?

① 작업의 내용
② 지휘계통
③ 연락·신호 등의 방법
④ 제한속도
⑤ 면허의 갱신

> **해설** 기계등을 대여받는 자가 그가 사용하는 근로자가 아닌 사람에게 불도저를 조작하도록 하는 경우 조작하는 사람에게 주지시켜야 할 사항(규칙 제101조 제1항 제2호)
> 1. 작업의 내용
> 2. 지휘계통
> 3. 연락·신호 등의 방법
> 4. 운행경로, 제한속도, 그 밖에 해당 기계등의 운행에 관한 사항
> 5. 그 밖에 해당 기계등의 조작에 따른 산업재해를 방지하기 위하여 필요한 사항

15. 산업안전보건법령상 설치·이전하는 경우 안전인증을 받아야 하는 기계·기구에 해당하는 것은?

① 프레스
② 곤돌라
③ 롤러기
④ 사출성형기(射出成形機)
⑤ 기계톱

> **해설** 설치·이전하는 경우 안전인증을 받아야 하는 기계·기구(영 제74조 제1항 제1호)
> 1. 프레스
> 2. 전단기 및 절곡기
> 3. 크레인
> 4. 리프트
> 5. 압력용기
> 6. 롤러기
> 7. 사출성형기
> 8. 고소(高所) 작업대
> 9. 곤돌라

16. 산업안전보건법령상 자율안전확인의 신고 및 자율안전확인대상 기계·기구 등에 관한 설명으로 옳지 않은 것은?

① 휴대형 연마기는 자율안전확인대상 기계·기구등에 해당한다.
② 연구·개발을 목적으로 산업용 로봇을 제조하는 경우에는 신고를 면제할 수 있다.
③ 파쇄·절단·혼합·제면기가 아닌 식품가공용기계는 자율안전확인대상 기계·기구등에 해당하지 않는다.

④ 자동차정비용 리프트에 대하여 안전인증을 받은 경우에는 그 안전인증이 취소되거나 안전인증표시의 사용 금지 명령을 받은 경우가 아니라면 신고를 면제할 수 있다.
⑤ 인쇄기에 대하여 고용노동부령으로 정하는 다른 법령에서 안전성에 관한 검사나 인증을 받은 경우에는 신고를 면제할 수 있다.

> **해설** ① 자율안전확인대상 기계·기구등에는 연삭기 또는 연마기. 이 경우 휴대형은 제외한다(영 제77조 제1항 제1호).
> ② 연구·개발을 목적으로 산업용 로봇을 제조하는 경우에는 신고를 면제할 수 있다(법 제89조 제1항 제1호).
> ③ 파쇄·절단·혼합·제면기가 아닌 식품가공용기계는 자율안전확인대상 기계·기구등에 해당하지 않는다(영 제77조 제1항 제5호).
> ④ 안전인증을 받은 경우에는 그 안전인증이 취소되거나 안전인증표시의 사용 금지 명령을 받은 경우가 아니라면 신고를 면제할 수 있다(법 제89조 제1항 제2호).
> ⑤ 고용노동부령으로 정하는 다른 법령에서 안전성에 관한 검사나 인증을 받은 경우에는 신고를 면제할 수 있다(법 제89조 제1항 제3호).

17. 산업안전보건기준에 관한 규칙상 근로자가 주사 및 채혈 작업을 하는 경우 사업주가 하여야 할 조치에 해당하지 않는 것은?
① 안정되고 편안한 자세로 주사 및 채혈을 할 수 있는 장소를 제공할 것
② 채취한 혈액을 검사 용기에 옮기는 경우에는 주사침 사용을 금지하도록 할 것
③ 사용한 주사침의 바늘을 구부리는 행위를 금지할 것
④ 사용한 주사침의 뚜껑을 부득이하게 다시 씌워야 하는 경우에는 두 손으로 씌우도록 할 것
⑤ 사용한 주사침은 안전한 전용 수거용기에 모아 튼튼한 용기를 사용하여 폐기할 것

> **해설** 사업주는 근로자가 주사 및 채혈 작업을 하는 경우에 다음의 조치를 하여야 한다(산업안전보건기준에 관한 규칙 제597조 제2항).
> 1. 안정되고 편안한 자세로 주사 및 채혈을 할 수 있는 장소를 제공할 것
> 2. 채취한 혈액을 검사 용기에 옮기는 경우에는 주사침 사용을 금지하도록 할 것
> 3. 사용한 주사침은 바늘을 구부리거나, 자르거나, 뚜껑을 다시 씌우는 등의 행위를 금지할 것(부득이하게 뚜껑을 다시 씌워야 하는 경우에는 한 손으로 씌우도록 한다)
> 4. 사용한 주사침은 안전한 전용 수거용기에 모아 튼튼한 용기를 사용하여 폐기할 것

18. 산업안전보건법령상 건강 및 환경 유해성 분류기준에 관한 설명으로 옳지 않은 것은?
① 입 또는 피부를 통하여 1회 투여 또는 8시간 이내에 여러 차례로 나누어 투여하거나 호흡기를 통하여 8시간 동안 흡입하는 경우 유해한 영향을 일으키는 물질은 급성 독성 물질이다.
② 접촉 시 피부조직을 파괴하거나 자극을 일으키는 물질은 피부 부식성 또는 자극성 물질이다.
③ 호흡기를 통하여 흡입되는 경우 기도에 과민반응을 일으키는 물질은 호흡기 과민성 물질이다.
④ 자손에게 유전될 수 있는 사람의 생식세포에 돌연변이를 일으킬 수 있는 물질은 생식세포 변이원성 물질이다.
⑤ 단기간 또는 장기간의 노출로 수생생물에 유해한 영향을 일으키는 물질은 수생 환경 유해성 물질이다.

정답 14 ⑤ 15 ② 16 ① 17 ④ 18 ①

[해설] 건강 및 환경 유해성 분류기준(규칙 별표 18)
1. 급성 독성 물질 : 입 또는 피부를 통하여 1회 투여 또는 24시간 이내에 여러 차례로 나누어 투여하거나 호흡기를 통하여 4시간 동안 흡입하는 경우 유해한 영향을 일으키는 물질
2. 피부 부식성 또는 자극성 물질 : 접촉 시 피부조직을 파괴하거나 자극을 일으키는 물질(피부 부식성 물질 및 피부 자극성 물질로 구분한다)
3. 심한 눈 손상성 또는 자극성 물질 : 접촉 시 눈 조직의 손상 또는 시력의 저하 등을 일으키는 물질(눈 손상성 물질 및 눈 자극성 물질로 구분한다)
4. 호흡기 과민성 물질 : 호흡기를 통하여 흡입되는 경우 기도에 과민반응을 일으키는 물질
5. 피부 과민성 물질 : 피부에 접촉되는 경우 피부 알레르기 반응을 일으키는 물질
6. 발암성 물질 : 암을 일으키거나 그 발생을 증가시키는 물질
7. 생식세포 변이원성 물질 : 자손에게 유전될 수 있는 사람의 생식세포에 돌연변이를 일으킬 수 있는 물질
8. 생식독성 물질 : 생식기능, 생식능력 또는 태아의 발생·발육에 유해한 영향을 주는 물질
9. 특정 표적장기 독성 물질(1회 노출) : 1회 노출로 특정 표적장기 또는 전신에 독성을 일으키는 물질
10. 특정 표적장기 독성 물질(반복 노출) : 반복적인 노출로 특정 표적장기 또는 전신에 독성을 일으키는 물질
11. 흡인 유해성 물질 : 액체 또는 고체 화학물질이 입이나 코를 통하여 직접적으로 또는 구토로 인하여 간접적으로, 기관 및 더 깊은 호흡기관으로 유입되어 화학적 폐렴, 다양한 폐 손상이나 사망과 같은 심각한 급성 영향을 일으키는 물질
12. 수생 환경 유해성 물질 : 단기간 또는 장기간의 노출로 수생생물에 유해한 영향을 일으키는 물질
13. 오존층 유해성 물질 : 「오존층 보호를 위한 특정물질의 제조규제 등에 관한 법률」 제2조제1호에 따른 특정물질

19. 산업안전보건법령상 건강진단에 관한 내용으로 ( )에 들어갈 내용을 순서대로 옳게 나열한 것은?

○ 사업주는 사업장의 작업환경측정 결과 노출기준 이상인 작업공정에서 해당 유해인자에 노출되는 모든 근로자에 대해서는 다음 회에 한정하여 관련 유해인자별로 특수건강진단 주기를 (㉠)분의 1로 단축하여야 한다.
○ 건강진단기관이 건강진단을 실시하였을 때에는 그 결과를 고용노동부장관이 정하는 건강진단개인표에 기록하고, 건강진단 실시일부터 (㉡)일 이내에 근로자에게 송부하여야 한다.
○ 사업주가 특수건강진단대상업무에 근로자를 배치하려는 경우 해당 작업에 배치하기 전에 배치전건강진단을 실시하여야 하나, 해당 사업장에서 해당 유해인자에 대하여 배치전건강진단을 받고 (㉢)개월이 지나지 아니한 근로자에 대해서는 배치전건강진단을 실시하지 아니할 수 있다.

① ㉠ : 2, ㉡ : 15, ㉢ : 3
② ㉠ : 2, ㉡ : 30, ㉢ : 3
③ ㉠ : 2, ㉡ : 30, ㉢ : 6
④ ㉠ : 3, ㉡ : 30, ㉢ : 6
⑤ ㉠ : 3, ㉡ : 60, ㉢ : 9

[해설] ○ 사업장의 작업환경측정 결과 또는 특수건강진단 실시 결과 노출기준 이상인 작업공정에서 해당 유해인자에 노출되는 모든 근로자에 대해서는 다음 회에 한정하여 관련 유해인자별로 특수건강진단 주기를 2분의 1로 단축해야 한다(규칙 제202조 제2항).
○ 건강진단기관이 건강진단을 실시하였을 때에는 그 결과를 고용노동부장관이 정하는 건강진단개인표에 기록하고, 건강진단을 실시한 날부터 30일 이내에 근로자에게 송부해야 한다(규칙 제209조 제1항).
○ 사업주는 특수건강진단대상업무에 종사할 근로자의 배치 예정 업무에 대한 적합성 평가를 위하여 건강진단(배치전건강진단)을 실시하여야 한다. 다만, 건강진단을 받고 6개월이 지나지 않은 근로자에 대해서는 배치전건강진단을 실시하지 아니할 수 있다(법 제130조 제2항).

20. 산업안전보건법령상 근로의 금지 및 제한에 관한 설명으로 옳은 것은?

① 사업주는 신장 질환이 있는 근로자가 근로에 의하여 병세가 악화될 우려가 있는 경우에 근로자의 동의가 없으면 근로를 금지할 수 없다.
② 사업주는 질병자의 근로를 다시 시작하도록 하는 경우에는 미리 보건관리자(의사가 아닌 보건관리자도 포함한다), 산업보건의 또는 건강진단을 실시한 의사의 의견을 들어야 한다.
③ 사업주는 관절염에 해당하는 질병이 있는 근로자를 고기압 업무에 종사시킬 수 있다.
④ 사업주는 갱내에서 하는 작업에 종사하는 근로자에게는 1일 6시간, 1주 34시간을 초과하여 근로하게 하여서는 아니 된다.
⑤ 사업주는 인력으로 중량물을 취급하는 작업에서 유해·위험 예방조치 외에 작업과 휴식의 적정한 배분, 그 밖에 근로시간과 관련된 근로조건의 개선을 통하여 근로자의 건강 보호를 위한 조치를 하여야 한다.

해설 ⑤ 사업주는 유해하거나 위험한 작업에 종사하는 근로자에게 필요한 안전조치 및 보건조치 외에 작업과 휴식의 적정한 배분 및 근로시간과 관련된 근로조건의 개선을 통하여 근로자의 건강 보호를 위한 조치를 하여야 한다(법 제139조 제2항).
① 사업주는 심장·신장·폐 등의 질환이 있는 사람으로서 근로에 의하여 병세가 악화될 우려가 있는 사람에 대해서는 근로를 금지해야 한다(규칙 제220조 제1항 제3호).
② 사업주는 근로를 금지하거나 근로를 다시 시작하도록 하는 경우에는 미리 보건관리자(의사인 보건관리자만 해당한다), 산업보건의 또는 건강진단을 실시한 의사의 의견을 들어야 한다(규칙 제220조 제2항).
③ 사업주는 관절염, 류마티스, 그 밖의 운동기계의 질병이 있는 근로자를 고기압 업무에 종사하도록 해서는 안 된다(규칙 제221조 제2항 제6호).
④ 사업주는 잠함 또는 잠수 작업 등 높은 기압에서 하는 작업에 종사하는 근로자에게는 1일 6시간, 1주 34시간을 초과하여 근로하게 해서는 아니 된다(법 제139조 제1항).

21. 산업안전보건법령상 안전보건개선계획 등에 관한 설명으로 옳지 않은 것은?

① 사업주는 안전보건개선계획을 수립할 때에는 산업안전보건위원회가 설치되어 있지 아니한 사업장의 경우에는 근로자대표의 의견을 들어야 한다.
② 사업주와 근로자는 안전보건개선계획을 준수하여야 한다.
③ 안전보건개선계획의 수립·시행명령을 받은 사업주는 고용노동부장관이 정하는 바에 따라 안전보건개선계획서를 작성하여 그 명령을 받은 날부터 60일 이내에 관할 지방고용노동관서의 장에게 제출하여야 한다.
④ 직업병에 걸린 사람이 연간 1명 발생한 사업장은 안전·보건진단을 받아 안전보건개선계획을 수립·제출하도록 지방고용노동관서의 장이 명할 수 있는 사업장에 해당한다.
⑤ 안전보건개선계획서에는 시설, 안전·보건관리체제, 안전·보건교육, 산업재해 예방 및 작업환경의 개선을 위하여 필요한 사항이 포함되어야 한다.

정답 19 ③ 20 ⑤ 21 ④

해설 ④ 직업성 질병자가 연간 2명 이상(상시근로자 1천명 이상 사업장의 경우 3명 이상) 발생한 사업장은 안전·보건진단을 받아 안전보건개선계획을 수립·제출하도록 지방고용노동관서의 장이 명할 수 있는 사업장에 해당한다(법 제49조 제1항, 영 제49조 제3호).
① 사업주는 안전보건개선계획을 수립할 때에는 산업안전보건위원회가 설치되어 있지 아니한 사업장의 경우에는 근로자대표의 의견을 들어야 한다(법 제49조 제2항 단서).
② 사업주와 근로자는 심사를 받은 안전보건개선계획서(보완한 안전보건개선계획서를 포함한다)를 준수하여야 한다(법 제50조 제3항).
③ 안전보건개선계획서를 제출해야 하는 사업주는 안전보건개선계획서 수립·시행 명령을 받은 날부터 60일 이내에 관할 지방고용노동관서의 장에게 해당 계획서를 제출(전자문서로 제출하는 것을 포함한다)해야 한다(규칙 제61조 제1항).
⑤ 안전보건개선계획서에는 시설, 안전보건관리체제, 안전보건교육, 산업재해 예방 및 작업환경의 개선을 위하여 필요한 사항이 포함되어야 한다(규칙 제61조 제2항).

22. 산업안전보건법령상 산업재해 발생 사실을 은폐하도록 교사(敎唆)하거나 공모(共謀)한 자에게 적용되는 벌칙은?

① 500만원 이하의 벌금
② 1년 이하의 징역 또는 1천만원 이하의 벌금
③ 3년 이하의 징역 또는 3천만원 이하의 벌금
④ 5년 이하의 징역 또는 5천만원 이하의 벌금
⑤ 7년 이하의 징역 또는 1억원 이하의 벌금

해설 산업재해 발생 사실을 은폐한 자 또는 그 발생 사실을 은폐하도록 교사하거나 공모한 자는 1년 이하의 징역 또는 1천만원 이하의 벌금에 처한다(법 제170조).

23. 산업안전보건법령상 작업환경측정 등에 관한 설명으로 옳지 않은 것은?

① 사업주는 작업환경측정의 결과를 해당 작업장 근로자에게 알려야 하며 그 결과에 따라 근로자의 건강을 보호하기 위하여 해당 시설·설비의 설치·개선 또는 건강진단의 실시 등 적절한 조치를 하여야 한다.
② 사업주는 산업안전보건위원회 또는 근로자대표가 요구하면 작업환경측정 결과에 대한 설명회를 직접 개최하거나 작업환경측정을 한 기관으로 하여금 개최하도록 하여야 한다.
③ 고용노동부장관은 작업환경측정의 수준을 향상시키기 위하여 매년 지정측정기관을 평가한 후 그 결과를 공표하여야 한다.
④ 고용노동부장관은 작업환경측정 결과의 정확성과 정밀성을 평가하기 위하여 필요하다고 인정하는 경우에는 신뢰성평가를 할 수 있다.
⑤ 시설·장비의 성능은 고용노동부장관이 지정측정기관의 작업환경측정 수준을 평가하는 기준에 해당한다.

해설 ③ 고용노동부장관은 작업환경측정의 수준을 향상시키기 위하여 필요한 경우 작업환경측정기관을 평가하고 그 결과(측정·분석능력의 확인 결과를 포함한다)를 공개할 수 있다(법 제126조 제3항 전단).
① 사업주는 작업환경측정 결과를 해당 작업장의 근로자(관계수급인 및 관계수급인 근로자를 포함한다.)에게 알려야 하며, 그 결과에 따라 근로자의 건강을 보호하기 위하여 해당 시설·설비의 설치·개선 또는 건강진단의 실시 등의 조치를 하여야 한다(법 제125조 제6항).
② 사업주는 산업안전보건위원회 또는 근로자대표가 요구하면 작업환경측정 결과에 대한 설명회 등을 개최하여야 한다. 이 경우 작업환경측정을 위탁하여 실시한 경우에는 작업환경측정기관에 작업환경측정 결과에 대하여 설명하도록 할 수 있다(법 제125조 제7항).
④ 고용노동부장관은 작업환경측정 결과에 대하여 그 신뢰성을 평가할 수 있다(법 제127조 제1항).
⑤ 시설·장비의 성능은 고용노동부장관이 지정측정기관의 작업환경측정 수준을 평가하는 기준에 해당한다(규칙 제191조 제1항 제1호).

24. 갑(甲)은 전국 규모의 사업주단체에 소속된 임직원으로서 해당 단체가 추천하여 법령에 따라 위촉된 명예감독관이다. 산업안전보건법령상 갑(甲)의 업무가 아닌 것을 모두 고른 것은?

> ㉠ 법령 및 산업재해 예방정책 개선 건의
> ㉡ 안전·보건 의식을 북돋우기 위한 활동과 무재해운동 등에 대한 참여와 지원
> ㉢ 사업장에서 하는 자체점검 참여 및 근로감독관이 하는 사업장 감독 참여
> ㉣ 법령을 위반한 사실이 있는 경우 사업주에 대한 개선 요청 및 감독기관에의 신고
> ㉤ 산업재해 발생의 급박한 위험이 있는 경우 사업주에 대한 작업중지 요청

① ㉠, ㉡, ㉢   ② ㉠, ㉡, ㉤
③ ㉠, ㉢, ㉣   ④ ㉡, ㉣, ㉤
⑤ ㉢, ㉣, ㉤

해설 명예산업안전감독관의 업무(영 제32조 제2항)
1. 사업장에서 하는 자체점검 참여 및 근로감독관이 하는 사업장 감독 참여
2. 사업장 산업재해 예방계획 수립 참여 및 사업장에서 하는 기계·기구 자체검사 참석
3. 법령을 위반한 사실이 있는 경우 사업주에 대한 개선 요청 및 감독기관에의 신고
4. 산업재해 발생의 급박한 위험이 있는 경우 사업주에 대한 작업중지 요청
5. 작업환경측정, 근로자 건강진단 시의 참석 및 그 결과에 대한 설명회 참여
6. 직업성 질환의 증상이 있거나 질병에 걸린 근로자가 여러 명 발생한 경우 사업주에 대한 임시건강진단 실시 요청
7. 근로자에 대한 안전수칙 준수 지도
8. 법령 및 산업재해 예방정책 개선 건의
9. 안전·보건 의식을 북돋우기 위한 활동 등에 대한 참여와 지원
10. 그 밖에 산업재해 예방에 대한 홍보 등 산업재해 예방업무와 관련하여 고용노동부장관이 정하는 업무

정답 22 ② 23 ③ 24 ⑤

산업보건지도사

25. 산업안전보건법령상 산업재해 예방사업 보조·지원의 취소에 관한 설명으로 옳지 않은 것은?

① 거짓으로 보조·지원을 받은 경우 보조·지원의 전부를 취소하여야 한다.
② 보조·지원 대상을 임의매각·훼손·분실하는 등 지원 목적에 적합하게 유지·관리·사용하지 아니한 경우 보조·지원의 전부 또는 일부를 취소하여야 한다.
③ 보조·지원이 산업재해 예방사업의 목적에 맞게 사용되지 아니한 경우 보조·지원의 전부 또는 일부를 취소하여야 한다.
④ 보조·지원 대상 기간이 끝나기 전에 보조·지원 대상 시설 및 장비를 국외로 이전 설치한 경우 보조·지원의 전부 또는 일부를 취소하여야 한다.
⑤ 사업주가 보조·지원을 받은 후 5년 이내에 해당 시설 및 장비의 중대한 결함이나 관리상 중대한 과실로 인하여 근로자가 사망한 경우 보조·지원의 전부를 취소하여야 한다.

해설 ⑤ 사업주가 보조·지원을 받은 후 5년 이내에 해당 시설 및 장비의 중대한 결함이나 관리상 중대한 과실로 인하여 근로자가 사망한 경우 보조·지원의 환수와 제한을 한다(규칙 제237조 제1항).
① 거짓이나 그 밖의 부정한 방법으로 보조·지원을 받은 경우 보조·지원의 전부를 취소하여야 한다(법 제158조 제2항 제1호).
② 보조·지원 대상을 임의매각·훼손·분실하는 등 지원 목적에 적합하게 유지·관리·사용하지 아니한 경우 보조·지원의 전부 또는 일부를 취소하여야 한다(법 제158조 제2항 제3호).
③ 보조·지원이 산업재해 예방사업의 목적에 맞게 사용되지 아니한 경우 보조·지원의 전부 또는 일부를 취소하여야 한다(법 제158조 제2항 제4호).
④ 보조·지원 대상 기간이 끝나기 전에 보조·지원 대상 시설 및 장비를 국외로 이전 설치한 경우 보조·지원의 전부 또는 일부를 취소하여야 한다(법 제158조 제2항 제5호).

산업위생 일반

26. 산업보건의 역사에 관한 설명으로 옳지 않은 것은?

① 그리스의 갈레노스(Galenos, Galen, Galenus)는 구리 광산에서 광부들에 대한 산(acid) 증기의 위험성을 보고하였다.
② 독일의 아그리콜라(G. Agricola)는 「광물에 대하여(De Re Metallica)」를 통해 광업 관련 유해성을 언급하였으며, 이는 후에 Hoover 부부에 의해 번역되었다.
③ 영국의 필(R. Peel) 경은 자신의 면방직공장에서 진폐증이 집단적으로 발병하자, 그 원인에 대해 조사하였으며, 「도제 건강 및 도덕법」 제정에 주도적인 역할을 하였다.
④ 1825년 「공장법」은 대부분 어린이 노동과 관련한 내용이었으며, 1833년에 감독권과 행정명령에 관한 내용이 첨가되어 실질적인 효과를 거두게 되었다.
⑤ 하버드 의대 최초의 여교수인 해밀턴(A. Hamilton)은 「미국의 산업중독」을 발간하여 납중독, 황린에 의한 직업병, 일산화탄소 중독 등을 기술하였다.

해설 영국의 필(R. Peel) 경은 산업위생의 원리를 이용한 최초의 법률로 인정받은 「도제 건강 및 도덕법」 제정에 주도적인 역할을 하였다.

27. 화학물질 및 물리적 인자의 노출기준에서 "Skin" 표시가 된 화학물질로만 나열한 것은?

① 메탄올, 사염화탄소
② 트리클로로에틸렌, 아세톤
③ 트리클로로에틸렌, 사염화탄소
④ 1,1,1-트리클로로에탄, 메탄올
⑤ 1,1,1-트리클로로에탄, 아세톤

해설 "Skin" 표시가 된 화학물질로(화학물질 및 물리적 인자의 노출기준 별표 1) : 메탄올(161번), 사염화탄소(268번) 등

28. 작업환경측정 자료들의 분포(distribution)는 주로 우측으로 무한히 뻗어있는 형태(positively skewed)이다. 이에 관한 설명으로 옳은 것은?

① 평균, 중위수, 최빈수가 같은 값이다.
② 평균이 중위수보다 더 크다.
③ 이를 표준정규분포라고 한다.
④ 기하표준편차는 1 미만이다.
⑤ 최빈수가 평균보다 더 크다.

해설 부적분포는 오른쪽으로 치우쳐 길게 뻗어 있는 분포로 평균이 중위수보다 더 크다.

29. 작업환경측정 시 관련 절차별로 다음과 같이 오차 값이 추정될 때, 누적오차(Accumulative error) 값은 약 얼마인가?

○ 유량측정 : ±13.5%
○ 시료채취시간 : ±3.6%
○ 탈착효율 : ±8.5%
○ 포집효율 : ±4.1%
○ 시료분석 : ±16.2%

① 3.6%
② 12.6%
③ 23.4%
④ 29.7%
⑤ 45.9%

해설 누적오차= $\sqrt{13.5^2+3.6^2+8.5^2+4.1^2+16.2^2}$ =23.38≒23.4

정답 25 ⑤ 26 ③ 27 ① 28 ② 29 ③

30. 산업환기시스템 설계 중 덕트의 합류점에서 시스템의 효율을 극대화하기 위한 정압(SP)균형유지법에 관한 설명으로 옳지 않은 것은?

① 저항 조절을 위하여 설계 시 덕트의 직경을 조절하거나 유량을 재조정하는 방법이다.
② 최대 저항경로 선정이 잘못되어도 설계 시 쉽게 발견할 수 있다.
③ 균형이 유지되려면 설계도면에 있는 대로 덕트가 설치되어야 한다.
④ $\frac{SP_{lower}}{SP_{higher}}$를 계산하여 그 값이 0.8보다 작다면 정압이 낮은 덕트의 직경을 다시 설계해야 한다.
⑤ $\frac{SP_{lower}}{SP_{higher}}$를 계산하여 그 값이 0.8 이상일 때는 그 차를 무시하고, 높은 정압을 지배정압으로 한다.

해설 정압(SP)균형유지법은 저항이 큰 쪽의 덕트 직경을 약간 크게, 또는 덕트 직경을 감소시켜 저항을 줄이거나 증가시켜 합류점의 정압이 같아지도록 하는 방법으로 그 값이 0.8 이상일 때 높은 정압을 다시 설계해야 한다.

31. 방사능 측정값 600pCi를 표준화(SI) 단위 값으로 옳게 표현한 것은?(단, 1Ci=3.7×10¹⁰ dps)

① 16Bq
② 22.2Bq
③ 16dps
④ 22.2dpm
⑤ 6×10-10Ci

해설 1curie = 1Ci = 3.70×10¹⁰decay/s=37GBq
1pCi=0.037Bq, 600pCi=22.2Bq

32. 화학물질 및 물리적 인자의 노출기준 중 발암성에 대한 분류 기준이 아닌 것은?

① 미국 국립산업안전보건연구원(NIOSH)의 분류
② 미국 독성프로그램(NTP)의 분류
③ 「유럽연합의 분류·표시에 관한 규칙(EU CLP)」의 분류
④ 국제암연구소(IARC)의 분류
⑤ 미국 산업안전보건청(OSHA)의 분류

해설 발암성, 생식세포 변이원성 및 생식독성 정보는 법상 규제 목적이 아닌 정보제공 목적으로 표시하는 것으로서 발암성은 국제암연구소(International Agency for Research on Cancer, IARC), 미국산업위생전문가협회(American Conference of Governmental Industrial Hygienists, ACGIH), 미국독성프로그램(National Toxicology Program, NTP), 「유럽연합의 분류·표시에 관한 규칙(European Regulation on the Classification, Labelling and Packaging of substances and mixtures, EU CLP)」 또는 미국산업안전보건청(American Occupational Safety & Health Administration, OSHA)의 분류를 기준으로, 생식세포 변이원성 및 생식독성은 유럽연합의 분류·표시에 관한 규칙(European Regulation on the Classification, Labelling and Packaging of substances and mixtures, EU CLP)을 기준으로 「화학물질의 분류·표시 및 물질안전보건자료에 관한 기준」에 따라 분류한다(화학물질 및 물리적 인자의 노출기준 제5조 제2항).

33. 생물학적 유해인자인 독소(toxin)에 관한 설명으로 옳은 것은?
  ① 마이코톡신(mycotoxins)은 세균이 유기물을 분해할 때 내놓는 분해산물로 종에 따라 다르다.
  ② 아플라톡신 B1(aflatoxin B1)은 폐암을 초래한다.
  ③ 글루칸(glucan)은 바이러스의 세포벽 성분으로 호흡기 점막을 자극하여 건물증후군(SBS)을 초래하는 원인으로 추정되고 있다.
  ④ 엔도톡신(endotoxins)은 그람양성세균이 죽을 때나 번식할 때 내놓는 독소이다.
  ⑤ 낮은 농도의 엔도톡신은 호흡기계 점막의 자극, 발열, 오한 등을 일으키나, 높은 농도에서는 기도와 폐포 염증, 폐기능 장해까지 초래한다.

  해설 ⑤ 낮은 농도의 엔도톡신은 호흡기계 점막의 자극, 발열, 오한, 염증, 기관지염 등을 일으키나, 높은 농도에서는 기도와 폐포 염증, 폐기능 장해까지 초래한다.
  ① 마이코톡신(mycotoxins)은 곡류와 견과류에서 주로 발생하는 곰팡이독이다.
  ② 아플라톡신 B1(aflatoxin B1)은 땅콩, 옥수수, 콩, 견과류 등 녹말함량이 높은 식품에서 주로 발생하는데 노출되면 성장장애, 간 손상, 발달지연을 유발한다.
  ③ 글루칸(glucan)은 불소화성 다당류의 일종으로 항암 및 면역증강작용을 한다.
  ④ 미생물 중 그람음성세균은 세포외막에 엔도톡신(endotoxins)이라는 성분을 함유하고 있다.

34. 다음에 해당하는 중금속은?

  ○ 연성이 있으며, 아연광물 등을 제련할 때 부산물로 얻어지며, 합금과 전기도금 등에 이용된다.
  ○ 경구 또는 흡입을 통한 만성 노출 시 표적 장기는 신장이며, 가장 흔한 증상은 효소뇨와 단백뇨이다.
  ○ 화학물질 및 물리적 인자의 노출기준에 따르면 발암성 1A, 생식세포변이원성 2, 생식독성 2, 호흡성으로 표기하고 있다.

  ① 납　　　　　　　　② 크롬
  ③ 카드뮴　　　　　　④ 수은
  ⑤ 망간

  해설 카드뮴 및 그 화합물(화학물질 및 물리적 인자의 노출기준 별표 1) : 발암성 1A, 생식세포변이원성 2, 생식독성 2, 호흡성

35. 근골격계부담작업의 범위 및 유해요인조사 방법에 관한 고시의 내용으로 옳지 않은 것은?
  ① 유해요인조사는 고시에서 정한 유해요인조사표 및 근골격계질환 증상조사표를 활용하여야 한다.
  ② 작업장 상황조사 내용에는 작업설비, 작업량, 작업속도, 업무변화가 포함된다.
  ③ 하루에 총 2시간 이상, 분당 2회 이상 4.5kg 이상의 물체를 드는 작업은 근골격계부담작업에 해당된다.

정답　30 ⑤　31 ②　32 ①　33 ⑤　34 ③　35 ⑤

④ "단기간 작업"이란 2개월 이내에 종료되는 1회성 작업을 말한다.
⑤ "간헐적인 작업"이란 연간 총 작업일수가 30일을 초과하지 않는 작업을 말한다.

해설 ⑤ 간헐적인 작업 : 연간 총 작업일수가 60일을 초과하지 않는 작업을 말한다(근골격계부담작업의 범위 및 유해요인조사 방법에 관한 고시 제2조 제2호).
① 유해요인조사는 고시에서 정한 유해요인조사표 및 근골격계질환 증상조사표를 활용하여야 한다(근골격계부담작업의 범위 및 유해요인조사 방법에 관한 고시 제4조 전단).
② 작업장 상황조사 내용에는 작업설비, 작업량, 작업속도, 업무변화가 포함된다(근골격계부담작업의 범위 및 유해요인조사 방법에 관한 고시 별표 1).
③ 하루에 총 2시간 이상, 분당 2회 이상 4.5kg 이상의 물체를 드는 작업은 근골격계부담작업에 해당된다(근골격계부담작업의 범위 및 유해요인조사 방법에 관한 고시 제3조 제10호).
④ 단기간 작업 : 2개월 이내에 종료되는 1회성 작업을 말한다(근골격계부담작업의 범위 및 유해요인조사 방법에 관한 고시 제2조 제2호).

36. 산업안전보건기준에 관한 규칙에서 정하고 있는 "밀폐공간"에 해당하지 않는 것은?
① 장기간 사용하지 않은 우물 등의 내부
② 화학물질이 들어있던 반응기 및 탱크의 내부
③ 간장·주류·효모 그 밖에 발효하는 물품이 들어 있거나 들어 있었던 탱크·창고 또는 양조주의 내부
④ 천장·바닥 또는 벽이 건성유를 함유하는 페인트로 도장되어 그 페인트가 건조된 후의 지하실 내부
⑤ 드라이아이스를 사용하는 냉장고·냉동고·냉동화물자동차 또는 냉동컨테이너의 내부

해설 밀폐공간(산업안전보건기준에 관한 규칙 별표 18)
천장·바닥 또는 벽이 건성유를 함유하는 페인트로 도장되어 그 페인트가 건조된 후의 지하실 내부→천장·바닥 또는 벽이 건성유를 함유하는 페인트로 도장되어 그 페인트가 건조되기 전에 밀폐된 지하실·창고 또는 탱크 등 통풍이 불충분한 시설의 내부

37. 1기압, 25℃에서 수은(분자량 : 200)의 증기압이 0.00152mmHg라고 할 때, 이 조건의 밀폐된 작업장에서 공기 중 수은의 포화농도(mg/㎥)는 약 얼마인가?
① 2.0
② 16.4
③ 27.9
④ 35.9
⑤ 156.3

해설 수은의 포화농도(mg/㎥) = $\dfrac{\text{대상물질의 증기압}}{760 mmhg} \times 10^6 = \dfrac{0.00152}{760} \times 10^6 = 2(\text{mg/㎥})$

38. 화학물질 및 물리적 인자의 노출기준에서 "호흡성"으로 표시되지 않은 화학물질은?
   ① 카본블랙
   ② 산화아연 분진
   ③ 인듐 및 그 화합물
   ④ 산화규소(결정체 석영)
   ⑤ 텅스텐(가용성화합물)

   해설 호흡성으로 표시되는 화학물질(화학물질 및 물리적 인자의 노출기준 별표 1) : 흑연, 활석, 파라쿼드, 텅스텐(가용성화합물), 카올린, 카드뮴 및 그 화합물, 인듐 및 그 화합물, 운모, 소우프스톤, 산화아연 분진, 산화규소, 몰리브덴 등

39. 다음 정의에 해당하는 역학 지표는?

   > 유해인자에 노출된 집단과 노출되지 않은 집단을 전향적(prospectively)으로 추적하여 각 집단에서 발생하는 질병 발생률의 비

   ① 교차비(odd ratio)
   ② 기여위험도(attributable risk)
   ③ 상대위험도(relative risk)
   ④ 치명률(fatality rate)
   ⑤ 발병률(attack rate)

   해설 ③ 상대위험도 : 위험인자에 노출되었을 때 질병이 발생할 확률에서, 위험인자에 노출되지 않았을 때 질병이 발생할 확률을 나눈 값이다.

   $$상대위험도(relative\ risk) = \frac{위험인자에\ 노출되었을\ 때\ 질병이\ 발생할\ 확률}{위험인잔에\ 노출되지\ 않았을\ 때\ 질병이\ 발생할\ 확률}$$

   ① 교차비(odd ratio) : 질병이 있는 경우 위험인자 유무의 비와 발병이 없는 경우 위험인자 유무의 비의 비이다.
   ② 기여위험도(attributable risk) : 노출군의 질병 발생율에서 비노출군 질병 발생율을 차감한 것이다.
   ④ 치명률(fatality rate) : 특정의 질환을 이환한 환자중에서, 사망한 자의 비율을 나타내는 지표이다.
   ⑤ 발병률(attack rate) : 어느 질환의 발생이 일정지역, 일정기간에 한정되어있을 때의 이환율을 말한다.

40. 다음 역학연구의 설계를 인과관계의 근거(evidence) 수준이 높은 것에서 낮은 것의 순서대로 옳게 나열한 것은?

   ㉠ 사례군 연구
   ㉡ 코호트 연구
   ㉢ 환자-대조군 연구
   ㉣ 생태학적 연구

   ① ㉡ → ㉠ → ㉢ → ㉣
   ② ㉡ → ㉢ → ㉣ → ㉠
   ③ ㉢ → ㉡ → ㉠ → ㉣
   ④ ㉢ → ㉡ → ㉣ → ㉠
   ⑤ ㉣ → ㉡ → ㉠ → ㉢

   해설 역학연구의 설계를 인과관계의 근거(evidence) 수준이 높은 것에서 낮은 것의 순서 : 실험연구〉준실험연구〉환자-대조군 연구〉단면연구〉생태학적 연구〉사례군연구〉사례연구

정답 36 ④　37 ①　38 ①　39 ③　40 ②

41. 유해물질의 생물학적 노출지표 및 시료채취시기에 관한 내용으로 옳지 않은 것은?

① 크실렌은 소변 중 메틸마뇨산을 작업 종료 시 채취하여 분석한다.
② 반감기가 길어서 수년간 인체에 축적되는 물질에 대해서는 채취시기가 중요하지 않다.
③ 유해물질의 공기 중 농도로는 호흡기를 통한 흡수 정도를 예측할 수 있으나, 피부와 소화기를 통한 흡수는 평가할 수 없다.
④ 일산화탄소는 호기 중 카복시헤모글로빈을 작업 종료 후 10~15분 이내에 채취하여 분석한다.
⑤ 배출이 빠르고 반감기가 5분 이내인 물질에 대해서는 작업 전, 작업 중 또는 작업 종료 시 시료를 채취한다.

해설 일산화탄소(규칙 별표24) : 혈중 카복시헤모글로빈(작업종료 후 10~15분 이내에 채취) 또는 호기 중 일산화탄소 농도(작업종료 후 10~15분 이내, 마지막 호기 채취)

42. 청각기관의 구조와 소리의 전달에 관한 설명으로 옳지 않은 것은?

① 음압은 외이의 외청도(ear canal)를 거쳐 고막에 전달되어 이를 진동시킨다.
② 중이는 추골, 침골, 등골의 세 개 뼈로 구성되어 있다.
③ 고막을 통하여 들어온 음압은 중이를 거쳐 난형창을 통해 달팽이관으로 전달된다.
④ 내이액에 전달된 음압은 고막관(tympanic canal)을 거쳐 전정관(vestibular canal)으로 이동한다.
⑤ 귀는 외이, 중이, 내이로 구분할 수 있다.

해설 음은 외이도에서 고막, 이소골, 달팽이관, 청신경, 대뇌로 전달된다. 전정기관은 평형감각을 감지하고 수용하는 역할을 한다. 내이에서 달팽이관은 중이에서 전달된 음파를 신경 흥분으로 전환하여 소리를 인식하는 역할을 한다.

43. 산업안전보건법상 유해인자와 특수·배치전·수시 건강진단의 1차 임상검사 및 진찰에 해당하는 기관/조직을 연결한 것으로 옳지 않은 것은?

	유해인자	1차 임상검사 및 진찰의 기관/조직
①	마이크로파 및 라디오파	신경계, 생식계, 눈
②	시클로헥산	피부, 호흡기계
③	황산	호흡기계, 눈, 피부, 비강, 인두·후두, 악구강계
④	망간과 그 화합물	호흡기계, 신경계
⑤	야간작업	신경계, 심혈관계, 위장관계, 내분비계

해설 ② 시클로헥산(규칙 별표 22)
신경계 : 신경계 증상 문진, 신경증상에 유의하여 진찰

44. 작업환경측정 및 지정측정기관 평가 등에 관한 고시에서 명시하고 있는 화학적 인자와 시료채취 매체, 분석기기의 연결로 옳지 않은 것은?

	화학적 인자	시료채취 매체	분석기기
①	니켈(불용성 무기화합물)	막여과지	ICP, AAS
②	디메틸포름아미드	활성탄관	GC-FID
③	6가 크롬화합물	PVC여과지	IC-분광검출기
④	벤젠	활성탄관	GC-FID
⑤	2,4-TDI	1-2PP 코팅 유리섬유여과지	HPLC-형광검출기

해설 디메틸포름아미드(작업환경측정 및 지정측정기관 평가 등에 관한 고시 제3절)
1. 시료채취기 : 실리카겔관(silica gel 150mg/75mg, 또는 동등 이상의 흡착성능을 갖는 흡착튜브)
2. 분석기기 : 불꽃이온화검출기(FID)가 장착된 가스크로마토그래피

45. 보호구 안전인증 고시에서 화학물질용 보호복의 구분 기준 중 "분진 등과 같은 에어로졸에 대한 차단 성능을 갖는 보호복"은?

① 1형식
② 2형식
③ 3형식
④ 4형식
⑤ 5형식

해설 화학물질용 보호복의 구분(보호구 안전인증 고시 별표 8의2)

형식		형식구분 기준
1형식	1a형식	보호복 내부에 개방형 공기호흡기와 같은 대기와 독립적인 호흡용 공기공급이 있는 가스 차단 보호복
	1a형식(긴급용)	긴급용 1a 형식 보호복
	1b형식	보호복 외부에 개방형 공기호흡기와 같은 호흡용 공기공급이 있는 가스 차단 보호복
	1b형식(긴급용)	긴급용 1b 형식 보호복
	1c형식	공기라인과 같은 양압의 호흡용 공기가 공급되는 가스 차단 보호복
2형식		공기라인과 같은 양압의 호흡용 공기가 공급되는 가스 비차단 보호복
3형식		액체 차단 성능을 갖는 보호복. 만일 후드, 장갑, 부츠, 안면창(visor) 및 호흡용보호구가 연결되는 경우에도 액체 차단 성능을 가져야 한다.
4형식		분무 차단 성능을 갖는 보호복. 만일 후드, 장갑, 부츠, 안면창(visor) 및 호흡용보호구가 연결되는 경우에도 분무 차단 성능을 가져야 한다.
5형식		분진 등과 같은 에어로졸에 대한 차단 성능을 갖는 보호복
6형식		미스트에 대한 차단 성능을 갖는 보호복

정답 41 ④ 42 ④ 43 ② 44 ② 45 ⑤

46. CNC 공정에서 메탄올을 사용할 때, 작업자가 착용해야 하는 호흡보호구는?
    ① 유기화합물용 방독마스크　　② 산가스용 방독마스크
    ③ 방진방독겸용 마스크　　　　④ 전동식 방독마스크
    ⑤ 송기마스크

    > 해설 ⑤ CNC 공정에서 메탄올을 사용할 때, 작업자가 착용해야 하는 호흡보호구(호흡보호구의 선정·사용 및 관리에 관한 지침 별표1) : 송기마스크

47. 고용노동부에서 발표한 2017년 산업재해 현황에 관한 설명으로 옳지 않은 것은?
    ① 직업병이란 작업환경 중 유해인자와 관련성이 뚜렷한 질병으로 난청, 진폐, 금속 및 중금속 중독, 유기화합물 중독, 기타 화학물질 중독 등이 있다.
    ② 직업관련성 질병이란 업무적 요인과 개인질병 등 업무외적 요인이 복합적으로 작용하여 발생하는 질병으로 뇌·심혈관질환, 신체부담작업, 요통 등이 있다.
    ③ 2017년에는 2016년 대비 업무상질병자 중 직업병과 직업관련성 질병의 빈도수가 모두 증가하였다.
    ④ 업무상질병자 중 직업병에서는 난청이 가장 높은 빈도수로 나타났다.
    ⑤ 업무상질병자 중 직업관련성 질병에서는 요통이 가장 높은 빈도수로 나타났다.

    > 해설 2017년 업무상질병자 비교표

구분	총계	직업병							작업관련성 질병				
		소계	진폐	난청	금속 및 중금속 중독	유기화합물 중독	기타 화학물질 중독	기타	소계	뇌·심혈관질환	신체부담작업	요통	기타
2016년	7,876	2,234	1,418	472	1	8	30	305	5,642	587	2,098	2,737	220
2017년	9,183	3,054	1,553	1,051	19	16	69	346	6,129	775	2,436	2,638	280
증감(%)	1,307 (16.59)	820 (36.71)	135 (9.52)	579 (122.67)	18 (1800)	8 (100)	39 (130)	41 (13.44)	487 (8.63)	188 (32.03)	338 (16.11)	-99 (-3.62)	60 (27.27)

    업무상질병자 중 직업병에서는 진폐가 가장 높은 빈도수로 나타났다.

48. 다음에서 설명하는 여과지의 종류는?

    ○ Polycarbonate로 만들어진 것으로 강도가 우수하고 화학물질과 열에 안정적이다.
    ○ 체(sieve)처럼 구멍이 일직선(straight-through holes)으로 되어 있다.
    ○ TEM 분석에 사용할 수 있다.

    ① MCE 막여과지　　　　② Nuclepore 여과지
    ③ PTFE 막여과지　　　　④ 섬유상 여과지
    ⑤ PVC 막여과지

해설 ② Nuclepore 여과지는 석면, 전자현미경(TEM) 분석에 사용되며 열안전성과 강도가 우수하다.
① MCE 막여과지는 석면, 유리섬유, 금속, 살충제, 불소화합물 등에 사용된다.
③ PTFE 막여과지는 열, 화학물질, 압력에 강하다.
④ 섬유상 여과지는 농약류, 다핵방향족 탄수화물 등에 사용된다.
⑤ PVC 막여과지는 6가크롬, 아연산화합물, 공해성 먼지, 석탄 먼지, 결정형 유리규산 등에 사용된다.

49. 표준화사망비(SMR)에 관한 설명으로 옳지 않은 것은?

① 직접표준화법으로 산출한다.
② 관찰사망수를 기대사망수로 나눈다.
③ 기대사망은 관찰사망 집단보다 더 큰 집단을 사용한다.
④ 1(100%)보다 크면 관찰집단에서 특정 질병에 대한 위험요인이 존재할 가능성이 있다.
⑤ 직업역학분야에서 사용하는 주요 지표 중 하나이다.

해설 ① 표준화사망비(SMR)를 간접법으로 할 경우 전체인구집단의 사망률을 한번 조사해 놓으면 계속 반복해서 사용할 수 있고, 관찰사망수는 기록에서 찾기만 하면 되므로 간단하게 산출할 수 있다.

50. 한 사업장에서 다음과 같은 재해결과가 나왔을 때, 이에 관한 해석으로 옳지 않은 것은?

○ 환산도수율(F)=1.2
○ 환산강도율(S)=96

① 작업자 1인당 일평생 1.2회의 재해가 발생한다.
② 작업자 1인당 일평생 96일의 근로손실일수가 발생한다.
③ 재해 1건당 근로손실일수는 평균 80일이다.
④ 사업장의 도수율은 12이다.
⑤ 사업장의 강도율은 9.6이다.

해설 ⑤ 환산강도율(S)=강도율×100이므로 강도율은 0.96이다.
① 환산도수율(F)은 평생동안(100,000시간) 근로하는 동안의 재해건수로 작업자 1인당 일평생 1.2회의 재해가 발생한다.
② 환산강도율(S)은 평생동안(100,000시간) 1인당 근로손실일수이므로 작업자 1인당 일평생 96일의 근로손실일수가 발생한다.
③ 재해 1건당 근로손실일수는 $\frac{96}{1.2}=80$일이다.
④ 환산도수율(F)=$\frac{도수율}{10}$이므로 사업장의 도수율은 12이다.

정답 46 ⑤ 47 ④ 48 ② 49 ① 50 ⑤

기업진단 · 지도

51. 직무관리에 관한 설명으로 옳지 않은 것은?

① 직무분석이란 직무의 내용을 체계적으로 분석하여 인사관리에 필요한 직무정보를 제공하는 과정이다.
② 직무설계는 직무 담당자의 업무 동기 및 생산성 향상 등을 목표로 한다.
③ 직무충실화는 작업자의 권한과 책임을 확대하는 직무설계방법이다.
④ 핵심직무특성 중 과업중요성은 직무담당자가 다양한 기술과 지식 등을 활용하도록 직무설계를 해야 한다는 것을 말한다.
⑤ 직무평가는 직무의 상대적 가치를 평가하는 활동이며, 직무평가 결과는 직무급의 산정에 활용된다.

> **해설** 핵심직무특성 중 과업중요성은 직무가 다른 사람의 생활에 미치는 영향의 중요성을 지각하는 정도를 말한다.

52. 노동조합에 관한 설명으로 옳지 않은 것은?

① 직종별 노동조합은 산업이나 기업에 관계없이 같은 직업이나 직종 종사자들에 의해 결성된다.
② 산업별 노동조합은 기업과 직종을 초월하여 산업을 중심으로 결성된다.
③ 산업별 노동조합은 직종 간, 회사 간 이해의 조정이 용이하지 않다.
④ 기업별 노동조합은 동일 기업에 근무하는 근로자들에 의해 결성된다.
⑤ 기업별 노동조합에서는 근로자의 직종이나 숙련 정도를 고려하여 가입이 결정된다.

> **해설** 기업별 노동조합은 하나의 기업 또는 사업장에 속하는 근로자들이 직종에 관계없이 결합한 노동조합이다.

53. 조직구조 유형에 관한 설명으로 옳지 않은 것은?

① 기능별 구조는 부서 간 협력과 조정이 용이하지 않고 환경변화에 대한 대응이 느리다.
② 사업별 구조는 기능 간 조정이 용이하다.
③ 사업별 구조는 전문적인 지식과 기술의 축적이 용이하다.
④ 매트릭스 구조에서는 보고체계의 혼선이 야기될 가능성이 높다.
⑤ 매트릭스 구조는 여러 제품라인에 걸쳐 인적자원을 유연하게 활용하거나 공유할 수 있다.

> **해설** 사업별 구조는 제품라인이 독립적으로 존재하기 때문에 제품라인과 제품라인 간의 조정이 어렵다. 따라서 전문적인 지식과 기술의 축적이 어렵다.

54. JIT(just-in-time) 생산방식의 특징으로 옳지 않은 것은?

① 간판(kanban)을 이용한 푸시(push) 시스템
② 생산준비시간 단축과 소(小)로트 생산
③ U자형 라인 등 유연한 설비배치
④ 여러 설비를 다룰 수 있는 다기능 작업자 활용
⑤ 불필요한 재고와 과잉생산 배제

해설 JIT(just-in-time) 생산방식은 간판(kanban)을 이용한 푸시(push) 시스템이 아니라 풀(pull) 시스템이다.

55. 매슬로우(A. Maslow)의 욕구단계이론 중 자아실현욕구를 조직행동에 적용한 것은?

① 도전적 과업 및 창의적 역할 부여
② 타인의 인정 및 칭찬
③ 화해와 친목분위기 조성 및 우호적인 작업팀 결성
④ 안전한 작업조건 조성 및 고용 보장
⑤ 냉난방 시설 및 사내식당 운영

해설 매슬로우(A. Maslow)의 욕구단계이론
1. 1단계 : 생리적 욕구 - 냉난방 시설 및 사내식당 운영
2. 2단계 : 안전의 욕구 - 안전한 작업조건 조성 및 고용 보장
3. 3단계 : 소속의 욕구 - 화해와 친목분위기 조성 및 우호적인 작업팀 결성
4. 4단계 : 존경의 욕구 - 타인의 인정 및 칭찬
5. 5단계 : 자아실현욕구 - 도전적 과업 및 창의적 역할 부여

56. 품질개선 도구와 그 주된 용도의 연결로 옳지 않은 것은?

① 체크시트(check sheet) : 품질 데이터의 정리와 기록
② 히스토그램(histogram) : 중심위치 및 분포 파악
③ 파레토도(Pareto diagram) : 우연변동에 따른 공정의 관리상태 판단
④ 특성요인도(cause and effect diagram) : 결과에 영향을 미치는 다양한 원인들을 정리
⑤ 산점도(scatter plot) : 두 변수 간의 관계를 파악

해설 불량, 결점, 고장 등의 발생건수 등을 항목별로 나누어 발생빈도의 순으로 나열하여 분석하는 기법은 파레토도이다.

정답 51 ④ 52 ⑤ 53 ③ 54 ① 55 ① 56 ③

57. 어떤 프로젝트의 PERT(program evaluation and review technique) 네트워크와 활동소요시간이 아래와 같을 때, 옳지 않은 설명은?

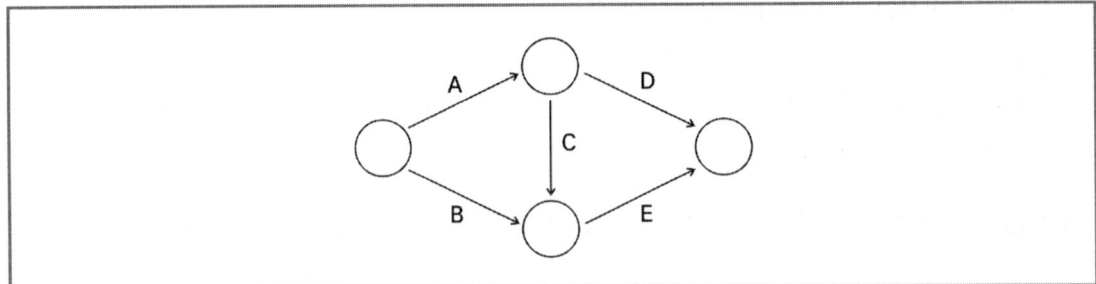

활동	소요시간(일)
A	10
B	17
C	10
D	7
E	8
계	52

① 주경로(critical path)는 A-C-E이다.
② 프로젝트를 완료하는 데에는 적어도 28일이 필요하다.
③ 활동 D의 여유시간은 11일이다.
④ 활동 E의 소요시간이 증가해도 주경로는 변하지 않는다.
⑤ 활동 A의 소요시간을 5일 만큼 단축시킨다면 프로젝트 완료시간도 5일 만큼 단축된다.

해설 경로1 : A-D 17일
경로2 : A-C-E 28일
경로3 : B-E 25일
⑤ 활동 A의 소요시간을 5일 만큼 단축시킨다면 주경로가 B-E가 된다. 따라서 프로젝트 완료시간도 3일 만큼 단축된다.
① 주경로(critical path)는 작업소요시간이 가장 긴 구간으로 A-C-E이다.
② 프로젝트를 완료하는 데에는 주경로의 28일이 필요하다.
③ 활동 D의 여유시간은 28-17=11일이다.
④ 주경로가 변경되지 않는 것을 전제한다.

58. 공장의 설비배치에 관한 설명으로 옳은 것을 모두 고른 것은?

㉠ 제품별 배치(product layout)는 연속, 대량 생산에 적합한 방식이다.
㉡ 제품별 배치를 적용하면 공정의 유연성이 높아진다는 장점이 있다.
㉢ 공정별 배치(process layout)는 범용설비를 제품의 종류에 따라 배치한다.
㉣ 고정위치형 배치(fixed position layout)는 주로 항공기 제조, 조선, 토목건축 현장에서 찾아볼 수 있다.
㉤ 셀형 배치(cellular layout)는 다품종소량생산에서 유연성과 효율성을 동시에 추구할 수 있다.

① ㉠, ㉢
② ㉠, ㉣, ㉤
③ ㉡, ㉢, ㉣
④ ㉠, ㉡, ㉣, ㉤
⑤ ㉠, ㉢, ㉣, ㉤

해설
㉡ 제품별 배치는 표준 프로세스를 사용하므로 유연성이 적다.
㉢ 공정별 배치(process layout)는 유사한 기계 설비나 기능을 한 작업장에 모아서 배치하는 것으로 기계종류별로 배치한다.
㉠ 제품별 배치(product layout)는 연속, 대량 생산에 적합한 방식이다.
㉣ 고정위치형 배치(fixed position layout)는 비행기나 선박의 제조, 주택이나 도로 공사 등에서 찾아볼 수 있다.
㉤ 셀형 배치(cellular layout)는 다품종소량생산에서 유연성과 효율성을 동시에 추구할 수 있으나 다기능 숙련공의 육성이 절대적이다.

59. 리더십 이론의 설명으로 옳은 것을 모두 고른 것은?

㉠ 블레이크(R. Blake)와 머튼(J. Mouton)의 리더십 관리격자모형에 의하면 일(생산)에 대한 관심과 사람에 대한 관심이 모두 높은 리더가 이상적 리더이다.
㉡ 피들러(F. Fiedler)의 리더십상황이론에 의하면 상황이 호의적일 때 인간중심형 리더가 과업지향형 리더보다 효과적인 리더이다.
㉢ 리더-부하 교환이론(leader-member exchange theory)에 의하면 효율적인 리더는 믿을만한 부하들을 내 집단(in-group)으로 구분하여, 그들에게 더 많은 정보를 제공하고, 경력개발 지원 등의 특별한 대우를 한다.
㉣ 변혁적 리더는 예외적인 사항에 대해 개입하고, 부하가 좋은 성과를 내도록 하기 위해 보상시스템을 잘 설계한다.
㉤ 카리스마 리더는 강한 자기 확신, 인상관리, 매력적인 비전 제시 등을 특징으로 한다.

① ㉠, ㉡, ㉣
② ㉠, ㉢, ㉤
③ ㉡, ㉢, ㉣
④ ㉠, ㉡, ㉢, ㉤
⑤ ㉠, ㉢, ㉣, ㉤

해설
㉡ 피들러(F. Fiedler)의 리더십상황이론에 의하면 상황이 호의적일 때 과업지향형 리더가 효과적인 리더이다.
㉣ 변혁적 리더는 주어진 목적의 중요성과 의미를 하위자에게 주지시키고 하위자가 개인적 이익을 넘어서서 전체의 이익을 위해 일하도록 만든다.
㉠ 블레이크(R. Blake)와 머튼(J. Mouton)의 리더십 관리격자모형에 의하면 일(생산)에 대한 관심과 사람에 대한 관심이 모두 높은 리더가 이상적 리더이다.
㉢ 리더-부하 교환이론(leader-member exchange theory)에 의하면 부하가 역량과 동기를 가져서 리더가 신뢰하는 부하들은 내집단(in-group) 구성원이 되고, 이들은 직무에서 요구하는 역할과 책임 이상의 일을 하며 리더가 지휘하는 단위 조직의 성공에 중요한 영향을 미치는 핵심적 책임을 맡는다.
㉤ 카리스마 리더는 사람을 매료시키는 초인간적인 능력을 가지고 대중의 우상적·열광적 지지를 받는 지도자를 말한다.

정답 57 ⑤　58 ②　59 ②

60. 산업심리학의 연구방법에 관한 설명으로 옳지 않은 것은?

① 관찰법 : 행동표본을 관찰하여 주요 현상들을 찾아 기술하는 방법이다.
② 사례연구법 : 한 개인이나 대상을 심층 조사하는 방법이다.
③ 설문조사법 : 설문지 혹은 질문지를 구성하여 연구하는 방법이다.
④ 실험법 : 원인이 되는 종속변인과 결과가 되는 독립변인의 인과관계를 살펴보는 방법이다.
⑤ 심리검사법 : 인간의 지능, 성격, 적성 및 성과를 측정하고 정보를 제공하는 방법이다.

해설 실험법은 연구 대상을 실험 집단과 통제 집단으로 각각 나눈 뒤, 통제 집단에는 조작을 가하지 않고 실험 집단에는 일정한 조작을 하여 독립변수가 실험 집단에 미치는 영향을 통제 집단과 비교하여 측정함으로써 자료를 수집하는 방법이다.

61. 일-가정 갈등(work-family conflict)에 관한 설명으로 옳지 않은 것은?

① 일과 가정의 요구가 서로 충돌하여 발생한다.
② 장시간 근무나 과도한 업무량은 일-가정 갈등을 유발하는 주요한 원인이 될 수 있다.
③ 적은 시간에 많은 것을 해내기를 원하는 경향이 강한 사람은 더 많은 일-가정 갈등을 경험한다.
④ 직장은 일-가정 갈등을 감소시키는 데 중요한 역할을 담당하지 않는다.
⑤ 돌봐 주어야 할 어린 자녀가 많을수록 더 많은 일-가정 갈등을 경험한다.

해설 일-가정 갈등(work-family conflict)은 적절한 노동시간과 자유시간, 가족의 역할 등으로 갈등을 해소 또는 완화시킬 수 있다. 따라서 일-가정 갈등을 감소시키는 데 직장은 아주 중요한 역할을 담당한다.

62. 인간의 정보처리 방식 중 정보의 한 가지 측면에만 초점을 맞추고 다른 측면은 무시하는 것은?

① 선택적 주의(selective attention)
② 분할주의(divided attention)
③ 도식(schema)
④ 기능적 고착(functional fixedness)
⑤ 분위기 가설(atmosphere hypothesis)

해설 ① 선택적 주의(selective attention)는 여러 가지 자극 중에서 하나만 선택해서 주의를 기울이는 인간의 보편적인 사고 경향을 말한다.
② 분할주의(divided attention)는 여러 주의를 동시에 수행하는 것을 말한다.
③ 도식(schema)은 생각이나 행동의 조직된 패턴을 일컫는다.
④ 기능적 고착(functional fixedness)은 사고의 전환을 하지 못하고 전통적 사고에 사로잡힌 상태를 말한다.
⑤ 분위기 가설(atmosphere hypothesis)은 전제에 포함된 양화사가 특정한 결론을 만들도록 분위기를 형성한다는 것이다.

63. 다음에 해당하는 갈등 해결방식은?

> 근로자가 동료나 관리자와 같은 제3자에게 갈등에 대해 언급하여, 자신과 갈등하는 대상을 직접 만나지 않고 저절로 갈등이 해결되는 것을 희망한다.

① 순응하기 방식(accommodating style)
② 협력하기 방식(collaborating style)
③ 회피하기 방식(avoiding style)
④ 강요하기 방식(forcing style)
⑤ 타협하기 방식(compromising style)

해설 ③ 회피하기 방식(avoiding style)은 절충하지 않고 서로 피하는 유형이다.
① 순응하기 방식(accommodating style)은 상대방의 주장만을 중시한다.
② 협력하기 방식(collaborating style)은 나와 상대방 모두의 주장을 중심에 두는 유형이다.
④ 강요하기 방식(forcing style)은 나의 주장만 중시한다.
⑤ 타협하기 방식(compromising style)은 절충형으로 나와 상대방의 주장을 부분적으로 받아들인다.

64. 직무분석에 관한 설명으로 옳은 것을 모두 고른 것은?

> ㉠ 직무분석 접근 방법은 크게 과업중심(task-oriented)과 작업자중심(worker-oriented)으로 분류할 수 있다.
> ㉡ 기업에서 필요로 하는 업무의 특성과 근로자의 자질을 파악할 수 있다.
> ㉢ 해당 직무를 수행하는 근로자들에게 필요한 교육훈련을 계획하고 실시할 수 있다.
> ㉣ 근로자에게 유용하고 공정한 수행 평가를 실시하기 위한 준거(criterion)를 획득할 수 있다.

① ㉠, ㉡
② ㉡, ㉢
③ ㉡, ㉣
④ ㉠, ㉢, ㉣
⑤ ㉠, ㉡, ㉢, ㉣

해설 직무분석은 어떤 일을 어떤 목적으로 어떤 방법에 의해 어떤 장소에서 수행하는지를 알아내고, 직무를 수행하는 데 요구되는 지식, 능력, 기술, 경험, 책임 등이 무엇인지를 과학적이고 합리적으로 알아내는 것으로 기업에서 필요로 하는 업무의 특성과 근로자의 자질을 파악할 수 있고, 해당 직무를 수행하는 근로자들에게 필요한 교육훈련을 계획하고 실시할 수 있다. 또한 근로자에게 유용하고 공정한 수행 평가를 실시하기 위한 준거(criterion)를 획득할 수 있으며 직무분석 접근 방법은 크게 과업중심(task-oriented)과 작업자중심(worker-oriented)으로 분류할 수 있다.

정답 60 ④ 61 ④ 62 ① 63 ③ 64 ⑤

65. 조명과 직무환경에 관한 설명으로 옳지 않은 것은?

① 조도는 어떤 물체나 표면에 도달하는 빛의 양을 말한다.
② 동일한 환경에서 직접조명은 간접조명보다 더 밝게 보이도록 하며, 눈부심과 눈의 피로도를 줄여준다.
③ 눈부심은 시각 정보 처리의 효율을 떨어트리고, 눈의 피로도를 증가시킨다.
④ 작업장에 조명을 설치할 때에는 빛의 밝기뿐만 아니라 빛의 배분도 고려해야 한다.
⑤ 최적의 밝기는 작업자의 연령에 따라서 달라진다.

해설 ② 간접조명은 광원으로부터 나온 빛의 반사광에 의해 피조면을 비추는 조명 방식으로 눈부심과 눈의 피로도를 줄여주고, 빛이 부드럽고 눈부심이 적어 온화한 분위기를 연출할 수 있으나 조명 효율이 떨어지므로 주로 특별한 경우에만 사용한다.

66. 다음 중 인간의 정보처리와 표시장치의 양립성(compatibility)에 관한 내용으로 옳은 것을 모두 고른 것은?

㉠ 양립성은 인간의 인지기능과 기계의 표시장치가 어느 정도 일치하는가를 말한다.
㉡ 양립성이 향상되면 입력과 반응의 오류율이 감소한다.
㉢ 양립성이 감소하면 사용자의 학습시간은 줄어들지만, 위험은 증가한다.
㉣ 양립성이 향상되면 표시장치의 일관성은 감소한다.

① ㉠, ㉡
② ㉡, ㉢
③ ㉢, ㉣
④ ㉠, ㉡, ㉣
⑤ ㉠, ㉡, ㉢, ㉣

해설 ㉡, ㉢, ㉣ 양립성 정도가 높을수록 정보처리시 정보변환이 줄어들게 되어 학습이 더 빨리 진행되고 반응시간은 짧아지며, 오류가 적어진다. 표시장치의 일관성은 증가하고 정신적 부하가 감소한다.
㉠ 양립성은 자극들 간의, 반응들 간의, 혹은 자극-반응 조합에 대하여 공간, 운동, 개념 혹은 양태관계가 인간의 기대와 모순되지 않는 것을 말한다.

67. 아래 그림에서 평행한 두 선분은 동일한 길이임에도 불구하고 위의 선분이 더 길어 보인다. 이러한 현상을 나타내는 용어는?

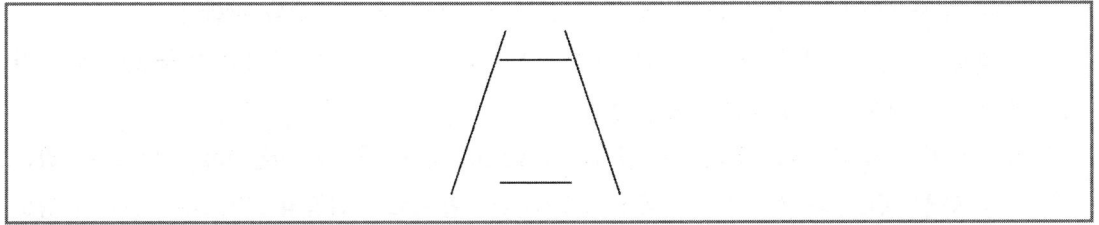

① 포겐도르프(Poggendorf) 착시현상 ② 뮬러-라이어(Müller-Lyer) 착시현상
③ 폰조(Ponzo) 착시현상 ④ 티체너(Titchener) 착시현상
⑤ 죌너(Zöllner) 착시현상

해설 ③ 폰조(Ponzo) 착시현상 : 두 수평선부의 길이가 다르게 보이는 현상
① 포겐도르프(Poggendorf) 착시현상 : A와 C가 일직선상으로 보인다. 실제는 A와 B가 일직선
② 뮬러-라이어(Müller-Lyer) 착시현상 : A가 B보다 길게 보인다. 실제는 같음
④ 티체너(Titchener) 착시현상 : 같은 원이지만 다르게 보임
⑤ 죌너(Zöllner) 착시현상 : 세로의 선이 굽어 보이는 것

68. 다음 중 산업재해이론과 그 내용의 연결로 옳지 않은 것은?
① 하인리히(H. Heinrich)의 도미노 이론 : 사고를 촉발시키는 도미노 중에서 불안전상태와 불안전행동을 가장 중요한 것으로 본다.
② 버드(F. Bird)의 수정된 도미노 이론 : 하인리히(H. Heinrich)의 도미노 이론을 수정한 이론으로, 사고 발생의 근본적 원인을 관리 부족이라고 본다.
③ 애덤스(E. Adams)의 사고연쇄반응 이론 : 불안전행동과 불안전상태를 유발하거나 방치하는 오류는 재해의 직접적인 원인이다.
④ 리전(J. Reason)의 스위스 치즈 모델 : 스위스 치즈 조각들에 뚫려 있는 구멍들이 모두 관통되는 것처럼 모든 요소의 불안전이 겹쳐져서 산업재해가 발생한다는 이론이다.
⑤ 하돈(W. Haddon)의 매트릭스 모델 : 작업자의 긴장 수준이 지나치게 높을 때, 사고가 일어나기 쉽고 작업 수행의 질도 떨어지게 된다는 것이 핵심이다.

해설 하돈(W. Haddon)의 매트릭스 모델은 사고전, 사고당시, 사고후 3가지 상황에서 사고의 피해를 최소화하기 위한 영역들을 분석하기 위한 틀을 활용하여 사고를 예방하는 것이다.

정답 65 ② 66 ① 67 ③ 68 ⑤

69. 안전보건경영시스템 인증기준(KOSHA 18001)에서 사용하는 주요 용어의 정의로 옳지 않은 것은?

① 사업장 또는 조직이란 법인, 비법인, 공공기관 또는 민간기관이든 자체적인 조직과 기능을 갖춘 회사, 기업, 연구소 또는 그러한 집단의 일부분이나 연합체를 말한다.
② 위험요인이란 인적피해, 물적손실 및 환경피해를 일으키는 요인(요소) 또는 이들 요인(요소)가 혼재된 잠재적 유해·위험요인을 말한다.
③ 위험성이란 특정한 위험요인이 위험한 상태로 노출되어 특정한 사건으로 이어질 수 있는 가능성(발생빈도)와 결과의 중대성(손실크기)의 조합으로서 위험의 크기 또는 위험의 정도를 말한다.
④ 관찰사항이란 직접적으로 또는 간접적으로 인적재해(상해 또는 질병), 물적손해, 작업환경의 피해 또는 이들 요소의 혼재로 이어질 수 있는 인증기준, 작업표준, 지침, 절차, 규정 등으로 부터의 어떤 이탈된 상태를 말한다.
⑤ 허용 가능한 위험이란 위험성 평가에서 위험요인의 위험성이 법적 및 시스템의 안전요구사항에 의하여 사전에 결정된 허용 위험수준 이하의 위험 또는 개선에 의하여 허용위험수준이 하로 감소된 위험을 말한다.

해설 ④ 부적합 사항(Non Conformity)은 직접적으로 또는 간접적으로 인적재해(상해 또는 질병), 물적손해, 작업환경의 피해 또는 이들 요소의 혼재로 이어질 수 있는 인증기준, 작업표준, 지침, 절차, 규정 등으로 부터의 어떤 이탈된 상태를 말한다(안전보건경영시스템 인증기준(KOSHA 18001).

70. 제조업 등 유해·위험방지계획서 제출·심사·확인에 관한 고시에서 규정하고 있는 유해위험 방지계획서 제출 대상으로 옳은 것은?

① 금속 또는 비금속광물을 해당물질의 녹는점 이상으로 가열하여 용해하는 노(爐)로서 용량이 3톤 이상인 것
② 열원기준으로 연료의 최대소비량이 시간당 30킬로그램 이상인 건조설비
③ 열원기준으로 정격소비전력이 30킬로와트 이상인 건조설비
④ 유해물질로부터 나오는 가스·증기 또는 분진의 발산원을 밀폐·제거하기 위해 배풍량이 분당 50세제곱미터인 이동식 국소배기장치
⑤ 용접·용단용으로 사용하기 위하여 2개의 인화성가스 저장 용기를 상호간에 도관으로 연결한 이동식 가스집합장치로부터 용접 토치까지의 일관 설비로서 인화성가스 집합량이 500킬로그램인 가스집합 용접장치

해설 유해위험방지계획서 제출 대상(제조업 등 유해·위험방지계획서 제출·심사·확인에 관한 고시 제3조)
1. "금속이나 그 밖의 광물의 용해로"는 금속 또는 비금속광물을 해당물질의 녹는점 이상으로 가열하여 용해하는 노(爐)로서 용량이 3톤 이상인 것
2. "화학설비"는 "특수화학설비"로 단위공정 중에 저장되는 양을 포함하여 하루동안 제조 또는 취급할 수 있는 양이 위험물질의 기준량 이상인 것

3. "조설비" 건조기본체, 가열장치, 환기장치를 포함하며, 열원기준으로 연료의 최대소비량이 시간당 50킬로그램 이상이거나 정격소비전력이 50킬로와트 이상인 설비로서 다음의 어느 하나에 해당할 것
   ㉠ 건조물에 포함된 유기화합물을 건조하는 경우
   ㉡ 도료, 피막제의 도포코팅 등 표면을 건조하여 인화성 물질의 증기가 발생하는 경우
   ㉢ 건조를 통한 가연성 분말로 인해 분진이 발생하는 설비
4. "가스집합 용접장치"는 용접·용단용으로 사용하기 위하여 1개 이상의 인화성가스의 저장 용기 또는 저장탱크를 상호간에 도관으로 연결한 고정식의 가스집합장치로부터 용접 토치까지의 일관 설비로서 인화성가스 집합량이 1,000킬로그램 이상인 것
5. "근로자의 건강에 상당한 건강장해를 일으킬 우려가 있는 물질로서 고용노동부령으로 정하는 물질의 밀폐·환기·배기를 위한 설비"는 국소배기장치(이동식은 제외한다), 밀폐설비 및 전체환기설비(강제 배기방식의 것과 급기·배기 환기장치에 한정한다)로서 다음과 같다.
   ㉠ 「안전검사 절차에 관한 고시」에 명시된 유해물질로부터 나오는 가스·증기 또는 분진의 발산원을 밀폐·제거하기 위해 설치하는 국소배기장치, 밀폐설비 및 전체환기장치. 다만, 국소배기장치 및 전체환기장치는 배풍량이 분당 60세제곱미터 이상인 것에 한정한다.
   ㉡ 유해물질 이외의 허가대상 또는 관리대상 물질로부터 나오는 가스·증기 또는 분진의 발산원을 밀폐·제거하기 위하여 설치하거나 분진작업을 하는 장소에 설치하는 국소배기장치, 밀폐설비 및 전체환기장치. 다만, 국소배기장치 및 전체환기장치는 배풍량이 분당 150세제곱미터 이상인 것에 한정한다.

71. 산업안전보건기준에 관한 규칙상 악천후 및 강풍 시 작업 중지에 관한 내용이다. ( )에 들어갈 내용으로 옳은 것은?

사업주는 순간풍속이 초당 (㉠)미터를 초과하는 경우 타워크레인의 설치·수리·점검 또는 해체 작업을 중지하여야 하며, 순간풍속이 초당 (㉡)미터를 초과하는 경우에는 타워크레인의 운전작업을 중지하여야 한다.

① ㉠ : 5, ㉡ : 5
② ㉠ : 8, ㉡ : 10
③ ㉠ : 10, ㉡ : 10
④ ㉠ : 10, ㉡ : 12
⑤ ㉠ : 10, ㉡ : 15

해설 사업주는 순간풍속이 초당 10m를 초과하는 경우 타워크레인의 설치·수리·점검 또는 해체 작업을 중지하여야 하며, 순간풍속이 초당 15m를 초과하는 경우에는 타워크레인의 운전작업을 중지하여야 한다(산업안전보건기준에 관한 규칙 제37조 제2항).

72. 제조물 책임법상 제조물의 결함에 해당하는 것을 모두 고른 것은?

㉠ 제조상의 결함	㉡ 설계상의 결함
㉢ 표시상의 결함	㉣ 원가공개 결함

① ㉠
② ㉡, ㉣
③ ㉢, ㉣
④ ㉠, ㉡, ㉢
⑤ ㉠, ㉡, ㉢, ㉣

정답 69 ④ 70 ① 71 ⑤ 72 ④

해설 제조물의 결함(제조물 책임법 제2조 제2호)
1. "제조상의 결함"이란 제조업자가 제조물에 대하여 제조상·가공상의 주의의무를 이행하였는지에 관계없이 제조물이 원래 의도한 설계와 다르게 제조·가공됨으로써 안전하지 못하게 된 경우를 말한다.
2. "설계상의 결함"이란 제조업자가 합리적인 대체설계(代替設計)를 채용하였더라면 피해나 위험을 줄이거나 피할 수 있었음에도 대체설계를 채용하지 아니하여 해당 제조물이 안전하지 못하게 된 경우를 말한다.
3. "표시상의 결함"이란 제조업자가 합리적인 설명·지시·경고 또는 그 밖의 표시를 하였더라면 해당 제조물에 의하여 발생할 수 있는 피해나 위험을 줄이거나 피할 수 있었음에도 이를 하지 아니한 경우를 말한다.

73. 보호구 안전인증의 추락 및 감전 위험방지용 안전모의 성능기준에 관한 내용으로 안전모의 시험성능기준의 항목이 아닌 것은?

① 내관통성 ② 충격흡수성
③ 부식성   ④ 내전압성
⑤ 난연성

해설 안전모의 시험성능기준(보호구 안전인증 고시 별표 1) : 내관통성, 충격흡수성, 내전압성, 내수성, 난연성, 턱끈풀림

74. 다음과 같은 특징을 가지고 있는 위험성평가 기법은?

○ 사업장에서 위험성과 운전성을 체계적으로 분석·평가한다.
○ 가이드워드에 의해 위험요소를 도출하는 것이 고유한 특성이다.
○ 토론에 의해 위험요소를 도출한다.
○ 공정의 설계의도에서 이탈을 찾아낸다.

① FMEA   ② HAZOP
③ FTA   ④ Checklist
⑤ PHA

해설 ② HAZOP : 공장 설비 프로세스에 존재하는 위험성 및 운용상의 문제점을 찾아내는 정성적 분석기법으로 설계와 차이가 있는 변이를 가이드워드를 활용해 체계적으로 식별하는 방법이다.
① FMEA : 시스템에 영향을 미치는 전체 요소의 고장을 형태별로 분석해 고장이 미치는 영향을 분석하는 방법이다.
③ FTA : 작업자가 기계를 사용하여 일을 하는 인간-기계체제에서 사고, 재해가 일어날 확률을 수치로 평가하는 안전평가의 방법이다.
④ Checklist : 공정, 설비 등의 위험상황, 결함, 오류 등을 목록화하고 경험적으로 비교함으로써 위험을 파악하는 기법이다.
⑤ PHA : 시스템 내에 위험요소가 어느 정도의 위험상태에 있는지를 평가하는 정성적 평가방법이다.

75. 사업장 위험성평가에 관한 지침에서 명시하고 있는 위험성 감소대책 수립 시 우선적으로 고려해야 할 사항을 순서대로 옳게 나열한 것은?

> ㉠ 개인용 보호구의 사용
> ㉡ 사업장 작업절차서 정비 등의 관리적 대책
> ㉢ 위험한 작업의 폐지·변경, 유해·위험물질 대체 등의 조치 또는 설계나 계획 단계에서 위험성을 제거 또는 저감하는 조치
> ㉣ 연동장치, 환기장치 설치 등의 공학적 대책

① ㉠ → ㉡ → ㉢ → ㉣
② ㉠ → ㉡ → ㉣ → ㉢
③ ㉡ → ㉠ → ㉣ → ㉢
④ ㉢ → ㉣ → ㉠ → ㉡
⑤ ㉢ → ㉣ → ㉡ → ㉠

해설 사업주는 위험성을 결정한 결과 허용 가능한 위험성이 아니라고 판단되는 경우에는 위험성의 크기, 영향을 받는 근로자 수 및 다음의 순서를 고려하여 위험성 감소를 위한 대책을 수립하여 실행하여야 한다. 이 경우 법령에서 정하는 사항과 그 밖에 근로자의 위험 또는 건강장해를 방지하기 위하여 필요한 조치를 반영하여야 한다(사업장 위험성평가에 관한 지침 제13조 제1항).
1. 위험한 작업의 폐지·변경, 유해·위험물질 대체 등의 조치 또는 설계나 계획 단계에서 위험성을 제거 또는 저감하는 조치
2. 연동장치, 환기장치 설치 등의 공학적 대책
3. 사업장 작업절차서 정비 등의 관리적 대책
4. 개인용 보호구의 사용

2020년 기출문제

산업안전보건법령

1. 산업안전보건법령상 협조 요청 등에 관한 설명으로 옳지 않은 것은?
   ① 고용노동부장관은 산업재해 예방에 관한 기본계획을 효율적으로 시행하기 위하여 필요하다고 인정할 때에는 관계 행정기관의 장에게 필요한 협조를 요청할 수 있다.
   ② 고용노동부를 제외한 행정기관의 장은 사업장의 안전에 관하여 규제를 하려면 미리 고용노동부장관과 협의하여야 한다.
   ③ 고용노동부를 제외한 행정기관의 장은 고용노동부장관이 협의과정에서 해당 규제에 대한 변경을 요구하면 이에 따라야 하며, 고용노동부장관은 필요한 경우 국무총리에게 협의·조정 사항을 보고하여 확정할 수 있다.
   ④ 고용노동부장관은 산업재해 예방을 위하여 필요하다고 인정할 때에는 사업주에게 필요한 사항을 권고할 수 있다.
   ⑤ 고용노동부장관이 산정·통보한 산업재해발생률에 불복하는 건설업체는 통보를 받은 날부터 15일 이내에 고용노동부장관에게 이의를 제기하여야 한다.

   해설 ⑤ 고용노동부장관은 산업재해발생률 및 그 산정내역을 해당 건설업체에 통보해야 한다. 이 경우 산업재해발생률 및 산정내역에 불복하는 건설업체는 통보를 받은 날부터 10일 이내에 고용노동부장관에게 이의를 제기할 수 있다(규칙 제4조 제2항).
   ①, ④ 고용노동부장관은 산업재해 예방을 위하여 필요하다고 인정할 때에는 사업주, 사업주단체, 그 밖의 관계인에게 필요한 사항을 권고하거나 협조를 요청할 수 있다(법 제8조 제4항).
   ② 고용노동부를 제외한 행정기관의 장은 사업장의 안전에 관하여 규제를 하려면 미리 고용노동부장관과 협의하여야 한다(법 제8조 제2항).
   ③ 고용노동부를 제외한 행정기관의 장은 고용노동부장관이 협의과정에서 해당 규제에 대한 변경을 요구하면 이에 따라야 하며, 고용노동부장관은 필요한 경우 국무총리에게 협의·조정 사항을 보고하여 확정할 수 있다(법 제8조 제3항).

2. 산업안전보건법령상 산업재해발생건수등의 공표에 관한 설명으로 옳지 않은 것은?
   ① 고용노동부장관은 산업재해를 예방하기 위하여 사망재해자가 연간 2명 이상 발생한 사업장의 산업재해발생건수등을 공표하여야 한다.
   ② 고용노동부장관은 산업재해를 예방하기 위하여 중대산업사고가 발생한 사업장의 산업재해발생건수등을 공표하여야 한다.

③ 고용노동부장관은 도급인의 사업장 중 대통령령으로 정하는 사업장에서 관계수급인 근로자가 작업을 하는 경우에 도급인의 산업재해발생건수등에 관계수급인의 산업재해발생건수등을 포함하여 공표하여야 한다.
④ 산업재해발생건수등의 공표의 절차 및 방법에 관한 사항은 대통령령으로 정한다.
⑤ 고용노동부장관은 산업재해발생건수등을 공표하기 위하여 도급인에게 관계수급인에 관한 자료의 제출을 요청할 수 있다.

해설 ④ 산업재해발생건수등의 공표의 절차 및 방법, 그 밖에 필요한 사항은 고용노동부령으로 정한다(법 제10조 제4항).
① 고용노동부장관은 산업재해를 예방하기 위하여 사망재해자가 연간 2명 이상 발생한 사업장의 산업재해발생건수등을 공표하여야 한다(영 제10조 제1항 제1호).
② 고용노동부장관은 산업재해를 예방하기 위하여 중대산업사고가 발생한 사업장의 산업재해발생건수등을 공표하여야 한다(영 제10조 제1항 제3호).
③ 고용노동부장관은 도급인의 사업장 중 대통령령으로 정하는 사업장에서 관계수급인 근로자가 작업을 하는 경우에 도급인의 산업재해발생건수등에 관계수급인의 산업재해발생건수등을 포함하여 공표하여야 한다(법 제10조 제2항).
⑤ 고용노동부장관은 산업재해발생건수등을 공표하기 위하여 도급인에게 관계수급인에 관한 자료의 제출을 요청할 수 있다(법 제10조 제3항 전단).

3. 산업안전보건법령상 안전보건표지에 관한 설명으로 옳지 않은 것은?
① 안전보건표지의 표시를 명확히 하기 위하여 필요한 경우에는 그 안전보건표지의 주위에 표시사항을 흰색 바탕에 검은색 한글고딕체로 표기한 글자로 덧붙여 적을 수 있다.
② 사업주는 사업장에 설치한 안전보건표지의 색도기준이 유지되도록 관리해야 한다.
③ 안전보건표지의 성질상 부착하는 것이 곤란한 경우에도 해당 물체에 직접 도색할 수 없다.
④ 안전보건표지 속의 그림의 크기는 안전보건표지 전체 규격의 30 퍼센트 이상이 되어야 한다.
⑤ 안전보건표지는 쉽게 변형되지 않는 재료로 제작해야 한다.

해설 ③ 안전보건표지의 성질상 설치하거나 부착하는 것이 곤란한 경우에는 해당 물체에 직접 도색할 수 있다(규칙 제39조 제3항).
① 안전보건표지의 표시를 명확히 하기 위하여 필요한 경우에는 그 안전보건표지의 주위에 표시사항을 흰색 바탕에 검은색 한글고딕체로 표기한 글자로 덧붙여 적을 수 있다(규칙 제38조 제2항 전단).
② 사업주는 사업장에 설치한 안전보건표지의 색도기준이 유지되도록 관리해야 한다(규칙 제38조 제3항 후단).
④ 안전보건표지 속의 그림 또는 부호의 크기는 안전보건표지의 크기와 비례해야 하며, 안전보건표지 전체 규격의 30% 이상이 되어야 한다(규칙 제40조 제3항).
⑤ 안전보건표지는 쉽게 파손되거나 변형되지 않는 재료로 제작해야 한다(규칙 제40조 제4항).

정답 1 ⑤ 2 ④ 3 ③

4. 산업안전보건법령상 안전보건관리책임자의 업무에 해당하는 것을 모두 고른 것은?

> ㉠ 사업장의 산업재해 예방계획의 수립에 관한 사항
> ㉡ 산업재해에 관한 통계의 기록에 관한 사항
> ㉢ 작업환경측정 등 작업환경의 점검에 관한 사항
> ㉣ 산업재해의 재발 방지대책 수립에 관한 사항

① ㉠, ㉡, ㉢ ② ㉠, ㉡, ㉣
③ ㉠, ㉢, ㉣ ④ ㉡, ㉢, ㉣
⑤ ㉠, ㉡, ㉢, ㉣

해설 안전보건관리책임자의 업무(법 제15조 제1항)
1. 사업장의 산업재해 예방계획의 수립에 관한 사항
2. 안전보건관리규정의 작성 및 변경에 관한 사항
3. 안전보건교육에 관한 사항
4. 작업환경측정 등 작업환경의 점검 및 개선에 관한 사항
5. 근로자의 건강진단 등 건강관리에 관한 사항
6. 산업재해의 원인 조사 및 재발 방지대책 수립에 관한 사항
7. 산업재해에 관한 통계의 기록 및 유지에 관한 사항
8. 안전장치 및 보호구 구입 시 적격품 여부 확인에 관한 사항
9. 그 밖에 근로자의 유해·위험 방지조치에 관한 사항으로서 위험성평가의 실시에 관한 사항과 안전보건규칙에서 정하는 근로자의 위험 또는 건강장해의 방지에 관한 사항(규칙 제9조)

5. 산업안전보건법령상 안전관리자에 관한 설명으로 옳지 않은 것은?

① 사업의 종류가 건설업(공사금액 120억원)인 경우, 그 사업주는 사업장에 안전관리자를 두어야 한다.
② 대통령령으로 정하는 사업의 종류 및 사업장의 상시근로자 수에 해당하는 사업장의 사업주는 안전관리전문기관에 안전관리자의 업무를 위탁할 수 있다.
③ 사업주가 안전관리자를 배치할 때에는 연장근로·야간근로 등 해당 사업장의 작업 형태를 고려해야 한다.
④ 사업주는 안전관리자를 선임한 경우에는 고용노동부령으로 정하는 바에 따라 선임한 날부터 7일 이내에 고용노동부장관에게 그 사실을 증명할 수 있는 서류를 제출해야 한다.
⑤ 고용노동부장관은 산업재해 예방을 위하여 필요한 경우로서 고용노동부령으로 정하는 사유에 해당하는 경우에는 사업주에게 안전관리자를 대통령령으로 정하는 수 이상으로 늘릴 것을 명할 수 있다.

해설 ④ 사업주는 안전관리자를 선임하거나 안전관리자의 업무를 안전관리전문기관에 위탁한 경우에는 고용노동부령으로 정하는 바에 따라 선임하거나 위탁한 날부터 14일 이내에 고용노동부장관에게 그 사실을 증명할 수 있는 서류를 제출해야 한다(영 제16조 제6항 전단).

① 사업의 종류가 건설업(공사금액 120억원)인 경우, 그 사업주는 사업장에 안전관리자를 두어야 한다(영 제16조 제2항).
② 대통령령으로 정하는 사업의 종류 및 사업장의 상시근로자 수에 해당하는 사업장의 사업주는 안전관리전문기관에 안전관리자의 업무를 위탁할 수 있다(법 제17조 제5항).
③ 사업주가 안전관리자를 배치할 때에는 연장근로·야간근로 또는 휴일근로 등 해당 사업장의 작업 형태를 고려해야 한다(영 제18조 제2항).
⑤ 고용노동부장관은 산업재해 예방을 위하여 필요한 경우로서 고용노동부령으로 정하는 사유에 해당하는 경우에는 사업주에게 안전관리자를 대통령령으로 정하는 수 이상으로 늘릴 것을 명할 수 있다(법 제17조 제4항).

6. 산업안전보건법령상 산업안전보건위원회에 관한 설명으로 옳지 않은 것은?
① 산업안전보건위원회는 근로자위원과 사용자위원을 같은 수로 구성·운영하여야 한다.
② 산업안전보건위원회의 위원장은 위원 중에서 고용노동부장관이 정한다.
③ 산업안전보건위원회는 단체협약, 취업규칙에 반하는 내용으로 심의·의결해서는 아니 된다.
④ 사업주는 산업안전보건위원회의 위원에게 직무 수행과 관련한 사유로 불리한 처우를 해서는 아니 된다.
⑤ 산업안전보건위원회의 회의는 근로자위원 및 사용자위원 각 과반수의 출석으로 개의(開議)하고 출석위원 과반수의 찬성으로 의결한다.

해설 ② 산업안전보건위원회의 위원장은 위원 중에서 호선한다. 이 경우 근로자위원과 사용자위원 중 각 1명을 공동위원장으로 선출할 수 있다(영 제36조).
① 근로자위원과 사용자위원이 같은 수로 구성되는 산업안전보건위원회를 구성·운영하여야 한다(법 제24조 제1항).
③ 산업안전보건위원회는 이 법, 이 법에 따른 명령, 단체협약, 취업규칙 및 안전보건관리규정에 반하는 내용으로 심의·의결해서는 아니 된다(법 제24조 제5항).
④ 사업주는 산업안전보건위원회의 위원에게 직무 수행과 관련한 사유로 불리한 처우를 해서는 아니 된다(법 제24조 제6항).
⑤ 회의는 근로자위원 및 사용자위원 각 과반수의 출석으로 개의하고 출석위원 과반수의 찬성으로 의결한다(영 제37조 제2항).

7. 산업안전보건법령상 안전보건관리규정에 관한 설명으로 옳은 것은?
① '안전보건교육에 관한 사항'은 안전보건관리규정에 포함되지 않는다.
② 상시근로자 수가 100명인 금융업의 경우 안전보건관리규정을 작성해야 한다.
③ 사업주가 안전보건관리규정을 작성할 때에는 소방·가스·전기·교통 분야 등의 다른 법령에서 정하는 안전관리에 관한 규정과 통합하여 작성할 수 있다.
④ 산업안전보건위원회가 설치되어 있지 아니한 사업장의 사업주가 안전보건관리규정을 변경할 경우 근로자대표의 동의를 받지 않아도 된다.
⑤ 사업주는 안전보건관리규정을 작성해야 할 사유가 발생한 날부터 15일 이내에 이를 작성해야 한다.

정답 4 ⑤ 5 ④ 6 ② 7 ③

해설 ③ 사업주가 안전보건관리규정을 작성할 때에는 소방·가스·전기·교통 분야 등의 다른 법령에서 정하는 안전관리에 관한 규정과 통합하여 작성할 수 있다(규칙 제25조 제3항).
① '안전보건교육에 관한 사항'이 포함된 안전보건관리규정을 작성하여야 한다(법 제25조 제1항).
② 상시근로자 수가 300명인 금융업의 경우 안전보건관리규정을 작성해야 한다(규칙 별표 2).
④ 산업안전보건위원회가 설치되어 있지 아니한 사업장의 경우에는 근로자대표의 동의를 받아야 한다(법 제26조 후단).
⑤ 사업의 사업주는 안전보건관리규정을 작성해야 할 사유가 발생한 날부터 30일 이내에 별표 3의 내용을 포함한 안전보건관리규정을 작성해야 한다. 이를 변경할 사유가 발생한 경우에도 또한 같다(규칙 제25조 제2항).

8. 산업안전보건법령상 도급의 승인 등에 관한 설명으로 옳은 것을 모두 고른 것은?

> ㉠ 고용노동부장관은 사업주가 유해한 작업의 도급금지 의무위반에 해당하는 경우에는 10억원 이하의 과징금을 부과·징수할 수 있다.
> ㉡ 도급승인 신청을 받은 지방고용노동관서의 장은 도급승인 기준을 충족한 경우 신청서가 접수된 날부터 30일 이내에 승인서를 신청인에게 발급해야 한다.
> ㉢ 도급에 대한 변경승인을 받으려는 자는 안전 및 보건에 관한 평가결과의 서류를 첨부하여 관할 지방고용노동관서의 장에게 제출해야 한다.

① ㉠
② ㉡
③ ㉢
④ ㉠, ㉢
⑤ ㉡, ㉢

해설 ㉠ 산출한 과징금 부과금액이 10억원을 넘는 경우에는 과징금 부과금액을 10억원으로 한다(영 별표 33).
㉡ 도급승인 신청을 받은 지방고용노동관서의 장은 도급승인 기준을 충족한 경우 신청서가 접수된 날부터 14일 이내에 승인서를 신청인에게 발급해야 한다(규칙 제75조 제4항).
㉢ 도급에 대한 변경승인을 받으려는 자는 변경신청서에 도급대상 작업의 공정 관련 서류 일체, 도급작업 안전보건관리계획서, 안전 및 보건에 관한 평가 결과(변경승인은 해당되지 않는다)의 서류를 첨부하여 관할 지방고용노동관서의 장에게 제출해야 한다(규칙 제78조 제1항).

9. 산업안전보건법령상 도급인의 안전조치 및 보건조치 등에 관한 설명으로 옳은 것은?
① 관계수급인 근로자가 도급인의 토사석 광업 사업장에서 작업을 하는 경우 도급인은 1주일에 1회 작업장 순회점검을 실시하여야 한다.
② 도급인은 관계수급인 근로자의 산업재해 예방을 위해 보호구 착용 지시 등 관계수급인 근로자의 작업행동에 관한 직접적인 조치도 포함하여 필요한 안전조치를 하여야 한다.
③ 안전 및 보건에 관한 협의체는 회의를 분기별 1회 정기적으로 개최하여야 한다.
④ 관계수급인 근로자가 도급인의 사업장에서 작업하는 경우 도급인은 위생시설 등 고용노동부령으로 정하는 시설의 설치 등을 위하여 필요한 장소의 제공 또는 도급인이 설치한 위생시설 이용의 협조를 이행하여야 한다.

⑤ 도급에 따른 산업재해 예방조치의무에 따라 도급인이 작업장의 안전 및 보건에 관한 합동점검을 할 때에는 도급인, 관계수급인, 도급인 및 관계수급인의 근로자 각 2명으로 점검반을 구성하여야 한다.

해설 ④ 관계수급인 근로자가 도급인의 사업장에서 작업하는 경우 도급인은 위생시설 등 고용노동부령으로 정하는 시설의 설치 등을 위하여 필요한 장소의 제공 또는 도급인이 설치한 위생시설 이용의 협조를 이행하여야 한다(법 제64조 제1항 제6호).
① 관계수급인 근로자가 도급인의 토사석 광업 사업장에서 작업을 하는 경우 도급인은 2일에 1회 작업장 순회점검을 실시하여야 한다(규칙 제80조 제1항).
② 도급인은 관계수급인 근로자가 도급인의 사업장에서 작업을 하는 경우에 자신의 근로자와 관계수급인 근로자의 산업재해를 예방하기 위하여 안전 및 보건 시설의 설치 등 필요한 안전조치 및 보건조치를 하여야 한다. 다만, 보호구 착용의 지시 등 관계수급인 근로자의 작업행동에 관한 직접적인 조치는 제외한다(법 제63조).
③ 협의체는 매월 1회 이상 정기적으로 회의를 개최하고 그 결과를 기록·보존해야 한다(규칙 제79조 제3항).
⑤ 도급에 따른 산업재해 예방조치의무에 따라 도급인이 작업장의 안전 및 보건에 관한 합동점검을 할 때에는 도급인, 관계수급인, 도급인 및 관계수급인의 근로자 각 1명으로 점검반을 구성하여야 한다(규칙 제82조 제1항).

10. 산업안전보건법령상 안전보건관리담당자는 고용노동부장관이 실시하는 안전보건에 관한 보수교육을 최소 몇 시간 이상 받아야 하는가? (단, 보수교육의 면제사유 등은 고려하지 않음)
① 4시간
② 6시간
③ 8시간
④ 24시간
⑤ 34시간

해설 안전보건관리책임자 등에 대한 교육(규칙 별표 4)

교육대상	교육시간	
	신규교육	보수교육
가. 안전보건관리책임자	6시간 이상	6시간 이상
나. 안전관리자, 안전관리전문기관의 종사자	34시간 이상	24시간 이상
다. 보건관리자, 보건관리전문기관의 종사자	34시간 이상	24시간 이상
라. 건설재해예방전문지도기관의 종사자	34시간 이상	24시간 이상
마. 석면조사기관의 종사자	34시간 이상	24시간 이상
바. 안전보건관리담당자	-	8시간 이상
사. 안전검사기관, 자율안전검사기관의 종사자	34시간 이상	24시간 이상

11. 산업안전보건법령상 관리감독자의 지위에 있는 근로자 A에 대하여 근로자 정기교육시간을 면제할 수 있는 경우를 모두 고른 것은?

㉠ A가 직무교육기관에서 실시한 전문화교육을 이수한 경우
㉡ A가 직무교육기관에서 실시한 인터넷 원격교육을 이수한 경우
㉢ A가 한국산업안전보건공단에서 실시한 안전보건관리담당자 양성교육을 이수한 경우

정답 8 ① 9 ④ 10 ③ 11 ⑤

① ㉠
② ㉠, ㉡
③ ㉠, ㉢
④ ㉡, ㉢
⑤ ㉠, ㉡, ㉢

해설 관리감독자가 다음의 어느 하나에 해당하는 교육을 이수한 경우 별표 4에서 정한 근로자 정기교육시간을 면제할 수 있다(규칙 제27조 제3항).
1. 직무교육기관에서 실시한 전문화교육
2. 직무교육기관에서 실시한 인터넷 원격교육
3. 공단에서 실시한 안전보건관리담당자 양성교육
4. 검사원 성능검사 교육
5. 그 밖에 고용노동부장관이 근로자 정기교육 면제대상으로 인정하는 교육

12. 산업안전보건법령상 유해·위험 기계 등에 대한 방호조치 등에 관한 설명으로 옳지 않은 것은?
① 금속절단기와 예초기에 설치해야 할 방호장치는 날접촉 예방장치이다.
② 작동부분에 돌기부분이 있는 기계는 작동부분의 돌기부분을 묻힘형으로 하거나 덮개를 부착하여야 한다.
③ 회전기계에 물체 등이 말려 들어갈 부분이 있는 기계는 회전기계의 물림점에 덮개 또는 방호망을 설치하여야 한다.
④ 동력전달 부분이 있는 기계는 동력전달부분에 덮개를 부착하거나 방호망을 설치하여야 한다.
⑤ 지게차에 설치해야 할 방호장치는 헤드 가드, 백레스트(backrest), 전조등, 후미등, 안전벨트이다.

해설 회전기계의 물림점(롤러나 톱니바퀴 등 반대방향의 두 회전체에 물려 들어가는 위험점)에는 덮개 또는 울을 설치할 것(규칙 제98조 제2항 제3호)

13. 산업안전보건법령상 대여 공장건축물에 대한 조치의 내용이다. ( )에 들어갈 내용이 옳은 것은?

> 공용으로 사용하는 공장건축물로서 다음 각 호의 어느 하나의 장치가 설치된 것을 대여하는 자는 해당 건축물을 대여받은 자가 2명 이상인 경우로서 다음 각 호의 어느 하나의 장치의 전부 또는 일부를 공용으로 사용하는 경우에는 그 공용부분의 기능이 유효하게 작동되도록 하기 위하여 점검·보수 등 필요한 조치를 해야 한다.
> 1. (㉠)
> 2. (㉡)
> 3. (㉢)

① ㉠ : 국소 배기장치, ㉡ : 국소 환기장치, ㉢ : 배기처리장치
② ㉠ : 국소 배기장치, ㉡ : 전체 환기장치, ㉢ : 배기처리장치
③ ㉠ : 국소 환기장치, ㉡ : 전체 환기장치, ㉢ : 국소 배기장치
④ ㉠ : 국소 환기장치, ㉡ : 환기처리장치, ㉢ : 전체 환기장치
⑤ ㉠ : 환기처리장치, ㉡ : 배기처리장치, ㉢ : 국소 환기장치

🔍해설 공용으로 사용하는 공장건축물로서 다음의 어느 하나의 장치가 설치된 것을 대여하는 자는 해당 건축물을 대여받은 자가 2명 이상인 경우로서 다음의 어느 하나의 장치의 전부 또는 일부를 공용으로 사용하는 경우에는 그 공용부분의 기능이 유효하게 작동되도록 하기 위하여 점검·보수 등 필요한 조치를 해야 한다(규칙 제104조).
  1. 국소 배기장치
  2. 전체 환기장치
  3. 배기처리장치

14. 산업안전보건법령상 안전인증과 안전검사에 관한 설명으로 옳지 않은 것은?
  ① 「화학물질관리법」에 따른 수시검사를 받은 경우 안전검사를 면제한다.
  ② 산업용 원심기는 안전검사대상기계등에 해당된다.
  ③ 프레스와 압력용기는 고용노동부장관이 실시하는 안전인증과 안전검사를 모두 받아야 한다.
  ④ 고용노동부장관은 안전인증을 받은 자가 안전인증기준을 지키고 있는지를 3년 이하의 범위에서 고용노동부령으로 정하는 주기마다 확인하여야 한다.
  ⑤ 안전검사 신청을 받은 안전검사기관은 검사 주기 만료일 전후 각각 30일 이내에 해당 기계·기구 및 설비별로 안전검사를 하여야 한다.

🔍해설 ① 「화학물질관리법」에 따른 정기검사를 받은 경우 안전검사를 면제한다(규칙 제125조 제11호).
  ② 원심기(산업용만 해당한다)는 안전검사대상기계등에 해당에 해당된다(영 제78조 제1항).
  ③ 프레스와 압력용기는 고용노동부장관이 실시하는 안전인증과 안전검사를 모두 받아야 한다(규칙 제107조, 영 제78조 제1항).
  ④ 안전인증기관은 안전인증을 받은 자가 안전인증기준을 지키고 있는지를 2년에 1회 이상 확인해야 한다. 다만, 3년에 1회 이상 확인할 수 있다(규칙 제111조 제2항).
  ⑤ 안전검사 신청을 받은 안전검사기관은 검사 주기 만료일 전후 각각 30일 이내에 해당 기계·기구 및 설비별로 안전검사를 해야 한다(규칙 제124조 제2항 전단).

15. 산업안전보건기준에 관한 규칙 제662조(근골격계질환 예방관리 프로그램시행) 제1항 규정의 일부이다. ( )에 들어갈 숫자가 옳은 것은?

> 사업주는 다음 각 호의 어느 하나에 해당하는 경우에 근골격계질환 예방관리 프로그램을 수립하여 시행하여야 한다.
> 1. 근골격계질환으로 「산업재해보상보험법 시행령」 별표 3 제2호 가목·마목 및 제12호 라목에 따라 업무상 질병으로 인정받은 근로자가 연간 10명 이상 발생한 사업장 또는 5명 이상 발생한 사업장으로서 발생비율이 그 사업장 근로자 수의 ( )퍼센트 이상인 경우
> 2. 〈이하 생략〉

① 5   ② 10
③ 20 ④ 30
⑤ 50

정답 12 ③ 13 ② 14 ① 15 ②

> **해설** 사업주는 다음의 어느 하나에 해당하는 경우에 근골격계질환 예방관리 프로그램을 수립하여 시행하여야 한다(산업안전보건기준에 관한 규칙 제662조 제1항).
> 1. 근골격계질환으로 업무상 질병으로 인정받은 근로자가 연간 10명 이상 발생한 사업장 또는 5명 이상 발생한 사업장으로서 발생 비율이 그 사업장 근로자 수의 10% 이상인 경우
> 2. 근골격계질환 예방과 관련하여 노사 간 이견이 지속되는 사업장으로서 고용노동부장관이 필요하다고 인정하여 근골격계질환 예방관리 프로그램을 수립하여 시행할 것을 명령한 경우

16. 산업안전보건기준에 관한 규칙의 내용으로 옳지 않은 것은?

   ① 사업주는 순간풍속이 초당 10m를 초과하는 바람이 불어올 우려가 있는 경우 옥외에 설치된 주행 크레인에 대하여 이탈방지를 위한 조치를 하여야 한다.
   ② 사업주는 순간풍속이 초당 15m를 초과하는 경우에는 타워크레인의 운전작업을 중지하여야 한다.
   ③ 사업주는 높이가 3미터를 초과하는 계단에 높이 3미터 이내마다 진행방향으로 길이 1.2미터 이상의 계단참을 설치해야 한다.
   ④ 사업주는 높이 1m 이상인 계단의 개방된 측면에 안전난간을 설치하여야 한다.
   ⑤ 사업주는 연면적이 400㎡ 이상이거나 상시 50명 이상의 근로자가 작업하는 옥내작업장에는 비상시에 근로자에게 신속하게 알리기 위한 경보용 설비 또는 기구를 설치하여야 한다.

> **해설** ① 사업주는 순간풍속이 초당 30m를 초과하는 바람이 불어올 우려가 있는 경우 옥외에 설치되어 있는 주행 크레인에 대하여 이탈방지장치를 작동시키는 등 이탈 방지를 위한 조치를 하여야 한다(산업안전보건기준에 관한 규칙 제140조).
> ② 사업주는 순간풍속이 초당 10m를 초과하는 경우 타워크레인의 설치·수리·점검 또는 해체 작업을 중지하여야 하며, 순간풍속이 초당 15m를 초과하는 경우에는 타워크레인의 운전작업을 중지하여야 한다(산업안전보건기준에 관한 규칙 제37조 제2항).
> ③ 사업주는 높이가 3미터를 초과하는 계단에 높이 3미터 이내마다 진행방향으로 길이 1.2미터 이상의 계단참을 설치해야 한다(산업안전보건기준에 관한 규칙 제28조).
> ④ 사업주는 높이 1m 이상인 계단의 개방된 측면에 안전난간을 설치하여야 한다(산업안전보건기준에 관한 규칙 제30조).
> ⑤ 사업주는 연면적이 400㎡ 이상이거나 상시 50명 이상의 근로자가 작업하는 옥내작업장에는 비상시에 근로자에게 신속하게 알리기 위한 경보용 설비 또는 기구를 설치하여야 한다(산업안전보건기준에 관한 규칙 제19조).

17. 산업안전보건법령상 유해인자의 유해성·위험성 분류기준에 관한 설명으로 옳지 않은 것은?

   ① 인화성 액체는 표준압력(101.3kPa)에서 인화점이 93℃ 이하인 액체이다.
   ② 54℃ 이하 공기 중에서 자연발화하는 가스는 인화성 가스에 해당한다.
   ③ 20℃, 200 킬로파스칼(kPa) 이상의 압력 하에서 용기에 충전되어 있는 가스는 고압가스에 해당한다.
   ④ 유기과산화물은 2가의 -O-O- 구조를 가지고 3개의 수소원자가 유기라디칼에 의하여 치환된 과산화수소의 유도체를 포함한 액체 유기물질이다.
   ⑤ 자연발화성 액체는 적은 양으로도 공기와 접촉하여 5분 안에 발화할 수 있는 액체이다.

해설 ④ 유기과산화물 : 2가의 -O-O- 구조를 가지고 1개 또는 2개의 수소 원자가 유기라디칼에 의하여 치환된 과산화수소의 유도체를 포함한 액체 또는 고체 유기물질(규칙 별표 18)
① 인화성 액체 : 표준압력(101.3kPa)에서 인화점이 93℃ 이하인 액체(규칙 별표 18)
② 인화성 가스 : 20℃, 표준압력(101.3kPa)에서 공기와 혼합하여 인화되는 범위에 있는 가스와 54℃ 이하 공기 중에서 자연발화하는 가스를 말한다(규칙 별표 18).
③ 고압가스 : 20℃, 200킬로파스칼(kpa) 이상의 압력 하에서 용기에 충전되어 있는 가스 또는 냉동액화가스 형태로 용기에 충전되어 있는 가스(규칙 별표 18)
⑤ 자연발화성 액체 : 적은 양으로도 공기와 접촉하여 5분 안에 발화할 수 있는 액체(규칙 별표 18)

18. 산업안전보건법령상 유해인자별 노출 농도의 허용기준과 관련하여 단시간 노출값의 내용이다. ( )에 들어갈 숫자가 순서대로 옳은 것은?

> "단시간 노출값(STEL)"이란 15분 간의 시간가중평균값으로서 노출 농도가 시간가중평균값을 초과하고 단시간 노출값 이하인 경우에는 1회 노출 지속시간이 15분 미만이어야 하고, 이러한 상태가 1일 ( )회 이하로 발생해야 하며, 각 회의 간격은 ( )분 이상이어야 한다.

① 4, 30
② 4, 60
③ 5, 30
④ 5, 60
⑤ 6, 60

해설 "단시간 노출값(STEL, Short-Term Exposure Limit)"이란 15분 간의 시간가중평균값으로서 노출 농도가 시간가중평균값을 초과하고 단시간 노출값 이하인 경우에는 1회 노출 지속시간이 15분 미만이어야 하고, 이러한 상태가 1일 4회 이하로 발생해야 하며, 각 회의 간격은 60분 이상이어야 한다(규칙 별표 19).

19. 산업안전보건법령상 고용노동부장관이 작업환경측정기관에 대하여 그 지정을 취소하거나 6개월 이내의 기간을 정하여 그 업무의 정지를 명할 수 있는 경우가 아닌 것은?

① 작업환경측정 관련 서류를 거짓으로 작성한 경우
② 정당한 사유 없이 작업환경측정 업무를 거부한 경우
③ 위탁받은 작업환경측정 업무에 차질을 일으킨 경우
④ 작업환경측정 업무와 관련된 비치서류를 보존하지 않은 경우
⑤ 고용노동부장관이 실시하는 작업환경측정기관의 측정·분석능력 확인을 6개월 동안 받지 않은 경우

해설 작업환경측정기관의 지정 취소 등의 사유(영 제96조)
1. 작업환경측정 관련 서류를 거짓으로 작성한 경우
2. 정당한 사유 없이 작업환경측정 업무를 거부한 경우
3. 위탁받은 작업환경측정 업무에 차질을 일으킨 경우
4. 고용노동부령으로 정하는 작업환경측정 방법 등을 위반한 경우
5. 고용노동부장관이 실시하는 작업환경측정기관의 측정·분석능력 확인을 1년 이상 받지 않거나 작업환경측정기관의 측정·분석능력 확인에서 부적합 판정을 받은 경우
6. 작업환경측정 업무와 관련된 비치서류를 보존하지 않은 경우
7. 법에 따른 관계 공무원의 지도·감독을 거부·방해 또는 기피한 경우

정답 16 ① 17 ④ 18 ② 19 ⑤

20. 산업안전보건법령상 일반건강진단의 주기에 관한 내용이다. ( )에 들어갈 숫자가 순서대로 옳은 것은?

> 사업주는 상시 사용하는 근로자 중 사무직에 종사하는 근로자(공장 또는 공사현장과 같은 구역에 있지 않은 사무실에서 서무·인사·경리·판매·설계 등의 사무업무에 종사하는 근로자를 말하며, 판매업무 등에 직접 종사하는 근로자는 제외한다)에 대해서 ( )년에 ( )회 이상 일반건강진단을 실시해야 한다.

① 1, 1
② 1, 2
③ 2, 1
④ 2, 2
⑤ 3, 2

해설 사업주는 상시 사용하는 근로자 중 사무직에 종사하는 근로자(공장 또는 공사현장과 같은 구역에 있지 않은 사무실에서 서무·인사·경리·판매·설계 등의 사무업무에 종사하는 근로자를 말하며, 판매업무 등에 직접 종사하는 근로자는 제외한다)에 대해서는 2년에 1회 이상, 그 밖의 근로자에 대해서는 1년에 1회 이상 일반건강진단을 실시해야 한다(규칙 제197조 제1항).

21. 산업안전보건법령상 사업주가 질병자의 근로를 금지해야 하는 대상에 해당하지 않는 사람은?
① 조현병에 걸린 사람
② 마비성 치매에 걸릴 우려가 있는 사람
③ 신장 질환이 있는 사람으로서 근로에 의하여 병세가 악화될 우려가 있는 사람
④ 심장 질환이 있는 사람으로서 근로에 의하여 병세가 악화될 우려가 있는 사람
⑤ 폐 질환이 있는 사람으로서 근로에 의하여 병세가 악화될 우려가 있는 사람

해설 사업주는 다음의 어느 하나에 해당하는 사람에 대해서는 근로를 금지해야 한다(규칙 제220조 제1항).
1. 전염될 우려가 있는 질병에 걸린 사람. 다만, 전염을 예방하기 위한 조치를 한 경우는 제외한다.
2. 조현병, 마비성 치매에 걸린 사람
3. 심장·신장·폐 등의 질환이 있는 사람으로서 근로에 의하여 병세가 악화될 우려가 있는 사람
4. 1.부터 3.까지의 규정에 준하는 질병으로서 고용노동부장관이 정하는 질병에 걸린 사람

22. 산업안전보건법령상 교육기관의 지정 등에 관한 설명으로 옳지 않은 것은?
① 고용노동부장관은 유해하거나 위험한 작업으로서 상당한 지식이나 숙련도가 요구되는 고용노동부령으로 정하는 작업의 경우, 그 작업에 필요한 자격·면허의 취득 또는 근로자의 기능 습득을 위하여 교육기관을 지정할 수 있다.
② 교육기관의 지정 요건 및 지정 절차는 고용노동부령으로 정한다.
③ 고용노동부장관은 지정받은 교육기관이 거짓으로 지정을 받은 경우에는 그 지정을 취소하여야 한다.
④ 고용노동부장관은 지정받은 교육기관이 업무정지 기간 중에 업무를 수행한 경우에는 그 지정을 취소하여야 한다.
⑤ 교육기관의 지정이 취소된 자는 지정이 취소된 날부터 3년 이내에는 해당 교육기관으로 지정받을 수 없다.

해설 ⑤ 교육기관의 지정이 취소된 자는 지정이 취소된 날부터 2년 이내에는 각각 해당 안전관리전문기관 또는 보건관리전문기관으로 지정받을 수 없다(법 제21조 제5항).
① 고용노동부장관은 자격·면허의 취득 또는 근로자의 기능 습득을 위하여 교육기관을 지정할 수 있다(법 제140조 제2항).
② 교육기관의 지정 요건 및 지정 절차, 그 밖에 필요한 사항은 고용노동부령으로 정한다(법 제140조 제3항).
③ 고용노동부장관은 지정받은 교육기관이 거짓으로 지정을 받은 경우에는 그 지정을 취소하여야 한다(법 제21조 제4항 제1호).
④ 고용노동부장관은 지정받은 교육기관이 업무정지 기간 중에 업무를 수행한 경우에는 그 지정을 취소하여야 한다(법 제21조 제4항 제2호).

23. 산업안전보건법령상 근로감독관 등에 관한 설명으로 옳지 않은 것은?

① 근로감독관은 이 법을 시행하기 위하여 필요한 경우 석면해체·제거업자의 사무소에 출입하여 관계인에게 관계 서류의 제출을 요구할 수 있다.
② 근로감독관은 산업재해 발생의 급박한 위험이 있는 경우 사업장에 출입하여 관계인에게 관계 서류의 제출을 요구할 수 있다.
③ 근로감독관은 기계·설비등에 대한 검사에 필요한 한도에서 무상으로 제품·원재료 또는 기구를 수거할 수 있다.
④ 지방고용노동관서의 장은 근로감독관이 이 법에 따른 명령의 시행을 위하여 관계인에게 출석명령을 하려는 경우, 긴급하지 않는 한 14일 이상의 기간을 주어야 한다.
⑤ 근로감독관은 이 법을 시행하기 위하여 사업장에 출입하는 경우에 그 신분을 나타내는 증표를 지니고 관계인에게 보여 주어야 한다.

해설 ④ 지방고용노동관서의 장은 보고 또는 출석의 명령을 하려는 경우에는 7일 이상의 기간을 주어야 한다. 다만, 긴급한 경우에는 그렇지 않다(규칙 제236조 제1항).
① 근로감독관은 이 법을 시행하기 위하여 필요한 경우 석면해체·제거업자의 사무소에 출입하여 관계인에게 관계 서류의 제출을 요구할 수 있다(법 제155조 제1항 제4호).
② 근로감독관은 산업재해 발생의 급박한 위험이 있는 경우 사업장에 출입하여 관계인에게 관계 서류의 제출을 요구할 수 있다(규칙 제235조 제1호).
③ 근로감독관은 기계·설비등에 대한 검사를 할 수 있으며, 검사에 필요한 한도에서 무상으로 제품·원재료 또는 기구를 수거할 수 있다. 이 경우 근로감독관은 해당 사업주 등에게 그 결과를 서면으로 알려야 한다(법 제155조 제2항).
⑤ 근로감독관은 이 법을 시행하기 위하여 사업장에 출입하는 경우에 그 신분을 나타내는 증표를 지니고 관계인에게 보여 주어야 한다(법 제155조 제4항).

정답 20 ③ 21 ② 22 ⑤ 23 ④

24. 산업안전보건법령상 산업안전지도사로 등록한 A가 손해배상의 책임을 보장하기 위하여 보증보험에 가입해야 하는 경우, 최저 보험금액이 얼마 이상인 보증보험에 가입해야 하는가? (단, A는 법인이 아님)

   ① 1천만원 ② 2천만원
   ③ 3천만원 ④ 4천만원
   ⑤ 5천만원

   해설 등록한 지도사(법인을 설립한 경우에는 그 법인을 말한다.)는 보험금액이 2천만원(법인인 경우에는 2천만원에 사원인 지도사의 수를 곱한 금액) 이상인 보증보험에 가입해야 한다(영 제108조 제1항).

25. 산업안전보건법령상 산업재해 예방활동의 보조·지원을 받은 자의 폐업으로 인해 고용노동부장관이 그 보조·지원의 전부를 취소한 경우, 그 취소한 날부터 보조·지원을 제한할 수 있는 기간은?

   ① 1년 ② 2년
   ③ 3년 ④ 4년
   ⑤ 5년

   해설 보조·지원을 제한할 수 있는 기간은 다음과 같다(규칙 제237조 제2항).
   1. 거짓이나 그 밖의 부정한 방법으로 보조·지원을 받은 경우 : 5년
   2. 보조·지원 대상자가 폐업하거나 파산한 경우 : 3년
   3. 보조·지원 대상을 임의매각·훼손·분실하는 등 지원 목적에 적합하게 유지·관리·사용하지 아니한 경우 : 3년
   4. 산업재해 예방사업의 목적에 맞게 사용되지 아니한 경우 : 3년
   5. 보조·지원 대상 기간이 끝나기 전에 보조·지원 대상 시설 및 장비를 국외로 이전한 경우 : 3년
   6. 보조·지원을 받은 사업주가 필요한 안전조치 및 보건조치 의무를 위반하여 산업재해를 발생시킨 경우로서 고용노동부령으로 정하는 경우 : 3년
   7. 2.부터 6.까지의 어느 하나를 위반한 후 5년 이내에 2.부터 6.까지의 어느 하나를 위반한 경우 : 5년

산업위생 일반

26. 산업보건위생의 역사에 관한 설명으로 옳지 않은 것은?

   ① 영국의 Thomas Percival은 세계 최초로 직업성 암을 보고하였다.
   ② 1833년 영국에서 공장법이 제정되었다.
   ③ 이탈리아 Ramazzini가 《직업인의 질병》을 저술하였다.
   ④ 스위스 Paracelsus가 물질 독성의 양-반응 관계에 대해 언급하였다.
   ⑤ 그리스의 Galen이 납중독의 증세를 관찰하였다.

해설 영국의 Thomas Percival은 산업보건을 위한 최초의 공장의사이고, Percival Pott는 세계 최초로 직업성 암인 음낭 암을 발견하였다.

27. '페인트가 칠해진 철제 교량을 용접을 통해 보수하는 작업'에 대한 측정 및 분석 계획에 관한 설명으로 옳지 않은 것은?
   ① 철 이외에 다른 금속에 노출될 수 있다.
   ② 금속의 성분 분석을 위해서 셀룰로오스에스테르 막여과지를 사용해 측정한다.
   ③ 유도결합플라스마-원자발광분석기를 이용하면 동시에 많은 금속을 분석할 수 있다.
   ④ 페인트가 녹아 발생하는 유기용제의 농도가 높기 때문에 이를 측정대상에 포함한다.
   ⑤ 발생하는 자외선량은 전류량에 비례한다.

   해설 페인트는 이미 칠해져 있으므로 유기용제를 사용하는 것이 아니어서 측정대상이 아니다.

28. 국소배기장치의 점검에 사용되는 기기와 그 사용 목적의 연결이 옳은 것은?
   ① 발연관 - 덕트 내 유량 측정
   ② 마노메타(manometer) - 유체 흐름에 대한 압력 측정
   ③ 피토관 - 송풍기의 회전속도 측정
   ④ 회전날개풍속계 - 개구부 주위의 난류현상 확인
   ⑤ 타코메타(tachometer) - 송풍기의 전류 측정

   해설 ② 마노메타(manometer) - 유체 흐름에 대한 압력 측정
   ① 발연관 - 유량의 방향확인
   ③ 피토관 - 유체 흐름의 총압과 정압의 차이를 측정하여 유속을 구하는 장치
   ④ 회전날개풍속계 - 덕트의 유속을 측정하는데 사용
   ⑤ 타코메타(tachometer) - 회전속도를 측정하는 기기

29. 화학물질 및 물리적 인자의 노출기준에 제시된 라돈의 작업장 농도기준은?
   ① 4pCi/L
   ② 2.58×10^{-4} C/kg
   ③ 20mSv/yr
   ④ 1eV
   ⑤ 600Bq/㎥

   해설 작업장에서의 라돈 노출기준은 「화학물질 및 물리적 인자의 노출기준」 별표 4에서 600Bq/㎥로 설정하고 있다.

정답 24 ② 25 ③ 26 ① 27 ④ 28 ② 29 ⑤

30. 공기역학적 직경에 따라 입자의 크기를 구분하는 기기가 아닌 것은?
   ① 사이클론(cyclone)
   ② 미젯임핀저(midget impinger)
   ③ 다단직경분립충돌기(cascade impactor)
   ④ 명목상충돌기(virtual impactor)
   ⑤ 마플 개인용 직경분립충돌기(Marple personal cascade impactor)

   [해설] 미젯임핀저(midget impinger)는 가스상의 물질을 채취하는 기구이다.

31. 고용노동부 고시에서 정하는 발암성 물질이 아닌 것은?
   ① 석면
   ② 베릴륨
   ③ 휘발성콜타르피치
   ④ 비소
   ⑤ 산화철

   [해설] 산화철은 화학물질 및 물리적 인자의 노출기준에 따른 발암성 물질이 아니다(별표 1).

32. 사업장에서 사용하는 금속의 독성에 관한 설명으로 옳은 것은?
   ① 니켈, 망간은 생식독성이 있다.
   ② 무기수은이 유기수은보다 모든 경로에서 흡수율이 높다.
   ③ 5가 비소가 3가 비소에 비해 독성이 강하다.
   ④ 3가 크롬은 발암성이 없고, 6가 크롬은 발암성이 있다.
   ⑤ 6가 크롬에 노출되면 파킨슨증후군의 소견이 나타난다.

   [해설] ④ 3가 크롬은 비교적 안정하고 인체에 무해하나 6가 크롬은 1급 발암물질로 분류되고 있다.
   ① 니켈은 생식독성이 있고, 망간은 파킨슨병과 관련이 있다.
   ② 무기수은은 금속수은과 달리 혈액뇌장벽을 통과하지 못하고, 금속수은과 유기수은은 모두 혈액뇌장벽, 태반 등을 쉽게 통과한다.
   ③ 5가 비소는 독이 없지만 3가 비소는 독성이 강하다.
   ⑤ 6가 크롬은 자극성이 심하며 호흡기의 점막에 심한 장애를 주고 피부를 통해 접촉하면 피부점막을 자극하여 부종 및 궤양 등 피부염을 일으킨다.

33. 산업안전보건법령상 허용기준이 설정된 물질에 해당하지 않는 것은?

① 1-브로모프로판
② 1,3-부타디엔
③ 암모니아
④ 코발트 및 그 무기화합물
⑤ 톨루엔

해설 산업안전보건법령상 허용기준이 설정된 물질(규칙 별표 19) : 6가크롬[18540-29-9] 화합물, 납 및 그 무기화합물, 니켈 화합물(불용성 무기화합물로 한정한다), 니켈카르보닐, 디메틸포름아미드, 디클로로메탄, 1,2-디클로로프로판, 망간 및 그 무기화합물, 메탄올, 메틸렌 비스, 베릴륨 및 그 화합물, 벤젠, 1,3-부타디엔, 2-브로모프로판, 브롬화메틸, 산화에틸렌, 석면(제조·사용하는 경우만 해당한다), 수은 및 그 무기화합물, 스티렌, 시클로헥사논, 아크릴로니트릴, 암모니아, 염화비닐, 이황화탄소, 일산화탄소, 카드뮴 및 그 화합물, 코발트 및 그 무기화합물, 콜타르피치 휘발물, 톨루엔, 톨루엔-2,4-디이소시아네이트, 톨루엔-2,6-디이소시아네이트, 트리클로로메탄, 트리클로로에틸렌, 포름알데히드, n-헥산, 황산

34. 근로자 건강진단 결과 판정에 따른 사후관리 조치 판정에 해당하지 않는 것은?

① 건강상담
② 추적검사
③ 작업전환
④ 근로제한 금지
⑤ 역학조사

해설 사후관리 조치 : 사업주가 건강진단 실시결과에 따른 작업장소 변경, 작업전환, 근로시간 단축, 야간근무 제한, 작업환경측정, 시설·설비의 설치 또는 개선, 건강상담, 보호구 지급 및 착용 지도, 추적검사, 근무 중 치료 등 근로자의 건강관리를 위하여 실시하는 조치를 말한다(근로자 건강검진 실시기준 제2조 제1호).

35. 근로자 건강장해 예방에 관한 설명으로 옳지 않은 것은?

① 톨루엔 특수건강진단의 제1차 검사 시 소변중 o-크레졸(작업 종료 시)을 채취하여 검사한다.
② 잠함(潛函) 또는 잠수작업 등 높은 기압에서 작업하는 근로자는 1일 6시간, 1주 34시간 초과하여 근로하지 않는다.
③ 한랭에 대한 순화는 고온순화보다 빠르다.
④ NIOSH 들기지수(LI)는 작업조건을 인간공학적으로 개선하기 위한 우선순위를 결정하는데 이용된다.
⑤ 청력장해 정도는 정상적인 귀로 들을 수 있는 최소 가청치를 0dB이라 하고 그것에 대한 청력변화를 청력계로 측정하여 평가한다.

해설 ③ 한랭에 의한 순화는 고온순화보다 느리고, 혈관이상은 저온노출로 유발되거나 약화되는 특성을 가진다.
① 톨루엔 특수건강진단의 제1차 검사 시 소변중 o-크레졸(작업 종료 시)을 채취하여 검사한다(규칙 별표 24).
② 잠함(潛函) 또는 잠수작업 등 높은 기압에서 작업하는 근로자는 1일 6시간, 1주 34시간 초과하여 근로하게 해서는 아니 된다(법 제139조 제1항).
④ NIOSH 들기지수(LI)는 특정 작업에서 육체적 스트레스의 상대적인 양을 나타낸다.

정답 30 ② 31 ⑤ 32 ④ 33 ① 34 ④, ⑤ 35 ③

36. 피로의 발생원인으로만 묶인 것이 아닌 것은?
    ① 작업자세, 작업강도, 긴장도
    ② 환기, 소음과 진동, 온열조건
    ③ 엄격한 작업관리, 1일 노동시간, 야간근무
    ④ 숙련도, 영양상태, 신체적인 조건
    ⑤ 혈압변화, 졸음, 체온조절 장애

    해설 피로의 발생원인에는 작업부하, 작업조건, 작업편성, 작업시간, 생활조건, 개인조건 등이고 체온조절 장애는 체온조절에 영향을 미치는 요인으로는 기온과 습도 및 의복 착용 등의 외적 요인과 질병과 같은 내적 요인이 이에 해당하여 피로의 발생원인이 아니다.

37. 산업안전보건법령상 밀폐공간 작업으로 인한 건강장해 예방조치로 옳지 않은 것은?
    ① 분뇨·오수·펄프액 및 부패하기 쉬운 장소 등에서의 황화수소 중독 방지에 필요한 지식을 가진 자를 작업 지휘자로 지정 배치한다.
    ② "적정공기"란 산소농도 18퍼센트 이상 23.5 퍼센트 미만, 탄산가스 농도 1.5피피엠 미만, 황화수소 농도 25피피엠 미만 수준의 공기를 말한다.
    ③ 긴급 구조훈련은 6개월에 1회 이상 주기적으로 실시한다.
    ④ 작업 시작(작업 일시중단 후 다시 시작하는 경우를 포함)하기 전 밀폐공간의 산소 및 유해가스 농도를 측정한다.
    ⑤ 근로자에게 공기호흡기 또는 송기마스크를 지급하여 착용하도록 한다.

    해설 ② 적정공기 : 산소농도의 범위가 18% 이상 23.5% 미만, 탄산가스의 농도가 1.5% 미만, 일산화탄소의 농도가 30피피엠 미만, 황화수소의 농도가 10피피엠 미만인 수준의 공기를 말한다(산업안전보건기준에 관한 규칙 제618조 제2호).
    ① 분뇨·오수·펄프액 및 부패하기 쉬운 장소 등에서의 황화수소 중독 방지에 필요한 지식을 가진 자를 작업 지휘자로 지정 배치한다(산업안전보건기준에 관한 규칙 제637조 제2호).
    ③ 사업주는 긴급상황 발생 시 대응할 수 있도록 밀폐공간에서 작업하는 근로자에 대하여 비상연락체계 운영, 구조용 장비의 사용, 공기호흡기 또는 송기마스크의 착용, 응급처치 등에 관한 훈련을 6개월에 1회 이상 주기적으로 실시하고, 그 결과를 기록하여 보존하여야 한다(산업안전보건기준에 관한 규칙 제640조).
    ④ 사업주는 밀폐공간에서 근로자에게 작업을 하도록 하는 경우 작업을 시작(작업을 일시 중단하였다가 다시 시작하는 경우를 포함한다)하기 전 다음의 어느 하나에 해당하는 자로 하여금 해당 밀폐공간의 산소 및 유해가스 농도를 측정(무선설비 또는 무선통신을 이용한 원격 측정을 포함한다.)하여 적정공기가 유지되고 있는지를 평가하도록 해야 한다(산업안전보건기준에 관한 규칙 제619조의2 제1항).
    ⑤ 사업주는 산소 및 유해가스 농도를 측정한 결과 적정공기가 유지되고 있지 아니하다고 평가된 경우에는 작업장을 환기시키거나, 근로자에게 공기호흡기 또는 송기마스크를 지급하여 착용하도록 하는 등 근로자의 건강장해 예방을 위하여 필요한 조치를 하여야 한다(산업안전보건기준에 관한 규칙 제619조의2 제2항).

38. 개인보호구의 선택 및 착용 등에 관한 설명으로 옳지 않은 것은?

① 순간적으로 건강이나 생명에 위험을 줄 수 있는 유해물질의 고농도 상태(IDLH)에서는 반드시 공기공급식 송기마스크를 착용해야 한다.
② 입자상 물질과 가스, 증기가 동시에 발생하는 용접작업 시 방진방독 겸용마스크를 착용한다.
③ 산소결핍장소에서는 방독마스크를 착용토록 한다.
④ 국내 귀마개 1등급 EP-1은 저음부터 고음까지 차음하는 성능을 말한다.
⑤ 방독마스크 정화통의 수명은 흡착제의 질과 양, 온도, 상대습도, 오염물질의 농도 등에 영향을 받는다.

해설 방독마스크는 흡입공기 중 가스·증기상 유해물질을 막아주기 위해 착용하는 호흡보호구를 말하고, 산소결핍장소에서는 작업장이 아닌 장소의 공기를 호스 등을 통하여 공급하여 흡입할 수 있도록 만들어진 호흡보호구인 송기 마스크를 착용토록 한다.

39. 직무스트레스 관리를 위한 집단차원에서의 관리방법은?

① 자아인식의 증대
② 신체단련
③ 긴장 이완훈련
④ 사회적 지원 시스템 가동
⑤ 작업의 변경

해설 직무스트레스 관리를 위한 집단차원에서의 관리방법 : 사회적 지원 시스템 가동, 작업의 변경, 신축적 작업시간, 휴식시간의 변경, 직무의 부적합 관계 해소 등
직무스트레스 관리를 위한 개인적 차원에서의 관리방법 : 이완훈련, 신체단련, 명상, 자기주장 훈련, 인지행동치료 등

40. 석면의 측정, 분석 등에 관한 설명으로 옳지 않은 것은?

① 석면은 폐암, 중피종을 일으키며 흡연은 석면노출에 의한 암 발생을 촉진하는 인자로 알려져 있다.
② 고형시료 분석에 있어 위상차현미경법이 간편하여 가장 많이 사용된다.
③ 공기중 석면섬유 계수 A규정은 길이가 5㎛보다 크고 길이 대 너비의 비가 3 : 1이상인 섬유만 계수한다.
④ 석면 취급장소에서는 특급 방진마스크를 착용하여야 한다.
⑤ 위상차현미경으로는 0.25㎛ 이하의 섬유는 관찰이 잘 되지 않는다.

해설 고형시료 분석에 가장 많이 사용하는 장비는 편광현미경과 X-선 회절변석기이다. 위상차현미경은 물질을 통과한 빛이 물질의 굴절률의 차이에 의해 위상차를 갖게 되었을 때 이를 명암으로 바꾸어 관찰하는 현미경이다.

정답 36 ⑤ 37 ② 38 ③ 39 ④, ⑤ 40 ②

41. 생물학적 유해인자에 관한 설명으로 옳지 않은 것은?

① 생물학적 유해인자는 생물학적 특성이 있는 유기체가 근원이 되어 발생된다.
② 유기체가 방출하는 독소로는 그람음성박테리아가 내놓는 마이코톡신(mycotoxin) 등이 있다.
③ 곰팡이의 세포벽인 글루칸(glucan)은 호흡기 점막을 자극하여 새집증후군을 초래한다.
④ 박테리아에 의한 대표적인 감염성질환은 탄저병, 레지오넬라병, 결핵, 콜레라 등이 있다.
⑤ 공기 중의 박테리아와 곰팡이에 대한 측정 및 분석은 곰팡이와 박테리아를 살아 있는 상태로 채취, 배양한 다음, 집락수를 세어 CFU로 나타낸다.

해설 마이코톡신(mycotoxin)은 곰팡이의 2차 대사산물. 동물이나 사람에게 독성을 나타내는 것으로 땅콩 곰팡이 유래의 아플라톡신 B1은 천연에서 가장 강력한 발암성이 있다.

42. 산업안전보건법령상 특수건강진단 유해인자와 생물학적 노출지표의 연결이 옳은 것은?

① 일산화탄소 : 혈중 카복시헤모글로빈
② 2-에톡시에탄올 : 소변 중 o-크레졸
③ 디클로로메탄 : 소변 중 2,5-헥산디온
④ 트리클로로에틸렌 : 소변 중 메틸에틸케톤
⑤ 메틸 n-부틸 케톤 : 혈중 메트헤모글로빈

해설 ① 일산화탄소(규칙 별표 24) : 혈중 카복시헤모글로빈(작업종료 후 10~15분 이내에 채취) 또는 호기 중 일산화탄소 농도(작업종료 후 10~15분 이내, 마지막 호기 채취)
② 2-에톡시에탄올(규칙 별표 24) : 소변 중 2-에톡시초산(주말작업 종료 시 채취)
③ 디클로로메탄(규칙 별표 24) : 혈중 카복시헤모글로빈 측정(작업 종료 시 채혈)
④ 트리클로로에틸렌(규칙 별표 24) : 소변 중 총삼염화물 또는 삼염화초산(주말작업 종료 시 채취)
⑤ 메틸 n-부틸 케톤(규칙 별표 24) : 소변 중 2, 5-헥산디온(작업종료 시 채취)

43. 직무스트레스 요인 중 조직적 요인에 해당하지 않는 것은?

① 관계갈등
② 직무불인정
③ 조직체계
④ 보상부적절
⑤ 직무요구

해설 직무스트레스 요인 중 조직적 요인 : 역할모호성, 과도한 경쟁, 역할갈등, 성별에 따른 차별, 직장 내 관계갈등, 직무요구, 보상의 부적절 등

44. 생물학적 결정인자의 선택기준에 관한 설명으로 옳지 않은 것은?

① 생물학적 검사를 선택할 때는 여러 가지 방법 중 건강위험을 평가하는 유용성을 고려하지 말아야 한다.
② 적절한 민감도가 있는 결정인자여야 한다.
③ 검사에 대한 분석적, 생물학적 변이가 타당해야 한다.
④ 검체의 채취나 검사과정에서 대상자에게 거의 불편을 주지 않아야 한다.
⑤ 다른 노출인자에 의해서도 나타나는 인자가 아니어야 한다.

해설 생물학적 결정인자의 선택기준
1. 충분한 특이성, 적절한 민감도
2. 검사에 대한 분석적, 생물학적 변이 타당
3. 건강위험 평가의 유용성
4. 검체의 채취나 검사과정 시 불편함이 없을 것

45. 청각기관과 소음의 전달경로에 해당하지 않는 것은?

① 고막 ② 달팽이관
③ 수근관 ④ 외이도
⑤ 이소골

해설 청각기관과 소음의 전달경로 : 이개→외이도→고막→이소골→달팽이관→청신경→대뇌 언어중추

46. 산업안전보건 기준에 관한 규칙에서 정한 장시간 야간작업을 할 때 발생할 수 있는 직무스트레스에 의한 건강장해 예방조치가 아닌 것은?

① 뇌혈관 및 심장질환 발병위험도를 평가하여 금연, 고혈압 관리 등 건강증진 프로그램을 시행한다.
② 건강진단 결과, 상담자료 등을 참고하여 적절하게 근로자를 배치하고 직무스트레스 요인, 건강문제 발생가능성 및 대비책 등에 대하여 해당 근로자에게 충분히 설명한다.
③ 근로시간 외의 근로자 활동에 대한 복지 차원의 지원에 최선을 다한다.
④ 작업량·작업일정 등 작업계획 수립 시 해당 근로자의 의견을 반드시 노사협의회를 거쳐서 반영한다.
⑤ 작업환경·작업내용·근로시간 등 직무스트레스 요인에 대하여 평가하고 근로시간 단축, 장·단기 순환작업 등의 개선대책을 마련하여 시행한다.

해설 사업주는 근로자가 장시간 근로, 야간작업을 포함한 교대작업, 차량운전[전업으로 하는 경우에만 해당한다] 및 정밀기계 조작작업 등 신체적 피로와 정신적 스트레스 등이 높은 작업을 하는 경우에 직무스트레스로 인한 건강장해 예방을 위하여 다음의 조치를 하여야 한다(산업안전보건 기준에 관한 규칙 제669조).

정답 41 ② 42 ① 43 ①, ②, ③, ④, ⑤ 44 ① 45 ③ 46 ④

1. 작업환경·작업내용·근로시간 등 직무스트레스 요인에 대하여 평가하고 근로시간 단축, 장·단기 순환작업 등의 개선대책을 마련하여 시행할 것
2. 작업량·작업일정 등 작업계획 수립 시 해당 근로자의 의견을 반영할 것
3. 작업과 휴식을 적절하게 배분하는 등 근로시간과 관련된 근로조건을 개선할 것
4. 근로시간 외의 근로자 활동에 대한 복지 차원의 지원에 최선을 다할 것
5. 건강진단 결과, 상담자료 등을 참고하여 적절하게 근로자를 배치하고 직무스트레스 요인, 건강문제 발생가능성 및 대비책 등에 대하여 해당 근로자에게 충분히 설명할 것
6. 뇌혈관 및 심장질환 발병위험도를 평가하여 금연, 고혈압 관리 등 건강증진 프로그램을 시행할 것

47. 산업재해 중 중대재해에 관한 설명으로 옳지 않은 것은?
   ① 3개월 이상의 요양이 필요한 부상자가 동시에 2명 이상 발생한 산업재해는 중대재해에 속한다.
   ② 사망자가 1명 이상 발생한 산업재해는 중대재해에 속한다.
   ③ 부상자 또는 직업성 질병자가 동시에 10명 이상 발생한 산업재해는 중대재해에 속하지 않는다.
   ④ 중대재해가 발생한 때에는 지체없이 발생개요 및 피해상황을 관할하는 지방고용노동관서의 장에게 전화, 팩스, 그밖의 적절한 방법으로 보고하여야 한다.
   ⑤ 중대재해가 발생했을 때에는 산업재해 조사표 사본을 보존하거나 요양신청서 사본에 재발방지대책을 첨부해서 보존한다.

   해설 중대재해의 범위(규칙 제3조)
   1. 사망자가 1명 이상 발생한 재해
   2. 3개월 이상의 요양이 필요한 부상자가 동시에 2명 이상 발생한 재해
   3. 부상자 또는 직업성 질병자가 동시에 10명 이상 발생한 재해

48. 역학의 정의에 관한 설명으로 옳지 않은 것은?
   ① 인간집단 내 발생하는 모든 생리적 이상 상태의 빈도와 분포는 기술하지 않는다.
   ② 빈도와 분포를 결정하는 요인은 원인적 관련성 여부에 근거를 둔다.
   ③ 발생원인을 밝혀 상태 개선을 위하여 투입된 사업의 작동기전을 규명한다.
   ④ 예방법을 개발하는 학문이다.
   ⑤ 직업역학은 일하는 사람이 대상이다.

   해설 역학은 인구집단의 질병에 관한 학문이며, 구체적으로는 인구집단에서 질병의 분포 양상과 이 분포양상을 결정하는 원인을 연구하는 학문이라고 할 수 있다.

49. 산업재해 통계 목적과 작성방법에 관한 설명으로 옳지 않은 것은?

① 재해통계는 주로 대상으로 하는 조직의 안전관리수준을 평가하고 차후의 재해방지에 기본이 되는 정보를 파악하기 위해 작성하는 것이다.
② 재해통계에 의해 대상집단의 경향과 특성 등을 수량적, 총괄적으로 해명할 수 있다.
③ 정보에 근거해서 조직의 대상집단에 대해 미리 효과적인 대책을 강구한다.
④ 동종재해 또는 유사재해의 재발방지를 도모한다.
⑤ 재해통계는 도형이나 숫자에 의한 표시법이 있지만, 숫자에 의한 표시법이 이해하기 쉽다.

해설 ⑤ 재해통계를 표시하는 방법에는 도형, 숫자 등에 의하여 표시할 수 있지만 도형에 의한 표시가 가장 이해하기 쉽다.
① 재해통계는 차후의 재해방지에 기본이 되는 정보를 파악하기 위해 작성하는 것이다.
② 요소 집단의 경향과 성질 등을 수량적이고 통일적으로 해명할 수 있다.
③, ④ 정보에 근거해서 조직의 대상집단에 대해 미리 효과적인 대책을 강구할 수 있다.

50. 업무상 질병의 특성이 아닌 것은?

① 임상적, 병리적 소견이 일반 질병과 구분이 어렵다.
② 개인적 요인 또는 비직업적 요인은 상승작용을 하지 않는다.
③ 직업력을 소홀히 할 경우 판정이 어렵다.
④ 건강영향에 대한 미확인 신물질이 많아 정확한 판정이 어려운 경우가 많다.
⑤ 보상에 실익이 없을 수도 있다.

해설 업무상 질병의 특성
1. 임상적, 병리적 소견이 일반 질병과 구분이 어렵다.
2. 직업적 요인이 비직업적 요인에 상승작용을 일으킨다.
3. 노출 시작과 증상이 나타나기까지 긴 시차가 있다.
4. 직업력을 소홀히 할 경우 판정이 어렵다.
5. 건강영향에 대한 미확인 신물질이 많아 정확한 판정이 어려운 경우가 많다.
6. 보상이 경미할 수 있다.

기업진단 · 지도

51. 인사평가 방법에 관한 설명으로 옳지 않은 것은?

① 서열(ranking)법은 등위를 부여해 평가하는 방법으로, 평가 비용과 시간을 절약할 수 있다.
② 평정척도(rating scale)법은 평가 항목에 대해 리커트(Likert) 척도 등을 이용해 평가한다.
③ BARS(Behaviorally Anchored Rating Scale) 평가법은 성과 관련 주요 행동에 대한 수행정도로 평가한다.

정답 47 ③ 48 ① 49 ⑤ 50 ② 51 ⑤

④ MBO(Management by Objectives) 평가법은 상급자와 합의하여 설정한 목표 대비 실적으로 평가한다.
⑤ BSC(Balanced Score Card) 평가법은 연간 재무적 성과 결과를 중심으로 평가한다.

해설 BSC(Balanced Score Card) 평가법은 회계적, 재무적 측면에서만 측정하는 시스템 한계를 보완하기 위해 재무적 관점, 고객관점, 내부 프로세스 관점, 학습 및 성장관점의 성과지표를 도출하여 성과를 관리하는 성과관리시스템이다.

52. 노사관계에 관한 설명으로 옳지 않은 것은?
① 우리나라에서 단체협약은 1년을 초과하는 유효기간을 정할 수 없다.
② 1935년 미국의 와그너법(Wagner Act)은 부당노동행위를 방지하기 위하여 제정되었다.
③ 유니온 숍제는 비조합원이 고용된 이후, 일정기간 이후에 조합에 가입하는 형태이다.
④ 우리나라에서 임금교섭은 조합 수 기준으로 기업별 교섭형태가 가장 많다.
⑤ 직장폐쇄는 사용자측의 대항행위에 해당한다.

해설 단체협약의 유효기간은 3년을 초과하지 않는 범위에서 노사가 합의하여 정할 수 있다. 단체협약에 그 유효기간을 정하지 아니한 경우 또는 기간을 초과하는 유효기간을 정한 경우에 그 유효기간은 3년으로 한다(노동조합 및 노동관계조정법 제32조 제1항, 제2항).

53. 조직문화 중 안전문화에 관한 설명으로 옳은 것은?
① 안전문화 수준은 조직구성원이 느끼는 안전 분위기나 안전풍토(safety climate)에 대한 설문으로 평가할 수 있다.
② 안전문화는 TMI(Three Mile Island) 원자력발전소 사고 관련 국제원자력기구(IAEA) 보고서에 의해 그 중요성이 널리 알려졌다.
③ 브래들리 커브(Bradley Curve) 모델은 기업의 안전문화 수준을 병적-수동적-계산적-능동적-생산적 5단계로 구분하고 있다.
④ Mohamed가 제시한 안전풍토의 요인들은 재해율이나 보호구 착용률과 같이 구체적이어서 안전문화 수준을 계량화하기 쉽다.
⑤ Pascale의 7S모델은 안전문화의 구성요인으로 Safety, Strategy, Structure, System, Staff, Skill, Style을 제시하고 있다.

해설 ① 안전풍토(Safety Climate)는 작업장에서 안전과 관련되어 조직 구성원이 가지는 공통된 인식을 의미한다.
② 안전문화는 체르노빌 원자력 누출사고에 따른 원자력안전자문단(INSAG)의 보고서에서 처음 사용되었다.
③ 브래들리 커브(Bradley Curve) 모델은 기업의 안전문화 수준을 자연적 본능(반응적)-감독·규제(의존적)-개인(의식적 안전)-팀(무의식적 안전) 4단계로 구분하고 있다.
④ Mohamed가 제시한 안전풍토의 요인들은 조직의 의지 및 의사소통, 현장관리자의 의지, 감독자의 역할, 개인의 역할, 동료근로자의 영향, 직원의 능력, 위험감수행위 및 영향요인, 안전한 행동에 대한 방해요소, 작업허가, 사고 및 보고 등으로 계량화하기 어렵다.
⑤ Pascale의 7S모델은 안전문화의 구성요인으로 shared value, Strategy, Structure, System, Staff, Skill, Style을 제시하고 있다.

54. 동기부여 이론에 관한 설명으로 옳은 것을 모두 고른 것은?

㉠ 매슬로우(A. Maslow)의 욕구 5단계이론에서 가장 상위계층의 욕구는 자기가 원하는 집단에 소속되어 우의와 애정을 갖고자 하는 사회적 욕구이다.
㉡ 허츠버그(F. Herzberg)의 2요인이론에서 급여와 복리후생은 동기요인에 해당한다.
㉢ 맥그리거(D. McGregor)의 X이론에 의하면 사람은 엄격한 지시·명령으로 통제되어야 조직 목표를 달성할 수 있다.
㉣ 맥클랜드(D. McClelland)는 주제통각시험(TAT)을 이용하여 사람의 욕구를 성취욕구, 권력욕구, 친교욕구로 구분하였다.

① ㉠, ㉡
② ㉠, ㉣
③ ㉢, ㉣
④ ㉠, ㉡, ㉢
⑤ ㉡, ㉢, ㉣

해설 ㉠ 매슬로우(A. Maslow)의 욕구 5단계이론에서 가장 상위계층의 욕구는 자아실현의 욕구이다.
㉡ 허츠버그(F. Herzberg)의 2요인이론에서 급여와 복리후생은 위생요인에 해당한다.
㉢ 맥그리거(D. McGregor)의 X이론에 의하면 사람은 게으르고 타율적이며 일을 싫어하므로 엄격한 지시·명령으로 통제되어야 조직 목표를 달성할 수 있다고 본다.
㉣ 맥클랜드(D. McClelland)는 성취욕구 측정방법인 주제통각시험(TAT)을 이용하여 사람의 욕구를 성취욕구, 권력욕구, 친교욕구로 구분하였다.

55. 리더십(leadership)에 관한 설명으로 옳은 것은?

① 리더십 행동이론에서 리더의 행동은 상황이나 조건에 의해 결정된다고 본다.
② 리더십 특성이론에서 좋은 리더는 리더십 행동에 대한 훈련에 의해 육성될 수 있다고 본다.
③ 리더십 상황이론에서 리더십은 리더와 부하 직원들 간의 상호작용에 따라 달라질 수 있다고 본다.
④ 헤드십(headship)은 조직 구성원에 의해 선출된 관리자가 발휘하기 쉬운 리더십을 의미한다.
⑤ 헤드십은 최고경영자의 민주적인 리더십을 의미한다.

해설 ③ 리더십 상황이론에서 리더십은 리더와 부하 직원들 간의 상호작용에 따라 달라질 수 있다고 본다.
① 리더십 행동이론에서 리더의 행동은 그 자신의 행동에 따라 집단 성원에 의해 리더로 선정되며 리더로서의 역할과 리더십이 결정된다고 본다.
② 리더십 특성이론에서 좋은 리더는 비효과적인 리더와 구별될 수 있는 보편적 특성이 존재한다고 본다.
④ 헤드십(headship)은 장, 대표, 직위의 권위를 근거로 강제적, 통제나 강요, 위계적 질서, 직권으로만 조직을 움직이려는 행위이다.
⑤ 헤드십은 일방적, 강제성을 그 본질로 한다.

56. 수요예측 방법에 관한 설명으로 옳은 것은?
   ① 델파이 방법은 일반 소비자를 대상으로 하는 정량적 수요예측 방법이다.
   ② 이동평균법은 과거 수요예측치의 평균으로 예측한다.
   ③ 시계열분석법의 변동요인에 추세(trend)는 포함되지 않는다.
   ④ 단순회귀분석법에서 수요량 예측은 최대자승법을 이용한다.
   ⑤ 지수평활법은 과거 실제 수요량과 예측치 간의 오차에 대해 지수적 가중치를 반영해 예측한다.

   해설 ⑤ 지수평활법은 과거 수요 측정값을 최근 실적으로 수정해서 이것을 새로운 수요 추정값으로 하려는 것이다.
   ① 델파이 방법은 적절한 해답이 알려져 있지 않거나 일정한 합의점에 도달하지 못한 문제에 대하여 다수의 전문가를 대상으로 설문조사나 우편조사로 수차에 걸쳐 피드백하면서 그들의 의견을 수렴하고 집단적 합의를 도출해 내는 조사방법으로 정성적 수요예측 방법이다.
   ② 이동평균법은 최근 몇 기간 동안 시계열 관측치 평균으로 예측한다.
   ③ 시계열분석법의 변동요인에 추세(trend), 순환, 계절, 불규칙 변동을 포함한다.
   ④ 단순회귀분석법에서 수요량 예측은 최소자승법을 이용한다.

57. 재고관리에 관한 설명으로 옳지 않은 것은?
   ① 경제적 주문량(EOQ) 모형에서 재고유지비용은 주문량에 비례한다.
   ② 신문판매원 문제(newsboy problem)는 확정적 재고모형에 해당한다.
   ③ 고정주문량모형은 재고수준이 미리 정해진 재주문점에 도달할 경우 일정량을 주문하는 방식이다.
   ④ ABC 재고관리는 재고의 품목 수와 재고 금액에 따라 중요도를 결정하고 재고관리를 차별적으로 적용하는 기법이다.
   ⑤ 재고로 인한 금융비용, 창고 보관료, 자재 취급비용, 보험료는 재고유지비용에 해당한다.

   해설 단일기간 재고모형은 신문, 월간잡지, 크리스마스 트리 등과 같은 단일기간 상품의 최적 주문량을 결정하는 재고모형이다.

58. 품질경영기법에 관한 설명으로 옳지 않은 것은?
   ① SERVQUAL 모형은 서비스 품질수준을 측정하고 평가하는데 이용될 수 있다.
   ② TQM은 고객의 입장에서 품질을 정의하고 조직 내의 모든 구성원이 참여하여 품질을 향상하고자 하는 기법이다.
   ③ HACCP은 식품의 품질 및 위생을 생산부터 유통단계를 거쳐 최종 소비될 때까지 합리적이고 철저하게 관리하기 위하여 도입되었다.
   ④ 6시그마 기법에서는 품질특성치가 허용한계에서 멀어질수록 품질비용이 증가하는 손실함수 개념을 도입하고 있다.
   ⑤ ISO 9000 시리즈는 표준화된 품질의 필요성을 인식하여 제정되었으며 제3자(인증기관)가 심사하여 인증하는 제도이다.

   해설 품질특성치가 허용한계에서 멀어질수록 품질비용이 증가하는 손실함수 개념을 도입하고 있는 것은 다구치 방법이다. 품질비용에 관한 다구치의 접근방식은 품질특성치가 이상적인 값, 목표값으로부터 멀어짐에 따라 더 많이 발생한다는 것이다.

59. 식음료 제조업체의 공급망관리팀 팀장인 홍길동은 유통단계에서 최종 소비자의 주문량 변동이 소매상, 도매상, 제조업체로 갈수록 증폭되는 현상을 발견하였다. 이에 관한 설명으로 옳지 않은 것은?

① 공급사슬 상류로 갈수록 주문의 변동이 증폭되는 현상을 채찍효과(bullwhip effect)라고 한다.
② 유통업체의 할인 이벤트 등으로 가격 변동이 클 경우 주문량 변동이 감소할 것이다.
③ 제조업체와 유통업체의 협력적 수요예측시스템은 주문량 변동이 감소하는데 기여할 것이다.
④ 공급사슬의 정보공유가 지연될수록 주문량 변동은 증가할 것이다.
⑤ 공급사슬의 리드타임(lead time)이 길수록 주문량 변동은 증가할 것이다.

해설 ② 유통업체의 할인 이벤트 등으로 가격 변동이 클 경우 주문량 변동이 증가할 것이다.
① 채찍효과(bullwhip effect)는 고객의 수요가 각 단계별로 전달될수록 수요의 변동성이 증가해 주문의 변동이 증폭되는 현상을 말한다.
③ 제조업체와 유통업체의 협력적 수요예측시스템은 주문량 변동을 적게 할 수 있다.
④ 공급사슬의 정보공유가 지연되면 지연될수록 주문량 변동은 증가할 것이다.
⑤ 공급사슬의 리드타임(lead time)이 길어질수록 주문량 변동은 증가할 것이다.

60. 스트레스의 작용과 대응에 관한 설명으로 옳지 않은 것은?

① A유형이 B유형 성격의 사람에 비해 스트레스에 더 취약하다.
② Selye가 구분한 스트레스 3단계 중에서 2단계는 저항단계이다.
③ 스트레스 관련 정보수집, 시간관리, 구체적 목표의 수립은 문제중심적 대처 방법이다.
④ 자신의 사건을 예측할 수 있고, 통제 가능하다고 지각하면 스트레스를 덜 받는다.
⑤ 긴장(각성) 수준이 높을수록 수행 수준은 선형적으로 감소한다.

해설 ⑤ 긴장(각성) 수준이 높을수록 수행 수준은 증가하는 경향을 보인다.
① A유형은 초조하고 조급해하며 경쟁적인 특성으로 심혈관계 질환에 걸릴 가능성이 높은 유형을 의미하며, B타입은 이와는 반대로 느긋하고 여유 있는 성격이 특징이다.
② Selye가 구분한 스트레스 3단계 중에서 1단계는 경계·경보·경고단계이고, 2단계는 저항단계, 3단계는 탈진·소진단계이다.
③ 문제중심적 대처는 스트레스를 유발하는 상황에 초점을 맞춰 이를 해결하려는 노력을 말한다.
④ 예측이 가능하고 통제 가능한 경우는 스트레스를 덜 받는다.

61. 김부장은 직원의 직무수행을 평가하기 위해 평정척도를 이용하였다. 금년부터는 평정오류를 줄이기 위한 방법으로 '종업원 비교법'을 도입하고자 한다. 이때 제거 가능한 오류(a)와 여전히 존재하는 오류(b)를 옳게 짝지은 것은?

① a : 후광오류, b : 중앙집중오류
② a : 후광오류, b : 관대화오류
③ a : 중앙집중오류, b : 관대화오류
④ a : 관대화오류, b : 중앙집중오류
⑤ a : 중앙집중오류, b : 후광오류

해설 a : 중앙집중오류 : 모든 피평가자에게 평균에 가까운 점수를 주는 것을 말한다. 종업원 비교법을 도입하면 평균에 가까운 점수를 주지 않을 수 있다.
b : 후광오류 : 어느 한 분야에서 어떤 사람에 대한 호의적인 또는 비호의적인 인상이 그 사람에 대한 다른 분야의 평가에 영향을 준다. 종업원 비교법을 도입하더라도 후광오류를 줄일 수는 없다.

62. 인사 담당자인 김부장은 신입사원 채용을 위해 적절한 심리검사를 활용하고자 한다. 심리검사에 관한 설명으로 옳지 않은 것은?

① 다른 조건이 모두 동일하다면 검사의 문항 수는 내적 일관성의 정도에 영향을 미치지 않는다.
② 반분 신뢰도(split-half reliability)는 검사의 내적 일관성 정도를 보여주는 지표이다.
③ 안면 타당도(face validity)는 검사문항들이 외관상 특정 검사의 문항으로 적절하게 보이는 정도를 의미한다.
④ 준거 타당도(criterion validity)에는 동시 타당도(concurrent validity)와 예측타당도(predictive validity)가 있다.
⑤ 동형 검사 신뢰도(equivalent-form reliability)는 동일한 구성개념을 측정하는 두 독립적인 검사를 하나의 집단에 실시하여 측정한다.

해설 내적 일관성은 부분검사 또는 문항 간의 일관성 정도를 나타내는 것으로 문항 간 측정의 일관성을 추정하는 방법을 문항내적일관성 신뢰도라 한다.

63. 다음에 설명하는 용어는?

응집력이 높은 조직에서 모든 구성원들이 하나의 의견에 동의하려는 욕구가 매우 강해, 대안적인 행동방식을 객관적이고 타당하게 평가하지 못함으로써 궁극적으로 비합리적이고 비현실적인 의사결정을 하게 되는 현상이다.

① 집단사고(groupthink) ② 사회적 태만(social loafing)
③ 집단극화(group polarization) ④ 사회적 촉진(social facilitation)
⑤ 남만큼만 하기 효과(sucker effect)

해설 ① 집단사고(groupthink) : 집단 구성원들 간에 강한 응집력을 보이는 집단에서 의사 결정 시에 만장일치에 도달하려는 분위기가 다른 대안들을 현실적으로 평가하려는 경향을 억압할 때 나타나는 구성원들의 왜곡되고 비합리적인 사고방식이다.
② 사회적 태만(social loafing) : 집단에 속한 사람들이 공동의 목표를 달성하기 위해 함께 일하는 상황에서 혼자 일할 때보다 노력을 덜 들여 개인의 수행이 떨어지는 현상을 말한다.
③ 집단극화(group polarization) : 집단의 의사결정이 구성원 개개인의 평균치보다 극단으로 치우치게 되는 현상을 말한다.
④ 사회적 촉진(social facilitation) : 혼자 있는 상황과 비교할 때 타인이 존재하는 조건에서 과제에 대한 친숙성이 높을 경우 더 잘하게 되는 사회적 촉진이 일어나고, 친숙성이 낮을 경우 더 못하게 되는 사회적 저하 경향이 있다.
⑤ 남만큼만 하기 효과(sucker effect) : 학습능력이 높은 학습자가 자신의 노력이 다른 사람에게 돌아갈까봐 소극적으로 참여하는 것을 말한다.

64. 용접공이 작업 중에 보호안경을 쓰지 않으면 시력손상을 입는 산업재해가 발생한다. 용접공의 행동특성을 ABC행동이론(선행사건, 행동, 결과)에 근거하여 기술한 내용으로 옳은 것을 모두 고른 것은?

㉠ 보호안경을 착용하지 않으면 편리하다는 확실한 결과를 얻을 수 있다.
㉡ 보호안경 착용으로 나타나는 예방효과는 안전행동에 결정적인 영향을 미친다.
㉢ 미래의 불확실한 이득(시력보호)으로 보호안경의 착용 행위를 증가시키는 것은 어렵다.
㉣ 모범적인 보호안경 착용자에게 공개적인 인센티브를 제공하여 위험행동을 감소하도록 유도한다.

---

① ㉠, ㉢
② ㉡, ㉣
③ ㉠, ㉢, ㉣
④ ㉡, ㉢, ㉣
⑤ ㉠, ㉡, ㉢, ㉣

해설 ABC행동이론 : 스키너는 인간의 행동(behavior)이 선행요인(antecedents)으로서 환경자극에 의해 동기화되며 행동에 따르는 결과(consequences)에 의해 전적으로 결정된다고 보았다. 선행요인(antecedents)→행동(behavior)→결과(consequences)fh 이어지는 ABC모델은 적응 행동 혹은 부적응 행동이 일어나는데 있어서 우선 과거의 환경자극과 같은 선행요인이 있고, 그 선행자극에 의해 행동이 나타나며, 이후 행동 뒤에 일어나는 후속자극에 의해 행동이 학습된다고 본다.

65. 휴먼에러 발생 원인을 설명하는 모델 중 주로 익숙하지 않은 문제를 해결할 때 사용하는 모델이며 지름길을 사용하지 않고 상황파악, 정보수집, 의사결정, 실행의 모든 단계를 순차적으로 실행하는 방법은?

① 위반행동 모델(violation behavior model)
② 숙련기반행동 모델(skill-based behavior model)
③ 규칙기반행동 모델(rule-based behavior model)
④ 지식기반행동 모델(knowledge-based behavior model)
⑤ 일반화 에러 모형(generic error modeling system)

해설 ④ 지식기반행동 모델(knowledge-based behavior model)은 주로 익숙하지 않은 문제를 해결할 때 상황파악, 정보수집, 의사결정, 실행의 모든 단계를 순차적으로 실행하는 방법이다.
② 숙련기반행동 모델(skill-based behavior model) : 숙련되어 마치 몸이 명령을 내리는 것처럼 행동하는 것으로 무의식에 의한 행동, 행동패턴에 의한 자동적 행동을 말한다.
③ 규칙기반행동 모델(rule-based behavior model) : 익숙한 상황에 적용되며 저장된 규칙을 적용하는 행동 모델이다.

정답 62 ① 63 ① 64 ①, ②, ③, ④, ⑤ 65 ④

66. 소음의 특성과 청력손실에 관한 설명으로 옳지 않은 것은?

① 0dB 청력수준은 20대 정상 청력을 근거로 산출된 최소역치수준이다.
② 소음성 난청은 달팽이관의 유모세포 손상에 따른 영구적 청력손실이다.
③ 소음성 난청은 주로 1,000Hz 주변의 청력손실로부터 시작된다.
④ 소음작업이란 1일 8시간 작업을 기준으로 85dBA 이상의 소음이 발생하는 작업이다.
⑤ 중이염 등으로 고막이나 이소골이 손상된 경우 기도와 골도 청력에 차이가 발생할 수 있다.

해설 소음성 난청은 괴롭고 원치 않는 큰 소리를 소음이라 하는데 이러한 소음에 의해서 발생하는 감음 신경성 난청을 말한다. 85dB 이상 소음에 지속적으로 노출될 때는 귀에 손상을 줄 수 있고, 100dB에서 보호장치 없이 15분 이상 노출될 때, 110dB에서 1분 이상 규칙적으로 노출될 때 청력 손실의 위험이 발생한다.

67. 인간의 정보처리과정에 관한 설명으로 옳은 것을 모두 고른 것은?

㉠ 단기기억의 용량은 덩이 만들기(chunking)를 통해 확장할 수 있다.
㉡ 감각기억에 있는 정보를 단기기억으로 이전하기 위해서는 주의가 필요하다.
㉢ 신호검출이론(signal-detection theory)에서 누락(miss)은 신호가 없는데도 있다고 잘못 판단하는 경우이다.
㉣ Weber의 법칙에 따르면 10kg의 물체에 대한 무게 변화감지역(JND)이 1kg의 물체에 대한 무게 변화감지역보다 더 크다.

① ㉡, ㉢
② ㉠, ㉡, ㉣
③ ㉠, ㉢, ㉣
④ ㉡, ㉢, ㉣
⑤ ㉠, ㉡, ㉢, ㉣

해설 신호검출이론(signal-detection theory)은 소음(noise)이 신호검출에 미치는 영향을 파악하고 이와 관련된 최적의 의사결정 기준을 다룬 이론이다.
신호상황에 따른 인간의 판정결과 4가지
1. Hit : 신호를 신호로 판정(올바른 채택)
2. False Alarm : 소음(Noise)를 신호로 오인(허위경보)
3. Miss : 신호가 있으나 탐지 못함(누락)
4. Correct Rejection : 소음(Noise)을 소음(Noise)로 판정(올바른 거부)

68. 어떤 가설을 받아들이고 나면 다른 가능성은 검토하지도 않고 그 가설을 지지하는 증거만을 탐색해서 받아들이는 현상에 해당하는 것은?

① 대표성 어림법(representativeness heuristic)
② 가용성 어림법(availability heuristic)
③ 과잉확신(overconfidence)
④ 확증 편향(confirmation bias)
⑤ 사후확신 편향(hindsight bias)

해설 ④ 확증 편향(confirmation bias)은 자신의 신념과 일치하는 정보는 받아들이고 신념과 일치하지 않는 정보는 무시하는 경향으로 어떤 가설을 받아들이고 나면 다른 가능성은 검토하지도 않고 그 가설을 지지하는 증거만을 탐색해서 받아들이는 현상이다.
① 대표성 어림법(representativeness heuristic)은 한동안 일어나지 않았던 일이 자주 일어났던 일보다 앞으로는 더 자주 일어날 것이라는 엉뚱한 믿음을 갖게 되는 현상이다.
② 가용성 어림법(availability heuristic) : 우리의 기억에 보다 쉽게 떠오르는 사건을 더 자주 일어나는 일로 판단하는 현상이다.
③ 과잉확신(overconfidence)은 사람들이 자기의 판단이나 지식 등에 대해 실제보다 과장되게 평가하는 경향을 말한다.
⑤ 사후확신 편향(hindsight bias)은 이미 일어난 사건을 그 일이 일어나기 전에 비해서 더 예측 가능한 것으로 생각하는 경향이다.

69. 안전율 결정인자가 아닌 것은?

① 기계설비의 제작비용
② 응력계산의 정확도
③ 다듬질면의 거칠기
④ 재료의 균질성에 대한 신뢰도
⑤ 불연속 부분의 존재

해설 안전율 결정인자
1. 재질 및 그 균질성에 대한 신뢰도
2. 하중오류에 따른 응력 성질
3. 응력계산의 정확성에 대한 신뢰도
4. 공작, 조립의 정밀도와 잔류응력
5. 불연속부의 유무
6. 멸처리, 표면다듬질 등
7. 마모, 부식, 열팽창 등의 사용장소

70. 인체의 전기저항에 관한 설명으로 옳은 것을 모두 고른 것은?

㉠ 인체 피부의 전기저항은 같은 크기의 전류가 흐를 때 접촉면적이 커지면 감소한다.
㉡ 인체 전기저항은 전압 인가시간이 길어지면 감소한다.
㉢ 인체 내부조직의 전기저항은 전압이 증가하여도 거의 일정하다.
㉣ 인체 피부의 전기저항은 물에 젖은 경우 1/25 정도 감소한다.

① ㉠, ㉡
② ㉡, ㉢
③ ㉠, ㉡, ㉢
④ ㉡, ㉢, ㉣
⑤ ㉠, ㉡, ㉢, ㉣

정답 66 ③ 67 ② 68 ④ 69 ① 70 ⑤

[해설] ㉠ 같은 크기의 전류가 흘러도 접촉면적이 커지면 피부저항은 감소되며, 통전시간이 길어지면 시간의 경과와 함께 저항치는 감소된다
㉡ 내부조직의 전기저항은 직선적으로 직류, 교류에 관계없이 거의 일정하며 통전시간이 긴 경우에는 jule열에 의한 조직의 온도상승으로 인하여 저항값이 약간 감소한다.
㉢ 인체 내부조직의 전기저항은 전압이 증가하여도 거의 일정하다.
㉣ 인체 피부의 전기저항은 물에 젖은 경우 1/25 정도 감소하고, 피부에 땀이 있을 경우 1/12~1/20 정도 감소한다.

71. 하인리히(Heinrich)의 사고예방대책 기본원리 5단계에서 재해조사 분석, 안전성 진단 및 작업환경 측정은 몇 단계에서 실시하는가?

① 1단계
② 2단계
③ 3단계
④ 4단계
⑤ 5단계

[해설] 사고예방 원리 5단계
1. 제1단계(조직) : 안전관리 조직
2. 제2단계(사실의 발견) : 현상파악
3. 제3단계(분석) : 원인분석
4. 제4단계(시정책의 선정) : 대책수립
5. 제5단계(시정책의 적용) : 실시

72. 근로자 개인보호구 구비조건에 관한 설명으로 옳은 것을 모두 고른 것은?

㉠ 착용이 간편해야 한다.
㉡ 금속성 재료는 내식성이 없어야 한다.
㉢ 작업에 방해가 되지 않아야 한다.
㉣ 유해·위험에 대한 방호가 완전해야 한다.
㉤ 재료는 무겁고 충분한 강도를 갖추어야 한다.

① ㉠, ㉡, ㉢
② ㉠, ㉢, ㉣
③ ㉡, ㉢, ㉣
④ ㉡, ㉣, ㉤
⑤ ㉢, ㉣, ㉤

[해설] 개인보호구 구비조건
1. 착용하여 작업하기 쉬울 것
2. 유해위험물로부터 보호성능이 충분할 것
3. 사용되는 재료는 작업자에게 해로운 영향을 주지 않을 것
4. 마무리가 양호할 것
5. 외관이나 디자인이 양호할 것

73. 위험성 추정 시 산업재해 유형별 구분으로 옳지 않은 것은?
   ① 화학물질의 물리적 효과에 의한 것
   ② 물리적 인자의 유해성에 의한 것
   ③ 자연환경의 물리적 효과에 의한 것
   ④ 화학물질의 유해성에 의한 것
   ⑤ 생물학적 요인에 의한 것

   해설 위험성 추정 시 산업재해 유형별 구분은 화학물질, 물리적 인자, 생물학적 요인으로 구분한다.

74. 위험성 평가기법의 하나인 FTA(Fault Tree Analysis)에서 사용되는 기호의 명칭으로 옳지 않은 것은?

   ①　　　OR 게이트 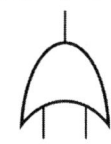　　　② 　　　AND 게이트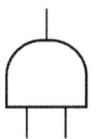

   ③　　　기본 사상 　　　④　　　생략 사상

   ⑤　　　중간 또는 정상 사상

   해설 생략사상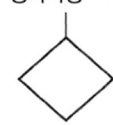

75. 안전보건경영시스템(KOSHA 18001) 인증에서 안전보건경영 관계자 면담 시 중급 관리자가 숙지해야 할 사항으로 명시되지 않은 것은?
   ① 안전보건 경영방침을 수행하기 위한 구체적 추진계획
   ② 안전보건경영시스템의 운영절차와 예상효과
   ③ 해당 공정의 위험성 평가방법과 내용
   ④ 최신 기술 자료의 보관장소와 관리방법
   ⑤ 개인보호구 착용기준과 착용방법

정답 71 ③ 72 ② 73 ③ 74 ④ 75 ⑤

해설 중급 관리자가 알아야 할 사항
  ○ 회사의 안전보건경영방침을 수행하기 위한 구체적 추진계획을 알고 있어야 한다.
  ○ 안전보건경영시스템의 운영절차와 예상효과에 대해서 알고 있어야 한다.
  ○ 안전보건경영시스템 운영상의 담당자의 역할을 알고 있어야 한다.
  ○ 해당공정의 위험성 평가방법과 내용을 알고 있어야 한다.
  ○ 해당공정의 중요한 안전작업지침서 내용을 알고 있어야 한다.
  ○ 유해위험작업공정과 작업환경이 열악한 장소를 파악하고 있어야 한다.
  ○ 비상조치 사항을 알고 있어야 한다.
  ○ 최신 기술자료의 보관장소와 관리방법을 알고 있어야 한다.

2021년 기출문제

산업안전보건법령

1. 산업안전보건법령상 안전보건관리체제에 관한 설명으로 옳지 않은 것은?

   ① 안전보건관리책임자는 안전관리자와 보건관리자를 지휘·감독한다.
   ② 사업주는 사업장을 실질적으로 총괄하여 관리하는 사람에게 해당 사업장의 작업환경측정 등 작업환경의 점검 및 개선에 관한 업무를 총괄하여 관리하도록 하여야 한다.
   ③ 사업주는 안전관리자에게 산업 안전 및 보건에 관한 업무로서 해당작업에서 발생한 산업재해에 관한 보고 및 이에 대한 응급조치에 관한 업무를 수행하도록 하여야 한다.
   ④ 사업주는 안전보건관리책임자가 「산업안전보건법」에 따른 업무를 원활하게 수행할 수 있도록 권한·시설·장비·예산, 그 밖에 필요한 지원을 해야 한다.
   ⑤ 사업주는 안전보건관리책임자를 선임했을 때에는 그 선임 사실 및 「산업안전보건법」에 따른 업무의 수행내용을 증명할 수 있는 서류를 갖추어 두어야 한다.

   해설 ③ 산업 안전 및 보건에 관한 업무로서 해당작업에서 발생한 산업재해에 관한 보고 및 이에 대한 응급조치에 관한 업무는 보건관리자의 업무이다(영 제22조 제1항).
   ① 안전보건관리책임자는 안전관리자와 보건관리자를 지휘·감독한다(법 제15조 제2항).
   ② 사업주는 사업장을 실질적으로 총괄하여 관리하는 사람에게 해당 사업장의 작업환경측정 등 작업환경의 점검 및 개선에 관한 업무를 총괄하여 관리하도록 하여야 한다(법 제15조 제1항).
   ④ 사업주는 안전보건관리책임자가 「산업안전보건법」에 따른 업무를 원활하게 수행할 수 있도록 권한·시설·장비·예산, 그 밖에 필요한 지원을 해야 한다(영 제14조 제2항).
   ⑤ 사업주는 안전보건관리책임자를 선임했을 때에는 그 선임 사실 및 「산업안전보건법」에 따른 업무의 수행내용을 증명할 수 있는 서류를 갖추어 두어야 한다(영 제14조 제3항).

2. 산업안전보건법령상 협조 요청 등에 관한 설명으로 옳지 않은 것은?

   ① 고용노동부장관은 산업재해 예방에 관한 기본계획을 효율적으로 시행하기 위하여 필요하다고 인정할 때에는 「공공기관의 운영에 관한 법률」에 따른 공공기관의 장에게 필요한 협조를 요청할 수 있다.
   ② 고용노동부를 제외한 행정기관의 장은 사업장의 안전 및 보건에 관하여 규제를 하려면 미리 고용노동부장관과 협의하여야 한다.

   정답 1 ③ 2 ④

③ 고용노동부장관은 산업재해 예방을 위하여 필요하다고 인정할 때에는 사업주단체에게 필요한 사항을 권고하거나 협조를 요청할 수 있다.
④ 고용노동부장관은 산업재해 예방을 위하여 중앙행정기관의 장과 지방자치단체의 장 또는 공단 등 관련 기관·단체의 장에게 「소득세법」에 따른 납세실적에 관한 정보의 제공을 요청할 수 있다.
⑤ 고용노동부장관은 산업재해 예방을 위하여 중앙행정기관의 장과 지방자치단체의 장 또는 공단 등 관련 기관·단체의 장에게 「고용보험법」에 따른 근로자의 피보험자격의 취득 및 상실 등에 관한 정보의 제공을 요청할 수 있다.

> **해설** ④ 고용노동부장관은 산업재해 예방을 위하여 중앙행정기관의 장과 지방자치단체의 장 또는 공단 등 관련 기관·단체의 장에게 「부가가치세법」, 「법인세법」에 따른 사업자등록에 관한 정보의 제공을 요청할 수 있다(법 제8조 제5항).
> ① 고용노동부장관은 산업재해 예방에 관한 기본계획을 효율적으로 시행하기 위하여 필요하다고 인정할 때에는 「공공기관의 운영에 관한 법률」에 따른 공공기관의 장에게 필요한 협조를 요청할 수 있다(법 제8조 제1항).
> ② 고용노동부를 제외한 행정기관의 장은 사업장의 안전 및 보건에 관하여 규제를 하려면 미리 고용노동부장관과 협의하여야 한다(법 제8조 제2항).
> ③ 고용노동부장관은 산업재해 예방을 위하여 필요하다고 인정할 때에는 사업주단체에게 필요한 사항을 권고하거나 협조를 요청할 수 있다(법 제8조 제4항).
> ⑤ 고용노동부장관은 산업재해 예방을 위하여 중앙행정기관의 장과 지방자치단체의 장 또는 공단 등 관련 기관·단체의 장에게 「고용보험법」에 따른 근로자의 피보험자격의 취득 및 상실 등에 관한 정보의 제공을 요청할 수 있다(법 제8조 제5항).

3. 산업안전보건법령상 산업재해발생건수등의 공표대상 사업장에 해당하는 것은?
① 사망재해자가 연간 1명 이상 발생한 사업장
② 사망만인율(연간 상시근로자 1만명당 발생하는 사망재해자 수의 비율)이 규모별 같은 업종의 평균 사망만인율 이상인 사업장
③ 「산업안전보건법」에 따른 중대재해가 발생한 사업장
④ 산업재해 발생 사실을 은폐했거나, 은폐할 우려가 있는 사업장
⑤ 「산업안전보건법」에 따른 산업재해의 발생에 관한 보고를 최근 3년 이내 1회 이상 하지 않은 사업장

> **해설** 공표대상 사업장(영 제10조 제1항)
> 1. 산업재해로 인한 사망자가 연간 2명 이상 발생한 사업장
> 2. 사망만인율(연간 상시근로자 1만명당 발생하는 사망재해자 수의 비율을 말한다)이 규모별 같은 업종의 평균 사망만인율 이상인 사업장
> 3. 중대산업사고가 발생한 사업장
> 4. 산업재해 발생 사실을 은폐한 사업장
> 5. 산업재해의 발생에 관한 보고를 최근 3년 이내 2회 이상 하지 않은 사업장

2021년 기출문제

4. 산업안전보건법령상 사업주가 산업안전보건위원회의 심의·의결을 거쳐야 하는 사항을 모두 고른 것은?

㉠ 안전장치 및 보호구 구입 시 적격품 여부 확인에 관한 사항
㉡ 작업환경측정 등 작업환경의 점검 및 개선에 관한 사항
㉢ 산업재해의 원인 조사 및 재발 방지대책 수립에 관한 사항 중 중대재해에 관한 사항
㉣ 유해하거나 위험한 기계·기구·설비를 도입한 경우 안전 및 보건 관련 조치에 관한 사항

① ㉠
② ㉠, ㉡
③ ㉢, ㉣
④ ㉡, ㉢, ㉣
⑤ ㉠, ㉡, ㉢, ㉣

해설 산업안전보건위원회 심의·의결사항(법 제24조 제2항, 법 제15조 제1항))
1. 사업장의 산업재해 예방계획의 수립에 관한 사항
2. 안전보건관리규정의 작성 및 변경에 관한 사항
3. 안전보건교육에 관한 사항
4. 작업환경측정 등 작업환경의 점검 및 개선에 관한 사항
5. 근로자의 건강진단 등 건강관리에 관한 사항
7. 산업재해에 관한 통계의 기록 및 유지에 관한 사항
2. 산업재해의 원인 조사 및 재발 방지대책 수립에 관한 사항 중 중대재해에 관한 사항
3. 유해하거나 위험한 기계·기구·설비를 도입한 경우 안전 및 보건 관련 조치에 관한 사항
4. 그 밖에 해당 사업장 근로자의 안전 및 보건을 유지·증진시키기 위하여 필요한 사항

5. 산업안전보건법령상 안전보건관리규정에 관한 설명으로 옳은 것은?

① 사업주는 안전보건관리규정을 작성해야 할 사유가 발생한 날부터 30일 이내에, 이를 변경할 사유가 발생한 경우에는 15일 이내에 안전보건관리규정을 작성해야 한다.
② 사업주가 안전보건관리규정을 작성할 때에는 소방·가스·전기·교통 분야 등의 다른 법령에서 정하는 안전관리에 관한 규정과 통합하여 작성해서는 안 된다.
③ 안전보건관리규정이 단체협약에 반하는 경우 안전보건관리규정으로 정한 기준에 따른다.
④ 산업안전보건위원회가 설치되어 있지 아니한 사업장의 경우에는 사업주가 안전보건관리규정을 작성하거나 변경할 때에 근로자대표의 동의를 받아야 한다.
⑤ 안전보건관리규정에는 안전 및 보건에 관한 관리조직에 관한 사항은 포함되지 않는다.

해설 ④ 산업안전보건위원회가 설치되어 있지 아니한 사업장의 경우에는 사업주가 안전보건관리규정을 작성하거나 변경할 때에 근로자대표의 동의를 받아야 한다(법 제26조 후단).
① 사업주는 사업장의 안전 및 보건을 유지하기 위하여 안전보건관리규정을 작성하여야 한다(법 제25조 제1항).
② 사업주가 안전보건관리규정을 작성할 때에는 소방·가스·전기·교통 분야 등의 다른 법령에서 정하는 안전관리에 관한 규정과 통합하여 작성할 수 있다(규칙 제25조 제3항).
③ 안전보건관리규정은 단체협약 또는 취업규칙에 반할 수 없다. 이 경우 안전보건관리규정 중 단체협약 또는 취업규칙에 반하는 부분에 관하여는 그 단체협약 또는 취업규칙으로 정한 기준에 따른다(법 제25조 제2항).
⑤ 안전보건관리규정에는 안전 및 보건에 관한 관리조직과 그 직무에 관한 사항을 포함하여야 한다(법 제25조 제1항 제1호).

정답 3 ② 4 ④ 5 ④

6. 산업안전보건법령상 사업주의 의무 사항에 해당하는 것은?
   ① 산업 안전 및 보건 정책의 수립 및 집행
   ② 해당 사업장의 안전 및 보건에 관한 정보를 근로자에게 제공
   ③ 산업재해에 관한 조사 및 통계의 유지·관리
   ④ 산업 안전 및 보건 관련 단체 등에 대한 지원 및 지도·감독
   ⑤ 산업 안전 및 보건에 관한 의식을 북돋우기 위한 홍보·교육 등 안전문화 확산 추진

   >해설 사업주 의무(법 제5조 제1항)
   1. 이 법과 이 법에 따른 명령으로 정하는 산업재해 예방을 위한 기준
   2. 근로자의 신체적 피로와 정신적 스트레스 등을 줄일 수 있는 쾌적한 작업환경의 조성 및 근로조건 개선
   3. 해당 사업장의 안전 및 보건에 관한 정보를 근로자에게 제공

7. 산업안전보건법령상 용어에 관한 설명으로 옳지 않은 것은?
   ① 건설공사발주자는 도급인에 해당한다.
   ② 근로자의 과반수로 조직된 노동조합이 없는 경우에는 근로자의 과반수를 대표하는 자를 근로자대표로 한다.
   ③ 노무를 제공하는 사람이 업무에 관계되는 설비에 의하여 질병에 걸리는 것은 산업재해에 해당한다.
   ④ 명칭에 관계없이 물건의 제조·건설·수리 또는 서비스의 제공, 그 밖의 업무를 타인에게 맡기는 계약은 도급이다.
   ⑤ 산업재해 중 3개월 이상의 요양이 필요한 부상자가 동시에 2명 이상 발생한 재해는 중대재해에 해당한다.

   >해설 건설공사발주자 : 건설공사를 도급하는 자로서 건설공사의 시공을 주도하여 총괄·관리하지 아니하는 자를 말한다. 다만, 도급받은 건설공사를 다시 도급하는 자는 제외한다(법 제2조 제10호).

8. 산업안전보건법령상 자율검사프로그램에 따른 안전검사를 할 수 있는 검사원의 자격을 갖추지 못한 사람은?
   ① 「국가기술자격법」에 따른 기계·전기·전자·화공 또는 산업안전 분야에서 기사 이상의 자격을 취득한 후 해당 분야의 실무경력이 4년인 사람
   ② 「국가기술자격법」에 따른 기계·전기·전자·화공 또는 산업안전 분야에서 산업기사 이상의 자격을 취득한 후 해당 분야의 실무경력이 6년인 사람
   ③ 「초·중등교육법」에 따른 고등학교·고등기술학교에서 기계·전기 또는 전자·화공 관련 학과를 졸업한 후 해당 분야의 실무경력이 6년인 사람
   ④ 「고등교육법」에 따른 학교 중 수업연한이 4년인 학교에서 기계·전기·전자·화공 또는 산업안전 분야의 관련 학과를 졸업한 후 해당 분야의 실무경력이 4년인 사람

⑤ 「국가기술자격법」에 따른 기계·전기·전자·화공 또는 산업안전 분야에서 기능사 이상의 자격을 취득한 후 해당 분야의 실무경력이 8년인 사람

해설 검사원의 자격(규칙 제130조)
1. 기계·전기·전자·화공 또는 산업안전 분야에서 기사 이상의 자격을 취득한 후 해당 분야의 실무경력이 3년 이상인 사람
2. 기계·전기·전자·화공 또는 산업안전 분야에서 산업기사 이상의 자격을 취득한 후 해당 분야의 실무경력이 5년 이상인 사람
3. 기계·전기·전자·화공 또는 산업안전 분야에서 기능사 이상의 자격을 취득한 후 해당 분야의 실무경력이 7년 이상인 사람
4. 학교 중 수업연한이 4년인 학교(같은 수준 이상의 학력이 인정되는 학교를 포함한다)에서 기계·전기·전자·화공 또는 산업안전 분야의 관련 학과를 졸업한 후 해당 분야의 실무경력이 3년 이상인 사람
5. 「고등교육법」에 따른 학교 중 ④에 따른 학교 외의 학교(같은 수준 이상의 학력이 인정되는 학교를 포함한다)에서 기계·전기·전자·화공 또는 산업안전 분야의 관련 학과를 졸업한 후 해당 분야의 실무경력이 5년 이상인 사람
6. 고등학교·고등기술학교에서 기계·전기 또는 전자·화공 관련 학과를 졸업한 후 해당 분야의 실무경력이 7년 이상인 사람
7. 자율검사프로그램에 따라 안전에 관한 성능검사 교육을 이수한 후 해당 분야의 실무경력이 1년 이상인 사람

9. 산업안전보건법령상 안전보건관리책임자에 대한 신규교육 및 보수교육의 교육시간이 옳게 연결된 것은? (단, 다른 면제조건이나 감면조건을 고려하지 않음)

① 신규교육 : 6시간 이상, 보수교육 : 6시간 이상
② 신규교육 : 10시간 이상, 보수교육 : 6시간 이상
③ 신규교육 : 10시간 이상, 보수교육 : 10시간 이상
④ 신규교육 : 24시간 이상, 보수교육 : 10시간 이상
⑤ 신규교육 : 34시간 이상, 보수교육 : 24시간 이상

해설 안전보건관리책임자 등에 대한 교육(규칙 별표 4)

교육대상	교육시간	
	신규교육	보수교육
가. 안전보건관리책임자	6시간 이상	6시간 이상
나. 안전관리자, 안전관리전문기관의 종사자	34시간 이상	24시간 이상
다. 보건관리자, 보건관리전문기관의 종사자	34시간 이상	24시간 이상
라. 건설재해예방전문지도기관의 종사자	34시간 이상	24시간 이상
마. 석면조사기관의 종사자	34시간 이상	24시간 이상
바. 안전보건관리담당자	-	8시간 이상
사. 안전검사기관, 자율안전검사기관의 종사자	34시간 이상	24시간 이상

정답 6 ② 7 ① 8 ③ 9 ①

10. 산업안전보건법령상 안전인증대상기계등이 아닌 유해·위험기계등으로서 자율안전확인대상기계등에 해당하는 것이 아닌 것은?

① 휴대형이 아닌 연삭기(硏削機)
② 파쇄기 또는 분쇄기
③ 용접용 보안면
④ 자동차정비용 리프트
⑤ 식품가공용 제면기

해설 자율안전확인대상기계등(영 제77조 제1항 제1호)
1. 연삭기 또는 연마기. 이 경우 휴대형은 제외한다.
2. 산업용 로봇
3. 혼합기
4. 파쇄기 또는 분쇄기
5. 식품가공용 기계(파쇄·절단·혼합·제면기만 해당한다)
6. 컨베이어
7. 자동차정비용 리프트
8. 공작기계(선반, 드릴기, 평삭·형삭기, 밀링만 해당한다)
9. 고정형 목재가공용 기계(둥근톱, 대패, 루타기, 띠톱, 모떼기 기계만 해당한다)
10. 인쇄기

11. 산업안전보건법령상 물질안전보건자료의 작성·제출 제외 대상 화학물질 등에 해당하지 않는 것은?

① 「마약류 관리에 관한 법률」에 따른 마약 및 향정신성의약품
② 「사료관리법」에 따른 사료
③ 「생활주변방사선 안전관리법」에 따른 원료물질
④ 「약사법」에 따른 의약품 및 의약외품
⑤ 「방위사업법」에 따른 군수품

해설 물질안전보건자료의 작성·제출 제외 대상 화학물질 등(영 제86조)
1. 건강기능식품
2. 농약
3. 마약 및 향정신성의약품
4. 비료
5. 사료
6. 원료물질
7. 안전확인대상생활화학제품 및 살생물제품 중 일반소비자의 생활용으로 제공되는 제품
8. 식품 및 식품첨가물
9. 의약품 및 의약외품
10. 방사성물질
11. 위생용품

12. 의료기기
13. 첨단바이오의약품
14. 화약류
15. 폐기물
16. 화장품
17. 화학물질 또는 혼합물로서 일반소비자의 생활용으로 제공되는 것(일반소비자의 생활용으로 제공되는 화학물질 또는 혼합물이 사업장 내에서 취급되는 경우를 포함한다)
18. 고용노동부장관이 정하여 고시하는 연구·개발용 화학물질 또는 화학제품
19. 그 밖에 고용노동부장관이 독성·폭발성 등으로 인한 위해의 정도가 적다고 인정하여 고시하는 화학물질

12. 산업안전보건법령상 안전보건교육 교육대상별 교육내용 중 근로자 정기교육에 해당하지 않는 것은?

① 관리감독자의 역할과 임무에 관한 사항
② 산업보건 및 직업병 예방에 관한 사항
③ 산업안전보건법령 및 산업재해보상보험 제도에 관한 사항
④ 직무스트레스 예방 및 관리에 관한 사항
⑤ 산업안전 및 사고 예방에 관한 사항

해설 근로자 정기교육(규칙 별표 5)

교육내용
○ 산업안전 및 사고 예방에 관한 사항
○ 산업보건 및 직업병 예방에 관한 사항
○ 위험성 평가에 관한 사항
○ 건강증진 및 질병 예방에 관한 사항
○ 유해·위험 작업환경 관리에 관한 사항
○ 산업안전보건법령 및 산업재해보상보험 제도에 관한 사항
○ 직무스트레스 예방 및 관리에 관한 사항
○ 직장 내 괴롭힘, 고객의 폭언 등으로 인한 건강장해 예방 및 관리에 관한 사항

13. 산업안전보건법령상 유해하거나 위험한 기계·기구·설비로서 안전검사대상기계등에 해당하는 것은?

① 정격 하중 1톤인 크레인
② 이동식 국소 배기장치
③ 밀폐형 구조의 롤러기
④ 가정용 원심기
⑤ 산업용 로봇

해설 유해하거나 위험한 기계·기구·설비로서 안전검사대상기계등(영 제78조 제1항)
1. 프레스
2. 전단기

정답 10 ③ 11 ⑤ 12 ① 13 ⑤

3. 크레인(정격 하중이 2톤 미만인 것은 제외한다)
4. 리프트
5. 압력용기
6. 곤돌라
7. 국소 배기장치(이동식은 제외한다)
8. 원심기(산업용만 해당한다)
9. 롤러기(밀폐형 구조는 제외한다)
10. 사출성형기[형 체결력 294킬로뉴턴(KN) 미만은 제외한다]
11. 고소작업대(화물자동차 또는 특수자동차에 탑재한 고소작업대로 한정한다)
12. 컨베이어
13. 산업용 로봇

14. 산업안전보건법령상 도급인 및 그의 수급인 전원으로 구성된 안전 및 보건에 관한 협의체에서 협의해야 하는 사항이 아닌 것은?

① 작업의 시작 시간
② 작업의 종료 시간
③ 작업 또는 작업장 간의 연락방법
④ 재해발생 위험이 있는 경우 대피방법
⑤ 사업주와 수급인 또는 수급인 상호 간의 연락 방법 및 작업공정의 조정

해설 도급인 및 그의 수급인 전원으로 구성된 안전 및 보건에 관한 협의체에서 협의해야 하는 사항(규칙 제79조 제2항)
1. 작업의 시작 시간
2. 작업 또는 작업장 간의 연락방법
3. 재해발생 위험이 있는 경우 대피방법
4. 작업장에서의 위험성평가의 실시에 관한 사항
5. 사업주와 수급인 또는 수급인 상호 간의 연락 방법 및 작업공정의 조정

15. 산업안전보건법령상 유해성·위험성 조사 제외 화학물질에 해당하는 것을 모두 고른 것은?

㉠ 원소
㉡ 천연으로 산출되는 화학물질
㉢ 「총포·도검·화약류 등의 안전관리에 관한 법률」에 따른 화약류
㉣ 「생활화학제품 및 살생물제의 안전관리에 관한 법률」에 따른 살생물물질 및 살생물제품
㉤ 「폐기물관리법」에 따른 폐기물

① ㉡
② ㉠, ㉤
③ ㉢, ㉣, ㉤
④ ㉠, ㉡, ㉢, ㉣
⑤ ㉠, ㉡, ㉢, ㉣, ㉤

해설 유해성·위험성 조사 제외 화학물질(영 제85조)
1. 원소
2. 천연으로 산출된 화학물질
3. 건강기능식품
4. 군수품[통상품은 제외한다]
5. 농약 및 원제
6. 마약류
7. 비료
8. 사료
9. 살생물물질 및 살생물제품
10. 식품 및 식품첨가물
11. 의약품 및 의약외품
12. 방사성물질
13. 위생용품
14. 의료기기
15. 화약류
16. 화장품과 화장품에 사용하는 원료
17. 고용노동부장관이 명칭, 유해성·위험성, 근로자의 건강장해 예방을 위한 조치 사항 및 연간 제조량·수입량을 공표한 물질로서 공표된 연간 제조량·수입량 이하로 제조하거나 수입한 물질
18. 고용노동부장관이 환경부장관과 협의하여 고시하는 화학물질 목록에 기록되어 있는 물질

16. 산업안전보건법령상 기계등 대여자의 유해·위험 방지 조치로서 타인에게 기계등을 대여하는 자가 해당 기계등을 대여받은 자에게 서면으로 발급해야 할 사항을 모두 고른 것은?

> ㉠ 해당 기계등의 성능 및 방호조치의 내용
> ㉡ 해당 기계등의 특성 및 사용 시의 주의사항
> ㉢ 해당 기계등의 수리·보수 및 점검 내역과 주요 부품의 제조일
> ㉣ 해당 기계등의 정밀진단 및 수리 후 안전점검 내역, 주요 안전부품의 교환이력 및 제조일

① ㉠, ㉣
② ㉡, ㉢
③ ㉢, ㉣
④ ㉠, ㉡, ㉢
⑤ ㉠, ㉡, ㉢, ㉣

해설 해당 기계등을 대여받은 자에게 다음의 사항을 적은 서면을 발급할 것(규칙 제100조)
1. 해당 기계등의 성능 및 방호조치의 내용
2. 해당 기계등의 특성 및 사용 시의 주의사항
3. 해당 기계등의 수리·보수 및 점검 내역과 주요 부품의 제조일
4. 해당 기계등의 정밀진단 및 수리 후 안전점검 내역, 주요 안전부품의 교환이력 및 제조일

정답 14 ② 15 ④ 16 ⑤

17. 산업안전보건기준에 관한 규칙상 사업주가 작업장에 비상구가 아닌 출입구를 설치하는 경우 준수해야 하는 사항으로 옳지 않은 것은?
   ① 출입구의 위치, 수 및 크기가 작업장의 용도와 특성에 맞도록 할 것
   ② 출입구에 문을 설치하는 경우에는 근로자가 쉽게 열고 닫을 수 있도록 할 것
   ③ 주된 목적이 하역운반기계용인 출입구에는 인접하여 보행자용 출입구를 따로 설치할 것
   ④ 하역운반기계의 통로와 인접하여 있는 출입구에서 접촉에 의하여 근로자에게 위험을 미칠 우려가 있는 경우에는 비상등·비상벨 등 경보장치를 할 것
   ⑤ 출입구에 문을 설치하지 아니한 경우로서 계단이 출입구와 바로 연결된 경우, 작업자의 안전한 통행을 위하여 그 사이에 1.5m 이상 거리를 둘 것

   해설 사업주는 작업장에 출입구(비상구는 제외한다.)를 설치하는 경우 다음의 사항을 준수하여야 한다(산업안전보건기준에 관한 규칙 제11조).
   1. 출입구의 위치, 수 및 크기가 작업장의 용도와 특성에 맞도록 할 것
   2. 출입구에 문을 설치하는 경우에는 근로자가 쉽게 열고 닫을 수 있도록 할 것
   3. 주된 목적이 하역운반기계용인 출입구에는 인접하여 보행자용 출입구를 따로 설치할 것
   4. 하역운반기계의 통로와 인접하여 있는 출입구에서 접촉에 의하여 근로자에게 위험을 미칠 우려가 있는 경우에는 비상등·비상벨 등 경보장치를 할 것
   5. 계단이 출입구와 바로 연결된 경우에는 작업자의 안전한 통행을 위하여 그 사이에 1.2m 이상 거리를 두거나 안내표지 또는 비상벨 등을 설치할 것. 다만, 출입구에 문을 설치하지 아니한 경우에는 그러하지 아니하다.

18. 산업안전보건기준에 관한 규칙상 사업주가 사다리식 통로 등을 설치하는 경우 준수해야 하는 사항으로 옳지 않은 것은? (단, 잠함(潛函) 및 건조·수리중인 선박의 경우는 아님)
   ① 발판과 벽과의 사이는 15cm 이상의 간격을 유지할 것
   ② 폭은 30cm 이상으로 할 것
   ③ 사다리식 통로의 길이가 10m 이상인 경우에는 5m 이내마다 계단참을 설치할 것
   ④ 고정식 사다리식 통로의 기울기는 75도 이하로 하고 그 높이가 5m 이상인 경우에는 바닥으로부터 높이가 2m 되는 지점부터 등받이울을 설치할 것
   ⑤ 사다리의 상단은 걸쳐놓은 지점으로부터 60cm 이상 올라가도록 할 것

   해설 사업주는 사다리식 통로 등을 설치하는 경우 다음의 사항을 준수하여야 한다(산업안전보건기준에 관한 규칙 제24조).
   1. 견고한 구조로 할 것
   2. 심한 손상·부식 등이 없는 재료를 사용할 것
   3. 발판의 간격은 일정하게 할 것
   4. 발판과 벽과의 사이는 15센티미터 이상의 간격을 유지할 것
   5. 폭은 30센티미터 이상으로 할 것
   6. 사다리가 넘어지거나 미끄러지는 것을 방지하기 위한 조치를 할 것
   7. 사다리의 상단은 걸쳐놓은 지점으로부터 60센티미터 이상 올라가도록 할 것
   8. 사다리식 통로의 길이가 10미터 이상인 경우에는 5미터 이내마다 계단참을 설치할 것
   9. 사다리식 통로의 기울기는 75도 이하로 할 것. 다만, 고정식 사다리식 통로의 기울기는 90도 이하로 하고, 그 높이가 7미터 이상인 경우에는 다음 각 목의 구분에 따른 조치를 할 것
      ㉠ 등받이울이 있어도 근로자 이동에 지장이 없는 경우: 바닥으로부터 높이가 2.5미터 되는 지점부터 등받이울을 설치할 것

ⓒ 등받이울이 있으면 근로자가 이동이 곤란한 경우: 한국산업표준에서 정하는 기준에 적합한 개인용 추락 방지 시스템을 설치하고 근로자로 하여금 한국산업표준에서 정하는 기준에 적합한 전신안전대를 사용하도록 할 것
10. 접이식 사다리 기둥은 사용 시 접혀지거나 펼쳐지지 않도록 철물 등을 사용하여 견고하게 조치할 것

19. 산업안전보건법령상 사업주가 보존해야 할 서류의 보존기간이 2년인 것은?

① 노사협의체의 회의록
② 안전보건관리책임자의 선임에 관한 서류
③ 화학물질의 유해성·위험성 조사에 관한 서류
④ 산업재해의 발생 원인 등 기록
⑤ 작업환경측정에 관한 서류

해설 사업주는 다음의 서류를 3년(2.의 경우 2년을 말한다) 동안 보존하여야 한다. 다만, 고용노동부령으로 정하는 바에 따라 보존기간을 연장할 수 있다(법 제164조 제1항).
1. 안전보건관리책임자 · 안전관리자 · 보건관리자 · 안전보건관리담당자 및 산업보건의의 선임에 관한 서류
2. 회의록
3. 안전조치 및 보건조치에 관한 사항으로서 고용노동부령으로 정하는 사항을 적은 서류
4. 산업재해의 발생원인 등 기록
5. 화학물질의 유해성 · 위험성 조사에 관한 서류
6. 작업환경측정에 관한 서류
7. 건강진단에 관한 서류

20. 산업안전보건법령상 작업환경측정기관에 관한 지정 요건을 갖추면 작업환경측정기관으로 지정받을 수 있는 자를 모두 고른 것은?

㉠ 국가 또는 지방자치단체의 소속기관
㉡ 「의료법」에 따른 종합병원 또는 병원
㉢ 「고등교육법」에 따른 대학 또는 그 부속기관
㉣ 작업환경측정 업무를 하려는 법인

① ㉠, ㉡
② ㉢, ㉣
③ ㉠, ㉡, ㉢
④ ㉡, ㉢, ㉣
⑤ ㉠, ㉡, ㉢, ㉣

해설 작업환경측정기관의 지정 요건(영 제95조)
1. 국가 또는 지방자치단체의 소속기관
2. 종합병원 또는 병원
3. 대학 또는 그 부속기관
4. 작업환경측정 업무를 하려는 법인
5. 작업환경측정 대상 사업장의 부속기관(해당 부속기관이 소속된 사업장 등 고용노동부령으로 정하는 범위로 한정하여 지정받으려는 경우로 한정한다)

정답 17. ⑤ 18. ④ 19. ① 20. ⑤

21. 산업안전보건법령상 일반건강진단을 실시한 것으로 인정되는 건강진단에 해당하지 않는 것은?

① 「국민건강보험법」에 따른 건강검진
② 「선원법」에 따른 건강진단
③ 「진폐의 예방과 진폐근로자의 보호 등에 관한 법률」에 따른 정기 건강진단
④ 「병역법」에 따른 신체검사
⑤ 「항공안전법」에 따른 신체검사

> **해설** 일반건강진단 실시의 인정(규칙 제196조)
> 1. 「국민건강보험법」에 따른 건강검진
> 2. 「선원법」에 따른 건강진단
> 3. 「진폐의 예방과 진폐근로자의 보호 등에 관한 법률」에 따른 정기 건강진단
> 4. 「학교보건법」에 따른 건강검사
> 5. 「항공안전법」에 따른 신체검사
> 6. 그 밖에 일반건강진단의 검사항목을 모두 포함하여 실시한 건강진단

22. 산업안전보건법령상 사업주가 작성하여야 할 공정안전보고서에 포함되어야 할 내용으로 옳지 않은 것은?

① 공정안전자료
② 산업재해 예방에 관한 기본계획
③ 안전운전계획
④ 비상조치계획
⑤ 공정위험성 평가서

> **해설** 공정안전보고서에 포함되어야 할 내용(영 제44조 제1항)
> 1. 공정안전자료
> 2. 공정위험성 평가서
> 3. 안전운전계획
> 4. 비상조치계획
> 5. 그 밖에 공정상의 안전과 관련하여 고용노동부장관이 필요하다고 인정하여 고시하는 사항

23. 산업안전보건법령상 역학조사 및 자격 등에 의한 취업제한 등에 관한 설명으로 옳지 않은 것은?

① 사업주는 유해하거나 위험한 작업으로 상당한 지식이나 숙련도가 요구되는 고용노동부령으로 정하는 작업의 경우 그 작업에 필요한 자격·면허·경험 또는 기능을 가진 근로자가 아닌 사람에게 그 작업을 하게 해서는 아니된다.
② 사업주 및 근로자는 고용노동부장관이 역학조사를 실시하는 경우 적극 협조하여야 하며, 정당한 사유없이 역학조사를 거부·방해하거나 기피해서는 아니 된다.
③ 한국산업안전보건공단이 업무상 질병 여부의 결정을 위하여 역학조사를 요청하는 경우 근로복지공단은 역학조사를 실시하여야 한다.

④ 고용노동부장관은 역학조사를 위하여 필요하면 「산업안전보건법」에 따른 근로자의 건강진단결과, 「국민건강보험법」에 따른 요양급여기록 및 건강검진 결과, 「고용보험법」에 따른 고용정보, 「암관리법」에 따른 질병정보 및 사망원인 정보 등을 관련 기관에 요청할 수 있다.
⑤ 유해하거나 위험한 작업으로 상당한 지식이나 숙련도가 요구되는 고용노동부령으로 정하는 작업의 경우 고용노동부장관은 자격·면허의 취득 또는 근로자의 기능 습득을 위하여 교육기관을 지정할 수 있다.

해설 ③ 근로복지공단이 고용노동부장관이 정하는 바에 따라 업무상 질병 여부의 결정을 위하여 역학조사를 요청하는 경우 공단은 역학조사를 할 수 있다(규칙 제222조 제1항).
① 사업주는 유해하거나 위험한 작업으로 상당한 지식이나 숙련도가 요구되는 고용노동부령으로 정하는 작업의 경우 그 작업에 필요한 자격·면허·경험 또는 기능을 가진 근로자가 아닌 사람에게 그 작업을 하게 해서는 아니 된다(법 제140조 제1항).
② 사업주 및 근로자는 고용노동부장관이 역학조사를 실시하는 경우 적극 협조하여야 하며, 정당한 사유없이 역학조사를 거부·방해하거나 기피해서는 아니 된다(법 제141조 제2항).
④ 고용노동부장관은 역학조사를 위하여 필요하면 「산업안전보건법」에 따른 근로자의 건강진단결과, 「국민건강보험법」에 따른 요양급여기록 및 건강검진 결과, 「고용보험법」에 따른 고용정보, 「암관리법」에 따른 질병정보 및 사망원인 정보 등을 관련 기관에 요청할 수 있다(법 제141조 제5항).
⑤ 유해하거나 위험한 작업으로 상당한 지식이나 숙련도가 요구되는 고용노동부령으로 정하는 작업의 경우 고용노동부장관은 자격·면허의 취득 또는 근로자의 기능 습득을 위하여 교육기관을 지정할 수 있다(법 제140조 제2항).

24. 산업안전보건법령상 산업안전지도사에 관한 설명으로 옳지 않은 것은?

① 산업안전지도사는 산업보건에 관한 조사·연구의 직무를 수행한다.
② 산업안전지도사는 유해·위험의 방지대책에 관한 평가·지도의 직무를 수행한다.
③ 산업안전지도사의 업무 영역은 기계안전·전기안전·화공안전·건설안전 분야로 구분한다.
④ 산업안전지도사가 직무를 수행하려는 경우에는 고용노동부령으로 정하는 바에 따라 고용노동부장관에게 등록하여야 한다.
⑤ 「산업안전보건법」을 위반하여 벌금형을 선고받고 1년이 지나지 아니한 사람은 산업안전지도사 직무수행을 위해 고용노동부장관에게 등록을 할 수 없다.

해설 ① 산업보건에 관한 조사·연구는 산업보건지도사의 직무이다(법 제142조 제2항).
② 산업안전지도사는 유해·위험의 방지대책에 관한 평가·지도의 직무를 수행한다(법 제142조 제1항 제2호).
③ 산업안전지도사의 업무 영역은 기계안전·전기안전·화공안전·건설안전 분야로 구분한다(영 제102조 제1항).
④ 지도사가 그 직무를 수행하려는 경우에는 고용노동부령으로 정하는 바에 따라 고용노동부장관에게 등록하여야 한다(법 제145조 제1항).
⑤ 「산업안전보건법」을 위반하여 벌금형을 선고받고 1년이 지나지 아니한 사람은 산업안전지도사 직무수행을 위해 고용노동부장관에게 등록을 할 수 없다(법 제145조 제3항 제5호).

정답 21 ④ 22 ② 23 ③ 24 ①

25. 산업안전보건법령상 유해하거나 위험한 작업에 해당하여 근로조건의 개선을 통하여 근로자의 건강보호를 위한 조치를 하여야 하는 작업을 모두 고른 것은?

> ㉠ 동력으로 작동하는 기계를 이용하여 중량물을 취급하는 작업
> ㉡ 갱(坑) 내에서 하는 작업
> ㉢ 강렬한 소음이 발생하는 장소에서 하는 작업

① ㉠
② ㉡
③ ㉢
④ ㉠, ㉢
⑤ ㉡, ㉢

해설 유해하거나 위험한 작업에 해당하여 근로조건의 개선을 통하여 근로자의 건강보호를 위한 조치를 하여야 하는 작업(영 제99조 제3항)
1. 갱 내에서 하는 작업
2. 다량의 고열물체를 취급하는 작업과 현저히 덥고 뜨거운 장소에서 하는 작업
3. 다량의 저온물체를 취급하는 작업과 현저히 춥고 차가운 장소에서 하는 작업
4. 라듐방사선이나 엑스선, 그 밖의 유해 방사선을 취급하는 작업
5. 유리·흙·돌·광물의 먼지가 심하게 날리는 장소에서 하는 작업
6. 강렬한 소음이 발생하는 장소에서 하는 작업
7. 착암기(바위에 구멍을 뚫는 기계) 등에 의하여 신체에 강렬한 진동을 주는 작업
8. 인력으로 중량물을 취급하는 작업
9. 납·수은·크롬·망간·카드뮴 등의 중금속 또는 이황화탄소·유기용제, 그 밖에 고용노동부령으로 정하는 특정 화학물질의 먼지·증기 또는 가스가 많이 발생하는 장소에서 하는 작업

산업위생 일반

26. 국내·외 산업위생의 역사에 관한 설명으로 옳지 않은 것은?
① 미국의 산업위생학자 Hamilton은 유해물질 노출과 질병과의 관계를 규명하였다.
② 1981년 우리나라는 노동청이 노동부로 승격되었고 산업안전보건법이 공포되었다.
③ 원진레이온에서 이황화탄소(CS_2) 중독이 집단적으로 발생하였다.
④ Agricola는 음낭암의 원인물질이 검댕(soot)이라고 규명하였다.
⑤ Ramazzini는 직업병의 원인을 작업장에서 사용하는 유해물질과 불안전한 작업자세나 과격한 동작으로 구분하였다.

해설 Agricola는 광부들의 호흡기 질환, 특히 천식증과 소모성 증세에 대하여 상세히 기술하였다. 음낭암의 원인물질이 검댕(soot)이라고 규명한 사람은 Percival Pott이다.

27. 망간(Mn)의 인체에 대한 실험결과 안전한 체내 흡수량은 0.1mg/kg이었다. 1일 작업시간이 8시간인 경우 허용농도(mg/㎥)는 약 얼마인가? (단, 폐에 의한 흡수율은 1, 호흡률은 1.2㎥/hr, 근로자의 체중은 80kg으로 계산한다.)

① 0.83 ② 0.88
③ 0.93 ④ 0.98
⑤ 1.03

해설 허용농도(mg/㎥) = $\dfrac{\text{체내흡수량} \times \text{근로자 체중}}{\text{호흡률} \times \text{작업시간}} = \dfrac{0.1 \times 80}{1.2 \times 8} = 0.83\,\text{mg/㎥}$

28. 작업환경측정 및 정도관리 등에 관한 고시에서 입자상 물질의 측정, 분석방법의 내용으로 옳지 않은 것은?

① 석면의 농도는 여과채취방법으로 측정하고 계수방법 또는 이와 동등이상의 분석방법으로 분석한다.
② 광물성분진은 여과채취방법으로 측정한다.
③ 흡입성분진은 흡입성분진용 분립장치 또는 흡입성분진을 채취할 수 있는 기기를 이용한 여과채취방법으로 측정한다.
④ 용접흄은 여과채취방법으로 측정하되 용접보안면을 착용한 경우에는 그 외부에서 시료를 채취한다.
⑤ 규산염은 중량분석방법으로 분석한다.

해설
④ 용접흄은 여과채취방법으로 측정하되 용접보안면을 착용한 경우에는 그 내부에서 시료를 채취하고 중량분석방법과 원자흡광광도계 또는 유도결합프라스마를 이용한 방법으로 분석한다(작업환경측정 및 정도관리 등에 관한 고시 제21조 제1호).
① 석면의 농도는 여과채취방법으로 측정하고 계수방법 또는 이와 동등이상의 분석방법으로 분석한다(작업환경측정 및 정도관리 등에 관한 고시 제21조 제1호).
② 광물성분진은 여과채취방법으로 측정한다(작업환경측정 및 정도관리 등에 관한 고시 제21조 제2호).
③ 흡입성분진은 흡입성분진용 분립장치 또는 흡입성분진을 채취할 수 있는 기기를 이용한 여과채취방법으로 측정한다(작업환경측정 및 정도관리 등에 관한 고시 제21조 제6호).
⑤ 규산염은 중량분석방법으로 분석한다(작업환경측정 및 정도관리 등에 관한 고시 제21조 제2호).

29. 직경 200mm의 원형 덕트에서 측정한 후드정압(SP_h)은 100mmH2O, 유입계수(C_e)는 0.5이었다. 후드의 필요 환기량(㎥/min)은 약 얼마인가? (단, 현재의 공기는 표준공기 상태이다.)

① 18.10 ② 23.10
③ 28.10 ④ 33.10
⑤ 41.45

정답 25 ⑤ 26 ④ 27 ① 28 ④ 29 ⑤

해설 Q=V×A

$$A = \frac{파이 \times 직경^2}{4} = \frac{3.14 \times 0.2^2}{4} = 0.0314㎡$$

정압=VP(1+F)
100=VP(1+3)
VP=25

$$VP = \frac{비중 \times 속도^2}{2 \times 9.8}$$

$$25 = \frac{1 \times V^2}{2 \times 9.8}$$

V=22.136×0.0314=0.695×60=41.45㎥/min

30. 산업안전보건법 시행규칙과 산업안전보건기준에 관한 규칙상 소음발생으로 인한 건강장해 예방에 관한 설명으로 옳지 않은 것은?

① 8시간 시간가중평균 80dB 이상의 소음은 작업환경측정 대상이다.
② 1일 8시간 작업을 기준으로 소음측정 결과 85dB인 경우 청력보존 프로그램 수립 대상이다.
③ 1일 8시간 작업을 기준으로 소음측정 결과 90dB인 경우 특수건강진단 대상이다.
④ 사업주는 근로자가 강렬한 소음작업에 종사하는 경우 인체에 미치는 영향과 증상을 근로자에게 알려야 한다.
⑤ 사업주는 근로자가 충격소음작업에 종사하는 경우 근로자에게 청력보호구를 지급하고 착용하도록 하여야 한다.

해설 ② 사업주는 다음의 어느 하나에 해당하는 경우에 청력보존 프로그램을 수립하여 시행해야 한다(산업안전보건기준에 관한 규칙 제517조).
   1. 소음의 작업환경 측정 결과 소음수준이 유해인자 노출기준에서 정하는 소음의 노출기준을 초과하는 사업장
   2. 소음으로 인하여 근로자에게 건강장해가 발생한 사업장
① 8시간 시간가중평균 80dB 이상의 소음은 작업환경측정 대상이다(규칙 제190조 제2항).
③ 1일 8시간 작업을 기준으로 소음측정 결과 90dB인 경우 특수건강진단 대상이다(산업안전보건기준에 관한 규칙 제512조 제2호).
④ 사업주는 근로자가 강렬한 소음작업에 종사하는 경우 인체에 미치는 영향과 증상을 근로자에게 알려야 한다(산업안전보건기준에 관한 규칙 제514조 제1항).
⑤ 사업주는 근로자가 충격소음작업에 종사하는 경우 근로자에게 청력보호구를 지급하고 착용하도록 하여야 한다(산업안전보건기준에 관한 규칙 제516조 제1항).

31. 전리방사선에 관한 설명으로 옳은 것은?

① β입자는 그 자체가 전리적 성질을 가지고 있다.
② γ-선이 인체에 흡수되면 α입자가 생성되면서 전리작용을 일으킨다.
③ 중성자는 하전되어 있어 1차적인 방사선을 생성한다.
④ 렌트겐(R)은 방사능 단위에 해당된다.
⑤ 라드(rad)는 조사선량 단위에 해당된다.

해설 ① 방사선(α선, β선 등)은 직접 전리를 일으키는 능력이 있다.
②, ③ 방사선(X-선, γ선, 중성자선 등)은 간접적으로 즉 우선 하전입자를 방출하여 그에 의하여 전리를 일으킨다.
④ 렌트겐(R)은 조사선량의 단위로 사용된다.
⑤ 라드(rad)는 방사선의 흡수선량을 나타내는 전통단위이다.

32. 입자상 물질의 호흡기 내 침착 및 인체 방어기전에 관한 설명으로 옳지 않은 것은?
   ① 입자상 물질이 호흡기 내에 침착하는 데는 충돌, 중력침강, 확산, 간섭 및 정전기 침강이 관여한다.
   ② 호흡성분진(RPM)은 주로 폐포에 침착되어 독성을 나타내며 평균입자의 크기(D50)는 10μm이다.
   ③ 흡입된 공기는 기도를 거쳐 기관지와 미세기관지를 통하여 폐로 들어간다.
   ④ 기도와 기관지에 침착된 먼지는 점액 섬모운동에 의해 상승하고 상기도로 이동되어 제거된다.
   ⑤ 흡입성분진(IPM)은 주로 호흡기계의 상기도 부위에 독성을 나타낸다.

   해설 호흡성분진(RPM)은 가스 교환부위, 즉 폐포에 침착할 때 유해한 물질로서 평균 입경이 4μm이다.

33. 산업안전보건법 시행규칙상 유해인자의 유해성·위험성 분류기준으로 옳은 것은?
   ① 급성 독성 물질 : 호흡기를 통하여 2시간 동안 흡입하는 경우 유해한 영향을 일으키는 물질
   ② 소음 : 소음성난청을 유발할 수 있는 80데시벨(A) 이상의 시끄러운 소리
   ③ 이상기압 : 게이지 압력이 제곱m당 1킬로그램 초과 또는 미만인 기압
   ④ 공기매개 감염인자 : 결핵·수두·홍역 등 공기 또는 비말감염 등을 매개로 호흡기를 통하여 전염되는 인자
   ⑤ 자연발화성 액체 : 적은 양으로도 공기와 접촉하여 10분 안에 발화할 수 있는 액체

   해설 ① 급성 독성 물질 : 입 또는 피부를 통하여 1회 투여 또는 24시간 이내에 여러 차례로 나누어 투여하거나 호흡기를 통하여 4시간 동안 흡입하는 경우 유해한 영향을 일으키는 물질(규칙 별표 18)
   ② 소음 : 소음성난청을 유발할 수 있는 85데시벨(A) 이상의 시끄러운 소리(규칙 별표 18)
   ③ 이상기압 : 게이지 압력이 제곱cm당 1킬로그램 초과 또는 미만인 기압(규칙 별표 18)
   ⑤ 자연발화성 액체 : 적은 양으로도 공기와 접촉하여 5분 안에 발화할 수 있는 액체(규칙 별표 18)

34. 근로자 건강진단 실시기준에서 인체에 미치는 영향이 "수면방해, 행동이상, 신경증상, 발음부정확 등"으로 기술된 유해요인은?
   ① 망간   ② 오산화바나듐
   ③ 수은   ④ 카드뮴
   ⑤ 니켈

정답 30 ② 31 ① 32 ② 33 ④ 34 ①

해설 ① 망간 : 수면방해, 행동이상, 신경증상, 발음부정확 등
② 오산화바나듐 : 눈물이 나옴, 비염, 인두염, 기관지염, 천식, 흉통, 폐염, 폐부종, 피부습진 등
③ 수은 : 식욕부진, 두통, 전신권태, 경미한 몸 떨림, 불안, 호흡곤란, 화학성 폐렴, 입술부위의 창백, 메스꺼움, 설사, 정신장애 증세를 보이고 피부의 알러지화, 기억상실, 우울증세를 나타낼 수 있다. 그리고 피부흡수를 통해 전신독성을 나타낼 수 있다.
④ 카드뮴 : 만성적으로 노출되면 신장장해, 만성 폐쇄성 호흡기 질환 및 폐기종을 일으키며 골격계장해와 심혈관계 장해도 일으키는 것으로 알려져 있다.
⑤ 니켈 : 폐암, 비강암, 눈의 자극증상, 발한, 메스꺼움, 어지러움, 경련, 정신착란 등

35. 산업안전보건기준에 관한 규칙상 사업주의 근골격계질환 유해요인조사에 관한 내용으로 옳은 것은?

① 신설 사업장은 신설일부터 6개월 이내에 최초 유해요인조사를 하여야 한다.
② 근골격계부담작업 여부와 상관없이 3년마다 유해요인조사를 하여야 한다.
③ 법에 따른 임시건강진단 등에서 근골격계질환자가 발생하였을 경우, 근골격계부담작업이 아닌 작업에서 발생한 경우라도 지체 없이 유해요인조사를 하여야 한다.
④ 근골격계부담작업에 해당하는 새로운 작업·설비를 도입한 경우 반드시 고용노동부장관이 정하여 고시하는 방법에 따라 유해요인조사를 하여야 한다.
⑤ 유해요인조사 결과 근골격계질환 발생 우려가 없더라도 인간공학적으로 설계된 인력작업 보조설비 설치 등 반드시 작업환경 개선에 필요한 조치를 하여야 한다.

해설 ③ 법에 따른 임시건강진단 등에서 근골격계질환자가 발생하였을 경우, 근골격계부담작업이 아닌 작업에서 발생한 경우라도 지체 없이 유해요인조사를 하여야 한다(산업안전보건기준에 관한 규칙 제657조 제2항 제1호).
① 신설되는 사업장의 경우에는 신설일부터 1년 이내에 최초의 유해요인 조사를 하여야 한다(산업안전보건기준에 관한 규칙 제657조 제1항).
② 사업주는 근로자가 근골격계부담작업을 하는 경우에 3년마다 유해요인조사를 하여야 한다(산업안전보건기준에 관한 규칙 제657조 제1항).
④ 근골격계부담작업에 해당하는 새로운 작업·설비를 도입한 경우 지체 없이 유해요인 조사를 하여야 한다(산업안전보건기준에 관한 규칙 제657조 제2항 제2호).
⑤ 사업주는 유해요인 조사 결과 근골격계질환이 발생할 우려가 있는 경우에 인간공학적으로 설계된 인력작업 보조설비 및 편의설비를 설치하는 등 작업환경 개선에 필요한 조치를 하여야 한다(산업안전보건기준에 관한 규칙 제659조).

36. 작업환경 개선을 위한 공학적 관리 방안이 아닌 것은?

① 대체(Substitution)
② 호흡보호구(Respirator)
③ 포위(Enclosure)
④ 환기(Ventilation)
⑤ 격리(Isolation)

해설 작업환경 개선을 위한 공학적 관리 방안 : 유해성이 낮은 물질이나 공정으로 대치, 격리, 환기, 대체, 포위
개인보호구 : 개인이 사용하는 모든 보호 장구로서 호흡보호구, 청력보호구, 작업복, 장갑, 안전모, 보안경 등

37. 산업안전보건기준에 관한 규칙상 근로자 건강장해 예방을 위한 사업주의 조치에 관한 설명으로 옳지 않은 것은?

① 고열작업에 근로자를 새로 배치할 경우 고열에 순응할 때까지 고열작업시간을 매일 단계적으로 증가시키는 등 필요한 조치를 해야 한다.
② 근로자가 한랭작업을 하는 경우 적절한 지방과 비타민 섭취를 위한 영양지도를 해야 한다.
③ 근로자 신체 등에 방사성물질이 부착될 우려가 있을 경우 판 또는 막 등의 방지설비를 제거해야 한다.
④ 근로자가 주사 및 채혈 작업 시 채취한 혈액을 검사 용기에 옮기는 경우에는 주사침 사용을 금지하도록 해야 한다.
⑤ 근로자가 공기매개 감염병이 있는 환자와 접촉하는 경우 면역이 저하되는 등 감염의 위험이 높은 근로자는 전염성이 있는 환자와의 접촉을 제한하도록 해야 한다.

해설 ③ 사업주는 근로자가 신체 또는 의복, 신발, 보호장구 등에 방사성물질이 부착될 우려가 있는 작업을 하는 경우에 판 또는 막 등의 방지설비를 설치하여야 한다(산업안전보건기준에 관한 규칙 제582조).
① 사업주는 근로자를 새로 배치할 경우에는 고열에 순응할 때까지 고열작업시간을 매일 단계적으로 증가시키는 등 필요한 조치를 할 것(산업안전보건기준에 관한 규칙 제562조 제1호)
② 사업주는 근로자가 한랭작업을 하는 경우에 적절한 지방과 비타민 섭취를 위한 영양지도를 할 것(산업안전보건기준에 관한 규칙 제563조 제2호)
④ 사업주는 근로자가 주사 및 채혈 작업을 하는 경우 채취한 혈액을 검사 용기에 옮기는 경우에는 주사침 사용을 금지하도록 할 것(산업안전보건기준에 관한 규칙 제597조 제2항 제2호)
⑤ 사업주는 근로자가 공기매개 감염병이 있는 환자와 접촉하는 경우에 감염을 방지하기 위하여 면역이 저하되는 등 감염의 위험이 높은 근로자는 전염성이 있는 환자와의 접촉을 제한할 것(산업안전보건기준에 관한 규칙 제601조 제1항 제2호)

38. 물질안전보건자료(MSDS) 작성 시 포함되어야 할 항목에 해당하는 것을 모두 고른 것은?

㉠ 안정성 및 반응성	㉡ 폐기 시 주의사항
㉢ 환경에 미치는 영향	㉣ 운송에 필요한 정보
㉤ 누출사고시 대처방법	

① ㉠, ㉢, ㉣
② ㉠, ㉢, ㉤
③ ㉡, ㉣, ㉤
④ ㉠, ㉡, ㉢, ㉤
⑤ ㉠, ㉡, ㉢, ㉣, ㉤

해설 물질안전보건자료(MSDS) 작성 시 포함되어야 할 항목(화학물질의 분류·표시 및 물질안전보건자료에 관한 기준 별표 4)
1. 화학물질과 회사에 관한 정보
2. 유해성·위험성
3. 구성성분의 명칭 및 함유량
4. 응급조치 요령

5. 폭발·화재시 주의사항
6. 누출 사고 시 대처방법
7. 취급 및 저장방법
8. 노출방지 및 개인보호구
9. 물리화학적 특성
10. 안정성 및 반응성
11. 독성에 관한 정보
12. 환경에 미치는 영향
13. 폐기시 주의사항
14. 운송에 필요한 정보
15. 법적 규제현황
16. 그 밖의 참고사항

39. 호흡보호구에 관한 설명으로 옳지 않은 것은?

① 대기에 대한 압력상태에 따라 음압식과 양압식 호흡보호구로 분류된다.
② 음압 밀착도 자가점검은 흡입구를 막고 숨을 들이마신다.
③ 양압 밀착도 자가점검은 배출구를 막고 숨을 내쉰다.
④ NIOSH는 발암물질에 대하여 음압식 호흡보호구를 사용하지 않도록 권고한다.
⑤ 산소가 결핍된 밀폐공간 내에서는 방독마스크를 착용하여야 한다.

해설 ⑤ 산소가 결핍된 밀폐공간 내에서는 송기마스크를 착용하여야 한다.
① 호흡용 보호구는 오염된 대기를 여과하여서 호흡이 가능한 공기를 얻는 음압식 보호구와 산소통 따위에 물건에서 호흡이 가능한 공기가 공급되는 구조인 양압식 보호구로 나뉜다.
② 음압 밀착도 자가점검은 흡입구를 막고 숨을 들이마신다.
③ 양압 밀착도 자가점검은 배출구를 막고 숨을 내쉰다.
④ 음압식 호흡보호구는 착용자에게 부담을 줄 가능성이 있기 때문에 사용하지 않도록 권고한다.

40. 인체 부위 중 피부에 관한 설명으로 옳지 않은 것은?

① 피부는 표피와 진피로 구분된다.
② 표피의 각질층은 전체 피부에 비하여 매우 두꺼워서 피부를 통한 화학물질의 흡수속도를 제한한다.
③ 피부의 땀샘과 모낭은 피부에 노출된 화학물질을 직접 혈관으로 흡수할 수 있는 경로를 제공한다.
④ 대부분의 화학물질이 피부를 투과하는 과정은 단순확산이다.
⑤ 피부 수화도가 크면 클수록 투과도가 증대되어 흡수가 촉진된다.

해설 ① 피부는 바깥쪽의 표피와 안쪽의 진피와 피하조직의 3층으로 구분된다.
② 각질층은 세포핵을 상실한 20장 정도의 죽은 각질세포가 쌓여 표피 아래층과 진피층을 보호하는 기능을 한다.
③ 피부의 땀샘과 모낭은 피부에 노출된 화학물질을 직접 혈관으로 흡수할 수 있는 경로를 제공한다.
④ 화학물질이 생체막을 통과할 때 인지질 이중층을 그대로 통과하는 것이 단순확산이다.
⑤ 피부 수화도가 클수록 투과도가 증대되어 흡수가 촉진된다.

41. 특수건강진단 대상 유해인자 중 치과검사를 치과의사가 실시해야 하는 것에 해당하지 않는 것은?

① 염소
② 과산화수소
③ 고기압
④ 이산화황
⑤ 질산

해설 치과의사 검사항목과 종류
1. 1차 검사항목 : 불화수소, 염화수소, 질산, 황산, 염소
2. 2차 검사항목 : 이산화황, 황화수소, 고기압

42. 산업안전보건법 시행규칙상 유해인자별 제1차 검사항목의 생물학적 노출지표 및 시료 채취시기가 옳지 않은 것은?

구분	유해인자	제1차 검사항목의 생물학적 노출지표	시료 채취시기
㉠	납 및 그 무기화합물	혈중 납	제한 없음
㉡	크실렌	소변 중 메틸마뇨산	작업 종료시
㉢	1,2-디클로로프로판	소변 중 페닐글리옥실산	주말작업 종료시
㉣	카드뮴	혈중 카드뮴	제한 없음
㉤	디메틸포름아미드	소변 중 N-메틸포름아미드(NMF)	작업 종료시

① ㉠
② ㉡
③ ㉢
④ ㉣
⑤ ㉤

해설 1,2-디클로로프로판(규칙 별표 24)
1. 제1차 검사항목의 생물학적 노출지표 : 소변 중 1,2-디클로로프로판
2. 시료 채취시기 : 작업 종료시

43. 직무 스트레스의 반응에 따른 행동적 결과로 나타날 수 있는 것을 모두 고른 것은?

㉠ 흡연	㉡ 약물 남용
㉢ 폭력 현상	㉣ 식욕 부진

① ㉠, ㉣
② ㉡, ㉢
③ ㉠, ㉡, ㉣
④ ㉡, ㉢, ㉣
⑤ ㉠, ㉡, ㉢, ㉣

해설 직무 스트레스의 반응에 따른 행동적 결과로 나타날 수 있는 것에는 약물 남용, 알코올 남용, 흡연, 폭력, 식욕부진, 수면장애, 불안장애, 우울증, 공황장애 등이 있다.

정답 39. ⑤ 40. ① 41. ② 42. ③ 43. ⑤

44. 직장에서의 부적응 현상으로 보기 어려운 것은?
   ① 타협(Compromise) ② 퇴행(Degeneration)
   ③ 고집(Fixation) ④ 체념(Resignation)
   ⑤ 구실(Pretext)

   해설 직장에서의 부적응 현상에는 퇴행, 억압, 고집, 체념, 고립, 구실 등이 있다. 타협은 적응현상에 속한다.

45. 건강진단 판정에서 건강관리구분과 그 의미의 연결이 옳은 것은?
   ① A - 질환 의심자로 2차 진단 필요
   ② C1 - 일반질병 유소견자로 사후관리가 필요
   ③ D2 - 직업병 요관찰자로 추적관찰이 필요
   ④ R - 건강진단 시기 부적정으로 1차 재검 필요
   ⑤ U - 2차 건강진단 미실시로 건강관리구분을 판정할 수 없음

   해설 ⑤ U - 2차 검진 대상자가 30일 내에 검사 미실시로 판정을 할 수 없는 근로자
   ① A - 건강관리상 사후관리가 필요 없는 근로자
   ② Cn - 질병으로 진절될 우려가 있어 야간작업시 추적관찰이 필요한 근로자
   ③ Dn - 질병의 소견을 보여 야간작업시 사후관리가 필요한 근로자
   ④ R - 건강진단 1차 검사결과 건강수준의 평가가 곤란하거나 질병이 의심되는 근로자

46. 산업재해의 4개 기본원인(4M) 중 Media(매체-작업)에 해당하지 않는 것은?
   ① 위험 방호장치의 불량 ② 작업정보의 부적절
   ③ 작업자세의 결함 ④ 작업환경조건의 불량
   ⑤ 작업공간의 불량

   해설 Media(매체-작업) : 작업의 정보방법, 환경 등의 요인
   1. 작업정보의 부적절 2. 작업자세, 동작의 결함
   3. 작업방법의 부적절 4. 작업공간의 불량
   5. 작업환경조건의 불량

47. 재해사고 원인 분석을 위한 버드(F. Bird)의 이론에 관한 설명으로 옳지 않은 것은?
   ① 하인리히(H. Heinrich)의 사고연쇄 이론을 새로운 도미노 이론으로 개선하였다.
   ② 새로운 도미노 이론의 시간적 계열은 제어의 부족 → 기본원인 → 직접원인 → 사고 → 상해(재해)이다.
   ③ 불안전한 행동 등 직접원인만 제거하면 재해사고가 발생하지 않는다.
   ④ 기본원인은 개인적 요인과 작업상의 요인으로 분류된다.
   ⑤ 부적적할 프로그램은 '제어의 부족'의 예에 해당한다.

   해설 ③ 버드(F. Bird)의 이론은 불안전한 상태 및 행동의 원인은 4M에 기인한 기본적 원인에 두고, 근원적 원인은 기업주의 통제관리의 부족에 기인한다는 이론이다.
   ① 버드는 하인리히가 인적 재해만을 다룬 것과는 달리 인적 재해 이전에 물적 재해가 먼저 발생하고 있으며 불안전한 상태 및 행동의 원인이 개인적 결함이나 근원적 원은 사업주의 통제관리의 부족에 기인하여 발생한다고 본다.
   ② 새로운 도미노 이론의 시간적 계열은 사업주 통제 제어 부족→4M에 대한 관리미흡→불안전한 상태, 불안전한 행동→사고→재해이다.

48. 재해 통계에 관한 설명으로 옳지 않은 것은?

① "재해율"은 근로자 100명당 발생한 재해자수를 의미한다.
② "연천인율"은 1년간 평균 1,000명당 발생한 재해자수를 의미한다.
③ "도수율"은 연 근로시간 10,000시간당 발생한 재해건수를 의미한다.
④ "강도율"은 연 근로시간 1,000시간당 재해로 인하여 근로를 하지 못하게 된 일수를 의미한다.
⑤ "환산도수율"과 "환산강도율"은 연 근로시간을 100,000시간으로 하여 계산한 것이다.

해설 도수율 : 재해의 빈도를 나타내는 지수로서 근로시간 100만 시간당 발생하는 재해건수

도수율 = $\dfrac{재해건수}{연 근로시간} \times 100만 시간$

49. A사업장 소속 근로자 중 산업재해로 사망 1명, 3일의 휴업이 필요한 부상자 3명, 4일의 휴업이 필요한 부상자 4명이 발생하였다. 산업안전보건법 시행규칙에 따라 A사업장의 사업주가 산업재해 발생 보고를 하여야 하는 인원(명)은?

① 1
② 4
③ 5
④ 7
⑤ 8

해설 사업주는 산업재해로 사망자가 발생하거나 3일 이상의 휴업이 필요한 부상을 입거나 질병에 걸린 사람이 발생한 경우에는 해당 산업재해가 발생한 날부터 1개월 이내에 산업재해조사표를 작성하여 관할 지방고용노동관서의 장에게 제출(전자문서로 제출하는 것을 포함한다)해야 한다(규칙 제73조 제1항). 사망 1명, 3일의 휴업이 필요한 부상자 3명, 4일의 휴업이 필요한 부상자 4명이므로 산업재해 발생 보고를 하여야 하는 인원은 8명이다.

50. 역학 용어에 관한 설명으로 옳지 않은 것은?

① 위음성률(false negative rate)과 위양성률(false positive rate)은 타당도 지표이다.
② 기여위험도(attributable risk ratio)는 어떤 위험요인에 노출된 사람과 노출되지 않은 사람 사이의 발병률 차이를 의미한다.
③ 특이도(specificity)는 해당 질병이 없는 사람들을 검사한 결과가 음성으로 나타나는 확률이다.
④ 유병률(prevalence rate)은 일정기간 동안 질병이 없던 인구에서 질병이 발생한 율이다.
⑤ 비교위험도(relative risk ratio)가 1보다 큰 경우는 해당 요인에 노출되면 질병의 위험도가 증가함을 의미한다.

해설 유병률(prevalence rate) : 하나의 질병의 특정 지역에서 일정한 시점에서 발병자의 수와 그 시점에서 인구에 대하는 비율을 말한다.

정답 44 ① 45 ⑤ 46 ① 47 ③ 48 ③ 49 ⑤ 50 ④

기업진단 · 지도

51. 조직구조 설계의 상황요인에 해당하는 것을 모두 고른 것은?

㉠ 조직의 규모　　㉡ 표준화　　㉢ 전략　　㉣ 환경　　㉤ 기술

① ㉠, ㉡, ㉢
② ㉠, ㉡, ㉣
③ ㉡, ㉢, ㉤
④ ㉠, ㉡, ㉢, ㉣
⑤ ㉠, ㉢, ㉣, ㉤

> **해설** 조직구조 설계의 상황요인과 구조적 차원
> 1. 상황요인 : 권력, 환경, 전략, 규모, 기술
> 2. 구조적 차원 : 복잡성, 표준화(공식화), 집권화

52. 프렌치(J. French)와 레이븐(B. Raven)의 권력의 원천에 관한 설명으로 옳지 않은 것은?

① 공식적 권력은 특정역할과 지위에 따른 계층구조에서 나온다.
② 공식적 권력은 해당지위에서 떠나면 유지되기 어렵다.
③ 공식적 권력은 합법적 권력, 보상적 권력, 강압적 권력이 있다.
④ 개인적 권력은 전문적 권력과 정보적 권력이 있다.
⑤ 개인적 권력은 자신의 능력과 인격을 다른 사람으로부터 인정받아 생긴다.

> **해설** 개인적 권력은 전문적 권력과 준거적 권력이 있다. 전문적 권력은 전문성, 즉 지식이 많은 사람이 권력을 가진다는 것이다. 준거적 권력은 그 사람이 가지고 있는 인간적인 매력이 주는 힘이다.

53. 직무분석과 직무평가에 관한 설명으로 옳지 않은 것은?

① 직무분석은 인력확보와 인력개발을 위해 필요하다.
② 직무분석은 교육훈련 내용과 안전사고 예방에 관한 정보를 제공한다.
③ 직무명세서는 직무수행자가 갖추어야 할 자격요건인 인적특성을 파악하기 위한 것이다.
④ 직무평가 요소비교법은 평가대상 개별직무의 가치를 점수화하여 평가하는 기법이다.
⑤ 직무평가는 조직의 목표달성에 더 많이 공헌하는 직무를 다른 직무에 비해 더 가치가 있다고 본다.

> **해설** ④ 직무평가 요소비교법은 대표가 될 만한 직무들을 선정하여 기준직무로 정해놓고 각 요소별로 평가할 직무와 기준직무를 비교해가며 점수를 부여한다.
> ①, ② 직무분석은 어떤 일을 어떤 목적으로 어떤 방법에 의해 어떤 장소에서 수행하는지를 알아내고, 직무를 수행하는 데 요구되는 지식, 능력, 기술, 경험, 책임 등이 무엇인지를 과학적이고 합리적으로 알아내는 것이다.
> ③ 직무명세서는 직무의 특성이나 직무를 수행한 내역 등을 기록한 서식. 직무명세서란 회사 내의 특정 직무를 맡은 사람이 일정 기간 동안 수행한 업무의 경과, 결과, 그리고 문제점 등을 기록한 문서를 말한다.
> ⑤ 직무평가는 각 직무 상호간의 비교에 의하여 상대가치를 결정하는 일이다.

54. 협상에 관한 설명으로 옳지 않은 것은?
   ① 협상은 둘 이상의 당사자가 희소한 자원을 어떻게 분배할지 결정하는 과정이다.
   ② 협상에 관한 접근방법으로 분배적 교섭과 통합적 교섭이 있다.
   ③ 분배적 교섭은 내가 이익을 보면 상대방은 손해를 보는 구조이다.
   ④ 통합적 교섭은 윈-윈 해결책을 창출하는 타결점이 있다는 것을 전제로 한다.
   ⑤ 분배적 교섭은 협상당사자가 전체자원(pie)이 유동적이라는 전제하에 협상을 진행한다.

   해설 ⑤ 분배적 교섭은 한정된 양의 자원을 나누어 가지려고 하는 협상이다.
   ① 협상은 둘 이상의 당사자가 희소한 자원을 어떻게 분배할지 결정하는 과정으로, 두 당사자간 세력이 비슷할 경우에 이루어진다.
   ② 협상에는 분배적 교섭과 통합적 교섭이 있다.
   ③ 분배적 교섭은 내가 이익을 보면 상대방은 손해를 보는 구조이다.
   ④ 통합적 교섭은 윈-윈 해결책을 전제로 한다.

55. 노동쟁의와 관련하여 성격이 다른 하나는?
   ① 파업
   ② 준법투쟁
   ③ 불매운동
   ④ 생산통제
   ⑤ 대체고용

   해설 파업, 준법투쟁, 불매운동, 생산통제는 노동자의 노동쟁의이고, 대체고용이나 직장폐쇄는 사용자의 노동쟁의이다.

56. 대량고객화(mass customization)에 관한 설명으로 옳지 않은 것은?
   ① 높은 가격과 다양한 제품 및 서비스를 제공하는 개념이다.
   ② 대량고객화 달성 전략의 하나로 모듈화 설계와 생산이 사용된다.
   ③ 대량고객화 관련 프로세스는 주로 주문조립생산과 관련이 있다.
   ④ 정유, 가스 산업처럼 대량고객화를 적용하기 어렵고 효과 달성이 어려운 제품이나 산업이 존재한다.
   ⑤ 주문접수 시까지 제품 및 서비스를 연기(postpone)하는 활동은 대량고객화 기법중의 하나이다.

   해설 ① 대량고객화(mass customization)는 상품과 서비스를 맞춤화하여 대량 생산하는 마케팅 방법으로 다양한 상품을 낮은 비용으로 생산하여 소비자의 다양한 요구를 만족시키는 것이다.
   ② 대량고객화 달성 전략으로 모듈화 설계와 생산이 사용된다.
   ③ 대량고객화 관련 프로세스는 주로 주문조립생산 한다.
   ④ 정유, 가스 산업처럼 대량고객화를 적용하기 어렵고 효과 달성이 어려운 제품이나 산업이 존재한다.
   ⑤ 대량고객화 기법 중 제품 및 서비스를 연기(postpone) 활동도 있다.

정답 51 ⑤ 52 ④ 53 ④ 54 ⑤ 55 ⑤ 56 ①

57. 품질경영에 관한 설명으로 옳지 않은 것은?

① 쥬란(J. Juran)은 품질삼각축(quality trilogy)으로 품질 계획, 관리, 개선을 주장했다.
② 데밍(W. Deming)은 최고경영진의 장기적 관점 품질관리와 종업원 교육훈련 등을 포함한 14가지 품질경영 철학을 주장했다.
③ 종합적 품질경영(TQM)의 과제 해결 단계는 DICA(Define, Implement, Check, Act)이다.
④ 종합적 품질경영(TQM)은 프로세스 향상을 위해 지속적 개선을 지향한다.
⑤ 종합적 품질경영(TQM)은 외부 고객만족 뿐만 아니라 내부 고객만족을 위해 노력한다.

> 해설 종합적 품질경영(TQM)의 과제 해결 단계는 Plan-Do-Check-Act이다. 프로세스 향상을 위해 지속적 개선을 지향하고 외부 고객만족 뿐만 아니라 내부 고객만족을 위해 노력한다.
> ① 쥬란(J. Juran)은 품질삼각축(quality trilogy)으로 품질계획, 품질관리, 품질개선을 주장했다.
> ② 데밍(W. Deming)은 최대한도로 유용성을 강조하고 구매자가 찾는 제품을 만든다는 것을 강조하고, 최고경영진의 장기적 관점 품질관리와 종업원 교육훈련 등을 포함한 14가지 품질경영 철학을 주장했다.

58. 6시그마와 린을 비교 설명한 것으로 옳은 것은?

① 6시그마는 낭비 제거나 감소에, 린은 결점 감소나 제거에 집중한다.
② 6시그마는 부가가치 활동 분석을 위해 모든 형태의 흐름도를, 린은 가치흐름도를 주로 사용한다.
③ 6시그마는 임원급 챔피언의 역할이 없지만, 린은 임원급 챔피언의 역할이 중요하다.
④ 6시그마는 개선활동에 파트타임(겸임) 리더가, 린은 풀타임(전담) 리더가 담당한다.
⑤ 6시그마의 개선 과제는 전략적 관점에서 선정하지 않지만, 린은 전략적 관점에서 선정한다.

> 해설 ② 6시그마는 부가가치 활동 분석을 위해 모든 형태의 흐름도(통계적 기법을 사용하여 품질향상)를, 린은 가치흐름도(리드 타임이나 사이클 타임 감소)를 주로 사용한다.
> ① 6시그마는 결점 감소나 제거에, 린은 낭비 제거나 감소에 집중한다.
> ③, ④ 6시그마는 경영진의 적극적인 리더십과 지원이 필요하다.
> ⑤ 6시그마의 개선 과제는 전략적 관점에서 선정하지만, 린은 전략적 관점에서 선정하지 않는다.

59. 생산운영관리의 최신 경향 중 기업의 사회적 책임과 환경경영에 관한 설명으로 옳은 것을 모두 고른 것은?

> ㉠ ISO 29000은 기업의 사회적 책임에 관한 국제 인증제도이다.
> ㉡ 포터(M. Porter)와 크래머(M. Kramer)가 제안한 공유가치창출(CSV: Creating Shared Value)은 기업의 경쟁력 강화 보다 사회적 책임을 우선시 한다.
> ㉢ 지속가능성이란 미래 세대의 니즈(needs)와 상충되지 않도록 현 사회의 니즈(needs)를 충족시키는 정책과 전략이다.
> ㉣ 청정생산(cleaner production) 방법으로는 친환경원자재의 사용, 청정 프로세스의 활용과 친환경생산 프로세스 관리 등이 있다.
> ㉤ 환경경영시스템인 ISO 14000은 결과 중심 경영시스템이다.

① ㄱ, ㄴ ② ㄷ, ㄹ
③ ㄹ, ㅁ ④ ㄷ, ㄹ, ㅁ
⑤ ㄱ, ㄷ, ㄹ, ㅁ

해설 ㄱ 기업의 사회적 책임에 관한 국제 인증제도는 ISO 26000이다.
ㄴ 포터(M. Porter)와 크래머(M. Kramer)가 제안한 공유가치창출(CSV : Creating Shared Value)은 기업의 경쟁력 강화와 사회적 책임 모두 중요시 한다.
ㅁ 환경경영시스템인 ISO 14000은 과정과 결과 모두를 중요시 하는 경영시스템이다.
ㄷ 지속가능성은 인간과 자원의 공생, 개발과 보전의 조화, 현 세대와 미래 세대 간의 형평 등을 추구한다.
ㄹ 청정생산(cleaner production) 방법은 원료의 도입에서 제품의 생산 및 폐기까지 환경오염물질 발생을 근원적으로 제거하여 인체와 환경에 미치는 위해성을 최소화하고 자원의 효율성을 극대화하는 방법이다.

60. 직무분석을 위해 사용되는 방법들 중 정보입력, 정신적 과정, 작업의 결과, 타인과의 관계, 직무 맥락, 기타 직무특성 등의 범주로 조직화되어 있는 것은?

① 과업질문지(Task Inventory: TI)
② 기능적 직무분석(Functional Job Analysis: FJA)
③ 직위분석질문지(Position Analysis Questionnaire: PAQ)
④ 직무요소질문지(Job Components Inventory: JCI)
⑤ 직무분석 시스템(Job Analysis System: JAS)

해설 ③ 직위분석질문지(Position Analysis Questionnaire: PAQ) : 직무수행자의 응답을 통해 직무에 대한 광범위한 정보를 획득할 수 있으며 거의 대부분의 직무에 적용할 수 있어 표준화된 정보를 수집하는 대표적인 직무분석 방법이다.
① 과업질문지(Task Inventory: TI) : 분석대상 직무에서 수행될 수 있는 특정한 과업들의 목록을 담고 있는 질문지를 말한다.
② 기능적 직무분석(Functional Job Analysis: FJA) : 각 직무를 자료, 사람, 사물과 관련시켜 종업원의 각 기능을 분류·비교하여 종합분석한 것이다.
④ 직무요소질문지(Job Components Inventory: JCI) : 직무요건과 근로자의 특성의 일치여부를 판단하는 방법이다.
⑤ 직무분석 시스템(Job Analysis System: JAS) : 직무를 분석을 하여 개선하는 시스템이다.

61. 직업 스트레스 모델 중 종단 설계를 사용하여 업무량과 이외의 다양한 직무요구가 종업원의 안녕과 동기에 미치는 영향을 살펴보기 위한 것은?

① 요구-통제 모델(Demands-Control model)
② 자원보존이론(Conservation of Resources theory)
③ 사람-환경 적합 모델(Person-Environment Fit model)
④ 직무 요구-자원 모델(Job Demands-Resources model)
⑤ 노력-보상 불균형 모델(Effort-Reward Imbalance model)

정답 57 ③ 58 ② 59 ② 60 ③ 61 ④

해설 직무 요구-자원 모델(Job Demands-Resources model) : 종단 설계를 사용하여 업무량과 이외의 다양한 직무요구가 종업원의 안녕과 동기에 미치는 영향을 살펴보기 위한 연구 모형이다.
① 요구-통제 모델(Demands-Control model) : 직무 현장에서 대다수 직원이 겪는 직무 긴장의 원인을 직무요구와 직무통제 등 직무환경 요인들에서 찾을 수 있다는 연구 모형이다.
② 자원보존이론(Conservation of Resources theory) : 역할 간, 역할 내 스트레스에 연관 관계를 설명하는 이론으로 일-가정 중 상실에 의해 스트레스를 낳게 된다는 것이다.
③ 사람-환경 적합 모델(Person-Environment Fit model) : 개인과 환경 간의 적합도가 부족할 때 업무 환경이 스트레스를 준다고 본다.
⑤ 노력-보상 불균형 모델(Effort-Reward Imbalance model) : 스트레스를 일으키는 가장 큰 원인은 본인이 지출하는 노력의 내용과 크기와 본인이 직접 체험하는 보상의 내용과 크기 간의 불균형으로 보는 것이다.

62. 자기결정이론(self-determination theory)에서 내적동기에 영향을 미치는 세 가지 기본욕구를 모두 고른 것은?

| ㉠ 자율성 | ㉡ 관계성 | ㉢ 통제성 | ㉣ 유능성 | ㉤ 소속성 |

① ㉠, ㉡, ㉢　　　　　　　　② ㉠, ㉡, ㉣
③ ㉠, ㉢, ㉤　　　　　　　　④ ㉡, ㉢, ㉤
⑤ ㉢, ㉣, ㉤

해설 자기결정이론(self-determination theory)에서 내적동기에 영향을 미치는 세 가지 기본욕구 : 유능성, 자율성, 관계성

63. 터크맨(B. Tuckman)이 제안한 팀 발달의 단계 모형에서 '개별적 사람의 집합'이 '의미 있는 팀'이 되는 단계는?

① 형성기(forming)　　　　② 격동기(storming)
③ 규범기(norming)　　　　④ 수행기(performing)
⑤ 휴회기(adjourning)

해설 ③ 규범기(norming)에는 갈등기를 극복한 그룹이 서로 이해하고 공동의 목표를 대해서 생각하여 자발적으로 행동 규범을 만들고, 그룹의 성공을 위해 노력하기 시작하는 단계로 의미 있는 팀을 만드는 단계이다.
① 형성기(forming)에는 팀워크 성과보다는 개인적 노력으로 성과를 내려는 경향이 강하고, 팀원 중 경험, 능력이 뛰어난 인물이 타인의 모범이 되거나 영향을 끼치는 단계이다.
② 격동기(storming)에는 그룹이나 타인에 대한 불만을 표현하기 시작하는 단계로 그룹원간 갈등 발생, 스트레스가 발생한다.
④ 수행기(performing)는 개인과 그룹이 조화를 이루어 성과를 이루어 내는 단계로 상사의 특별한 관리 감독없이 그룹 구성원이 동기부여가 되고 업무에 대한 지식과 노하우를 갖는다.

64. 반생산적 업무행동(CWB) 중 직·간접적으로 조직 내에서 행해지는 일을 방해하려는 의도적 시도를 의미하며 다음과 같은 사례에 해당하는 것은?

○ 고의적으로 조직의 장비나 재산의 일부를 손상시키기
○ 의도적으로 재료나 공급물품을 낭비하기
○ 자신의 업무영역을 더럽히거나 지저분하게 만들기

① 철회(withdrawal)
② 사보타주(sabotage)
③ 직장무례(workplace incivility)
④ 생산일탈(production deviance)
⑤ 타인학대(abuse toward others)

해설 사보타주(sabotage)는 고의로 근로를 소홀히 하거나 업무의 효율적인 진행을 방해하여 업무가 정상적으로 진행되지 않도록 하는 것으로 맡겨진 일을 불성실하게, 건성으로 하는 것을 말한다.

65. 스웨인(A. Swain)과 커트맨(H. Cuttmann)이 구분한 인간오류(human error)의 유형에 관한 설명으로 옳지 않은 것은?

① 생략오류(omission error) : 부분으로는 옳으나 전체로는 틀린 것을 옳다고 주장하는 오류
② 시간오류(timing error) : 업무를 정해진 시간보다 너무 빠르게 혹은 늦게 수행했을 때 발생하는 오류
③ 순서오류(sequence error) : 업무의 순서를 잘못 이해했을 때 발생하는 오류
④ 실행오류(commission error) : 수행해야 할 업무를 부정확하게 수행하기 때문에 생겨나는 오류
⑤ 부가오류(extraneous error) : 불필요한 절차를 수행하는 경우에 생기는 오류

해설 생략오류(omission error) : 필요한 직무나 단계를 수행하지 않은(생략) 오류이다.

66. 아래 그림에서 (a)와 (c)가 일직선으로 보이지만 실제로는 (a)와 (b)가 일직선이다. 이러한 현상을 나타내는 용어는?

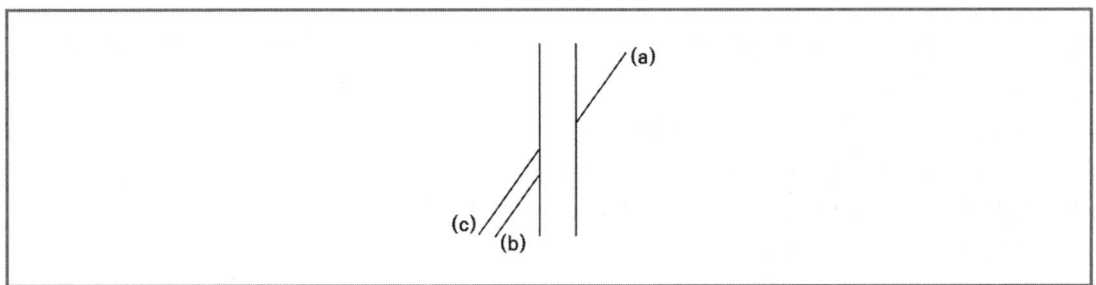

① 뮬러-라이어(Müller-Lyer) 착시현상
② 티체너(Titchener) 착시현상
③ 폰조(Ponzo) 착시현상
④ 포겐도르프(Poggendorf) 착시현상
⑤ 쵤너(Zöllner) 착시현상

> **해설** ④ 포겐도르프(Poggendorf) 착시현상 : (a)와 (c)가 일직선상으로 보이나 실제는 (a)와 (b)가 일직선
> ① 뮬러-라이어(Müller-Lyer) 착시현상 : (a)가 (b)보다 길게 보이나 실제 (a)=(b)인 경우
> ② 티체너(Titchener) 착시현상 : 같은 크기의 원이지만 달라보이는 경우
> ③ 폰조(Ponzo) 착시현상 : 두 수평선부의 길이가 다르게 보이는 경우
> ⑤ 쵤너(Zöllner) 착시현상 : 가로보다 세로의 선이 굽어 보이는 경우

67. 산업재해이론 중 하인리히(H. Heinrich)가 제시한 이론에 관한 설명으로 옳은 것은?

① 매트릭스 모델(Matrix model)을 제안하였으며, 작업자의 긴장수준이 사고를 유발한다고 보았다.
② 사고의 원인이 어떻게 연쇄반응을 일으키는지 도미노(domino)를 이용하여 설명하였다.
③ 재해는 관리부족, 기본원인, 직접원인, 사고가 연쇄적으로 발생하면서 일어나는 것으로 보았다.
④ 재해의 직접적인 원인은 불안전행동과 불안전상태를 유발하거나 방치한 전술적 오류에서 비롯된다고 보았다.
⑤ 스위스 치즈 모델(Swiss cheese model)을 제시하였으며, 모든 요소의 불안전이 겹쳐져서 사고가 발생한다고 주장하였다.

> **해설** ② 하인리히(H. Heinrich)는 사고의 원인이 어떻게 연쇄반응을 일으키는지 도미노(domino)를 이용하여 설명하였다.
> ① 매트릭스 모델(Matrix model)은 하돈(W. Haddon)이 제시하였다.
> ③ 재해를 관리부족, 기본원인, 직접원인, 사고가 연쇄적으로 발생하면서 일어나는 것으로 보는 학자는 버드(F. Bird)이다.
> ④ 재해의 직접적인 원인을 불안전행동과 불안전상태를 유발하거나 방치한 전술적 오류에서 비롯된다고 본 학자는 아담스(E. Adams)이다.
> ⑤ 스위스 치즈 모델(Swiss cheese model)은 리전(J. Reason)이 제시하였다.

68. 조직 스트레스원 자체의 수준을 감소시키기 위한 방법으로 옳은 것을 모두 고른 것은?

㉠ 더 많은 자율성을 가지도록 직무를 설계하는 것
㉡ 조직의 의사결정에 대한 참여기회를 더 많이 제공하는 것
㉢ 직원들과 더 효과적으로 의사소통할 수 있도록 관리자를 훈련하는 것
㉣ 갈등해결기법을 효과적으로 사용할 수 있도록 종업원을 훈련하는 것

① ㉠, ㉡ ② ㉢, ㉣
③ ㉠, ㉡, ㉣ ④ ㉡, ㉢, ㉣
⑤ ㉠, ㉡, ㉢, ㉣

해설 조직 스트레스원 자체의 수준을 감소시키기 위한 방법에는 자율, 참여, 타협, 협력, 양보, 훈련, 의사소통 등이 있다.

69. TWI(Training Within Industry) 교육훈련내용이 아닌 것은?

① JIT(Job Instruction Training)
② JMT(Job Method Training)
③ MTP(Management Training Program)
④ JST(Job Safety Training)
⑤ JRT(Job Relation Training)

해설 TWI(Training Within Industry) 교육훈련내용
1. JIT(Job Instruction Training) : 작업 지도 훈련
2. JMT(Job Method Training) : 작업방법 개선 훈련
3. JRT(Job Relation Training) : 작업관계 개선(부하통솔) 훈련
4. JST(Job Safety Training) : 작업안전 훈련

70. 산업안전보건법령상 대여자 등이 안전조치 등을 해야 하는 기계·기구·설비 및 건축물 등에 해당하는 것을 모두 고른 것은?

| ㉠ 항발기 | ㉡ 지게차 | ㉢ 고소작업대 | ㉣ 페이퍼드레인머신 |

① ㉣ ② ㉠, ㉡
③ ㉢, ㉣ ④ ㉠, ㉡, ㉢
⑤ ㉠, ㉡, ㉢, ㉣

해설 대여자 등이 안전조치 등을 해야 하는 기계·기구·설비 및 건축물 등(영 별표 21)
1. 사무실 및 공장용 건축물
2. 이동식 크레인
3. 타워크레인
4. 불도저
5. 모터 그레이더
6. 로더
7. 스크레이퍼
8. 스크레이퍼 도저
9. 파워 셔블

정답 67 ② 68 ⑤ 69 ③ 70 ⑤

10. 드래그라인
11. 클램셀
12. 버킷굴착기
13. 트렌치
14. 항타기
15. 항발기
16. 어스드릴
17. 천공기
18. 어스오거
19. 페이퍼드레인머신
20. 리프트
21. 지게차
22. 롤러기
23. 콘크리트 펌프
24. 고소작업대
25. 그 밖에 산업재해보상보험및예방심의위원회 심의를 거쳐 고용노동부장관이 정하여 고시하는 기계, 기구, 설비

71. 보호구 안전인증 고시에서 정하고 있는 추락 및 감전 위험방지용 안전모의 성능기준에 관한 내용 중 안전모의 시험성능기준 항목이 아닌 것은?
   ① 내마모성
   ② 내전압성
   ③ 내수성
   ④ 내관통성
   ⑤ 난연성

   해설 안전모의 시험성능기준(보호구 안전인증 고시 별표 1)

항 목	시 험 성 능 기 준
내관통성	AE, ABE종 안전모는 관통거리가 9.5mm 이하이고, AB종 안전모는 관통거리가 11.1mm 이하이어야 한다.
충격흡수성	최고전달충격력이 4,450N을 초과해서는 안되며, 모체와 착장체의 기능이 상실되지 않아야 한다.
내전압성	AE, ABE종 안전모는 교류 20kV 에서 1분간 절연파괴 없이 견뎌야 하고, 이때 누설되는 충전전류는 10mA 이하이어야 한다.
내 수 성	AE, ABE종 안전모는 질량증가율이 1% 미만이어야 한다.
난 연 성	모체가 불꽃을 내며 5초 이상 연소되지 않아야 한다.
턱끈풀림	150N 이상 250N 이하에서 턱끈이 풀려야 한다.

72. 다음에서 설명하고 있는 위험성평가 기법은?

FTA와 동일한 논리기법을 이용하여 관리, 설계, 생산, 보전 등에 대해서 광범위하게 안전성을 확보하기 위한 기법으로 원자력 산업 등에 이용된다.

① ETA
② HAZOP
③ CA
④ MORT
⑤ THERP

해설 ④ MORT : FTA와 똑같은 이론수법을 사용해서 관리, 설계, 생산, 보전 등 넓은 범위에 걸쳐서 안전성을 확보하려고 하는 수법으로 원자력 산업 등 이미 상당한 안전성이 얻어지는 장소이며 더욱이 고도의 안전성을 달성하는 것을 목적으로 하고 있다.
① ETA : 사상(事象)의 안전도를 사용해서 시스템의 안전도를 표시하는 시스템 모델로 간과되기 쉬운 재해의 확대요인의 분석 등에 적합하다.
② HAZOP : 설계된 생산능력을 저해할 소지나 운전상의 문제점을 파악하기 위한 기법으로 의도한 설계와 차이가 있는 변이를 체계적으로 식별한다.
③ CA : 고장이 직접적으로 시스템의 손실과 인적인 재해와 연결되는 높은 위험도를 갖는 경우 위험성을 연관짓는 요소나 고장의 형태에 따른 분류방법이다.
⑤ THERP : 시스템에 있어서 인간의 과오(휴먼 에러)를 정량적으로 평가하기 위해 개발된 기법으로, 인간의 에러(error)율 추정법 등 5개 step으로 되어 있다.

73. 공기 중 연소(폭발)범위가 가장 넓은 것은?

① 아세틸렌
② 에탄
③ 부탄
④ 메탄
⑤ 암모니아

해설 ① 아세틸렌 : 2.5~81
② 에탄 : 3~12.5
③ 부탄 : 1.8~8.4
④ 메탄 : 5~15
⑤ 암모니아 : 15~28

74. 관리격자이론에서 "인간에 대한 관심은 대단히 높으나 생산에 대한 관심이 극히 낮은 리더십"의 유형은?

① (1.1)형
② (1.9)형
③ (9.1)형
④ (9.9)형
⑤ (5.5)형

정답 71 ① 72 ④ 73 ① 74 ②

해설 ② (1.9)형 : 인간에 대한 관심은 대단히 높으나 생산에 대한 관심이 극히 낮은 형(컨트리 클럽형)
① (1.1)형 : 인간에 대한 관심은 대단히 낮고, 생산에 대한 관심이 극히 낮은 형(무기력형)
③ (9.1)형 : 인간에 대한 관심은 대단히 낮으나, 생산에 대한 관심이 극히 높은 형(과업형)
④ (9.9)형 : 인간에 대한 관심은 대단히 높고, 생산에 대한 관심도 극히 높은 형(팀형)
⑤ (5.5)형 : 인간에 대한 관심과 생산에 대한 관심이 중간인 형(중도형)

75. 산업안전보건기준에 관한 규칙의 일부이다. ( )에 들어갈 내용으로 옳은 것은?

> 제8조(조도) 사업주는 근로자가 상시 작업하는 장소의 작업면 조도(照度)를 다음 각 호의 기준에 맞도록 하여야 한다. 다만, 갱내(坑內) 작업장과 감광재료(感光材料)를 취급하는 작업장은 그러하지 아니하다.
> 1. 초정밀작업 : ( )럭스(lux) 이상
> 2. 정밀작업 : 300럭스 이상

① 550   ② 600
③ 650   ④ 700
⑤ 750

해설 제8조(조도) 사업주는 근로자가 상시 작업하는 장소의 작업면 조도(照度)를 다음 각 호의 기준에 맞도록 하여야 한다. 다만, 갱내(坑內) 작업장과 감광재료(感光材料)를 취급하는 작업장은 그러하지 아니하다.
1. 초정밀작업 : 750럭스(lux) 이상
2. 정밀작업 : 300럭스 이상
3. 보통작업 : 150럭스 이상
4. 그 밖의 작업 : 75럭스 이상

2022년 기출문제

산업안전보건법령

1. 산업안전보건법령상 관계수급인 근로자가 도급인의 사업장에서 작업을 하는 경우 도급인의 안전조치 및 보건조치에 관한 설명으로 옳지 않은 것은?

   ① 도급인은 같은 장소에서 이루어지는 도급인과 관계수급인의 작업에 있어서 관계수급인의 작업시기·내용, 안전조치 및 보건조치 등을 확인하여야 한다.
   ② 건설업의 경우에는 도급사업의 정기 안전·보건 점검을 분기에 1회 이상 실시하여야 한다.
   ③ 관계수급인의 공사금액을 포함한 해당 공사의 총공사금액이 20억원 이상인 건설업의 경우 도급인은 그 사업장의 안전보건관리책임자를 안전보건총괄책임자로 지정하여야 한다.
   ④ 도급인은 도급인과 수급인을 구성원으로 하는 안전 및 보건에 관한 협의체를 도급인 및 그의 수급인 전원으로 구성하여야 한다.
   ⑤ 도급인은 제조업 작업장의 순회점검을 2일에 1회 이상 실시하여야 한다.

   해설 ② 건설업, 선박 및 보트 건조업의 경우에는 도급사업의 정기 안전·보건 점검을 2개월에 1회 이상 실시하여야 한다(영 제82조 제2항 제1호).
   ① 도급인은 수급인이 제공받은 안전 및 보건에 관한 정보에 따라 필요한 안전조치 및 보건조치를 하였는지를 확인하여야 한다(법 제65조 제3항).
   ③ 관계수급인의 공사금액을 포함한 해당 공사의 총공사금액이 20억원 이상인 건설업의 경우 도급인은 그 사업장의 안전보건관리책임자를 안전보건총괄책임자로 지정하여야 한다(영 제52조).
   ④ 도급인은 도급인과 수급인을 구성원으로 하는 안전 및 보건에 관한 협의체를 도급인 및 그의 수급인 전원으로 구성하여야 한다(규칙 제79조 제1항).
   ⑤ 도급인은 제조업 작업장의 순회점검을 2일에 1회 이상 실시하여야 한다(규칙 제80조 제1항).

2. 산업안전보건법령상 '대여자 등이 안전조치 등을 해야 하는 기계·기구·설비 및 건축물 등'에 규정되어 있는 것을 모두 고른 것은? (단, 고용노동부장관이 정하여 고시하는 기계·기구·설비 및 건축물 등은 고려하지 않음)

㉠ 어스오거	㉡ 산업용 로봇	㉢ 클램셸	㉣ 압력용기

   ① ㉠, ㉡
   ② ㉠, ㉢
   ③ ㉡, ㉣
   ④ ㉠, ㉢, ㉣
   ⑤ ㉡, ㉢, ㉣

정답 75 ⑤ / 1 ② 2 ②

해설 대여자 등이 안전조치 등을 해야 하는 기계·기구·설비 및 건축물 등(영 별표 21)
1. 사무실 및 공장용 건축물
2. 이동식 크레인
3. 타워크레인
4. 불도저
5. 모터 그레이더
6. 로더
7. 스크레이퍼
8. 스크레이퍼 도저
9. 파워 셔블
10. 드래그라인
11. 클램셸
12. 버킷굴착기
13. 트렌치
14. 항타기
15. 항발기
16. 어스드릴
17. 천공기
18. 어스오거
19. 페이퍼드레인머신
20. 리프트
21. 지게차
22. 롤러기
23. 콘크리트 펌프
24. 고소작업대
25. 그 밖에 산업재해보상보험및예방심의위원회 심의를 거쳐 고용노동부장관이 정하여 고시하는 기계, 기구, 설비 및 건축물 등

3. 산업안전보건법령상 유해하거나 위험한 기계·기구에 대한 방호조치 등에 관한 설명으로 옳은 것을 모두 고른 것은?

㉠ 래핑기에는 구동부 방호 연동장치를 설치해야 한다.
㉡ 원심기에는 압력방출장치를 설치해야 한다.
㉢ 작동 부분에 돌기 부분이 있는 기계는 그 돌기 부분에 방호망을 설치하여야 한다.
㉣ 동력전달 부분이 있는 기계는 동력전달 부분을 묻힘형으로 하여야 한다.

① ㉠
② ㉠, ㉡
③ ㉡, ㉢
④ ㉢, ㉣
⑤ ㉠, ㉢, ㉣

해설 유해하거나 위험한 기계·기구에 대한 방호조치(규칙 제98조 제2항)
1. 작동 부분의 돌기부분은 묻힘형으로 하거나 덮개를 부착할 것
2. 동력전달부분 및 속도조절부분에는 덮개를 부착하거나 방호망을 설치할 것
3. 회전기계의 물림점(롤러나 톱니바퀴 등 반대방향의 두 회전체에 물려 들어가는 위험점)에는 덮개 또는 울을 설치할 것

4. 산업안전보건법령상 사업주가 근로자의 작업내용을 변경할 때에 그 근로자에게 하여야 하는 안전보건교육의 내용으로 규정되어 있지 않은 것은?

① 사고 발생 시 긴급조치에 관한 사항
② 기계·기구의 위험성과 작업의 순서 및 동선에 관한 사항
③ 표준안전 작업방법에 관한 사항
④ 직장 내 괴롭힘, 고객의 폭언 등으로 인한 건강장해 예방 및 관리에 관한 사항
⑤ 작업 개시 전 점검에 관한 사항

해설 채용 시 교육 및 작업내용 변경 시 교육(규칙 별표 5)

교육내용
○ 산업안전 및 사고 예방에 관한 사항
○ 산업보건 및 직업병 예방에 관한 사항
○ 위험성 평가에 관한 사항
○ 산업안전보건법령 및 산업재해보상보험 제도에 관한 사항
○ 직무스트레스 예방 및 관리에 관한 사항
○ 직장 내 괴롭힘, 고객의 폭언 등으로 인한 건강장해 예방 및 관리에 관한 사항
○ 기계·기구의 위험성과 작업의 순서 및 동선에 관한 사항
○ 작업 개시 전 점검에 관한 사항
○ 정리정돈 및 청소에 관한 사항
○ 사고 발생 시 긴급조치에 관한 사항
○ 물질안전보건자료에 관한 사항

5. 산업안전보건법령상 안전검사에 관한 설명으로 옳지 않은 것은?

① 형 체결력(型 締結力) 294킬로뉴턴(KN) 이상의 사출성형기는 안전검사대상기계 등에 해당한다.
② 사업주는 자율안전검사를 받은 경우에는 그 결과를 기록하여 보존하여야 한다.
③ 안전검사기관이 안전검사 업무를 게을리하거나 업무에 차질을 일으킨 경우 고용노동부장관은 안전검사기관 지정을 취소하거나 6개월 이내의 기간을 정하여 그 업무의 정지를 명할 수 있다.
④ 곤돌라를 건설현장에서 사용하는 경우 사업장에 최초로 설치한 날부터 6개월마다 안전검사를 하여야 한다.
⑤ 안전검사대상기계등을 사용하는 사업주와 소유자가 다른 경우에는 사업주가 안전검사를 받아야 한다.

해설 ⑤ 안전검사대상기계등을 사용하는 사업주와 소유자가 다른 경우에는 안전검사대상기계등의 소유자가 안전검사를 받아야 한다(법 제93조 제1항).
① 형 체결력(型 締結力) 294킬로뉴턴(KN) 이상의 사출성형기는 안전검사대상기계 등에 해당한다(영 제78조 제1항).
② 사업주는 자율안전검사를 받은 경우에는 그 결과를 기록하여 보존하여야 한다(법 제98조 제3항).
③ 안전검사기관이 안전검사 업무를 게을리하거나 업무에 차질을 일으킨 경우 고용노동부장관은 안전검사기관 지정을 취소하거나 6개월 이내의 기간을 정하여 그 업무의 정지를 명할 수 있다(법 제96조 제5항, 법 제21조).
④ 곤돌라를 건설현장에서 사용하는 경우 사업장에 최초로 설치한 날부터 6개월마다 안전검사를 하여야 한다(규칙 제126조 제1항 제1호).

정답 3 ① 4 ③ 5 ⑤

6. 산업안전보건법령상 제조 또는 사용허가를 받아야 하는 유해물질을 모두 고른 것은? (단, 고용노동부장관의 승인을 받은 경우는 제외함)

> ㉠ 크롬산 아연
> ㉡ β-나프틸아민과 그 염
> ㉢ o-톨리딘 및 그 염
> ㉣ 폴리클로리네이티드 터페닐
> ㉤ 콜타르피치 휘발물

① ㉠, ㉡, ㉢　　　　② ㉠, ㉢, ㉤
③ ㉠, ㉣, ㉤　　　　④ ㉡, ㉢, ㉣
⑤ ㉡, ㉣, ㉤

해설 허가대상 유해물질(영 제88조)
1. α-나프틸아민[134-32-7] 및 그 염(α-Naphthylamine and its salts)
2. 디아니시딘[119-90-4] 및 그 염(Dianisidine and its salts)
3. 디클로로벤지딘[91-94-1] 및 그 염(Dichlorobenzidine and its salts)
4. 베릴륨(Beryllium; 7440-41-7)
5. 벤조트리클로라이드(Benzotrichloride; 98-07-7)
6. 비소[7440-38-2] 및 그 무기화합물(Arsenic and its inorganic compounds)
7. 염화비닐(Vinyl chloride; 75-01-4)
8. 콜타르피치[65996-93-2] 휘발물(Coal tar pitch volatiles)
9. 크롬광 가공(열을 가하여 소성 처리하는 경우만 해당한다)(Chromite ore processing)
10. 크롬산 아연(Zinc chromates; 13530-65-9 등)
11. o-톨리딘[119-93-7] 및 그 염(o-Tolidine and its salts)
12. 황화니켈류(Nickel sulfides; 12035-72-2, 16812-54-7)
13. 1.부터 4.까지 또는 6.부터 12.까지의 어느 하나에 해당하는 물질을 포함한 혼합물(포함된 중량의 비율이 1퍼센트 이하인 것은 제외한다)
14. 5.의 물질을 포함한 혼합물(포함된 중량의 비율이 0.5퍼센트 이하인 것은 제외한다)
15. 그 밖에 보건상 해로운 물질로서 산업재해보상보험및예방심의위원회의 심의를 거쳐 고용노동부장관이 정하는 유해물질

7. 산업안전보건법령상 중대재해에 속하는 경우를 모두 고른 것은?

> ㉠ 사망자가 1명 발생한 재해
> ㉡ 3개월 이상의 요양이 필요한 부상자가 동시에 2명 발생한 재해
> ㉢ 부상자가 동시에 5명 발생한 재해
> ㉣ 직업성 질병자가 동시에 10명 발생한 재해

① ㉠　　　　　　　　② ㉡, ㉢
③ ㉢, ㉣　　　　　　④ ㉠, ㉡, ㉣
⑤ ㉠, ㉡, ㉢, ㉣

해설 중대재해의 범위(규칙 제3조)
1. 사망자가 1명 이상 발생한 재해
2. 3개월 이상의 요양이 필요한 부상자가 동시에 2명 이상 발생한 재해
3. 부상자 또는 직업성 질병자가 동시에 10명 이상 발생한 재해

8. 산업안전보건법령상 안전인증에 관한 설명으로 옳은 것은?
   ① 안전인증 심사 중 유해·위험기계등이 서면심사 내용과 일치하는지와 유해·위험기계등의 안전에 관한 성능이 안전인증기준에 적합한지에 대한 심사는 기술능력 및 생산체계 심사에 해당한다.
   ② 거짓이나 그 밖의 부정한 방법으로 안전인증을 받은 사유로 안전인증이 취소된 자는 안전인증이 취소된 날부터 3년 이내에는 취소된 유해·위험기계등에 대하여 안전인증을 신청할 수 없다.
   ③ 크레인, 리프트, 곤돌라는 설치·이전하는 경우뿐만 아니라 주요 구조 부분을 변경하는 경우에도 안전인증을 받아야 한다.
   ④ 안전인증기관은 안전인증을 받은 자가 최근 2년 동안 안전인증표시의 사용금지를 받은 사실이 없는 경우에는 안전인증기준을 지키고 있는지를 3년에 1회 이상 확인해야 한다.
   ⑤ 안전인증대상기계등이 아닌 유해·위험기계등을 제조하는 자는 그 유해·위험기계등의 안전에 관한 성능을 평가받기 위하여 고용노동부장관에게 안전인증을 신청할 수 없다.

   해설 ③ 유해·위험기계등 중 근로자의 안전 및 보건에 위해를 미칠 수 있다고 인정되어 대통령령으로 정하는 것(안전인증대상기계등(크레인, 리프트, 곤돌라 등))을 제조하거나 수입하는 자(고용노동부령으로 정하는 안전인증대상기계등을 설치·이전하거나 주요 구조 부분을 변경하는 자를 포함한다.)는 안전인증대상기계등이 안전인증기준에 맞는지에 대하여 고용노동부장관이 실시하는 안전인증을 받아야 한다.
   ① 안전인증 심사 중 유해·위험기계등이 서면심사 내용과 일치하는지와 유해·위험기계등의 안전에 관한 성능이 안전인증기준에 적합한지에 대한 심사는 제품심사에 해당한다(규칙 제110조 제1항 제4호).
   ② 안전인증이 취소된 자는 안전인증이 취소된 날부터 1년 이내에는 취소된 유해·위험기계등에 대하여 안전인증을 신청할 수 없다(법 제86조 제3항).
   ④ 안전인증기관은 안전인증을 받은 자가 안전인증기준을 지키고 있는지를 2년에 1회 이상 확인해야 한다(규칙 제111조 제2항).
   ⑤ 안전인증대상기계등이 아닌 유해·위험기계등을 제조하거나 수입하는 자가 그 유해·위험기계등의 안전에 관한 성능 등을 평가받으려면 고용노동부장관에게 안전인증을 신청할 수 있다(법 제84조 제3항).

9. 산업안전보건법령상 상시근로자 1000명인 A회사(「상법」 제170조에 따른 주식회사)의 대표이사 甲이 수립해야 하는 회사의 안전 및 보건에 관한 계획에 포함되어야 하는 내용이 아닌 것은?
   ① 안전 및 보건에 관한 경영방침
   ② 안전·보건관리 업무 위탁에 관한 사항
   ③ 안전·보건관리 조직의 구성·인원 및 역할
   ④ 안전·보건 관련 예산 및 시설 현황
   ⑤ 안전 및 보건에 관한 전년도 활동실적 및 다음 연도 활동계획

   해설 안전 및 보건에 관한 계획에 포함되어야 하는 내용(영 제13조 제2항)
   1. 안전 및 보건에 관한 경영방침
   2. 안전·보건관리 조직의 구성·인원 및 역할
   3. 안전·보건 관련 예산 및 시설 현황
   4. 안전 및 보건에 관한 전년도 활동실적 및 다음 연도 활동계획

정답 6 ② 7 ④ 8 ③ 9 ②

10. 산업안전보건법령상 안전관리전문기관에 대해 그 지정을 취소하여야 하는 경우는?

① 업무정지 기간 중에 업무를 수행한 경우
② 안전관리 업무 관련 서류를 거짓으로 작성한 경우
③ 정당한 사유 없이 안전관리 업무의 수탁을 거부한 경우
④ 안전관리 업무 수행과 관련한 대가 외에 금품을 받은 경우
⑤ 법에 따른 관계 공무원의 지도·감독을 거부·방해 또는 기피한 경우

해설 고용노동부장관은 안전관리전문기관 또는 보건관리전문기관이 다음의 어느 하나에 해당할 때에는 그 지정을 취소하거나 6개월 이내의 기간을 정하여 그 업무의 정지를 명할 수 있다. 다만, 1. 또는 2.에 해당할 때에는 그 지정을 취소하여야 한다(법 제21조 제4항).
1. 거짓이나 그 밖의 부정한 방법으로 지정을 받은 경우
2. 업무정지 기간 중에 업무를 수행한 경우
3. 지정 요건을 충족하지 못한 경우
4. 지정받은 사항을 위반하여 업무를 수행한 경우
5. 그 밖에 대통령령으로 정하는 사유에 해당하는 경우

11. 산업안전보건법령상 통합공표 대상 사업장 등에 관한 내용이다. (   )에 들어갈 사업으로 옳지 않은 것은?

> 고용노동부장관이 도급인의 사업장에서 관계수급인 근로자가 작업을 하는 경우에 도급인의 산업재해발생건수등에 관계수급인의 산업재해발생건수등을 포함하여 공표하여야 하는 사업장이란 (   )에 해당하는 사업이 이루어지는 사업장으로서 도급인이 사용하는 상시근로자 수가 500명 이상이고 도급인 사업장의 사고사망만인율보다 관계수급인의 근로자를 포함하여 산출한 사고사망만인율이 높은 사업장을 말한다. 단, 여기서 사고사망만인율은 질병으로 인한 사망재해자를 제외하고 산출한 사망만인율을 말한다.

① 제조업
② 철도운송업
③ 도시철도운송업
④ 도시가스업
⑤ 전기업

해설 고용노동부장관은 도급인의 사업장(도급인이 제공하거나 지정한 경우로서 도급인이 지배·관리하는 대통령령으로 정하는 장소를 포함한다.) 중 다음 제조업, 철도운송업, 도시철도운송업, 전기업의 어느 하나에 해당하는 사업이 이루어지는 사업장으로서 도급인이 사용하는 상시근로자 수가 500명 이상이고 도급인 사업장의 사고사망만인율(질병으로 인한 사망재해자를 제외하고 산출한 사망만인율을 말한다.)보다 관계수급인의 근로자를 포함하여 산출한 사고사망만인율이 높은 사업장에서 관계수급인 근로자가 작업을 하는 경우에 도급인의 산업재해발생건수등에 관계수급인의 산업재해발생건수등을 포함하여 공표하여야 한다(법 제10조 제2항, 영제12조).

12. 산업안전보건법령상 자율안전확인의 신고에 관한 설명으로 옳지 않은 것은?

① 자율안전확인대상기계등을 제조하는 자가 「산업표준화법」 제15조에 따른 인증을 받은 경우 고용노동부장관은 자율안전확인신고를 면제할 수 있다.
② 산업용 로봇, 혼합기, 파쇄기, 컨베이어는 자율안전확인대상기계등에 해당한다.
③ 자율안전확인대상기계등을 수입하는 자로서 자율안전확인신고를 하여야 하는 자는 수입하기 전에 신고서에 제품의 설명서, 자율안전확인대상기계등의 자율안전기준을 충족함을 증명하는 서류를 첨부하여 한국산업안전보건공단에 제출해야 한다.
④ 자율안전확인의 표시를 하는 경우 인체에 상해를 입힐 우려가 있는 재질이나 표면이 거친 재질을 사용해서는 안 된다.
⑤ 고용노동부장관은 신고된 자율안전확인대상기계등의 안전에 관한 성능이 자율안전기준에 맞지 아니하게 된 경우 신고한 자에게 1년 이내의 기간을 정하여 자율안전기준에 맞게 시정하도록 명할 수 있다.

해설 ⑤ 고용노동부장관은 신고된 자율안전확인대상기계등의 안전에 관한 성능이 자율안전기준에 맞지 아니하게 된 경우에는 신고한 자에게 6개월 이내의 기간을 정하여 자율안전확인표시의 사용을 금지하거나 자율안전기준에 맞게 시정하도록 명할 수 있다(법 제91조 제1항).
① 자율안전확인대상기계등을 제조하는 자가 「산업표준화법」 제15조에 따른 인증을 받은 경우 고용노동부장관은 자율안전확인신고를 면제할 수 있다(규칙 제119조 제2호).
② 산업용 로봇, 혼합기, 파쇄기, 컨베이어는 자율안전확인대상기계등에 해당한다(영 제77조 제1항 제1호).
③ 자율안전확인대상기계등을 수입하는 자로서 자율안전확인신고를 하여야 하는 자는 수입하기 전에 신고서에 제품의 설명서, 자율안전확인대상기계등의 자율안전기준을 충족함을 증명하는 서류를 첨부하여 한국산업안전보건공단에 제출해야 한다(규칙 제130조 제1항).
④ 자율안전확인의 표시를 하는 경우 인체에 상해를 입힐 우려가 있는 재질이나 표면이 거친 재질을 사용해서는 안 된다(규칙 별표 14).

13. 산업안전보건법령상 공정안전보고서에 포함되어야 하는 사항을 모두 고른 것은?

㉠ 공정위험성 평가서　㉡ 안전운전계획　㉢ 비상조치계획　㉣ 공정안전자료

① ㉠
② ㉡, ㉣
③ ㉢, ㉣
④ ㉠, ㉡, ㉢
⑤ ㉠, ㉡, ㉢, ㉣

해설 공정안전보고서에 포함되어야 하는 사항(영 제44조 제1항)
1. 공정안전자료
2. 공정위험성 평가서
3. 안전운전계획
4. 비상조치계획
5. 그 밖에 공정상의 안전과 관련하여 고용노동부장관이 필요하다고 인정하여 고시하는 사항

정답 10 ①　11 ④　12 ⑤　13 ⑤

14. 산업안전보건법령상 사업장의 상시근로자 수가 50명인 경우에 산업안전보건위원회를 구성해야 할 사업은?

① 컴퓨터 프로그래밍, 시스템 통합 및 관리업
② 소프트웨어 개발 및 공급업
③ 비금속 광물제품 제조업
④ 정보서비스업
⑤ 금융 및 보험업

해설 산업안전보건위원회를 구성해야 할 사업의 종류 및 사업장의 상시근로자(영 별표 9)

사업의 종류	사업장의 상시근로자 수
1. 토사석 광업 2. 목재 및 나무제품 제조업; 가구제외 3. 화학물질 및 화학제품 제조업; 의약품 제외(세제, 화장품 및 광택제 제조업과 화학섬유 제조업은 제외한다) 4. 비금속 광물제품 제조업 5. 1차 금속 제조업 6. 금속가공제품 제조업; 기계 및 가구 제외 7. 자동차 및 트레일러 제조업 8. 기타 기계 및 장비 제조업(사무용 기계 및 장비 제조업은 제외한다) 9. 기타 운송장비 제조업(전투용 차량 제조업은 제외한다)	상시근로자 50명 이상
10. 농업 11. 어업 12. 소프트웨어 개발 및 공급업 13. 컴퓨터 프로그래밍, 시스템 통합 및 관리업 14. 정보서비스업 15. 금융 및 보험업 16. 임대업; 부동산 제외 17. 전문, 과학 및 기술 서비스업(연구개발업은 제외한다) 18. 사업지원 서비스업 19. 사회복지 서비스업	상시근로자 300명 이상
20. 건설업	공사금액 120억원 이상(「건설산업기본법 시행령」 별표 1의 종합공사를 시공하는 업종의 건설업종란 제1호에 따른 토목공사업의 경우에는 150억원 이상)
21. 제1호부터 제20호까지의 사업을 제외한 사업	상시근로자 100명 이상

15. 산업안전보건법령상 사업주가 관리감독자에게 수행하게 하여야 하는 산업안전 및 보건에 관한 업무로 명시되지 않은 것은?

① 산업재해에 관한 통계의 기록 및 유지에 관한 사항
② 사업장 내 관리감독자가 지휘·감독하는 작업과 관련된 기계·기구 또는 설비의 안전·보건 점검 및 이상 유무의 확인
③ 관리감독자에게 소속된 근로자의 작업복·보호구 및 방호장치의 점검과 그 착용·사용에 관한 교육·지도
④ 해당작업에서 발생한 산업재해에 관한 보고 및 이에 대한 응급조치
⑤ 해당작업의 작업장 정리·정돈 및 통로 확보에 대한 확인·감독

해설 사업주가 관리감독자에게 수행하게 하여야 하는 산업안전 및 보건에 관한 업무(영 제15조 제1항)
1. 사업장 내 관리감독자가 지휘·감독하는 작업과 관련된 기계·기구 또는 설비의 안전·보건 점검 및 이상 유무의 확인
2. 관리감독자에게 소속된 근로자의 작업복·보호구 및 방호장치의 점검과 그 착용·사용에 관한 교육·지도
3. 해당작업에서 발생한 산업재해에 관한 보고 및 이에 대한 응급조치
4. 해당작업의 작업장 정리·정돈 및 통로 확보에 대한 확인·감독
5. 사업장의 다음의 어느 하나에 해당하는 사람의 지도·조언에 대한 협조
   ㉠ 안전관리자 또는 안전관리자의 업무를 안전관리전문기관에 위탁한 사업장의 경우에는 그 안전관리전문기관의 해당 사업장 담당자
   ㉡ 보건관리자 또는 보건관리자의 업무를 보건관리전문기관에 위탁한 사업장의 경우에는 그 보건관리전문기관의 해당 사업장 담당자
   ㉢ 안전보건관리담당자 또는 안전보건관리담당자의 업무를 안전관리전문기관 또는 보건관리전문기관에 위탁한 사업장의 경우에는 그 안전관리전문기관 또는 보건관리전문기관의 해당 사업장 담당자
   ㉣ 산업보건의
6. 위험성평가에 관한 다음의 업무
   ㉠ 유해·위험요인의 파악에 대한 참여
   ㉡ 개선조치의 시행에 대한 참여
7. 그 밖에 해당작업의 안전 및 보건에 관한 사항으로서 고용노동부령으로 정하는 사항

16. 산업안전보건법령상 도급승인 대상 작업에 관한 것으로 "급성 독성, 피부부식성 등이 있는 물질의 취급 등 대통령령으로 정하는 작업"에 관한 내용이다. ( )에 들어갈 내용을 순서대로 옳게 나열한 것은?

○ 중량비율 (㉠)퍼센트 이상의 황산, 불화수소, 질산 또는 염화수소를 취급하는 설비를 개조·분해·해체·철거하는 작업 또는 해당 설비의 내부에서 이루어지는 작업. 다만, 도급인이 해당 화학물질을 모두 제거한 후 증명자료를 첨부하여 (㉡)에게 신고한 경우는 제외한다.
○ 그 밖에 「산업재해보상보험법」 제8조 제1항에 따른 (㉢)의 심의를 거쳐 고용노동부장관이 정하는 작업

정답 14 ③ 15 ① 16 ①

① ㉠ : 1, ㉡ : 고용노동부장관, ㉢ : 산업재해보상보험및예방심의위원회
② ㉠ : 1, ㉡ : 한국산업안전보건공단 이사장, ㉢ : 산업재해보상보험및예방심의위원회
③ ㉠ : 2, ㉡ : 고용노동부장관, ㉢ : 산업재해보상보험및예방심의위원회
④ ㉠ : 2, ㉡ : 지방고용노동관서의 장, ㉢ : 산업안전보건심의위원회
⑤ ㉠ : 3, ㉡ : 고용노동부장관, ㉢ : 산업안전보건심의위원회

해설 급성 독성, 피부 부식성 등이 있는 물질의 취급 등 대통령령으로 정하는 작업(영 제51조)
1. 중량비율 1퍼센트 이상의 황산, 불화수소, 질산 또는 염화수소를 취급하는 설비를 개조·분해·해체·철거하는 작업 또는 해당 설비의 내부에서 이루어지는 작업. 다만, 도급인이 해당 화학물질을 모두 제거한 후 증명자료를 첨부하여 고용노동부장관에게 신고한 경우는 제외한다.
2. 그 밖에 「산업재해보상보험법」 제8조 제1항에 따른 산업재해보상보험및예방심의위원회의 심의를 거쳐 고용노동부장관이 정하는 작업

17. 산업안전보건법령상 보건관리자에 관한 설명으로 옳지 않은 것은?

① 상시근로자 300명 이상을 사용하는 사업장의 사업주는 보건관리자에게 그 업무만을 전담하도록 하여야 한다.
② 안전인증대상기계등과 자율안전확인대상기계등 중 보건과 관련된 보호구(保護具) 구입 시 적격품 선정에 관한 보좌 및 지도·조언은 보건관리자의 업무에 해당한다.
③ 외딴곳으로서 고용노동부장관이 정하는 지역에 있는 사업장의 사업주는 보건관리전문기관에 보건관리자의 업무를 위탁할 수 있다.
④ 보건관리자의 업무를 위탁할 수 있는 보건관리전문기관은 지역별 보건관리전문기관과 업종별·유해인자별 보건관리전문기관으로 구분한다.
⑤ 「의료법」에 따른 간호사는 보건관리자가 될 수 없다.

해설 보건관리자의 자격(영 별표 6)
1. 산업보건지도사 자격을 가진 사람
2. 「의료법」에 따른 의사
3. 「의료법」에 따른 간호사
4. 「국가기술자격법」에 따른 산업위생관리산업기사 또는 대기환경산업기사 이상의 자격을 취득한 사람
5. 「국가기술자격법」에 따른 인간공학기사 이상의 자격을 취득한 사람
6. 「고등교육법」에 따른 전문대학 이상의 학교에서 산업보건 또는 산업위생 분야의 학위를 취득한 사람(법령에 따라 이와 같은 수준 이상의 학력이 있다고 인정되는 사람을 포함한다)

18. 산업안전보건법령상 안전보건관리규정(이하 "규정"이라 함)에 관한 설명으로 옳은 것은?

① 안전 및 보건에 관한 관리조직은 규정에 포함되어야 하는 사항이 아니다.
② 규정 중 취업규칙에 반하는 부분에 관하여는 규정으로 정한 기준이 취업규칙에 우선하여 적용된다.

③ 산업안전보건위원회가 설치되어 있지 아니한 사업장의 사업주가 규정을 작성할 때에는 지방고용노동관서의 장의 승인을 받아야 한다.
④ 사업주가 규정을 작성할 때에는 산업안전보건위원회의 심의·의결을 거쳐야 하나, 변경할 때에는 심의만 거치면 된다.
⑤ 규정을 작성해야 하는 사업의 사업주는 규정을 작성해야 할 사유가 발생한 날부터 30일 이내에 작성해야 한다.

해설 ⑤ 사업의 사업주는 안전보건관리규정을 작성해야 할 사유가 발생한 날부터 30일 이내에 별표 3의 내용을 포함한 안전보건관리규정을 작성해야 한다. 이를 변경할 사유가 발생한 경우에도 또한 같다(규칙 제25조 제2항).
① 안전 및 보건에 관한 관리조직은 안전보건관리규정에 포함되어야 한다(법 제25조 제1항 제1호).
② 안전보건관리규정은 단체협약 또는 취업규칙에 반할 수 없다. 이 경우 안전보건관리규정 중 단체협약 또는 취업규칙에 반하는 부분에 관하여는 그 단체협약 또는 취업규칙으로 정한 기준에 따른다(법 제25조 제2항).
③, ④ 사업주는 안전보건관리규정을 작성하거나 변경할 때에는 산업안전보건위원회의 심의·의결을 거쳐야 한다. 다만, 산업안전보건위원회가 설치되어 있지 아니한 사업장의 경우에는 근로자대표의 동의를 받아야 한다(법 제26조).

19. 산업안전보건법령상 고용노동부장관이 안전관리전문기관 또는 보건관리전문기관의 지정을 취소하거나 6개월 이내의 기간을 정하여 그 업무의 정지를 명할 수 있도록 하는 규정이 준용되는 기관이 아닌 것은?

① 안전보건교육기관
② 안전보건진단기관
③ 건설재해예방전문지도기관
④ 역학조사 실시 업무를 위탁받은 기관
⑤ 석면조사기관

해설 건설재해예방전문지도기관에 관하여는 제21조 제4항(고용노동부장관이 안전관리전문기관 또는 보건관리전문기관의 지정을 취소하거나 6개월 이내의 기간을 정하여 그 업무의 정지를 명할 수 있도록 하는 규정) 및 제5항을 준용한다. 이 경우 "안전관리전문기관 또는 보건관리전문기관"은 "건설재해예방전문지도기관"으로 본다(법 제74조 제4항).
석면조사기관에 관하여는 제21조 제4항(고용노동부장관이 안전관리전문기관 또는 보건관리전문기관의 지정을 취소하거나 6개월 이내의 기간을 정하여 그 업무의 정지를 명할 수 있도록 하는 규정) 및 제5항을 준용한다. 이 경우 "안전관리전문기관 또는 보건관리전문기관"은 "석면조사기관"으로 본다(법 제120조 제5항).

20. 산업안전보건법령상 사업주가 작업환경측정을 할 때 지켜야 할 사항으로 옳은 것을 모두 고른 것은?

㉠ 작업환경측정을 하기 전에 예비조사를 할 것
㉡ 일출 후 일몰 전에 실시할 것
㉢ 모든 측정은 지역 시료채취방법으로 하되, 지역 시료채취방법이 곤란한 경우에는 개인 시료채취방법으로 실시할 것
㉣ 작업환경측정기관에 위탁하여 실시하는 경우에는 해당 작업환경측정기관에 공정별 작업내용, 화학물질의 사용실태 및 물질안전보건자료 등 작업환경측정에 필요한 정보를 제공할 것

정답 17 ⑤ 18 ⑤ 19 ④ 20 ①

① ㉠, ㉣
② ㉡, ㉢
③ ㉢, ㉣
④ ㉠, ㉡, ㉣
⑤ ㉠, ㉡, ㉢, ㉣

> **해설** 사업주가 작업환경측정을 할 때 지켜야 할 사항(규칙 제189조 제1항)
> 1. 작업환경측정을 하기 전에 예비조사를 할 것
> 2. 작업이 정상적으로 이루어져 작업시간과 유해인자에 대한 근로자의 노출 정도를 정확히 평가할 수 있을 때 실시할 것
> 3. 모든 측정은 개인 시료채취방법으로 하되, 개인 시료채취방법이 곤란한 경우에는 지역 시료채취방법으로 실시할 것. 이 경우 그 사유를 작업환경측정 결과표에 분명하게 밝혀야 한다.
> 4. 작업환경측정기관에 위탁하여 실시하는 경우에는 해당 작업환경측정기관에 공정별 작업내용, 화학물질의 사용실태 및 물질안전보건자료 등 작업환경측정에 필요한 정보를 제공할 것

21. 산업안전보건법령상 같은 유해인자에 노출되는 근로자들에게 유사한 질병의 증상이 발생한 경우에 고용노동부장관은 근로자의 건강을 보호하기 위하여 사업주에게 특정 근로자에 대해 건강진단을 실시할 것을 명할 수 있다. 이에 해당하는 건강진단은?

① 일반건강진단
② 특수건강진단
③ 배치전건강진단
④ 임시건강진단
⑤ 수시건강진단

> **해설** 고용노동부장관은 같은 유해인자에 노출되는 근로자들에게 유사한 질병의 증상이 발생한 경우 등 고용노동부령으로 정하는 경우에는 근로자의 건강을 보호하기 위하여 사업주에게 특정 근로자에 대한 건강진단(임시건강진단)의 실시나 작업전환, 그 밖에 필요한 조치를 명할 수 있다(법 제131조 제1항).

22. 산업안전보건법령상 유해성·위험성 조사 제외 화학물질로 규정되어 있지 않은 것은? (단, 고용노동부장관이 공표하거나 고시하는 물질은 고려하지 않음)

① 「의료기기법」 제2조 제1항에 따른 의료기기
② 「약사법」 제2조 제4호 및 제7호에 따른 의약품 및 의약외품(醫藥外品)
③ 「건강기능식품에 관한 법률」 제3조 제1호에 따른 건강기능식품
④ 「첨단재생의료 및 첨단바이오의약품 안전 및 지원에 관한 법률」 제2조 제5호에 따른 첨단바이오의약품
⑤ 천연으로 산출된 화학물질

> **해설** 유해성·위험성 조사 제외 화학물질(영 제85조)
> 1. 원소
> 2. 천연으로 산출된 화학물질
> 3. 「건강기능식품에 관한 법률」 제3조 제1호에 따른 건강기능식품
> 4. 「군수품관리법」 제2조 및 「방위사업법」 제3조 제2호에 따른 군수품[「군수품관리법」 제3조에 따른 통상품(通常品)은 제외한다]

5. 「농약관리법」 제2조 제1호 및 제3호에 따른 농약 및 원제
6. 「마약류 관리에 관한 법률」 제2조 제1호에 따른 마약류
7. 「비료관리법」 제2조 제1호에 따른 비료
8. 「사료관리법」 제2조 제1호에 따른 사료
9. 「생활화학제품 및 살생물제의 안전관리에 관한 법률」 제3조제7호 및 제8호에 따른 살생물물질 및 살생물제품
10. 「식품위생법」 제2조 제1호 및 제2호에 따른 식품 및 식품첨가물
11. 「약사법」 제2조 제4호 및 제7호에 따른 의약품 및 의약외품(醫藥外品)
12. 「원자력안전법」 제2조 제5호에 따른 방사성물질
13. 「위생용품 관리법」 제2조 제1호에 따른 위생용품
14. 「의료기기법」 제2조 제1항에 따른 의료기기
15. 「총포·도검·화약류 등의 안전관리에 관한 법률」 제2조제3항에 따른 화약류
16. 「화장품법」 제2조 제1호에 따른 화장품과 화장품에 사용하는 원료
17. 고용노동부장관이 명칭, 유해성·위험성, 근로자의 건강장해 예방을 위한 조치 사항 및 연간 제조량·수입량을 공표한 물질로서 공표된 연간 제조량·수입량 이하로 제조하거나 수입한 물질
18. 고용노동부장관이 환경부장관과 협의하여 고시하는 화학물질 목록에 기록되어 있는 물질

23. 산업안전보건법령상 작업환경측정 또는 건강진단의 실시 결과만으로 직업성질환에 걸렸는지를 판단하기 곤란한 근로자의 질병에 대하여 한국산업안전보건공단에 역학조사를 요청할 수 있는 자로 규정되어 있지 않은 자는?

① 사업주
② 근로자대표
③ 보건관리자
④ 건강진단기관의 의사
⑤ 산업안전보건위원회의 위원장

해설 작업환경측정 또는 건강진단의 실시 결과만으로 직업성 질환에 걸렸는지를 판단하기 곤란한 근로자의 질병에 대하여 사업주·근로자대표·보건관리자(보건관리전문기관을 포함한다) 또는 건강진단기관의 의사가 역학조사를 요청하는 경우 할 수 있다(규칙 제222조 제1항 제1호).

24. 산업안전보건법령상 징역 또는 벌금에 처해질 수 있는 자는?
① 작업환경측정 결과를 해당 작업장 근로자에게 알리지 아니한 사업주
② 등록하지 아니하고 타워크레인을 설치·해체한 자
③ 석면이 포함된 건축물이나 설비를 철거하거나 해체하면서 고용노동부령으로 정하는 석면해체·제거의 작업기준을 준수하지 아니한 자
④ 역학조사 참석이 허용된 사람의 역학조사 참석을 방해한 자
⑤ 물질안전보건자료대상물질을 양도하면서 이를 양도받는 자에게 물질안전보건자료를 제공하지 아니한 자

해설 석면이 포함된 건축물이나 설비를 철거하거나 해체하면서 고용노동부령으로 정하는 석면해체·제거의 작업기준을 준수하지 아니한 자에 대하여 3년 이하의 징역 또는 3천만원 이하의 벌금에 처한다(법 제169조 제1호).

정답 21 ④ 22 ④ 23 ⑤ 24 ③

산업보건지도사

25. 산업안전보건법령상 근로의 금지 및 제한에 관한 설명으로 옳은 것은?

① 사업주가 잠수 작업에 종사하는 근로자에게 1일 6시간, 1주 36시간 근로하게 하는 것은 허용된다.
② 사업주는 알코올중독의 질병이 있는 근로자를 고기압 업무에 종사하도록 해서는 안 된다.
③ 사업주가 조현병에 걸린 사람에 대해 근로를 금지하는 경우에는 미리 보건관리자(의사가 아닌 보건관리자 포함), 산업보건의 또는 건강검진을 실시한 의사의 의견을 들어야 한다.
④ 사업주는 마비성 치매에 걸릴 우려가 있는 사람에 대해 근로를 금지해야 한다.
⑤ 사업주는 전염될 우려가 있는 질병에 걸린 사람이 있는 경우 전염을 예방하기 위한 조치를 한 후에도 그 사람의 근로를 금지해야 한다.

해설 ② 사업주는 알코올중독의 질병이 있는 근로자를 고기압 업무에 종사하도록 해서는 안 된다(규칙 221조 제2항).
① 사업주는 유해하거나 위험한 작업으로서 잠함 또는 잠수 작업 등 높은 기압에서 하는 작업에 종사하는 근로자에게는 1일 6시간, 1주 34시간을 초과하여 근로하게 해서는 아니 된다(법 제139조 제1항).
③, ④ 사업주는 조현병, 마비성 치매에 걸린 사람은 근로를 금지해야 한다(규칙 제220조 제1항 제2호).
⑤ 사업주는 전염될 우려가 있는 질병에 걸린 사람은 근로를 금지해야 한다. 다만, 전염을 예방하기 위한 조치를 한 경우는 제외한다(규칙 제220조 제1항 제1호).

산업위생 일반

26. 산업위생 활동에 관한 내용으로 옳은 것은?

① 관리의 최우선순위는 보호구 착용이다.
② 인지(인식)란 현재 상황에서 존재 또는 잠재하고 있는 유해인자의 파악이다.
③ 유해인자에 대한 평가는 특수건강진단의 결과만을 사용한다.
④ 처음으로 요구되는 것은 근로자 건강진단이다.
⑤ 사업장 근로자만의 건강을 보호하는 것이다.

해설 ② 인지(인식)란 현재 상황에서 존재 또는 잠재하고 있는 유해인자를 파악하는 것이다.
① 관리의 최우선순위는 안전이다.
③ 유해인자에 대한 평가는 유해인자에 대한 양, 정도가 근로자들의 건강에 어떤 영향을 미칠 것인가를 판단하는 의사결정단계이다.
④ 처음으로 요구되는 것은 근로자 활동이다.
⑤ 사업장 근로자만의 건강을 보호하는 것뿐만 아니라 관리자, 사업주, 상품 등 모든 것을 보호하는 것이다.

27. 다음에서 설명하고 있는 가스크로마토그래피 검출기는?

> ○ 원리 : 수소/공기로 시료를 태워 전하를 띤 이온 생성
> ○ 감도 : 대부분의 화합물에 대해 높은 감도
> ○ 특징 : 큰 범위의 직선성

① 질소인검출기(NPD) ② 전자포획검출기(ECD)
③ 열전도도검출기(TCD) ④ 불꽃광도검출기(FPD)
⑤ 불꽃이온화검출기(FID)

해설 ⑤ 불꽃이온화검출기(FID) : 수소연소노즐, 이온수집기와 함께 대극 및 배기구로 구성되는 본체와 이 전극 사이에 직류전압을 주어 흐르는 이온전류를 측정하기 위한 전압전류 변환회로, 감도조절부, 신호감쇄부로로 구성된다.
① 질소인검출기(NPD) : 질소 및 인을 포함한 유기화합물에 뛰어난 감도와 선택성을 지니고 있다.
② 전자포획검출기(ECD) : 방사선 동위원소로부터 방출되는 β선이 운반가스를 전리하여 미소전류를 흘려보낼 때 시료중의 할로겐이나 산소와 같이 전자포획력이 강한 화합물에 의하여 전자가 포획되어 전류가 감소하는 것을 이용하는 방법이다.
③ 열전도도검출기(TCD) : 금속 필라멘트 또는 전기저항체를 검출소자로 하여 금속판 안에 들어 있는 본체와 여기에 안정된 직류전기를 공급하는 전원회로, 저류조절부, 신호금출 전기회로, 신호감쇄부로 구성한다.
④ 불꽃광도검출기(FPD) : 수소염에 의하여 시료성분을 연소시키고 이때 발생하는 불꽃의 광도를 본광학적으로 측정하는 방법이다.

28. 작업환경측정에 관한 내용으로 옳지 않은 것은?

① 단위작업 장소에서 11명이 작업할 때 시료 채취 수는 3개 이상이다.
② 산화아연 분진은 호흡성 분진을 채취할 수 있는 여과채취방법으로 측정한다.
③ 시료채취 시에는 예상되는 측정대상물질의 농도, 방해물, 시료채취 시간 등을 종합적으로 고려한다.
④ 불화수소의 경우 최고노출기준(Ceiling)과 시간가중평균노출기준(TWA)에 대하여 병행 측정한다.
⑤ 관리대상 유해물질의 취급 장소가 실내인 경우 공기의 최대부피를 120세제곱미터로 하여 허용소비량 초과여부를 판단한다.

해설 ⑤ 작업장 공기의 부피는 바닥에서 4미터가 넘는 높이에 있는 공간을 제외한 세제곱미터를 단위로 하는 실내작업장의 공간부피를 말한다. 다만, 공기의 부피가 150세제곱미터를 초과하는 경우에는 150세제곱미터를 그 공기의 부피로 한다(산업안전보건기준에 관한 규칙 제421조 제2항).
① 단위작업 장소에서 최고 노출근로자 2명 이상에 대하여 동시에 개인 시료채취 방법으로 측정하되, 단위작업 장소에 근로자가 1명인 경우에는 그러하지 아니하며, 동일 작업근로자가 10명을 초과하는 경우에는 매 5명당 1명 이상 추가하여 측정하여야 한다(작업환경측정 및 정도관리 등에 관한 고시 제19조 제1항).
② 호흡성분진은 호흡성분진용 분립장치 또는 호흡성분진을 채취할 수 있는 기기를 이용한 여과채취방법으로 측정할 것(작업환경측정 및 정도관리 등에 관한 고시 제21조 제5호)

정답 25 ② 26 ② 27 ⑤ 28 ⑤

29. 다음은 도장 작업자들을 대상으로 한 벤젠(노출기준 0.5ppm)의 작업환경측정 결과이다. 노출기준을 초과할 확률은 약 얼마인가?(단, 정규분포곡선의 z값에 따른 확률은 다음 표와 같다.)

구분	z값			
	-0.42	-0.38	0.32	1.25
확률	0.337	0.352	0.626	0.894

〈작업환경측정 결과(ppm)〉

0.03, 0.22, 1.85, 0.04, 0.1, 0.22, 7.5, 0.05, 2, 0.3

① 0.663
② 0.374
③ 0.337
④ 0.147
⑤ 0.106

해설

1. $Z값 = \dfrac{노출기준 - 평균}{표준편차}$

2. $평균 = \dfrac{0.03+0.22+1.85+0.04+0.1+0.22+7.5+0.05+2+0.3}{10} = 1.231$

3. 표본표준편차 $s = \sqrt{\dfrac{\sum(각각의 표본 - 평균)^2}{총표본개수 - 1}}$

   $= \dfrac{(0.03-1.231)^2 + (0.22-1.231)^2 + (1.84-1.231)^2 + \cdots + (0.3-(1.231))^2}{10-1}$

   $= 2.327$

4. $Z값 = \dfrac{0.5 - 1.231}{2.327} = -0.314$

   분포상 떨어진 정도이므로 부호에 관계없이 가장 가까운 근사값 0.32의 확률값은 0.626

5. 노출기준 0.5ppm을 초과한 확률 1-0.626=0.374

30. 화학물질 및 물리적 인자의 노출기준에 관한 설명으로 옳지 않은 것은?
① 발암성, 생식세포 변이원성 및 생식독성 정보는 산업안전보건법상 규제 목적으로 표시한다.
② 내화성세라믹섬유의 노출기준 표시단위는 세제곱센티미터당 개수(개/㎤)를 사용한다.
③ 노출기준은 작업장의 유해인자에 대한 작업환경개선기준과 작업환경측정결과의 평가기준으로 사용할 수 있다.
④ "최고노출기준(C)"이란 근로자가 1일 작업시간동안 잠시라도 노출되어서는 아니 되는 기준을 말하며, 노출기준 앞에 "C"를 붙여 표시한다.
⑤ 혼재하는 물질 간에 유해성이 인체의 서로 다른 부위에 유해작용을 하는 경우, 혼재하는 물질 중 어느 한 가지라도 노출기준을 넘을 때는 노출기준을 초과하는 것으로 한다.

해설 ① 발암성, 생식세포 변이원성 및 생식독성 정보는 법상 규제 목적이 아닌 정보제공 목적으로 표시하는 것으로서 발암성은 국제암연구소(IARC), 미국산업위생전문가협회(ACGIH), 미국독성프로그램(NTP), 「유럽연합의 분류·표시에 관한 규칙(EU CLP)」 또는 미국산업안전보건청(OSHA)의 분류를 기준으로, 생식세포 변이원성 및 생식독성은 유럽연합의 분류·표시에 관한 규칙(EU CLP)을 기준으로 「화학물질의 분류·표시 및 물질안전보건자료에 관한 기준」에 따라 분류한다(화학물질 및 물리적 인자의 노출기준 제5조 제1항).
② 내화성세라믹섬유의 노출기준 표시단위는 세제곱센티미터당 개수(개/㎤)를 사용한다(화학물질 및 물리적 인자의 노출기준 별표 1).
③ 노출기준은 작업장의 유해인자에 대한 작업환경개선기준과 작업환경측정결과의 평가기준으로 사용할 수 있다(화학물질 및 물리적 인자의 노출기준 제4조 제1항).
④ "최고노출기준(C)"이란 근로자가 1일 작업시간동안 잠시라도 노출되어서는 아니 되는 기준을 말하며, 노출기준 앞에 "C"를 붙여 표시한다(화학물질 및 물리적 인자의 노출기준 제2조 제4호).
⑤ 혼재하는 물질간에 유해성이 인체의 서로 다른 부위에 유해작용을 하는 경우에 유해성이 각각 작용하므로 혼재하는 물질 중 어느 한 가지라도 노출기준을 넘는 경우 노출기준을 초과하는 것으로 한다(화학물질 및 물리적 인자의 노출기준 제6조 제2항).

31. ACGIH에서 권고하고 있는 유해물질과 기준(TLV) 설정 근거가 된 건강영향의 연결로 옳지 않은 것은?

① 벤젠(TWA 0.5ppm, STEL 2.5ppm) : 백혈병
② 카본블랙(TWA 3mg/㎥) : 기관지염
③ 톨루엔(TWA 20ppm) : 혈액학적 악영향
④ 이산화탄소(TWA 5,000ppm, STEL 30,000ppm) : 질식
⑤ 노말-헥산(TWA 50ppm) : 중추신경계 손상, 말초신경염, 눈 염증

해설 톨루엔의 노출기준은 TWA 50ppm이다.

32. 60℃, 1기압인 탈지조에서 TCE(분자량 131.4, 비중 1.466) 2L를 사용하였다. 공기 중으로 모두 증발하였다고 가정할 때, 발생한 증기량(㎥)은 약 얼마인가?

① 0.34
② 0.50
③ 0.54
④ 0.61
⑤ 0.82

해설 1. 중량=체적(부피)×비중(모든 기체의 0℃, 1기압일 때 1분자량의 체적은 22.4L이다.)
중량=2L×1.466g/mL×1,000mL/L=2.932g
60℃, 1기압의 부피 $= 22.4L \times \dfrac{273+60}{273} = 27.32L$

2. 분자량 : 현재부피=발생질량 : 발생부피
131.3g : 27.32g=2932g : 발생한 증기량
발생한 증기량 $= \dfrac{27.32L \times 2,932g \times m^3/1,000L}{131.4g} = 0.61m^3$

33. 국소배기장치 설계에 관한 설명으로 옳지 않은 것은?
   ① 송풍기에서 가장 먼 쪽의 후드부터 설계한다.
   ② 설계 시 먼저 후드의 형식과 송풍량을 결정한다.
   ③ 1차 계산된 덕트 직경의 이론치보다 더 큰 크기의 시판 덕트를 선정한다.
   ④ 합류관 연결부에서 정압은 가능한 같아지게 한다.
   ⑤ 합류관 연결부의 정압비(SPhigh/SPlow)가 1.05 이내이면 정압 차를 무시하고 다음 단계 설계를 계속한다.

   해설 같은 배풍량이라면 덕트의 직경이 클수록 유속은 작고, 덕트의 직경이 작을수록 유속은 커진다. 공기중에 분진과 같은 입자상의 물질이 함유되어 있는 경우 덕트의 굴곡부분 등에 퇴적하는 것을 방지하기 위하여 덕트의 직경을 작게 하여 유속을 크게 한다. 덕트의 직경을 크게 하면 장소 및 시공비가 커진다.

34. 입자상 물질에 관한 설명으로 옳은 것을 모두 고른 것은?

   ㉠ 호흡성 분진(RPM)은 가스 교환 부위에 침착될 때 독성을 일으키는 물질이다.
   ㉡ 석면이나 유리규산은 대식세포의 용해효소로 쉽게 제거된다.
   ㉢ 우리나라 노출기준에는 산화규소 결정체 4종이 있으며, 모두 발암성 1A이다.
   ㉣ 입자상 물질의 침강속도는 스토크 법칙(Stokes' law)을 따르며, 입자의 밀도와 입경에 반비례한다.

   ① ㉠, ㉡
   ② ㉠, ㉢
   ③ ㉡, ㉣
   ④ ㉡, ㉢, ㉣
   ⑤ ㉠, ㉡, ㉢, ㉣

   해설 ㉡ 석면이나 유리규산에 노출되면 폐의 상피세포가 손상되고 대식세포가 활성화가 유도된다.
   ㉣ 입자상 물질의 침강속도는 스토크 법칙(Stokes' law)을 따르며, 입자의 크기에 따라 호흡기내 침투정도가 다르다.
   ㉠ 호흡성 분진은 가스 교환부위, 즉 폐포에 침착할 때 유해한 물질로서, 평균 입경이 4㎛이다.
   ㉢ 우리나라 노출기준에는 산화규소 결정체 4종이 있으며, 모두 발암성 1A이다(화학물질 및 물리적인자의 노출기준 별표 1).

35. 화학물질 및 물리적 인자의 노출기준에서 "발암성 1A"가 아닌 중금속은?
   ① 비소 및 그 무기화합물
   ② 니켈(가용성 화합물)
   ③ 니켈(불용성 무기화합물)
   ④ 수은 및 무기형태(아릴 및 알킬 화합물 제외)
   ⑤ 카드뮴 및 그 화합물

   해설 ④ 수은 및 무기형태(아릴 및 알킬 화합물 제외) : 생식독성 1B
   ① 비소 및 그 무기화합물 : 발암성 1A
   ② 니켈(가용성 화합물) : 발암성 1A
   ③ 니켈(불용성 무기화합물) : 발암성 1A
   ⑤ 카드뮴 및 그 화합물 : 발암성 1A, 생식세포 변이원성 2, 생식독성 2, 호흡성

36. 물리적 유해인자의 관리방법으로 옳지 않은 것은?

① 고압환경에서는 질소 대신 헬륨으로 대치한 공기를 흡입한다.
② 고온순화(순응)는 노출 후 4~7일부터 시작하여 12~14일에 완성된다.
③ 자유공간(점음원)에서 거리가 2배 증가하면 소음은 6dB 감소한다.
④ 진동공구 작업자는 금연하는 것이 바람직하다.
⑤ 전리방사선의 강도는 거리의 제곱근에 반비례한다.

해설 방사선량률은 선원으로부터 거리 제곱에 반비례하여 감소하기 때문에 작업 시 가능한 한 거리를 멀리해야 한다.

37. 다음 조건을 고려하여 공기 중 섬유상물질의 농도(개/cm³)를 구하면 약 얼마인가?

○ 직경 25mm 여과지(유효직경 22.1mm)
○ 시료채취 시간 : 1시간 30분
○ 공기시료 채취기의 유량보정 : 뷰렛의 용량 0.90ℓ
 채취 전(초) : 15.2, 15.35, 15.6
 채취 후(초) : 16.3, 16.35, 16.45
○ 위상차현미경을 이용하여 섬유상 물질을 계수한 결과
 공시료 : 0.02개/시야
 시 료 : 150개/30시야
 (단, Walton-Beckett Field(시야)의 직경은 100㎛)

① 0.2
② 0.4
③ 0.6
④ 0.8
⑤ 1.0

해설
○ 1시야당 실제 섬유상 물질의 개수(공시료 제외)
$$= \frac{5개}{시야} - \frac{0.02개}{시야} = 4.98개/시야$$

○ 여과지의 유효면적 $= (\frac{\pi \times 22.1^2}{4})mm^2 = 383.4mm^2$

○ 100㎛ 직경의 시야면적=0.00785㎟를 가지는 Walton-Beckett Field
○ 여과지의 유효면적 383.4㎟에 채취된 섬유상 물질의 개수
$$= \frac{4.98개}{0.0785mm^2} \times 383.4mm^2 = 243.227개$$

○ 공기 중 섬유상 물질의 농도
$$= \frac{243.227개}{306L} \times \frac{1L}{1,000cc} = 0.8개/cc = 0.8개/cm^3$$

38. 실험실로 I-131(반감기 8.04일)이 들어있는 보관함이 배달되었으며, 방사능을 측정한 결과 500pCi였다. 30일 후 방사능(pCi)은 약 얼마인가?
    ① 37.6
    ② 32.6
    ③ 27.6
    ④ 22.6
    ⑤ 17.6

    해설 8.04일마다 절반으로 줄어들게 되므로 30일 후에는 방사능이 37.6pCi) 남게 된다.

39. 개인보호구에 관한 설명으로 옳은 것을 모두 고른 것은?

    ㉠ 유기화합물용 정화통은 습도가 높을수록 수명은 길어진다.
    ㉡ 산소결핍장소에서는 전동식 호흡보호구를 착용한다.
    ㉢ 보호구 안전인증 고시에서 액체 차단 보호복은 3형식, 분진 차단 보호복은 5형식이다.
    ㉣ 보호구 안전인증 고시에서 귀마개 등급은 1종과 2종으로 구분한다.

    ① ㉠, ㉡
    ② ㉢, ㉣
    ③ ㉠, ㉢, ㉣
    ④ ㉡, ㉢, ㉣
    ⑤ ㉠, ㉡, ㉢, ㉣

    해설 ㉠ 유기화합물용 정화통은 습도가 높을수록 수명은 짧아진다.
    ㉡ 산소결핍장소에서는 송기마스크, 공기호흡기를 착용한다.
    ㉢ 보호구 안전인증 고시에서 액체 차단 보호복은 3형식, 분진 차단 보호복은 5형식이다(보호구 안전인증고시 별표 8의2).
    ㉣ 보호구 안전인증 고시에서 귀마개 등급은 1종과 2종으로 구분한다(보호구 안전인증고시 별표 12).

40. 톨루엔 노출 작업자의 호흡보호구에 적합한 정성적 밀착도 검사(QLFT) 방법은?
    ① 초산이소아밀법
    ② 사카린법
    ③ 자극성 스모그법
    ④ 공기 중 에어로졸법(Condensation Nucleus Counter)
    ⑤ 통제음압모니터법(Controlled Negative-Pressure Monitor)

    해설 정성적 밀착도 검사 방법 - Isoamyl acetate법 : Isoamyl acetate의 농도가 안정된 상태를 유지하도록 2분을 기다린 후 동작검사 6종을 실시한다.

41. 산업안전보건기준에 관한 규칙에서 밀폐공간과 관련된 용어의 정의로 옳지 않은 것은?
    ① "밀폐공간"이란 산소결핍, 유해가스로 인한 질식·화재·폭발 등의 위험이 있는 장소이다.
    ② "유해가스"란 탄산가스·일산화탄소·황화수소 등의 기체로서 인체에 유해한 영향을 미치는 물질을 말한다.

③ "적정공기"란 산소농도의 범위가 18퍼센트 이상 23.5퍼센트 미만, 탄산가스의 농도가 1.5퍼센트 미만, 일산화탄소의 농도가 30피피엠 미만, 황화수소의 농도가 10피피엠 미만인 수준의 공기를 말한다.
④ "산소결핍"이란 공기 중의 산소농도가 18퍼센트 이하인 상태를 말한다.
⑤ "산소결핍증"이란 산소가 결핍된 공기를 들이마심으로써 생기는 증상을 말한다.

해설 밀폐공간과 관련된 용어의 정의(산업안전보건기준에 관한 규칙 제618조)
1. "밀폐공간"이란 산소결핍, 유해가스로 인한 질식·화재·폭발 등의 위험이 있는 장소로서 별표 18에서 정한 장소를 말한다.
2. "유해가스"란 탄산가스·일산화탄소·황화수소 등의 기체로서 인체에 유해한 영향을 미치는 물질을 말한다.
3. "적정공기"란 산소농도의 범위가 18퍼센트 이상 23.5퍼센트 미만, 탄산가스의 농도가 1.5퍼센트 미만, 일산화탄소의 농도가 30피피엠 미만, 황화수소의 농도가 10피피엠 미만인 수준의 공기를 말한다.
4. "산소결핍"이란 공기 중의 산소농도가 18퍼센트 미만인 상태를 말한다.
5. "산소결핍증"이란 산소가 결핍된 공기를 들이마심으로써 생기는 증상을 말한다.

42. 유해화학물질 또는 공정에 적합한 호흡보호구의 연결이 옳지 않은 것은?

① 석면 : 특급 방진마스크
② 스프레이 도장작업 : 방진방독 겸용 마스크
③ 베릴륨 : 1급 방진마스크
④ 포스겐 : 송기마스크
⑤ 금속흄 : 배기밸브가 있는 안면부여과식 마스크

해설 베릴륨 등과 같이 독성이 강한 물질들을 함유한 분진, 석면, 발암성 물질 등은 특급 방진마스크를 사용한다. 배기밸브가 없는 안면부 여과식 마스크는 특급 및 1급 대상 물질에 사용하지 않아야 한다.

43. 고용노동부가 발표한 2020년 산업재해 현황 분석에서, 2020년에 발생한 직업병 중 발생자 수가 가장 많은 것은?

① 진폐
② 난청
③ 금속 및 중금속 중독
④ 유기화합물 중독
⑤ 기타 화학물질 중독

해설 고용노동부가 발표한 2020년 산업재해 현황 분석에 따르면 난청은 직업병 발생 총 4,784명 중 2,711명으로 직업병 중 가장 높은 비율을 나타내고 있다.

정답 38 ① 39 ② 40 ① 41 ④ 42 ③ 43 ②

44. 호흡기계의 구조와 기능에 관한 설명으로 옳지 않은 것은?

① 폐포는 가스교환 작용이 일어나는 곳이다.
② 해부학적으로 상부와 하부 호흡기계로 구분한다.
③ 내호흡은 폐포와 혈액 사이에서 발생하는 산소와 이산화탄소의 교환작용을 말한다.
④ 비강(nasal cavity)은 호흡공기의 온·습도를 조절하고 오염물질을 제거하는 등의 기능을 한다.
⑤ 기관지는 세기관지(bronchiole)에 가까울수록 섬모세포의 수는 줄어들고 섬모가 없는 클라라세포(clara cell)가 주종을 이룬다.

해설 내호흡은 적혈구가 체내의 조직 세포에 산소를 공급하고, 반대로 조직 세포가 산화 작용의 결과 생산된 이산화탄소를 혈액에 보내는데 이 같은 조직에서의 가스 교환을 말한다.

45. 메탄올의 생체 내 대사과정 중 ( )에 들어갈 내용으로 옳은 것은?

메탄올 → (㉠) → (㉡) → 이산화탄소

① ㉠ : 포름산　　　　㉡ : 산화아렌
② ㉠ : 포름알데히드　㉡ : 아세트산
③ ㉠ : 포름알데히드　㉡ : 포름산
④ ㉠ : 아세트알데히드　㉡ : 포름산
⑤ ㉠ : 아세트알데히드　㉡ : 아세트산

해설 메탄올이 체내로 이동하면 메탄올은 알코올 탈수소효소에 의해 포름알데히드로 대사되고, 포름알데히드는 알데히드 탈수소효소에 의해 포름산염으로 된다. 메탄올이 대사과정 중에 포름알데히드를 거치지만 최종적으로는 모두 포름산염으로 전환된다.

46. 신체부위별 동작 유형에 관한 내용으로 옳은 것을 모두 고른 것은?

㉠ 굴곡(flexion) : 관절에서의 각도가 증가하는 동작
㉡ 신전(extension) : 관절에서의 각도가 감소하는 동작
㉢ 내전(adduction) : 몸의 중심선으로 향하는 이동 동작
㉣ 외전(abduction) : 몸의 중심선에서 멀어지는 이동 동작
㉤ 내선(medial rotation) : 몸의 중심선을 향하여 안쪽으로 회전하는 동작

① ㉠, ㉡　　　　　　② ㉡, ㉢
③ ㉡, ㉢, ㉤　　　　④ ㉢, ㉣, ㉤
⑤ ㉠, ㉡, ㉢, ㉣, ㉤

해설 ㉠ 굴곡(flexion) : 관절에서의 각도가 감소하는 동작. 굽힘
㉡ 신전(extension) : 관절에서의 각도가 증가하는 동작. 폄
㉢ 내전(adduction) : 몸의 중심선으로 향하는 이동 동작. 모음
㉣ 외전(abduction) : 몸의 중심선에서 멀어지는 이동 동작. 벌림
㉤ 내선(medial rotation) : 몸의 중심선을 향하여 안쪽으로 회전하는 동작. 내회전

47. 재해의 직접원인 중 불안전한 행동에 해당하지 않는 것은?

① 안전장치의 부적합
② 위험장소 접근
③ 개인보호구의 잘못 착용
④ 불안전한 속도 조작
⑤ 감독 및 연락 불충분

해설 불안전한 행동
1. 위험장소 접근
2. 안전장치의 기능제거
3. 복장·보호구의 잘못 사용
4. 기계기구 잘못 사용
5. 운전중인 기계장치의 손질
6. 불안전이란 속도 조작
7. 위험물 취급속도 조작
8. 불안전한 상태 방치
9. 불안전한 자세 동작
10. 감독 및 연락 불충분 등

48. 힐(A. Hill)이 주장한 인과 관계를 결정하는 기준에 관한 설명으로 옳지 않은 것은?

① 어떤 원인에 대한 노출과 특정 질병 발생 간에 관련성이 보이지만, 다른 질병과의 연관성도 함께 관찰된다면 인과 관계의 가능성은 작아진다.
② 원인에 대한 노출이 질병 발생 시점보다 시간적으로 앞설 때 인과 관계의 가능성이 커진다.
③ 의심되는 원인에 노출되어 질병이 발생하는 기전에 대해 기존 지식이 아닌 새로운 이론으로 해석될 때 인과 관계의 가능성이 커진다.
④ 원인에 대한 노출 정도가 커질수록 질병 발생 확률도 높아지는 용량-반응 관계가 나타날 경우에 인과 관계의 가능성이 커진다.
⑤ 연관성의 강도가 클수록 인과 관계의 가능성이 커진다.

해설 의심되는 원인에 노출되어 질병이 발생하는 기전에 대해서는 기존 지식에 따라 해석될 때 인과 관계의 가능성이 커진다. 다른 환경에서도 동일한 결과가 재현된다면 인과 관계일 가능성이 높다.
① 특이성, ② 시간성, ④ 생물학적 기울기, ⑤ 유사성

49. 유해인자별 건강관리에 관한 설명으로 옳지 않은 것은?

① 도장작업자는 유기화합물에 의한 급성중독, 접촉성 피부염 등에 대해 관리하여야 한다.
② 진동작업자의 경우 정기적인 특수건강진단이 필요하다.
③ 금속가공유 취급자는 폐기능의 변화, 피부질환 등에 대해 관리하여야 한다.
④ "사후관리 조치"란 사업주가 건강관리 실시결과에 따른 작업장소 변경, 작업전환, 건강상담, 근무 중 치료 등 근로자의 건강관리를 위하여 실시하는 조치를 말한다.
⑤ 전(前) 사업장에서 황산에 대한 건강진단을 받고 6개월이 지난 작업자의 경우 배치전건강진단 실시를 면제할 수 있다.

해설 다른 사업장에서 해당 유해인자에 대하여 건강진단을 받고 6개월이 지나지 않은 근로자로서 건강진단 결과를 적은 서류 또는 그 사본을 제출한 근로자는 배치전건강진단 실시를 면제할 수 있다(규칙 제203조 제1호).

50. 산업안전보건법 시행규칙 중 납에 대한 특수건강진단 시 제2차 검사항목에 해당하는 생물학적 노출지표를 모두 고른 것은?

㉠ 혈중 납	㉡ 소변 중 납
㉢ 혈중 징크프로토포피린	㉣ 소변 중 델타아미노레불린산

① ㉠
② ㉡
③ ㉠, ㉢
④ ㉡, ㉢, ㉣
⑤ ㉠, ㉡, ㉢, ㉣

해설 제2차 검사항목에 해당하는 생물학적 노출지표(규칙 별표 24) : 혈중 메트헤모글로빈, 혈중 카복시헤모글로빈, 소변 중 메탄올, 소변 중 2, 5-헥산디온, 소변 중 메틸에틸케톤, 소변 중 메틸이소부틸케톤, 혈중 벤젠·소변 중 페놀·소변 중 뮤콘산 중 택 1, 소변 중 아세톤, 소변 중 2-에톡시초산, 혈중 또는 소변 중 아세톤, 소변 중 1-하이드록시파이렌, 소변 중 총 클로로카테콜, 소변 중 총페놀, 소변 중 펜타클로로페놀, 혈중 유리펜타클로로페놀, 혈중 징크프로토포피린, 소변 중 델타아미노레불린산, 소변 중 납, 소변 중 니켈, 소변 중 또는 혈중 비소, 혈중 수은, 소변 중 안티몬, 소변 중 바나듐, 소변 중 카드뮴, 소변 중 또는 혈중 크롬, 소변 중 불화물, 혈중 브롬이온 검사, 소변 중 비소, 소변 중 방향족 탄화수소의 대사산물, 소변 중 니켈

기업진단 · 지도

51. 균형성과표(BSC : Balanced Score Card)에서 조직의 성과를 평가하는 관점이 아닌 것은?

① 재무 관점
② 고객 관점
③ 내부 프로세스 관점
④ 학습과 성장 관점
⑤ 공정성 관점

해설 균형성과표(BSC : Balanced Score Card) : 재무적 관점, 고객의 관점, 프로세스 관점, 학습과 자원의 관점

52. 노사관계에서 숍제도(shop system)를 기본적인 형태와 변형적인 형태로 구분할 때, 기본적인 형태를 모두 고른 것은?

㉠ 클로즈드 숍(closed shop)	㉡ 에이전시 숍(agency shop)
㉢ 유니온 숍(union shop)	㉣ 오픈 숍(open shop)
㉤ 프레퍼렌셜 숍(preferential shop)	㉥ 메인티넌스 숍(maintenance shop)

① ㉠, ㉡, ㉢
② ㉠, ㉢, ㉣
③ ㉠, ㉢, ㉥
④ ㉡, ㉣, ㉤
⑤ ㉡, ㉤, ㉥

해설 숍제도(shop system) 기본적인 형태 : 클로즈드 숍(closed shop), 유니온 숍(union shop), 오픈 숍(open shop)
숍제도(shop system) 변형적인 형태 : 에이전시 숍(agency shop), 프레퍼렌셜 숍(preferential shop), 메인티넌스 숍(maintenance shop)

53. 홉스테드(G. Hofstede)가 국가 간 문화차이를 비교하는데 이용한 차원이 아닌 것은?

① 성과지향성(performance orientation)
② 개인주의 대 집단주의(individualism vs collectivism)
③ 권력격차(power distance)
④ 불확실성 회피성향(uncertainty avoidance)
⑤ 남성적 성향 대 여성적 성향(masculinity vs feminity)

해설 홉스테드(G. Hofstede) 국가 간 문화차이 분류 차원 : 권력격차, 개인주의-집단주의, 남성성(성취지향)-여성성(관계지향), 불확실성 회피성향, 장기지향성(미래중시)-단기지향성(현재중시), 자적(indulgence)- 자제(restraint)

정답 49 ⑤ 50 ④ 51 ⑤ 52 ② 53 ①

54. 레윈(K. Lewin)의 조직변화의 과정으로 옳은 것은?
   ① 점검(checking) - 비전(vision) 제시 - 교육(education) - 안정(stability)
   ② 구조적 변화 - 기술적 변화 - 생각의 변화
   ③ 진단(diagnosis) - 전환(transformation) - 적응(adaptation) - 유지(maintenance)
   ④ 해빙(unfreezing) - 변화(changing) - 재동결(refreezing)
   ⑤ 필요성 인식 - 전략수립 - 실행 - 해결 - 정착

   해설 레윈(K. Lewin)의 조직변화의 과정 : 현재 상태를 해빙시켜 새로운 수준의 상태로 변화시키고 새로운 수준에서 재동결시켜야 한다는 것이다.

55. 하우스(R. House)의 경로-목표 이론(path-goal theory)에서 제시되는 리더십 유형이 아닌 것은?
   ① 지시적 리더십(directive leadership)
   ② 지원적 리더십(supportive leadership)
   ③ 참여적 리더십(participative leadership)
   ④ 성취지향적 리더십(achievement-oriented leadership)
   ⑤ 거래적 리더십(transactional leadership)

   해설 ① 지시적 리더십(directive leadership) : 구체적 지침과 표준, 작업 스케줄을 제공하는 등 부하들이 과업을 계획하고 규정을 마련하여 적극적으로 지시, 조정해 나가는 리더십이다.
   ② 지원적 리더십(supportive leadership) : 부하들과 상호 만족스런 인간관계를 중심으로 친밀하고 후원적인 분위기 조성에 노력하는 리더십이다.
   ③ 참여적 리더십(participative leadership) : 부하들과 정보를 공유하고 그들의 의견을 의사결정에 반영함으로서 팀 또는 집단 중심의 관리를 중요시하는 리더십이다.
   ④ 성취지향적 리더십(achievement-oriented leadership) : 높은 수준의 목표를 설정하고 이에 따른 목표달성 및 성과 개선을 강조하는 리더십이다.

56. 재고관리에 관한 설명으로 옳은 것은?
   ① 재고비용은 재고유지비용과 재고부족비용의 합이다.
   ② 일반적으로 재고는 많이 비축할수록 좋다.
   ③ 경제적주문량(EOQ) 모형에서 재고유지비용은 주문량에 비례한다.
   ④ 1회 주문량을 Q라고 할 때, 평균재고는 Q/3이다.
   ⑤ 경제적주문량(EOQ) 모형에서 발주량에 따른 총재고비용선은 역U자 모양이다.

   해설 ③ 경제적주문량(EOQ) 모형은 주문비용과 재고유지비용을 최소화하는 주문량이므로 재고유지비용은 주문량에 비례한다.
   ① 재고비용은 발주·구매비용, 준비비용, 재고유지비용, 재고부족비용의 합이다.
   ② 일반적으로 재고는 적정할수록 좋다. 너무 많아도 너무 적어도 좋지 않다.
   ④ 1회 주문량을 Q라고 할 때, 평균재고는 Q/2이다.
   ⑤ 경제적주문량(EOQ) 모형에서 발주량에 따른 총재고비용선은 U자 모양이다.

57. 품질경영에 관한 설명으로 옳은 것은?
    ① 품질비용은 실패비용과 예방비용의 합이다.
    ② R-관리도는 검사한 물품을 양품과 불량품으로 나누어서 불량의 비율을 관리하고자 할 때 이용한다.
    ③ ABC품질관리는 품질규격에 적합한 제품을 만들어 내기 위해 통계적 방법에 의해 공정을 관리하는 기법이다.
    ④ TQM은 고객의 입장에서 품질을 정의하고 조직 내의 모든 구성원이 참여하여 품질을 향상하고자 하는 기법이다.
    ⑤ 6시그마운동은 최초로 미국의 애플이 혁신적인 품질개선을 목적으로 개발한 기업경영전략이다.

    해설 ④ TQM은 제품이나 서비스의 품질 뿐만 아니라 경영과 업무, 직장환경, 조직 구성원의 자질까지도 품질개념에 넣어 품질을 향상하고자 하는 기법이다.
    ① 품질비용은 품질 관련 노력과 결점의 총 비용을 수량화한 것이다.
    ② R-관리도는 제조 공정의 불균일을 범위 R에 의해서 관리하기 위한 관리도이다.
    ③ ABC품질관리는 품질은 제품의 질 뿐 아니라 경영과 업무, 직장환경, 조 직구성원의 자질까지도 품질개념에 넣어 관리한다.
    ⑤ 6시그마운동은 최초로 미국의 모토롤라의 혁신적인 품질개선을 목적으로 개발한 기업경영전략이다.

58. JIT(Just In Time) 생산시스템의 특징에 해당하지 않는 것은?
    ① 부품 및 공정의 표준화
    ② 공급자와의 원활한 협력
    ③ 채찍효과 발생
    ④ 다기능 작업자 필요
    ⑤ 칸반시스템 활용

    해설 JIT(Just In Time) 생산시스템의 특징
    1. 필요할 때 필요한 만큼 생산, 공급하는 시스템
    2. 재고를 0으로 재고비용 최소로 함
    3. 생산준비기간, 로트 크기 최소
    4. 다품종 소량생산체제의 구축
    채찍효과는 하류의 고객주문 정보가 상류로 전달되면서 정보가 왜곡되고 확대되는 현상을 말한다.

59. 1년 중 여름에 아이스크림의 매출이 증가하고 겨울에는 스키 장비의 매출이 증가한다고 할 때, 이를 설명하는 변동은?
    ① 추세변동
    ② 공간변동
    ③ 순환변동
    ④ 계절변동
    ⑤ 우연변동

    해설 ④ 계절변동 : 해마다 계절의 원인으로 생기는 거의 규칙적인 물가지수의 변동
    ① 추세변동 : 일방적인 방향을 지속하는 것과 같은 장시간에 걸치는 경향변동
    ③ 순환변동 : 장기적인 추세변동, 12개월 주기의 계절변동, 우발적 요인에 의해 일어나는 불규칙변동과 함께 시계열 통계에 포함되어 있는 변동
    ⑤ 우연변동 : 돌발사건 등에 의하여 일어나는 것으로 불규칙변동

정답 54 ④　55 ⑤　56 ③　57 ④　58 ③　59 ④

60. 업무를 수행 중인 종업원들로부터 현재의 생산성 자료를 수집한 후 즉시 그들에게 검사를 실시하여 그 검사 점수들과 생산성 자료들과의 상관을 구하는 타당도는?

① 내적 타당도(internal validity)
② 동시 타당도(concurrent validity)
③ 예측 타당도(predictive validity)
④ 내용 타당도(content validity)
⑤ 안면 타당도(face validity)

해설 ② 동시 타당도(concurrent validity) : 새로운 검사를 제작했을 때 새로 제작한 검사의 타당도를 위해 기존의 타당도를 보장받고 있는 검사와의 유사성 혹은 연관성에 의해 타당도를 검정하는 방법이다.
① 내적 타당도(internal validity) : 특정 사건이 일어나는 경우 환경이 바뀌고 이에 따라 연구결과가 다르게 나타날 수 있다는 것이다.
③ 예측 타당도(predictive validity) : 기준 타당도의 한 종류로 어떠한 행위가 일어날 것이라고 예측한 것과 실제 대상자 또는 집단이 나타낸 행위간의 관계를 측정하는 것이다.
④ 내용 타당도(content validity) : 논리적 사고에 입각한 논리적인 분석과정으로 판단하는 주관적인 타당도이다.
⑤ 안면 타당도(face validity) : 검사문항이 그 검사가 재고자 하는 바를 충실하게 재어 주고 있다고 피검사자의 입장에서 보는 정도를 의미한다.

61. 직무분석에 관한 설명으로 옳지 않은 것은?

① 직무분석가는 여러 직무 간의 관계에 관하여 정확한 정보를 주는 정보 제공자이다.
② 작업자 중심 직무분석은 직무를 성공적으로 수행하는데 요구되는 인적 속성들을 조사함으로써 직무를 파악하는 접근 방법이다.
③ 작업자 중심 직무분석에서 인적 속성은 지식, 기술, 능력, 기타 특성 등으로 분류할 수 있다.
④ 과업 중심 직무분석 방법의 대표적인 예는 직위분석질문지(Position Analysis Questionnaire)이다.
⑤ 직무분석의 정보 수집 방법 중 설문조사는 효율적이며 비용이 적게 드는 장점이 있다.

해설 직위분석질문지(Position Analysis Questionnaire)는 직무수행자의 응답을 통해 직무에 대한 광범위한 정보를 획득할 수 있으며 거의 대부분의 직무에 적용할 수 있어 표준화된 정보를 수집하는 대표적인 직무분석 방법이다.

62. 리전(J. Reason)의 불안전행동에 관한 설명으로 옳지 않은 것은?

① 위반(violation)은 고의성 있는 위험한 행동이다.
② 실책(mistake)은 부적절한 의도(계획)에서 발생한다.
③ 실수(slip)는 의도하지 않았고 어떤 기준에 맞지 않는 것이다.
④ 착오(lapse)는 의도를 가지고 실행한 행동이다.
⑤ 불안전행동 중에는 실제 행동으로 나타나지 않고 당사자만 인식하는 것도 있다.

해설 착오(lapse)는 의도되지 않은 행동으로 기억실패에 의한 망각이다.

63. 작업동기 이론에 관한 설명으로 옳은 것을 모두 고른 것은?

㉠ 기대 이론(expectancy theory)에서 노력이 수행을 이끌어 낼 것이라는 믿음을 도구성(instrumentality)이라고 한다.
㉡ 형평 이론(equity theory)에 의하면 개인이 자신의 투입에 대한 성과의 비율과 다른 사람의 투입에 대한 성과의 비율이 일치하지 않는다고 느낀다면 이러한 불형평을 줄이기 위해 동기가 발생한다.
㉢ 목표설정 이론(goal-setting theory)의 기본 전제는 명확하고 구체적이며 도전적인 목표를 설정하면 수행동기가 증가하여 더 높은 수준의 과업수행을 유발한다는 것이다.
㉣ 작업설계 이론(work design theory)은 열심히 노력하도록 만드는 직무의 차원이나 특성에 관한 이론으로, 직무를 적절하게 설계하면 작업 자체가 개인의 동기를 촉진할 수 있다고 주장한다.
㉤ 2요인 이론(two-factor theory)은 동기가 외부의 보상이나 직무 조건으로부터 발생하는 것이지 직무 자체의 본질에서 발생하는 것이 아니라고 주장한다.

① ㉠, ㉡, ㉤
② ㉠, ㉢, ㉣
③ ㉡, ㉢, ㉣
④ ㉡, ㉣, ㉤
⑤ ㉢, ㉣, ㉤

해설 ㉠ 기대 이론(expectancy theory)에서 노력이 수행을 이끌어 낼 것이라는 믿음을 기대감(expectation)이라고 한다.
㉤ 2요인 이론(two-factor theory)은 동기는 개인의 내적 성장을 추구하며 개인의 만족을 증가시키는 욕구로 성취감, 인정, 직무 자체, 책임증대, 성장 발전, 승진 등이 있다.
㉡ 형평 이론(equity theory)은 자기가 바친 투입 대비 결과의 상대적 형평성에 대한 사람들의 지각과 신념이 직무형태에 영향을 미친다는 이론이다.
㉢ 목표설정 이론(goal-setting theory)은 조직목표에 기초하여 부하와 상관이 협의·상담을 실시한 이후 구체적인 목표를 설정하고 피드백하는 관리방식을 말한다.
㉣ 작업설계 이론(work design theory)은 동기를 유발하는 근원이 업무수행자 자신보다도 작업이 수행되는 환경에 있다고 보면서, 직무가 적절하게 설계되어 있다면 작업자체가 업무 동기와 열정을 증진시킬 수 있다고 본다.

64. 직업 스트레스 모델에 관한 설명으로 옳지 않은 것은?

① 노력-보상 불균형 모델(Effort-Reward Imbalance Model)은 직장에서 제공하는 보상이 종업원의 노력에 비례하지 않을 때 종업원이 많은 스트레스를 느낀다고 주장한다.
② 요구-통제 모델(Demands-Control Model)에 따르면 작업장에서 스트레스가 가장 높은 상황은 종업원에 대한 업무 요구가 높고 동시에 종업원 자신이 가지는 업무 통제력이 많을 때이다.
③ 직무요구-자원 모델(Job Demands-Resources Model)은 업무량 이외에도 다양한 요구가 존재한다는 점을 인식하고, 이러한 다양한 요구가 종업원의 안녕과 동기에 미치는 영향을 연구한다.
④ 자원보존 모델(Conservation of Resources Model)은 자원의 실제적 손실 또는 손실의 위협이 종업원에게 스트레스를 경험하게 한다고 주장한다.

⑤ 사람-환경 적합 모델(Person-Environment Fit Model)에 의하면 종업원은 개인과 환경 간의 적합도가 낮은 업무 환경을 스트레스원(stressor)으로 지각한다.

> 해설 ② 요구-통제 모델(Demands-Control Model)은 개인의 목표나 열망-일의 환경 제공물 간의 불일치에 따른 스트레스를 경험하게 한다고 본다. 종업원이 심한 업무 요구를 받게 되면서 동시에 자신의 업무에 대한 통제권이 없는 상황이 될 수 있다는 것으로 통제력은 요구의 부정적 효과를 완충해 주는 역할을 한다.

65. 산업재해의 인적 요인이라고 볼 수 없는 것은?
① 작업 환경
② 불안전행동
③ 인간 오류
④ 사고 경향성
⑤ 직무 스트레스

> 해설 산업재해의 요인
> 1. 인적 요인 : 기질, 신경질환, 감각능력 결함, 체력저하, 지식 및 기능 부족 등
> 2. 관리적 요인 : 안전교육의 불충분, 작업관리의 불량, 채용과정의 오류 등
> 3. 환경적 요인 : 유해물질, 건강장애, 정리정돈, 조명, 환기 등이 불량한 상태

66. 인간의 일반적인 정보처리 순서에서 행동실행 바로 전 단계에 해당하는 것은?
① 자극
② 지각
③ 주의
④ 감각
⑤ 결정

> 해설 인간의 일반적인 정보처리 순서 : 정보입력 → 감지(정보수용) → 정보처리 의사결정 → 행동기능 → 출력

67. 조명의 측정단위에 관한 설명으로 옳은 것을 모두 고른 것은?

> ㉠ 광도는 광원의 밝기 정도이다.
> ㉡ 조도는 물체의 표면에 도달하는 빛의 양이다.
> ㉢ 휘도는 단위 면적당 표면에서 반사 혹은 방출되는 빛의 양이다.
> ㉣ 반사율은 조도와 광도간의 비율이다.

① ㉠, ㉢
② ㉡, ㉣
③ ㉠, ㉡, ㉢
④ ㉠, ㉢, ㉣
⑤ ㉠, ㉡, ㉢, ㉣

> 해설 ㉣ 반사율은 반사광의 에너지와 입사광의 에너지의 비율을 말한다.
> ㉠ 광도는 광원에서 나오는 빛의 밝기 정도이다.
> ㉡ 조도는 물체의 표면에 도달하는 빛의 양으로 장소의 밝기를 나타낸다.
> ㉢ 휘도는 단위 면적당 표면에서 반사 혹은 방출되는 빛의 양으로 기호는 cd/㎡ 또는 sb이다.

68. 아래의 그림에서 a에서 b까지의 선분 길이와 c에서 d까지의 선분 길이가 다르게 보이지만 실제로는 같다. 이러한 현상을 나타내는 용어는?

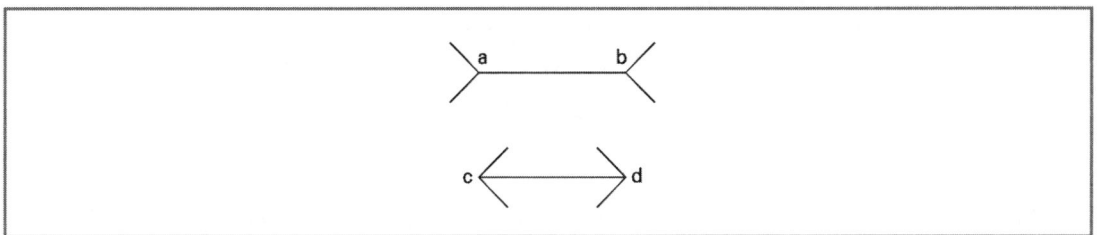

① 포겐도르프(Poggendorf) 착시현상
② 뮬러-라이어(Müller-Lyer) 착시현상
③ 폰조(Ponzo) 착시현상
④ 죌너(Zöllner) 착시현상
⑤ 티체너(Titchener) 착시현상

해설 뮬러-라이어(Müller-Lyer) 착시현상은 a-b가 c-d보다 길게 보이는 현상이다.

포겐도르프(Poggendorf) 착시현상	뮬러-라이어(Müller-Lyer) 착시현상	폰조(Ponzo) 착시현상	죌너(Zöllner) 착시현상	티체너(Titchener) 착시현상

69. 다음에서 설명하고 있는 기계설비의 위험점은?

서로 반대방향으로 회전하는 두 개의 회전체에 물려 들어가는 위험점

① 협착점
② 절단점
③ 끼임점
④ 물림점
⑤ 회전 말림점

해설 ④ 물림점 : 회전하는 부분의 접선방향으로 물려 들어가는 위험점
① 협착점 : 왕복운동을 하는 동작부분과 고정부분 사이에 형성되는 위험점
② 절단점 : 회전하는 운동부분이나 운동하는 기계부분 자체의 위험에서 초래되는 위험점
③ 끼임점: 고정부와 회전하는 동작부분 사이에 형성되는 위험점
⑤ 회전 말림점 : 회전하는 물체에 작업복, 머리카락 등이 말려들어가는 위험점

정답 65 ① 66 ⑤ 67 ③ 68 ② 69 ④

70. 제조물 책임법상 결함에 해당하는 것을 모두 고른 것은?

㉠ 설계상의 결함   ㉡ 제조상의 결함   ㉢ 표시상의 결함

① ㉠
② ㉡
③ ㉠, ㉢
④ ㉡, ㉢
⑤ ㉠, ㉡, ㉢

해설 결함이란 해당 제조물에 다음의 어느 하나에 해당하는 제조상·설계상 또는 표시상의 결함이 있거나 그 밖에 통상적으로 기대할 수 있는 안전성이 결여되어 있는 것을 말한다(제조물책임법 제2조 제2호).
1. "제조상의 결함"이란 제조업자가 제조물에 대하여 제조상·가공상의 주의의무를 이행하였는지에 관계없이 제조물이 원래 의도한 설계와 다르게 제조·가공됨으로써 안전하지 못하게 된 경우를 말한다.
2. "설계상의 결함"이란 제조업자가 합리적인 대체설계를 채용하였더라면 피해나 위험을 줄이거나 피할 수 있었음에도 대체설계를 채용하지 아니하여 해당 제조물이 안전하지 못하게 된 경우를 말한다.
3. "표시상의 결함"이란 제조업자가 합리적인 설명·지시·경고 또는 그 밖의 표시를 하였더라면 해당 제조물에 의하여 발생할 수 있는 피해나 위험을 줄이거나 피할 수 있었음에도 이를 하지 아니한 경우를 말한다.

71. 개인보호구의 사용 및 관리에 관한 기술지침에서 유해인자 취급 작업별 보호구 중 작업명과 보호구의 연결로 옳지 않은 것은?

① 석면 해체·제거 작업 - 송기마스크
② 환자의 가검물 처리 작업 - 보호마스크
③ 산소결핍 위험이 있는 밀폐공간 작업 - 방독마스크
④ 허가 대상 유해물질을 제조·사용하는 작업 - 방독마스크
⑤ 혈액이 분출되거나 분무될 가능성이 있는 작업 - 보호마스크

해설 ③ 산소결핍 위험이 있는 밀폐공간 작업 - 공기호흡기 또는 송기마스크, 사다리, 섬유로프
① 석면 해체·제거 작업 - 방진마스크(특등급) 또는 송기마스크 또는 전동식 호흡보호구, 고글형 보안경, 신체를 감싸는 보호복·보호장갑·보호신발
② 환자의 가검물 처리 작업 - 보호마스크, 보호앞치마, 보호장갑
④ 허가 대상 유해물질을 제조·사용하는 작업 - 방독마스크 또는 방진마스크
⑤ 혈액이 분출되거나 분무될 가능성이 있는 작업 - 보호마스크, 보안경

72. 사업장 위험성평가에 관한 지침에서 명시하고 있는 유해·위험요인 파악의 방법이 아닌 것은? (단, 그 밖에 사업장의 특성에 적합한 방법은 고려하지 않음)

① 청취조사에 의한 방법
② 경영실적에 의한 방법
③ 안전보건 자료에 의한 방법
④ 사업장 순회점검에 의한 방법
⑤ 안전보건 체크리스트에 의한 방법

해설 유해·위험요인 파악의 방법(사업장 위험성평가에 관한 지침 제10조)
1. 사업장 순회점검에 의한 방법
2. 청취조사에 의한 방법
3. 안전보건 자료에 의한 방법
4. 안전보건 체크리스트에 의한 방법
5. 그 밖에 사업장의 특성에 적합한 방법

73. 사업장 위험성평가에 관한 지침에 따른 사업장 위험성평가 실시에 관한 내용으로 옳은 것을 모두 고른 것은?

> ㉠ 사업주는 관리감독자가 유해·위험요인을 파악하고 그 결과에 따라 개선조치를 시행하게 한다.
> ㉡ 도급사업주는 수급사업주가 실시한 위험성평가 결과를 검토하여 도급사업주가 개선할 사항이 있는 경우 이를 개선하여야 한다.
> ㉢ 사업주가 위험성 감소대책을 수립하는 경우 해당 작업에 종사하는 근로자를 참여시켜야 한다.

① ㉠
② ㉡
③ ㉠, ㉢
④ ㉡, ㉢
⑤ ㉠, ㉡, ㉢

해설
㉠ 사업주는 관리감독자가 유해·위험요인을 파악하고 그 결과에 따라 개선조치를 시행하게 한다(사업장 위험성평가에 관한 지침 제7조 제1항 제3호).
㉡ 도급사업주는 수급사업주가 실시한 위험성평가 결과를 검토하여 도급사업주가 개선할 사항이 있는 경우 이를 개선하여야 한다(사업장 위험성평가에 관한 지침 제5조 제3항).
㉢ 사업주가 위험성 감소대책을 수립하는 경우 해당 작업에 종사하는 근로자를 참여시켜야 한다(사업장 위험성평가에 관한 지침 제6조 제2호).

74. 국내 어느 사업장에서 경상이 15건 발생하였다. 이때 버드(Bird)의 재해구성비율을 적용한다면 무상해사고는 몇 건이 발생할 수 있는가?

① 29
② 45
③ 290
④ 450
⑤ 900

해설 버드(Bird)의 재해구성비율
1(중상 또는 폐질) : 10(경상) : 30(무상해사고) : 600(무상해, 무사고, 무손실 고장)으로 경상이 15건 발생한 경우 무상해사고는 45건이 발생할 수 있고, 900건의 무상해, 무사고가 발생할 수 있다.

75. 재해 조사 과정의 절차를 순서대로 옳게 나열한 것은?

> ㉠ 사실 확인 ㉡ 직접 원인 파악 ㉢ 대책 수립 ㉣ 기본 원인 파악

① ㉠ → ㉡ → ㉣ → ㉢
② ㉠ → ㉣ → ㉡ → ㉢
③ ㉡ → ㉠ → ㉣ → ㉢
④ ㉢ → ㉠ → ㉣ → ㉡
⑤ ㉣ → ㉡ → ㉢ → ㉠

해설 재해 조사 과정
1. 1단계 : 사실의 확인
2. 2단계 : 직접원인과 문제점 확인
3. 3단계 : 근본문제의 결정
4. 4단계 : 대책의 수립

2023년 기출문제

산업안전보건법령

1. 산업안전보건법령상 산업재해발생건수등의 공표대상 사업장에 해당하지 않는 것은?

   ① 산업재해로 인한 사망자가 연간 2명 이상 발생한 사업장
   ② 사망만인율(死亡萬人率)이 규모별 같은 업종의 평균 사망만인율 이상인 사업장
   ③ 중대산업사고가 발생한 사업장
   ④ 사업주가 산업재해 발생 사실을 은폐한 사업장
   ⑤ 사업주가 산업재해 발생에 관한 보고를 최근 3년 이내 1회 이상 하지 않은 사업장

   해설 공표대상 사업장(영 제10조 제1항)
   1. 산업재해로 인한 사망자가 연간 2명 이상 발생한 사업장
   2. 사망만인율(연간 상시근로자 1만명당 발생하는 사망재해자 수의 비율을 말한다)이 규모별 같은 업종의 평균 사망만인율 이상인 사업장
   3. 중대산업사고가 발생한 사업장
   4. 산업재해 발생 사실을 은폐한 사업장
   5. 산업재해의 발생에 관한 보고를 최근 3년 이내 2회 이상 하지 않은 사업장

2. 산업안전보건법령상 상시근로자 100명인 사업장에 안전보건관리책임자를 두어야 하는 사업을 모두 고른 것은?

㉠ 식료품 제조업, 음료 제조업	㉡ 1차 금속 제조업
㉢ 농업	㉣ 금융 및 보험업

   ① ㉠, ㉡
   ② ㉡, ㉢
   ③ ㉢, ㉣
   ④ ㉠, ㉡, ㉣
   ⑤ ㉠, ㉡, ㉢, ㉣

해설 안전보건관리책임자를 두어야 하는 사업의 종류 및 사업장의 상시근로자(영 별표 2)

사업의 종류	사업장의 상시근로자 수
1. 토사석 광업 2. 식료품 제조업, 음료 제조업 3. 목재 및 나무제품 제조업; 가구 제외 4. 펄프, 종이 및 종이제품 제조업 5. 코크스, 연탄 및 석유정제품 제조업 6. 화학물질 및 화학제품 제조업; 의약품 제외 7. 의료용 물질 및 의약품 제조업 8. 고무 및 플라스틱제품 제조업 9. 비금속 광물제품 제조업 10. 1차 금속 제조업 11. 금속가공제품 제조업; 기계 및 가구 제외 12. 전자부품, 컴퓨터, 영상, 음향 및 통신장비 제조업 13. 의료, 정밀, 광학기기 및 시계 제조업 14. 전기장비 제조업 15. 기타 기계 및 장비 제조업 16. 자동차 및 트레일러 제조업 17. 기타 운송장비 제조업 18. 가구 제조업 19. 기타 제품 제조업 20. 서적, 잡지 및 기타 인쇄물 출판업 21. 해체, 선별 및 원료 재생업 22. 자동차 종합 수리업, 자동차 전문 수리업	상시 근로자 50명 이상
23. 농업 24. 어업 25. 소프트웨어 개발 및 공급업 26. 컴퓨터 프로그래밍, 시스템 통합 및 관리업 27. 정보서비스업 28. 금융 및 보험업 29. 임대업; 부동산 제외 30. 전문, 과학 및 기술 서비스업(연구개발업은 제외한다) 31. 사업지원 서비스업 32. 사회복지 서비스업	상시 근로자 300명 이상
33. 건설업	공사금액 20억원 이상
34. 제1호부터 제33호까지의 사업을 제외한 사업	상시 근로자 100명 이상

3. 산업안전보건법령상 사업주가 소속 근로자에게 정기적인 안전보건교육을 실시하여야 하는 사업에 해당하는 것은? (단, 다른 감면조건은 고려하지 않음)

① 소프트웨어 개발 및 공급업
② 금융 및 보험업
③ 사업지원 서비스업
④ 사회복지 서비스업
⑤ 사진처리업

해설 다음의 어느 하나에 해당하는 사업은 법의 일부를 적용하지 않는 사업 또는 사업장 및 적용 제외 법 규정(영 별표 1)
1. 소프트웨어 개발 및 공급업
2. 컴퓨터 프로그래밍, 시스템 통합 및 관리업
3. 정보서비스업
4. 금융 및 보험업

정답 1 ⑤ 2 ① 3 ⑤

5. 기타 전문서비스업
6. 건축기술, 엔지니어링 및 기타 과학기술 서비스업
6. 기타 전문, 과학 및 기술 서비스업(사진 처리업은 제외한다)
7. 사업지원 서비스업
8. 사회복지 서비스업

4. 산업안전보건법령상 안전관리전문기관에 대하여 6개월 이내의 기간을 정하여 업무정지명령을 할 수 있는 사유에 해당하지 않는 것은?

① 지정받은 사항을 위반하여 업무를 수행한 경우
② 거짓이나 그 밖의 부정한 방법으로 지정을 받은 경우
③ 정당한 사유 없이 안전관리 또는 보건관리 업무의 수탁을 거부한 경우
④ 안전관리 또는 보건관리 업무와 관련된 비치서류를 보존하지 않은 경우
⑤ 안전관리 또는 보건관리 업무 수행과 관련한 대가 외에 금품을 받은 경우

해설 고용노동부장관은 안전관리전문기관 또는 보건관리전문기관이 다음의 어느 하나에 해당할 때에는 그 지정을 취소하거나 6개월 이내의 기간을 정하여 그 업무의 정지를 명할 수 있다. 다만, 1. 또는 2.에 해당할 때에는 그 지정을 취소하여야 한다(법 제21조 제4항).
1. 거짓이나 그 밖의 부정한 방법으로 지정을 받은 경우
2. 업무정지 기간 중에 업무를 수행한 경우
3. 지정 요건을 충족하지 못한 경우
4. 지정받은 사항을 위반하여 업무를 수행한 경우
5. 그 밖에 대통령령으로 정하는 사유에 해당하는 경우

5. 산업안전보건법령상 건설업체의 산업재해발생률 산출 계산식상 사업주의 법 위반으로 인한 것이 아니라고 인정되는 재해에 의한 사고사망자로서 '사고사망자 수' 산정에서 제외되는 경우를 모두 고른 것은?

㉠ 방화, 근로자간 또는 타인간의 폭행에 의한 경우
㉡ 태풍 등 천재지변에 의한 불가항력적인 재해의 경우
㉢ 「도로교통법」에 따라 도로에서 발생한 교통사고로서 해당 공사의 공사용 차량·장비에 의한 사고에 의한 경우
㉣ 야유회 중의 사고 등 건설작업과 직접 관련이 없는 경우

① ㉠, ㉢　　　　　　　　　　② ㉡, ㉣
③ ㉠, ㉡, ㉢　　　　　　　　④ ㉠, ㉡, ㉣
⑤ ㉠, ㉡, ㉢, ㉣

해설 사고사망자 중 다음의 어느 하나에 해당하는 경우로서 사업주의 법 위반으로 인한 것이 아니라고 인정되는 재해에 의한 사고사망자는 사고사망자 수 산정에서 제외한다(규칙 별표 1).
1. 방화, 근로자간 또는 타인간의 폭행에 의한 경우
2. 「도로교통법」에 따라 도로에서 발생한 교통사고에 의한 경우(해당 공사의 공사용 차량·장비에 의한 사고는 제외한다)

3. 태풍·홍수·지진·눈사태 등 천재지변에 의한 불가항력적인 재해의 경우
4. 작업과 관련이 없는 제3자의 과실에 의한 경우(해당 목적물 완성을 위한 작업자간의 과실은 제외한다)
5. 그 밖에 야유회, 체육행사, 취침·휴식 중의 사고 등 건설작업과 직접 관련이 없는 경우

6. 산업안전보건법령상 도급인의 안전조치 및 보건조치에 관한 설명으로 옳은 것은?

① 건설업의 도급인은 작업장의 정기 안전·보건점검을 분기에 1회 이상 실시하여야 한다.
② 토사석 광업의 도급인은 3일에 1회 이상 작업장 순회점검을 실시하여야 한다.
③ 안전 및 보건에 관한 협의체는 도급인 및 그의 수급인 전원으로 구성해야 한다.
④ 안전 및 보건에 관한 협의체는 분기별 1회 이상 정기적으로 회의를 개최하고 그 결과를 기록·보존해야 한다.
⑤ 관계수급인의 공사금액을 포함한 해당 공사의 총공사금액이 10억원 이상인 건설업은 안전보건총괄책임자 지정 대상사업에 해당한다.

해설 ③ 안전 및 보건에 관한 협의체는 도급인 및 그의 수급인 전원으로 구성해야 한다(규칙 제79조 제1항).
① 건설업의 도급인은 작업장의 정기 안전·보건점검을 2개월에 1회 이상 실시하여야 한다(규칙 제82조 제2항).
② 토사석 광업의 도급인은 2일에 1회 이상 작업장 순회점검을 실시하여야 한다(규칙 제80조 제1항).
④ 협의체는 매월 1회 이상 정기적으로 회의를 개최하고 그 결과를 기록·보존해야 한다(규칙 제79조 제3항).
⑤ 안전보건총괄책임자를 지정해야 하는 사업의 종류 및 사업장의 상시근로자 수는 관계수급인에게 고용된 근로자를 포함한 상시근로자가 100명(선박 및 보트 건조업, 1차 금속 제조업 및 토사석 광업의 경우에는 50명) 이상인 사업이나 관계수급인의 공사금액을 포함한 해당 공사의 총공사금액이 20억원 이상인 건설업으로 한다(영 제52조).

7. 산업안전보건법령상 안전보건관리규정의 세부 내용 중 작업장 안전관리에 관한 사항에 해당하지 않는 것은?

① 안전·보건관리에 관한 계획의 수립 및 시행에 관한 사항
② 기계·기구 및 설비의 방호조치에 관한 사항
③ 보호구의 지급 등에 관한 사항
④ 위험물질의 보관 및 출입 제한에 관한 사항
⑤ 안전표시·안전수칙의 종류 및 게시에 관한 사항

해설 작업장 안전관리(규칙 별표 3)
1. 안전·보건관리에 관한 계획의 수립 및 시행에 관한 사항
2. 기계·기구 및 설비의 방호조치에 관한 사항
3. 유해·위험기계등에 대한 자율검사프로그램에 의한 검사 또는 안전검사에 관한 사항
4. 근로자의 안전수칙 준수에 관한 사항
5. 위험물질의 보관 및 출입 제한에 관한 사항
6. 중대재해 및 중대산업사고 발생, 급박한 산업재해 발생의 위험이 있는 경우 작업중지에 관한 사항
7. 안전표지·안전수칙의 종류 및 게시에 관한 사항과 그 밖에 안전관리에 관한 사항

정답 4 ② 5 ④ 6 ③ 7 ①, ②, ③, ④, ⑤

8. 산업안전보건법 제58조(유해한 작업의 도급금지) 규정의 일부이다. ( )에 들어갈 숫자로 옳은 것은?

> 제58조(유해한 작업의 도급금지) ①~④ 〈생략〉
> ⑤ 고용노동부장관은 제4항에 따른 유효기간이 만료되는 경우에 사업주가 유효기간의 연장을 신청하면 승인의 유효기간이 만료되는 날의 다음날부터 ( )년의 범위에서 고용노동부령으로 정하는 바에 따라 그 기간의 연장을 승인할 수 있다. 〈이하 생략〉

① 1 ② 2
③ 3 ④ 4
⑤ 5

해설 고용노동부장관은 제4항에 따른 유효기간이 만료되는 경우에 사업주가 유효기간의 연장을 신청하면 승인의 유효기간이 만료되는 날의 다음 날부터 3년의 범위에서 고용노동부령으로 정하는 바에 따라 그 기간의 연장을 승인할 수 있다. 이 경우 사업주는 제3항에 따른 안전 및 보건에 관한 평가를 받아야 한다(법 제58조 제5항).

9. 산업안전보건법령상 타워크레인 설치 · 해체업의 등록 등에 관한 설명으로 옳지 않은 것은?

① 타워크레인 설치 · 해체업을 등록한 자가 등록한 사항 중 업체의 소재지를 변경할 때에는 변경등록을 하여야 한다.
② 타워크레인을 설치하거나 해체하려는 자가 「국가기술자격법」에 따른 비계기능사의 자격을 가진 사람 3명을 보유하였다면, 타워크레인 설치 · 해체업을 등록할 수 있다.
③ 송수신기는 타워크레인 설치 · 해체업의 장비기준에 포함된다.
④ 타워크레인 설치 · 해체업을 등록하려는 자는 설치 · 해체업 등록신청서에 관련 서류를 첨부하여 주된 사무소의 소재지를 관할하는 지방고용노동관서의 장에게 제출해야 한다.
⑤ 타워크레인 설치 · 해체업의 등록이 취소된 자는 등록이 취소된 날부터 2년 이내에는 타워크레인 설치 · 해체업으로 등록받을 수 없다.

해설 ② 타워크레인을 설치하거나 해체하려는 자가 「국가기술자격법」에 따른 비계기능사의 자격을 가진 사람 4명을 보유하였다면, 타워크레인 설치 · 해체업을 등록할 수 있다(영 별표 22).
① 타워크레인 설치 · 해체업을 등록한 자가 등록한 사항 중 업체의 소재지를 변경할 때에는 변경등록을 하여야 한다(법 제82조 제1항, 영 제72조 제2항).
③ 송수신기는 타워크레인 설치 · 해체업의 장비기준에 포함된다(영 별표 22).
④ 타워크레인 설치 · 해체업을 등록하려는 자는 설치 · 해체업 등록신청서에 관련 서류를 첨부하여 주된 사무소의 소재지를 관할하는 지방고용노동관서의 장에게 제출해야 한다(규칙 제106조 제1항).
⑤ 타워크레인 설치 · 해체업의 등록이 취소된 자는 등록이 취소된 날부터 2년 이내에는 타워크레인 설치 · 해체업으로 등록받을 수 없다(법 제82조 제4항).

10. 산업안전보건법령상 안전검사를 면제할 수 있는 경우에 해당하지 않는 것은?

　① 「방위사업법」 제28조 제1항에 따른 품질보증을 받은 경우
　② 「선박안전법」 제8조부터 제12조까지의 규정에 따른 검사를 받은 경우
　③ 「에너지이용 합리화법」 제39조 제4항에 따른 검사를 받은 경우
　④ 「항만법」 제26조 제1항 제3호에 따른 검사를 받은 경우
　⑤ 「화학물질관리법」 제24조 제3항 본문에 따른 정기검사를 받은 경우

> **해설** 안전검사를 면제하는 경우(규칙 제125조)
> 1. 「건설기계관리법」에 따른 검사를 받은 경우(안전검사 주기에 해당하는 시기의 검사로 한정한다)
> 2. 「고압가스 안전관리법」에 따른 검사를 받은 경우
> 3. 「광산안전법」에 따른 검사 중 광업시설의 설치·변경공사 완료 후 일정한 기간이 지날 때마다 받는 검사를 받은 경우
> 4. 「선박안전법」에 따른 검사를 받은 경우
> 5. 「에너지이용 합리화법」에 따른 검사를 받은 경우
> 6. 「원자력안전법」에 따른 검사를 받은 경우
> 7. 「위험물안전관리법」에 따른 정기점검 또는 정기검사를 받은 경우
> 8. 「전기사업법」에 따른 검사를 받은 경우
> 9. 「항만법」에 따른 검사를 받은 경우
> 10. 「화재예방, 소방시설 설치·유지 및 안전관리에 관한 법률」에 따른 자체점검 등을 받은 경우
> 11. 「화학물질관리법」에 따른 정기검사를 받은 경우

11. 산업안전보건법령상 유해하거나 위험한 기계·기구에 대한 방호조치에 관한 설명으로 옳지 않은 것은?

　① 동력으로 작동하는 금속절단기에 날접촉 예방장치를 설치하여야 사용에 제공할 수 있다.
　② 동력으로 작동하는 기계·기구로서 속도조절 부분이 있는 것은 속도조절 부분에 덮개를 부착하거나 방호망을 설치하여야 양도할 수 있다.
　③ 사업주는 방호조치가 정상적인 기능을 발휘할 수 있도록 방호조치와 관련되는 장치를 상시적으로 점검하고 정비하여야 한다.
　④ 동력으로 작동하는 기계·기구의 방호조치를 해체하려는 경우 사업주의 허가를 받아야 한다.
　⑤ 동력으로 작동하는 진공포장기에 구동부 방호 연동장치를 설치하지 않고 대여의 목적으로 진열한 자는 3년 이하의 징역 또는 3천만원 이하의 벌금에 처한다.

> **해설** ⑤ 동력으로 작동하는 진공포장기에 구동부 방호 연동장치를 설치하지 않고 대여의 목적으로 진열한 자는 1년 이하의 징역 또는 1천만원 이하의 벌금에 처한다(법 제170조 제4호).
> ① 동력으로 작동하는 금속절단기에 날접촉 예방장치를 설치하여야 사용에 제공할 수 있다(규칙 제98조 제1항).
> ② 동력으로 작동하는 기계·기구로서 속도조절 부분이 있는 것은 속도조절 부분에 덮개를 부착하거나 방호망을 설치하여야 양도할 수 있다(규칙 제98조 제2항).
> ③ 사업주는 방호조치가 정상적인 기능을 발휘할 수 있도록 방호조치와 관련되는 장치를 상시적으로 점검하고 정비하여야 한다(법 제80조 제3항).
> ④ 동력으로 작동하는 기계·기구의 방호조치를 해체하려는 경우 사업주의 허가를 받아야 한다(규칙 제99조 제1항).

정답 8 ③　9 ②　10 ①　11 ⑤

12. 산업안전보건법령상 주요 구조 부분을 변경하는 경우 안전인증을 받아야 하는 기계 및 설비에 해당하지 않는 것은?
① 컨베이어
② 프레스
③ 전단기 및 절곡기
④ 사출성형기
⑤ 롤러기

해설 주요 구조 부분을 변경하는 경우 안전인증을 받아야 하는 기계 및 설비(규칙 제107조)
1. 프레스   2. 전단기 및 절곡기   3. 크레인
4. 리프트   5. 압력용기   6. 롤러기
7. 사출성형기   8. 고소작업대   9. 곤돌라

13. 산업안전보건법령상 상시근로자 30명인 도매업의 사업주가 그 밖의 근로자에게 실시해야 하는 안전보건교육 교육과정별 교육시간 중 채용시 교육의 교육시간으로 옳은 것은? (단, 다른 감면 조건은 고려하지 않음)
① 30분 이상
② 1시간 이상
③ 2시간 이상
④ 3시간 이상
⑤ 4시간 이상

해설 근로자 안전보건교육(규칙 별표 4)

교육과정	교육대상		교육시간
가. 정기교육	1) 사무직 종사 근로자		매반기 6시간 이상
	2) 그 밖의 근로자	가) 판매업무에 직접 종사하는 근로자	매반기 6시간 이상
		나) 판매업무에 직접 종사하는 근로자 외의 근로자	매반기 12시간 이상
나. 채용시 교육	1) 일용근로자 및 근로계약기간이 1주일 이하인 기간제근로자		1시간 이상
	2) 근로계약기간이 1주일 초과 1개월 이하인 기간제근로자		4시간 이상
	3) 그 밖의 근로자		8시간 이상
다. 작업내용 변경 시 교육	1) 일용근로자 및 근로계약기간이 1주일 이하인 기간제근로자		1시간 이상
	2) 그 밖의 근로자		2시간 이상
라. 특별교육	1) 일용근로자 및 근로계약기간이 1주일 이하인 기간제근로자 : 별표 5 제1호 라목(제39호는 제외한다)에 해당하는 작업에 종사하는 근로자에 한정한다.		2시간 이상
	2) 일용근로자 및 근로계약기간이 1주일 이하인 기간제근로자 : 별표 5 제1호 라목 제39호에 해당하는 작업에 종사하는 근로자에 한정한다.		8시간 이상
	3) 일용근로자 및 근로계약기간이 1주일 이하인 기간제근로자 : 별표 5 제1호에 해당하는 작업에 종사하는 근로자에 한정한다.		가) 16시간 이상(최초 작업에 종사하기 전 4시간 이상 실시하고 12시간은 3개월 이내에서 분할하여 실시 가능) 나) 단기간 작업 또는 간헐적 작업인 경우에는 2시간 이상

상시근로자 50명 미만의 도매업, 숙박 및 음식점업은 위 표의 규정에도 불구하고 해당교육과정별 교육시간의 2분의 1 이상을 그 교육시간으로 한다.

14. 산업안전보건법령상 유해성·위험성 조사 제외 화학물질에 해당하는 것을 모두 고른 것은? (단, 고용노동부장관이 공표하거나 고시하는 물질은 고려하지 않음)

> ㉠ 「농약관리법」 제2조 제1호 및 제3호에 따른 농약 및 원제
> ㉡ 「마약류 관리에 관한 법률」 제2조 제1호에 따른 마약류
> ㉢ 「사료관리법」 제2조 제1호에 따른 사료
> ㉣ 「생활주변방사선 안전관리법」 제2조 제2호에 따른 원료물질

① ㉠, ㉡
② ㉢, ㉣
③ ㉠, ㉡, ㉢
④ ㉡, ㉢, ㉣
⑤ ㉠, ㉡, ㉢, ㉣

해설 유해성·위험성 조사 제외 화학물질(영 제85조)
1. 원소
2. 천연으로 산출된 화학물질
3. 건강기능식품
4. 군수품[통상품은 제외한다]
5. 농약 및 원제
6. 마약류
7. 비료
8. 사료
9. 살생물물질 및 살생물제품
10. 식품 및 식품첨가물
11. 의약품 및 의약외품
12. 방사성물질
13. 위생용품
14. 의료기기
15. 화약류
16. 화장품과 화장품에 사용하는 원료
17. 고용노동부장관이 명칭, 유해성·위험성, 근로자의 건강장해 예방을 위한 조치 사항 및 연간 제조량·수입량을 공표한 물질로서 공표된 연간 제조량·수입량 이하로 제조하거나 수입한 물질
18. 고용노동부장관이 환경부장관과 협의하여 고시하는 화학물질 목록에 기록되어 있는 물질

15. 산업안전보건법령상 자율안전확인의 신고에 관한 설명으로 옳지 않은 것은?

① 「산업표준화법」 제15조에 따른 인증을 받은 경우에는 자율안전확인의 신고를 면제할 수 있다.
② 롤러기 급정지장치는 자율안전확인대상기계등에 해당한다.
③ 자율안전확인의 표시는 「국가표준기본법 시행령」 제15조의7 제1항에 따른 표시기준 및 방법에 따른다.
④ 자율안전확인 표시의 사용 금지 공고내용에 사업장 소재지가 포함되어야 한다.
⑤ 고용노동부장관은 자율안전확인표시의 사용을 금지한 날부터 20일 이내에 그 사실을 관보 등에 공고하여야 한다.

정답 12 ① 13 ⑤ 14 ③ 15 ⑤

해설 ⑤ 고용노동부장관은 자율안전확인표시 사용을 금지한 날부터 30일 이내에 그 사항을 관보나 인터넷 등에 공고해야 한다(규칙 제122조 제2항).
① 「산업표준화법」 제15조에 따른 인증을 받은 경우에는 자율안전확인의 신고를 면제할 수 있다(법 제89조 제1항 제2호).
② 롤러기 급정지장치는 자율안전확인대상기계등에 해당한다(영 제77조 제1항).
③ 자율안전확인의 표시는 「국가표준기본법 시행령」 제15조의7 제1항에 따른 표시기준 및 방법에 따른다(규칙 제121조).
④ 자율안전확인 표시의 사용 금지 공고내용에 사업장 소재지, 자율안전확인번호, 제조자(수입자)가 포함되어야 한다(규칙 제122조 제2항).

16. 산업안전보건법령상 안전보건관리책임자 등에 대한 직무교육 중 신규교육이 면제되는 사람에 관한 내용이다. ( )에 들어갈 숫자로 옳은 것은?

「고등교육법」에 따른 이공계 전문대학 또는 이와 같은 수준 이상의 학교에서 학위를 취득하고, 해당 사업의 관리감독자로서의 업무를 (㉠)년(4년제 이공계 대학 학위 취득자는 1년) 이상 담당한 후 고용노동부장관이 지정하는 기관이 실시하는 교육(1998년 12월 31일까지의 교육만 해당한다)을 받고 정해진 시험에 합격한 사람. 다만, 관리감독자로 종사한 사업과 같은 업종(한국표준산업분류에 따른 대분류를 기준으로 한다)의 사업장이면서, 건설업의 경우를 제외하고는 상시근로자 (㉡)명 미만인 사업장에서만 안전관리자가 될 수 있다.

① ㉠ : 2, ㉡ : 200
② ㉠ : 2, ㉡ : 300
③ ㉠ : 3, ㉡ : 200
④ ㉠ : 3, ㉡ : 300
⑤ ㉠ : 5, ㉡ : 200

해설 「고등교육법」에 따른 이공계 전문대학 또는 이와 같은 수준 이상의 학교에서 학위를 취득하고, 해당 사업의 관리감독자로서의 업무(건설업의 경우는 시공실무경력)를 3년(4년제 이공계 대학 학위 취득자는 1년) 이상 담당한 후 고용노동부장관이 지정하는 기관이 실시하는 교육(1998년 12월 31일까지의 교육만 해당한다)을 받고 정해진 시험에 합격한 사람. 다만, 관리감독자로 종사한 사업과 같은 업종(한국표준산업분류에 따른 대분류를 기준으로 한다)의 사업장이면서, 건설업의 경우를 제외하고는 상시근로자 300명 미만인 사업장에서만 안전관리자가 될 수 있다(영 별표 4).

17. 산업안전보건법령상 서류의 보존기간이 3년인 것을 모두 고른 것은?

㉠ 산업보건의의 선임에 관한 서류
㉡ 산업재해의 발생 원인 등 기록
㉢ 산업안전보건위원회의 회의록
㉣ 신규화학물질의 유해성·위험성 조사에 관한 서류

① ㉠, ㉢
② ㉡, ㉣
③ ㉠, ㉡, ㉣
④ ㉡, ㉢, ㉣
⑤ ㉠, ㉡, ㉢, ㉣

해설 사업주는 다음의 서류를 3년(2.의 경우 2년을 말한다) 동안 보존하여야 한다. 다만, 고용노동부령으로 정하는 바에 따라 보존기간을 연장할 수 있다(법 제164조 제1항).

1. 안전보건관리책임자·안전관리자·보건관리자·안전보건관리담당자 및 산업보건의의 선임에 관한 서류
2. 회의록
3. 안전조치 및 보건조치에 관한 사항으로서 고용노동부령으로 정하는 사항을 적은 서류
4. 산업재해의 발생원인 등 기록
5. 화학물질의 유해성·위험성 조사에 관한 서류
6. 작업환경측정에 관한 서류
7. 건강진단에 관한 서류

18. 산업안전보건법령상 유해인자의 유해성·위험성 분류기준에 관한 설명으로 옳은 것을 모두 고른 것은?

> ㉠ 소음은 소음성난청을 유발할 수 있는 90데시벨(A) 이상의 시끄러운 소리이다.
> ㉡ 물과 상호작용을 하여 인화성 가스를 발생시키는 고체·액체 또는 혼합물은 물반응성 물질에 해당한다.
> ㉢ 20℃, 표준압력(101.3kPa)에서 공기와 혼합하여 인화되는 범위에 있는 가스는 인화성 가스에 해당한다.
> ㉣ 이상기압은 게이지 압력이 제곱센티미터당 1킬로그램 초과 또는 미만인 기압이다.

① ㉠, ㉡
② ㉢, ㉣
③ ㉠, ㉡, ㉢
④ ㉡, ㉢, ㉣
⑤ ㉠, ㉡, ㉢, ㉣

해설 ㉠ 소음 : 소음성난청을 유발할 수 있는 85데시벨(A) 이상의 시끄러운 소리(규칙 별표 18)
㉡ 물반응성 물질 : 물과 상호작용을 하여 자연발화되거나 인화성 가스를 발생시키는 고체·액체 또는 혼합물(규칙 별표 18)
㉢ 인화성 가스 : 20℃, 표준압력(101.3㎪)에서 공기와 혼합하여 인화되는 범위에 있는 가스와 54℃ 이하 공기 중에서 자연발화하는 가스를 말한다.(혼합물을 포함한다)(규칙 별표 18)
㉣ 이상기압 : 게이지 압력이 제곱센티미터당 1킬로그램 초과 또는 미만인 기압(규칙 별표 18)

19. 산업안전보건법령상 근로환경의 개선에 관한 설명으로 옳지 않은 것은?

① 도급인의 사업장에서 관계수급인 또는 관계수급인의 근로자가 작업을 하는 경우에는 도급인은 그 사업장에 소속된 사람 중 산업위생관리산업기사 이상의 자격을 가진 사람으로 하여금 작업환경측정을 하도록 하여야 한다.
② 사업주는 근로자대표가 요구하면 작업환경측정 시 근로자대표를 참석시켜야 한다.
③ 「의료법」에 따른 의원 또는 한의원은 작업환경측정기관으로 고용노동부장관의 승인을 받을 수 있다.
④ 한국산업안전보건공단은 작업환경측정 결과가 노출기준 미만인데도 직업병 유소견자가 발생한 경우에는 작업환경측정 신뢰성평가를 할 수 있다.
⑤ 사업주는 산업안전보건위원회 또는 근로자대표가 요구하면 작업환경측정 결과에 대한 설명회 등을 개최하여야 한다.

정답 16 ④ 17 ③ 18 ④ 19 ③

해설 ③ 「의료법」에 따른 종합병원 또는 병원은 작업환경측정기관으로 고용노동부장관의 지정을 받을 수 있다(영 제95조).
① 도급인의 사업장에서 관계수급인 또는 관계수급인의 근로자가 작업을 하는 경우에는 도급인이 자격을 가진 자로 하여금 작업환경측정을 하도록 하여야 한다(법 제125조 제2항).
② 사업주는 근로자대표(관계수급인의 근로자대표를 포함한다.)가 요구하면 작업환경측정 시 근로자대표를 참석시켜야 한다(법 제125조 제4항).
④ 공단은 작업환경측정 결과가 노출기준 미만인데도 직업병 유소견자가 발생한 경우에는 작업환경측정 신뢰성평가를 할 수 있다(규칙 제194조 제1항).
⑤ 사업주는 산업안전보건위원회 또는 근로자대표가 요구하면 작업환경측정 결과에 대한 설명회 등을 개최하여야 한다(법 제125조 제7항).

20. 산업안전보건법령상 공정안전보고서에 관한 설명으로 옳지 않은 것은?
① 원유 정제처리업의 보유설비가 있는 사업장의 사업주는 공정안전보고서를 작성하여야 한다.
② 사업주가 공정안전보고서를 작성할 때, 산업안전보건위원회가 설치되어 있지 아니한 사업장의 경우에는 근로자대표의 의견을 들어야 한다.
③ 공정안전보고서에는 비상조치계획이 포함되어야 하고, 그 세부 내용에는 주민홍보계획을 포함해야 한다.
④ 원자력 설비는 공정안전보고서의 제출 대상인 유해하거나 위험한 설비에 해당한다.
⑤ 공정안전보고서 이행상태평가의 방법 등 이행상태평가에 필요한 세부적인 사항은 고용노동부장관이 정한다.

해설 ④ 원자력 설비, 군사시설 등은 유해하거나 위험한 설비로 보지 않는다(영 제43조 제2항).
① 원유 정제처리업의 보유설비가 있는 사업장의 사업주는 공정안전보고서를 작성하여야 한다(영 제43조 제1항).
② 사업주는 공정안전보고서를 작성할 때 산업안전보건위원회의 심의를 거쳐야 한다. 다만, 산업안전보건위원회가 설치되어 있지 아니한 사업장의 경우에는 근로자대표의 의견을 들어야 한다(법 제44조 제2항).
③ 공정안전보고서에는 비상조치계획이 포함되어야 하고, 그 세부 내용에는 주민홍보계획을 포함해야 한다(영 제44조 제1항, 규칙 제50조 제1항).
⑤ 공정안전보고서 이행상태평가의 방법 등 이행상태평가에 필요한 세부적인 사항은 고용노동부장관이 정한다(규칙 제54조 제4항).

21. 산업안전보건법령상 유해위험방지계획서 제출 대상인 건설공사에 해당하지 않는 것은? (단, 자체심사 및 확인업체의 사업주가 착공하려는 건설공사는 제외함)
① 연면적 3천제곱미터 이상인 냉동·냉장 창고시설의 설비공사
② 최대 지간(支間)길이(다리의 기둥과 기둥의 중심사이의 거리)가 50미터 이상인 다리의 건설 등 공사
③ 지상높이가 31미터 이상인 건축물의 건설등 공사
④ 저수용량 2천만톤 이상의 용수 전용 댐의 건설등 공사
⑤ 깊이 10미터 이상인 굴착공사

해설 유해위험방지계획서 제출 대상인 건설공사(영 제42조 제3항)
1. 다음의 어느 하나에 해당하는 건축물 또는 시설 등의 건설·개조 또는 해체 공사
   ㉠ 지상높이가 31미터 이상인 건축물 또는 인공구조물
   ㉡ 연면적 3만㎡ 이상인 건축물
   ㉢ 연면적 5천㎡ 이상인 시설로서 다음의 어느 하나에 해당하는 시설 : 문화 및 집회시설(전시장 및 동물원·식물원은 제외한다), 판매시설, 운수시설(고속철도의 역사 및 집배송시설은 제외한다), 종교시설, 의료시설 중 종합병원, 숙박시설 중 관광숙박시설, 지하도상가, 냉동·냉장 창고시설
2. 연면적 5천㎡ 이상인 냉동·냉장 창고시설의 설비공사 및 단열공사
3. 최대 지간길이(다리의 기둥과 기둥의 중심사이의 거리)가 50미터 이상인 다리의 건설등 공사
4. 터널의 건설등 공사
5. 다목적댐, 발전용댐, 저수용량 2천만톤 이상의 용수 전용 댐 및 지방상수도 전용 댐의 건설등 공사
6. 깊이 10미터 이상인 굴착공사

22. 산업안전보건법령상 건강진단 및 건강관리에 관한 설명으로 옳지 않은 것은?

① 사업주가 「선원법」에 따른 건강진단을 실시한 경우에는 그 건강진단을 받은 근로자에 대하여 일반건강진단을 실시한 것으로 본다.
② 일반건강진단의 제1차 검사항목에 흉부방사선 촬영은 포함되지 않는다.
③ 사업주는 특수건강진단의 결과를 근로자의 건강 보호 및 유지 외의 목적으로 사용해서는 아니 된다.
④ 일반건강진단, 특수건강진단, 배치전건강진단, 수시건강진단, 임시건강진단의 비용은 「국민건강보험법」에서 정한 기준에 따른다.
⑤ 사업주는 배치전건강진단을 실시하는 경우 근로자대표가 요구하면 근로자대표를 참석시켜야 한다.

해설 ② 일반건강진단의 제1차 검사항목은 과거병력, 작업경력 및 자각·타각증상(시진·촉진·청진 및 문진), 혈압·혈당·요당·요단백 및 빈혈검사, 체중·시력 및 청력, 흉부방사선 촬영, AST(SGOT) 및 ALT(SGPT), γ-GTP 및 총콜레스테롤 등이다(규칙 제198조 제1항).
① 사업주가 「선원법」에 따른 건강진단을 실시한 경우에는 그 건강진단을 받은 근로자에 대하여 일반건강진단을 실시한 것으로 본다(규칙 제196조).
③ 사업주는 건강진단의 결과를 근로자의 건강 보호 및 유지 외의 목적으로 사용해서는 아니 된다(법 제132조 제3항).
④ 일반건강진단, 특수건강진단, 배치전건강진단, 수시건강진단, 임시건강진단의 비용은 「국민건강보험법」에서 정한 기준에 따른다(규칙 제208조).
⑤ 사업주는 건강진단을 실시하는 경우 근로자대표가 요구하면 근로자대표를 참석시켜야 한다(법 제132조 제1항).

23. 산업안전보건법령상 지도사 보수교육에 관한 설명이다. ( )에 들어갈 숫자로 옳은 것은?

고용노동부령으로 정하는 보수교육의 시간은 업무교육 및 직업윤리교육의 교육시간을 합산하여 총 (㉠)시간 이상으로 한다. 다만, 법 제145조 제4항에 따른 지도사 등록의 갱신기간 동안 시행규칙 제230조 제1항에 따른 지도실적이 (㉡)년 이상인 지도사의 교육시간은 (㉢)시간 이상으로 한다.

정답 20 ④ 21 ① 22 ② 23 ④

① ㉠ : 10, ㉡ : 1, ㉢ : 5
② ㉠ : 10, ㉡ : 2, ㉢ : 10
③ ㉠ : 20, ㉡ : 1, ㉢ : 5
④ ㉠ : 20, ㉡ : 2, ㉢ : 10
⑤ ㉠ : 20, ㉡ : 2, ㉢ : 15

해설 보수교육의 시간은 업무교육 및 직업윤리교육의 교육시간을 합산하여 총 20시간 이상으로 한다. 다만, 지도사 등록의 갱신기간 동안 지도실적이 2년 이상인 지도사의 교육시간은 10시간 이상으로 한다(규칙 제231조 제2항).

24. 산업안전보건법령상 안전보건진단을 받아 안전보건개선계획을 수립할 대상으로 옳은 것을 모두 고른 것은?

㉠ 유해인자의 노출기준을 초과한 사업장
㉡ 산업재해율이 같은 업종의 규모별 평균 산업재해율보다 높은 사업장
㉢ 사업주가 필요한 안전조치 또는 보건조치를 이행하지 아니하여 중대재해가 발생한 사업장
㉣ 상시근로자 1천명 이상 사업장으로서 직업성 질병자가 연간 3명 이상 발생한 사업장

① ㉠, ㉡
② ㉢, ㉣
③ ㉠, ㉡, ㉢
④ ㉡, ㉢, ㉣
⑤ ㉠, ㉡, ㉢, ㉣

해설 안전보건진단을 받아 안전보건개선계획을 수립할 대상(영 제49조)
1. 산업재해율이 같은 업종 평균 산업재해율의 2배 이상인 사업장
2. 사업주가 필요한 안전조치 또는 보건조치를 이행하지 아니하여 중대재해가 발생한 사업장
3. 직업성 질병자가 연간 2명 이상(상시근로자 1천명 이상 사업장의 경우 3명 이상) 발생한 사업장
4. 그 밖에 작업환경 불량, 화재·폭발 또는 누출 사고 등으로 사업장 주변까지 피해가 확산된 사업장으로서 고용노동부령으로 정하는 사업장

25. 산업안전보건법령상 산업안전지도사와 산업보건지도사의 직무에 공통적으로 해당되는 것은?

① 유해·위험의 방지대책에 관한 평가·지도
② 근로자 건강진단에 따른 사후관리 지도
③ 작업환경의 평가 및 개선 지도
④ 공정상의 안전에 관한 평가·지도
⑤ 안전보건개선계획서의 작성

해설 산업안전지도사 등의 직무
1. 산업안전지도사의 직무(법 제142조 제1항)
㉠ 공정상의 안전에 관한 평가·지도
㉡ 유해·위험의 방지대책에 관한 평가·지도
㉢ ㉠ 및 ㉡의 사항과 관련된 계획서 및 보고서의 작성

ⓔ 그 밖에 산업안전에 관한 사항으로서 대통령령으로 정하는 사항(영 제101조 제1항)
　　ⓐ 위험성평가의 지도
　　ⓑ 안전보건개선계획서의 작성
　　ⓒ 그 밖에 산업안전에 관한 사항의 자문에 대한 응답 및 조언

2. 산업보건지도사의 직무(법 제142조 제2항)
   ㉠ 작업환경의 평가 및 개선 지도
   ㉡ 작업환경 개선과 관련된 계획서 및 보고서의 작성
   ㉢ 근로자 건강진단에 따른 사후관리 지도
   ㉣ 직업성 질병 진단(의사인 산업보건지도사만 해당한다) 및 예방 지도
   ㉤ 산업보건에 관한 조사·연구
   ㉥ 그 밖에 산업보건에 관한 사항으로서 대통령령으로 정하는 사항(영 제101조 제2항)
   　　ⓐ 위험성평가의 지도
   　　ⓑ 안전보건개선계획서의 작성
   　　ⓒ 그 밖에 산업보건에 관한 사항의 자문에 대한 응답 및 조언

산업위생 일반

26. 우리나라 산업보건 역사에 관한 설명으로 옳은 것을 모두 고른 것은?

㉠ 1982년 : 산업안전보건법 시행규칙 제정
㉡ 1986년 : 문송면 군 수은중독 사망
㉢ 1990년 : 한국산업위생학회 창립
㉣ 1999년 : 화학물질 및 물리적 인자의 노출기준 시행

① ㉠, ㉡　　　　　　　　② ㉠, ㉢
③ ㉡, ㉢　　　　　　　　④ ㉡, ㉣
⑤ ㉢, ㉣

해설 ㉡ 1988년 : 문송면 군 수은중독 사망
㉣ 2009년 1월 1일 : 화학물질 및 물리적 인자의 노출기준 시행
㉠ 1982년 10월 29일 : 산업안전보건법 시행규칙 제정
㉢ 1990년 : 한국산업위생학회 창립

27. 고용노동부의 2021년 산업보건통계 현황에 관한 내용으로 옳지 않은 것은?

① 직업병 유소견자는 소음성 난청이 가장 많았다.
② 유기화합물중독으로 인한 직업병 유소견자는 전년대비 감소하였다.
③ 직업병 유소견자에 대한 사후관리조치는 보호구 착용이 가장 많았다.

정답 24 ② 25 ⑤ 26 ② 27 ②

④ 일반질병 유소견자의 질병종류는 소화기질환이 가장 많았다.
⑤ 일반질병 유소견자에 대한 사후관리조치는 근무 중 치료가 가장 많았고, 보호구착용, 추적 검사 순이었다.

> **해설** ② 유기화합물중독으로 인한 직업병 유소견자는 전년대비 40건에서 56건으로 증가하였다.
> ① 직업병 유소견자는 소음성 난청이 97.7%로 가장 많았다.
> ③ 직업병 유소견자에 대한 사후관리조치는 보호구 착용이 53.4%로 가장 많았다.
> ④ 일반질병 유소견자의 질병종류는 소화기질환이 28.6%로 가장 많았다.
> ⑤ 일반질병 유소견자에 대한 사후관리조치는 근무 중 치료가 9.3% 가장 많았고, 보호구착용, 추적 검사 순이었다.

28. 고용노동부 고시에 따라 원자흡광광도법(AAS)으로 분석할 수 있는 유해인자 중 외부 작업환경 전문연구기관 등에 시료분석을 위탁할 수 있는 유해인자로 옳은 것은?
    ① 구리
    ② 수산화나트륨
    ③ 산화마그네슘
    ④ 산화아연
    ⑤ 주석

    > **해설** 원자흡광광도법(AAS)으로 분석할 수 있는 유해인자 : 구리, 납, 니켈, 크롬, 망간, 산화마그네슘, 산화아연, 산화철, 수산화나트륨, 카드뮴

29. 산업보건통계에 관한 설명으로 옳지 않은 것은?
    ① 기하평균을 계산하는 방법 중 그래프 법에서는 누적빈도 50%에 해당하는 값을 기하평균으로 한다.
    ② 대수정규분포의 특성은 좌측이나 우측 방향으로 비대칭꼴을 이루며 주로 우측으로 무한히 뻗어 있는 형태이다.
    ③ 기하표준편차를 계산하는 방법에는 대수변환법이 있다.
    ④ 자료가 정규분포를 이루는 경우 평균과 표준편차의 범위에 대한 면적은 정규분포 곡선에서 전체 면적의 95.0%를 차지한다.
    ⑤ 기하평균을 계산하는 방법 중 그래프 법에서는 누적빈도 84.1%에 해당하는 값이 2.4이고 누적빈도 50%에 해당하는 값이 1.2이면 기하표준편차는 2이다.

    > **해설** 평균과 표준편차에 따라 정규분포는 서로 다른 형태를 보인다. ±1σ 내에는 전체 사례의 약 68%가 존재하고, ±2σ 내에는 전체 사례의 약 95%가 존재하며, ±3σ 내에는 전체 사례의 약 99%가 존재한다.

30. 산업환기설비에 관한 기술지침에서 국소배기장치에 관한 설명으로 옳지 않은 것은?
    ① 반송속도라 함은 덕트를 이동하는 유해물질이 덕트 내에서 퇴적이 일어나지 않은 상태로 이동하기 위해 필요한 최소 속도를 말한다.
    ② 후드는 내마모성, 내부식성 등의 재료 또는 도포한 재질을 사용하고, 변형 등이 발생하지 않는 충분한 강도를 지닌 재질로 하여야 한다.

③ 송풍기 전후에 진동전달을 방지하기 위하여 충만실을 설치한다.
④ 주덕트와 가지덕트의 접속은 30° 이내가 되도록 한다.
⑤ 포위식 및 부스식 후드에서의 제어풍속은 후드의 개구면에서 흡입되는 기류의 풍속을 말한다.

해설 ③ 배풍기 전후에 진동전달을 방지하기 위하여 캔버스(Canvas)를 설치하는 경우 캔버스의 파손 등이 발생하지 않도록 조치하여야 한다.
① 반송속도 : 덕트를 이동하는 유해물질이 덕트 내에서 퇴적이 일어나지 않은 상태로 이동하기 위해 필요한 최소 속도를 말한다.
② 후드는 내마모성 또는 내부식성 등의 재료 또는 도포한 재질을 사용하고, 변형 등이 발생하지 않는 충분한 강도를 지닌 재질로 하여야 한다.
④ 주덕트와 가지덕트의 접속은 30° 이내가 되도록 할 것
⑤ 제어풍속은 포위식 및 부스식 후드에서 후드 개구면에서의 풍속을 말한다.

31. 송풍기가 설치된 덕트 내에서의 공기 압력에 관한 설명으로 옳지 않은 것은?

① 송풍기 앞 덕트 내 정압은 음압을 유지한다.
② 송풍기 뒤 덕트 내 정압은 양압을 유지한다.
③ 송풍기 앞 덕트 내 동압(속도압)은 음압을 유지한다.
④ 송풍기 뒤 덕트 내 동압(속도압)은 양압을 유지한다.
⑤ 송풍기 앞과 뒤의 덕트 내 전압은 정압과 동압(속도압)의 합으로 나타낸다.

해설 정압은 덕트 내 사방으로 동일하게 미치는 압력으로 송풍기 앞 덕트 내 동압(속도압)은 정압을 유지하고, 송풍기 뒤 덕트 내 동압(속도압)은 양압을 유지한다.

32. 고온 노출에 따른 건강장해 유형과 그 설명이 옳은 것은?

① 열경련 : 지나친 발한에 의한 당분 소실이 원인이다.
② 열사병 : 조기에 적절한 조치가 없어도 사망까지는 이르지 않는다.
③ 열피로 : 심박출량의 증가가 그 원인이다.
④ 열발진 : 고온다습한 대기에 오랫동안 노출 시 발생한다.
⑤ 열쇠약 : 고온에 의한 급성 건강장해이다.

해설 ④ 열발진 : 고온다습한 대기에 오랫동안 노출할 때 작은 발진과 물집이 발생한다.
① 열경련 : 고온에서 심한 육체적 노동이나 운동으로 과다한 땀의 배출로 전해질이 고갈되어 발생하는 근육의 경련현상을 말한다.
② 열사병 : 고온, 다습한 환경에 노출될 때 갑자기 심각한 체온조절장애를 일으켜 땀이 배출되지 않음으로 인하여 체온상승 등이 나타나 심할 경우 혼수상태에 빠지거나 사망에 이를 수 있다.
③ 열피로 : 고온에서 장시간 노동 또는 심한 운동으로 땀을 다량으로 흘렸을 때 나타나는 현상으로 염분을 충분히 보충하지 않았을 때 발생한다.
⑤ 열쇠약 : 고온에서 격심한 육체노동으로 인하여 체온조절 중추기능의 장애와 만성적인 체력소모가 나타나는 현상을 말한다.

정답 28 ⑤ 29 ④ 30 ③ 31 ③ 32 ④

33. 전리방사선에 해당하는 것은?
   ① 알파(α)선
   ② 자외선
   ③ 극저주파
   ④ 레이저(Laser)
   ⑤ 마이크로파(Microwave)

   해설 전리방사선 : 직접 또는 간접 전리입자 또는 둘의 혼합으로 이루어지는 방사선으로 자외선은 제외한다. 직접 전리 방사선에는 α-선, β-선, 중양자선, 양자선, 전자선 등의 하전 입자이고, 간접 전리 방사선에는 X-선, γ-선, 중성자선 등이 있다.

34. 입자상 물질에 관한 설명으로 옳지 않은 것은?
   ① 흡입성 입자상 물질은 호흡기계 어느 부위에 침착하더라도 독성을 나타내는 물질이다.
   ② 흡입성 입자상 물질의 입경 범위는 0~100μm이다.
   ③ 흉곽성 입자상 물질의 평균 입경(D50)은 10μm이다.
   ④ 호흡성 입자상 물질은 폐포에 침착할 때 독성을 유발하는 물질을 말한다.
   ⑤ 호흡성 입자상 물질의 포집은 IOM sampler를 사용하여 포집한다.

   해설 ⑤ 호흡성 입자상 물질의 포집은 10nm nylon cyclone를 사용하여 포집한다.
   ①, ② 호흡기계 어느 부위에 침착하더라도 독성을 나타내는 물질로 크기 구분 없이 총 먼지를 의미한다.
   ③ 흉곽성 입자상 물질은 기관 하부 및 폐포 등에 침착하는 물질로 평균 입경(D50)은 10μm이다.
   ④ 호흡성 입자상 물질은 폐포에 침착하는 물질로 평균 입경(D50)은 4μm이다.

35. 입자의 가장자리를 이등분할 때의 직경으로 과대평가의 위험성이 있는 입경(입자의 크기)은?
   ① 마틴(Martin) 직경
   ② 페렛(Feret) 직경
   ③ 등면적(Projected area) 직경
   ④ 공기역학적(Aerodynamic) 직경
   ⑤ 질량 중위(Mass median) 직경

   해설 ② 페렛(Feret) 직경 : 입자의 한쪽 가장자리와 다른 쪽의 가장자리 사이의 거리로 과대평가될 가능성 있다.
   ① 마틴(Martin) 직경 : 입자의 면적을 2등분하는 선의 길이로 선의 방향이 항상 일정하여야 하며 과소평가될 수 있다.
   ③ 등면적(Projected area) 직경 : 입자의 면적과 동일한 면적을 가진 원의 직경으로 가장 정확한 직경이다.
   ④ 공기역학적(Aerodynamic) 직경 : 대상 입자와 침강속도와 같고 밀도가 1이며 구형인 입자의 직경이다.
   ⑤ 질량 중위(Mass median) 직경 : 입자 크기별로 농도를 측정하여 50%의 누적분포에 해당하는 입자의 크기이다.

36. 자극제에 관한 설명으로 옳은 것은?
   ① 피부 또는 눈과 접촉 시에만 자극을 유발하는 물질이다.
   ② 상기도 점막을 자극하는 물질들은 대부분이 비수용성을 나타낸다.
   ③ 산화에틸렌은 상기도 점막을 자극하는 물질에 해당된다.
   ④ 염화수소는 중기도(폐조직)를 자극하는 물질에 해당된다.
   ⑤ 오존은 종말기관지 및 폐포점막을 자극하는 물질에 해당된다.

해설 ③ 산화에틸렌은 상온에서 상쾌한 냄새가 나는 무색의 기체로 상기도 점막을 자극하는 물질에 해당된다.
① 자극제는 중추 신경계, 특히 교감 신경계를 자극하여 신체의 여러 기관 및 정신 활동을 활발하게 하거나 항진시키는 물질이다.
②, ④ 상기도 점막을 자극하는 물질에는 암모니아, 아황산가스, 염화수소 등으로 수용성 물질이다.
⑤ 종말기관지 및 폐포점막을 자극하는 물질에는 이산화질소, 3염화비소, 포스겐이 이에 해당된다.

37. 고용노동부 고시의 생식독성 정보물질에 관한 설명으로 옳지 않은 것은?
   ① 생식독성 정보물질은 성적기능, 생식능력 또는 태아의 발생·발육에 유해한 영향을 주는 물질이다.
   ② 흡수, 대사, 분포 및 배설에 대한 연구에서 해당물질이 잠재적으로 유독한 수준으로 모유에 존재할 가능성을 보이는 물질은 "수유독성"으로 표기한다.
   ③ 동물에 대한 1세대 또는 2세대 연구결과에서 모유를 통해 전이되어 자손에게 유해영향을 주는 물질은 "생식독성 1B"로 표기한다.
   ④ 납 및 그 무기화합물, 2-브로모프로판은 모두 "생식독성 1A" 표기물질이다.
   ⑤ 이황화탄소는 "생식독성 2" 표기물질이다.

   해설 ③ "생식독성 1B"는 사람에게 성적기능, 생식능력이나 발육에 악영향을 주는 것으로 추정할 정도의 동물시험 증거가 있는 물질이다(화학물질 및 물리적 인자의 노출기준).
   ① 생식독성 정보물질은 생식기능, 생식능력 또는 태아의 발생·발육에 유해한 영향을 주는 물질을 의미한다(화학물질 및 물리적 인자의 노출기준).
   ② 수유독성 : 흡수, 대사, 분포 및 배설에 대한 연구에서, 해당 물질이 잠재적으로 유독한 수준으로 모유에 존재할 가능성을 보임. 동물에 대한 1세대 또는 2세대 연구결과에서, 모유를 통해 전이되어 자손에게 유해영향을 주거나, 모유의 질에 유해영향을 준다는 명확한 증거가 있음(화학물질 및 물리적 인자의 노출기준).
   ④ 납 및 그 무기화합물, 2-브로모프로판은 모두 "생식독성 1A" 표기물질이다(화학물질 및 물리적 인자의 노출기준).
   ⑤ 이황화탄소는 "생식독성 2" 표기물질이다(화학물질 및 물리적 인자의 노출기준).

38. 비소(As)에 관한 설명으로 옳지 않은 것은?
   ① 비금속으로서 가열하면 녹지 않고 승화된다.
   ② 독성 작용은 3가 보다 5가의 비소화합물이 강하다.
   ③ 체내에서 3가 비소는 5가 상태로 산화되며 그 반대 현상도 가능하다.
   ④ 피부 장해가 나타날 수 있다.
   ⑤ 노출 시 체내 저감 대책으로 설사약을 투여한다.

   해설 ② 독성 작용은 삼수소화 비소(AsH_3)는 인화성이 크고 독성이 강하다.
   ① 비소는 비금속으로서 가열하면 녹지 않고 승화된다.
   ③ 체내에서 3가 비소는 5가 상태로 산화되며 그 반대 현상도 가능하다.
   ④ 비소에 장기간 노출되면서 소변을 통해 비소가 지속적으로 배출되면 간암, 전립선암, 피부암, 폐암, 비강암, 신장암을 일으킬 수 있다.
   ⑤ 비소는 가축의 체중을 늘리고 질병을 예방하기 위한 사료 첨가제로 사용되는 경우 체내 저감 대책으로 설사약을 투여한다.

정답 33 ① 34 ⑤ 35 ② 36 ③ 37 ③ 38 ②

39. 교대근무자의 보건관리지침에서 교대근무작업에 관한 설명으로 옳지 않은 것은?

① 야간작업이란 오후 10시부터 익일 오전 6시까지 사이의 시간이 포함된 교대작업을 말한다.
② 야간작업자란 야간작업시간마다 적어도 2시간 이상 정상적 업무를 하는 근로자를 말한다.
③ 야간작업은 연속하여 3일을 넘기지 않도록 한다.
④ 교대작업일정을 계획할 때 가급적 근로자 개인이 원하는 바를 고려하도록 한다.
⑤ 근무반 교대방향은 아침반 → 저녁반 → 야간반으로 바뀌도록 정방향으로 순환하도록 한다.

해설 ② 야간작업자 : 야간 작업시간마다 적어도 3시간 이상 정상적 업무를 하는 근로자를 말한다(교대근무자의 보건관리지침).
① 야간작업 : 오후 10시부터 익일 오전 6시까지 사이의 시간이 포함된 교대작업을 말한다(교대근무자의 보건관리지침).
③ 야간작업은 연속하여 3일을 넘기지 않도록 한다(교대근무자의 보건관리지침).
④ 교대작업일정을 계획할 때 가급적 근로자 개인이 원하는 바를 고려하도록 한다(교대근무자의 보건관리지침).
⑤ 근무반 교대방향은 아침반→저녁반→ 야간반으로 정방향 순환이 되게 한다(교대근무자의 보건관리지침).

40. 충돌기(impactor)를 이용하여 사무실 내 총부유세균을 포집하여 배양한 결과, 배지에 100개의 집락(colony)이 계수(counting)되었다. 충돌기의 유량을 20L/min으로 가정하고 5분간 공기 시료 채취 시 농도(CFU/m^3)와 사무실 실내공기질 관리기준 초과 여부로 옳은 것은? (단, 공시료는 고려하지 않는다.)

① 500 - 초과되지 않음
② 500 - 초과됨
③ 1,000 - 초과되지 않음
④ 1,000 - 초과됨
⑤ 1,500 - 초과되지 않음

해설 충돌법은 실내 공기를 부유세균 측정 장비로 일정량을 흡입하여 장비 내에 미리 준비된 배지에 충돌시켜 공기 중의 부유세균을 채취한다. 부유세균이 흡착된 배지를 배양기에서 배양하여 증식된 균 집락수를 세어 포집한 공기의 단위체적당 균수(CFU/m^3)로 산출하므로 농도는 1,000CFU/m^3이고 총부유세균의 기준은 800이므로 초과되었다.

41. 고용노동부 고시에 따른 물질안전보건자료에 관한 설명이다. ( )에 들어갈 내용으로 옳은 것은?

> 물질안전보건자료대상물질을 ( ) · ( )하는 자는 해당 물질안전보건자료대상물질의 용기 및 포장에 한글로 작성한 경고표지를 부착하거나 인쇄하는 등 유해 · 위험 정보가 명확히 나타나도록 하여야 한다.

① 양도, 제공
② 수입, 제공
③ 가공, 수입
④ 제조, 양도
⑤ 제조, 가공

해설 물질안전보건자료대상물질을 양도 · 제공하는 자는 해당 물질안전보건자료대상물질의 용기 및 포장에 한글로 작성한 경고표지(같은 경고표지 내에 한글과 외국어가 함께 기재된 경우를 포함한다)를 부착하거나 인쇄하는 등 유해 · 위험 정보가 명확히 나타나도록 하여야 한다. 다만, 실험실에서 시험 · 연구목적으로 사용하는 시약으로서 외국어로 작성된 경고표지가 부착되어 있거나 수출하기 위하여 저장 또는 운반 중에 있는 완제품은 한글로 작성한 경고표지를 부착하지 아니할 수 있다(화학물질의 분류·표시 및 물질안전보건자료에 관한 기준 제5조 제1항).

42. 산업안전보건기준에 관한 규칙상 유해인자 취급 작업별 보호구에 관한 설명으로 옳지 않은 것은?

구분	유해인자	작업명	보호구
㉠	관리대상 유해물질	관리대상 유해물질이 흩날리는 업무	보안경
㉡	허가대상 유해물질	허가대상 유해물질을 제조·사용하는 작업	방진마스크 또는 방독마스크
㉢	관리대상 유해물질	금속류, 가스상태 물질류를 취급하는 작업	호흡용보호구
㉣	혈액매개 감염	혈액 또는 혈액오염물을 취급하는 작업	보호앞치마
㉤	소음	소음작업, 강렬한 소음작업 또는 충격 소음작업	청력보호구

① ㉠ ② ㉡
③ ㉢ ④ ㉣
⑤ ㉤

해설 사업주는 근로자가 혈액노출이 우려되는 작업을 하는 경우에 다음에 따른 보호구를 지급하고 착용하도록 하여야 한다(안전보건규칙 제600조 제1항).
1. 혈액이 분출되거나 분무될 가능성이 있는 작업 : 보안경과 보호마스크
2. 혈액 또는 혈액오염물을 취급하는 작업 : 보호장갑
3. 다량의 혈액이 의복을 적시고 피부에 노출될 우려가 있는 작업 : 보호앞치마

43. 고용노동부 고시에 따른 안전인증 방독마스크의 정화통 외부 측면에 표시하는 종류별 표시색으로 옳지 않은 것은?

① 유기화합물용 : 갈색
② 할로겐용 : 회색
③ 아황산용 : 노랑색
④ 암모니아용 : 녹색
⑤ 복합용 및 겸용 : 흑색

해설 정화통 외부 측면의 표시 색(보호구 안전인증 고시 별표 5)

종 류	표시 색
유기화합물용 정화통	갈 색
할로겐용 정화통	회 색
황화수소용 정화통	
시안화수소용 정화통	
아황산용 정화통	노랑색
암모니아용 정화통	녹 색
복합용 및 겸용의 정화통	복합용의 경우 : 해당가스 모두 표시(2층 분리) 겸용의 경우 : 백색 과 해당가스 모두 표시(2층 분리)

정답 39 ② 40 ④ 41 ① 42 ④ 43 ⑤

44. 특수건강진단 시 유해인자별 제2차 검사항목 생물학적 노출지표의 시료채취시기로 옳은 것은?

구분	유해인자	제2차 검사항목 생물학적 노출지표	시료채취시기
㉠	디클로로메탄	혈중 카복시헤모글로빈	주말 작업종료시
㉡	메탄올	혈중 또는 소변 중 메탄올	주말 작업종료시
㉢	2-에톡시에탄올	소변 중 2-에톡시초산	주말 작업종료시
㉣	이소프로필알코올	혈중 또는 소변 중 아세톤	주말 작업종료시
㉤	클로로벤젠	소변 중 총 클로로카테콜	주말 작업종료시

① ㉠
② ㉡
③ ㉢
④ ㉣
⑤ ㉤

해설 ③ ㉢ 2-에톡시에탄올 : 주말 작업종료시
① ㉠ 디클로로메탄 : 당일 작업종료시
② ㉡ 메탄올 : 당일 작업종료시
④ ㉣ 이소프로필알코올 : 당일 작업종료시
⑤ ㉤ 클로로벤젠 : 당일 작업종료시

45. 직무스트레스 평가에 관한 지침에서 직무스트레스 요인의 영역 중 직무자율에 속하는 것은?

① 책임감
② 업무 다기능
③ 시간적 압박
④ 기술적 재량
⑤ 조직내 갈등

해설 ④ 직무 자율 : 의사결정의 권한과 자신의 직무에 대한 재량 활용성의 수준을 말하며, 기술적 재량, 업무예측 가능성, 기술적 자율성, 직무수행 권한 등이 해당된다(직무스트레스 평가에 관한 지침 3.2.3).
① 책임감 : 직무요구
② 업무 다기능 : 직무요구
③ 시간적 압박 : 직무요구
⑤ 조직내 갈등 : 조직 체계

46. 인듐 및 그 화합물에 대한 특수건강진단 시 제2차 검사항목에 해당하는 것은?(단, 근로자는 해당 작업에 처음 배치되는 것은 아니다.)

① 호흡기계 : 폐활량검사
② 주요 표적장기와 관련된 질병력 조사
③ 임상진찰 및 검사 : 흉부방사선(측면)
④ 생물학적 노출 지표검사 : 혈청 중 인듐
⑤ 직업력·노출력 조사

해설 인듐 및 그 화합물에 대한 특수건강진단(규칙 별표 24)
1. 제1차 검사 : 직업력·노출력 조사, 주요 표적장기와 관련된 질병력 조사, 청진, 흉부방사선(전면, 측면), 혈청 중 인듐
2. 제2차 검사 : 호흡기계(폐활량검사, 흉부 고해상도 전산화 단층촬영)

47. 산업재해 중 업무상 부상에 해당하지 않는 것은?

① 출장 중 발생한 교통사고
② 사업장 시설에 의해 발생한 손 베임
③ 회사 행사 중 발생한 발목 골절
④ 분진 노출에 의해 발생한 비염
⑤ 출퇴근 중 넘어져 발생한 손목 염좌

해설 업무상 부상에는 염좌, 골절, 손 베임, 교통사고 등이 해당한다.
업무상 질병은 업무수행 과정에서 물리적 인자, 화학물질, 분진, 병원체, 신체에 부담을 주는 업무 등 근로자의 건강에 장해를 일으킬 수 있는 요인을 취급하거나 그에 노출되어 발생한 질병, 업무상 부상이 원인이 되어 발생한 질병, 그 밖에 업무와 관련하여 발생한 질병 등이 있다(산업재해보상보험법 제37조 제1항 제2호).

48. 역학에 관한 설명으로 옳은 것을 모두 고른 것은?

㉠ 지역사회의 건강인과 환자를 포함한 인구집단이 대상이다.
㉡ 질병과 요인간의 연관성을 이론적 근거로 한다.
㉢ 진단결과는 정상 혹은 이상 여부로 한다.
㉣ 개인의 건강수준 향상을 목적으로 한다.

① ㉠, ㉡
② ㉠, ㉢
③ ㉡, ㉢
④ ㉠, ㉢, ㉣
⑤ ㉡, ㉢, ㉣

해설 역학
1. 인간 및 동물 집단을 대상으로 건강상의 현상 및 이상의 실태를 숙주, 병인, 환경의 3가지 요인의 관련성으로부터 질병이 일어난 원인을 규명
2. 인구집단에서 질병의 분포 양상과 이 분포양상을 결정하는 원인을 연구

49. 근로자건강진단 실무지침에서 "n-부탄올(1-부틸알코올)" 노출근로자에 대한 업무수행 적합 여부 평가 시 고려해야 할 건강상태에 해당되지 않는 것은?

① 중추 및 말초신경장해가 중한 자
② 피부질환이 중한 자

정답 44 ③ 45 ④ 46 ① 47 ④ 48 ① 49 ⑤

③ 심한 회화음역의 청력저하로 청력보호가 필요한 자
④ 알코올 중독
⑤ 위장질환자

해설 n-부탄올(1-부틸알코올) : 피부, 신경계, 청력, 눈, 알코올(근로자건강진단 실무지침)

50. 여성화를 제조하는 A사업장에서 작업환경을 측정하였더니 노말-헥산 10ppm, 크실렌 15ppm, 톨루엔 20ppm, 메틸에틸케톤 40ppm이 검출되었다. 이 물질들이 상가작용을 한다고 할 때, 노출지수로 옳은 것은?

① 0.90
② 0.95
③ 1.00
④ 1.05
⑤ 1.15

해설 노출지수 $= \dfrac{C_1}{TLV_1} + \dfrac{C_2}{TLV_2} + \cdots + \dfrac{C_n}{TLV_n} = \dfrac{10}{50} + \dfrac{15}{100} + \dfrac{20}{50} + \dfrac{40}{200} = 0.95$
(C : 공기 중 농도, TLV : 노출기준)

기업진단 · 지도

51. 인사평가의 방법을 상대평가법과 절대평가법으로 구분할 때 상대평가법에 속하는 기법을 모두 고른 것은?

| ㉠ 서열법 | ㉡ 쌍대비교법 | ㉢ 평정척도법 |
| ㉣ 강제할당법 | ㉤ 행위기준척도법 | |

① ㉠, ㉡, ㉢
② ㉠, ㉡, ㉣
③ ㉠, ㉢, ㉣
④ ㉡, ㉢, ㉤
⑤ ㉡, ㉣, ㉤

해설
㉠ 서열법 : 최고성과자부터 차례대로 순서를 정하는 방법-상대평가
㉡ 쌍대비교법 : 일일이 임의로 두 사람씩 짝을 지은 다음 서로 비교하는 것을 되풀이하여, 서열을 결정하는 방법-상대평가
㉣ 강제할당법 : 사전에 정해진 정규분포에 따라 일정한 비율로 강제로 서열을 정하는 방법-상대평가
㉢ 평정척도법 : 특성과 행동 평가요소와 달성도를 기준으로 평가하는 방법-절대평가
㉤ 행위기준척도법 : 피평가자의 실제 행동을 평가의 기준으로 삼는 고과법으로서, 중요사건기술법과 평정척도법이 결합된 기법-절대평가

52. 기능별 부문화와 제품별 부문화를 결합한 조직구조는?

① 가상조직(virtual organization)
② 하이퍼텍스트조직(hypertext organization)
③ 애드호크라시(adhocracy)
④ 매트릭스조직(matrix organization)
⑤ 네트워크조직(network organization)

해설 ④ 매트릭스조직(matrix organization) : 계층적인 기능식 조직에 수평적인 사업부제 조직을 결합한 부문화의 형태이고, 때로는 조직구조에서 제품과 기능을 또는 제품과 지역이 동시에 강조되는 다초점이 필요한 경우에 수평적 연결 메커니즘이 잘 작동되지 않을 때 발생한다.
① 가상조직(virtual organization) : 지리적으로 떨어져 있고 문화적으로 다양한 사람들을 전자적인 의사소통의 방식으로 연결한 집단이다.
② 하이퍼텍스트조직(hypertext organization) : 구성원이 소속부서에 얽매이지 않고 자유자재로 재조직되는 유연한 조직이다.
③ 애드호크라시(adhocracy) : 여러 분야의 전문가를 모아 임시로 조직을 편성해 주어진 문제를 해결하려고 하는 구조이다.
⑤ 네트워크조직(network organization) : 조직적으로 존재하는 장벽을 없애거나 최소한으로 줄이기 위해 경영자가 선택하는 조직 구조이다.

53. 아담스(J. Adams)의 공정성이론에서 투입과 산출의 내용 중 투입이 아닌 것은?

① 시간
② 노력
③ 임금
④ 경험
⑤ 창의성

해설 공정성이론 : 조직구성원은 자신의 투입에 대한 결과의 비율을, 동일한 직무 상황에 있는 준거인의 투입 대 결과의 비율과 비교해 자신의 행동을 결정하게 된다는 애덤스(J. Stacy Adams) 등의 동기이론
1. 투입 : 노력, 기술, 지식, 시간, 창의성 등
2. 산출 : 임금, 승진, 인정, 지위 등

54. 집단의사결정기법에 관한 설명으로 옳지 않은 것은?

① 델파이법(Delphi technique)은 의사결정 시간이 짧아 긴박한 문제의 해결에 적합하다.
② 브레인스토밍(brainstorming)은 다른 참여자의 아이디어에 대해 비판할 수 없다.
③ 프리모텀(premortem) 기법은 어떤 프로젝트가 실패했다고 미리 가정하고 그 실패의 원인을 찾는 방법이다.
④ 지명반론자법은 악마의 옹호자(devil's advocate) 기법이라고도 하며, 집단사고의 위험을 줄이는 방법이다.
⑤ 명목집단법은 참여자들 간에 토론을 하지 못한다.

정답 50 ② 51 ② 52 ④ 53 ③ 54 ①

해설 ① 델파이법(Delphi technique) : 전문가 집단의 의견과 판단을 추출하고 종합하기 위하여 동일한 전문가 집단에게 설문조사를 실시하여 집단의 의견을 종합하고 정리하는 연구 기법
② 브레인스토밍(brainstorming) : 일정한 테마에 관하여 회의형식을 채택하고, 구성원의 자유발언을 통한 아이디어의 제시를 요구하여 발상을 찾아내려는 방법
③ 프리모텀(premortem) 기법 : 미리 사업이 실패한 상황을 가정하고 그 실패원인을 도출해 제거함으로써 성공가능성을 높이려는 의사결정기법
④ 지명반론자법 : 집단토론에서 의무적으로 반대의견을 제시하는 사람이나 집단을 지정하고 의무적 반대의견 제시는 집단사고 등 집단적 의사결정의 병리적 현상을 완화·제거할 수 있는 기법
⑤ 명목집단법 : 팀의 구성원들이 모여서 문제나 이슈를 식별하고 순위를 정하는 가중서열화법

55. 부당노동행위 중 근로자가 어느 노동조합에 가입하지 아니할 것 또는 탈퇴할 것을 고용조건으로 하거나 특정한 노동조합의 조합원이 될 것을 고용조건으로 하는 행위는?

① 불이익대우
② 단체교섭거부
③ 지배·개입 및 경비원조
④ 정당한 단체행동참가에 대한 해고 및 불이익대우
⑤ 황견계약

해설 황견계약 : 근로자가 노동조합에 가입하지 않을 것 또는 노동조합에서 탈퇴할 것을 고용조건으로 하는 근로계약
부당노동행위 : 불이익대우, 황견계약, 단체교섭거부, 지배·개입 및 경비원조, 정당한 단체행동참가에 대한 해고 및 불이익대우

56. 식스 시그마(Six Sigma) 분석도구 중 품질 결함의 원인이 되는 잠재적인 요인들을 체계적으로 표현해주며, Fishbone Diagram으로도 불리는 것은?

① 린 차트
② 파레토 차트
③ 가치흐름도
④ 원인결과 분석도
⑤ 프로세스 관리도

해설 ④ Fishbone Diagram(어골도) : 문제 정의하기→주요 원인 카테고리 선정→하위 원인 세분화→원인 간 상호작용 및 영향력 분석
① 린 차트 : 모든 활동에서 낭비와 지연을 제거하여 부가가치를 극대화 하는 운영시스템
② 파레토 차트 : 불량품에 대해서 불량원인별로 데이터를 취하여 그 영향이 큰 것 순(빈도수 또는 금액)으로 나타낸 도표
③ 가치흐름도 : 낭비를 제거하기 위한 정상적인 린 시스템 도구로서 현상도, 목표도, 구현계획으로 구성
⑤ 프로세스 관리도 : 전체 비즈니스 프로세스를 효율적으로 관리하고 최적화할 수 있는 변화 관리 및 시스템 구현 기법.

57. 수요를 예측하는데 있어 과거 자료보다는 최근 자료가 더 중요한 역할을 한다는 논리에 근거한 지수평활법을 사용하여 수요를 예측하고자 한다. 다음 자료의 수요 예측값(F_t)은?

○ 직전 기간의 지수평활 예측값(F_{t-1})=1,000
○ 평활 상수(α)=0.05
○ 직전 기간의 실제값(A_{t-1})=1,200

① 1,005
② 1,010
③ 1,015
④ 1,020
⑤ 1,200

해설 당기예측치=전기예측치+a(전기실적치−전기예측치)=1,000+0.05(1,200−1,000)=1,010
(a는 평활상수)

58. 재고량에 관한 의사결정을 할 때 고려해야 하는 재고유지 비용을 모두 고른 것은?

㉠ 보관설비 비용 ㉡ 생산준비 비용 ㉢ 진부화 비용
㉣ 품절 비용   ㉤ 보험 비용

① ㉠, ㉡, ㉢
② ㉠, ㉡, ㉣
③ ㉠, ㉢, ㉤
④ ㉠, ㉣, ㉤
⑤ ㉡, ㉢, ㉣

해설 재고유지 비용 : 재고를 유지하는데 드는 비용으로 투자기회의 상실, 저장 및 취급비용, 세금 및 보험비용, 재고손실 및 진부화 비용

59. 서비스 수율관리(yield management)가 효과적으로 나타나는 경우가 아닌 것은?

① 변동비가 높고 고정비가 낮은 경우
② 재고가 저장성이 없어 시간이 지나면 소멸하는 경우
③ 예약으로 사전에 판매가 가능한 경우
④ 수요의 변동이 시기에 따라 큰 경우
⑤ 고객특성에 따라 수요를 세분화할 수 있는 경우

해설 수율관리(yield management)는 재료생산성을 의미하며 재료비의 이상적 원가를 계산하는 과정에서 발생하는 로스를 파악하고 개선에 활용하기 위한 목적으로 사용한다.
수율관리가 효과적인 경우
1. 고객그룹별로 수요가 분리될 수 있을 경우
2. 고정비는 높고 변동비는 낮은 경우

정답 55 ⑤ 56 ④ 57 ② 58 ③ 59 ①

3. 재고(잉여공급능력)는 시간이 지나면 사용 불가
4. 예약으로 사전판매가 가능한 경우
5. 수요가 매우 변동성이 높을 경우

60. 오건(D. Organ)이 범주화한 조직시민행동의 유형에서 불평, 불만, 험담 등을 하지 않고, 있지도 않은 문제를 과장해서 이야기 하지 않는 행동에 해당하는 것은?

① 시민덕목(civic virtue)
② 이타주의(altruism)
③ 성실성(conscientiousness)
④ 스포츠맨십(sportsmanship)
⑤ 예의(courtesy)

해설 ④ 스포츠맨십(sportsmanship) : 조직 내에서 어떠한 갈등이나 문제가 발생하더라도 그에 대해 불평이나 비난을 하는 대신, 가능하면 조직 생활의 고충이나 불편함을 스스로 해결하려고 하는 행동을 말한다.
① 시민덕목(civic virtue) : 조직 생활을 하면서 조직 내에서 벌어지는 활동에 책임감을 가지고 적극적으로 참여하며, 조직 내의 활동에 몰입하는 행동을 의미한다.
② 이타주의(altruism) : 직무상 필수적이지는 않지만, 한 구성원이 조직 내 업무나 문제에 대해 다른 구성원들을 도와주려는 직접적이고 자발적인 조직 내 행동을 일컫는다.
③ 성실성(conscientiousness) : 조직에서 요구하는 최저 수준 이상의 역할을 수행하는 것을 의미한다.
⑤ 예의(courtesy) : 구성원 스스로가 자신의 의사 결정과 행동으로 인해 다른 구성원들과 직무 관련 문제가 발생할 때를 대비하여, 문제가 일어나기 전에 이미 구성원들 간에 정보 등을 공유하여 문제 자체를 예방하고자 하는 행동을 의미한다.

61. 직업 스트레스에 관한 설명으로 옳지 않은 것은?

① 비르(T. Beehr)와 프랜즈(T. Franz)는 직업 스트레스를 의학적 접근, 임상·상담적 접근, 공학심리학적 접근, 조직심리학적 접근 등 네 가지 다른 관점에서 설명할 수 있다고 제안하였다.
② 요구-통제 모델(Demands-Control Model)은 업무량 이외에도 다양한 요구가 존재한다는 점을 인식하고, 이러한 다양한 요구가 종업원의 안녕과 동기에 미치는 영향을 연구한다.
③ 자원보존 이론(Conservation of Resources Theory)은 종업원들은 시간에 걸쳐 자원을 축적하려는 동기를 가지고 있으며, 자원의 실제적 손실 또는 손실의 위협이 그들에게 스트레스를 경험하게 한다고 주장한다.
④ 셀리에(H. Selye)의 일반적 적응증후군 모델은 경고(alarm), 저항(resistance), 소진(exhaustion)의 세 가지 단계로 구성된다.
⑤ 직업 스트레스 요인 중 역할 모호성(role ambiguity)은 종업원이 자신의 직무기능과 책임이 무엇인지 불명확하게 느끼는 정도를 말한다.

해설 ② 요구-통제 모델(Demands-Control Model)에서 직무긴장(job strain)은 직무요구와 직무통제 간 상호작용 결과물이고, 직무요구와 재량권 결합에 따라 긴장 정도가 결정한다고 본다.
① 비르(T. Beehr)는 직무관련 스트레스 조절변인 중 사회적 지원을 정서적 지원과 수단적 지원으로 구분하였다.
③ 자원보존 이론(Conservation of Resources Theory)은 구성원들은 업무를 수행하기 위해 자원을 필요로 하고, 자원을 확보하였을 때, 긍정적인 태도나 성과를 나타낼 수 있다고 설명한다.

④ 셀리에(H. Selye)의 일반적 적응증후군 모델은 경고(alarm) 또는 충격단계, 저항(resistance)단계, 소진(exhaustion)단계의 세 가지 단계로 구성된다.
⑤ 직업 스트레스 요인 중 역할 모호성(role ambiguity)은 조직 구성원을 둘러싼 역할에 대한 기대치나 역할을 수행하는 방식, 역할을 수행함으로써 도출되는 결과 등을 개인이 예측하지 못하는 상태를 말한다.

62. 직무만족을 측정하는 대표적인 척도인 직무기술 지표(Job Descriptive Index: JDI)의 하위 요인이 아닌 것은?

① 업무
② 동료
③ 관리 감독
④ 승진 기회
⑤ 작업 조건

해설 직무기술 지표(Job Descriptive Index: JDI)의 하위 요인 : 직무자체, 감독, 임금, 승진, 동료

63. 해크만(J. Hackman)과 올드햄(G. Oldham)의 직무특성 이론은 5개의 핵심직무특성이 중요 심리상태라고 불리는 다음 단계와 직접적으로 연결된다고 주장하는데, '일의 의미감(meaningfulness) 경험'이라는 심리상태와 관련있는 직무특성을 모두 고른 것은?

| ㉠ 기술 다양성 | ㉡ 과제 피드백 | ㉢ 과제 정체성 |
| ㉣ 자율성 | ㉤ 과제 중요성 | |

① ㉠, ㉢
② ㉠, ㉢, ㉤
③ ㉡, ㉣, ㉤
④ ㉢, ㉣, ㉤
⑤ ㉡, ㉢, ㉣, ㉤

해설 '일의 의미감(meaningfulness) 경험'이라는 심리상태와 관련있는 직무특성 : 기술 다양성, 과제 정체성, 과제 중요성
㉠ 기술 다양성, ㉢ 과제 정체성, ㉤ 과제 중요성 : 작업에 대한 의미 경험
㉡ 과제 피드백 : 과업에 대한 인식
㉣ 자율성 : 결과의 책임 경험

64. 브룸(V. Vroom)의 기대 이론(expectancy theory)에서 일정 수준의 행동이나 수행이 결과적으로 어떤 성과를 가져올 것이라는 믿음을 나타내는 것은?

① 기대(expectancy)
② 방향(direction)
③ 도구성(instrumentality)
④ 강도(intensity)
⑤ 유인가(valence)

해설 브룸(V. Vroom)의 기대 이론(expectancy theory)은 노력(동기유발력), 성과, 보상, 기대치, 수단성(도구성), 유인가를 중심으로 한다. 기대는 개인의 노력이 성과를 초래할 것이라는 믿음의 정도, 즉 주관적 확률이다. 성과가 보상을 낳을 주관적 확률로 성과는 개인적 입장에서 보면 그 자체가 목적이 아니라 보상을 위한 수단 또는 도구라는 의미이다.

정답 60 ④ 61 ② 62 ⑤ 63 ② 64 ①, ③

65. 라스뮈센(J. Rasmussen)의 수행수준 이론에 관한 설명으로 옳은 것은?

① 실수(slip)의 기본적인 분류는 3가지 주제에 대한 것으로 의도형성에 따른 오류, 잘못된 활성화에 의한 오류, 잘못된 촉발에 의한 오류이다.
② 인간의 행동을 숙련(skill)에 바탕을 둔 행동, 규칙(rule)에 바탕을 둔 행동, 지식(knowledge)에 바탕을 둔 행동으로 분류한다.
③ 오류의 종류로 인간공학적 설계오류, 제작오류, 검사오류, 설치 및 보수오류, 조작오류, 취급오류를 제시한다.
④ 오류를 분류하는 방법으로 오류를 일으키는 원인에 의한 분류, 오류의 발생결과에 의한 분류, 오류가 발생하는 시스템 개발단계에 의한 분류가 있다.
⑤ 사람들의 오류를 분석하고 심리수준에서 구체적으로 설명할 수 있는 모델이며 욕구체계, 기억체계, 의도체계, 행위체계가 존재한다.

해설 ② 라스뮈센(J. Rasmussen)의 수행수준 이론은 인간의 행동을 숙련(skill), 규칙(rule), 지식(knowledge)에 바탕을 둔 행동으로 분류한다.
③ 루크의 휴먼오류
⑤ 리즌(J. T. Reason)이 제시한 정보처리 모형의 분류체계

66. 착시를 크기 착시와 방향 착시로 구분하는 경우, 동일한 물리적인 길이와 크기를 가지는 선이나 형태를 다르게 지각하는 크기 착시에 해당하지 않는 것은?

① 뮬러-라이어(Müller-Lyer) 착시
② 폰조(Ponzo) 착시
③ 에빙하우스(Ebbinghaus) 착시
④ 포겐도르프(Poggendorf) 착시
⑤ 델뵈프(Delboeuf) 착시

해설 ④ 포겐도르프(Poggendorf) 착시 : (a)와 (c)가 일직선상으로 보이나 실제는 (a)와 (b)가 일직선이다
① 뮬러-라이어(Müller-Lyer) 착시 : (a)가 (b)보다 길게 보이나 실제 (a) = (b)
② 폰조(Ponzo) 착시 : 두 수평선부의 길이가 다르게 보이나 실제는 같다.
③ 에빙하우스(Ebbinghaus) 착시 : 같은 크기의 원이지만 다르게 보인다.
⑤ 델뵈프(Delboeuf) 착시 : 가운데 있는 두 개의 검은 원은 같은 크기이지만 한쪽 원이 더 커 보인다.

67. 집단(팀)에 관한 다음 설명에 해당하는 모델은?

○ 집단이 발전함에 따라 다양한 단계를 거친다는 가정을 한다.
○ 집단발달의 단계로 5단계(형성, 폭풍, 규범화, 성과, 해산)를 제시하였다.
○ 시간의 경과에 따라 팀은 여러 단계를 왔다 갔다 반복하면서 발달한다.

① 캠피온(Campion)의 모델
② 맥그래스(McGrath)의 모델
③ 그래드스테인(Gladstein)의 모델
④ 해크만(Hackman)의 모델
⑤ 터크만(Tuckman)의 모델

해설 터크만(Tuckman)의 모델 : 집단이 발전함에 따라 5단계(형성, 폭풍, 규범화, 성과, 해산)를 제시하고, 시간의 경과에 따라 팀은 여러 단계를 왔다 갔다 반복하면서 발달한다고 본다.
1. 형성 : 팀 구성단계
2. 격동 : 논의 시 갈등발생
3. 표준화 : 팀원 간의 신뢰도 형성 및 성과 증가
4. 수행 : 원활
5. 해산

68. 산업재해이론 중 아담스(E. Adams)의 사고연쇄 이론에 관한 설명으로 옳은 것은?

① 관리구조의 결함, 전술적 오류, 관리기술 오류가 연속적으로 발생하게 되며 사고와 재해로 이어진다.
② 불안전상태와 불안전행동을 어떻게 조절하고 관리할 것인가에 관심을 가지고 위험해결을 위한 노력을 기울인다.
③ 긴장 수준이 지나치게 높은 작업자가 사고를 일으키기 쉽고 작업수행의 질도 떨어진다.
④ 작업자의 주의력이 저하하거나 약화될 때 작업의 질은 떨어지고 오류가 발생해서 사고나 재해가 유발되기 쉽다.
⑤ 사고나 재해는 사고를 낸 당사자나 사고발생 당시의 불안전행동, 그리고 불안전행동을 유발하는 조건과 감독의 불안전 등이 동시에 나타날 때 발생한다.

해설 아담스(E. Adams)의 사고연쇄 이론
1. 관리구조의 결함, 작전적 오류, 전술적 오류, 관리기술 오류가 연속적으로 발생하게 되며 사고와 재해로 이어진다.
2. 재해의 직접적인 원인은 불안전상태와 불안전행동으로 이를 어떻게 조절하고 관리할 것인가에 관심을 가지고 위험해결을 위한 노력을 기울인다.
3. 상해와 사고는 우연적 관계로 존재한다.

69. 물체의 낙하 또는 비래 및 추락에 의한 위험을 방지 또는 경감하고, 머리부위 감전에 의한 위험을 방지하기 위한 안전모의 종류(기호)는?

① A
② AB
③ AE
④ ABE
⑤ ABF

해설 안전모의 종류(보호구 안전인증 고시 별표 1)

종류 (기호)	사용구분	비 고
AB	물체의 낙하 또는 비래 및 추락에 의한 위험을 방지 또는 경감시키기 위한 것	
AE	물체의 낙하 또는 비래에 의한 위험을 방지 또는 경감하고, 머리부위 감전에 의한 위험을 방지하기 위한 것	내전압성 (주1)
ABE	물체의 낙하 또는 비래 및 추락에 의한 위험을 방지 또는 경감하고, 머리부위 감전에 의한 위험을 방지하기 위한 것	내전압성

70. 산업재해발생의 기본 원인 4M에 해당하지 않는 것은?
   ① Man
   ② Media
   ③ Machine
   ④ Mechanism
   ⑤ Management

   해설 산업재해발생의 기본 원인 4M : Man(인간), Machine(기계), Media(매체), Management(관리)

71. 안전보건경영시스템의 적용 범위 결정방법에 관한 지침상 안전보건경영시스템의 범위(경계) 결정의 핵심 과정을 모두 고른 것은?

   ㉠ 핵심 작업 활동 관련 이슈를 파악하는 과정
   ㉡ 안전·보건 관련 내부 및 외부 이슈를 파악하는 과정
   ㉢ 근로자 및 기타 이해관계자의 니즈와 기대를 파악하는 과정

   ① ㉠
   ② ㉠, ㉡
   ③ ㉠, ㉢
   ④ ㉡, ㉢
   ⑤ ㉠, ㉡, ㉢

   해설 안전보건경영시스템의 범위(경계) 결정의 핵심 과정은 안전·보건 관련 내부 및 외부 이슈를 파악하는 과정, 근로자 및 기타 이해관계자의 니즈와 기대를 파악하는 과정 그리고 핵심 작업 활동 관련 이슈이다(안전보건경영시스템의 적용 범위 결정방법에 관한 지침 4.1.2).

72. Fail-Safe 기능면에서의 분류에 관한 설명으로 옳은 것을 모두 고른 것은?

   ㉠ Fail-Active : 부품이 고장 났을 경우 통상 기계는 정지하는 방향으로 이동
   ㉡ Fail-Passive : 부품이 고장 났을 경우 경보를 울리는 가운데 짧은 시간동안 운전가능
   ㉢ Fail-Operational : 부품에 고장이 있더라도 기계는 추후 보수가 이루어질 때까지 안전한 기능 유지

   ① ㉠
   ② ㉡
   ③ ㉢
   ④ ㉠, ㉡
   ⑤ ㉠, ㉡, ㉢

   해설 ㉠ Fail-Active : 부품이 고장 났을 경우 경보를 울리는 가운데 짧은 시간동안 운전가능
   ㉡ Fail-Passive : 부품이 고장 났을 경우 통상 기계는 정지하는 방향으로 이동
   ㉢ Fail-Operational : 부품에 고장이 있더라도 기계는 추후 보수가 이루어질 때까지 안전한 기능 유지

73. 산업안전보건기준에 관한 규칙상 위험물질의 종류에 관한 내용이다. ( )에 들어갈 것으로 옳은 것은?

○ 부식성 산류 : 농도가 (㉠)퍼센트 이상인 인산, 아세트산, 불산, 그 밖에 이와 같은 정도 이상의 부식성을 가지는 물질
○ 부식성 염기류 : 농도가 (㉡)퍼센트 이상인 수산화나트륨, 수산화칼륨, 그 밖에 이와 같은 정도 이상의 부식성을 가지는 염기류

① ㉠ : 20, ㉡ : 40
② ㉠ : 40, ㉡ : 20
③ ㉠ : 50, ㉡ : 50
④ ㉠ : 50, ㉡ : 60
⑤ ㉠ : 60, ㉡ : 40

해설 부식성 물질(산업안전보건기준에 관한 규칙 별표 1)
1. 부식성 산류
   ㉠ 농도가 20퍼센트 이상인 염산, 황산, 질산, 그 밖에 이와 같은 정도 이상의 부식성을 가지는 물질
   ㉡ 농도가 60퍼센트 이상인 인산, 아세트산, 불산, 그 밖에 이와 같은 정도 이상의 부식성을 가지는 물질
2. 부식성 염기류 : 농도가 40퍼센트 이상인 수산화나트륨, 수산화칼륨, 그 밖에 이와 같은 정도 이상의 부식성을 가지는 염기류

74. 감전시 응급조치에 관한 기술지침상 통전전류에 의한 영향에 관한 내용이다. ( )에 들어갈 것으로 옳은 것은?

종류	인체반응	전류치
(㉠)	짜릿함을 느끼는 정도	1~2mA
(㉡)	참을 수 있거나 고통스럽다	2~8mA

① ㉠ : 최소감지전류, ㉡ : 고통전류
② ㉠ : 최소감지전류, ㉡ : 가수전류
③ ㉠ : 가수전류, ㉡ : 고통전류
④ ㉠ : 불수전류, ㉡ : 가수전류
⑤ ㉠ : 심실세동전류, ㉡ : 고통전류

해설 통전전류에 의한 영향(감전시 응급조치에 관한 기술지침)

종류	인체반응	전류치
최소감지전류	짜릿함을 느끼는 정도	1~2mA
고통전류	참을 수 있거나 고통스럽다	2~8mA
가수전류	안전하게 스스로 접촉된 전원으로부터 떨어질 수 있는 최대한도의 전류	8~15mA
불수전류	전격을 받았음을 느끼면서 스스로 그 전원으로부터 떨어질 수 없는 전류	15~50mA
심실세동전류	심장의 기능을 잃게 되어 전원으로부터 떨어져도 수분 이내 사망	165mA(체중 57kg)

정답 70 ④ 71 ⑤ 72 ③ 73 ⑤ 74 ①

75. 인간공학적 동작 경제원칙 내용으로 옳지 않은 것은?

① 양팔의 동작은 동시에 서로 반대방향으로 대칭적으로 움직이도록 한다.
② 손과 신체동작은 작업을 원만하게 수행할 수 있는 범위 내에서 가장 높은 동작등급을 사용하도록 한다.
③ 가능하다면 낙하식 운반 방법을 사용한다.
④ 양손은 동시에 시작하고 동시에 끝나도록 한다.
⑤ 휴식시간을 제외하고는 양손이 동시에 쉬지 않도록 한다.

해설 동작 경제원칙
1. 양손의 동작은 동시에 시작하여 동시에 끝나야 한다.
2. 양손은 휴식시간을 제외하고는 동시에 쉬어서는 안 된다.
3. 팔의 동작은 서로 반대의 대칭적 방향으로 이루어져야 하며 동시에 행해져야 한다.
4. 손과 몸의 동작은 일에 만족스럽게 할 수 있는 가장 단순한 동작에 한정되어야 한다.
5. 작업에 도움이 되도록 가급적 물체의 관성(慣性)을 활용하고, 근육운동으로 작업을 수행하는 경우를 최소한으로 줄여야 한다.
6. 갑자기 예각방향으로 변화를 하는 직선동작보다는 유연하고 연속적인 곡선동작을 하는 것이 좋다.
7. 제한되거나 통제된 동작보다는 탄도적 동작이 보다 빠르고 쉬우며 정확하다.
8. 작업을 원활하고 자연스럽게 수행하는 데는 리듬이 중요하다. 가급적 쉽고 자연스러운 리듬이 가능하도록 작업이 배열되어야 한다.
9. 눈의 고정은 가급적 줄이고 함께 가까이 있도록 한다.

2024년 기출문제

산업안전보건법령

1. 산업안전보건법령상 산업안전보건위원회에 관한 내용으로 옳지 않은 것은?

① 사업주는 사업장의 안전 및 보건에 관한 중요 사항을 심의·의결하기 위하여 사업장에 근로자위원과 사용자위원이 같은 수로 구성되는 산업안전보건위원회를 구성·운영하여야 한다.
② 사업주는 공정안전보고서를 작성할 때 산업안전보건위원회가 설치되어 있지 아니한 사업장의 경우에는 근로자대표의 의견을 들어야 한다.
③ 산업안전보건위원회의 회의는 근로자위원 및 사용자위원 각 과반수의 출석으로 개의(開)하고 출석위원 과반수의 찬성으로 의결한다.
④ 사업주는 산업안전보건위원회 또는 근로자대표가 요구하면 작업환경측정 결과에 대한 설명회 등을 개최하여야 한다.
⑤ 사업주는 산업안전보건위원회가 요구할 때에는 개별 근로자의 건강진단 결과를 본인의 동의가 없어도 공개할 수 있다.

해설 ⑤ 사업주는 산업안전보건위원회 또는 근로자대표가 요구할 때에는 직접 또는 건강진단을 한 건강진단기관에 건강진단 결과에 대하여 설명하도록 하여야 한다. 다만, 개별 근로자의 건강진단 결과는 본인의 동의 없이 공개해서는 아니 된다(법 제132조 제2항).
① 사업주는 사업장의 안전 및 보건에 관한 중요 사항을 심의·의결하기 위하여 사업장에 근로자위원과 사용자위원이 같은 수로 구성되는 산업안전보건위원회를 구성·운영하여야 한다(법 제24조 제1항).
② 사업주는 공정안전보고서를 작성할 때 산업안전보건위원회의 심의를 거쳐야 한다. 다만, 산업안전보건위원회가 설치되어 있지 아니한 사업장의 경우에는 근로자대표의 의견을 들어야 한다(법 제44조 제1항).
③ 산업안전보건위원회의 회의는 근로자위원 및 사용자위원 각 과반수의 출석으로 개의(開議)하고 출석위원 과반수의 찬성으로 의결한다(영 제37조 제2항).
④ 사업주는 산업안전보건위원회 또는 근로자대표가 요구하면 작업환경측정 결과에 대한 설명회 등을 개최하여야 한다(법 제125조 제7항).

2. 산업안전보건법령상 산업재해 발생에 관한 설명으로 옳지 않은 것은?

① 고용노동부장관은 산업재해로 인한 사망자가 연간 2명 이상 발생한 사업장의 경우 산업재해를 예방하기 위하여 산업재해발생건수등을 공표하여야 한다.
② 중대재해가 발생한 사실을 알게 된 사업주가 사업장 소재지를 관할하는 지방고용노동관서의 장에게 보고하는 방법에는 전화·팩스가 포함된다.

정답 75 ② / 1 ⑤ 2 ⑤

③ 사업주는 산업재해조사표에 근로자대표의 확인을 받아야 하지만, 근로자대표가 없는 경우에는 재해자 본인의 확인을 받아 산업재해조사표를 제출할 수 있다.
④ 고용노동부장관은 중대재해가 발생하였을 때에는 그 원인 규명 또는 산업재해예방대책 수립을 위하여 그 발생 원인을 조사할 수 있다.
⑤ 사업주는 산업재해로 사망자가 발생한 경우에는 지체 없이 산업재해조사표를 작성하여 한국산업안전보건공단에 제출해야 한다.

해설 ⑤ 사업주는 산업재해로 사망자가 발생하거나 3일 이상의 휴업이 필요한 부상을 입거나 질병에 걸린 사람이 발생한 경우에는 해당 산업재해가 발생한 날부터 1개월 이내에 산업재해조사표를 작성하여 관할 지방고용노동관서의 장에게 제출(전자문서로 제출하는 것을 포함한다)해야 한다(규칙 제73조 제1항).
① 고용노동부장관은 산업재해로 인한 사망자가 연간 2명 이상 발생한 사업장의 경우 근로자 산업재해 발생건수, 재해율 또는 그 순위 등("산업재해발생건수등")을 공표하여야 한다(법 제10조 제1항, 영 제10조 제1항 제1호).
② 사업주는 중대재해가 발생한 사실을 알게 된 경우에는 지체 없이 사업장 소재지를 관할하는 지방고용노동관서의 장에게 전화·팩스 또는 그 밖의 적절한 방법으로 보고해야 한다(규칙 제67조).
③ 사업주는 산업재해조사표에 근로자대표의 확인을 받아야 하며, 그 기재 내용에 대하여 근로자대표의 의견이 있는 경우에는 그 내용을 첨부해야 한다. 다만, 근로자대표가 없는 경우에는 재해자 본인의 확인을 받아 산업재해조사표를 제출할 수 있다(규칙 제73조 제3항).
④ 고용노동부장관은 중대재해가 발생하였을 때에는 그 원인 규명 또는 산업재해 예방대책 수립을 위하여 그 발생 원인을 조사할 수 있다(법 제56조 제1항).

3. 산업안전보건법령상 상시근로자 수가 200명인 경우에 안전보건관리규정을 작성해야 하는 사업의 종류에 해당하는 것은?
① 농업
② 정보서비스업
③ 부동산 임대업
④ 금융 및 보험업
⑤ 사업지원 서비스업

해설 안전보건관리규정을 작성해야 할 사업의 종류 및 상시근로자 수(규칙 별표 2)

사업의 종류	상시근로자 수
1. 농업 2. 어업 3. 소프트웨어 개발 및 공급업 4. 컴퓨터 프로그래밍, 시스템 통합 및 관리업 5. 정보서비스업 6. 금융 및 보험업 7. 임대업; 부동산 제외 8. 전문, 과학 및 기술 서비스업(연구개발업은 제외한다) 9. 사업지원 서비스업 10. 사회복지 서비스업	300명 이상
11. 제1호부터 제10호까지의 사업을 제외한 사업	100명 이상

4. 산업안전보건법령상 근로자의 안전 및 보건에 유해하거나 위험한 작업으로서 사업주가 이를 도급하여 자신의 사업장에서 수급인의 근로자가 그 작업을 하도록 해서는 아니 되는 작업을 모두 고른 것은? (단, 제시된 내용 외의 다른 상황은 고려하지 않음)

> ㉠ 도금작업
> ㉡ 수은을 제련, 주입, 가공 및 가열하는 작업
> ㉢ 카드뮴을 제련, 주입, 가공 및 가열하는 작업
> ㉣ 망간을 제련, 주입, 가공 및 가열하는 작업

① ㉠
② ㉣
③ ㉠, ㉡, ㉢
④ ㉡, ㉢, ㉣
⑤ ㉠, ㉡, ㉢, ㉣

해설 사업주는 근로자의 안전 및 보건에 유해하거나 위험한 작업으로서 다음의 어느 하나에 해당하는 작업을 도급하여 자신의 사업장에서 수급인의 근로자가 그 작업을 하도록 해서는 아니 된다(법 제58조 제1항).
1. 도금작업
2. 수은, 납 또는 카드뮴을 제련, 주입, 가공 및 가열하는 작업
3. 허가대상물질을 제조하거나 사용하는 작업

5. 산업안전보건법령상 안전보건표지에 관한 설명으로 옳은 것은?
① 지시표지의 색채는 바탕은 파란색, 관련 그림은 흰색으로 한다.
② 방사성물질 경고의 경고표지는 바탕은 무색, 기본모형은 빨간색으로 한다.
③ 안전보건표지의 성질상 설치하거나 부착하는 것이 곤란한 경우에도 해당 물체에 직접 도색할 수 없다.
④ 「외국인근로자의 고용 등에 관한 법률」 제2조에 따른 외국인근로자를 사용하는 사업주는 안전보건표지를 고용노동부장관이 정하는 바에 따라 해당 외국인 근로자의 모국어와 영어로 작성하여야 한다.
⑤ 안전보건표지의 표시를 명확히 하기 위하여 필요한 경우에는 그 안전보건표지의 주위에 표시사항을 글자로 덧붙여 적을 수 있으며, 이 경우 그 글자는 검정 색 바탕에 노란색 한글고딕체로 표기해야 한다.

해설 ① 지시표지의 색채는 바탕은 파란색, 관련 그림은 흰색으로 한다(규칙 별표 7).
② 방사성물질 경고의 경고표지는 바탕은 노란색, 기본모형은 검은색으로 한다(규칙 별표 6).
③ 안전보건표지의 성질상 설치하거나 부착하는 것이 곤란한 경우에는 해당 물체에 직접 도색할 수 있다(규칙 제39조 제3항).

정답 3 ③ 4 ③ 5 ①

④ 사업주는 유해하거나 위험한 장소·시설·물질에 대한 경고, 비상시에 대처하기 위한 지시·안내 또는 그 밖에 근로자의 안전 및 보건 의식을 고취하기 위한 사항 등을 그림, 기호 및 글자 등으로 나타낸 표지를 근로자가 쉽게 알아 볼 수 있도록 설치하거나 붙여야 한다. 이 경우 「외국인근로자의 고용 등에 관한 법률」 제2조에 따른 외국인근로자를 사용하는 사업주는 안전보건표지를 고용노동부장관이 정하는 바에 따라 해당 외국인근로자의 모국어로 작성하여야 한다(법 제37조 제1항).
⑤ 안전보건표지의 표시를 명확히 하기 위하여 필요한 경우에는 그 안전보건표지의 주위에 표시사항을 글자로 덧붙여 적을 수 있다. 이 경우 글자는 흰색 바탕에 검은색 한글고딕체로 표기해야 한다(규칙 제38조 제1항).

6. 산업안전보건법령상 안전보건관리책임자에 관한 설명으로 옳지 않은 것은?
① 안전보건관리책임자는 안전관리자와 보건관리자를 지휘·감독한다.
② 사업주가 안전보건관리책임자에게 총괄하여 관리하도록 하여야 하는 사항에는 해당 사업장의 「산업안전보건법」 제36조(위험성평가의 실시)에 따른 위험성평가의 실시에 관한 사항도 포함된다.
③ 상시 근로자 수가 100명인 1차 금속 제조업의 사업장에는 안전보건관리책임자를 두어야 한다.
④ 건설업의 경우 공사금액이 10억원인 사업장에는 안전보건관리책임자를 두어야 한다.
⑤ 사업주는 안전보건관리책임자의 선임에 관한 서류를 3년 동안 보존하여야 한다.

해설 ④ 건설업의 경우 공사금액이 20억원인 사업장에는 안전보건관리책임자를 두어야 한다(영 별표 2).
① 안전보건관리책임자는 안전관리자와 보건관리자를 지휘·감독한다(법 제15조 제2항).
② 사업주가 안전보건관리책임자에게 총괄하여 관리하도록 하여야 하는 사항에는 해당 사업장의 「산업안전보건법」 제36조(위험성평가의 실시)에 따른 위험성평가의 실시에 관한 사항도 포함된다(법 제15조 제1항, 규칙 제9조).
③ 상시 근로자 수가 50명인 1차 금속 제조업의 사업장에는 안전보건관리책임자를 두어야 한다(영 별표 2).
⑤ 사업주는 안전보건관리책임자의 선임에 관한 서류를 3년 동안 보존하여야 한다(법 제164조 제1항).

7. 산업안전보건법령상 안전관리자 및 보건관리자 등에 관한 설명으로 옳지 않은 것은?
① 지방고용노동관서의 장은 보건관리자가 질병으로 1개월 이상 직무를 수행할 수 없게 된 경우에는 사업주에게 보건관리자를 정수 이상으로 증원하게 할 것을 명할 수 있다.
② 건설업을 제외한 사업으로서 상시근로자 300명 미만을 사용하는 사업장의 사업주는 안전관리전문기관에 안전관리자의 업무를 위탁할 수 있다.
③ 전기장비 제조업 중 상시근로자 300명 이상을 사용하는 사업장의 사업주는 보건관리자에게 보건관리자의 업무만을 전담하도록 하여야 한다.

④ 식료품 제조업 중 상시근로자 300명 이상을 사용하는 사업장의 사업주는 안전관리자에게 안전관리자의 업무만을 전담하도록 하여야 한다.
⑤ 안전관리자와 보건관리자가 수행하는 업무에는 산업안전보건위원회 또는 안전 및 보건에 관한 노사협의체에서 심의·의결한 업무도 포함된다.

해설 ① 지방고용노동관서의 장은 관리자가 질병이나 그 밖의 사유로 3개월 이상 직무를 수행할 수 없게 된 경우 사업주에게 안전관리자·보건관리자 또는 안전보건관리담당자를 정수 이상으로 증원하게 하거나 교체하여 임명할 것을 명할 수 있다(규칙 제12조 제1항).
② 건설업을 제외한 사업으로서 상시근로자 300명 미만을 사용하는 사업장의 사업주는 안전관리 업무를 전문적으로 수행하는 기관에 안전관리자의 업무를 위탁할 수 있다(법 제17조 제1항, 영 제19조 제1항).
③, ④ 상시근로자 300명 이상을 사용하는 사업장[건설업의 경우에는 공사금액이 120억원 이상인 사업장]의 사업주는 안전관리자에게 그 업무만을 전담하도록 하여야 한다(법 제17조 제3항, 영 제16조 제2항).
⑤ 안전관리자와 보건관리자가 수행하는 업무에는 안전보건관리책임자의 업무 중 안전에 관한 기술적인 사항에 관하여 사업주 또는 안전보건관리책임자를 보좌하고 관리감독자에게 지도·조언하는 업무를 수행한다(법 제17조 제1항, 제18조 제1항).

8. 산업안전보건법령상 관계수급인 근로자가 도급인의 사업장에서 작업을 하는 경우 도급인이 이행해야 하는 사항에 해당하는 것을 모두 고른 것은?

> ㉠ 작업장 순회점검
> ㉡ 관계수급인이 「산업안전보건법」 제29조(근로자에 대한 안전보건교육) 제1항에 따라 근로자에게 정기적으로 하는 안전보건교육을 위한 장소 및 자료의 제공 등 지원
> ㉢ 도급인과 수급인을 구성원으로 하는 안전 및 보건에 관한 협의체의 구성 및 운영
> ㉣ 작업 장소에서 발파작업을 하는 경우에 대비한 경보체계 운영과 대피방법 등 훈련

① ㉠
② ㉡, ㉣
③ ㉢, ㉣
④ ㉠, ㉡, ㉢
⑤ ㉠, ㉡, ㉢, ㉣

해설 도급인은 관계수급인 근로자가 도급인의 사업장에서 작업을 하는 경우 다음의 사항을 이행하여야 한다(법 제64조 제1항).
1. 도급인과 수급인을 구성원으로 하는 안전 및 보건에 관한 협의체의 구성 및 운영
2. 작업장 순회점검
3. 관계수급인이 근로자에게 하는 제29조(근로자에 대한 안전보건교육) 제1항부터 제3항까지의 규정에 따른 안전보건교육을 위한 장소 및 자료의 제공 등 지원
4. 관계수급인이 근로자에게 하는 제29조제3항에 따른 안전보건교육의 실시 확인

정답 6 ④ 7 ① 8 ⑤

5. 다음의 어느 하나의 경우에 대비한 경보체계 운영과 대피방법 등 훈련
   ㉠ 작업 장소에서 발파작업을 하는 경우
   ㉡ 작업 장소에서 화재·폭발, 토사·구축물 등의 붕괴 또는 지진 등이 발생한 경우
6. 위생시설 등 고용노동부령으로 정하는 시설의 설치 등을 위하여 필요한 장소의 제공 또는 도급인이 설치한 위생시설 이용의 협조
7. 같은 장소에서 이루어지는 도급인과 관계수급인 등의 작업에 있어서 관계수급인 등의 작업시기·내용, 안전조치 및 보건조치 등의 확인
8. 확인 결과 관계수급인 등의 작업 혼재로 인하여 화재·폭발 등 대통령령으로 정하는 위험이 발생할 우려가 있는 경우 관계수급인 등의 작업시기·내용 등의 조정

9. 산업안전보건법령상 주요 구조 부분을 변경하는 경우 안전인증을 받아야 하는 기계 및 설비에 해당하지 않는 것은? (단, 안전인증을 면제받는 경우는 고려하지 않음)
   ① 원심기
   ② 프레스
   ③ 롤러기
   ④ 압력용기
   ⑤ 고소작업대

   해설 안전인증을 받아야 하는 기계 및 설비(영 제74조 제1항 제1호)
   1. 프레스
   2. 전단기 및 절곡기(折曲機)
   3. 크레인
   4. 리프트
   5. 압력용기
   6. 롤러기
   7. 사출성형기(射出成形機)
   8. 고소(高所) 작업대
   9. 곤돌라

10. 산업안전보건법령상 용어의 정의로 옳은 것은?
    ① "작업환경측정"이란 작업환경 실태를 파악하기 위하여 해당 근로자 또는 작업장에 대하여 사업주가 유해인자에 대한 측정계획을 수립한 후 시료(試料)를 채취하고 분석·평가하는 것을 말한다.
    ② "중대재해"란 근로자가 사망하거나 부상을 입을 수 있는 설비에서의 누출·화재·폭발 사고를 말한다.
    ③ "건설공사발주자"란 건설공사를 도급하는 자로서 건설공사의 시공을 주도하여 총괄·관리하는 자를 말한다.

④ "산업재해"란 근로자가 업무에 관계되는 건설물설비·원재료·가스.증기·분진 등에 의하거나 작업 또는 그 밖의 업무로 인하여 사망 또는 3일 이상의 휴업이 필요한 질병에 걸리는 것을 말한다.
⑤ "위험성평가"란 산업재해를 예방하기 위하여 잠재적 위험성을 발견하고 그 개선대책을 수립할 목적으로 조사·평가하는 것을 말한다.

해설 ① 작업환경측정 : 작업환경 실태를 파악하기 위하여 해당 근로자 또는 작업장에 대하여 사업주가 유해인자에 대한 측정계획을 수립한 후 시료(試料)를 채취하고 분석·평가하는 것을 말한다(법 제2조 제13호).
② 중대재해 : 산업재해 중 사망 등 재해 정도가 심하거나 다수의 재해자가 발생한 경우로서 고용노동부령으로 정하는 재해를 말한다다(법 제2조 제2호).
③ 건설공사발주자 : 건설공사를 도급하는 자로서 건설공사의 시공을 주도하여 총괄·관리하지 아니하는 자를 말한다 (법 제2조 제10호).
④ 산업재해 : 노무를 제공하는 사람이 업무에 관계되는 건설물·설비·원재료·가스·증기·분진 등에 의하거나 작업 또는 그 밖의 업무로 인하여 사망 또는 부상하거나 질병에 걸리는 것을 말한다(법 제2조 제1호).
⑤ 안전보건진단 : 산업재해를 예방하기 위하여 잠재적 위험성을 발견하고 그 개선대책을 수립할 목적으로 조사·평가하는 것을 말한다(법 제2조 제12호).

11. 산업안전보건법령상 유해하거나 위험한 기계·기구에 대한 방호조치 등에 관한 설명으로 옳은 것을 모두 고른 것은?

> ㉠ 진공포장기, 래핑기를 제외한 포장기계에는 구동부 방호 연동장치를 설치해야 한다.
> ㉡ 회전기계에 물체 등이 말려 들어갈 부분이 있는 기계는 물림점을 묻힘형으로 하여야 한다.
> ㉢ 예초기 및 금속절단기에는 날접촉 예방장치를 설치해야 하고, 원심기에는 회전체 접촉 예방장치를 설치해야 한다.
> ㉣ 근로자가 방호조치를 해체하려는 경우에는 사업주의 허가를 받아야 한다.

① ㉠
② ㉠, ㉡
③ ㉡, ㉢
④ ㉢, ㉣
⑤ ㉠, ㉢, ㉣

해설 ㉠ 진공포장기 래핑기로 한정한 포장기계에는 구동부 방호 연동장치를 설치해야 한다(규칙 제98조 제1항).
㉡ 회전기계에 물체 등이 말려 들어갈 부분이 있는 기계는 덮개 또는 울을 설치하여야 한다(규칙 제98조 제2항).
㉢ 예초기 및 금속절단기에는 날접촉 예방장치를 설치해야 하고, 원심기에는 회전체 접촉 예방장치를 설치해야 한다 (규칙 제98조 제1항).
㉣ 근로자가 방호조치를 해체하려는 경우에는 사업주의 허가를 받아 하여야 한다(규칙 제89조 제1항).

정답 9 ① 10 ① 11 ④

산업보건지도사

12. 산업안전보건법 시행규칙의 일부이다. (   )에 들어갈 숫자로 옳은 것은?

산업안전보건법 시행규칙 [별표 4]		
안전보건교육 교육과정별 교육시간(제26조 제1항 등 관련)		
1. 근로자 안전보건교육(제26조 제1항, 제28조 제1항 관련)		
교육과정	교육대상	교육시간
마. 건설업 기초안전보건교육	건설 일용근로자	( )시간 이상

① 1
② 2
③ 4
④ 6
⑤ 8

해설 근로자 안전보건교육 교육과정별 교육시간(규칙 별표 4)

교육과정	교육대상		교육시간
가. 정기교육	1) 사무직 종사 근로자		매반기 6시간 이상
	2) 그 밖의 근로자	가) 판매업무에 직접 종사하는 근로자	매반기 6시간 이상
		나) 판매업무에 직접 종사하는 근로자 외의 근로자	매반기 12시간 이상
나. 채용 시 교육	1) 일용근로자 및 근로계약기간이 1주일 이하인 기간제근로자		1시간 이상
	2) 근로계약기간이 1주일 초과 1개월 이하인 기간제근로자		4시간 이상
	3) 그 밖의 근로자		8시간 이상
다. 작업내용 변경 시 교육	1) 일용근로자 및 근로계약기간이 1주일 이하인 기간제근로자		1시간 이상
	2) 그 밖의 근로자		2시간 이상
라. 특별교육	1) 일용근로자 및 근로계약기간이 1주일 이하인 기간제근로자: 별표 5 제1호라목(제39호는 제외한다)에 해당하는 작업에 종사하는 근로자에 한정한다.		2시간 이상
	2) 일용근로자 및 근로계약기간이 1주일 이하인 기간제근로자 : 별표 5 제1호 라목 제39호에 해당하는 작업에 종사하는 근로자에 한정한다.		8시간 이상
	3) 일용근로자 및 근로계약기간이 1주일 이하인 기간제근로자를 제외한 근로자: 별표 5 제1호라목에 해당하는 작업에 종사하는 근로자에 한정한다.		가) 16시간 이상(최초 작업에 종사하기 전 4시간 이상 실시하고 12시간은 3개월 이내에서 분할하여 실시 가능) 나) 단기간 작업 또는 간헐적 작업인 경우에는 2시간 이상
마. 건설업 기초안전·보건교육	건설 일용근로자		4시간 이상

13. 산업안전보건법령상 보건관리자에 대한 직무교육에 관한 내용이다. ( )에 들어갈 내용을 순서 대로 옳게 나열한 것은? (단, 직무교육을 면제받는 경우는 고려하지 않음)

> 사업주가 보건관리자에게 안전보건교육기관에서 직무와 관련한 안전보건 교육을 이수하도록 하여야 하는 경우, 의사인 보건관리자는 해당 직위에 선임된 후 (㉠) 이내에 직무를 수행하는 데 필요한 신규교육을 받아야 하며, 신규교육을 이수한 후 매 (㉡)이 되는 날을 기준으로 전후 (㉢) 사이에 고용노동부장관이 실시하는 안전보건에 관한 보수교육을 받아야 한다.

① ㉠ : 3개월, ㉡ : 1년, ㉢ : 3개월
② ㉠ : 3개월, ㉡ : 1년, ㉢ : 6개월
③ ㉠ : 3개월, ㉡ : 2년, ㉢ : 6개월
④ ㉠ : 1년, ㉡ : 1년, ㉢ : 3개월
⑤ ㉠ : 1년, ㉡ : 2년, ㉢ : 6개월

해설 사업주가 보건관리자에게 안전보건교육기관에서 직무와 관련한 안전보건 교육을 이수하도록 하여야 하는 경우, 채용된 후 3개월(보건관리자가 의사인 경우는 1년을 말한다) 이내에 직무를 수행하는 데 필요한 신규교육을 받아야 하며, 신규교육을 이수한 후 매 2년이 되는 날을 기준으로 전후 6개월 사이에 고용노동부장관이 실시하는 안전보건에 관한 보수교육을 받아야 한다(규칙 제29조 제1항).

14. 산업안전보건법령상 기계등을 대여받은 자가 그 설치·해체 작업이 이루어지는 동안 작업과정 전반(全般)을 영상으로 기록하여 대여기간 동안 보관하여야 하는 기계등에 해당하는 것은?
① 파워 셔블
② 타워크레인
③ 고소작업대
④ 버킷굴착기
⑤ 콘크리트 펌프

해설 타워크레인을 대여받은 자는 타워크레인 설치·해체 작업이 이루어지는 동안 작업과정 전반(全般)을 영상으로 기록하여 대여기간 동안 보관할 하여야 한다(규칙 제101조 제2항)

15. 산업안전보건법령상 안전검사대상기계등에 대해 안전검사를 면제할 수 있는 경우가 아닌 것은?
① 「고압가스 안전관리법」 제17조 제2항에 따른 검사를 받은 경우
② 「원자력안전법」 제22조 제1항에 따른 검사를 받은 경우
③ 「에너지이용합리화법」 제39조 제4항에 따른 검사를 받은 경우
④ 「전기용품 및 생활용품 안전관리법」 제8조에 따른 안전검사를 받은 경우
⑤ 「위험물안전관리법」 제18조에 따른 정기점검 또는 정기검사를 받은 경우

정답 12 ③ 13 ⑤ 14 ② 15 ④

해설 안전검사의 면제(규칙 제125조)
1. 「건설기계관리법」 제13조 제1항 제1호·제2호 및 제4호에 따른 검사를 받은 경우(안전검사 주기에 해당하는 시기의 검사로 한정한다)
2. 「고압가스 안전관리법」 제17조 제2항에 따른 검사를 받은 경우
3. 「광산안전법」 제9조에 따른 검사 중 광업시설의 설치·변경공사 완료 후 일정한 기간이 지날 때마다 받는 검사를 받은 경우
4. 「선박안전법」 제8조부터 제12조까지의 규정에 따른 검사를 받은 경우
5. 「에너지이용 합리화법」 제39조 제4항에 따른 검사를 받은 경우
6. 「원자력안전법」 제22조 제1항에 따른 검사를 받은 경우
7. 「위험물안전관리법」 제18조에 따른 정기점검 또는 정기검사를 받은 경우
8. 「전기사업법」 제65조에 따른 검사를 받은 경우
9. 「항만법」 제26조 제1항 제3호에 따른 검사를 받은 경우
10. 「화재예방, 소방시설 설치·유지 및 안전관리에 관한 법률」 제25조제1항에 따른 자체점검 등을 받은 경우
11. 「화학물질관리법」 제24조제3항 본문에 따른 정기검사를 받은 경우

16. 산업안전보건법령상 일반건강진단을 실시한 것으로 보는 건강진단에 해당하지 않는 것은?

① 「선원법」에 따른 건강진단
② 「학교보건법」에 따른 건강검사
③ 「항공안전법」에 따른 신체검사
④ 「국민건강보험법」에 따른 건강검진
⑤ 「교육공무원법」에 따른 신체검사

해설 일반건강진단 실시의 인정(규칙 제196조)
1. 「국민건강보험법」에 따른 건강검진
2. 「선원법」에 따른 건강진단
3. 「진폐의 예방과 진폐근로자의 보호 등에 관한 법률」에 따른 정기 건강진단
4. 「학교보건법」에 따른 건강검사
5. 「항공안전법」에 따른 신체검사
6. 그 밖에 제198조 제1항에서 정한 법 제129조 제1항에 따른 일반건강진단의 검사항목을 모두 포함하여 실시한 건강진단

17. 산업안전보건법령상 자율안전확인대상기계등에 해당하는 것을 모두 고른 것은?

㉠ 용접용 보안면
㉡ 고정형 목재가공용 모떼기 기계
㉢ 롤러기 급정지장치
㉣ 추락 및 감전 위험방지용 안전모
㉤ 휴대형 연마기
㉥ 차광(光) 및 비산물(飛物)위험방지용 보안경

① ㉠, ㉢
② ㉡, ㉢
③ ㉠, ㉣, ㉤, ㉥
④ ㉡, ㉢, ㉣, ㉥
⑤ ㉠, ㉡, ㉢, ㉣, ㉤, ㉥

해설 자율안전확인대상기계등(영 제77조 제1항)
1. 기계 또는 설비
   ㉠ 연삭기(研削機) 또는 연마기. 이 경우 휴대형은 제외한다.
   ㉡ 산업용 로봇
   ㉢ 혼합기
   ㉣ 파쇄기 또는 분쇄기
   ㉤ 식품가공용 기계(파쇄·절단·혼합·제면기만 해당한다)
   ㉥ 컨베이어
   ㉦ 자동차정비용 리프트
   ㉧ 공작기계(선반, 드릴기, 평삭·형삭기, 밀링만 해당한다)
   ㉨ 고정형 목재가공용 기계(둥근톱, 대패, 루타기, 띠톱, 모떼기 기계만 해당한다)
   ㉩ 인쇄기
2. 방호장치
   ㉠ 아세틸렌 용접장치용 또는 가스집합 용접장치용 안전기
   ㉡ 교류 아크용접기용 자동전격방지기
   ㉢ 롤러기 급정지장치
   ㉣ 연삭기 덮개
   ㉤ 목재 가공용 둥근톱 반발 예방장치와 날 접촉 예방장치
   ㉥ 동력식 수동대패용 칼날 접촉 방지장치
   ㉦ 추락·낙하 및 붕괴 등의 위험 방지 및 보호에 필요한 가설기자재(제74조 제1항 제2호 아목의 가설기자재는 제외한다)로서 고용노동부장관이 정하여 고시하는 것
3. 보호구
   ㉠ 안전모(추락 및 감전 위험방지용 안전모는 제외한다)
   ㉡ 보안경(차광(遮光) 및 비산물(飛散物) 위험방지용 보안경은 제외한다)
   ㉢ 보안면(용접용 보안면은 제외한다)

18. 산업안전보건법령상 유해인자의 유해성·위험성 분류기준 중 물리적 인자의 분류기준으로 옳지 않은 것은?

① 소음 : 소음성난청을 유발할 수 있는 85데시벨(A) 이상의 시끄러운 소리
② 진동 : 착암기, 손망치 등의 공구를 사용함으로써 발생되는 백랍병·레이노 현상, 말초순환장애 등의 국소 진동 및 차량 등을 이용함으로써 발생되는 관절 통·디스크·소화장애 등의 전신 진동
③ 방사선 : 직접·간접으로 공기 또는 세포를 전리하는 능력을 가진 알파선, 베타선·감마선·엑스선·중성자선 등의 전자선

정답 16 ⑤ 17 ② 18 ④

④ 에어로졸 : 재충전이 가능한 금속·유리 또는 플라스틱 용기에 압축가스·액화 가스 또는 용해 가스를 충전하고 내용물을 가스에 현탁시킨 고체나 액상입자로, 액상 또는 가스상에서 폼·페이스트 · 분말상으로 배출되는 분사장치를 갖춘 것

⑤ 이상기온 : 고열· 한랭·다습으로 인하여 열사병·동상. 피부질환 등을 일으킬 수 있는 기온

해설 ④ 에어로졸(화학물질의 분류기준) : 재충전이 가능한 금속 · 유리 또는 플라스틱 용기에 압축가스 · 액화 가스 또는 용해가스를 충전하고 내용물을 가스에 현탁시킨 고체나 액상입자로, 액상 또는 가스상에서 폼 · 페이스트 · 분말상으로 배출되는 분사장치를 갖춘 것(규칙 별표 18)
① 소음 : 소음성난청을 유발할 수 있는 85데시벨(A) 이상의 시끄러운 소리(규칙 별표 18)
② 진동 : 착암기, 손망치 등의 공구를 사용함으로써 발생되는 백랍병· 레이노 현상. 말초순환장애 등의 국소 진동 및 차량 등을 이용함으로써 발생되는 관절 통 · 디스크 · 소화장애 등의 전신 진동(규칙 별표 18)
③ 방사선 : 직접·간접으로 공기 또는 세포를 전리하는 능력을 가진 알파선. 베타선 · 감마선 · 엑스선 · 중성자선 등의 전자선(규칙 별표 18)
⑤ 이상기온 : 고열· 한랭 · 다습으로 인하여 열사병 · 동상. 피부질환 등을 일으킬 수 있는 기온(규칙 별표 18)

19. 산업안전보건법령상 제조 등이 금지되는 유해물질로서 대체물질이 개발되지 아니하여 고용노동부장관의 허가를 받아서 제조 · 사용할 수 있는 '허가 대상 유해물질'에 해당하는 것은? (단, 제시된 내용 외의 다른 상황은 고려하지 않음)

① B-나프틸아민[91-59-8]과 그 염(B-Naphthylamine and its salts)
② 4-니트로디페닐[92-93-3]과 그 염(4-Nitrodiphenyl and its salts)
③ 염화비닐(Vinyl chloride; 75-01-4)
④ 폴리클로리네이티드 터페닐(Polychlorinated terphenyls; 61788-33-8 등)
⑤ 황린(黃燐)[12185-10-3] 성냥(Yellow phosphorus match)

해설 제조 등이 금지되는 유해물질로서 대체물질이 개발되지 아니하여 고용노동부장관의 허가를 받아서 제조 · 사용할 수 있는 '허가 대상 유해물질(영 제88조)
1. α-나프틸아민[134-32-7] 및 그 염(α-Naphthylamine and its salts)
2. 디아니시딘[119-90-4] 및 그 염(Dianisidine and its salts)
3. 디클로로벤지딘[91-94-1] 및 그 염(Dichlorobenzidine and its salts)
4. 베릴륨(Beryllium; 7440-41-7)
5. 벤조트리클로라이드(Benzotrichloride; 98-07-7)
6. 비소[7440-38-2] 및 그 무기화합물(Arsenic and its inorganic compounds)
7. 염화비닐(Vinyl chloride; 75-01-4)
8. 콜타르피치[65996-93-2] 휘발물(Coal tar pitch volatiles)
9. 크롬광 가공(열을 가하여 소성 처리하는 경우만 해당한다)(Chromite ore processing)
10. 크롬산 아연(Zinc chromates; 13530-65-9 등)
11. o-톨리딘[119-93-7] 및 그 염(o-Tolidine and its salts)
12. 황화니켈류(Nickel sulfides; 12035-72-2, 16812-54-7)
13. 1.부터 4.까지 또는 6.부터 12.까지의 어느 하나에 해당하는 물질을 포함한 혼합물(포함된 중량의 비율이 1퍼센트 이하인 것은 제외한다)

14. 제5호의 물질을 포함한 혼합물(포함된 중량의 비율이 0.5퍼센트 이하인 것은 제외한다)
15. 그 밖에 보건상 해로운 물질로서 산업재해보상보험및예방심의위원회의 심의를 거쳐 고용노동부장관이 정하는 유해물질

20. 산업안전보건법령상 작업환경측정기관으로 지정 받을 수 있는 자에 해당하지 않는 것은?

① 지방자치단체의 소속기관
② 「의료법」에 따른 종합병원
③ 「고등교육법」 제2조 제1호에 따른 대학
④ 작업환경측정 업무를 하려는 법인
⑤ 「산업안전보건법」에 따라 자격증을 취득한 산업보건지도사

해설 작업환경측정기관으로 지정받을 수 있는 자(영 제95조)
1. 국가 또는 지방자치단체의 소속기관
2. 「의료법」에 따른 종합병원 또는 병원
3. 「고등교육법」 제2조 제1호부터 제6호까지의 규정에 따른 대학 또는 그 부속기관
4. 작업환경측정 업무를 하려는 법인
5. 작업환경측정 대상 사업장의 부속기관(해당 부속기관이 소속된 사업장 등 고용노동부령으로 정하는 범위로 한정하여 지정받으려는 경우로 한정한다)

21. 산업안전보건법령상 휴게실 설치·관리기준 준수대상 사업장에 관한 규정의 일부이다. [ ]에 들어갈 숫자를 옳게 나열한 것은?

> 시행령 제96조의2(휴게시설 설치·관리기준 준수 대상 사업장의 사업주) 법 제128조의2 제2항에서 "사업의 종류 및 사업장의 상시 근로자 수 등 대통령령으로 정하는 기준에 해당하는 사업장"이란 다음 각 호의 어느 하나에 해당하는 사업장을 말한다.
> 1. 상시근로자(관계수급인의 근로자를 포함한다. 이하 제2호에서 같다) [㉠] 명 이상을 사용하는 사업장(건설업의 경우에는 관계수급인의 공사금액을 포함한 해당 공사의 총공사금액이 [㉡]억원 이상인 사업장으로 한정한다)
> 2. 생략

① ㉠ : 10, ㉡ : 20
② ㉠ : 10, ㉡ : 120
③ ㉠ : 20, ㉡ : 10
④ ㉠ : 20, ㉡ : 20
⑤ ㉠ : 20, ㉡ : 120

정답 19 ③ 20 ⑤ 21 ④

해설 휴게시설 설치·관리기준 준수 대상 사업장의 사업주 : 법 제128조의2 제2항에서 "사업의 종류 및 사업장의 상시 근로자 수 등 대통령령으로 정하는 기준에 해당하는 사업장"이란 다음 각 호의 어느 하나에 해당하는 사업장을 말한다 (영 제96조의2).
1. 상시근로자(관계수급인의 근로자를 포함한다. 이하 제2호에서 같다) 20명 이상을 사용하는 사업장(건설업의 경우에는 관계수급인의 공사금액을 포함한 해당 공사의 총공사금액이 20억원 이상인 사업장으로 한정한다)

22. 산업안전보건법령상 1일 6시간을 초과하여 근무할 수 없는 작업은?
① 갱(坑) 내에서 하는 작업
② 잠함(潛) 또는 잠수 작업 등 높은 기압에서 하는 작업
③ 현저히 덥고 뜨거운 장소에서 하는 작업
④ 강렬한 소음이 발생하는 장소에서 하는 작업
⑤ 라듐방사선이나 엑스선, 그 밖의 유해 방사선을 취급하는 작업

해설 사업주는 유해하거나 위험한 작업으로서 높은 기압에서 하는 작업 등 잠함(潛函) 또는 잠수 작업 등 높은 기압에서 하는 작업에 종사하는 근로자에게는 1일 6시간, 1주 34시간을 초과하여 근로하게 해서는 아니 된다(법 제139조 제1항, 영 제99조 제1항).

23. 산업안전보건법령상 1년 이하의 징역 또는 1천만원 이하의 벌금에 처해질 수 있는 자는?
① 물질안전보건자료대상물질을 양도하면서 양도받는 자에게 물질안전보건자료를 제공하지 아니한 자
② 자격대여행위의 금지를 위반하여 다른 사람에게 지도사자격증을 대여한 사람
③ 중대재해 발생 사실을 보고하지 아니하거나 거짓으로 보고한 사업주
④ 정당한 사유 없이 역학조사를 거부·방해하거나 기피한 근로자
⑤ 물질안전보건자료의 일부 비공개 승인 신청 시 영업비밀과 관련되어 보호사유를 거짓으로 작성하여 신청한 자

해설 1년 이하의 징역 또는 1천만원 이하의 벌금(법 제170조)
1. 근로자에 대하여 부당한 해고나 그 밖의 불리한 처우를 한 자
2. 중대재해 발생 현장을 훼손하거나 고용노동부장관의 원인조사를 방해한 자
3. 산업재해 발생 사실을 은폐한 자 또는 그 발생 사실을 은폐하도록 교사(敎唆)하거나 공모(共謀)한 자
4. 수급인에 대한 정보제공, 유해하거나 위험한 기계·기구에 대한 방호조치, 안전인증의 표시 등, 자율안전확인대상 기계등의 제조 등의 금지 등, 역학조사에 따른 비밀유지 또는 비밀유지를 위반한 자
5. 안전인증의 표시 또는 자율안전확인대상기계등의 제조 등의 금지 등에 따른 명령을 위반한 자
6. 조사, 수거 또는 성능시험을 방해하거나 거부한 자

7. 다른 사람에게 자기의 성명이나 사무소의 명칭을 사용하여 지도사의 직무를 수행하게 하거나 자격증·등록증을 대여한 사람
8. 지도사의 성명이나 사무소의 명칭을 사용하여 지도사의 직무를 수행하거나 자격증·등록증을 대여받거나 이를 알선한 사람

24. 산업안전보건법령상 근로감독관 등에 관한 설명으로 옳지 않은 것은?

① 근로감독관은 기계·설비등에 대한 검사에 필요한 한도에서 무상으로 제품·원재료 또는 기구를 수거할 수 있다.
② 근로감독관은 「산업안전보건법」에 따른 명령의 시행을 위하여 근로자에게 출석을 명할 수 있다.
③ 근로자는 사업장의 「산업안전보건법」 위반 사실을 근로감독관에게 신고할 수 있다.
④ 한국산업안전보건공단 소속 직원이 지도업무 등을 하였을 때에는 그 결과를 근로감독관 및 사업주에게 즉시 보고하여야 한다.
⑤ 「의료법」에 따른 한의사는 5일의 입원치료가 필요한 부상이 환자의 업무와 관련성이 있다고 판단할 경우 치료과정에서 알게 된 정보를 고용노동부장관에게 신고할 수 있다.

해설 ④ 공단 소속 직원이 검사 또는 지도업무 등을 하였을 때에는 그 결과를 고용노동부장관에게 보고하여야 한다(법 제156조 제2항).
① 근로감독관은 기계·설비등에 대한 검사를 할 수 있으며, 검사에 필요한 한도에서 무상으로 제품·원재료 또는 기구를 수거할 수 있다(법 제155조 제2항).
② 근로감독관은 이 법 또는 이 법에 따른 명령의 시행을 위하여 관계인에게 보고 또는 출석을 명할 수 있다(법 제155조 제3항).
③ 사업장에서 이 법 또는 이 법에 따른 명령을 위반한 사실이 있으면 근로자는 그 사실을 고용노동부장관 또는 근로감독관에게 신고할 수 있다(법 제157조 제1항).
⑤ 「의료법」 제2조에 따른 의사·치과의사 또는 한의사는 3일 이상의 입원치료가 필요한 부상 또는 질병이 환자의 업무와 관련성이 있다고 판단할 경우에는 치료과정에서 알게 된 정보를 고용노동부장관에게 신고할 수 있다(법 제157조 제2항). 답 ④

25. 산업안전보건법령상 지도사의 위반행위에 대해서 지도사 등록을 필수적으로 취소하여야 하는 경우를 모두 고른 것은?

㉠ 부정한 방법으로 갱신등록을 한 경우
㉡ 업무정지 기간 중에 업무를 수행한 경우
㉢ 업무 관련 서류를 거짓으로 작성한 경우
㉣ 직무의 수행과정에서 고의로 인하여 중대재해가 발생한 경우
㉤ 보증보험에 가입하지 아니하거나 그 밖에 필요한 조치를 하지 아니한 경우

① ㉠, ㉤
② ㉢, ㉣
③ ㉠, ㉡, ㉢
④ ㉡, ㉣, ㉤
⑤ ㉠, ㉡, ㉢, ㉣, ㉤

해설 고용노동부장관은 지도사가 다음의 어느 하나에 해당하는 경우에는 그 등록을 취소하거나 2년 이내의 기간을 정하여 그 업무의 정지를 명할 수 있다. 다만, 1.부터 3.까지의 규정에 해당할 때에는 그 등록을 취소하여야 한다(법 제154조).
1. 거짓이나 그 밖의 부정한 방법으로 등록 또는 갱신등록을 한 경우
2. 업무정지 기간 중에 업무를 수행한 경우
3. 업무 관련 서류를 거짓으로 작성한 경우
4. 직무의 수행과정에서 고의 또는 과실로 인하여 중대재해가 발생한 경우
5. 결격사유 중 어느 하나에 해당하게 된 경우
6. 보증보험에 가입하지 아니하거나 그 밖에 필요한 조치를 하지 아니한 경우
7. 품위유지와 성실의무를 위반하거나 직무와 관련하여 작성하거나 확인한 서류에 기명·날인 또는 서명을 하지 아니한 경우
8. 금지행위, 자격대여행위 및 대여알선행위 또는 비밀유지를 위반한 경우

산업위생일반

26. 다음에서 설명하는 역학조사 연구방법은?

○ 특정요인에 노출된 집단과 노출되지 않은 집단의 질병 발생률 또는 사망률을 비교하기 위해 추적 조사하는 연구방법이다.
○ 한 가지의 노출에 의하여 발생하는 다양한 결과를 검정할 수 있다.
○ 오랜 기간 동안 많은 사람을 추적하므로 연구대상자 탈락문제, 시간과 비용이 많이 드는 문제점이 있다.

① 단면 연구
② 환자군 연구
③ 코호트 연구
④ 실험 연구
⑤ 사례 연구

해설 ③ 코호트 연구 : 특정 요인에 노출된 집단과 노출되지 않은 집단을 추적하고 연구 대상 질병의 발생률을 비교하여 요인과 질병 발생 관계를 조사하는 연구방법으로, 비교 위험도와 귀속 위험도를 직접 측정이 가능하고 객관적이며, 부수적으로 다른 질환과의 관계도 파악이 가능하며 시간적인 선후관계를 알 수 있지만 질병분류에 착오가 발생하거나, 시간과 비용적인 측면이 많이 소요된다. 시간이 오래 걸리는 만큼 대상자가 중도에 탈락하게 되기 쉽다.
① 단면 연구 : 노출과 질병 결과에 대한 정보를 동시에 얻을 수 있는 역학적 연구방법으로 다른 연구방법에 비해 시간과 비용 측면에서 경제적이다.

② 환자군 연구 : 질병의 발생과 관련이 있을 것으로 가설을 세운 잠재적 위험요인에 대해 질병을 가진 환자군과 질병을 가지지 않은 대조군 간 노출 비율을 비교하는 연구로 비용과 시간적 측면에서 효율적이다.
④ 실험 연구 : 변인들 간의 관계를 발견하기 위하여 통제된 상황에서 독립변인을 인위적으로 조작하여 그것이 종속변인에 어떠한 영향을 미치는가를 객관적인 방법으로 측정하여 분석하는 연구방법으로 변인들 간의 인과관계를 밝혀줄 수 있다는 점에서 가장 강력한 연구방법이다.
⑤ 사례 연구 : 하나 또는 몇 개의 사례를 중심으로 분석하는 연구로 특정 집단, 사건, 공동체에 대하여 심층적으로 분석한다.

27. 비가역적(irreversible)인 건강상태에 관한 설명으로 옳은 것은?

① 인체의 방어기전에 의해 다시 회복할 수 있는 상태이다.
② 과학적인 방법을 이용하여 유해인자에 대한 양, 정도, 중요성, 상태를 근거로 노출의 타당성을 결정하는 것이다.
③ 유해인자에 노출되면 일시적인 불쾌감과 작업능률 저하가 일어난다.
④ 다시 회복할 수 없는 건강상태로서 인체의 조직이나 기관에 기능상 장해가 일어난 경우이다.
⑤ 유해인자 노출에 대하여 적응할 수 있는 항상성 유지 단계이다.

해설 비가역적(irreversible)은 원래 상태로 돌아갈 수 없다는 뜻으로 다시 회복할 수 없다는 것이다. 비가역적(irreversible)인 건강상태는 다시 회복할 수 없는 건강상태를 말하는 것으로 치료할 수 있으나 결코 치유되거나 제거되지 않는 상태를 말한다. 인체의 방어기전에 의해 다시 회복할 수 있는 상태는 가역적인 건강상태이다.

28. 화학물질 및 물리적 인자의 노출기준에서 "Skin"표시 물질의 의미로 옳은 것은?

① 피부자극성이 있는 물질이다.
② TLV-STEL이나 TLV-Ceiling이 미설정 되어 있는 물질에 적용한다.
③ 소화기 흡수에 대한 급성독성 유발물질이다.
④ 호흡기 노출에 주의하라는 것이다.
⑤ 점막과 눈 그리고 경피로 흡수되어 전신 영향을 일으킬 수 있는 물질을 말한다.

해설 Skin 표시 물질은 점막과 눈 그리고 경피로 흡수되어 전신 영향을 일으킬 수 있는 물질을 말함(피부자극성을 뜻하는 것이 아님)(화학물질 및 물리적 인자의 노출기준 별표 1)

정답 26 ③ 27 ④ 28 ⑤

29. 반감기($T_{\frac{1}{2}}$)가 87.5일인 S-35가 0.5mg이 있을 때, 방사능은 약 몇 Ci인가?

(단, Ai=Ao×0.693/$T_{\frac{1}{2}}$, 아보가드로수=6.023×10^{23}, 1Ci=3.7×10^{10}dps)

① 21.3
② 26.3
③ 32.2
④ 36.4
⑤ 41.7

해설
$$A = \frac{0.693}{T} \times \frac{w}{M} \times 6.02 \times 10^{23}$$
$$A = \frac{0.693}{87.5} \times \frac{0.5}{32} \times 6.02 \times 10^{23} = 21.3$$
(A : 시간 t 경과후 방사능, T : 반감기, M : 질량수 또는 원자질량, w : 방사성물질의 무게)

30. ACGIH TLV의 종류가 아닌 것은?

① TLV-C
② TLV-SL
③ TLV-STEL
④ TLV-CA
⑤ TLV-TWA

해설 ACGIH TLV의 종류
1. TLV-TWA : 1일 8시간, 주 40시간 동안 거의 모든 근로자가 나쁜 영향을 받지 않고 노출될 수 있는 농도
2. TLV-STEL : 나쁜 건강상의 영향을 나타내지 않고 단시간 노출될 수 있는 농도
3. TLV-Ceiling(C) : 작업기간 동안 잠시라도 노출되면 안 되는 농도
4. TLV-SL : 표면에 존재하는 물질의 허용가능 농도(피부를 통하여 노출되는 물질에 대한 안전한 농도)

31. 고온의 조리과정에서 발생되는 조리흄(emissions from high-temperature frying)에 관한 국제암연구소(IARC)의 분류로 옳은 것은?

① Group 1(carcinogenic to humans)
② Group 2A(probably carcinogenic to humans)
③ Group 2B(possibly carcinogenic to humans)
④ Group 3(not classifiable as to its carcinogenicity to humans)
⑤ Group 4(carcinogenic to animals)

해설 ② Group 2A(probably carcinogenic to humans) : 발암성 입증자료가 동물에게는 있으나 사람에게는 확실하게 자료가 없을 때 분류되는 그룹. 튀긴 음식이나, 붉은 고기, 65도 이상의 뜨거운 물 등 94종 물질
① Group 1(carcinogenic to humans) : 비합리적으로 많이 습취할 경우 암에 걸릴 수 있는, 또는 확실히 암에 걸릴 수 있는 물질
③ Group 2B(possibly carcinogenic to humans) : 암을 일으킬 가능성이 있는 물질이지만 인간에 대한 직접적인 발암 증거가 없기 때문에 소량 섭취되는 경우 위험하다고 보기 어려운 물질

④ Group 3(not classifiable as to its carcinogenicity to humans) : 암을 일으키는 것이 확실하지 않은 물질
⑤ Group 4(carcinogenic to animals) : 비발암성 추정물질

32. 직경 30cm인 원형덕트의 유량이 93.26 m^2/min, 정압 -59.58mm H^2O일 때, 전압(TP, mm H^2O)은 약 얼마인가?
    ① -45
    ② -30
    ③ -15
    ④ 30
    ⑤ 45

    해설 전압=정압+동압≒-30

33. 입자상 물질에 관한 설명으로 옳지 않은 것은?
    ① 입자상 물질의 크기를 표시하는 데는 공기역학적(유체역학적) 직경과 물리적(기하학적) 직경 등이 있다.
    ② 공기 중 입자상 물질의 시료 채취 시 주된 메커니즘은 차단, 간섭, 관성 충돌 및 확산이다.
    ③ 방진 마스크의 여과효율을 검정할 때는 국제적으로 1.0μm의 먼지를 사용한다.
    ④ 흉곽성 입자상 물질의 평균 입경(D_{50})은 10μm이다.
    ⑤ 흡입성 입자상 물질은 호흡기에 침착하면 독성을 나타낸다.

    해설 ③ 방진 마스크의 여과효율을 검정할 때는 국제적 규격은 없으며 평균 0.4~0.6μm 크기의 미세입자를 사용한다.
    ① 입자상 물질의 크기를 표시하는 데는 공기역학적(유체역학적) 직경과 물리적(기하학적) 직경 등이 있다.
    ② 공기 중 입자상 물질의 시료 채취 시 주된 메커니즘은 차단, 간섭, 관성 충돌, 침강 및 확산이다.
    ④ 흉곽성 입자상 물질은 기도나 폐포에 침착할 때 독성을 나타내는 물질로 평균 입경(D_{50})은 10μm이다.
    ⑤ 흡입성 입자상 물질은 호흡기에 어느 부위에 침착하면 독성을 나타낸다.

34. 유해화학물질에 관한 설명으로 옳지 않은 것은?
    ① 공기 중 유해화학물질의 주된 침입경로는 호흡기이다.
    ② 물리적 성상과 화학적 성질 또는 생물학적 작용에 따라 분류한다.
    ③ 인체 대사과정을 거쳐 배출 및 축적되는 속도에 따라 생체시료의 채취시기를 적절히 정해야 한다.
    ④ Hatch의 양-반응 관계에서 유해인자가 인체에 미치는 장애는 기관장애가 먼저 오고 기능장애가 나타난다.

정답 29 ① 30 ④ 31 ② 32 ② 33 ③ 34 ⑤

⑤ 흡입된 유해화학물질의 폐흡수율은 공기/혈액(물) 분배계수가 클수록 증가한다.

해설 ⑤ 유해물질의 공기/혈액(물) 분배계수에 의해 폐흡수율이 결정되고 흡입된 유해화학물질의 폐흡수율은 공기/혈액(물) 분배계수가 작을수록 증가한다.
① 공기 중 유해화학물질의 주된 침입경로는 호흡기이고, 피부, 소화기이다.
② 유해화학물질은 물리적 성상과 화학적 성질 또는 생물학적 작용에 따라 분류한다.
③ 시료채취시기는 해당 물질의 생물학적 반감기를 고려하여 인체 대사과정을 거쳐 배출 및 축적되는 속도에 따라 생체시료의 채취시기를 적절히 정해야 한다.
④ Hatch의 양-반응 관계에서 유해인자가 인체에 미치는 장애는 기관장애가 먼저 오고 기능장애가 나타난다. 기관장애는 항상성 유지단계, 보상단계, 고장단계로 진전된다.

35. 니켈화합물에 관한 설명으로 옳은 것을 모두 고른 것은?

㉠ 직업적 노출로 인하여 알레르기성 접촉성 피부염과 폐암을 포함한 호흡기계에 악영향이 나타난다.
㉡ 인체에 흡수되면 혈액에서 주로 단백질과 결합된 상태로 발견되며, 신장 기능에 악영향을 준다.
㉢ 국내 노출기준은 불용성 무기화합물 1.0mg/m^2, 수용성 무기화합물 5.0mg/m^2로 규정한다.

① ㉢
② ㉠, ㉡
③ ㉠, ㉢
④ ㉡, ㉢
⑤ ㉠, ㉡, ㉢

해설 ㉢ 국내 노출기준은 불용성 무기화합물 0.2mg/m^2, 수용성 무기화합물 0.1mg/m^2로 규정한다.
㉠ 직업적 노출로 인하여 알레르기성 접촉성 피부염과 폐암을 포함한 호흡기계에 악영향이 나타난다.
㉡ 인체에 흡수되면 혈액에서 주로 단백질과 결합된 상태로 발견되며, 신장부종과 같은 신장독성 등 신장 기능에 악영향을 준다.

36. 사업장 근로자의 업무적합성평가 기본지침에 관한 설명으로 옳지 않은 것은?

① 해당 업무 근로자 및 동료 근로자들의 건강에 악영향을 미치지 않으면서 평가하는 것이다.
② 직무를 확인하고, 신체 및 심리적 기능을 평가한다.
③ 기능평가는 노동능력평가로도 불리며, 질병진단과 관련하여 평가한다.
④ 업무수행 적합여부 판정은 고용노동부고시에 따라 가/나/다/라로 판정한다.
⑤ 사후관리조치는 평가 완료 후 사업주가 제시하며, 개인중재와 작업중재가 있다.

해설 ⑤ 직업환경의학전문의가 주로 활용하는 사후관리조치 및 중재방안은 개인중재와 작업중재가 있다.
① 업무적합성평가는 해당 업무 근로자 및 그 동료 근로자들의 건강에 악영향을 미치지 않으면서 그 업무 수행이 적합한지를 직업환경의학전문의 등 직업의학분야 전문의사가 평가하는 행위를 말한다.
② 직무를 확인하고, 신체 및 심리적 기능 정도에 초점을 두어 평가한다.
③ 기능평가는 노동능력평가로도 불리며, 질병진단과 관련하여 평가한다.
④ 업무수행 적합여부 판정을 근거로 가/나/다/라로 판정한다.

37. 피로에 관한 설명으로 옳지 않은 것은?

① 전신피로와 국소피로로 구분할 수 있다.
② 국소피로는 지속적이고 반복적인 일부 근육의 운동으로 인하여 주관적 및 객관적 변화가 초래된 상태이다.
③ 근육 운동에 필요한 에너지는 호기성 및 혐기성 대사를 통해서 얻어진다.
④ 근육 운동이 시작된 직후에는 주로 호기성 대사에 의해 에너지가 공급된다.
⑤ 혐기성 대사의 최종 분해산물은 젖산(lactate)이다.

해설 ④ 근육 운동이 시작된 직후에는 주로 인산과 글리코겐이 젖산으로 분해될 때 나오는 에너지를 쓴다.
① 피로를 신체의 부위적인 관계에 따라 분류하면 국소 피로와 전신 피로로 나누어진다.
② 국소피로는 하나 또는 소수의 근육을 계속 사용하면 그 근육에서 발생한 젖산이나 그 밖의 대사 산물이 그 부위에 축적되어 근육은 무력 상태가 되고 그 근육에서 일종의 통증을 느끼게 되는 현상이다.
③ 근육 운동에 필요한 에너지는 호기성 및 혐기성 대사를 통해서 얻어진다.
⑤ 호기성 대사가 계속 일어나면 당을 분해해서 에너지를 만들어내는 대사가 활발히 이루어지면서 젖산이 생성된다.

38. 유해물질의 체내흡수량(absorbed dose)을 결정하는 요소가 아닌 것은?

① 공기 중 농도
② 노출시간
③ 폐환기율
④ 체내잔류율
⑤ 반수 치사량

해설 체내흡수량(absorbed dose)=C×T×V×R
C : 공기 중 유해물질농도, T : 노출시간, V : 호흡률(폐환기율), R : 체내잔류율

39. 화학물질의 분류 표시 및 물질안전보건자료에 관한 기준에서 정하는 물질 안전보건자료의 작성원칙에 관한 설명으로 옳지 않은 것은?

① 물질안전보건자료는 한글로 작성하는 것을 원칙으로 하되 화학물질명, 외국기관명 등의 고유명사는 영어로 표기할 수 있다.
② 실험실에서 시험. 연구목적으로 사용하는 시약으로서 물질안전보건자료가 외국어로 작성된 경우에는 한국어로 번역하지 아니할 수 있다.
③ 각 작성항목은 빠짐없이 작성하여야 하나 부득이 어느 항목에 대해 관련 정보를 얻을 수 없는 경우에는 작성란에 "해당 없음"이라고 기재한다.

정답 35 ② 36 ⑤ 37 ④ 38 ⑤ 39 ③

④ 물질안전보건자료 작성에 필요한 용어, 작성에 필요한 기술지침은 한국산업안전보건공단이 정할 수 있다.
⑤ 작성 시 시험결과를 반영하고자 하는 경우에는 해당국가의 우수실험실기준(GLP) 및 국제공인시험기관 인정(KOLAS)에 따라 수행한 시험결과를 우선적으로 고려하여야 한다.

해설 ③ 각 작성항목은 빠짐없이 작성하여야 한다. 다만, 부득이 어느 항목에 대해 관련 정보를 얻을 수 없는 경우에는 작성란에 "자료 없음"이라고 기재하고, 적용이 불가능하거나 대상이 되지 않는 경우에는 작성란에 "해당 없음"이라고 기재한다(화학물질의 분류 표시 및 물질안전보건자료에 관한 기준 제11조 제7항).
① 물질안전보건자료는 한글로 작성하는 것을 원칙으로 하되 화학물질명, 외국기관명 등의 고유명사는 영어로 표기할 수 있다(화학물질의 분류 표시 및 물질안전보건자료에 관한 기준 제11조 제1항).
② 실험실에서 시험·연구목적으로 사용하는 시약으로서 물질안전보건자료가 외국어로 작성된 경우에는 한국어로 번역하지 아니할 수 있다(화학물질의 분류 표시 및 물질안전보건자료에 관한 기준 제11조 제2항).
④ 물질안전보건자료 작성에 필요한 용어, 작성에 필요한 기술지침은 한국산업안전보건공단이 정할 수 있다(화학물질의 분류 표시 및 물질안전보건자료에 관한 기준 제11조 제5항).
⑤ 작성 시 시험결과를 반영하고자 하는 경우에는 해당국가의 우수실험실기준(GLP) 및 국제공인시험기관 인정(KOLAS)에 따라 수행한 시험결과를 우선적으로 고려하여야 한다(화학물질의 분류 표시 및 물질안전보건자료에 관한 기준 제11조 제3항).

40. 호흡보호구의 선정·사용 및 관리에 관한 지침에서 사용하는 용어의 정의로 옳지 않은 것은?
① "방독마스크"라 함은 흡입공기 중 가스·증기상 유해물질을 막아주기 위해 착용하는 호흡보호구를 말한다.
② "보호계수(Protection Factor, PF)"란 잘 훈련된 착용자가 보호구를 착용했을 때 각 호흡보호구가 제공할 수 있는 보호계수의 기대치를 말한다.
③ "송기식 마스크"라 함은 작업장이 아닌 장소의 공기를 호스 등을 통하여 공급하여 흡입할 수 있도록 만들어진 호흡보호구를 말한다.
④ "즉시위험건강농도(IDLH)"라 함은 생명 또는 건강에 즉각적으로 위험을 초래하는 농도로서 그 이상의 농도에서 30분간 노출되면 사망 또는 회복 불가능한 건강장해를 일으킬 수 있는 농도를 말한다.
⑤ "유해비"라 함은 공기 중 오염물질 농도와 노출기준과의 비로 호흡보호구 착용장소의 오염정도를 나타내는 척도를 말한다.

해설 ② 보호계수(Protection Factor, PF) : 바깥쪽에서 공기 중 오염물질 농도와 안쪽에서의 오염물질 농도비로 착용자 보호의 정도를 나타낸다. 잘 훈련된 착용자가 보호구를 착용했을 때 각 호흡보호구가 제공할 수 있는 보호계수의 기대치는 할당보호계수이다.
① 방독마스크 : 흡입공기 중 가스·증기상 유해물질을 막아주기 위해 착용하는 호흡보호구
③ 송기식 마스크 : 작업장이 아닌 장소의 공기를 호스 등을 통하여 공급하여 흡입할 수 있도록 만들어진 호흡보호구
④ 즉시위험건강농도(IDLH) : 생명 또는 건강에 즉각적으로 위험을 초래하는 농도로서 그 이상의 농도에서 30분간 노출되면 사망 또는 회복 불가능한 건강장해를 일으킬 수 있는 농도
⑤ 유해비 : 공기 중 오염물질 농도와 노출기준과의 비로 호흡보호구 착용장소의 오염정도를 나타내는 척도

41. 직무스트레스 예방을 위한 국내의 근로시간 관련 지침에 관한 설명으로 옳지 않은 것은?

① 근무 중 적절한 휴식시간을 제공한다.
② 1일 11시간 이상의 연장 근로와 야간 근로는 최소한으로 한다.
③ 주 7일 근무를 해야 하는 상황에서도 한 달에 두 번은 이틀의 휴일을 제공한다.
④ 1개월간 주당 평균근로시간이 52시간 이상인 경우 근로자의 신청을 받아 보건관리자에 의한 면접지도를 실시한다.
⑤ 최소한 하루에 5시간 이상의 수면시간을 확보한다.

해설 사무직 종사자이면 최소 6시간, 육체적 활동이 많은 사람은 8시간 정도는 수면을 취해야 피로가 누적되지 않는다. 8시간 정도가 평균 최소 수면시간이다.

42. 유해인자에 관한 생물학적 노출지표의 연결이 옳지 않은 것은?

① 디클로로메탄 : 혈중 메트헤모글로빈
② 메틸 n-부틸케톤 : 소변 중 2,5-헥산디온
③ 2-에톡시에탄올 : 소변 중 2-에톡시초산
④ 일산화탄소 : 혈중 카복시헤모글로빈 또는 호기중 일산화탄소
⑤ 아세톤 : 소변 중 아세톤

해설 ① 디클로로메탄 : 혈중 카복시헤모글로빈 3.5%
② 메틸 n-부틸케톤 : 소변 중 2,5-헥산디온 5mg/g
③ 2-에톡시에탄올 : 소변 중 2-에톡시초산 100mg/g
④ 일산화탄소 : 혈중 카복시헤모글로빈 또는 호기중 일산화탄소 3.5%
⑤ 아세톤 : 소변 중 아세톤 80mg/L

43. 인체의 부위 중 하지부가 아닌 것은?

① 삼각근부
② 대퇴부
③ 슬부
④ 하퇴부
⑤ 둔부

해설 ① 삼각근부 : 어깨세모근의 표면에 해당하는 피부의 부분
하지부는 흉부와 복부 등 인체의 주요 내장 기관이 있는 부분인 체간부와의 경계선에서 무릎까지를 대퇴부, 무릎에서 발목까지를 하퇴부, 발목에서 발끝까지를 족부(足部)로 하여 구분한다.

정답 40 ② 41 ⑤ 42 ① 43 ①

44. 인체의 계(system)에 관한 설명으로 옳지 않은 것은?

① 호흡계는 코, 인·후두, 기관, 기관지, 폐 등으로 구성되어 신체의 호흡을 담당한다.
② 근육계는 뼈대근, 심장근, 평활근, 근막, 건(힘줄), 건초(힘줄집), 윤활낭 등으로 구성된 능동적 운동장치이다.
③ 감각계는 눈, 코, 귀, 혀 등으로 구성되어 신체의 감각을 받아들인다.
④ 소화계는 위, 소장, 대장의 소화를 담당하는 장기와 간, 췌장, 담낭 등으로 구성된다.
⑤ 내분비계는 심장, 혈액, 혈관, 림프, 비장, 흉선으로 구성되어 영양분을 운반하고 림프구 및 항체를 생산한다.

해설 ⑤ 내분비계는 호르몬을 분비하는 세포 혹은 조직으로 이루어진 기관계를 말한다. 호르몬을 분비하는 장소는 내분비샘이라 하며, 갑상선, 흉선, 부신, 이자, 난소, 정소가 주요 내분비샘이다.
① 호흡계는 폐, 기도, 호흡근의 조절에 관여하는 중추신경계 요소, 흉벽으로 구성된다.
② 근육계는 뼈대근, 심장근, 평활근, 근막, 건(힘줄), 건초(힘줄집), 윤활낭 등으로 구성된 능동적 운동장치이다.
③ 감각계는 눈, 코, 귀, 혀, 피부 등으로 구성되어 신체의 감각을 받아들인다.
④ 소화계는 입, 식도, 위, 소장, 대장, 직장 등의 여러 소화 기관으로 구성되어 있으며, 소화관과 소화샘으로 구분된다.

45. 산업재해조사에 관한 설명으로 옳지 않은 것은?

① 산업재해발생의 책임 소재를 밝히고 산업재해가 발생한 날로부터 60일 이내에 산업재해조사표를 작성하여 제출하여야 한다.
② 사람의 불안전한 행동유무에 대하여 육하원칙에 의거 기술한다.
③ 산업재해 발생 과정에서 관련 있었던 물질, 재료를 확인한다.
④ 산업재해 조사 중 파악된 사실에서 재해의 직접원인을 확정하고 원인과 연관된 제반 기준에 어긋난 문제점 유무와 이유를 분명히 한다.
⑤ 재발방지 대책을 수립하기 위함이다.

해설 ① 산업재해로 근로자가 사망하거나 3일 이상 휴업재해를 입은 경우 산업재해가 발생한 날로부터 1개월 이내에 산업재해조사표를 작성하여 관할 지방고용노동관서에 제출하여야 한다.
② 작성방법은 사업장정보, 재해자 정보, 재해발생상황을 육하원칙에 의하여 작성한다.
③ 산업재해 발생 과정에서 관련 있었던 물질, 재료를 확인한다.
④ 산업재해 조사 중 파악된 사실에서 재해의 직접원인을 확정하고 원인과 연관된 제반 기준에 어긋난 문제점 유무와 이유를 분명히 한다.
⑤ 산업재해조사로 재해원인을 탐구해서 적절한 방지대책을 추구할 수 있다.

46. 재해의 발생형태에 따른 원인 분석 방법에 관한 설명으로 옳지 않은 것은?

① 파레토도는 좌표의 가로축에 중요도가 높은 순서로 요인을 기재하고, 세로축에 각 요인의 도수를 고려한 누적치로 막대형 그래프를 작성한다.

② 특성요인도는 재해특성과 요인 관계를 도표로 그려 어골상으로 세분화하여 연쇄관계를 나타내는 형태로 표현한다.

③ 웨버의 사고연쇄반응이론은 직업성질환과 역학조사를 위하여 개발한 기법이다.

④ 크로스분석은 불안전한 상태와 불안전한 행동이 서로 밀접한 관계를 유지할 때 사용하는 방법이다.

⑤ 관리도(control chart)는 월별 재해추이 등을 그래프로 그려 관리구역을 설정하고 대책을 수립하는데 활용한다.

> **해설** ③ 웨버의 사고연쇄반응이론은 사고를 일으키는 직접원인인 불안전한 행동 또는 불안전한 상태의 배후에는 정책, 우선순위, 조직, 의사결정, 평가 통제 및 경영면에 있어서 관리가 제대로 이루어지지 못한 것이다.
> ① 파레토도는 문제가 되는 품질에 대한 불량, 결점, 고장 등이 발생하였을 경우 원인별로 데이터를 분류하여 불량 개수 또는 손실 금액 등을 많은 순서로 정리하여 그 크기를 막대그래프로 나타낸 그림
> ② 특성요인도는 특성에 대하여 어떤 요인이 어떤 관계로 영향을 미치고 있는지 명확히 하여 원인 규명을 쉽게 할 수 있도록 도표로 그려 어골상으로 세분화하여 연쇄관계를 나타내는 형태로 표현한다.
> ④ 크로스분석은 공정이나 프로세스에서 데이터를 수집하는 단계에서 사용하는 기법으로 불량품의 수나 결점수, 고객 불만 건수 같은 계수형 특성값을 항목별로 분류해 기록하는 방법이다.
> ⑤ 관리도(control chart)는 시간의 경과에 대한 공정의 품질 특성 변화를 도식적으로 기록한 그래프이다.

47. 산업재해통계 업무처리규정상 산업재해통계의 산출방법에 관한 설명으로 옳지 않은 것은?

① 총 요양근로손실일수는 재해자의 총 요양기간을 합산하여 산출하되 사망, 부상 또는 질병이나 장애자의 요양 근로 손실 일수는 등급별로 차이를 두지 아니한다.

② 도수율(빈도율)=(재해건수/연근로시간수)×1,000,000

③ 임금근로자수는 통계청의 경제활동인구조사상 임금근로자수이다.

④ 고혈압 등 개인지병, 방화 등에 의한 재해 중 재해원인이 사업주의 법 위반 등에 기인하지 아니한 것이 명백한 경우에는 산업재해조사 대상 사고 사망자수에서 제외한다.

⑤ 휴업재해율=(휴업재해자수/임금근로자수)×100

> **해설** ① 총 요양근로손실일수는 재해자의 총 요양기간을 합산하여 산출하되 사망, 부상 또는 질병이나 장애자의 요양 근로 손실 일수는 등급별(14등급)로 차이를 둔다(산업재해통계 업무처리규정 제3조).
> ② 도수율(빈도율)=(재해건수/연근로시간수)×1,000,000(산업재해통계 업무처리규정 제3조)
> ③ 임금근로자수는 통계청의 경제활동인구조사상 임금근로자수이다(산업재해통계 업무처리규정 제3조).

④ 사망자수는 근로복지공단의 유족급여가 지급된 사망자(지방고용노동관서의 산재미보고 적발 사망자를 말함. 다만, 사업장 밖의 교통사고(운수업, 음식숙박업은 사업장 밖의 교통사고도 포함), 체육행사, 폭력행위, 통상의 출퇴근에 의한 사망, 사고발생일로부터 1년을 경과하여 사망한 경우는 제외한다(산업재해통계 업무처리규정 제3조).
⑤ 휴업재해율=(휴업재해자수/임금근로자수)×100(산업재해통계 업무처리규정 제3조)

48. 직업성 질환 역학조사 실시 사례가 아닌 것은?

① 핸드폰 부품을 생산하는 사업장에서 CNC 절삭작업과 검사작업을 하는 근로자가 고농도의 메탄올 증기를 흡입하여 급성 중독을 일으킴에 따라 역학조사를 실시하였다.
② 2-브로모프로판을 포함한 화학물질을 사용하는 전자사업장 근로자에서 생식기계, 조혈기계, 건강장해가 집단 발생하여 이에 따른 역학조사를 실시하였다.
③ 주민이 집단적으로 원인모를 피부병과 암에 시달린다는 주장이 제기되어 역학조사를 실시하였다.
④ 반도체 제조공장에서 다양한 종류의 암이 발생하여 취급화학물질과 작업환경에 대한 역학조사를 실시하였다.
⑤ 의료용 금속부품을 도장하는 사업장 근로자가 세척조 내부에서 청소작업을 하다가 TCE 증기에 중독되어 사망하였고 이에 따라 역학조사를 실시하였다.

해설 ③ 주민이 집단적으로 원인모를 피부병과 암에 시달린다는 직업과 관련 없는 질환이다.
① 핸드폰 부품을 생산하는 사업장에서 CNC 절삭작업과 검사작업을 하는 근로자가 고농도의 메탄올 증기를 흡입하여 급성 중독을 일으킴에 따라 2016년에 역학조사를 실시하였다.
② 2-브로모프로판을 포함한 화학물질을 사용하는 전자사업장 근로자에서 생식기계, 조혈기계, 건강장해가 집단 발생하여 이에 따른 2005년에 역학조사를 실시하였다.
④ 반도체 제조공장에서 다양한 종류의 암이 발생하여 취급화학물질과 작업환경에 대한 2007년~2008년에 역학조사를 실시하였다.
⑤ 의료용 금속부품을 도장하는 사업장 근로자가 세척조 내부에서 청소작업을 하다가 TCE 증기에 중독되어 사망하였고 이에 따라 2019년에 역학조사를 실시하였다.

49. 산업안전보건법령상 사업주가 근로자를 고기압 업무에 종사하도록 해서는 안 되는 질병에 해당하지 않는 것은?

① 감압증에 의한 장해 또는 그 후유증
② 만성전립선염, 요로감염 등 비뇨기계의 질병
③ 빈혈증, 심장판막증, 관상동맥경화증, 고혈압증, 그 밖의 혈액 또는 순환기계의 질병
④ 정신신경증, 알코올중독, 신경통, 그 밖의 정신신경계의 질병
⑤ 메니에르씨병, 중이염, 그 밖의 이관(耳管)협착을 수반하는 귀 질환

해설 사업주는 다음의 어느 하나에 해당하는 질병이 있는 근로자를 고기압 업무에 종사하도록 해서는 안 된다(산업안전보건법 시행규칙 제221조 제2항).
1. 감압증이나 그 밖에 고기압에 의한 장해 또는 그 후유증
2. 결핵, 급성상기도감염, 진폐, 폐기종, 그 밖의 호흡기계의 질병
3. 빈혈증, 심장판막증, 관상동맥경화증, 고혈압증, 그 밖의 혈액 또는 순환기계의 질병
4. 정신신경증, 알코올중독, 신경통, 그 밖의 정신신경계의 질병
5. 메니에르씨병, 중이염, 그 밖의 이관(耳管)협착을 수반하는 귀 질환
6. 관절염, 류마티스, 그 밖의 운동기계의 질병
7. 천식, 비만증, 바세도우씨병, 그 밖에 알레르기성 · 내분비계 · 물질대사 또는 영양장해 등과 관련된 질병

50. 산업보건통계에 관한 설명으로 옳은 것을 모두 고른 것은?

> ㉠ 비(ratio)는 하나의 측정값을 다른 측정값으로 나눈 것으로, 분자는 분모에 포함된다.
> ㉡ 중앙값은 자료를 작은 것부터 큰 것으로 나열했을 때, 가운데에 위치한 값이다.
> ㉢ 분율(proportion)은 분자가 분모에 포함되는 것으로 비율 또는 구성비라고도 한다.
> ㉣ 명목형 자료는 각 범주들 간에 어떤 방식으로든 순서가 매겨진다.

① ㉠, ㉡
② ㉠, ㉢
③ ㉡, ㉢
④ ㉠, ㉡, ㉣
⑤ ㉡, ㉢, ㉣

해설 ㉠ 비(ratio)는 비교되는 양의 상대적인 크기를 나타낸 것이다. 분자는 분모에 포함되지 않는다.
㉣ 명목형 자료는 순서에 의미가 없는 자료로 성별(남/여), 혈액형(A형, B형, O형, AB형) 등이 있다.
㉡ 중앙값은 크기 순서상 가운데 오는 자료의 값을 의미한다.
㉢ 분율(proportion)은 전체 중에 함유된 분석 대상의 성분 비율로 분자가 분모에 포함되는 것이다.

기업진단 · 지도

51. 테일러(F. Taylor)의 과학적 관리법(scientific management)에 관한 설명으로 옳은 것을 모두 고른 것은?

> ㉠ 고임금 고노무비
> ㉡ 개방체계
> ㉢ 차별성과급 제도
> ㉣ 시간연구
> ㉤ 작업장의 사회적 조건
> ㉥ 과업의 표준

① ㉠
② ㉡, ㉤
③ ㉠, ㉢, ㉥
④ ㉡, ㉣, ㉤
⑤ ㉢, ㉣, ㉥

해설 테일러(F. Taylor)의 과학적 관리법 : 시간연구와 동작연구, 성과에 대한 차별적 임금, 과업의 표준, 작업도구의 표준화, 직무에 적합한 작업자 선발과 훈련, 권한과 책임의 원칙 등

52. 조직에서 생산적 행동(Productive behavior)과 반생산적 행동(Counterproductive work behavior: CWB)에 관한 설명으로 옳지 않은 것은?

① 조직시민행동(Organizational Citizenship Behavior : OCB)은 생산적 행동에 속한다.
② OCB는 친사회적 행동이며 역할 외 행동이라고도 한다.
③ 일탈행동(Deviance)은 CWB에 속하지만 조직에 해로운 행동은 아니다.
④ 조직시민행동은 OCB-I(Individual)와 OCB-O(Organizational)로 분류되기도 한다.
⑤ CWB는 개인적 범주와 조직적 범주로 분류할 수 있다.

해설 ③ 반생산적인 업무행동은 조직적 공격성, 작업장 이탈, 반사회적 행동, 보복 등 다양한 용어로 개념화되지만 조직과 조직구성원에게 해로운 효과를 가져오는 행동이란 것에 귀결된다.
① 조직시민행동(Organizational Citizenship Behavior : OCB)은 직무에 대한 최소한의 요구를 넘어서서 조직을 위해 과업 수행을 지원하는 사회적, 심리적 맥락의 유지와 강화에 기여하는 행동이다.
② OCB는 친사회적 행동이며 자신의 직무에 필요한 역할 외의 행동이라고도 한다.
④ 조직시민행동은 OCB-I(Individual : 아픈 동료를 위해 대신 일 해주는 것처럼 개인에 대한 시민행동)와 OCB-O(Organizational : 시키지도 않았던 회사제품을 홍보하는 조직에 대한 시민행동)로 분류되기도 한다.
⑤ 사보타주는 조직적 범주에 속하고 절도나 타인학대는 개인적 범주에 속한다.

53. 직무평가에 관한 설명으로 옳은 것을 모두 고른 것은?

㉠ 직무평가 대상은 직무 자체임
㉡ 다른 직무들과의 상대적 가치를 평가
㉢ 직무수행자를 평가
㉣ 종업원의 기업목표달성 공헌도 평가
㉤ 직무의 중요성, 난이도, 위험도의 반영

① ㉠, ㉢
② ㉠, ㉡, ㉣
③ ㉠, ㉡, ㉤
④ ㉢, ㉣, ㉤
⑤ ㉡, ㉢, ㉣, ㉤

해설 직무평가
1. 각 직위의 직무에 대한 난이도, 책임도를 측정·평가하여 등급을 결정하는 것이다.
2. 직무의 구체적인 내용과 직무수행자의 자격요건으로 해당직무의 가치를 밝히는 활동이다.
3. 해당직무의 양과 질의 가치를 간접적으로 평가한다.

54. 노동쟁의조정에 관한 설명으로 옳지 않은 것은?

① 노동쟁의조정은 노동위원회가 담당한다.
② 노동쟁의조정은 조정, 중재, 긴급조정 등이 있다.
③ 노동쟁의 조정 방법에 있어서 임의조정제도는 허용되지 않는다.
④ 확정된 중재내용은 단체협약과 동일한 효력을 갖는다.
⑤ 노동쟁의조정 중 조정은 노동위원회에서 조정안을 작성하여 관계당사자들에게 제시하는 방법이다.

해설 ③ 노동쟁의 조정은 당사자 일방이 노동쟁의의 조정을 신청한 때에 조정을 개시하므로 임의조정을 허용하고 있다(노동조합 및 노동관계조정법 제53조 제1항 참조).
① 노동쟁의의 조정을 위하여 노동위원회에 조정위원회를 둔다(노동조합 및 노동관계조정법 제55조 제1항).
② 노동쟁의조정은 조정, 중재, 긴급조정 등이 있다.
④ 조정서의 내용은 단체협약과 동일한 효력을 가진다(노동조합 및 노동관계조정법 제61조 제2항).
⑤ 조정위원회 또는 단독조정인은 조정안을 작성하여 이를 관계 당사자에게 제시하고 그 수락을 권고하는 동시에 그 조정안에 이유를 붙여 공표할 수 있으며, 필요한 때에는 신문 또는 방송에 보도 등 협조를 요청할 수 있다(노동조합 및 노동관계조정법 제60조 제1항).

정답 51 ⑤ 52 ③ 53 ③ 54 ③

55. 조직설계에 영향을 미치는 기술유형을 학자들이 제시한 것이다. (　)에 들어갈 내용으로 옳은 것은?

○ 우드워드(J. Woodward) : 소량단위 생산기술, (㉠), 연속공정 생산기술
○ 페로우(C. Perrow) : 일상적 기술, 비일상적 기술, (㉡), 공학적 기술
○ 톰슨(J. Thompson) : (㉢), 연속형 기술, 집약형 기술

① ㉠ : 대량생산기술, ㉡ : 장인기술, ㉢ : 중개형 기술
② ㉠ : 대량생산기술, ㉡ : 중개형 기술, ㉢ : 장인기술
③ ㉠ : 중개형 기술, ㉡ : 장인기술, ㉢ : 대량생산기술
④ ㉠ : 장인기술, ㉡ : 중개형 기술, ㉢ : 대량생산기술
⑤ ㉠ : 장인기술, ㉡ : 대량생산기술, ㉢ : 중개형 기술

해설 조직설계에 영향을 미치는 기술유형
1. 우드워드(J. Woodward) : 소량단위 생산기술, 대량생산기술, 연속공정 생산기술
2. 페로우(C. Perrow) : 일상적 기술, 비일상적 기술, 장인기술, 공학적 기술
3. 톰슨(J. Thompson) : 중개형 기술, 연속형 기술, 집약형 기술

56. 수요예측 방법 중 주관적(정성적) 접근방법에 해당하지 않는 것은?

① 델파이법
② 이동평균법
③ 시장조사법
④ 자료유추법
⑤ 판매원 의견종합법

해설 수요예측 방법
1. 주관적(정성적) 접근방법 : 시나리오 기법, 명목집단법, 델파이법, 시장조사법, 전문가의견법, 판매원 의견종합법, 자료유추법 등
2. 정량적 예측법 : 이동평균법, 찌수평활법, 최소자승법, 회귀모델, 개량경제모델

57. 총괄생산계획 기법 중 휴리스틱 계획기법에 해당하지 않는 것은?

① 선형계획법
② 매개변수에 의한 생산계획
③ 생산전환 탐색법
④ 서어치 다시즌 룰(search decision rule)
⑤ 경영계수이론

해설 ① 선형계획법 : 문제해결에 있어서 변수들의 관계를 일차방정식으로 정의하고, 이 일차방정식을 연립방정식으로 풀어 해를 구하는 방법으로 주로 자원할당문제에 대한 의사결정에 이용된다.
휴리스틱 계획기법은 시뮬레이션 기법에 인간의 지혜와 판단을 가미하는 방법이다. 이 기법에는 생산전환 탐색법, 경영계수이론, 서어치 다시즌 룰(search decision rule), 매개변수에 의한 생산계획 등이 있다.

58. 다음은 신 QC 7가지 도구 중 무엇에 관한 설명인가?

> 문제를 해결하는 활동에 필요한 실시사항을 시계열적인 순서에 따라 네트워크로 나타낸 화살표 그림을 이용하여 최적의 일정계획을 위한 진척도를 관리하는 방법

① 친화도
② 계통도
③ PDPC(Process Decision Program Chart)
④ 애로우 다이어그램
⑤ 매트릭스 다이어그램

해설 신 QC 7가지 도구
1. 친화도 : 언어 데이터로 포착하여 아이디어나 문제 사이의 관계 또는 상대적 중요성을 명확히 하는 방법
2. 연관도법 : 문제점과 요인 간의 인과관계를 명확히 하기 위한 도구
3. 매트릭스 다이어그램 : 짝이 되는 요소를 찾아내어 행과 열로 배치하여 그 교점에 각 요소의 관련유무 및 정도를 표시함으로써 문제해결을 효과적으로 추진하는 방법
4. 매트릭스 데이터 해석법 : 매트릭스도에 있어서 요소 간의 관련이 정량화된 경우 배열된 데이터를 도상으로 판단하기 좋게 정리하는 방법
5. 계통도 : 목적, 목표를 달성하기 위한 최적 수단, 방책을 계통적으로 전개함으로써 문제의 중점을 명확히 하는 방법
6. PDPC(Process Decision Program Chart) : 사태의 진정과 더불어 여러 가지 결과가 상정되는 문제에 대해 바람직한 결과에 이르는 과정을 정하는 방법
7. 애로우 다이어그램 : 최적의 일정 계획을 세워 효율적으로 진척을 관리하는 방법

59. 도요타 생산방식의 주축을 이루는 JIT(Just In Time) 시스템의 장점에 해당되지 않는 것은?

① 한정된 수의 공급자와 친밀한 유대관계를 구축한다.
② 미래의 수요예측에 근거한 기본일정계획을 달성하기 위해 종속품목의 양과 시기를 결정한다.
③ JIT 생산으로 원자재, 재공품, 제품의 재고수준을 줄인다.
④ 유연한 설비배치와 다기능공으로 작업자 수를 줄인다.
⑤ 생산성의 낭비제거로 원가를 낮추고 생산성을 향상시킨다.

정답 55 ① 56 ② 57 ① 58 ④ 59 ②

해설 JIT(Just In Time) 시스템의 장점 : 원재료와 상품 재고를 제로화로 하여 필요한 적재 장소가 최소화 되고, 그에 따른 제반 비용 효율화를 기대할 수 있으며 계획대로, 전략대로, 원하는 수량만큼 생산하므로 철저히 통제되는 생산활동이다. 미래 예측과는 무관하다.

60. 유용성이 높은 인사 선발 도구에 관한 설명으로 옳지 않은 것은?
① 예측변인(predictor)의 타당도가 커질수록 전체 집단의 평균적인 준거수행(criterion)에 비해 합격한 집단의 평균적인 준거수행은 높아진다.
② 선발률(selection ratio)이 낮을수록 예측변인의 가치는 커진다.
③ 기초율(base rate)이 높을수록 사용한 선발 도구의 유용성 수준은 높아진다.
④ 선발률과 기초율의 상관은 0이다.
⑤ 예측변인의 점수와 준거수행으로 이루어진 산점도(scatter plot)가 1사분면은 높고 3사분면은 낮은 타원형을 이룬다.

해설 ③ 총지원자수 대비 우수성과자 비율이므로 높을수록 사용한 선발 도구의 유용성 수준은 높아진다.
④ 유용한 선발도구의 3요소는 기초율, 선발률, 타당도이다. 기초율은 총지원자수 대비 우수성과자 비율이고 선발률은 총지원자수 대비 선발인원이므로 두 요소 간의 상관이 있다.
① 예측변인(predictor)의 타당도가 커질수록 합격한 집단의 평균적인 준거수행은 높아진다.
② 선발률은 총지원자수 대비 선발인원이므로 낮을수록 예측변인의 가치는 커진다.
⑤ 예측변인의 점수와 준거수행으로 이루어진 산점도(scatter plot)가 1사분면은 높고 3사분면은 낮은 타원형을 이룬다.

61. 집단 또는 팀(team)에 관한 설명으로 옳지 않은 것은?
① 교차기능팀(cross functional team)은 조직 내의 다양한 부서에 근무하는 사람들로 이루어진 팀이다.
② '남만큼만 하기 효과(sucker effect)'는 사회적 태만(social loafing)의 한 현상이다.
③ 제니스(Janis)의 모형에서 집단사고(groupthink)의 선행요인 중 하나는 구성원들 간 낮은 응집성과 친밀성이다.
④ 다른 사람의 존재가 개인의 성과에 부정적 영향을 미치는 것을 사회적 억제(social inhibition)라고 한다.
⑤ 높은 집단 응집성은 그 집단에 긍정적 효과와 부정적 효과를 준다.

해설 ③ 제니스(Janis)의 모형에서 집단사고(groupthink)의 선행요인 중 하나는 구성원들 간 높은 응집성과 고립성이다. 집단사고는 응집력 있는 집단에서 생기는 하나의 사고방식이다.

① 교차기능팀(cross functional team)은 하나의 과업을 달성하기 위하여 분야가 다른 구성원으로 조직된 팀이다.
② 사회적 태만(social loafing)은 공동으로 작업할 경우 투입하는 노력을 줄이는 것으로 '남만큼만 하기 효과(sucker effect)'는 사회적 태만(social loafing)의 한 현상이다.
④ 사회적 억제(social inhibition)는 다른 사람의 존재가 개인의 성적을 떨어뜨린다는 것이다.
⑤ 높은 집단 응집성은 그 집단에 구성원들이 상호협조적이며, 친밀하고 집단의 통합을 증진시키는 방향으로 행동하는 경향의 긍정적 효과와 집단사고로 이어지는 부정적 효과가 있다.

62. 내적(intrinsic) 동기와 외적(extrinsic) 동기의 특징과 관계를 체계적으로 다루는 동기이론으로 옳은 것은?

① 앨더퍼(Alderfer)의 ERG 이론
② 아담스(Adams)의 형평이론(equity theory)
③ 로크(Locke)의 목표설정이론(goal-setting theory)
④ 맥클래란드(McClelland)의 성취동기이론(need for achievement theory)
⑤ 리안(Ryan)과 디시(Deci)의 자기결정이론(self-determination theory)

해설 ⑤ 리안(Ryan)과 디시(Deci)의 자기결정이론(self-determination theory) : 인간의 행동동기에 초점을 맞춘 이론으로 내재적 동기 및 외재적 동기로 인해 나타나는 행동이나 가치가 내면화되는 과정에 초점
① 앨더퍼(Alderfer)의 ERG 이론 : 존재욕구, 관계욕구, 성장욕구로 구분
② 아담스(Adams)의 형평이론(equity theory) : 자기가 바친 투입 대비 결과의 상대적 형평성에 대한 사람들의 지각과 신념이 직무형태에 영향을 미친다는 이론
③ 로크(Locke)의 목표설정이론(goal-setting theory) : 목표 달성 의도가 동기부여의 원천이 된다는 것
④ 맥클래란드(McClelland)의 성취동기이론(need for achievement theory) : 개인의 욕구를 성취욕구, 친교욕구, 권력욕구로 구분

63. 산업심리학의 연구방법에 관한 설명으로 옳은 것은?

① 내적 타당도는 실험에서 종속변인의 변화가 독립변인과 가외변인(extraneous variable)의 영향에 따른 것이라고 신뢰하는 정도이다.
② 검사-재검사 신뢰도를 구할 때는 역균형화(counterbalancing)를 실시한다.
③ 쿠더 리차드슨 공식 20(Kuder-Richardson formula 20)은 검사 문항들 간의 내적 일관성 정도를 알려준다.
④ 내용타당도와 안면타당도는 동일한 타당도이다.
⑤ 실험실 실험(laboratory experiment)보다 준실험(quasi-experiment)에서 통제를 더 많이 한다.

정답 60 ③, ④ 61 ③ 62 ⑤ 63 ③

해설 ③ 쿠더 리차드슨 공식 20(Kuder-Richardson formula 20)은 문항 내적 동질성 신뢰도를 추정하는 방법이다.
① 내적 타당도는 연구 결과로 한 변수가 다른 변수의 원인인지 아닌지를 정확하게 기술하고 있다는 확신의 정도이다.
② 검사-재검사 신뢰도는 동일인이 동일한 측정도구를 가지고 2번 검사하는 방식으로 검사-재검사 신뢰도를 구할 때는 역균형화(counterbalancing)를 실시한다.
④ 안면타당도는 그 검사에 관한 검사자의 어느 정도 피상적인 관찰에 의해서 결정되며, 그 문항이 재고자 하는 것이 무엇인지 명료하게 판단될 수 있는 내용에 국한된다. 내용타당도는 심리측정에 소양을 가진 전문가의 철저하고 계획적인 판단에 의해서 규정되며 명료하게 눈에 띄는 내용뿐만 아니라 그 의도가 명료하지 않은 복잡한 내용에 관한 것도 고려하게 된다.
⑤ 준실험(quasi-experiment)은 진실험설계의 조건을 일부 완화시킨 실험방법이므로 실험실 실험(laboratory experiment)보다 준실험(quasi-experiment)에서 통제를 더 많이 한다.

64. 라스뮈센(Rasmussen)의 인간행동 분류에 관한 설명으로 옳은 것을 모두 고른 것은?

㉠ 숙련기반행동(skill-based behavior)은 사람이 충분히 습득하여 자동적으로 하는 행동을 말한다.
㉡ 지식기반행동(knowledge-based behavior)은 입력된 정보를 그때마다 의식적이고 체계적으로 처리해서 나타난 행동을 말한다.
㉢ 규칙기반행동(rule-based behavior)은 친숙하지 않은 상황에서 기억 속의 규칙에 기반한 무의식적 행동을 말한다.
㉣ 수행기반행동(commission-based behavior)은 다수의 시행착오를 통해 학습한 행동을 말한다.

① ㉠, ㉡
② ㉡, ㉣
③ ㉢, ㉣
④ ㉠, ㉡, ㉢
⑤ ㉠, ㉢, ㉣

해설 라스뮈센(Rasmussen)의 인간행동 분류
㉠ 숙련기반행동(skill-based behavior)은 사람이 자동적으로, 거의 무의식적으로 수행하는 행동을 말한다.
㉡ 지식기반행동(knowledge-based behavior)은 새롭거나 복잡한 상황에서의 의사결정과정을 말한다.
㉢ 규칙기반행동(rule-based behavior)은 경험이나 학습한 규칙이나 절차를 적용하여 문제를 해결하는 과정을 말한다.

65. 스웨인(Swain)이 분류한 휴먼에러 유형에 해당하는 것을 모두 고른 것은?

㉠ 조작에러(performance error)
㉡ 시간에러(time error)
㉢ 위반에러(violation error)

① ㉠
② ㉡
③ ㉠, ㉢
④ ㉡, ㉢
⑤ ㉠, ㉡, ㉢

> **해설** 스웨인(Swain)이 분류한 휴먼에러 유형 : 생략에러(omission error), 수행 에러(commission error), 순서 에러(sequential error), 시간에러(time error), 과잉행동에러(extraneous error)

66. 인간의 뇌파에 관한 설명으로 옳지 않은 것은?

① 델타(δ)파는 무의식, 실신 상태에서 주로 나타나는 뇌파이다.
② 세타(θ)파는 피로나 졸림 등의 상태에서 주로 나타나는 뇌파이다.
③ 알파(α)파는 편안한 휴식 상태에서 주로 나타나는 뇌파이다.
④ 베타(β)파는 적극적으로 활동할 때 주로 나타나는 뇌파이다.
⑤ 오메가(Ω)파는 과도한 집중과 긴장 상태에서 주로 나타나는 뇌파이다.

> **해설** ⑤ 인간의 뇌파에는 델타(δ)파, 세타(θ)파, 알파(α)파, 베타(β)파, 감마(γ)로 구분한다.
> ① 델타(δ)파는 무의식, 수면상태, 실신 상태에서 주로 나타나는 뇌파이다.
> ② 세타(θ)파는 피로나 졸림, 얕은 수면 등의 상태에서 주로 나타나는 뇌파이다.
> ③ 알파(α)파는 편안한 긴장된 의식집중 상태에 너무 여유가 없는 뇌파이다.
> ④ 베타(β)파는 적극적으로 활동할 때 주로 나타나는 뇌파로 긴장과 불안, 초조 등이 나타난다.

67. 면적에 관련한 착시현상으로 옳은 것은?

① 뮬러-라이어(Müller-Lyer) 착시
② 폰조(Ponzo) 착시
③ 포겐도르프(Poggendorf) 착시
④ 에빙하우스(Ebbinghaus) 착시
⑤ 쵤너(Zöllner) 착시

> **해설** ④ 에빙하우스(Ebbinghaus) 착시 : 같은 크기의 원이지만 달라 보이는 착시
> ① 뮬러-라이어(Müller-Lyer) 착시 : 실제는 (a)와 (b)의 길이가 같지만 다르게 보이는 착시
> ② 폰조(Ponzo) 착시 ; 두 수평선의 길이가 다르게 보이는 착시
> ③ 포겐도르프(Poggendorf) 착시 : 실제는 (a)와 (b)가 일직선인데 (a)와 (c)가 일직선으로 보이는 착시
> ⑤ 쵤너(Zöllner) 착시 : 세로의 선이 굽어보이는 착시

정답 64 ① 65 ② 66 ⑤ 67 ④

68. 신체와 환경의 열교환 종류에 관한 설명으로 옳지 않은 것은?
   ① 대류(convection)는 피부와 공기의 온도 차이로 생긴 기류를 통해서 열을 교환하는 것이다.
   ② 반사(reflection)는 피부에서 열이 혼합되면서 열전달이 발생하는 것이다.
   ③ 증발(evaporation)은 땀이 피부의 열로 가열되어 수증기로 변하면서 열교환이 발생하는 것이다.
   ④ 복사(radiation)는 전자파에 의해 물체들 사이에서 일어나는 열전달 방법이다.
   ⑤ 전도(conduction)는 신체가 고체나 유체와 직접 접촉할 때 열이 전달되는 방법이다.

   해설 ② 반사(reflection)는 피부에서 열을 흡수하지 않고 방향을 바꾸는 것이다.
   ① 대류(convection)는 피부와 공기의 온도 차이로 생긴 기류를 통해서 열을 전달하는 것이다.
   ③ 증발(evaporation)은 땀이 피부의 열로 가열되어 수증기로 변하면서 발생하는 것이다.
   ④ 복사(radiation)는 전자기파를 통해서 고온의 물체에서 저온의 물체로 직접 에너지가 전달된다.
   ⑤ 전도(conduction)는 신체가 고체나 유체와 직접 접촉할 때 열이 전달되는 방법이다.

69. 다음은 하인리히(H. Heinrich)의 재해예방이론 4원칙과 사고예방원리 5단계이다. ( )에 들어갈 내용으로 옳은 것은?

   ○ 재해예방이론 4원칙
      (㉠), 원인계기의 원칙, (㉡), 대책선정의 원칙
   ○ 사고예방원리 5단계
      1단계 : 안전관리조직
      2단계 : 사실의 발견
      3단계 : (㉢)
      4단계 : 시정책의 선정
      5단계 : 시정책의 적용

   ① ㉠ : 손실가능의 원칙, ㉡ : 예방불가의 원칙, ㉢ : 위험성파악
   ② ㉠ : 손실우연의 원칙, ㉡ : 예방가능의 원칙, ㉢ : 분석·평가
   ③ ㉠ : 손실가능의 원칙, ㉡ : 예방가능의 원칙, ㉢ : 위험성파악
   ④ ㉠ : 손실우연의 원칙, ㉡ : 예방불가의 원칙, ㉢ : 분석·평가
   ⑤ ㉠ : 손실가능의 원칙, ㉡ : 예방불가의 원칙, ㉢ : 분석·평가

   해설 하인리히(H. Heinrich)의 재해예방이론 4원칙과 사고예방원리 5단계
   1. 재해예방이론 4원칙 : 손실우연의 원칙, 원인계기의 원칙, 대책선정의 원칙, 예방가능의 원칙
   2. 사고예방원리 5단계 : 안전관리조직, 사실의 발견, 원인 분석·평가, 시정책의 선정, 시정책의 적용

70. 보호구의 구비요건에 관한 내용으로 옳은 것을 모두 고른 것은?

㉠ 겉모양과 보기가 좋을 것
㉡ 유해·위험요인에 대한 방호성능이 충분할 것
㉢ 착용이 간편할 것
㉣ 금속성 재료는 내식성이 없는 것

① ㉠
② ㉡, ㉣
③ ㉠, ㉡, ㉢
④ ㉡, ㉢, ㉣
⑤ ㉠, ㉡, ㉢, ㉣

해설 보호구의 구비조건
1. 착용시 작업이 용이할 것
2. 유해·위험물에 대하여 방호성능이 충분할 것
3. 재료의 품질이 우수할 것
4. 구조 및 표면 가공성이 좋을 것
5. 외관이 미려할 것

71. 사업장 위험성평가에 관한 지침에서 위험성 감소를 위한 대책 수립의 고려 순서로 옳은 것은?

㉠ 개인용 보호구의 사용
㉡ 위험한 작업의 폐지·변경, 유해·위험물질 대체 등의 조치 또는 설계나 계획 단계에서 위험성을 제거 또는 저감하는 조치
㉢ 사업장 작업절차서 정비 등의 관리적 대책
㉣ 연동장치, 환기장치 설치 등의 공학적 대책

① ㉠ → ㉡ → ㉣ → ㉢
② ㉡ → ㉢ → ㉣ → ㉠
③ ㉡ → ㉣ → ㉢ → ㉠
④ ㉢ → ㉣ → ㉡ → ㉠
⑤ ㉣ → ㉢ → ㉡ → ㉠

해설 사업주는 위험성을 결정한 결과 허용 가능한 위험성이 아니라고 판단되는 경우에는 위험성의 크기, 영향을 받는 근로자 수 및 다음의 순서를 고려하여 위험성 감소를 위한 대책을 수립하여 실행하여야 한다. 이 경우 법령에서 정하는 사항과 그 밖에 근로자의 위험 또는 건강장해를 방지하기 위하여 필요한 조치를 반영하여야 한다.
1. 위험한 작업의 폐지·변경, 유해·위험물질 대체 등의 조치 또는 설계나 계획 단계에서 위험성을 제거 또는 저감하는 조치(㉡)
2. 연동장치, 환기장치 설치 등의 공학적 대책(㉣)
3. 사업장 작업절차서 정비 등의 관리적 대책(㉢)
4. 개인용 보호구의 사용(㉠)

정답 68 ② 69 ② 70 ③ 71 ③

72. 안전보건경영시스템 이해를 위한 지침상 안전보건경영시스템의 관리체계의 흐름을 나타낸 그림이다. A단계의 활동에 관한 설명으로 옳지 않은 것은?

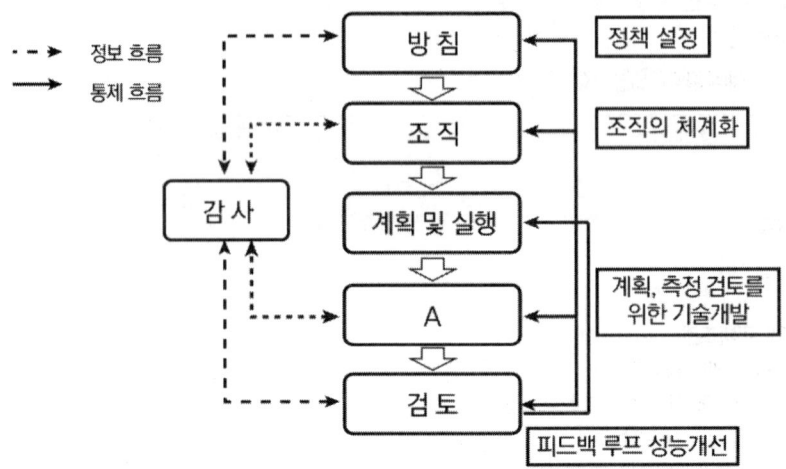

① 안전보건의 문제점이 발생한 때에는 재해, 앗차사고 등에 대한 사례를 통하여 잘못된 점을 확인하여야 한다.
② 위험성이 가장 큰 부분을 우선적으로 해결하여야 한다.
③ 잠재적으로 심각한 피해를 미치는 사건을 자세히 살펴보아야 한다.
④ 발생한 일과 원인에 대하여 조사하고, 기록하여야 한다.
⑤ 안전보건 실적을 측정할 수 있는 기준을 설정하여야 한다.

해설 ⑤ 안전보건 실적을 측정할 수 있는 기준을 설정하여야 하는 단계는 3단계인 계획 설정 및 실행단계이다.
4(A)단계 : 성과 측정
1. 재정, 생산, 판매, 재해손실일수 등을 통하여 안전보건의 성과를 측정하여야 한다.
2. 안전보건의 문제점이 발생한 때에는 재해, 앗차사고 등에 대한 사례를 통하여 잘못된 점을 확인하여야 한다.
3. 위험성이 가장 큰 부분을 우선적으로 해결하여야 한다.
4. 잠재적으로 심각한 피해를 미치는 사건을 자세히 살펴보아야 한다.
5. 발생한 일과 원인에 대하여 조사하고, 기록하여야 한다.

73. 사업장 위험성평가에 관한 지침에서 위험성평가의 실시에 관한 내용으로 옳지 않은 것은?

① 사업주는 사업이 성립된 날로부터 3개월이 되는 날까지 위험성평가의 대상이 되는 유해·위험요인에 대한 최초 위험성평가의 실시에 착수하여야 한다.

② 사업주는 사업장 건설물의 설치·이전·변경 또는 해체로 추가적인 유해·위험요인이 생기는 경우에는 해당 유해·위험요인에 대한 수시 위험성평가를 실시하여야 한다.

③ 사업주는 중대산업사고 발생 작업을 대상으로 작업을 재개하기 전에 수시 위험성평가를 실시하여야 한다.

④ 사업주는 실시한 위험성평가의 결과에 대한 적정성을 기계·기구, 설비 등의 기간 경과에 의한 성능 저하를 고려하여 1년마다 정기적으로 재검토하여야 한다.

⑤ 사업주는 1개월 미만의 기간 동안 이루어지는 작업 또는 공사의 경우에는 특별한 사정이 없는 한 작업 또는 공사 개시 후 지체 없이 최초 위험성평가를 실시하여야 한다.

해설 ① 최초 위험성평가는 사업이 성립된 날로부터 1개월 이내에 실시하여야 한다.
② 수시평가는 사업장 건설물의 설치·이전·변경 또는 해체에 에 해당하는 계획이 있는 경우에는 해당 계획의 실행을 착수하기 전에 실시하여야 한다(사업장 위험성평가에 관한 지침 제15조 제2항 제1호).
③ 중대산업사고 또는 산업재해(휴업 이상의 요양을 요하는 경우에 한정한다) 발생 작업을 대상으로 작업을 재개하기 전에 수시 위험성평가를 실시하여야 한다(사업장 위험성평가에 관한 지침 제15조 제2항 제5호).
④ 정기평가는 최초평가 후 기계·기구, 설사업장 위험성평비 등의 기간 경과에 의한 성능 저하 등을 고려하여 매년 정기적으로 실시한다(가에 관한 지침 제15조 제3항 제1호).
⑤ 1개월 미만의 기간 동안 이루어지는 작업 또는 공사의 경우에는 특별한 사정이 없는 한 작업 또는 공사 개시 후 지체 없이 최초 위험성평가를 실시하여야 한다.

74. 다음은 정전작업의 5대 안전수칙이다. 정전작업 절차를 순서대로 옳게 나열한 것은?

㉠ 전원 투입의 방지
㉡ 작업 전 전원차단
㉢ 작업장소의 보호
㉣ 단락접지 시행
㉤ 작업장소의 무전압 여부 확인

① ㉠ → ㉡ → ㉣ → ㉤ → ㉢
② ㉠ → ㉡ → ㉤ → ㉢ → ㉣
③ ㉡ → ㉠ → ㉢ → ㉣ → ㉤
④ ㉡ → ㉠ → ㉤ → ㉣ → ㉢
⑤ ㉡ → ㉤ → ㉠ → ㉢ → ㉣

해설 정전작업의 5대 안전수칙 : 작업전 전원차단(㉡), 전원투입의 방지(㉠), 작업장소의 무전압 여부 확인(㉤), 단락 접지(㉣), 작업장소의 보호(㉢)

75. 산업안전보건법령상 인화성 가스의 정의에 관한 내용이다. ( )에 들어갈 것으로 옳은 것은?

"인화성 가스"란 인화한계 농도의 최저한도가 (㉠)% 이하 또는 최고 한도와 최저한도의 차가 (㉡)% 이상인 것으로서 표준압력(101.3kPa)에서 20°C에서 가스 상태인 물질을 말한다.

① ㉠ : 12, ㉡ : 10
② ㉠ : 12, ㉡ : 11
③ ㉠ : 13, ㉡ : 11
④ ㉠ : 13, ㉡ : 12
⑤ ㉠ : 15, ㉡ : 12

해설 "인화성 가스"란 인화한계 농도의 최저한도가 13% 이하 또는 최고한도와 최저한도의 차가 12% 이상인 것으로서 표준압력(101.3 kPa)에서 20°C에서 가스 상태인 물질을 말한다(영 별표 13).
인화성 가스(규칙 별표 18) : 20°C, 표준압력(101.3kPa)에서 공기와 혼합하여 인화되는 범위에 있는 가스와 54°C 이하 공기 중에서 자연발화하는 가스를 말한다(혼합물을 포함한다).

2025년 기출문제

산업안전보건법령

1. 산업안전보건법령상 용어에 관한 설명으로 옳지 않은 것은?

   ① 국가유산수리 등에 관한 법률에 따른 국가유산수리공사는 건설공사에 해당한다.
   ② 근로자의 과반수로 조직된 노동조합이 없는 경우 근로자의 과반수를 대표하는 자가 근로자대표이다.
   ③ 관계수급인이란 도급이 여러 단계에 걸쳐 체결된 경우에 각 단계별로 도급받은 사업주 전부를 말한다.
   ④ 도급받은 건설공사를 다시 도급하는 자는 건설공사발주자가 아니다.
   ⑤ 건설공사발주자는 도급인에 해당한다.

   해설 ⑤ 도급인 : 물건의 제조·건설·수리 또는 서비스의 제공, 그 밖의 업무를 도급하는 사업주를 말한다. 다만, 건설공사발주자는 제외한다(법 제2조 제7호).
   ① 건설공사 : 「건설산업기본법」에 따른 건설공사, 「전기공사업법」에 따른 전기공사, 「정보통신공사업법」에 따른 정보통신공사, 「소방시설공사업법」에 따른 소방시설공사, 「국가유산수리 등에 관한 법률」에 따른 국가유산 수리공사(법 제2조 제11호)
   ② 근로자대표 : 근로자의 과반수로 조직된 노동조합이 있는 경우에는 그 노동조합을, 근로자의 과반수로 조직된 노동조합이 없는 경우에는 근로자의 과반수를 대표하는 자를 말한다(법 제2조 제5호).
   ③ 관계수급인 : 도급이 여러 단계에 걸쳐 체결된 경우에 각 단계별로 도급받은 사업주 전부를 말한다(법 제2조 제9호).
   ④ 건설공사발주자 : 건설공사를 도급하는 자로서 건설공사의 시공을 주도하여 총괄·관리하지 아니하는 자를 말한다. 다만, 도급받은 건설공사를 다시 도급하는 자는 제외한다(법 제2조 제10호).

2. 산업안전보건법령상 산업재해 중 중대재해에 해당하는 것을 모두 고른 것은?

   ㉠ 사망자가 1명 이상 발생한 재해
   ㉡ 직업성 질병자가 동시에 5명 이상 발생한 재해
   ㉢ 3개월 이상의 요양이 필요한 부상자가 동시에 2명 이상 발생한 재해

   ① ㉠
   ② ㉡
   ③ ㉠, ㉢
   ④ ㉡, ㉢
   ⑤ ㉠, ㉡, ㉢

정답 75 ④ / 1 ⑤ 2 ③

해설 중대재해의 범위(규칙 제3조)
1. 사망자가 1명 이상 발생한 재해
2. 3개월 이상의 요양이 필요한 부상자가 동시에 2명 이상 발생한 재해
3. 부상자 또는 직업성 질병자가 동시에 10명 이상 발생한 재해

3. 산업안전보건법령상 산업재해 발생건수 등의 공표대상 사업장이 아닌 것은?

① 사망재해자가 연간 1명 발생한 사업장
② 산업전보건법 제44조 제1항 전단에 따른 중대산업사고가 발생한 사업장
③ 산업안전보건법 제57조 제1항을 위반하여 산업재해 발생 사실을 은폐한 사업장
④ 사망만인율이 규모별 같은 업종의 평균 사망만인율 이상인 사업장
⑤ 산업안전보건법 제57조 제3항에 따른 산업재해의 발생에 관한 보고를 최근 3년 이내 2회 하지 않은 사업장

해설 공표대상 사업장(영 제10조 제1항)
1. 산업재해로 인한 사망자가 연간 2명 이상 발생한 사업장
2. 사망만인율(死亡萬人率 : 연간 상시근로자 1만명당 발생하는 사망재해자 수의 비율을 말한다)이 규모별 같은 업종의 평균 사망만인율 이상인 사업장
3. 중대산업사고가 발생한 사업장
4. 산업재해 발생 사실을 은폐한 사업장
5. 산업재해의 발생에 관한 보고를 최근 3년 이내 2회 이상 하지 않은 사업장

4. 산업안전보건법령상 안전보건관리책임자에 관한 설명으로 옳은 것은?

① 안전보건교육에 관한 사항 중 안전에 관한 기술적인 사항에 관하여 안전관리자가 지도·조언하는 경우 안전보건관리책임자는 이에 상응하는 적절한 조치를 하여야 한다.
② 안전장치 및 보호구 구입 시 적격품 여부 확인에 관란 사항은 안전보건관리책임자의 업무가 아니다.
③ 안전보건관리책임자가 있는 경우 건설기술 진흥법에 따라 안전관리책임자 및 안전관리자를 각각 둔 것으로 본다.
④ 안전관리자와 보건관리자는 안전보건관리책임자의 지휘·감독을 받지 아니한다.
⑤ 안전 및 보건에 관하여 사업주를 보좌하고 관리감독자에게 지도·조언하는 업무를 수행하는 것은 안전보건책임자의 업무에 해당한다.

해설 ① 사업주, 안전보건관리책임자 및 관리감독자는 안전관리자, 보건관리자, 안전보건관리담당자, 안전관리전문기관 또는 보건관리전문기관에 해당하는 자가 안전 또는 보건에 관한 기술적인 사항에 관하여 지도·조언하는 경우에는 이에 상응하는 적절한 조치를 하여야 한다(법 제20조).

② 안전장치 및 보호구 구입 시 적격품 여부 확인에 관한 사항은 안전보건관리책임자의 업무이다(법 제15조 제1항 제8호).
③ 관리감독자가 있는 경우에는 「건설기술 진흥법」에 따른 안전관리책임자 및 같은 항 제3호에 따른 안전관리담당자를 각각 둔 것으로 본다(법 제16조 제2항).
④ 사업장의 업무를 총괄하여 관리하는 사람(안전보건관리책임자)은 안전관리자와 보건관리자를 지휘·감독한다(법 제15조 제2항).
⑤ 사업주는 사업장에 안전보건교육에 관한 사항 중 안전에 관한 기술적인 사항에 관하여 사업주 또는 안전보건관리책임자를 보좌하고 관리감독자에게 지도·조언하는 업무를 수행하는 사람을 두어야 한다(법 제17조 제1항).

5. 산업안전보건법령상 산업안전보건위원회에 관한 설명으로 옳은 것은?

① 명예산업안전감독관이 위촉되어 있는 사업장의 경우 근로자대표가 지명하는 1명 이상의 명예산업안전감독관을 포함하여 사용자위원을 구성할 수 있다.
② 해당 사업장에 선임되어 있지 않은 산업보건의도 사용자위원이 될 수 있다.
③ 상시근로자 50명을 사용하는 사업장에서는 해당 사업의 대표자가 지명하는 9명 이내의 해당 사업장 부서의 장을 제외하고 사용자위원을 구성할 수 있다.
④ 산업안전보건위원회는 취업규칙에 구속받지 않고 심의·의결할 수 있다.
⑤ 산업재해에 관한 통계의 기록 및 유지에 관한 사항은 산업안전보건위원회의 심의·의결사항이 아니다.

해설 ③ 상시근로자 50명을 사용하는 사업장에서는 해당 사업의 대표자가 지명하는 9명 이내의 해당 사업장 부서의 장을 사용자위원으로 구성할 수 있다(영 제35조 제2항 제5호).
① 명예산업안전감독관이 위촉되어 있는 사업장의 경우 근로자대표가 지명하는 1명 이상의 명예산업안전감독관을 포함하여 근로자위원을 구성할 수 있다(영 제35조 제1항 제2호).
② 해당 사업장에 선임되어 있는 산업보건의도 사용자위원이 될 수 있다(영 제35조 제2항 제4호).
④ 산업안전보건위원회는 이 법, 이 법에 따른 명령, 단체협약, 취업규칙 및 안전보건관리규정에 반하는 내용으로 심의·의결해서는 아니 된다(법 제24조 제5항).
⑤ 사업주는 다음의 사항에 대해서는 산업안전보건위원회의 심의·의결을 거쳐야 한다(법 제24조 제2항).
  1. 안전보건관리책임자의 업무에 관한 사항
  2. 산업재해의 원인 조사 및 재발 방지대책 수립에 관한 사항 중 중대재해에 관한 사항
  3. 유해하거나 위험한 기계·기구·설비를 도입한 경우 안전 및 보건 관련 조치에 관한 사항
  4. 그 밖에 해당 사업장 근로자의 안전 및 보건을 유지·증진시키기 위하여 필요한 사항

정답 3 ① 4 ① 5 ③

6. 산업안전보건법령상 관계수급인 근로자가 도급인의 사업장에서 작업을 하는 경우 도급인이 이행하여야 할 사항이 아닌 것은?

① 작업장 순회점검
② 보호구 작용의 지시 등 관계수급인 근로자의 작업행동에 관한 직접적인 조치
③ 작업 장소에서 지진 등이 발행한 경우에 대비한 경보체계 운영과 대피방법 등 훈련
④ 관계수급인이 근로자에게 하는 산업안전보건법 제29조 제3항에 따른 안전보건교육의 실시 확인
⑤ 같은 장소에서 이루어지는 도급인과 관계수급인 등의 작업에 있어서 관계수급인 등의 작업 시기·내용, 안전조치 및 보건조치 등의 확인

해설 도급인은 관계수급인 근로자가 도급인의 사업장에서 작업을 하는 경우 다음의 사항을 이행하여야 한다(법 제64조 제1항).
1. 도급인과 수급인을 구성원으로 하는 안전 및 보건에 관한 협의체의 구성 및 운영
2. 작업장 순회점검
3. 관계수급인이 근로자에게 하는 안전보건교육을 위한 장소 및 자료의 제공 등 지원
4. 관계수급인이 근로자에게 하는 제29조 제3항에 따른 안전보건교육의 실시 확인
5. 다음의 어느 하나의 경우에 대비한 경보체계 운영과 대피방법 등 훈련
 ㉠ 작업 장소에서 발파작업을 하는 경우
 ㉡ 작업 장소에서 화재·폭발, 토사·구축물 등의 붕괴 또는 지진 등이 발생한 경우
6. 위생시설 등 고용노동부령으로 정하는 시설의 설치 등을 위하여 필요한 장소의 제공 또는 도급인이 설치한 위생시설 이용의 협조
7. 같은 장소에서 이루어지는 도급인과 관계수급인 등의 작업에 있어서 관계수급인 등의 작업시기·내용, 안전조치 및 보건조치 등의 확인
8. 7.에 따른 확인 결과 관계수급인 등의 작업 혼재로 인하여 화재·폭발 등 대통령령으로 정하는 위험이 발생할 우려가 있는 경우 관계수급인 등의 작업시기·내용 등의 조정

7. 산업안전보건법령상 도급인과 수급인을 구성원으로 하는 안전 및 보건에 관한 협의체에 관한 설명으로 옳은 것은?

① 도급인 및 그의 수급인 대표로 구성해야 한다.
② 수급인 상호 간의 작업공정의 조정은 협의사항이다.
③ 사업주와 수급인 간의 연락방법은 협의사항이 아니다.
④ 작업의 시작 시간은 협의사항이 아니다.
⑤ 분기별 1회 이상 정기적으로 회의를 개최를 개최하고 그 결과를 기록·보존해야 한다.

해설 ②, ③, ④ 협의체는 다음의 사항을 협의해야 한다(규칙 제79조 제2항).
1. 작업의 시작 시간
2. 작업 또는 작업장 간의 연락방법
3. 재해발생 위험이 있는 경우 대피방법
4. 작업장에서의 위험성평가의 실시에 관한 사항
5. 사업주와 수급인 또는 수급인 상호 간의 연락 방법 및 작업공정의 조정

① 대통령령으로 정하는 규모의 건설공사의 건설공사도급인은 해당 건설공사 현장에 근로자위원과 사용자위원이 같은 수로 구성되는 안전 및 보건에 관한 협의체를 대통령령으로 정하는 바에 따라 구성·운영할 수 있다(법 제75조 제1항).
⑤ 협의체는 매월 1회 이상 정기적으로 회의를 개최하고 그 결과를 기록·보존해야 한다(규칙 제79조 제3항).

8. 산업안전보건법령상 안전관리전문기관 또는 보건관리전문기관의 지정을 취소하여야 하는 경우는?

① 지정받은 사항을 위반하여 업무를 수행한 경우
② 안전관리 또는 보건관리 업무와 관련된 비치서류를 보존하지 않은 경우
③ 정당한 사유없이 안전관리 또는 보건관리 업무의 수탁을 거부한 경우
④ 업무정지 기간 중에 업무를 수행한 경우
⑤ 안전관리 또는 보건관리 업무 수행과 관련한 대가 외에 금품을 받은 경우

해설 고용노동부장관은 안전관리전문기관 또는 보건관리전문기관이 다음의 어느 하나에 해당할 때에는 그 지정을 취소하거나 6개월 이내의 기간을 정하여 그 업무의 정지를 명할 수 있다. 다만, 1. 또는 2.에 해당할 때에는 그 지정을 취소하여야 한다(법 제21조 제4항, 영 제28조).
1. 거짓이나 그 밖의 부정한 방법으로 지정을 받은 경우
2. 업무정지 기간 중에 업무를 수행한 경우
3. 지정 요건을 충족하지 못한 경우
4. 지정받은 사항을 위반하여 업무를 수행한 경우
5. 안전관리 또는 보건관리 업무 관련 서류를 거짓으로 작성한 경우
6. 정당한 사유 없이 안전관리 또는 보건관리 업무의 수탁을 거부한 경우
7. 위탁받은 안전관리 또는 보건관리 업무에 차질을 일으키거나 업무를 게을리한 경우
8. 안전관리 또는 보건관리 업무를 수행하지 않고 위탁 수수료를 받은 경우
9. 안전관리 또는 보건관리 업무와 관련된 비치서류를 보존하지 않은 경우
10. 안전관리 또는 보건관리 업무 수행과 관련한 대가 외에 금품을 받은 경우
11. 법에 따른 관계 공무원의 지도·감독을 거부·방해 또는 기피한 경우

9. 산업안전보건법령상 안전보건교육에 관한 설명으로 옳지 않은 것은?

① 사업주는 소속 근로자에게 고용노동부령으로 정하는 바에 따라 정기적으로 안전보건교육을 하여야 한다.
② 건설 일용근로자에 대한 건설업 기초안전보건교육의 교육시간은 4시간 이상이다.
③ 사업주가 건설업 기초안전보건교육을 이수한 건설 일용근로자를 채용하는 경우에는 해당 작업에 대한 필요한 안전보건교육을 하지 않아도 된다.
④ 사용주가 근로자에 대한 안전보건교육을 자체적으로 실시하는 경우에 해당 사업장의 산업보건의는 교육을 할 수 있는 사람에 해당되지 않는다.
⑤ 관리감독자에 대한 안전보건교육 중 정기교육의 교육시간은 연간 16시간 이상이다.

정답 6 ② 7 ② 8 ④ 9 ④

해설 ④ 사업주가 안전보건교육을 자체적으로 실시하는 경우에 교육을 할 수 있는 사람은 안전보건관리책임자, 관리감독자, 산업보건의, 공단에서 실시하는 해당 분야의 강사요원 교육과정을 이수한 사람에 해당하는 사람으로 한다(규칙 제26조 제3항).
① 사업주는 소속 근로자에게 고용노동부령으로 정하는 바에 따라 정기적으로 안전보건교육을 하여야 한다(법 제29조 제1항).
② 건설 일용근로자에 대한 건설업 기초안전보건교육의 교육시간은 4시간 이상이다(규칙 별표 4).
③ 건설업의 사업주는 건설 일용근로자를 채용할 때에는 그 근로자로 하여금 안전보건교육기관이 실시하는 안전보건 교육을 이수하도록 하여야 한다. 다만, 건설 일용근로자가 그 사업주에게 채용되기 전에 안전보건교육을 이수한 경우에는 그러하지 아니하다(법 제31조 제1항).
⑤ 관리감독자에 대한 안전보건교육 중 정기교육의 교육시간은 연간 16시간 이상이다(규칙 별표 4).

10. 산업안전보건법령상 안전보건교육기관에 관한 설명으로 옳은 것은?

① 보건관리자가 고용노동부장관이 정하여 고시하는 안전·보건에 관한 교육을 이수한 경우에는 직무교육 중 신규교육을 면제한다.
② 안전보건교육기관이 해당 업무를 폐지한 경우 지체 없이 근로자안전보건교육기관등록증 또는 직무교육기관 등록증을 지방고용노동청장에게 반납하여야 한다.
③ 고용노동부장관은 안전보건교육기관이 등록한 사항을 위반하여 업무를 수행한 경우에는 그 등록을 취소하여야 한다.
④ 지방노동관서의 장은 건설업 기초안전·보건교육기관 등록취소 등을 한 경우에는 그 사실을 한국산업인력공단에 통보해야 한다.
⑤ 안전보건교육기관 등록이 취소된 자는 등록이 취소된 날로부터 3년 이내에 해당 안전보건교육기관으로 등록할 수 없다.

해설 ② 안전보건교육기관이 해당 업무를 폐지하거나 등록이 취소된 경우 지체 없이 근로자안전보건교육기관 등록증 또는 직무교육기관 등록증을 지방고용노동청장에게 반납해야 한다(규칙 제31조 제6항).
① 관리감독자가 고용노동부장관이 근로자 정기교육 면제대상으로 인정하는 교육을 이수한 경우 별표 4에서 정한 근로자 정기교육시간을 면제할 수 있다(규칙 제27조 제3항 제5호).
③ 등록을 취소하여야 하는 경우는 교육 관련 서류를 거짓으로 작성한 경우, 정당한 사유 없이 교육 실시를 거부한 경우, 교육을 실시하지 않고 수수료를 받은 경우, 교육의 내용 및 방법을 위반한 경우 등이다(영 제40조 제5항).
④ 지방고용노동관서의 장은 건설업 기초안전·보건교육기관 등록취소 등을 한 경우에는 그 사실을 공단(한국산업안 전보건공단)에 통보해야 한다(규칙 제34조 제2항).
⑤ 지정이 취소된 자는 지정이 취소된 날부터 2년 이내에는 각각 해당 안전관리전문기관 또는 보건관리전문기관으로 지정받을 수 없다(법 제21조 제5항). 지정이 취소되는 사유에 준용하여 안전보건교육기관도 준용한다(영 제40조 제5항).

11. 산업안전보건법령상 유해·위험방지를 위한 방호조지가 필요한 기계·기구가 아닌 것은?

① 절곡기(折曲機)
② 공기압축기
③ 지게차
④ 금속절단기
⑤ 원심기

해설 유해·위험 방지를 위한 방호조치가 필요한 기계·기구(영 별표 20)
1. 예초기
2. 원심기
3. 공기압축기
4. 금속절단기
5. 지게차
6. 포장기계(진공포장기, 래핑기로 한정한다)

12. 산업안전보건법령상 대여자 등이 안전조치 등을 해야 하는 기계·기구·설비 및 건축물 등에 해당하는 것을 모두 고른 것은? (단, 고용노동부장관이 정하여 고시하는 기계·기구·설비 및 건축물 등은 고려하지 않음)

┌─────────────────────────────┐
│ ㉠ 압력용기   │
│ ㉡ 어스드릴   │
│ ㉢ 사출성형기(射出成形機)   │
│ ㉣ 파워 셔블   │
└─────────────────────────────┘

① ㉠, ㉢
② ㉠, ㉣
③ ㉡, ㉣
④ ㉠, ㉡, ㉢
⑤ ㉡, ㉢, ㉣

해설 대여자 등이 안전조치 등을 해야 하는 기계·기구·설비 및 건축물 등(영 별표 2)
1. 사무실 및 공장용 건축물
2. 이동식 크레인
3. 타워크레인
4. 불도저
5. 모터 그레이더
6. 로더
7. 스크레이퍼
8. 스크레이퍼 도저
9. 파워 셔블
10. 드래그라인
11. 클램셸
12. 버킷굴착기
13. 트렌치

정답 10 ② 11 ① 12 ③

14. 항타기
15. 항발기
16. 어스드릴
17. 천공기
18. 어스오거
19. 페이퍼드레인머신
20. 리프트
21. 지게차
22. 롤러기
23. 콘크리트 펌프
24. 고소작업대
25. 그 밖에 산업재해보상보험및예방심의위원회 심의를 거쳐 고용노동부장관이 정하여 고시하는 기계, 기구, 설비 및 건축물 등

13. 산업안전보건법령상 유해성 · 위험성 조사 제외 화학물질이 아닌 것은? (단, 고용노동부장관이 공표하거나 고시하는 물질은 고려하지 않음)

① 천연으로 산출된 화학물질
② 마약류 관리에 관한 법률 제2조 제1호에 따른 마약류
③ 군수품관리법 제3조에 따른 통상품
④ 총포 · 도검 · 화약류 등의 안전관리에 관한 법률 제2조 제3항에 따른 화약류
⑤ 약사법 제2조 제4호 및 제7호에 따른 의약품 및 의약외품(醫藥外品)

해설 유해성 · 위험성 조사 제외 화학물질(규칙 제85조)
1. 원소
2. 천연으로 산출된 화학물질
3. 「건강기능식품에 관한 법률」 제3조 제1호에 따른 건강기능식품
4. 「군수품관리법」 제2조 및 「방위사업법」 제3조제2호에 따른 군수품[「군수품관리법」 제3조에 따른 통상품(痛常品)은 제외한다]
5. 「농약관리법」 제2조제1호 및 제3호에 따른 농약 및 원제
6. 「마약류 관리에 관한 법률」 제2조 제1호에 따른 마약류
7. 「비료관리법」 제2조 제1호에 따른 비료
8. 「사료관리법」 제2조 제1호에 따른 사료
9. 「생활화학제품 및 살생물제의 안전관리에 관한 법률」 제3조 제7호 및 제8호에 따른 살생물물질 및 살생물제품
10. 「식품위생법」 제2조 제1호 및 제2호에 따른 식품 및 식품첨가물
11. 「약사법」 제2조 제4호 및 제7호에 따른 의약품 및 의약외품(醫藥外品)
12. 「원자력안전법」 제2조 제5호에 따른 방사성물질
13. 「위생용품 관리법」 제2조 제1호에 따른 위생용품
14. 「의료기기법」 제2조 제1항에 따른 의료기기
15. 「총포 · 도검 · 화약류 등의 안전관리에 관한 법률」 제2조 제3항에 따른 화약류
16. 「화장품법」 제2조 제1호에 따른 화장품과 화장품에 사용하는 원료
17. 법 제108조 제3항에 따라 고용노동부장관이 명칭, 유해성 · 위험성, 근로자의 건강장해 예방을 위한 조치 사항 및 연간 제조량 · 수입량을 공표한 물질로서 공표된 연간 제조량 · 수입량 이하로 제조하거나 수입한 물질
18. 고용노동부장관이 환경부장관과 협의하여 고시하는 화학물질 목록에 기록되어 있는 물질

14. 산업안전보건법령상 유해인자의 유해성·위험성 분류기준 중 물리적 위험성 분류기준에 관한 설명으로 옳지 않은 것은?

① 자연발화성 고체는 적은 양으로 공기와 접촉하여 5분 안에 발화할 수 있는 고체이다.
② 20℃, 200킬로파스칼(kPa) 이상의 압력 하에서 용기에 충전되어 있는 가스는 고압가스에 해당한다.
③ 20℃, 표준압력(101.3kPa)에서 공기와 혼합하여 인화되는 범위에 있는 가스는 인화성 가스에 해당한다.
④ 유기과산화물은 2가의 -O-O- 구조를 가지고 5개의 수소 원자가 유기라디칼에 의하여 치환된 과산화수소의 유도체를 포함한 고체 유기물질이다.
⑤ 인화성 액체는 표준압력(101.3kPa)에서 인화점이 93℃ 이하인 액체이다.

해설 ④ 유기과산화물 : 2가의 -O-O- 구조를 가지고 1개 또는 2개의 수소 원자가 유기라디칼에 의하여 치환된 과산화수소의 유도체를 포함한 액체 또는 고체 유기물질(규칙 별표 18)
① 자연발화성 고체 : 적은 양으로도 공기와 접촉하여 5분 안에 발화할 수 있는 고체(규칙 별표 18)
② 고압가스 : 20℃, 200킬로파스칼(kpa) 이상의 압력 하에서 용기에 충전되어 있는 가스 또는 냉동액화가스 형태로 용기에 충전되어 있는 가스(압축가스, 액화가스, 냉동액화가스, 용해가스로 구분한다)(규칙 별표 18)
③ 인화성 가스 : 20℃, 표준압력(101.3kPa)에서 공기와 혼합하여 인화되는 범위에 있는 가스와 54℃ 이하 공기 중에서 자연발화하는 가스를 말한다.(혼합물을 포함한다)(규칙 별표 18)
⑤ 인화성 액체 : 표준압력(101.3kPa)에서 인화점이 93℃ 이하인 액체(규칙 별표 18)

15. 산업안전보건법령상 자율안전확인에 관한 설명으로 옳지 않은 것은?

① 자율안전확인의 표시를 하는 경우 인체에 상해를 입힐 우려가 있는 재질이나 표면이 거친 재질을 사용해서는 안된다.
② 농업기계화촉진법 제9조에 따른 검정을 받은 경우에도 자율안전확인의 신고를 하여야 한다.
③ 한국산업안전보건공단은 자율안전확인대상기계등에 대한 자율안전확인의 신고를 받은 날부터 15일 이내에 자율안전확인 신고증명서를 신고인에게 발급해야 한다.
④ 연구·개발을 목적으로 자율안전확인대상기계등을 제조·수입하는 경우에는 자율안전확인의 신고를 면제할 수 있다.
⑤ 자동차정비용 리프트와 컨베이어는 자율안전확인대상기계등에 해당한다.

해설 ② 「농업기계화촉진법」 제9조에 따른 검정을 받은 경우 자율안전확인의 신고를 면제한다(규칙 제119조 제1호).
① 자율안전확인의 표시를 하는 경우 인체에 상해를 입힐 우려가 있는 재질이나 표면이 거친 재질을 사용해서는 안된다(규칙 별표 14).
③ 공단은 자율안전확인의 신고를 받은 날부터 15일 이내에 자율안전확인 신고증명서를 신고인에게 발급해야 한다(규칙 제120조 제3항).
④ 연구·개발을 목적으로 제조·수입하거나 수출을 목적으로 제조하는 경우 자율안전확인의 신고를 면제할 수 있다(법 제89조 제1항 제1호).

정답 13 ③ 14 ④ 15 ②

⑤ 자율안전확인대상기계등(영 제77조 제1항 제1호)
1. 연삭기(研削機) 또는 연마기. 이 경우 휴대형은 제외한다.
2. 산업용 로봇
3. 혼합기
4. 파쇄기 또는 분쇄기
5. 식품가공용 기계(파쇄·절단·혼합·제면기만 해당한다)
6. 컨베이어
7. 자동차정비용 리프트
8. 공작기계(선반, 드릴기, 평삭·형삭기, 밀링만 해당한다)
9. 고정형 목재가공용 기계(둥근톱, 대패, 루타기, 띠톱, 모떼기 기계만 해당한다)
10. 인쇄기

16. 산업안전보건법령상 안전인증에 관한 설명으로 옳지 않은 것은?

① 프레스 및 전단기 방호장치는 안전인증대상기계등에 해당한다.
② 안전인증을 받은 유해·위험기계등을 제조·수입·양도·대여하는 자는 안전인증표시를 임의로 변경하거나 제거해서는 아니 된다.
③ 안전인증이 취소된 자는 안전인증이 취소된 날부터 1년 이내에는 취소된 유해·위험기계등에 대하여 안전인증을 신청할 수 없다.
④ 곤돌라는 설치·이전하는 경우뿐만 아니라 주요 구조부분을 변경하는 경우에도 안전인증을 받지 않아도 된다.
⑤ 제품심사의 경우 처리기간 내에 심사를 끝낼 수 없는 부득이한 사유가 있을 때에는 안전인증기관은 15일의 범위에서 심사기간을 연장할 수 있다.

해설 ④ 곤돌라를 설치·이전하는 경우 안전인증을 받아야 한다(규칙 제107조 제1호 다목).
① 프레스 및 전단기 방호장치는 안전인증대상기계등에 해당한다(영 제74조 제1항 제1호, 제2호).
② 안전인증을 받은 유해·위험기계등을 제조·수입·양도·대여하는 자는 안전인증표시를 임의로 변경하거나 제거해서는 아니 된다(법 제85조 제3항).
③ 안전인증이 취소된 자는 안전인증이 취소된 날부터 1년 이내에는 취소된 유해·위험기계등에 대하여 안전인증을 신청할 수 없다(법 제86조 제3항).
⑤ 안전인증기관은 안전인증 신청서를 제출받으면 심사 종류별 기간 내에 심사해야 한다. 다만, 제품심사의 경우 처리기간 내에 심사를 끝낼 수 없는 부득이한 사유가 있을 때에는 15일의 범위에서 심사기간을 연장할 수 있다(규칙 제110조 제3항).

17. 산업안전보건법령상 안전검사대상기계등에 대한 안전검사를 면제할 수 있는 경우를 모두 고른 것은?

> ㉠ 광산안전법에 따른 검사 중 광업시설의 설치·변경공사 완료 후 일정한 기간이 지날 때마다 받는 검사를 받은 경우
> ㉡ 소방시설 설치 및 관리에 관한 법률에 따른 자체점검을 받은 경우
> ㉢ 화학물질관리법에 따른 정기검사를 받은 경우
> ㉣ 위험물안전관리법에 따른 정기점검 또는 정기검사를 받은 경우

① ㉠, ㉡
② ㉢, ㉣
③ ㉠, ㉡, ㉢
④ ㉡, ㉢, ㉣
⑤ ㉠, ㉡, ㉢, ㉣

해설 안전검사의 면제(규칙 제125조)
1. 「건설기계관리법」 제13조 제1항 제1호·제2호 및 제4호에 따른 검사를 받은 경우(안전검사 주기에 해당하는 시기의 검사로 한정한다)
2. 「고압가스 안전관리법」 제17조 제2항에 따른 검사를 받은 경우
3. 「광산안전법」 제9조에 따른 검사 중 광업시설의 설치·변경공사 완료 후 일정한 기간이 지날 때마다 받는 검사를 받은 경우
4. 「선박안전법」 제8조부터 제12조까지의 규정에 따른 검사를 받은 경우
5. 「에너지이용 합리화법」 제39조제4항에 따른 검사를 받은 경우
6. 「원자력안전법」 제22조제1항에 따른 검사를 받은 경우
7. 「위험물안전관리법」 제18조에 따른 정기점검 또는 정기검사를 받은 경우
8. 「전기안전관리법」 제11조에 따른 검사를 받은 경우
9. 「항만법」 제33조제1항제3호에 따른 검사를 받은 경우
10. 「소방시설 설치 및 관리에 관한 법률」 제22조 제1항에 따른 자체점검을 받은 경우
11. 「화학물질관리법」 제24조 제3항 본문에 따른 정기검사를 받은 경우

18. 산업안전보건법령상 작업환경측정 및 작업환경측정기관에 관한 설명으로 옳은 것은?
① 사업주는 작업환경측정 중 시료의 분석만을 작업환경측정기관에 위탁할 수 없다.
② 사업주는 근로자대표가 요구하더라도 작업환경측정의 예비조사에 그를 참석시키지 아니할 수 있다.
③ 사업주는 작업환경측정 결과에 대한 신뢰성을 평가한 후 그 결과를 관할 지방고용노동관서의 장에게 보고하여야 한다.
④ 의료법에 따른 병원이 종합병원이 아닌 경우 작업환경측정기관으로 지정받을 수 없다.
⑤ 작업환경측정기관에 대한 평가는 서면조사 및 방문조사의 방법으로 실시한다.

정답 16 ④ 17 ⑤ 18 ⑤

해설 ⑤ 안전관리전문기관 또는 보건관리전문기관에 대한 평가는 서면조사 및 방문조사의 방법으로 실시한다(규칙 제17조 제3항).
① 사업주(도급인을 포함한다.)는 작업환경측정을 지정받은 기관에 위탁할 수 있다(법 제125조 제3항).
② 사업주는 근로자대표 또는 해당 작업공정을 수행하는 근로자가 요구하면 예비조사에 참석시켜야 한다(규칙 제189조 제2항).
③ 공단이 신뢰성평가를 할 때에는 작업환경측정 결과와 작업환경측정 서류를 검토하고, 해당 작업공정 또는 사업장에 대하여 작업환경측정을 해야 하며, 그 결과를 해당 사업장의 소재지를 관할하는 지방고용노동관서의 장에게 보고해야 한다(규칙 제194조 제2항).
④ 국가 또는 지방자치단체의 소속기관, 종합병원 또는 병원, 대학 또는 그 부속기관, 작업환경측정 업무를 하려는 법인은 작업환경측정기관으로 지정받을 수 있다(영 제95조).

19. 산업안전보건법령상 상시근로자 수 300명 이상의 사업 중 안전보건관리규정을 작성해야 하는 사업이 아닌 것은?
   ① 부동산임대업
   ② 정보서비스업
   ③ 금융 및 보험업
   ④ 사업지원 서비스업
   ⑤ 사회복지 서비스업

해설 안전보건관리규정을 작성해야 할 사업의 종류 및 상시근로자 수(규칙 별표 2)

사업의 종류	상시근로자 수
1. 농업 2. 어업 3. 소프트웨어 개발 및 공급업 4. 컴퓨터 프로그래밍, 시스템 통합 및 관리업 4의2. 영상 · 오디오물 제공 서비스업 5. 정보서비스업 6. 금융 및 보험업 7. 임대업; 부동산 제외 8. 전문, 과학 및 기술 서비스업(연구개발업은 제외한다) 9. 사업지원 서비스업 10. 사회복지 서비스업	300명 이상
11. 제1호부터 제4호까지, 제4호의2 및 제5호부터 제10호까지의 사업을 제외한 사업	100명 이상

20. 특수건강진단의 시기 및 주기에 관한 산업안전보건법 시행규칙 [별표 23]의 일부이다. ( )에 들어갈 숫자로 옳은 것은? (단, 특수건강진단 주기의 예외 규정은 고려하지 않음)

대상 유해인자	시기(배치 후 첫 번째 특수건강진단)	주기
벤젠	(㉠)개월 이내	6개월
석면, 면, 분진	12개월 이내	(㉡)개월

① ㉠ : 1, ㉡ : 12
② ㉠ : 2, ㉡ : 12
③ ㉠ : 2, ㉡ : 24
④ ㉠ : 3, ㉡ : 12
⑤ ㉠ : 3, ㉡ : 24

해설 특수건강진단의 시기 및 주기(규칙 별표 23)

구분	대상 유해인자	시기(배치 후 첫 번째 특수건강진단)	주기
1	N,N-디메틸아세트아미드 디메틸포름아미드	1개월 이내	6개월
2	벤젠	2개월 이내	6개월
3	1,1,2,2-테트라클로로에탄 사염화탄소 아크릴로니트릴 염화비닐	3개월 이내	6개월
4	석면, 면 분진	12개월 이내	12개월
5	광물성 분진 목재 분진 소음 및 충격소음	12개월 이내	24개월
6	제1호부터 제5호까지의 대상 유해인자를 제외한 별표22의 모든 대상 유해인자	6개월 이내	12개월

21. 산업안전보건법령상 작업환경측정 또는 건강진단의 실시 결과만으로 직업성질환에 걸렸는지를 판단하기 곤란한 근로자의 질병에 대하여 한국산업안전보건공단에 역학조사를 요청할 수 있는 자로 규정되어 있지 않은 자는?

① 사업주
② 근로자대표
③ 근강진단기관의 의사
④ 역학조사평가위원회 위원장
⑤ 보건관리자(보건관리기관 포함)

해설 공단은 다음의 어느 하나에 해당하는 경우에는 역학조사를 할 수 있다(규칙 제222조 제1항).
1. 작업환경측정 또는 건강진단의 실시 결과만으로 직업성 질환에 걸렸는지를 판단하기 곤란한 근로자의 질병에 대하여 사업주·근로자대표·보건관리자(보건관리전문기관을 포함한다) 또는 건강진단기관의 의사가 역학조사를 요청하는 경우
2. 「산업재해보상보험법」에 따른 근로복지공단이 고용노동부장관이 정하는 바에 따라 업무상 질병 여부의 결정을 위하여 역학조사를 요청하는 경우
3. 공단이 직업성 질환의 예방을 위하여 필요하다고 판단하여 역학조사평가위원회의 심의를 거친 경우
4. 그 밖에 직업성 질환에 걸렸는지 여부로 사회적 물의를 일으킨 질병에 대하여 작업장 내 유해요인과의 연관성 규명이 필요한 경우 등으로서 지방고용노동관서의 장이 요청하는 경우

22. 산업안전보건법령상 산업안전지도사에 관한 설명으로 옳지 않은 것은?
   ① 산업안전에 관한 사항으로서 안전보건개선계획서의 작성은 지도사의 직무에 해당한다.
   ② 직무수행을 위하여 지도사 등록을 한 자는 5년마다 등록을 갱신하여야 한다.
   ③ 지도사는 직무수행과 관련하여 보증보험금으로 손해배상을 한 경우에는 그 날부터 15일 이내에 다시 보증보험에 가입해야 한다.
   ④ 금고 이상의 실형을 선고받고 그 집행이 끝난 날부터 2년이 지나지 아니한 사람은 지도사 등록을 할 수 없다.
   ⑤ 지도사가 직무의 조직적·전문적 수행을 위하여 설립하는 법인에 관하여는 상법 중 합명회사에 관한 규정을 적용한다.

   해설 ③ 지도사는 보증보험금으로 손해배상을 한 경우에는 그 날부터 10일 이내에 다시 보증보험에 가입해야 한다(영 제108조 제2항).
   ① 위험성평가의 지도, 안전보건개선계획서의 작성은 지도사의 직무에 해당한다(영 제101조 제1항).
   ② 등록을 한 지도사는 고용노동부령으로 정하는 바에 따라 5년마다 등록을 갱신하여야 한다(법 제145조 제4항).
   ④ 금고 이상의 실형을 선고받고 그 집행이 끝나거나(집행이 끝난 것으로 보는 경우를 포함한다) 집행이 면제된 날부터 2년이 지나지 아니한 사람은 등록을 할 수 없다(법 제145조 제3항 제3호).
   ⑤ 법인에 관하여는「상법」중 합명회사에 관한 규정을 적용한다(법 제145조 제6항).

23. 산업안전보건법령상 질병자의 근로 금지·제한 및 유해·위험작업에 대한 근로시간에 관한 설명으로 옳은 것을 모두 고른 것은?

   ㉠ 사업주는 마비성 치매에 걸린 사람에 대해서 의료법에 따른 의사의 진단에 따라 근로를 금지해야 한다.
   ㉡ 사업주는 의료법에 따른 의사의 진단에 따라 정신신경증의 질병이 있는 근로자를 고기압 업무에 종사하도록 해서는 안된다.
   ㉢ 사업주는 유해하거나 위험한 작업으로서 잠함(潛函) 또는 잠수 작업 등 높은 기압에서 하는 작업에 종사하는 근로자에게는 1일 6시간, 1주 30시간을 초과하여 근로하게 해서는 아니 된다.

   ① ㉠
   ② ㉢
   ③ ㉠, ㉡
   ④ ㉡, ㉢
   ⑤ ㉠, ㉡, ㉢

   해설 ㉢ 사업주는 유해하거나 위험한 작업으로서 잠함(潛函) 또는 잠수 작업 등 높은 기압에서 하는 작업에 종사하는 근로자에게는 1일 6시간, 1주 34시간을 초과하여 근로하게 해서는 아니 된다.
   ㉠ 사업주는 조현병, 마비성 치매에 걸린 사람에 대해서 의료법에 따른 의사의 진단에 따라 근로를 금지해야 한다(규칙 제220조 제1항 제2호).
   ㉡ 사업주는 의료법에 따른 의사의 진단에 따라 정신신경증, 알코올중독, 신경통, 그 밖의 정신신경계의 질병이 있는 근로자를 고기압 업무에 종사하도록 해서는 안된다(규칙 제221조 제2항 제4호).

24. 산업안전보건법령상 공정안전보고서에 포함되어야 할 비상조치계획의 세부 내용으로 규정된 것은?

① 주민홍보계획
② 변경요소 관리계획
③ 도급업체 안전관리계획
④ 각종 건물·설비의 배치도
⑤ 자체감사 및 사고조사계획

> **해설** 비상조치계획(규칙 제50조 제1항 제4호)
> 1. 비상조치를 위한 장비·인력 보유현황
> 2. 사고발생 시 각 부서·관련 기관과의 비상연락체계
> 3. 사고발생 시 비상조치를 위한 조직의 임무 및 수행 절차
> 4. 비상조치계획에 따른 교육계획
> 5. 주민홍보계획
> 6. 그 밖에 비상조치 관련 사항

25. 산업안전보건법령상 위반행위에 대한 과태료 금액이 다른 하나는? (단, 가중 및 감경규정은 고려하지 않음)

① 산업안전보건법 제137조 제3항을 위반하여 건강관리카드를 타인에게 양도하거나 대여한 경우
② 산업안전보건법 제17조 제1항을 위반하여 안전관리자를 선임하지 아니한 경우
③ 산업안전보건법 제68조 제1항을 위반하여 안전보건조정자를 두지 않은 경우
④ 산업안전보건법 제109조 제1항에 따른 유해성·위험성 조사 결과 또는 유해성·위험성 평가에 필요한 자료를 제출하지 않은 경우
⑤ 산업안전보건법 제10조 제3항 후단을 위반하여 관계수급인에 관한 자료를 거짓으로 제출한 경우

> **해설** ⑤ 산업안전보건법 제10조 제3항 후단을 위반하여 관계수급인에 관한 자료를 거짓으로 제출한 경우 : 1천만원 이하의 과태료(법 제175조 제4항)
> ①, ②, ③ 제15조 제1항, 제16조 제1항, 제17조 제1항·제3항, 제18조 제1항·제3항, 제19조 제1항 본문, 제22조 제1항 본문, 제24조 제1항·제4항, 제25조 제1항, 제26조, 제29조 제1항·제2항(제166조의2에서 준용하는 경우를 포함한다), 제31조 제1항, 제32조 제1항(제1호부터 제4호까지의 경우만 해당한다), 제37조 제1항, 제44조 제2항, 제49조제2항, 제50조제3항, 제62조제1항, 제66조, 제68조 제1항, 제75조 제6항, 제77조 제2항, 제90조 제1항, 제94조 제2항, 제122조 제2항, 제124조 제1항(증명자료의 제출은 제외한다), 제125조 제7항, 제132조 제2항, 제137조 제3항 또는 제145조 제1항을 위반한 자 : 500만원 이하의 과태료(법 제175조 제5항)
> ④ 제109조 제1항에 따른 유해성·위험성 조사 결과 또는 유해성·위험성 평가에 필요한 자료를 제출하지 아니한 자 : 500만원 이하의 과태료(법 제175조 제5항)

정답 22 ③ 23 ③ 24 ① 25 ⑤

산업위생 일반

26. 고용노동부 고시에서 정하는 용접흄 및 분진에 관한 설명으로 옳지 않은 것은?

① 시간가중평균(TWA) 노출기준은 $5mg/m^3$이며, 여과제를 시료를 채취해야 한다.
② 용접보안면 착용 시 내부에서 시료를 채취하고 중량분석법과 GC-FID로 분석한다.
③ 시간가중평균(TWA) 노출시간이 설정된 물질로 1일 작업시간 동안 6시간 이상 연속 측정한다.
④ 발암성에 대해 사람이나 동물에 제한된 증거가 있으나 구분 1로 분류하기에는 증거가 충분하지 않다.
⑤ 1일 1작업시간이 8시간 초과 시 보정노출기준을 산출해 측정값과 비교한다.

해설 ② 용접흄은 여과채취방법으로 하되 용접보안면을 착용한 경우에는 그 내부에서 채취하고 중량분석 방법과 원자 흡광 분광기 또는 유도결합플라즈마를 이용한 분석방법으로 측정한다.
① 시간가중평균(TWA) 노출기준은 5mg/㎥이다(화학물질 및 물리적인자의 노출기준 별표 1).
③ 시간가중평균(TWA) 노출시간이 설정된 물질로 1일 작업시간 동안 6시간 이상 연속하여 측정한다.
④ 용접흄 및 분진은 발암성 2에 해당하므로 사람이나 동물에서 제한된 증거가 있지만, 구분1로 분류하기에는 증거가 충분하지 않은 물질이다(화학물질 및 물리적인자의 노출기준 별표 1).
⑤ 1일 1작업시간이 8시간 초과 시 1일 8시간 작업을 기준으로 하여 유해인자의 측정치에 발생시간을 곱하여 8시간으로 나눈 값으로 산출한다(화학물질 및 물리적인자의 노출기준 제2조 제1항 제2호).

27. 작업장에서 소음측정 및 평가방법 지침상 누적소음노출량 측정기에 의한 작업환경측정에 관한 설명으로 옳지 않은 것은?

① 누적소음노출량 측정기는 작업자의 이동성이 크거나 소음의 강도가 불규칙적으로 변동하는 소음의 측정에 이용한다.
② 1일 작업시간 동안 6시간 이상 연속 측정, 소음 발생시간이 6시간 이내인 경우나 발생시간이 간헐적인 경우에는 발생시간 동안 연속 측정한다.
③ 측정결과 Dosr(%)나 dB(A)로 표시한다.
④ 마이크로폰은 작업자의 청각영역내의 옷깃에 부착시키며 마이크로폰의 손상을 방지하기 위하여 보호구나 의복 등으로 차단시키도록 한다.
⑤ 부착 시 작업자에게 소음기를 떼어낸 시간과 장소를 알려주며 임의로 떼거나 조작해서는 안된다는 것을 사전에 충분히 주지시킨다.

해설 ④ 측정위치 마이크로폰을 작업자의 청각영역내의 옷깃에 부착시키며 마이크로폰을 보호구나 의복 등으로 차단시키지 않도록 한다(6.2).
① 누적소음 노출량 측정기 : 작업자가 여러 작업장소를 이동하면서 작업하는 경우, 근로자에게 직접 부착하여 작업시간(8시간) 동안 작업자가 노출되는 소음 노출량을 측정하는 기계를 말한다(3.).
② 1일 작업시간 동안 6시간 이상 연속 측정하거나 소음발생시간이 6시간 이내인 경우나 발생시간이 간헐적인 경우에는 발생시간동안 연속 측정한다(6.2).

③ 측정결과는 작업시간 동안 노출되는 소음의 총량을 Dose(%)로 나타내는 것도 있고 노출기준을 초과했는가를 비교할 수 있도록 dB(A)로 표시하는 것도 있다(6.2).
⑤ 부착시 작업자에게 소음기를 떼어낼 시간과 장소를 알려주며 임의로 떼거나 조작해서는 안된다는 것을 사전에 충분히 주지시킨다(6.2).

28. 베르누이 정리에 따른 속도압에 관한 설명으로 옳은 것은?

① 속도압은 표준상태에서의 공기 밀도가 커지면 증가한다.
② 속도압은 표준상태에서 증기압이 커지면 감소한다.
③ 속도압은 중력가속도가 커지면 증가한다.
④ 속도압은 속도가 커지면 감소한다.
⑤ 속도압은 속도 제곱으로 커지면 감소한다.

해설 베르누이 정리에 따른 속도압은 유체의 속도가 증가하면 그 유체의 압력이 감소하고, 반대로 유체의 속도가 감소하면 압력이 증가한다. 이는 유체가 좁은 통로를 통과할 때 속도가 증가하고 압력이 낮아지는 현상으로 설명할 수 있다. 공기의 밀도가 커지면 느리게 흘러 압력이 높아진다.

29. 산업안전보건기준에 관한 규칙상 온도·습도에 관한 건강장해의 예방에 관한 설명으로 옳지 않은 것은?

① "고열"이란 열에 의하여 근로자에게 열경련·열탈진 또는 열사병 등의 건강장해를 유발할 수 있는 온도를 말한다.
② "고열작업"이란 체감온도가 32℃ 이상인 장소에서의 작업을 말한다.
③ "한랭"이란 냉각원에 의하여 근로자에게 동상 등의 건강장해를 유발할 수 있는 차가운 온도를 말한다.
④ "한랭작업"이란 다량의 액체공기, 드라이아이스 등을 취급하는 장소에서의 작업을 말한다.
⑤ "다습"이란 습기로 인하여 근로자에게 피부질환 등의 건강장해를 유발할 수 있는 습한 상태를 말한다.

해설 ② 고열작업 : 용광로, 가열로 등의 장소에서의 작업을 말한다(제559조 제1항).
① 고열 : 열에 의하여 근로자에게 열경련·열탈진 또는 열사병 등의 건강장해를 유발할 수 있는 더운 온도를 말한다(제559조 제1호).
③ 한랭 : 냉각원(冷却源)에 의하여 근로자에게 동상 등의 건강장해를 유발할 수 있는 차가운 온도를 말한다(제559조 제2호).
④ "한랭작업"이란 다량의 액체공기, 드라이아이스 등을 취급하는 장소, 냉장고 등의 내부에서의 작업을 말한다(제559조 제2항).
⑤ 다습 : 습기로 인하여 근로자에게 피부질환 등의 건강장해를 유발할 수 있는 습한 상태를 말한다(제559조 제3호).

정답 26 ② 27 ④ 28 ① 29 ②

30. 석면 해체·제거 작업 지침상 음압기와 음압기록장치에 관한 설명으로 옳지 않은 것은?

① 음압기에는 전처리 필터를 고성능필터 앞쪽에 반드시 설치해야 한다.
② 음압기에는 필터 차압게이지를 장착해야 한다.
③ 음압기의 송풍기는 필터 뒤쪽에 설치해야 한다.
④ 음압기록장치는 $0.01mmH_2O$ 이하의 측정 감도를 가져야 한다.
⑤ 음압기록장치는 압력 차가 $0.508mmH_2O$ 이상이면 경보가 울려야 한다.

해설 ⑤ 작업장소와 외부와의 압력차가 $-0.508mmH_2O$를 유지하도록 하여야 한다.
①, ③ 시스템내 공기흐름은 근로자의 호흡기 영역으로부터 고성능(HEPA) 필터 또는 분진포집장치방향으로 유지하여야 한다.
② 마노미터 등의 압력계를 사용하여 음압유지를 확인하여야 한다.
④ 음압기록장치의 측정 감도는 $0.01mmH_2O$이어야 한다.

31. 우리나라에서 발생한 급성 중독 사례이다. 해당 화학물질로 옳은 것은?

○ 사례 1 : 도장공장에서 사용하는 금속 지그에 묻은 페인트를 제거하는 작업 중 작업자가 디핑 세척조(높이 1.5m) 내부 슬러지를 제거하다가 화학물질에 노출되어 중독사고가 발생하였다(KOSHA Alert 2014-02호).
○ 사례 2 : 전자제품 분체도장 사업장에서 세척조 청소작업 중 잔류 화학물질에 급성중독되어 사망하였다 (KOSHA Alert 2022-02호).

① 디클로로메탄
② 아크릴로니트릴
③ 메틸클로로포름
④ 트리클로로메탄
⑤ 노말헥산

해설 디클로로메탄 중독사례
1. 금속제품(도장공정에서 사용하는 지그)에 묻은 페인트를 제거하는 사업장에서 디핑세척조(높이 1.5m) 내부의 슬러지를 제거하는 작업 중 세척조 내부에 누출되어 있던 디클로로메탄에 중독 및 노출된 사고가 발생하였다(KOSHA Alert 2014-02호).
2. 인천 소재 전자제품 분체도장 사업장에서 세척조 청소작업 중 세척조 내 잔류 디클로로메탄(MC)에 급성중독되어 사망 1명이 발생하였다(KOSHA Alert 2022-01호).

32. 고용노동부 고시에서 제시하는 건강장해 예방을 위한 국소배기장치 안전검사 대상 유해화학물질로 옳은 것은?

① 황화수소
② 암모니아
③ 면분진
④ 트리클로로메탄
⑤ 크실렌

해설 국소배기장치에서 유해물질 처리 시 안전검사 대상이 되는 유해물질 : 디아니시딘과 그 염, 디클로로벤지딘과 그 염, 베릴륨, 벤조트리클로리드, 비소 및 그 무기화합물, 석면, 알파-나프탈아민과 그 염, 염화비닐, 오로토-톨리딘과 그 염, 크롬광, 크롬산 아연, 황화니켈, 휘발성 콜타르피치, 2-브로모프로판, 6가크롬 화합물, 납 및 그 무기화합물, 노말헥산, 니켈(불용성 무기화합물), 디메틸포름아미드, 벤젠, 이황화탄소, 카드뮴 및 그 화합물, 톨루엔-2,4-디이소아네이트, 트리클로로에틸렌, 포름알데히드, 메틸클로로포름(1,1,1-트리클로로에탄), 곡물분진, 망간, 메틸렌디페닐디이소아네이트, 무수프탈산, 브롬화메틸, 수은, 스티렌, 시클로헥사논, 아닐린, 아세토니트릴, 아연(산화아연), 아크릴로니트릴, 알루미늄, 디클로로메탄(염화메틸렌), 용접흄, 유리규산, 코발트, 크롬, 탈크(활석), 톨루엔, 황산알루미늄, 황화수소

33. 근로자건강진단 실무지침에 따른 생물학적 노출지표의 검사방법으로 옳은 것은?

① 일산화탄소의 1차 생물학적 노출지표는 작업 종료 후 10~15분 이내 마지막 호기를 채취하여 일산화탄소 측정기로 분석한다.
② 납 및 그 무기화합물의 1차 생물학적 노출지표는 혈액 내 납 농도를 기준으로 하며, AAS로 분석한다.
③ 메탄올의 1차 생물학적 노출지표는 소변을 이용하여 평가하며 작업 종료 시 채취한 시료를 HS GC-FID로 분석한다.
④ 1,2-디클로로프로판의 2차 생물학적 노출지표는 소변을 이용하여 평가하며 작업 종료 시 채취한 시료를 GC-MSD로 분석한다.
⑤ 톨루엔의 2차 생물학적 노출지표는 소변을 이용하여 평가하며 작업 종료 시 채취한 시료를 HS GC-FID로 분석한다.

해설 ② 납 및 그 무기화합물의 1차 생물학적 노출지표는 혈액 내 납 농도를 기준으로 하며, AAS로 분석한다.
① 일산화탄소의 2차 생물학적 노출지표는 작업 종료 후 마지막 호기를 채취하여 일산화탄소 측정기로 분석한다. 혈액을 채취하는 경우 혈액가스분석으로 분석한다.
③ 메탄올의 2차 생물학적 노출지표는 소변을 이용하여 평가하며 작업 종료 시 채취한 시료를 HS GC-FID로 분석한다.
④ 1,2-디클로로프로판의 1차 생물학적 노출지표는 소변을 이용하여 평가하며 작업 종료 시 채취한 시료를 GC-MSD로 분석한다.
⑤ 톨루엔의 1차 생물학적 노출지표는 소변을 이용하여 평가하며 작업 종료 시 채취한 시료를 HS GC-ECD로 분석한다.

34. 작업환경측정·분석 기술지침에 따라 초산(Acetic acid)에 대한 측정을 실시하였을 때 시료채취에 사용할 흡착관으로 옳은 것은?

① 활성탄관(100mg/50mg)
② 실리카겔관(100mg/75mg)
③ 실리카겔관(150mg/75mg)
④ XAD-7(100mg/50mg)
⑤ 2,4-DNPH Coating Silicagel(300mg/150mg)

정답 30 ⑤ 31 ① 32 ① 33 ② 34 ①

해설 초산(Acetic acid)에 대한 측정을 실시하였을 때 기구
1. 채취기 : 고체흡착관(Coconut shell charcoal, 100mg/50mg)
2. 개인시료채취용 펌프, 유량 0.01~1L/min
3. 가스크로마토그래프, 불꽃이온화검출기
4. 바이엘 : 2ml, PTFE line caps
5. 마이크로 실린지 : 10μL
6. 용량플라스크 : 10m

35. 원심형 송풍기(centrifugal fan)에 해당하지 않는 것은?
① Sirocco fan
② Air foil fan
③ Turbo fan
④ Radial fan
⑤ Axial fan

해설 원심형 송풍기(centrifugal fan)는 중앙의 축으로 들어오는 공기를 입사각과 직각이 되도록 기체를 배출시키는 설비를 말하며, 주로 Air foil fan, Sirocco fan, Turbo fan, Radial fan, Turbo blower가 있다.

36. 소음의 특수건강진단 및 청력보존프로그램에 관한 설명으로 옳지 않은 것은?
① 특수건강진단 시 2,000Hz에서 30dB 이상의 청력손실을 보이면 양쪽 귀에 대한 정밀청력검사(2차)를 실시한다.
② 특수건강진단 시 2,000, 3,000, 4,000Hz의 주파수에서 기도청력검사를 실시한다.
③ 배치전건강진단 시 500, 1,000, 2,000, 3,000, 4,000 및 6,000Hz의 주파수에서 기도청력검사를 실시한다.
④ 소음성난청의 업무상 질병에 대한 인정기준 적용 시 6분법으로 판정한다.
⑤ 청력보존프로그램을 시행해야 하는 소음작업이란 1일 8시간 작업을 기준으로 90dB 이상의 소음이 발생하는 작업을 말한다.

해설 ⑤ 청력보존프로그램을 시행해야 하는 소음작업이란 1일 8시간 작업을 기준으로 85dB 이상의 소음이 발생하는 작업을 말한다.
① 특수건강진단 시 2,000Hz 30dB HL 이상 또는 3,000Hz 40dB HL 이상 또는 4,000Hz 40dB HL 이상 보이는 경우 정밀청력검사(2차)를 실시하여야 한다.
② 특수건강진단 시 2,000, 3,000, 4,000Hz의 주파수에서 기도청력검사를 실시한다.
③ 배치전건강진단 시 좌우측의 주파수별(최소한 500, 1,000, 2,000, 3,000, 4,000, 6,000Hz) 기도 및 골도 검사 실시한다.
④ 24시간 이상 소음작업을 중단한 후 ISO 기준으로 보정된 순음청력계기를 사용하여 청력검사를 하여야 하며 500, 1,000, 2,000, 4,000Hz의 주파수음에 대란 기도청력역치를 측정하여 6분법($\frac{a+2b+2c+d}{6}$)으로 판정한다.

37. 다음 중 화학적 질식제에 해당하는 것은?

① 아산화질소 ② 헬륨
③ 메탄 ④ 일산화탄소
⑤ 질소

해설 화학적 질식제 : 일산화탄소, 아닐린, 메틸아닐린, 니트로벤, 니트로소아민, 황화수소, 오존, 염소, 포스겐 등

38. 근골격계부담작업 및 유해요인조사에 관한 설명으로 옳은 것은?

① "단기간 작업"이란 1개월 이내에 종료되는 1회성 작업을 말한다.
② "간헐적인 작업"이란 연간 총 작업일수가 30일을 초과하지 않는 작업을 말한다.
③ 신설되는 사업장의 경우에는 신설일부터 1년 이내에 최초의 유해요인조사를 실시해야 한다.
④ 하루 총 2시간 이상 지지되지 않은 상태에서 1kg 이상에 상응하는 힘을 가하여 한손의 손가락으로 물건을 쥐는 작업은 근골격계부담작업이다.
⑤ 하루 총 2시간 이상, 시간당 2회 이상 4.5kg 이상의 물체를 드는 작업은 근골격계부담작이다.

해설 ③ 사업주는 근로자가 근골격계부담작업을 하는 경우에 3년마다 유해요인조사를 하여야 한다. 다만, 신설되는 사업장의 경우에는 신설일부터 1년 이내에 최초의 유해요인 조사를 하여야 한다(산업안전보건규칙 제657조 제1항).
① 단기간 작업 : 2개월 이내에 종료되는 1회성 작업을 말한다(제2조 제1항 제1호).
② 간헐적인 작업 : 연간 총 작업일수가 60일을 초과하지 않는 작업을 말한다(제2조 제1항 제2호).
④ 하루에 총 2시간 이상 지지되지 않은 상태에서 1kg 이상의 물건을 한손의 손가락으로 집어 옮기거나, 2kg 이상에 상응하는 힘을 가하여 한손의 손가락으로 물건을 쥐는 작업은 근골격계부담작업이다(제3조 제6호).
⑤ 하루에 총 2시간 이상, 분당 2회 이상 4.5kg 이상의 물체를 드는 작업은 근골격계부담작업이다(제3조 제10호).

39. 고용노동부 고시에서 제시하는 방진마스크 여과제의 포집효율에 관한 성능기준으로 옳은 것은?

① 안면부 여과식 특급 : 95.0% 이상 ② 안면부 여과식 1급 : 90.0% 이상
③ 분리식 특급 : 99.95% 이상 ④ 분리식 1급 : 90.0% 이상
⑤ 분리식 2급 : 75.0% 이상

해설 여과재 분진 등 포집효율(보호구 안전인증 고시 별표 4)

형태 및 등급		염화나트륨(NaCl) 및 파라핀 오일(Paraffin oil) 시험(%)
분리식	특급	99.95 이상
	1급	94.0 이상
	2급	80.0 이상
안면부 여과식	특급	99.0 이상
	1급	94.0 이상
	2급	80.0 이상

정답 35 ⑤ 36 ⑤ 37 ④ 38 ③ 39 ③

40. 화학물질의 분류·표시 및 물질안전보건자료에 관한 기준에 따른 경고표지 작성 시 옳지 않은 것은?

① 물질안전보건자료 대상물질의 내용량이 100그램 이하는 경고표지에 명령, 그림문자, 신호어 및 공급자 정보만을 표시할 수 있다.
② "해골과 X자형 뼈" 그림문자와 "감탄부호(!)" 그림문제에 모두 해당되는 경우에 "해골과 X자형 뼈" 그림문자만을 표시한다.
③ 5개 이상의 그림문제에 해당하는 경우에는 4개의 그림문자만을 표시할 수 있다.
④ 물질안전보건자료 대상물질이 "위험"과 "경고"에 모두 해당되는 경우에는 2가지 모두를 표시한다.
⑤ 경고표지 전체의 바탕은 흰색으로, 글씨와 테두리는 검정색으로 하여야 한다.

해설 ④ 신호어는 별표 2에 따라 "위험" 또는 "경고"를 표시한다. 다만, 물질안전보건자료대상물질이 "위험"과 "경고"에 모두 해당되는 경우에는 "위험"만을 표시한다(제6조 제3항).
① 물질안전보건자료대상물질의 내용량이 100그램(g) 이하 또는 100밀리리터(㎖) 이하인 경우에는 경고표지에 명칭, 그림문자, 신호어 및 공급자 정보만을 표시할 수 있다(제6조 제2항).
② "해골과 X자형 뼈" 그림문자와 "감탄부호(!)" 그림문자에 모두 해당되는 경우에는 "해골과 X자형 뼈" 그림문자만을 표시한다(제6조의2 제2항 제1호).
③ 5개 이상의 그림문자에 해당되는 경우에는 4개의 그림문자만을 표시할 수 있다(제6조의2 제2항 제4호).
⑤ 경고표지전체의 바탕은 흰색으로, 글씨와 테두리는 검정색으로 하여야 한다(제8조 제1항).

41. 중추신경에 주요 건강장해를 일으키는 유기화합물질이 아닌 것은?

① 디클로로메탄　　　　② 글로타르알데히드
③ 아세트알데히드　　　④ 메틸 노말-부틸케톤
⑤ 디에틸에테르

해설 중추신경에 주요 건강장해를 일으키는 유기화합물질에는 노말헥산, 아크릴아미드, 이황화탄소, 비소, 납, 메틸부틸케톤, 아세트알데히드, 크실렌, 디에틸에테르, 할로겐화탄화수소, 톨루엔, 디클로로메탄 등이 대표적이고 대부분의 물질이 중추신경에 주요 건강장해를 일으킨다.

42. 산업재해의 재해손실 비용 산정 시 직접비와 간접비의 비율로 옳은 것은?

① 1 : 2　　　　② 1 : 3
③ 1 : 4　　　　④ 1 : 5
⑤ 1 : 10

해설 손실비용=직접비(1)+간접비(4)
1. 직접비 : 장례비, 유족보상비, 휴업급여, 장해급여, 일시보상비, 간병급여, 수리비용
2. 간접비 : 생산손실, 시간손실, 물적손실, 임금손실, 인적손실, 관리비용 등

43. 화학물질 및 물리적인자의 노출기준에서 벤젠의 정보물질 표기에 관한 내용으로 옳은 것을 모두 고른 것은?

> ㉠ 사람에게 충분한 발암성 증거가 있는 물질
> ㉡ 생식세포 변이원성(1B)에 해당하는 물질
> ㉢ 생식능력이나 발육에 악영향을 주는 물질
> ㉣ 점막과 눈 그리고 경피로 흡수되어 전신 영향을 일으킬 수 있는 물질

① ㉠, ㉣
② ㉡, ㉢
③ ㉠, ㉡, ㉢
④ ㉠, ㉡, ㉣
⑤ ㉠, ㉡, ㉢, ㉣

해설 벤젠은 [71-43-2] 발암성 1A, 생식세포 변이원성 1B, Skin에 해당한다.
1. 발암성 1A : 사람에게 충분한 발암성 증거가 있는 물질
2. 생식세포 변이원성 1B
   ㉠ 포유류를 이용한 생체내(in vivo) 유전성 생식세포 변이원성 시험에서 양성
   ㉡ 포유류를 이용한 생체내(in vivo) 체세포 변이원성 시험에서 양성이고, 생식세포에 돌연변이를 일으킬 수 있다는 증거가 있음
   ㉢ 노출된 사람의 정자 세포에서 이수체 발생빈도의 증가와 같이 사람의 생식세포 변이원성 시험에서 양성
3. Skin : Skin 표시 물질은 점막과 눈 그리고 경피로 흡수되어 전신 영향을 일으킬 수 있는 물질을 말함(피부자극성을 뜻하는 것이 아님)

44. 2023년 산업재해 현황에서 제조업 중 재해자수가 가장 많은 업종과 재해율이 가장 높은 업종으로 묶은 것은?

	재해자수	재해율
㉠	선박건조 및 수리업	금속제련업
㉡	목재 및 종이제품제조업	선박건조 및 수리업
㉢	화학 및 고무제품제조업	금속제련업
㉣	금속제련업	기계기구·금속·비금속광물제품제조업
㉤	기계기구·금속·비금속광물제품제조업	선박건조 및 수리업

① ㉠ ② ㉡ ③ ㉢ ④ ㉣ ⑤ ㉤

해설 재해자수와 재해천인율(2023년)
1. 목재 및 종이제품제조업 : 재해자수 1,590, 재해천인율 13.72
2. 기계기구·금속·비금속광물제품제조업 : 재해자수 15,601, 재해천인율 10.30
3. 선박건조 및 수리업 : 재해자수 3,754, 재해천인율 29.49
4. 금속제련업 : 재해자수 350, 재해천인율 8.44
5. 화학 및 고무제품제조업 : 재해자수 3,464, 재해천인율 7.91

정답 40 ④ 41 ①, ②, ③, ④, ⑤ 42 ③ 43 ④ 44 ⑤

45. 국내의 산업보건 역사에 관한 내용으로 옳은 것을 모두 고른 것은?

┌───┐
│ ㉠ 1995년 : 작업환경측정 및 정도관리규정 제정   │
│ ㉡ 1996년 : 화학물질의 분류·표시 및 물질안전보건자료에 관한 기준 제정 │
│ ㉢ 1997년 : 영상표시단말기(VDT) 취급근로자 작업관리지침 제정 │
│ ㉣ 2014년 : 사업장 위험성평가에 관한 지침 제정   │
└───┘

① ㉠, ㉡
② ㉠, ㉢
③ ㉠, ㉣
④ ㉡, ㉢
⑤ ㉢, ㉣

해설 ㉠ 작업환경측정 및 정도관리규정 : 1992. 4. 16 제정
㉣ 사업장 위험성평가에 관한 지침 : 2012. 9. 26 제정
㉡ 화학물질의 분류·표시 및 물질안전보건자료에 관한 기준 : 1996. 4.9 제정
㉢ 영상표시단말기(VDT) 취급근로자 작업관리지침 : 1997. 5. 12 제정

46. 근로자건강진단 실무지침에서 인체에 미치는 영향이 "접촉성 피부염, 비중격점막의 괴사, 다발성 신경염 등"으로 기술된 물질은?

① 납
② 석면
③ 비소
④ 니켈
⑤ 카드뮴

해설 ③ 비소의 판정기준은 임상검사결과 참고치를 벗어나거나, 임상진찰결과 피부, 점막, 위장, 심혈관, 중추 및 말초신경계, 조혈기, 간, 신 등의 이상 징후를 보이는 경우이다.
① 납의 판정기준은 임상검사결과(빈혈검사 등), 참고치를 벗어나거나, 임상진찰결과 조혈기, 비뇨기, 신경계(중추신경계 및 말초신경계), 소화기 등의 이상징후를 보이는 경우이다.
② 석면의 판정기준은 흉부방사선 상 진폐증 Category 1/0이상이거나, 또는 원발성 폐암 이나 중피종 등이 있거나, 또는 폐활량이나 노력성폐활량이 예측치의 60%이하이면서 1초율(FEV1/FVC)이 60%이하인 경우이다.
④ 니켈의 판정기준은 임상검사결과 참고치를 벗어나거나, 임상진찰결과 호흡기, 피부, 비강, 인두 등의 이상징후를 보이는 경우이다.
⑤ 카드뮴의 판정기준은 임상검사결과 참고치를 벗어나거나, 임상진찰결과 신장, 호흡기, 조혈기, 간, 구강(치아), 비강, 생식계 등의 이상징후를 보이는 경우이다.

47. 역학에 관한 설명으로 옳지 않은 것은?

① 역학의 내용에는 발생빈도의 측정, 분포의 기술, 결정요인의 규명 등이 있다.
② 역학연구에서 발생빈도는 인구집단의 크기를 고려하여 분율(proportion)이나 비율(rate)로 나타낸다.
③ 유병률은 비율(rate)로 나타낸다.
④ 발생률은 분율(proportion) 또는 비율(rate)로 나타낼 수 있다.
⑤ 역학연구에서 건강관련 사건이나 상태에 영향을 미칠 수 있는 인자들을 결정요인이라는 한다.

해설 ③ 유병률은 역학에서 특정 시간에 질병의 영향을 받는 특정 개체수의 비율이다. 백분율, 10,000명 또는 100,000명 당 사례수 등의 단위를 사용한다.
① 역학의 내용에는 질병의 발생빈도의 측정, 분포의 기술, 결정요인의 규명 등이 있다.
② 발생빈도는 인구집단의 크기를 고려하여 분율(proportion)이나 비율(rate)로 나타낸다.
④ 발생률은 일정 기간 동안에 모집단 내에서 특정 질병을 새롭게 지니게 된 사람의 분율(단, 평균 발생률에서는 '비율')을 뜻하고 분율(proportion) 또는 비율(rate)로 나타낼 수 있다.
⑤ 역학연구에서 결정요인은 건강관련 사건이나 상태에 영향을 미칠 수 있는 질병의 종류, 질병의 분포 등이 있다.

48. 피로의 기여요인 중 직업관련 요인으로 옳지 않은 것은?

① 소음
② 직무스트레스
③ 근육작업
④ 작업관리의 엄격성
⑤ 신체활동의 부족

해설 피로의 기여요인 중 직업관련 요인 : 소음, 역할갈등, 장시간 근무, 근육작업, 과도한 직무요구, 교대근무 등

49. 야간작업으로 인한 수면장애 근로자의 작업환경 관리에 관한 내용으로 옳지 않은 것은?

① 연속적인 교대근무는 사고 위험을 높일 수 있다.
② 교대 주기는 느린 경우(근무 시간대 변경 주기가 4일 이상인 경우)가 빠른 경우보다 적응하기 쉽다.
③ 12시간 이상의 근무는 건강 및 사고 위험을 높일 수 있으며 가수면이 확보되지 않는 24시간의 근무는 권장하지 않는다.
④ 야간작업은 연속하여 5일을 넘기지 않도록 한다.
⑤ 역방향 교대근무(저녁-오전-오후)는 순방향 교대근무보다 수면 적응에 부정적이다.

정답 45 ④ 46 ③ 47 ③ 48 ⑤ 49 ④

[해설] ④ 야간작업은 연속하여 3일 이상은 가급적 자제하고 5일을 넘기지 않도록 한다.
① 세계보건기구는 교대 근무를 2A군 발암 물질로 분류하고 있고, 사고 위험을 높일 수 있다.
② 교대 주기가 빠르면 빠를수록 적응하기 어렵다.
③ 12시간 이상의 근무는 사고의 위험을 높이고 건강에도 부정적인 영향을 미친다.
⑤ 역방향의 교대보다 순방향의 교대근무가 바람직하다. 긴 주기의 교대근무 혹은 고정 야간작업은 짧은 주기의 교대근무에 비해 수면시간, 삶의 질에 변화가 없거나 오히려 더 뛰어나는 보고도 있다.

50. 청력보호구의 착용방법 및 관리에 관한 지침의 내용으로 옳지 않은 것은?
① 덥고 습기찬 곳에서는 일회용 귀마개를 착용한다.
② 귀마개 중 EP-1형은 고음만을 차단시키므로 대화가 필요한 작업에 착용한다.
③ 귀덮개는 중심주파수 4,000Hz에서 차음성능이 35dB 이상이어야 한다.
④ 귀마개 중 EP-1형은 중심주파수 4,000Hz에서 차음성능이 25dB 이상이어야 한다.
⑤ 소음성 난청 유소견자나 유의한 역치 변동이 있는 근로자에 대해서는 청력보호구의 착용효과로 소음노출 수준이 최소한 8시간 시간가중평균 85dB(A) 이하가 되어야 한다.

[해설] ② 귀마개 중 EP-1형은 저음부터 고음까지 차음한다(보호구 안전인증 고시 별표 12).
① 덥고 습기찬 곳에서는 일회용 귀마개를 착용한다.
③, ④ 귀덮개, 귀마개는 중심주파수 4,000Hz에서 차음성능이 EP-1형 25dB 이상, EP-1형 25dB 이상, EM형 35dB 이상이어야 한다(보호구 안전인증 고시 별표 12).
⑤ 소음 노출기준이 최소한 8시간 시간가중평균 85dB(A) 이하가 되어야 한다.

기업진단 · 지도

51. 헤크만과 올드햄(J. Hackman & G. Oldham)이 제시한 직무특성모형에서 작업성과에 대한 경험적 책임(experienced responsibility)에 영향을 미치는 핵심직무차원은?
① 자율성
② 피드백
③ 과업정체성
④ 과업의 결합
⑤ 종업원의 성장욕구

[해설] 헤크만과 올드햄(J. Hackman & G. Oldham)이 제시한 직무특성모형
1. 자율성 : 개인이 자신의 직무에 필요한 것5들을 결정하는 권한의 정도 및 직무에 느끼는 책임감의 정도를 말한다.
2. 피드백 : 직무 수행의 결과에 대한 정보의 양을 말한다.
3. 과업정체성 : 종업원이 현재 하고 있는 일과 생산된 제품과의 관계를 인식하는 정도를 말한다.
4. 기술적 다양성 : 종업원들이 직무를 수행하는데 요구되는 다양한 기술과 능력을 요구하는 정도를 말한다.
5. 직무 중요성 : 종업원 개인의 직무가 조직 내외에 미치는 영향을 인식하는 정도를 말한다.

52. 인력의 수요와 공급을 예측하는 기법들 중에서 수요예측 기법을 모두 고른 것은?

⊙ 회귀분석
ⓒ 기능목록 분석
ⓒ 대체도 분석
ⓔ 델파이법

① ⊙, ⓒ
② ⊙, ⓒ
③ ⊙, ⓔ
④ ⓒ, ⓒ
⑤ ⓒ, ⓔ

해설 인력의 수요와 공급을 예측하는 기법
1. 수요예측방법 : 생산성 비율, 추세분석, 회귀분석, 전문가예측법, 델파이법, 명목집단기법
2. 공급예측방법 : 기능목록, 마코브분석, 대체도, 외부적 공급예측

53. 단체교섭의 유형 중 특정 기업 또는 사업장 단위로 조직된 노동조합이 해당 기업의 사용자 대표와 교섭하는 것은?

① 통일교섭
② 공동교섭
③ 집단교섭
④ 대각선 교섭
⑤ 기업별 교섭

해설 ⑤ 기업별 교섭 : 특정 기업 내 근로자로 구성된 노동조합과 그 상대방인 사용자 사이에서 이루어지는 교섭방식
① 통일교섭 : 산업별 또는 직종별로 조직된 노동조합이 이에 대응하는 산업별 또는 직종별 사용자단체 사이에서 그 산업 또는 직종의 근로자에게 공통되는 근로조건 그 밖의 사항에 관해 행하는 교섭
② 공동교섭 : 기업별 노동조합 또는 산업별 노동조합의 기업 단위 지부가 해당 기업과 단체 교섭을 할 때 상부 단체인 전국 노동조합이 이에 참가하는 교섭방식
③ 집단교섭 : 여러 개의 노동조합 지부가 공동으로 여러 개의 기업과 교섭하는 방식
④ 대각선 교섭 : 금속노조, 금융노조, 의료보건노조 등 산업별 노동조합이 개별 기업과 벌이는 임단협 교섭

54. 민쯔버그(H. Minzberg)가 제시한 조직의 5가지 구성부문(parts)으로 옳지 않은 것은?

① 핵심운영 부문(operating core)
② 메트릭스 부문(matrix)
③ 전략부문(strategic apex)
④ 기술전문가 부문(technostructure)
⑤ 지원스텝 부문(support staff)

정답 50 ② 51 ① 52 ③ 53 ⑤ 54 ②

해설 민쯔버그(H. Minzberg)가 제시한 조직의 5가지 구성부문 : 기술전문가 부문(technostructure), 지원스텝 부문(support staff), 전략부문(strategic apex), 핵심운영 부문(operating core), 중간라인 부문(middle line)

55. 피들러(F. Fiedler)의 상황적합이론에 관한 설명으로 옳지 않은 것은?

① 상황요인 3가지는 리더-부하관계, 과업구조, 리더의 직위권력이다.
② LPC(least preferred coworker) 척도는 함께 일하기가 가장 싫었던 동료를 평가하는 것이다.
③ 리더에게 호의적인 상황에서는 과업지향적 리더십이 효과적이다.
④ LPC 점수가 낮으면 관계지향적 리더로 여겨진다.
⑤ 상황에 따라 효과적인 리더십 스타일이 다를 수 있음을 보여준다.

해설 ④ LPC 점수가 낮으면 과업지향적 리더로 여겨지며 과업 성과에 보다 높은 수준의 만족감을 추구한다.
① 상황요인 3가지는 리더-구성원관계, 과업구조, 리더의 지휘권력이다.
② LPC(least preferred coworker) 척도는 함께 일하기가 가장 싫었던 사람이 가지고 있던 특성을 답하는 방식으로 진행된다.
③ 리더에게 호의적인 상황에서는 과업지향적 리더십이 효과적이다.
⑤ 상황에 따라 리더의 스타일이 다르게 나타날 수 있음을 보여주고 있다.

56. 수요예측 기법에 관한 설명으로 옳지 않은 것은?

① 시계열분석법은 수요의 과거 패턴이 미래에도 그대로 지속된다는 가정에 근거를 두는 정량적 기법이다.
② 시계열분석법의 4가지 변동요소는 추세(trend), 주기(cycle), 계절성(seasonality), 불규칙성(randomness)이다.
③ 자료유추법은 유사제품의 수요를 참고하여 예측하는 정량적 기법이다.
④ 인과형 예측법은 수요에 영향을 미치는 원인변수를 분석하여 예측 값을 추정하는 정량적 기법이다.
⑤ 델파이법은 전문가의 식견과 경험을 기초로 하는 정성적 기법이다.

해설 ③ 자료유추법은 과거에 대한 마땅한 자료가 없는 경우 사용하는 방법으로 주로 신제품 출시 때 예측하는 방법이다.
①, ② 시계열분석법은 시간 순서대로 정렬된 데이터의 의미 있는 요약과 통계정보를 추출하는 방식이다. 4가지 변동요소는 추세(trend), 주기(cycle), 계절성(seasonality), 불규칙성(randomness)이다.
④ 인과형 예측법은 어느 제품의 판매량은 그 제품의 가격, 광고비, 품질관리비, 가처분소득, 인구 등 독립변수의 함수이다.
⑤ 델파이법은 전문가 집단을 구성하여 하나의 통일된 결과를 얻을 때까지 질문을 계속해 일치되는 결과가 나올 때까지 반복하는 방법이다.

57. 자재소요계획(material requirement planning)의 입력 자료를 모두 고른 것은?

> ㉠ 자재명세서(bill of material)
> ㉡ 계획발주량(planned order release)
> ㉢ 주생산일정계획(master production scheduling)
> ㉣ 재고기록철(inventory record file)
> ㉤ 예외보고서(exception report)

① ㉠, ㉡, ㉤
② ㉠, ㉢, ㉣
③ ㉠, ㉣, ㉤
④ ㉡, ㉢, ㉣
⑤ ㉡, ㉢, ㉤

해설 자재소요계획(material requirement planning)의 입력 자료 : 주생산일정계획(master production scheduling), 자재명세서(bill of material), 재고기록철(inventory record file)
※ 기타 구성요소 : 자재가 수송되는 기간(리드타임)

58. 6시그마에 관한 설명으로 옳지 않은 것은?

① 품질수준을 높이기 위해 공정의 산포보다 평균에 더 초점을 맞춘다.
② 6시그마의 시그마는 데이터의 산포를 나타내는 표준편차를 의미한다.
③ 통계기법을 사용하여 품질혁신을 달성하기 위한 전사적 품질경영 활동이다.
④ 추진 로드맵은 정의(define), 측정(measure), 분석(analyse), 개선(improve), 통제(control)의 5단계로 구성한다.
⑤ 제조업 중심으로 개발된 기법이나 서비스임에도 적용 가능하다.

해설 ① 6시그마는 품질 불량의 원인을 찾아 해결해 내고자 하는 체계적인 방법론이다.
② 시그마(σ)는 원래 정규분포에서 표준편차를 나타내며 6 표준편차인 100만 개 중 3.4개의 불량률을 추구한다는 의미에서 나온 말이다.
③ 6시그마는 기업에서 전략적으로 완벽에 가까운 제품이나 서비스를 개발하고 제공하려는 목적으로 정립된 품질경영 기법이다.
④ 6시그마는 정의(define), 측정(measure), 분석(analyse), 개선(improve), 통제(control)의 5단계 체계를 구축하도록 한다.
⑤ 6시그마는 회사의 모든 부서의 업무에 적용할 수 있으며 각자의 상황에 알맞은, 고유한 방법론을 개발하고 적용하여 정량적 기법과 통계학적 기법으로 향상시킬 수 있다.

정답 55 ④ 56 ③ 57 ② 58 ①

59. 공급사슬관리에 관한 설명으로 옳은 것은?

① 채찍효과(bullwhip)는 수요변동이 공급사슬의 상류(공급자)에서 하류(최종 소비자)로 이동하면서 증폭되는 현상이다.
② 크로스도킹(cross-docking)은 물류창고에 입고되는 상품을 장기간 보관하여 소매점에 배송하는 물류시스템이다.
③ 공급자 재고관리(vendor managed inventory)는 공급자의 재고 보충 책임을 구매자에게 이전하는 전략이다.
④ CPFR(Collaborative Planning, Forecasting and Replenishment)은 공급자와 구매자가 제품의 수요예측과 판매 및 재고 보충계획까지 함께 수립하는 방법이다.
⑤ 지연 차별화(delayed differentiation)는 제품의 세부사항을 결정짓는 부품을 먼저 생산한 다음 공동부품을 생산하는 전략이다.

해설 ④ CPFR(Collaborative Planning, Forecasting and Replenishment)은 공급업체와 고객(소매업체 또는 제조업체)이 협력하여 수요 예측, 판매 계획, 재고 보충을 최적화하는 공급망 관리 방식이다.
① 채찍효과(bullwhip)는 수요변동이 공급사슬의 하류(최종 소비자)에서 상류(공급자)로 이동하면서 증폭되는 현상이다.
② 크로스도킹(cross-docking)은 창고나 물류센터에서 수령한 상품을 창고에서 재고로 보관하는 것이 아니라 바로 배송할 수 있도록 하는 물류 시스템이다.
③ 공급자 재고관리(vendor managed inventory)는 공급자 주도형 재고관리 방식이다.
⑤ 지연 차별화(delayed differentiation)는 최종제품으로 만들기 전에 생산을 멈추어놓고 고객 주문이 들어오면 그에 맞추어 생산하는 것이다.

60. 직업 스트레스 과정을 여러 개의 요소(facet)로 나눌 수 있다고 제안한 비어와 뉴먼(T. Beehr & J. Newman) 모델의 구성요소가 아닌 것은?

① 개인 요소(person facet)
② 시간 요소(time facet)
③ 환경 요소(environment facet)
④ 과정 요소(process facet)
⑤ 경제 요소(economy facet)

해설 비어와 뉴먼(T. Beehr & J. Newman) 모델의 구성요소 : 개인 요소(person facet), 시간 요소(time facet), 환경 요소(environment facet), 과정 요소(process facet)

61. 직무분석에서 사용하는 직위분석 설문지(Position Analysis Questionaire)의 주요 차원이 아닌 것은?

① 신체 과정(body process)
② 정보 입력(information input)
③ 타인과의 관계(relationship with other persons)
④ 작업 결과(work output)
⑤ 직무 맥락(job context)

해설 직위분석 설문지(Position Analysis Questionaire)는 인간속성을 기술하는 약 195개 내외의 진술문으로 구성된 설문지로서 정보입력, 정신과정, 타인과의 관계, 직무맥락, 기타 직무결과 등의 범주로 구분하여 직무의 내용을 파악하는 직무분석 방법을 의미한다.

62. 동기에 관한 이론적 접근 중에서 앨더퍼(C. Alderfer)의 ERG 이론이 해당되는 것은?

① 행동적 이론(behavioral theory)
② 인지과정이론(cognitive theory)
③ 욕구기반이론(need-based theory)
④ 자기결정이론(self-determination theory)
⑤ 직무기반이론(job-based theory)

해설 앨더퍼(C. Alderfer)의 ERG 이론에서의 욕구는 존재욕구, 관계욕구, 성장욕구의 3가지로 나뉜다. 이 3가지 욕구는 욕구좌절, 욕구강도, 욕구만족의 원리로 작용한다. ERG 이론에 따르면 상위에 있는 욕구를 충족시키지 못하면 보다 하위의 욕구가 더욱 증가하여 이를 충족시키려면 기존의 몇 배나 더 노력을 해야 한다는 것이다.

63. 다음의 설문 문항들이 측정하고자 하는 것은?

○ 이 조직은 나에게 개인적 의미를 많이 부여해 준다.
○ 가까운 미래에 이 조직을 그만두게 된다면 이는 나에게 비용이 너무 많이 드는 일이다.
○ 내가 지금 이 조직을 그만둔다면 죄책감을 느끼게 될 것이다.

① 직무만족(job satisfaction)
② 조직몰입(organizational commitment)
③ 조직정의(organizational justice)
④ 조직 동일시(organizational identification)
⑤ 조직기기 지각(perceived organizational support)

정답 59 ④ 60 ⑤ 61 ① 62 ③ 63 ②

해설 ② 조직몰입(organizational commitment) : 자신이 속해 있는 조직에 대한 개인의 동일시와 몰입의 상대적 정도, 즉 한 개인이 자기가 속한 조직에 대해 얼마나 일체감을 가지고 몰두하느냐 하는 정도를 말한다.
① 직무만족(job satisfaction) : 자신의 직업 혹은 직무에 대해 개인이 만족하는 정도를 말한다.
③ 조직정의(organizational justice) : 조직에서 조직구성원들에 대한 공정한 대우와 관련된 포괄적인 이론적 개념으로 분배 공정성, 절차 공정성, 상호작용 공정성과 같은 3가지 형태의 공정성으로 설명될 수 있다.
④ 조직 동일시(organizational identification) : 종업원이 조직과 일체감을 느끼는 정도로 조직과 구성원 자신이 하나라고 인식하는 정도, 혹은 그 조직에 대한 소속감의 정도를 뜻한다.
⑤ 조직지지 지각(perceived organizational support) : 조직은 직원의 공헌을 평가하고 직원의 행복을 염려하고 있다고 직원이 가지고 있는 신념이다.

64. 다음 그림이 제시하는 집단효과성 모델은?

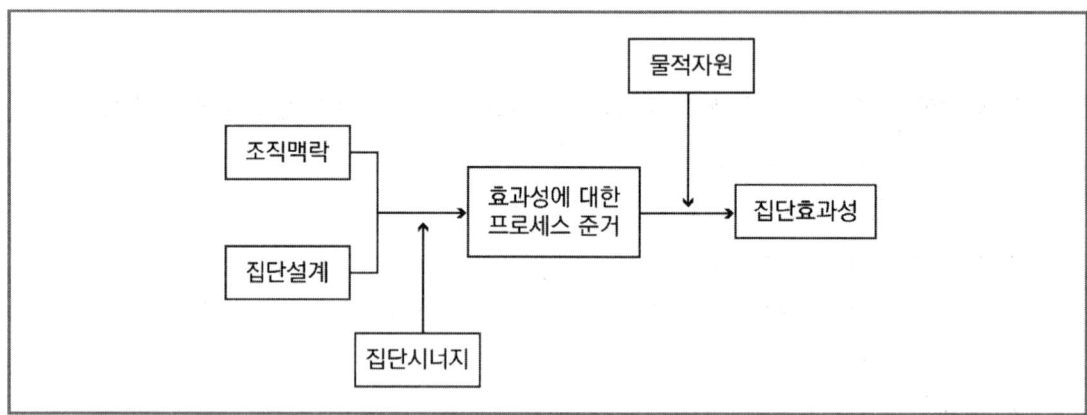

① 캠피온(Campion) 모델
② 그래스테인(Gladstein) 모델
③ 터크만(Tuckman) 모델
④ 맥그래스(McGrath) 모델
⑤ 해크만(Hackman) 모델

해설 ⑤ 해크만(Hackman) 모델 : Hackman의 모델은 팀의 성과, 구성원의 개인적 성장 및 복지, 팀의 지속 가능성 등 세 가지 주요 결과를 중심으로 한다.
① 캠피온(Campion) 모델 : 팀 멤버 간의 상호작용, 역할 분배, 목표 설정, 커뮤니케이션 전략 등을 포함한 일련의 권장 사항을 제시한다.
② 그래스테인(Gladstein) 모델 : 팀 리더의 행동과 외부 환경이 팀 프로세스에 어떻게 영향을 미치는지를 중심으로 하며, 이러한 프로세스가 최종적으로 팀의 성과에 어떻게 기여하는지를 설명한다.
③ 터크만(Tuckman) 모델 : 팀 구성원 간의 상호작용과 협력관계가 시간이 지남에 따라 변화하는 과정을 단계적으로 제시한다.
④ 맥그래스(McGrath) 모델 : 팀이 시간에 따라 어떻게 발달하며, 상호작용과 성과 사이의 관계를 어떻게 형성하는지를 설명한다.

65. 제니스(I. Janis)가 제시한 집단사고(groupthink)가 발생한 가능성이 높은 상황을 모두 고른 것은?

| ㉠ 집단이 외부로부터 고립되어 있을 때
| ㉡ 리더가 민주적일 때
| ㉢ 집단의 응집력이 낮을 때
| ㉣ 외부로부터 위협이 있을 때

① ㉠, ㉡ ② ㉠, ㉣
③ ㉢, ㉣ ④ ㉠, ㉡, ㉢
⑤ ㉡, ㉢, ㉣

해설 제니스(I. Janis)가 제시한 집단사고(groupthink)가 발생한 가능성이 높은 상황
1. 환상적 낙관주의(Illusion of Invulnerability)
2. 도덕적 확신(Belief in Inherent Morality)
3. 공통적 고정관념(Stereotyping of Out-Groups)
4. 동조 압력(Direct Pressure on Dissenters)
5. 자기 검열(Self-Censorship)
6. 만장일치 환상(Illusion of Unanimity)
7. 마음 지킴이(Mindguards)
8. 대안 검토 부족(Lack of Critical Thinking on Alternatives)

66. 위험감수성(Danger Sensitivity)에 영향을 미치는 주된 요인으로 옳지 않은 것은?

① 체험적 경험
② 인지적 정보
③ 지각적 경험
④ 교육적 정보
⑤ 정서적 경험

해설 위험감수성(Danger Sensitivity)에 영향을 미치는 주된 요인
1. 체험·관찰적 경험과 정보
2. 인지적 경험과 정보
3. 지각적 경험과 정보
4. 정서적 경험과 정보

정답 64 ⑤ 65 ② 66 ①, ②, ③, ④, ⑤

67. 특수 상황과 부분적으로 결합되는 친근한 정보에 사로잡히면서 발생하는 인간 오류는?

① 포획 오류(capture error)
② 양식 오류(mode error)
③ 연합 오류(associative error)
④ 완료후 오류(post-completion error)
⑤ 연상활성화 오류(association activation error)

해설 ① 포획 오류(capture error) : 상황과 부분적으로 결합되는 친근한 정보에 사로잡히면서 발생하는 오류
③ 연합 오류(associative error) : 수동기어 변환장치가 되어 있는 자동차를 자동기어 변환장치가 된 자동차처럼 운전하게 되는 오류
⑤ 연상활성화 오류(association activation error) : 강한 연합은 잘못된 자동적 일상행동이 나오게 만들 수 있는 오류
② 양식 오류(mode error) : 적당하지 않은 행위가 뒤따라 발생하면서 나타나는 오류

68. 노이만(D. Norman)의 스키마 이론에서 실수(slip)의 기본적 분류에 해당하는 것을 모두 고른 것은?

㉠ 의도형성에 따른 오류
㉡ 잘못된 활성화에 의한 오류
㉢ 제어방식에 기인한 오류
㉣ 잘못된 촉발에 의한 오류

① ㉠, ㉢
② ㉡, ㉣
③ ㉠, ㉡, ㉢
④ ㉠, ㉡, ㉣
⑤ ㉡, ㉢, ㉣

해설 노이만(D. Norman)의 스키마 이론에서 실수(slip)의 기본적 분류 : 의도형성에 따른 오류, 잘못된 활성화에 의한 오류, 잘못된 촉발에 의한 오류

69. 안전관찰 훈련과정인 STOP(Safety Training Observation Program)을 순서대로 옳게 나열한 것은?

㉠ 정지 ㉡ 조치 ㉢ 결심 ㉣ 관찰 ㉤ 보고

① ㉠ - ㉡ - ㉢ - ㉣ - ㉤
② ㉠ - ㉣ - ㉢ - ㉡ - ㉤
③ ㉢ - ㉠ - ㉣ - ㉡ - ㉤
④ ㉢ - ㉠ - ㉣ - ㉤ - ㉡
⑤ ㉣ - ㉠ - ㉢ - ㉤ - ㉡

해설 안전관찰 훈련과정인 STOP(Safety Training Observation Program) : 결심 → 정지 → 관찰 → 조치 → 보고
STOP(safety Training Observation Program) : 관리자 및 근로자를 위한 안전관찰 훈련 프로그램으로 관리자 및 근로자들을 위험으로부터 보호하기 위해 듀폰에 의해 개발되었으며, 안전사고를 획기적으로 감소시킨 프로그램이다.

70. 다음 ( )에 들어갈 것으로 옳은 것은?

> 제조물 책임법에서 제조업자가 제조물의 결함을 알면서도 그 결함에 대하여 필요한 조치를 취하지 아니한 결과로 생명 또는 신체에 중대한 손해를 입은 자가 있는 경우에는 그 자에게 발생한 손해의 ( )배를 넘지 아니하는 범위에서 배상책임을 진다.

① 3
② 4
③ 5
④ 6
⑤ 7

해설 제조업자가 제조물의 결함을 알면서도 그 결함에 대하여 필요한 조치를 취하지 아니한 결과로 생명 또는 신체에 중대한 손해를 입은 자가 있는 경우에는 그 자에게 발생한 손해의 3배를 넘지 아니하는 범위에서 배상책임을 진다(제3조 제2항).

71. FMEA에서 고장의 발생확률을 β라 하고, β의 값이 $0.10 \leq \beta < 1.00$일 때 고장의 영향분류는?

① 실제의 손실
② 예상되는 손실
③ 가능한 손실
④ 불가능한 손실
⑤ 영향 없음

해설 발생확률
1. 실제손실 : $\beta=1.00$
2. 예상손실 : $0.10 \leq \beta < 1.00$
3. 가능손실 : $0 \leq \beta < 1.0$
4. 영향 없음 : $\beta=0.00$

정답 67 ①, ③, ⑤ 68 ②, ④ 69 ③ 70 ① 71 ②

72. 보호구 안전인증 고시에서 정하고 있는 중작업용 안전화의 정의에 관한 내용이다. ( )에 들어갈 것으로 옳은 것은?

> "중작업용 안전화"란 (㉠)밀리미터의 낙하높이에서 시험했을 때 충격과 (㉡)킬로뉴턴의 압축하중에서 시험했을 때 압박에 대하여 보호해 줄 수 있는 선심을 부착하여 착용자를 보호하기 위한 안전화를 말한다.

① ㉠ 250, ㉡ 4.4±0.1
② ㉠ 500, ㉡ 10.0±0.1
③ ㉠ 750, ㉡ 20.0±0.1
④ ㉠ 1,000, ㉡ 15.0±0.1
⑤ ㉠ 1,500, ㉡ 10.0±0.1

해설 중작업용 안전화 : 1,000밀리미터의 낙하높이에서 시험했을 때 충격과 (15.0 ±0.1)킬로뉴턴(KN)의 압축하중에서 시험했을 때 압박에 대하여 보호해 줄 수 있는 선심을 부착하여, 착용자를 보호하기 위한 안전화를 말한다(제5조 제1호).

73. 산업안전보건기준에 관한 규칙상 전기 기계·기구에 대하여 누전에 의한 감전위험을 방지하기 위하여 해당 전로의 정격에 적합하고 감도가 양호하며 확실하게 작동하는 감전방지용 누전차단기를 설치해야 하는 것이 아닌 것은?

① 대지전압이 150볼트를 초과하는 이동형 또는 휴대형 전기기계·기구
② 물 등 도전성이 높은 액체가 있는 습윤장소에서 사용하는 저압(1.5천볼트 이하 직류전압이나 1천볼트 이하의 교류전압을 말한다)용 전기기계·기구
③ 철판·철골 위 등 도전성이 높은 장소에서 사용하는 이동형 또는 휴대형 전기기계·기구
④ 임시배선의 전로가 설치되는 장소에서 사용하는 이동형 또는 휴대형 전기기계·기구
⑤ 절연대 위 등과 같은 감전위험이 없는 장소에서 사용하는 전기기계·기구

해설 사업주는 다음의 전기 기계·기구에 대하여 누전에 의한 감전위험을 방지하기 위하여 해당 전로의 정격에 적합하고 감도(전류 등에 반응하는 정도)가 양호하며 확실하게 작동하는 감전방지용 누전차단기를 설치해야 한다(제304조 제1항).
1. 대지전압이 150볼트를 초과하는 이동형 또는 휴대형 전기기계·기구
2. 물 등 도전성이 높은 액체가 있는 습윤장소에서 사용하는 저압(1.5천볼트 이하 직류전압이나 1천볼트 이하의 교류전압을 말한다)용 전기기계·기구
3. 철판·철골 위 등 도전성이 높은 장소에서 사용하는 이동형 또는 휴대형 전기기계·기구
4. 임시배선의 전로가 설치되는 장소에서 사용하는 이동형 또는 휴대형 전기기계·기구

74. 폭발을 기상폭발과 응상폭발로 분류하는 경우 응상폭발에 해당하는 것을 모두 고른 것은?

> ㉠ 가스폭발
> ㉡ 전선(도선)폭발
> ㉢ 혼합위험성물질폭발

① ㉠
② ㉡
③ ㉢
④ ㉡, ㉢
⑤ ㉠, ㉡, ㉢

해설 기상폭발과 응상폭발
1. 응상폭발 : 수증기 폭발, 증기폭발, 전선폭발, 혼합·혼촉에 의한 폭발
2. 기상폭발 : 혼합가스폭발, 가스분해 또는 분진폭발

75. 산업안전보건기준에 관한 규칙상 기계의 원동기·회전축·기어·풀리·플라이휠·벨트 및 체인 등 근로자가 위험에 처할 우려가 있는 부위에 설치하는 위험방지에 관한 설명으로 옳지 않은 것은?

① 기계의 원동기·회전축·기어·풀리·플라이휠·벨트 및 체인 등 근로자가 위험에 처할 우려가 있는 부위에 덮개·울·슬리브 및 건널다리 등을 설치하여야 한다.
② 회전축·기어·풀리 및 플라이휠 등에 부속되는 키·핀 등의 기계요소는 돌출형으로 설치하여야 한다.
③ 벨트의 이음 부분에 돌출된 고정구를 사용해서는 아니 된다.
④ 건널다리에는 안전난간 및 미끄러지지 아니하는 구조의 발판을 설치하여야 한다.
⑤ 연삭기 또는 평삭기의 테이블, 형삭기 램 등의 행정끝이 근로자에게 위험을 미칠 우려가 있는 경우에 해당 부위에 덮개 또는 울 등을 설치하여야 한다.

해설 ② 사업주는 회전축·기어·풀리 및 플라이휠 등에 부속되는 키·핀 등의 기계요소는 묻힘형으로 하거나 해당 부위에 덮개를 설치하여야 한다(제87조 제2항).
① 사업주는 기계의 원동기·회전축·기어·풀리·플라이휠·벨트 및 체인 등 근로자가 위험에 처할 우려가 있는 부위에 덮개·울·슬리브 및 건널다리 등을 설치하여야 한다(제87조 제1항).
③ 사업주는 벨트의 이음 부분에 돌출된 고정구를 사용해서는 아니 된다(제87조 제3항).
④ 사업주는 건널다리에는 안전난간 및 미끄러지지 아니하는 구조의 발판을 설치하여야 한다(제87조 제4항).
⑤ 사업주는 연삭기(研削機) 또는 평삭기(平削機)의 테이블, 형삭기(形削機) 램 등의 행정끝이 근로자에게 위험을 미칠 우려가 있는 경우에 해당 부위에 덮개 또는 울 등을 설치하여야 한다(제87조 제5항).

정답 72 ④ 73 ⑤ 74 ④ 75 ②